“生物育种”领域教材体系
“十二五”普通高等教育本科国家级规划教材
普通高等教育“十一五”国家级规划教材
农业农村部“十四五”规划教材
国家级一流本科课程配套教材
生命科学经典教材系列

遗 传 学

（第五版）

刘庆昌 主编

科 学 出 版 社
北 京

内 容 简 介

本书遵从遗传学的发展和固有的内容体系，在第四版的基础上进行了适当修改，体现了遗传学的最新发展，全面、系统地介绍了遗传学的基本概念、基本原理、基本方法等；内容取材注重经典遗传学与现代遗传学的合理结合、遗传学理论与实际应用的科学结合，较全面地反映了遗传学的教学要求。本书概念准确，文字精练，图文并茂，通俗易懂。

全书共16章，包括遗传的细胞学基础、遗传物质的分子基础、孟德尔遗传、连锁遗传和性连锁、基因突变、染色体结构变异、染色体数目变异、数量性状的遗传、近亲繁殖和杂种优势、细菌和病毒的遗传、细胞质遗传、基因工程、基因组学、基因表达的调控、遗传与发育、群体遗传与进化。本书含有二维码拓展资源，且每章配有课程视频。同时，本书还配套教学课件。

本书适用于植物生产类、动物生产类、生物科学类、森林资源类、食品科学与工程类等专业本科生的遗传学教学，也可供相关专业的研究生、专科生及科技工作者参考。

图书在版编目（CIP）数据

遗传学 / 刘庆昌主编. -- 5版. -- 北京 : 科学出版社, 2024. 12. -- (“十二五”普通高等教育本科国家级规划教材) (普通高等教育“十一五”国家级规划教材) (农业农村部“十四五”规划教材)等. -- ISBN 978-7-03-080726-7

Ⅰ. Q3

中国国家版本馆CIP数据核字第2024BV9165号

责任编辑：丛　楠　韩书云 / 责任校对：严　娜

责任印制：肖　兴 / 封面设计：有道文化

科学出版社 出版

北京东黄城根北街16号

邮政编码：100717

http://www.sciencep.com

天津市新科印刷有限公司印刷

科学出版社发行　各地新华书店经销

*

2007年1月第　一　版　开本：850 × 1168　1/16

2024年12月第　五　版　印张：24

2024年12月第一次印刷　字数：554 000

定价：89.80元

（如有印装质量问题，我社负责调换）

《遗传学》第五版编写人员

主　　编　刘庆昌

副 主 编　张献龙　孙传清　傅体华

编写人员（按姓氏拼音排序）

段国锋（山西农业大学）

傅体华（四川农业大学）

龚志云（扬州大学）

郭　营（山东农业大学）

李兴锋（山东农业大学）

刘凤霞（中国农业大学）

刘庆昌（中国农业大学）

任天恒（四川农业大学）

孙传清（中国农业大学）

陶勇生（河北农业大学）

杨细燕（华中农业大学）

易　斌（华中农业大学）

张献龙（华中农业大学）

《遗传学》第一版编写人员

主　　编　刘庆昌

副 主 编　张献龙　孙传清　傅体华

编写人员（按姓氏拼音排序）

傅体华（四川农业大学）
顾德峰（吉林农业大学）
季　兰（山西农业大学）
李斯深（山东农业大学）
刘庆昌（中国农业大学）
孙传清（中国农业大学）
王洪刚（山东农业大学）
王化琪（中国农业大学）
杨先泉（四川农业大学）
姚明镜（华中农业大学）
张献龙（华中农业大学）

主　　审　戴景瑞（中国农业大学）

第五版前言

遗传学是研究生物遗传和变异的一门科学，是生物科学中一门体系十分完整、发展十分迅速的理论科学，对探索生命的本质、推动整个生物科学的发展起着巨大的作用；同时又是一门紧密联系生产实际的基础科学，对动物、植物、微生物育种及遗传疾病防治等都具有非常重要的指导作用。

《遗传学》（第一版）自2007年1月出版后，得到广大师生的充分肯定，使用本教材的学校越来越多。为了体现遗传学的最新发展，2010年1月、2015年7月和2020年12月分别出版了第二版、第三版和第四版。本教材被列入普通高等教育“十一五”国家级规划教材和“十二五”普通高等教育本科国家级规划教材，也被纳入“生物育种”领域教材体系。2009年和2019年，主编连续两次被科学出版社评为优秀作者。为了深入实施科教兴国战略、人才强国战略，着力造就拔尖创新人才，以“立德树人”为根本，2024年6月，全体编写人员在北京召开了《遗传学》（第五版）编写会，讨论决定仍保持原有内容体系；对全书中表述不严谨之处进行修改；对绪论、基因突变、数量性状的遗传、细胞质遗传、基因工程、基因组学、基因表达的调控、群体遗传与进化等章节进行适当修改，增加遗传学的最新研究成果。本教材的内容体系及具体内容科学、合理，深入浅出，经典遗传学与现代遗传学合理结合，遗传学理论与实际应用科学结合；文字精练，图文并茂，通俗易懂；双色印刷，配有二维码数字资源。

本教材共分十六章，其中绪论、第四章连锁遗传和性连锁、第十章细菌和病毒的遗传由刘庆昌编写，第一章遗传的细胞学基础由陶勇生编写，第二章遗传物质的分子基础由傅体华编写，第三章孟德尔遗传由杨细燕编写，第五章基因突变、第六章染色体结构变异由任天恒编写，第七章染色体数目变异由龚志云编写，第八章数量性状的遗传由刘凤霞编写，第九章近亲繁殖和杂种优势由郭营编写，第十一章细胞质遗传由易斌编写，第十二章基因工程由张献龙编写，第十三章基因组学、第十五章遗传与发育由孙传清编写，第十四章基因表达的调控由李兴锋编写，第十六章群体遗传与进化由段国锋编写。全书由刘庆昌统稿和定稿。

在本教材编写过程中，多所兄弟院校的“遗传学”授课教师对本教材提出了宝贵的修改意见，在此谨向他们表示诚挚的谢意！

遗传学所涉及的领域广泛，发展十分迅速，限于编者们的教学与科研的局限性，遗漏和不妥之处在所难免，恳请读者指正，以利再版时修改。

刘庆昌
2024年10月于北京

第一版前言

遗传学是研究生物遗传和变异的一门科学，是生物科学中一门体系十分完整、发展十分迅速的理论科学，对探索生命的本质、推动整个生物科学的发展起着巨大的作用；同时又是一门紧密联系生产实际的基础科学，对动物、植物、微生物育种以及遗传疾病防治等都具有非常重要的指导作用。

遗传学是植物生产类、动物生产类、生物科学类、食品科学类、森林资源类等专业的骨干基础课程，在这些专业的本科生教学计划中占有极为重要的地位。近年来，我国大学教材打破了原来的“全国统编教材”的做法，遗传学教材种类明显增多，各教材取长补短，丰富和发展了遗传学教学内容。但是，在长期的教学实践中，我们深深感到，遗传学教材应该按照遗传学的发展和固有的内容体系进行组织，应该协调安排经典遗传学与现代遗传学的具体内容，应该体现遗传学的最新研究成果和发展趋势，这样在具体的教学实践中才能尽量避免出现前后内容的多次“跳动”和重复，才有利于学生的理解和掌握。为此，2004年10月于中国农业大学召开了由部分高等农林院校长期工作在遗传学教学第一线的骨干主讲教师参加的遗传学教学研讨会，决定编写一部新的、更适合本科生遗传学教学的教材，由科学出版社出版。

本教材组织了一套新的内容体系，全面、系统地介绍了遗传学的基本概念、基本原理、基本方法等。概念力求准确、明了、高度概括；特别注重经典遗传学与现代遗传学的科学合理的结合，遗传学理论与实际应用的科学合理的结合；具有适当的深度和广度，较全面地反映了遗传学的最新研究进展；所涉及的遗传材料——植物、动物和微生物并重，尽量使用经典和有代表性的遗传材料和范例。文字精练，图文并茂，通俗易懂。

本教材共16章，其中绪论、第四章连锁遗传和性连锁、第十章细菌和病毒的遗传由刘庆昌编写，第一章遗传的细胞学基础、第七章染色体数目变异由顾德峰编写，第二章遗传物质的分子基础由傅体华编写，第三章孟德尔遗传、第十一章细胞质遗传由姚明镜编写，第五章基因突变、第六章染色体结构变异由杨先泉编写，第八章数量性状的遗传由季兰编写，第九章近亲繁殖和杂种优势、第十四章基因表达的调控由李斯深和王洪刚编写，第十二章遗传工程由张献龙编写，第十三章基因组学、第十五章遗传与发育由孙传清编写，第十六章群体遗传与进化由王化琪编写。中国农业大学朱作峰博士参加了部分编写工作。2006年4月于北京召开了审稿会，对本教材进行了互审和修改。全书由刘庆昌统稿和定稿。

在本教材编写过程中，戴景瑞院士非常关心本书的编写，提出了许多宝贵意见并担任本书主审；中国农业大学的李雪琴老师为本书的编写提供了大力支持和热情帮助；在出版之前，我们还特意安排了两位学习过遗传学课程的本科生对书稿进行了通读。在此谨向他们表示诚挚的谢意！

遗传学领域广阔、发展迅速，限于作者们的教学与科研的局限性，遗漏和不妥之处在所难免，恳请读者指正，以利再版时修改。

刘庆昌
2006年8月于北京

目　　录

本章课程视频

绪　论

第一节　遗传学研究的对象和任务

遗传学（genetics）是研究生物遗传和变异的科学，是生命科学最重要的分支之一。遗传和变异是生物界最普遍和最基本的两个特征。遗传（heredity）是指亲代与子代之间相似的现象；变异（variation）则是指亲代与子代之间、子代个体之间存在的差异。生物有遗传的特性，才能繁衍后代，才能保持物种的相对稳定性；生物有变异的特性，才能产生新的性状，才能有物种的进化和新品种的选育。遗传和变异这对矛盾不断地运动，经过自然选择，才形成形形色色的物种；通过人工选择，才能育成符合人类需要的动物、植物和微生物新品种。因此，遗传、变异和选择是生物进化和新品种选育的三大因素。

遗传学所研究的主要内容是由母细胞到子细胞、由亲代到子代，也即由世代到世代的生物信息的传递，而细胞及其所含的染色体（chromosome）则是生物信息传递的基础。脱氧核糖核酸（deoxyribonucleic acid，DNA）是主要的遗传物质，普遍存在于所有细胞中，尤其是细胞核内的染色体上。DNA 与蛋白质骨架结合形成核蛋白（nucleoprotein），并有机地组成染色体。由一代传递给下一代的是位于 DNA 分子长链上的基因（gene）。

DNA 分子通常是很稳定的，并具有自我复制的能力。在少数情况下，DNA 分子某些部分的基因能够发生改变，即突变（mutation），从而使生物产生性状（character，trait）的变异。高等真核生物在形成生殖细胞以及雌雄配子结合的过程中，均可以发生基因重组（recombination），使后代表现出不同于双亲的性状。

基因通过转录、翻译产生蛋白质，或者是构成细胞或生物体的结构蛋白，从而直接决定生物性状的表现；或者是催化细胞内某种生化反应过程的酶，从而间接决定性状的表现。

基因不仅在生物个体的起源和生命活动中起着最基本的作用，而且基因通过其频率的改变使群体改变或者进化。

当然，任何生物的生长发育都必须具有必要的环境，遗传和变异的表现都与环境有关。因此，研究生物的遗传和变异，必须考虑其所处的环境。

资源 0-1

遗传学研究的任务在于：阐明生物遗传和变异的现象及其表现的规律；探索遗传和变异的原因及其物质基础，揭示其内在的规律；指导动物、植物和微生物的育种实践；防治遗传疾病，提高医学水平，造福人类。

第二节　遗传学的发展简史

考古学资料表明，人类在远古时代就已认识到遗传和变异的现象，并且通过选择，育成大量的优良动植物品种。但是，直到 18 世纪下半叶和 19 世纪上半叶，才由法国学者拉马克（J. B. Lamarck，1744 ~ 1829 年）和英国生物学家达尔文（C. Darwin，1809 ~ 1882 年）对生物界的遗传和变异进行了系统的研究。

拉马克认为环境条件的改变是生物变异的根本原因，由环境引起的变异可以遗传，进而提出器官的用进废退（use and disuse of organ）和获得性状遗传（inheritance of acquired character）等学说。这些学说虽然具有某些唯心主义的成分，但是对于后来生物进化学说的发展及遗传和变异的研究有着重要的推动作用。

达尔文在1859年发表了著名的《物种起源》(*The Origin of Species*)，提出自然选择的进化理论。他认为生物在长时间内累积微小的有利变异，当发生生殖隔离后就形成了一个新物种，然后新物种又继续发生进化变异。这不仅否定了物种不变的谬论，而且有力地论证了生物是由简单到复杂、由低级到高级逐渐进化的。对于遗传和变异的解释，达尔文在1868年发表的《驯养下动植物的变异》(*Variations of Animals and Plants under Domestication*）中承认获得性状遗传的一些论点，并提出泛生假说（hypothesis of pangenesis），认为动物每个器官里都普遍存在微小的泛生粒，它们能够分裂繁殖，并能在体内流动，聚集到生殖器官里，形成生殖细胞。当受精卵发育为成体时，各种泛生粒进入各器官发生作用，因而表现遗传。如果亲代的泛生粒发生改变，则子代表现变异。这一假说纯属推想，并未获得科学的证实。

达尔文以后，在生物科学中广泛流行的是新达尔文主义。这一论说支持达尔文的选择理论，但否定获得性状遗传。德国生物学家魏斯曼（A. Weismann，1834 ~ 1914年）是新达尔文主义的首创者。他提出种质连续论（theory of continuity of germplasm），认为多细胞的生物体是由体质（somatoplasm）和种质（germplasm）两部分组成的，体质是由种质产生的，种质是世代连绵不绝的。环境只能影响体质，而不能影响种质，故获得性状不能遗传。这一论点在后来生物科学中，特别是在遗传学方面产生了重大而广泛的影响。但是，这样把生物体绝对化地划分为种质和体质是片面的。这种划分在植物界一般是不存在的，而在动物界也仅仅是相对的。

真正科学、系统地研究生物的遗传和变异是从孟德尔（G. J. Mendel，1822 ~ 1884年）开始的。孟德尔是奥地利布隆的一位天主教修道士，他于1856 ~ 1864年在其所在修道院的小花园内从事豌豆杂交试验，进行细致的后代记载和统计分析，1866年发表“植物杂交试验”论文，首次提出分离和独立分配两个遗传基本规律，认为性状遗传是受细胞里的遗传因子（hereditary factor）控制的。遗憾的是这一重要理论当时未受到重视。

直到1900年，孟德尔的论文才得到3个不同国家的3位植物学家即荷兰的弗里斯（H. de Vries）、德国的柯伦斯（C. E. Correns）和奥地利的柴马克（E. V. Tschermak）的注意。弗里斯研究月见草和玉米，柯伦斯研究玉米、豌豆和菜豆，柴马克研究豌豆等，三者均从自己的独立研究中获得了孟德尔原理的证据。当他们在查找资料时都发现了孟德尔的论文。因此，1900年孟德尔遗传规律的重新发现，被公认为是遗传学建立和开始发展的一年。孟德尔被人们誉为“遗传学之父”。

1905年，英国的贝特生（W. Bateson）依据希腊语“生殖”（to generate）一词给遗传学（genetics）正式定名。

弗里斯于1901 ~ 1903年发表了“突变学说”。1903年，萨顿（W. S. Sutton）提出，染色体在减数分裂期间的行为是解释孟德尔遗传规律的细胞学基础。1905年，哈迪（G. H. Hardy）和温伯格（W. Weinberg）提出随机交配群体中基因频率和基因型频率的计算公式和遗传平衡定律。1906年，贝特生等在香豌豆杂交试验中发现性状连锁现象。约翰生（W. L. Johannsen）于1909年发表了“纯系学说”，并且最先提出“基因”一词，以代替孟德尔的遗传因子概念。在这个时期，细胞学和胚胎学已有很大的发展，对于细胞结构、有丝分裂、减数分裂、受精过程及细胞分裂过程中染色体的动态等都已比较清楚。

1910年后，美国遗传学家摩尔根（T. H. Morgan，1866～1945年）等用果蝇为材料进行了大量的遗传试验，同样发现性状连锁现象，并结合研究细胞核中染色体的动态，创立了基因论，证明基因位于染色体上，呈直线排列，从而提出遗传学的第三个基本规律——连锁遗传规律，并结合当时的细胞学成就，提出了遗传学的染色体理论，进一步发展为细胞遗传学。摩尔根由于其在遗传学研究中的重大成就，于1933年获得诺贝尔奖。斯特蒂文特（A. H. Sturtevant）以果蝇为研究对象，于1913年绘制出第一张连锁遗传图，标明了基因在染色体上的线性排列。

1927年，穆勒（H. J. Muller，1946年诺贝尔奖获得者）和斯特德勒（L. J. Stadler）几乎同时采用X射线，分别诱发果蝇和玉米突变成功。1937年，布莱克斯里（A. F. Blakeslee）等利用秋水仙素诱导植物多倍体成功，为探索遗传的变异开创了新的途径。并且，在20世纪30年代随着玉米等杂种优势在生产上的利用，研究者提出了杂种优势的遗传假说。

1930～1932年，费希尔（R. A. Fisher）、赖特（S. Wright）和霍尔丹（J. B. S. Haldane）等应用数理统计方法分析性状的遗传变异，推断遗传群体的各项遗传参数，奠定了数量遗传学和群体遗传学的基础。

1941年，比德尔（G. W. Beadle）和塔特姆（E. L. Tatum）用红色面包霉（也称粗糙型链孢霉或链孢霉）为材料，着重研究基因的生理和生化功能、分子结构及诱发突变等问题，证明了基因是通过酶而起作用的，提出“一个基因一个酶”的假说，从而发展了微生物遗传学和生化遗传学。二者于1958年获得诺贝尔奖。

资源 0-2

早在1932年，麦克林托克（B. McClintock）就发现了玉米籽粒色素斑点的不稳定遗传行为。1951年，她首次提出了玉米的转座因子系统——激活-解离系统（activator-dissociation system，Ac-Ds system）。但这种基因可移动的概念被学术界认为有悖遗传学的传统观点，直到在多种生物中证明基因确实可以移动后，她的发现才得到公认。麦克林托克也于1983年获得诺贝尔奖。

20世纪50年代前后，由于近代物理学、化学等先进技术和设备的应用，在遗传物质的研究上取得了重大进展，证实了染色体是由DNA、蛋白质和少量的RNA所组成，其中DNA是主要的遗传物质。1944年，艾弗里（O. T. Avery）用试验方法直接证明DNA是转化肺炎双球菌的遗传物质。1952年，赫尔希（A. D. Hershey，1969年诺贝尔奖获得者）和蔡斯（M. Chase）在大肠杆菌的T_2噬菌体内，用放射性同位素进行标记试验，进一步证明DNA是T_2噬菌体的遗传物质。特别是1953年，年仅25岁的美国生物学家沃森（J. D. Watson）和35岁的英国物理学家克里克（F. H. C. Crick）通过X射线衍射分析，提出DNA分子结构的双螺旋模型，这是遗传学发展史上一个重大的转折点，由此遗传学进入了分子遗传学时代。二人于1962年共享诺贝尔奖。这一理论为DNA的分子结构、自我复制、相对稳定性和变异性，以及DNA作为遗传信息的储存和传递等提供了合理的解释；明确了基因是DNA分子上的一个片段，为进一步从分子水平上研究基因的结构和功能、揭示生物遗传和变异的奥秘奠定了基础。

1955年，本泽尔（S. Benzer）首次提出T_4噬菌体的*rⅡ*座位的精细结构图。1957年，弗伦克尔-柯拉特（H. Fraenkel-Corat）等发现烟草花叶病毒的遗传物质是RNA。1958年，梅希尔逊（M. Meselson）和斯塔尔（F. Stahl）证明了DNA的半保留复制；同年，科恩伯格（A. Kornberg，1959年诺贝尔奖获得者）从大肠杆菌中分离得到DNA聚合酶Ⅰ。1959年，奥乔亚（S. Ochoa，1959年诺贝尔奖获得者）分离得到第一种RNA聚合酶。1961年，雅各布（F. Jacob）和莫诺（J. L. Monod，1965年诺贝尔奖获得者）提出细菌中基因表达与调控的操纵元模型。1961年，布伦纳（S. Brenner）、雅各布和梅尔逊发现了信使RNA（mRNA）。1965年，霍利（R. W. Holley，1968年诺贝尔奖获得者）首次分析出酵母丙氨酸tRNA的全部核苷酸序列。1966年，尼伦伯格（M. W. Nirenberg）和科拉纳（H. G. Khorana，1968年诺贝尔奖获得者）等建立了完整的遗传密码。

20世纪70年代初，人们在分子遗传学领域已成功地进行了人工分离基因和人工合成基因，开始建立遗传工程这一新的研究领域。1970年，史密斯（H. O. Smith，1978年诺贝尔奖获得者）首次分离到限制性内切核酸酶；同年，巴尔的摩（D. Baltimore，1975年诺贝尔奖获得者）分离到RNA肿瘤病毒的反转录酶。1972年，贝格（P. Berg，1980年诺贝尔奖获得者）在离体条件下首次合成重组DNA。1977年，吉尔伯特（W. Gilbert）、桑格（F. Sanger）（二人获1980年诺贝尔奖）和马克萨姆（A. Maxam）发明了DNA序列分析法。1982年，经美国食品药品监督管理局批准，采用基因工程方法在细菌中表达生产的人的胰岛素进入市场，成为基因工程产品直接造福于人类的首例。1983年，扎布瑞斯克（P. Zambryski）等用根癌农杆菌转化烟草，在世界上获得首例转基因植物。现在，人类已利用遗传工程改造和创建新的生命形态，生产药品、疫苗和食品，诊断和治疗遗传疾病。

20世纪90年代初，美国率先实施的“人类基因组计划”（Human Genome Project），旨在测定人类基因组全部约32亿个核苷酸对的排列顺序，构建控制人类生长发育的约3.5万个基因的遗传和物理图谱，确定人类基因组DNA编码的遗传信息。1987年，美国国会批准此计划，并开始实施。随后英、法、德、意、丹麦也出巨资支持。不久，日本、苏联、印度陆续成立相应机构，相互沟通和协作。1999年，中国争取到人类基因组计划的合作任务，即第3号染色体上的一段约30Mb项目，约占总体的1%。近几年来，人类、水稻、小鼠、黄瓜等多种生物的基因组测序已经完成。

21世纪，遗传学的发展进入了“后基因组时代”，将综合运用基因组学、转录组学、蛋白质组学、代谢组学、表型组学等组学方法，进一步阐明人类及其他动植物基因组编码的蛋白质的功能，弄清DNA序列所包含遗传信息的生物学功能。

回顾遗传学100余年的发展历史，我们不难看出，遗传学是一门发展极快的科学，差不多每隔10年，它就有一次重大的突破。现阶段的遗传学在广度上和深度上都有着飞速的发展，已从孟德尔、摩尔根时代的细胞学水平，深入发展到现代的分子水平。遗传学之所以能这样迅速的发展，一方面是由于遗传学与许多学科相互结合和渗透，促进了一些边缘学科的形成；另一方面是由于遗传学广泛应用近代化学、物理学、数学的新成就、新技术和新仪器设备，能由表及里、由简单到复杂、由宏观到微观，逐步地深入研究遗传物质的结构和功能。迄今，现代遗传学已发展出30多个分支，如细胞遗传学、数量遗传学、发育遗传学、进化遗传学、群体遗传学、辐射遗传学、医学遗传学、微生物遗传学、分子遗传学、遗传工程、基因组学、生物信息学等。

第三节　遗传学的重要作用

遗传学既是一门十分重要的理论科学，直接涉及生命起源和生物进化的机制；同时它又是一门紧密联系生产实际的基础科学，是指导动物、植物和微生物育种工作的理论基础；而且与医学保健密切相关。

遗传学研究表明，最低等的和最高等的生物之间所表现的遗传和变异规律都是相同的，有力地证明了生物界遗传规律的普遍性。分子遗传学的发展充分证实了以核酸和蛋白质为研究基础，特别是以 DNA 为研究基础，来认识和阐述生命现象及其本质，是现代生物科学发展的必然途径。

遗传学与进化论有着不可分割的关系。遗传学是研究生物上下代或少数几代的遗传和变异，进化论则是研究千万代或更多代数的遗传和变异。所以，进化论必须以遗传学为基础。达尔文的进化论是 19 世纪生物科学中一次巨大的变革，它在把当时由于物种特创论的影响、生物科学中各学科互不相关的研究统一在进化论的基础上，使它们成为相互具有关联的学科。但是，由于当时社会条件和科学水平的限制，特别是遗传学还没有建立，达尔文没有也不可能对于进化现象做出充分而完满的解释。直到 20 世纪遗传学建立以后，尤其是分子遗传学发展以后，进一步了解了遗传物质的结构和功能，以及其与蛋白质合成的相互关系，人们才可能精确地探讨生物遗传和变异的本质，从而也才可能了解各种生物在进化史上的亲缘关系及其形成过程，真正认识到生物进化的遗传机制。因此，分子遗传学的发展与达尔文的进化论相比拟，可以说是生物科学中又一次巨大的变革。

遗传学对于农业科学起着直接的指导作用，它是动物、植物及微生物育种的理论基础。为了提高育种工作的预见性，有效地控制有机体的遗传和变异，加速育种进程，就必须在遗传学理论的指导下开展品种选育和良种繁育工作。在植物育种上，如中国首先育成水稻矮秆优良品种，并在生产上大面积推广，从而获得显著的增产；墨西哥育成矮秆、高产、抗病的小麦品种。在动物育种上，如通过系统选育培育出的速生鸡在肉的质量和年产蛋量上都得到显著提高；采用人工授精的方法，可以培育出性状优良的牛、猪新品种。

特别是随着 DNA 重组技术的发展，人们利用基因工程可以定向地改良生物的品质、抗性等性状，高效培育出动植物新品种。例如，抗虫棉花、抗除草剂大豆、抗虫玉米、耐储藏番茄等多种转基因植物已培育成功。2023 年，全球转基因作物的种植面积已经达到 2.063 亿 hm^2。一批重要功能基因也相继从拟南芥、水稻、玉米、番茄、猪、鸡、牛等动植物中成功克隆。近几年发展起来的基因编辑技术能够高效率地进行定点基因组编辑，在生物基因研究、遗传改良等方面显示出巨大潜力。

遗传学在医学中也同样起着重要的指导作用。随着遗传学的发展，人类遗传性疾病的调查研究广泛开展，深入探索癌细胞的遗传机制，从而为保健工作提出有效的诊断、预防和治疗的措施，为消灭癌症展示出乐观的前景。重组 DNA 技术为基因操纵和基因克隆铺平了道路。人类的许多重要基因被分离、整合到各种载体，并转移到寄主细胞中，组成可以合成各种蛋白质的生产中心。随着动物转基因技术的发展，目前已开发出治疗遗传疾病的基因疗法。胰岛素、生长激素、细胞因子及多种单克隆抗体等基因工程药物已生产上市。基因编辑技术已开始用于治疗遗传疾病。

展望未来，人们将越来越认识到现代遗传学在科学发展、社会进步、生产力提高等各方面所产生的重要作用。当然，遗传学理论和方法的深入发展也给人类带来了一些意想不到的冲击，如可能被用于制造生物武器，可能被一些人用来制造克隆人，破坏人类社会的和谐。

本章课程视频

第一章　遗传的细胞学基础

细胞（cell）是生物有机体结构和生命活动的基本单位。生物的生长发育、繁殖、遗传变异、适应及进化等重要生命活动均以细胞为基础，而且生物的遗传物质也存在于细胞中，所以研究生物遗传与变异的规律及其机制，需首先了解细胞的结构、功能、繁殖方式及其与遗传和变异的关系。

第一节　细胞的结构和功能

自然界中，除了病毒（非细胞形态）以外的所有生物均由细胞组成。生物的细胞结构及组成存在差异。根据细胞结构复杂程度，可将其概分为两类：一类是结构简单、没有细胞核（仅有拟核）及没有膜包被细胞器的原核细胞（prokaryotic cell）；另一类是结构复杂、具有细胞核和细胞器的真核细胞（eukaryotic cell）。

一、原 核 细 胞

原核细胞结构简单，主要由细胞壁（cell wall）、细胞膜（cell membrane）、细胞质（cytoplasm）和拟核（nucleoid）构成（图 1-1）。

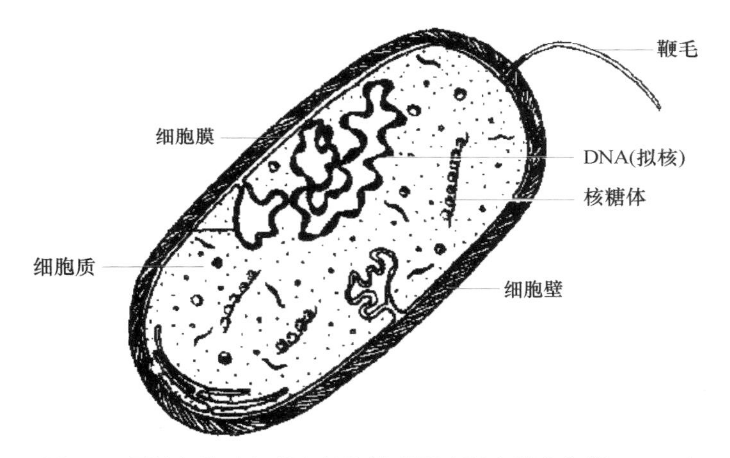

图 1-1　原核细胞（细菌）结构模式图（引自翟中和等，2001）

细胞壁是位于细胞膜外的一层坚韧并具弹性的结构。细胞壁的作用是保护和支撑细胞，调节物质交换。其主要化学成分是原核生物所特有的肽葡聚糖（peptidoglycan）。例如，细菌细胞壁的肽葡聚糖与抗原性、致病性有关。

细胞膜是细胞壁内包被原生质的生物膜，是典型的单位膜结构，厚度一般为 5～10nm，由蛋白质与脂类构成。它与细胞的物质交换、细胞识别和免疫、呼吸和光合作用的电子传递、光合作用的捕光反应（蓝细菌和紫细菌）密切相关。

细胞质是由核酸、蛋白质、脂类、多糖、无机盐和水组成的。细胞质内无线粒体（mitochondrion）、叶绿体（chloroplast）等有膜细胞器（organelle），但含有核糖体。核糖体是核糖核蛋白的颗粒状结构，是蛋白质合成的场所。例如，细菌的核糖体由大、小两个亚基组成，除与蛋白质合成有关外，还与抗生素的敏感性有关。细胞质内无分隔。

拟核是细胞质中染色质聚集形成的浓稠区域，无外膜包裹。拟核区内的 DNA 分子较小，结构简单。例如，细菌的拟核区主要由一条环状 DNA 分子和少量的组蛋白组成。

具有原核细胞的生物统称为原核生物（prokaryote）。细菌和蓝藻是原核生物的代表。

二、真 核 细 胞

真核细胞与原核细胞相比，结构复杂。真核细胞由细胞膜（cell membrane）、细胞质（cytoplasm）和细胞核（nucleus）组成。植物细胞的细胞膜外还含有细胞壁。植物细胞和动物细胞都属于真核细胞（图 1-2）。

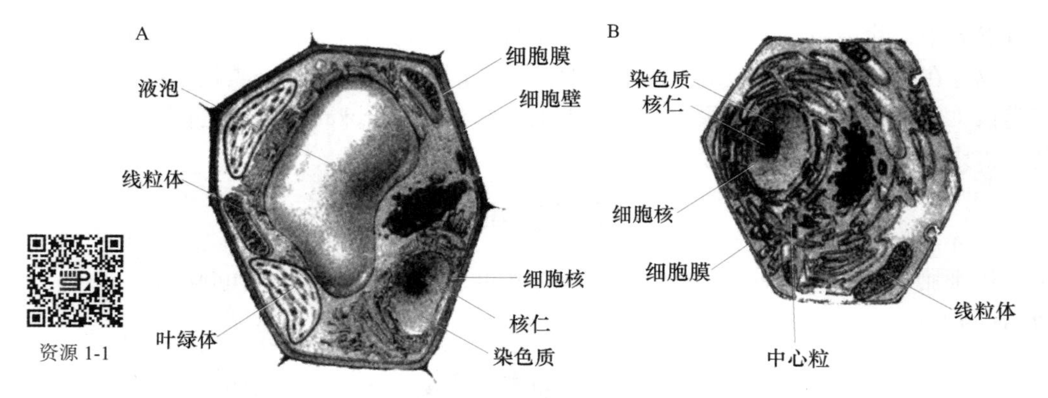

图 1-2　植物细胞（A）与动物细胞（B）比较模式图（引自韩贻仁等，2012）

细胞壁（cell wall）是植物细胞特有的，主要由纤维素、果胶质和半纤维素组成。其作用是保护原生质体。细胞壁上的间隙形成胞间连丝，可实现细胞间原生质的交流。

细胞膜（cell membrane）是包被原生质体的由蛋白质和磷脂组成的薄膜，具有选择渗透性。细胞膜能够维持细胞内环境稳定，可保证物质吸收、信息传递、能量转换等细胞生命活动的有序运行。

细胞质（cytoplasm）是细胞膜以内、细胞核以外的半透明、胶状、颗粒状物质，主要成分是蛋白质、脂肪、氨基酸和细胞质基质。细胞质内含各种细胞器及由蛋白纤丝构建的细胞骨架。细胞质含有的细胞器主要有线粒体（mitochondrion）、叶绿体（chloroplast）、内质网（endoplasmic reticulum）、核糖体（ribosome）、中心体（centrosome）等。

线粒体（mitochondrion）具有双层膜结构，内膜向内折叠，形成嵴（crista），是进行氧化磷酸化的场所。线粒体 DNA（mtDNA）是环状分子，可独立进行转录和复制。叶绿体（chloroplast）是某些藻类和绿色植物特有的。叶绿体也具有双层膜结构，其内膜折叠形成的类囊体含有光合作用的色素，是光合作用的场所。叶绿体基质中含有 DNA、RNA、核糖体和一些酶类物质，而环状结构的叶绿体 DNA（ctDNA）能独立进行转录和翻译，具有遗传的独立性。内质网是单层膜相结构，把质膜和核膜连成一个完整体系，为细胞空间提供了支架。内质网（endoplasmic reticulum）呈管状、囊腔状或小泡状。其外附核糖体的，称为粗糙型内质网（rER），是蛋白质合成的主要场所；不附着核糖体的，称为平滑型内质网（sER），与某些激素合成有关。核糖体（ribosome）在细胞质中占有较大的比例，是由约 40% 的蛋白质和 60% 的 RNA（主要是 rRNA）组成的微小细胞器。核糖体主要游离在细胞质中或附着在内质网上，也存在于细胞核内，是合成蛋白质的主要场所。中心体（centrosome）是动物和某些藻类及裸子植物特有的细胞器，其含有一对由微管蛋白组成的中心粒。它与细胞分裂的纺锤丝形成有关，在细胞分裂时形成纺锤体的两极。

细胞核（nucleus）是圆球形，直径为 5～25μm。它由核膜、核仁和染色质组成，是遗传物质集聚的主要场所，也是细胞生长、发育、繁殖和调控的中枢。

核膜（nuclear membrane）是位于细胞核与细胞质交界处的双层结构膜，外表面附有核糖体颗粒。在有丝分裂前期，核膜变成小泡，到分裂末期，这些小泡在染色体表面重建子细胞核膜。核膜的主要作用是保持细胞核的形态，同时也是染色质纤维附着的部位。核仁（nucleolus）是真核细胞间期核中最明显的呈圆形或椭圆形的颗粒状结构，在光学显微镜下极易看到，其组成成分有 rRNA、rDNA 和核糖核蛋白。核仁的外表面聚集核糖体，因而核仁是核内蛋白质合成的重要场所。核仁在细胞分裂期表现出周期性的消失和重建。染色质（chromatin）是遗传物质的主要载体，其形态和数目在细胞周期中呈现有规律的变化。

第二节　染　色　体

一、染色质与染色体

染色质（chromatin）是由弗莱明（W. Flemming）于 1882 年发现，而由瓦德叶（W. Waldeyer）于 1888 年正式命名的。它是指间期细胞核内由 DNA、组蛋白、非组蛋白和少量 RNA 组成的线性复合结构，易被碱性染料染色，是间期细胞遗传物质存在的主要形式。染色体（chromosome）是指细胞分裂过程中，由染色质聚缩而呈现为一定数目和形态的复合结构。染色质和染色体在化学组成上没有本质差异，反映了细胞周期中的不同阶段，是同一物质的两种不同存在状态。

间期染色质按其形态特征和着色特点可分为常染色质（euchromatin）和异染色质（heterochromatin）。

常染色质是指间期细胞核内纤细、处于伸展状态，并对碱性染料着色浅的染色质。其分子组成为单拷贝序列 DNA 或中度重复序列 DNA，是具有转录活性的染色质。异染色质是指间期核内聚缩程度较高，并对碱性染料着色较深的染色质。异染色质又可分为组成性异染色质（constitutive heterochromatin）和兼性异染色质（facultative heterochromatin）。组成性异染色质是指除复制期外均处于聚缩状态的染色质。它由高度重复的 DNA 序列构成，复制比常染色质晚，但聚缩早，具有显著的遗传惰性，极少参与转录和编码蛋白质，但其对细胞代谢活动、控制性状的遗传和变异有着不可替代的作用。例如，着丝粒区域、端粒、次缢痕或染色体臂内某些区域都属于组成性异染色质。兼性异染色质是指细胞发育的某阶段，原来的常染色质卷缩，丧失转录活性而变为异染色质。例如，雌性哺乳动物的 X 性染色体，当位于雄性个体中时，表现为功能活跃的常染色质，而在雌性个体内，则表现为异染色质。

染色体在细胞中具有特定的形态和数目，具有自我复制的能力，并积极参与细胞代谢活动，在细胞周期内表现出连续而有规律的变化。

二、染色体的形态

染色体形态是区分、识别染色体的重要标志。在细胞分裂间期，一般仅能看到染色较深的染色质，而看不到染色体的形态。细胞分裂过程中，染色体形态会发生有规律性的变化，其中以有丝分裂中期和早后期染色体形态表现得最为明显和典型，一般所说的染色体形态都是指这两个时期所观察到的形态。

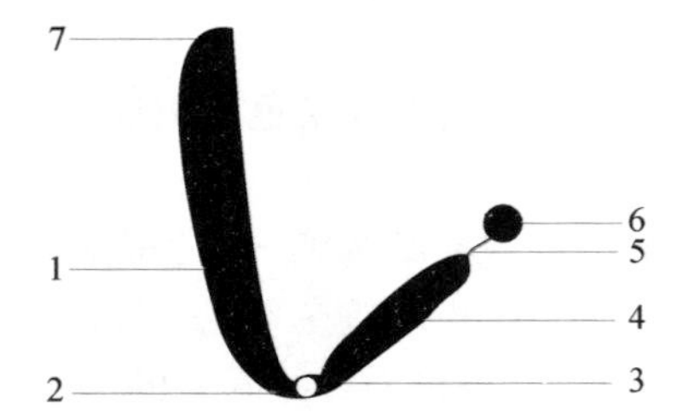

图 1-3 中期染色体形态模式图
1. 长臂；2. 主缢痕；3. 着丝粒；4. 短臂；5. 次缢痕；6. 随体；7. 端粒

中期染色体是由着丝粒（centromere）、染色体臂（chromosome arm）、次缢痕（secondary constriction）、随体（satellite）及端粒（telomere）组成（图 1-3）。

着丝粒是连接染色体两臂的区域。着丝粒的位置是染色体识别的最显著特征。它是在光学显微镜下中期染色体被碱性染料染色较浅的区域，表现缢缩，因此又称为主缢痕（primary constriction）。着丝粒的主要组成成分是串联重复序列 DNA 和组蛋白。在细胞分裂过程中，纺锤丝附着在着丝粒区域，对染色体向细胞两极均衡分离具有重要作用。无着丝粒的染色体在细胞分裂中会随机分配到两极，但也常丢失。其中着丝点（silk dot）是由多种蛋白质在有丝分裂染色体着丝粒部位形成的圆盘结构。它与着丝粒不同。电镜下动粒的圆盘结构分内、中、外三层。动粒的外侧和内侧分别用于纺锤体微管附着和与着丝粒的相互交织。每条中期染色体含两个动粒，位于着丝粒两侧，细胞分裂后分别被分配到两个子细胞。着丝粒是指着丝点集中的区域，纺锤丝附着在着丝点上。

染色体臂是着丝粒连接的着丝粒以外的区域，可分长臂和短臂。着丝粒在染色体上的位置是相对稳定的。根据着丝粒在染色体上位置的不同，可将染色体划分为 4 种类型：中间着丝粒染色体（metacentric chromosome），两臂长度相等或大致相等，在细胞分裂后期向两极移动时呈 V 形；近中着丝粒染色体（submetacentric chromosome），两臂不等长，有长、短臂区别，细胞分裂后期向两极移动时呈 L 形；近端着丝粒染色体（acrocentric chromosome），一条臂很长，另一条臂很短，细胞分裂后期向两极移动时呈棒状（或称 I 形）；顶端着丝粒染色体（telocentric chromosome），着丝粒位于一端，它是由着丝粒处断裂形成的，在细胞分裂后期向两极移动时也呈棒状。此外，某些染色体的两臂都极其粗短，则呈颗粒状。染色体类型划分标准及细胞分裂后期染色体形态分别见表 1-1 和图 1-4。

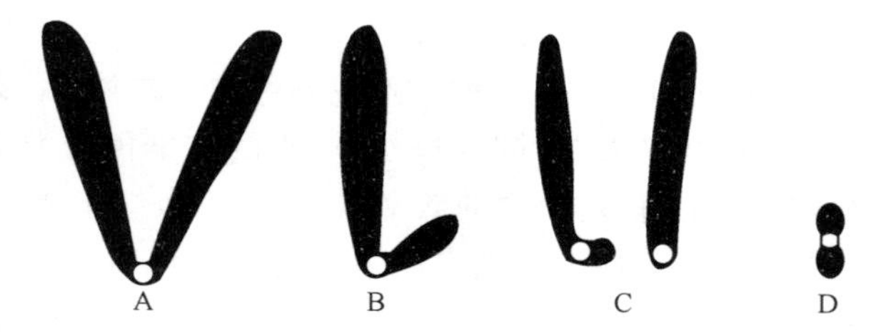

图 1-4 后期染色体形态模式图
A. V 形染色体；B. L 形染色体；C. 棒状染色体；D. 粒状染色体

表 1-1 染色体分类标准（按着丝粒位置区分）

染色体类型	臂比（长臂 / 短臂）	分裂后期形态	染色体臂数	表示符号
中间着丝粒	1.00 ~ 1.70	V	2	M
近中着丝粒	1.71 ~ 3.00	L	2	SM
近端着丝粒	3.01 ~ 7.00	I	2	ST
顶端着丝粒	7.01 ~ ∞	I	1	T

次缢痕（secondary constriction）是指某些染色体臂上除主缢痕外含有的另外缢缩区域（图 1-3）。次缢痕的位置和大小是相对恒定的，是识别染色体的重要标志之一。此外，次缢痕具有组成核仁的特殊功能。在细胞分裂时，次缢痕紧密连接核仁，也称核仁组织中心（nucleolar organizing region，NOR）。例如，玉米第 6 染色体的次缢痕就明显地连接着一个核仁。但也有些生物在一个核中有两个或多个核仁。例如，人类的第 13、14、15、21 和 22 染色体的短臂上都各连接着一个核仁。

随体（satellite）是染色体次缢痕末端具有的圆形或略呈长形的染色体区段（图 1-3）。次缢痕位置是相对稳定的，所以随体的有无及大小也是染色体识别的重要形态特征。

端粒（telomere）是染色体端部特化区域，表现为对碱性染料着色较深（图 1-3）。通常同物种的端粒含有相同串联重复序列的 DNA，不同物种的端粒重复序列有差异。端粒对染色体具有保护作用，能够维持染色体 DNA 复制过程中的完整性和特异性。端粒与染色体在核内的空间排列及减数分裂时同源染色体配对的调控有关。此外，端粒长度可能与细胞寿命有关。

生物体细胞内，具有相同形态特征的染色体常成对存在。形态和结构相同的一对染色体，称为同源染色体（homologous chromosome）。一对同源染色体与另一对染色体之间，互称为非同源染色体（nonhomologous chromosome）。例如，玉米共有 10 对染色体，形态相同的每对染色体间称为同源染色体，而这 10 对同源染色体间又称为非同源染色体。

彩图

在细胞遗传学上，可根据染色体的长度、着丝点的位置、长短臂之比（臂比）、次缢痕的位置、随体的有无对染色体予以分类和编号，这种对生物细胞核内全部染色体形态特征的分析，称为核型分析（karyotype analysis）。

通常利用有丝分裂中期染色体进行染色体核型分析。第一是确定染色体数目；第二是分析染色体形态；第三是根据实际比例标准绘制核内全部染色体的核型图。通常，以染色体长度对染色体进行编号，由长到短依次排列为 1，2……相同长度的染色体把短臂长的排在前面；性染色体和 B 染色体排在最后。例如，人类有 23 对染色体，根据染色体长度进行编号，结合染色体类型进行编组，把第 1 对到第 23 对染色体划分为 7 组（A，B，…，G），分别予以编号（图 1-5，表 1-2）。

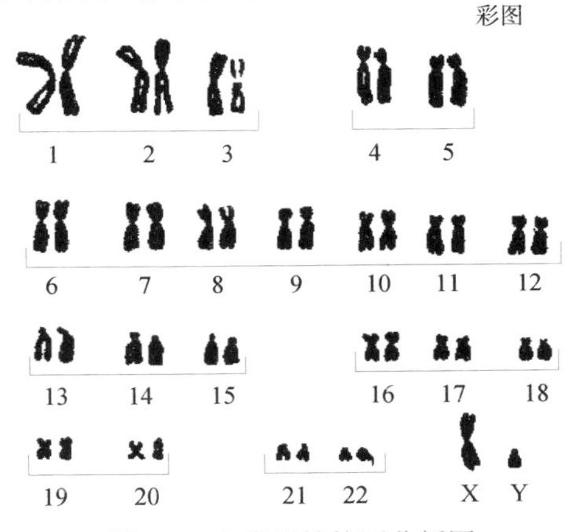

图 1-5 人类男性核型分析图
（引自 Russell，2000）

人类核型分析是利用高分辨的晚前期和早中期染色体，按以上分类标准经《人类细胞遗传学命名的国际体制》（ISCN）确定的。

表 1-2 人类染色体的核型分类

组别	A	B	C	D	E	F	G
编号	1～3	4，5	6～12，X	13～15	16～18	19，20	21，22，Y
长度	最长	长	较长	中	较短	短	最短
着丝粒位置	中间	近中	近中	近端	中间，近中	中间	近端
随体	无	无	无	有	无	无	有

染色体核型分析常用两种方法：第一种是常规形态分析法（图 1-5）。其原理是根据染色体的常规形态特征和参数标准来绘制染色体核型图。第二种是带型（banding pattern）分析。其原理是通过特殊染色方法使染色体的不同区域着色，呈现明暗相间的带纹来识别染色体的特异性。例如，带型的数目、部位、宽窄和着色深浅对于不同的同源染色体都具有特殊性。

染色体的核型分析现已在医学上和动植物育种中得到广泛应用。在医学上，其作为一种常规项目，用来诊断染色体异常而引起的遗传性疾病。在动植物育种中用来鉴定物种中特定的染色体，具有重要的理论和实用意义。

三、染色体的组成及分子结构

染色质与染色体的概念在上一节已作了简单叙述。它们都是由 DNA、蛋白质（组蛋白和非组蛋白）及少量 RNA 组成的复杂结构。原核细胞和真核细胞染色体间的不同点在于组成成分及空间结构的差异。

（一）原核细胞的染色体结构

通常原核细胞的染色体含有一条双链环状的 DNA 分子。原核生物包含细菌和古细菌两类，均是单细胞微生物。它们的染色体均是含一条双链 DNA 的环状染色体。例如，大肠杆菌（*Escherichia coli*）染色体是环状分子，其分布在细胞内，易被转录成 mRNA，然后由核糖体翻译成蛋白质。

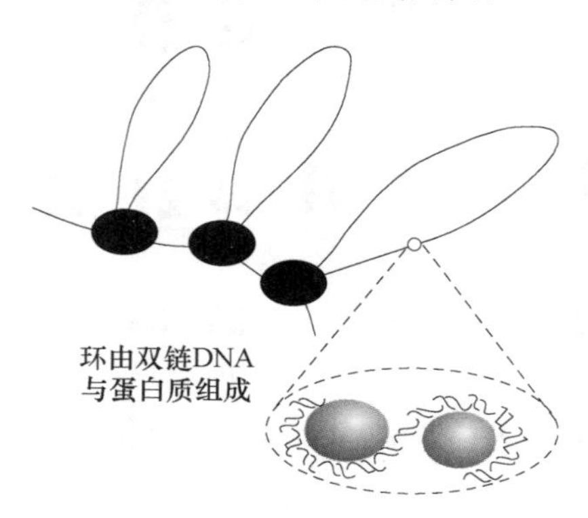

图 1-6 原核生物染色体结构模型
（引自 Lewin，2004）

大肠杆菌是微生物遗传学和分子遗传学研究的模式材料，这与其染色体结构密不可分。大肠杆菌的拟核由闭环双链 DNA 分子、蛋白质和 RNA 组成。细胞生长时，DNA 持续复制，拟核中含有基因组的两个拷贝。DNA 的双链闭环结构是由约 100 个独立的不同水平超螺旋结构域（呈环状）组成的（图 1-6），而且每个超螺旋结构域一圈平均长 100bp。每个结构域末端被与细胞膜相连的蛋白质所固定或者缠绕，其中约有 50% 的超螺旋结构域被固定。

在原核细胞中紧密缠绕的较致密的不规则小体就是拟核。在其内部少量的 RNA 聚合酶及 mRNA 的存在能有效促进拟核组织的构建。大肠杆菌及其他原核细胞染色质都是以拟核形式在细胞中执行着诸如复制、重组、转录、翻译及复杂的调节功能。

（二）真核细胞的染色体结构

1．染色质的结构

真核细胞染色体大部分时间是以染色质的形态存在的。1974年，科恩伯格（R. D. Kornberg）提出了染色质的“念珠状结构”模型，同时也发现了核小体是染色质结构的基本单位。通过对真核细胞温和裂解和盐溶液解聚的染色质观察，证实了染色质的“念珠状结构”（图1-7）。

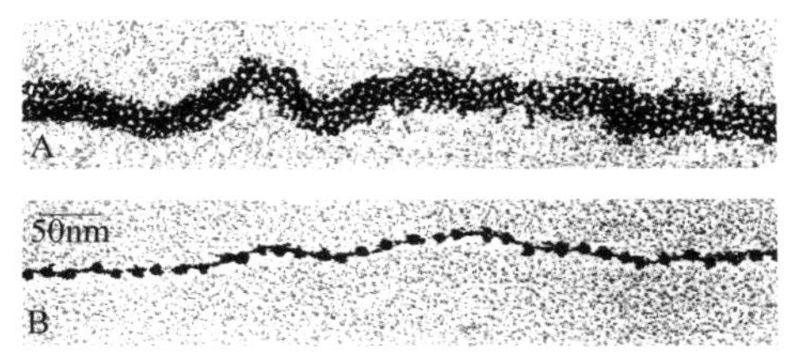

图1-7 染色质丝的结构图
（引自翟中和等，2001）
A．自然结构；B．解聚后结构

核小体（nucleosome）是染色质的基本结构单位，包括约200bp的DNA超螺旋，以及由H2A、H2B、H3和H4各2分子构成的蛋白质八聚体（octamer）。蛋白质八聚体是核小体的核心，DNA分子以左旋盘绕在其外侧，将八聚体串联起来。相邻核小体间由组蛋白H1与DNA结合，其作用是稳定核小体与DNA的结合，保持其空间状态。这是染色质的一级结构（图1-8A）。

染色体在细胞分裂周期中的变化就是这些核小体“链”组装和拆卸的转换过程。

2．染色体的结构

真核细胞的有丝分裂中期可观察到一条染色体是由两条染色单体（chromatid）组成的。每条染色单体包括一条染色线（chromonema），以及位于线上的许多染色很深的颗粒状染色粒（chromomere）。染色粒的大小不同，在染色线上存在一定的排列顺序，一般认为它们是染色线盘绕卷缩而成的。现已证实每个染色单体是单线的，是一个DNA双螺旋分子与蛋白质结合形成的染色线。染色线伸展时可达几毫米至几厘米，细胞有丝分裂中期染色体长度一般介于零点几微米到几十微米。因此，染色体具有比染色线更高级的结构。1976年，芬奇（J. T. Finch）提出了染色体的二级结构模型，即螺旋管（solenoid），并得到了电镜实验观察结果的证实。该模型认为核小体长链在组蛋白H1的作用下螺旋化形成直径为30nm、呈中空的管状结构。每周螺旋包括6个核小体，因此其长度缩短为原来的1/6（图1-8B）。在螺旋管基础上，进一步卷缩形成DNA平均大小为80～150kb的环，每一个环含有约40个螺旋管，称为超螺旋管（super solenoid）或染色体的三级结构，附着于由非组蛋白形成的支架（scaffold）（图1-8C）上面，并进一步折叠约5次成为具一定形态的染色体（图1-8D）。因此，由一个DNA双螺旋分子到染色体，总长度缩短为原来的1/10 000～1/8 000。

四、染色体的数目

每个物种都具有相对恒定的染色体数目，这也是物种特征之一。染色体数目的改变将会导致生物性状的变异或新物种的产生。染色体在体细胞中是成对存在的，其数目通常用2*n*表示；而在性细胞中，染色体数目是其体细胞的一半，其数目通常用*n*表

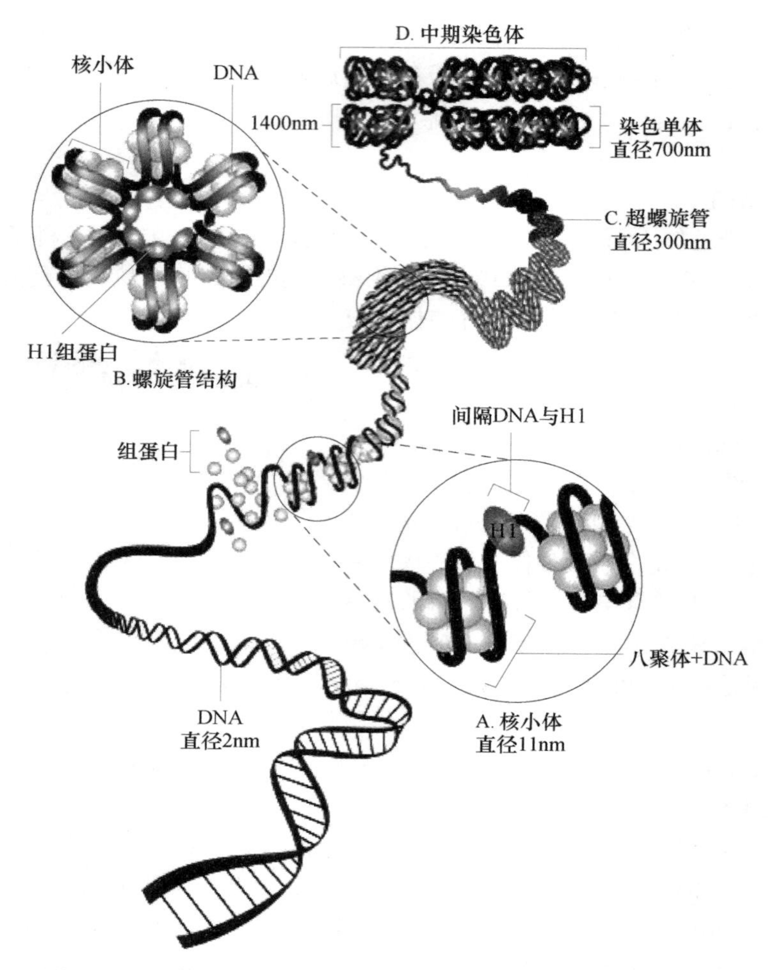

图 1-8　核小体形成染色体示意图（引自 Klug and Cummings，2002）

示。不同物种间的染色体数目往往差异很大。例如，马蛔虫变种只有 1 对染色体（$2n = 2$），而有些物种的染色体数可多达数百对以上，蝴蝶 *Lysandra* sp. 为 191 对染色体（$2n = 382$），瓶尔小草属（*Ophioglossum*）的一些物种含有 400 ~ 600 对染色体。通常被子植物（angiospermae）比裸子植物（gymnospermae）的染色体数目多些，而某些低等生物又可比高等生物具有更多的染色体。因而染色体数目与物种的进化程度无关。但是染色体的数目和形态特征对于鉴定系统发育过程中物种间的亲缘关系，特别是对植物亲缘关系的分类，具有重要的意义。

现将一些常见生物的染色体数目列于表 1-3。

真核生物的细胞内，具有基本数目的染色体并相互协调以维持生物的生命活动。通常把具有的正常数目的染色体称为 A 染色体（A chromosome）。但在真核生物的细胞核内还常出现额外的染色体，称为 B 染色体（B chromosome），也称为超数染色体（supernumerary chromosome）。

表 1-3 常见物种的染色体数目

物种名称	染色体数目（2*n*）	物种名称	染色体数目（2*n*）
水稻（*Oryza sativa*）	24	拟南芥（*Arabidopsis thaliana*）	10
小麦属（*Triticum*）		西瓜（*Citrullus lanatus*）	22
一粒小麦（*T. monococcum*）	14	黄瓜（*Cucumis sativus*）	14
二粒小麦（*T. dicoccum*）	28	南瓜（*Cucurbita moschata*）	40
普通小麦（*T. aestivum*）	42	萝卜（*Raphanus sativus*）	18
大麦（*Hordeum vulgare*）	14	番茄（*Lycopersicon esculentum*）	24
玉米（*Zea mays*）	20	洋葱（*Allium cepa*）	16
高粱（*Sorghum bicolor*）	20	甜橙（*Citrus sinensis*）	18，36
黑麦（*Secale cereale*）	14	苹果（*Malus domestica*）	34
燕麦（*Avena sativa*）	42	桃（*Prunus persica*）	16
粟（*Setaria italica*）	18	巴梨（*Pyrus communis*）	34
大豆（*Glycine max*）	40	松（*Pinus* spp.）	24
蚕豆（*Vicia faba*）	12	白杨（*Populus alba*）	38
豌豆（*Pisum sativum*）	14	茶（*Camellia sinensis*）	30
花生（*Arachis hypogaea*）	40	桑（*Morus alba*）	14
马铃薯（*Solanum tuberosum*）	48	家蚕（*Bombyx mori*）	56
甘薯（*Ipomoea batatas*）	90	黑腹果蝇（*Drosophila melanogaster*）	8
甘蔗（*Saccharum officinarum*）	80，126	西方蜜蜂（*Apis mellifera*）	32
甜菜（*Beta vulgaris*）	18	小家鼠（*Mus musculus*）	40
烟草（*Nicotiana tabacum*）	48	褐家鼠（*Rattus norvegicus*）	42
芸薹属（*Brassica*）		家鸡（*Gallus domesticus*）	78
白菜型油菜（*B. campestris*）	20	野猪（*Sus scrofa*）	38
芥菜型油菜（*B. juncea*）	36	黄牛（*Bos taurus*）	60
甘蓝型油菜（*B. napus*）	38	马（*Equus calibus*）	64
棉属（*Gossypium*）		猕猴（*Macaca mulatta*）	42
亚洲棉（*G. arboreum*）	26	人（*Homo sapiens*）	46
陆地棉（*G. hirsutum*）	52	红色面包霉（*Neurospora crassa*）	$n=7$
黄麻（*Corchorus capsularis*）	14	青霉菌（*Penicillium* spp.）	$n=4$
大麻（*Cannabis sativa*）	20	莱茵衣藻（*Chlamydomonas reinhardtii*）	$n=16$

B 染色体最早是在玉米中被发现的，并陆续在 1300 种植物和 500 种动物中相继被发现，可见 B 染色体分布广泛。通常 B 染色体比 A 染色体小。基因组原位杂交（GISH）的结果说明，B 染色体与 A 染色体的序列不同源。其遗传方式不遵循孟德尔遗传，原因是减数分裂过程常出现丢失和随机分配的现象。例如，用含 B 染色体葱属植物北葱（*Allium schoenoprasum*）个体间杂交，发现含 B 染色体的子代数目要少于预期的数目。B 染色体一般不含有控制生长和适应性的重要基因，这样可使含 B 染色体的生物得以存活。目前动植物 B 染色体研究表明，B 染色体起源于种间（如燕麦的玉米 B 染色体）和种内（如玉米的 B 染色体起源于其 A 染色体）的染色体畸变。随着遗传学的深入发展，

B 染色体的研究越来越受到生物学家的重视，它对染色体遗传工程和作物遗传育种改良具有重要意义。

第三节　细胞周期与细胞分裂

细胞分裂是实现生物体的生长、繁殖和世代间遗传物质连续性的必要方式。染色体在细胞分裂过程中承担着重要的角色，它通过染色体复制等一系列有规律的变化使自己得到合理的分配，从而保证了遗传物质从细胞到细胞及世代间传递的连续性和稳定性，也保证了生物的正常生长、发育和物种的稳定性。遗传学上许多基本理论和规律都是建立在细胞分裂基础上的。细胞分裂包括无丝分裂（amitosis）、有丝分裂（mitosis）和减数分裂（meiosis）3 种方式。

一、细 胞 周 期

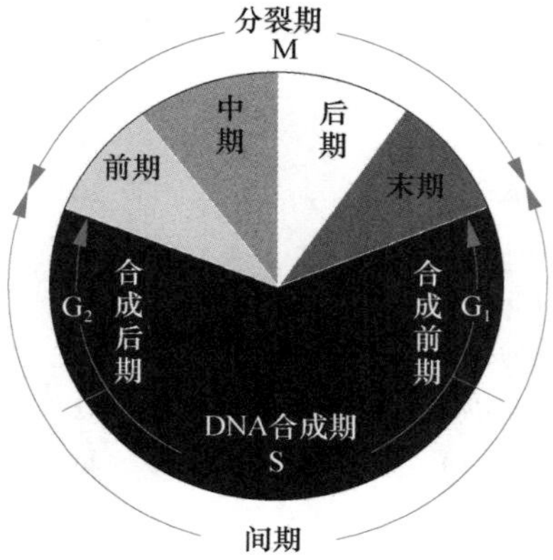

图 1-9　细胞有丝分裂周期模式图

细胞周期是细胞分裂的周期，是细胞从上一次分裂结束到下一次分裂结束所经历的时间。高等生物的细胞分裂主要以有丝分裂方式进行，根据细胞内染色体形态的变化，可将细胞周期分为分裂期（M）和两次分裂之间的间期（interphase）两个阶段。细胞周期包括 2 个时期（间期和分裂期）和 2 次分裂（细胞核分裂和细胞质分裂）（图 1-9）。

（一）间期

间期是指在两次连续细胞分裂之间的时间间隔。20 世纪 50 年代前，有丝分裂一直是研究细胞增殖的焦点，认为间期的细胞是安静状态。但到了 20 世纪 50 年代，利用放射自显影法对 DNA 进行定位和合成研究，探明了 DNA 复制是在细胞分裂间期进行的。

间期细胞处于高度活跃的生理生化代谢状态。细胞内的 DNA 复制加倍，组蛋白也加倍合成，高能化合物进行量的积累，为细胞分裂储备足够易于利用的能量和原料。同时，细胞在间期生长，使核体积和胞质的比例达到最适的平衡状态。在动物间期细胞中，还要进行中心粒的复制。

根据间期 DNA 合成特点，细胞分裂间期又可划分为 DNA 合成前期（G_1 期）、DNA 合成期（S 期）和 DNA 合成后期（G_2 期）（图 1-9）。

G_1 期是从上一次细胞分裂结束到 DNA 合成前的间隙，主要进行细胞生长，为 DNA 复制作准备。此期虽不进行 DNA 合成，但已开始合成细胞生长所需的蛋白质、糖类、脂类等。S 期是 DNA 合成期，此期进行 DNA 的复制，DNA 的含量加倍。在真核细胞中新复制 DNA 与新合成组蛋白结合形成核小体。G_2 期是从 DNA 合成后到细胞开始分裂前的间隙。此期 DNA 含量已增加 1 倍，其他结构物质和相关的亚细胞结构已为进入 M 期作好了必要的准备。G_2 期结束后，细胞进入分裂期。此外，有些细胞前一次细胞分裂结束后不再进入下一次分裂，暂时退出细胞周期，通常将此状态的时期称为 G_0 期。

（二）分裂期

细胞分裂期（M）由核分裂（karyokinesis）和胞质分裂（cytokinesis）两个阶段构成。核分裂就是细胞核一分为二，产生两个相同子核的过程。胞质分裂则是指两个新的子核之间形成新细胞膜或细胞壁，把母细胞分隔成两个子细胞的过程。

（三）细胞周期的时间分布

细胞周期中各个时期持续的时间因生物种类、细胞类型和生理状态的不同而存在差异。通常 S 期所用的时间较长，且较稳定；M 期的时间最短。G_1 期和 G_2 期的时间较短，但差异也较大。例如，紫露草（*Tradescantia ohiensis*）根尖细胞的周期约为 20h，其中 G_1 期 4h，S 期 10.8h，G_2 期 2.7h，而 M 期只有 2.5h。哺乳动物离体培养细胞的有丝分裂周期，G_1 期为 10h，S 期为 9h，G_2 期为 4h，M 期只有 1h。

（四）细胞周期的转换点及其调控

细胞周期的遗传调控是当今遗传学研究中非常活跃的领域。细胞周期是复杂和精细的调节过程，大量调节蛋白参与其中。真核生物的个体或组织，其细胞群按细胞增殖或分裂状态分为 3 类，即 G_0 期细胞、周期细胞和分化细胞。

G_0 期细胞不分裂、停留在 G_1 期。例如，花粉粒中的营养细胞，在形成之后不进行 DNA 复制，细胞周期停止于 G_1 期，处于静止状态，属于 G_0 期细胞。茎的皮层细胞通常不再进行细胞分裂，也视为 G_0 期细胞。植物根尖、茎尖的原分生组织细胞是处于连续分裂的周期细胞，保持着分裂能力。还有一些细胞不可逆地脱离了细胞周期，失去分裂能力，成为分化细胞，如韧皮部中的筛管分子。

研究人员发现，在细胞周期中存在着控制决定点（principal decision point），控制细胞是否进入下一个细胞周期。它们由细胞周期蛋白（cyclin）及周期蛋白依赖性激酶（cyclin-dependent kinase，CDK）调控。在细胞周期转换过程中，一个最重要的控制点就是决定细胞是否进入 S 期的决定点，即从 G_1 期到 S 期的 DNA 合成起始转换点。该决定点于 G_1 中期，细胞接收内、外的信号后，在 G_1 期细胞周期蛋白及其 CDK 作用下，调控细胞是否通过该控制点。当细胞通过了该控制点，其就进入下一轮的 DNA 复制。如果在 G_1 后期，发生营养缺乏或 DNA 损伤等，将影响 G_1 期细胞周期蛋白及其 CDK 的作用，从而阻止细胞进入 S 期，使细胞停留在 G_1 期而成为 G_0 期细胞。G_0 期与 G_1 期之间的转换是可逆过程。如果该控制点失控，将会引起细胞大量增殖而导致肿瘤的发生。细胞周期的其他时期也都有其控制点，其调控方式与进入 S 期相类似。例如，细胞进入有丝分裂期的控制点由 M 期细胞周期蛋白及其 CDK 所调控（图 1-10）。

二、无 丝 分 裂

无丝分裂也称直接分裂（direct division），是指分裂细胞的染色体复制，细胞增大，当细胞核体积增大到一定程度时，细胞核拉长，缢裂成两部分，同时细胞质分裂，形成两个子细胞。此过程核膜和核仁不消失，没有纺锤丝的出现，故称为无丝分裂。无丝分裂染色质也要进行复制以保证细胞生长得以实现，但核中遗传物质的分配看不到有规律的变化。

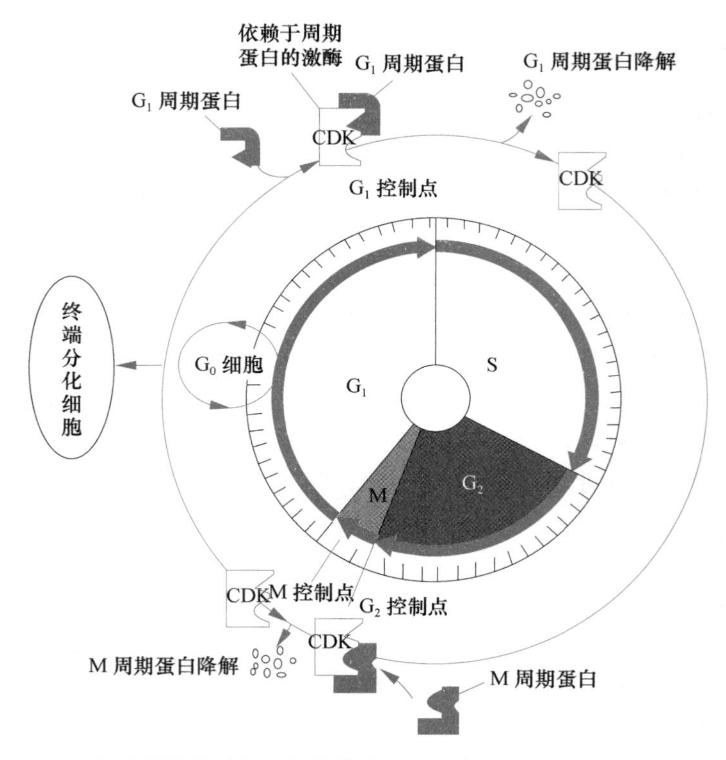

图 1-10　细胞周期的转换与调控模式图（引自 Ekholm and Reed，2000）

无丝分裂是低等生物如细菌等的主要细胞分裂方式，高等生物的某些特化组织及某些生长迅速的组织也有可能发生。例如，在小麦的茎节基部和番茄叶腋处，以及一些肿瘤和愈伤细胞中可观察到无丝分裂。近几年在高等植物的薄壁组织细胞、木质部细胞、毡绒层细胞和胚乳细胞，以及动物胚的胎膜、填充组织和肌肉组织中也观察到了无丝分裂。虽然人们对细胞无丝分裂的认识已积累了很多，但对无丝分裂的研究尚不深入。

三、有 丝 分 裂

（一）有丝分裂过程

有丝分裂（mitosis）又称间接分裂（indirect division），是高等生物细胞分裂的主要方式，包含细胞核分裂和细胞质分裂两个紧密相连的过程。有丝分裂的特点是有纺锤体和染色体出现，形成具有与母细胞相同数目染色体的 2 个子细胞。

细胞有丝分裂是一个连续的过程，根据染色体形态变化，可将其分为前期（prophase）、中期（metaphase）、后期（anaphase）和末期（telophase）（图 1-11）。

前期　细胞核内出现光学显微镜下可见的细长而卷曲的染色体，且每条染色体含有由一个共同着丝粒连接的两个姊妹染色单体。其中，动物细胞中心体分裂为二，并向两极分开，周围出现星射线，在前期最后阶段形成丝状的纺锤丝（spindle fiber）。高等植物细胞两极也出现纺锤丝。核仁变为核仁线分散在核液中或黏附于染色体上。核膜解体成小泡，分散于细胞质中。

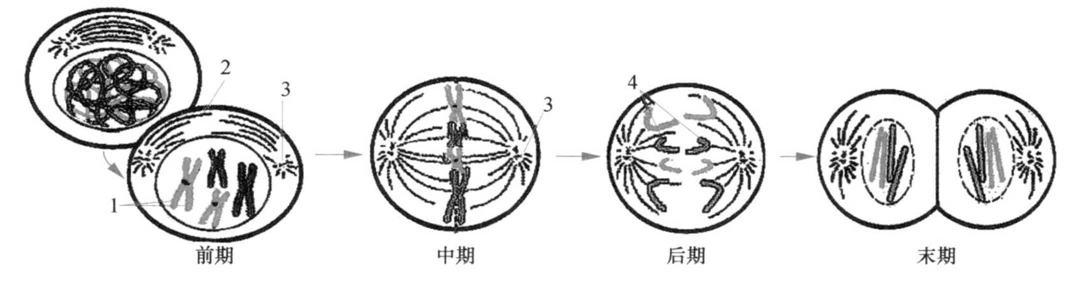

图 1-11 细胞有丝分裂模式图

1. 姊妹染色单体；2. 纺锤丝；3. 中心粒；4. 分向两极的染色单体

中期　核仁和核膜消失，细胞核与细胞质已无明显界限，细胞内出现清晰可见的由纺锤丝所构成的纺锤体（spindle），而动物细胞是由星射线形成的纺锤体。着丝粒受纺锤丝牵引全部整齐、均匀地排列在纺锤体中央的赤道板上，而其两臂则自由地分散在赤道板的两侧。纺锤体调控真核细胞有丝分裂染色体的均等分离，若纺锤体异常将引起细胞均等分裂障碍，导致细胞死亡或肿瘤等疾病的发生。有丝分裂中期是进行染色体鉴别和计数的最佳时期，但中期持续时间很短。

后期　每条染色体的着丝粒分裂为二，染色单体变为独立的染色体。在纺锤丝的牵引下，成对的染色体彼此分离向两极移动，因而细胞两极具有与母细胞同等数目的染色体。

末期　在两极围绕着染色体出现新核膜，染色体又变得松散细长，解螺旋化复原成染色质。每组染色体周围聚集的核膜融合为完整核膜。随着子细胞核的形成，核内出现新的核仁，于是每个母细胞内形成两个子核。同时位于纺锤体的赤道板区域形成细胞板，接着细胞质分裂，母细胞也就分裂为两个子细胞。染色体又恢复为分裂前的间期状态。动物细胞分裂末期，细胞膜从细胞的中部向内凹陷，细胞缢裂成两部分，每部分都含有一个细胞核。这样一个母细胞就分裂成了两个子细胞。

细胞质分裂　在核分裂结束后，或者染色体解螺旋和形成核膜的同时进行胞质分裂，故可把细胞质分裂看作一个单独阶段。甚至动物细胞有时在中、后期就已开始细胞质分裂。在细胞质分裂过程中，细胞质和其含有的细胞器也随机分配到子细胞中去。动物和低等植物细胞的细胞质分裂主要以“缢缩”方式进行，其细胞质周围形成由微丝组成的收缩环，使细胞逐渐缢缩，最后使细胞质一分为二。植物靠细胞板形成来完成细胞质分裂，当纺锤体两极的纺锤丝消失后，中间区纺锤丝向四周扩展形成桶状结构，随后来自内质网和高尔基体的小泡及颗粒等成分沿赤道板排列，融合而成细胞板，在其两侧将积累多糖，发育成细胞壁，使细胞质一分为二。

有丝分裂过程所经历的时间，因物种和外界环境条件而存在差异，一般前期持续时间最长，可持续 1 ~ 2h。中期、后期和末期的持续时间都较短，为 5 ~ 30min。在相同环境条件下，不同物种有丝分裂的时间差异很大。例如，同在 25℃条件下，洋葱根尖细胞的有丝分裂时间约为 83min，而大豆根尖细胞的有丝分裂时间约为 114min。

（二）有丝分裂的遗传学意义

细胞核内染色体准确复制，使两个子细胞的遗传基础与母细胞完全相同。复制的各对染色体规则而均匀地分配到两个子细胞中，使子、母细胞具有同样质量和数量的染色体。因而，有丝分裂促进了细胞数目增加，维持了个体正常生长和发育，保证了物种的连续性和稳定性。植物中采用无性繁殖所获得的后代能保持其母本的遗传性状，就在于它们是通过有丝分裂而产生的。

（三）有丝分裂的特殊形式

细胞有丝分裂过程中会产生一些异常现象，导致多核细胞、多倍染色体的出现。

多核细胞是细胞核进行多次的有丝分裂，而细胞质不分裂，因而形成具有很多游离核的多核细胞。多核细胞是细胞质分裂延迟至核经过多次分裂后才进行，或者核分裂后并不形成新细胞壁，就形成了多核细胞。例如，多种植物的种子中胚乳的发育就是这种分裂方式。多倍染色体是核内染色体复制并分裂，而核和细胞并不分裂，结果加倍的染色体都留在一个细胞核中，这种分裂方式又称为核内有丝分裂（endomitosis）。核内有丝分裂是引起体细胞染色体加倍，自然界产生多倍体的一种方式，在物种形成和生物进化过程中起着一定的作用。近年来发现，植物组织或细胞在进行人工离体培养形成愈伤组织过程中，由于染色体与细胞质分裂不同步，经常会出现因核内染色体重复复制而引起的多倍化现象。这种不正常细胞分裂在大多数情况下应当避免，但在有些情况下，却可被用来进行染色体加倍。

四、减 数 分 裂

减数分裂（meiosis）又称成熟分裂（maturation division），是性母细胞成熟时，配子形成过程中发生的一种特殊形式的有丝分裂。由于所形成的子细胞内染色体数目比母细胞减少一半，因此称为减数分裂。

（一）减数分裂过程

减数分裂包括一次染色体复制和连续两次的细胞分裂过程。在性母细胞进行减数分裂之前也有间期，其染色体复制与有丝分裂的间期染色体复制相似，也可分为 G_1、S 和 G_2 三个时期，但 S 期要比有丝分裂的 S 期长，因而减数分裂间期有别于有丝分裂间期，通常把减数分裂的间期称为减数分裂前间期（premeiotic interphase）。

构成减数分裂过程的两次连续的细胞分裂，通常称减数第一次分裂（meiosis Ⅰ，MⅠ）和减数第二次分裂（meiosis Ⅱ，MⅡ），而每次分裂又可划分为前期、中期、后期和末期。为便于描述，将减数第一次分裂和第二次分裂的各个时期分别写成前期Ⅰ、中期Ⅰ、后期Ⅰ、末期Ⅰ、前期Ⅱ、中期Ⅱ、后期Ⅱ和末期Ⅱ。两次分裂之间具有短暂的间歇期，称为中间期。

1. 减数第一次分裂

前期Ⅰ　持续时间较长，进行 RNA 和蛋白质的合成。根据细胞及染色体形态的变化，可将前期Ⅰ分为细线期（leptonema）、偶线期（zygonema）、粗线期（pachynema）、双线期（diplonema）和终变期（diakinesis）5 个时期（图 1-12）。

（1）细线期。细线期是前期Ⅰ的开始。染色质逐渐盘旋折叠，变短变粗，在显微镜下可看到核内出现细长的染色体结构。每个染色体都由共同着丝粒连接的两条染色单体

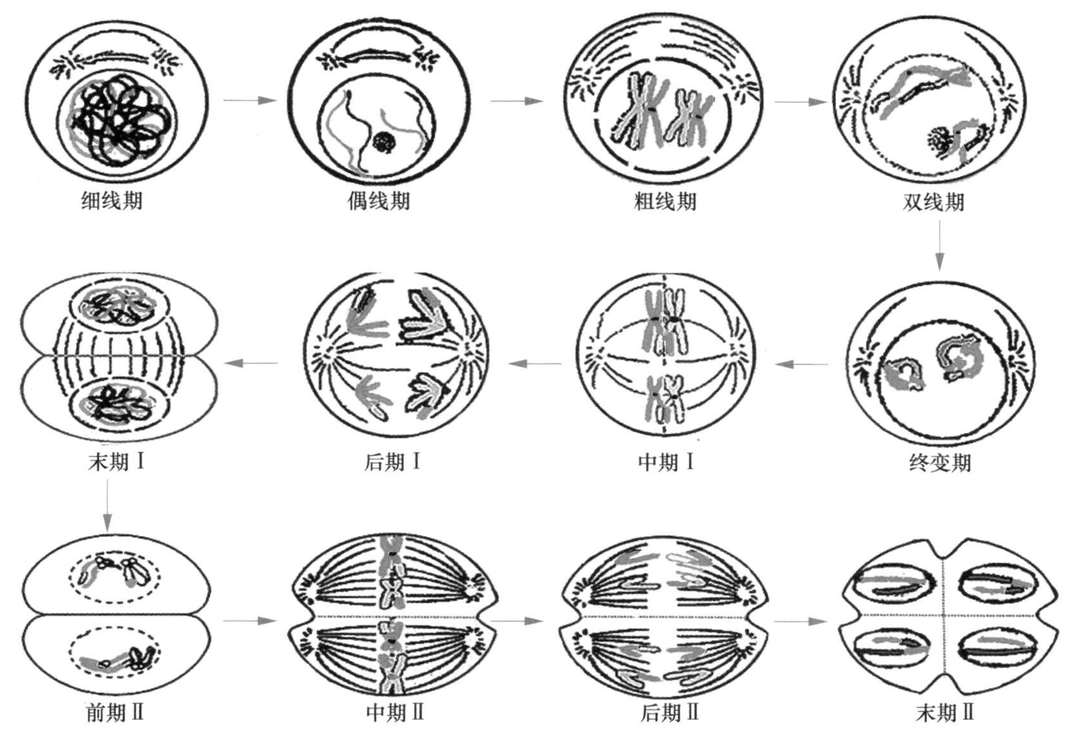

图 1-12 细胞减数分裂模式图

组成，但染色单体的臂并不分离。

（2）偶线期。偶线期开始出现同源染色体配对现象，即联会（synapsis）。联会的一对同源染色体，称为二价体（bivalent），而同源染色体联会的区域形成了一种特殊的复合体，称为联会复合体（synaptonemal complex）（图 1-13），将为遗传物质交换提供条件。联会复合体主要由边侧的同源染色体和中央成分（central element）构成，中央成分主要是蛋白质，并形成伸向两侧的横丝把同源染色体固定在一起。另外，此时也进行少量蛋白质合成。

（3）粗线期。粗线期开始于同源染色体配对结束之后，染色体进一步缩短变粗，联会二价体成为光学显微镜下可见的 4 条染色单体，也称四合体（tetramer）。4 条染色单体的非姊妹染色单体间出现一个或数个交叉（chiasma），可实现非姊妹染色单体间遗传物质的交换（crossing over），导致染色体交换现象。

（4）双线期。四合体继续缩短变粗，联会的两条同源染色体开始分离，但某些区段仍粘连在一起，四合体结构变得清晰可见，交叉更加明显。非姊妹染色单体交叉次数与染色体长度成正比，可发生在染色体的任何区段。

（5）终变期。终变期的染色体变得更浓缩和粗短，随着同源染色体的彼此分开，交叉点向二价体两端移动，逐渐接近染色体末端，此过程称为交叉端化（chiasma terminalization），结果四合体均匀分散在核内，是鉴定染色体数目的最佳时期之一。核仁和核膜在这个时期全部消失，纺锤体微管出现在染色体区域。终变期结束标志着前期

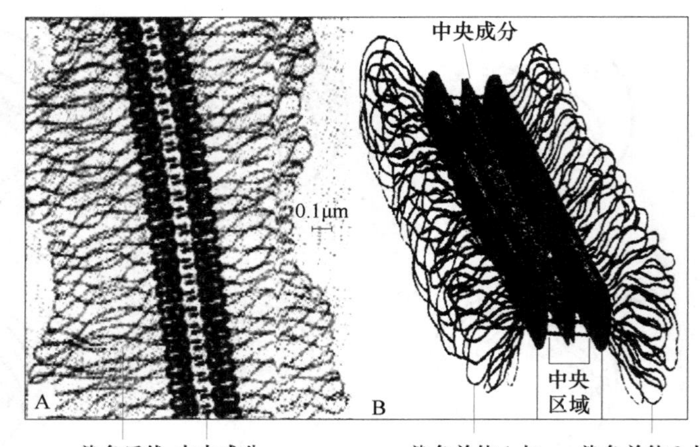

图 1-13　联会复合体结构（引自 Klug and Cummings，2000；Page and Hawley，2004）
A. 电镜下结构；B. 模式图

Ⅰ的完成。

中期Ⅰ　核仁和核膜消失，细胞内出现纺锤体。四合体逐渐移向赤道板。在纺锤丝的牵引下，最后四合体的 1 对着丝粒整齐排列在赤道板的两侧。此时每对二价体在赤道板两侧的定位取向是随机的。中期Ⅰ也是鉴定染色体数目和形态的最好时期（图 1-12）。

后期Ⅰ　以同源染色体向两极移动为开始。二价体在纺锤丝的牵引下分别向两极移动，每极将含每对同源染色体中的 1 条，因此每极的染色体数目为 n，但每条染色体仍含有两个染色单体。

末期Ⅰ　以染色体移到两极后为开始。当染色体到达两极时，开始聚集。同时核膜与核仁形成。接着细胞质分裂形成两个子细胞，这两个子细胞称为二分体（dyad）（n）。但在某些物种中，如芍药属（*Paeonia*）末期Ⅰ细胞质并不发生分裂，而是在减数第二次分裂完成后才进行分裂。

中间期是末期Ⅰ后的一个短暂间歇期，但 DNA 不复制，所以中间期前后 DNA 含量没有变化。很多动物中几乎没有中间期，而是直接进入下一次分裂。

2. 减数第二次分裂

减数分裂Ⅱ的染色体形态变化与有丝分裂相似（图 1-12），其分裂过程同样分为前期、中期、后期、末期。

前期Ⅱ　持续时间比较短，表现为染色体逐渐变粗变短，核膜、核仁逐渐消失。每条染色体都是由同一着丝粒连接的两条染色单体组成，染色体外形呈“X”形。

中期Ⅱ　核膜和核仁消失，细胞内出现纺锤体。每条染色体的着丝粒排列在赤道板上。

后期Ⅱ　着丝粒分裂为二，每条染色单体具有独立的着丝粒，且在纺锤丝牵引下分别移向两极。

末期Ⅱ　移向两极的染色体开始聚集，同时开始解螺旋化，恢复到染色质的形态。核膜和核仁建成，随后细胞质分裂。

这样经过两次分裂，母细胞形成 4 个子细胞，这 4 个子细胞称为四分体（tetrad）或四分孢子（tetraspore）。每个子细胞中的染色体数目都为 n。

（二）减数分裂的意义

减数分裂是配子形成的必要阶段。在此过程中发生了染色体数目的减半、二价体随机取向、非姊妹染色单体之间的交换和自由组合，因而对生物的遗传和变异具有重要意义。

（1）减数分裂是核内染色体复制一次和连续两次的细胞分裂，同时形成染色体数目减半的 4 个子细胞（n）。在有性生殖过程中，雌、雄性细胞受精结合为合子，使染色体数目又恢复为 $2n$，为后代正常发育和性状遗传提供物质基础，同时也保证了亲代与子代之间染色体数目的恒定，维持了物种的稳定性。

（2）各对同源染色体在减数分裂中期 I 移向赤道板两侧的定位取向是随机的，因而非同源染色体间均可自由组合在 1 个子细胞内。若细胞内含有 n 对染色体，就可能有 2^n 种自由组合方式。例如，果蝇 $n=4$，各个细胞内的染色体可能组合类型数将是 $2^4=16$，这说明子细胞间的遗传差异将可能出现各种各样的组合。同源染色体的非姊妹染色单体间在粗线期可能出现的交换，将增加遗传物质的复杂性，为生物的变异提供了重要的物质来源。

（3）有性生殖的生物，个体发育过程是以受精卵为起点，减数分裂产生的配子若结合另一半不同基因，有可能会产生新的物种，因而减数分裂对新物种产生和进化也具有重要意义。例如，芸薹属（*Brassica*）的甘蓝（*B. oleracea*，$2n=18$）和黑芥（*B. nigra*，$2n=16$）都属于二倍体。它们的同属种埃塞俄比亚芥（*B. carinata*，$2n=34$）就是由甘蓝和黑芥经减数分裂产生的配子相互结合并通过自然加倍而形成的。

第四节 生物配子的形成和受精

一、雌、雄配子的形成

生物的延续和进化是通过生殖来实现的。按生物进化趋势，可将生物的生殖方式分为无性生殖（asexual reproduction）、有性生殖（sexual reproduction）和无融合生殖（apomixis）。

无性生殖（asexual reproduction）是不经两性细胞的结合，由母体的一部分直接产生子代的繁殖方式，仅通过有丝分裂来实现的，所以没有基因重组的过程。通常亲子代间的性状表现仅仅是简单重复。变异来源只有经基因突变和染色体变异才可产生。蕨类植物和许多真菌的繁殖都属于这种方式。部分植物也可利用自身的块茎、鳞茎、球茎、芽眼和枝条等营养体的分割产生后代，也属于无性生殖。

有性生殖（sexual reproduction）是经雌、雄配子受精结合，形成合子（zygote），合子进一步分裂、分化，发育形成后代的过程。有性生殖是生物最普遍且重要的生殖方式。减数分裂过程中同源染色体的随机移向两极和非姊妹染色单体间交换增加了配子内的遗传多样性。遗传背景不同的雌、雄配子的随机结合将更使后代遗传组成复杂化。因而，有性生殖过程是产生遗传多样性、新物种和生物进化的必要条件。根据雌、雄配子间的差异程度，可将其分为同配生殖（isogamy）、异配生殖（heterogamy）和卵式生殖（oogamy）。

同配生殖是指结合的配子在形态、结构、大小、运动能力等方面相同，配子间经表面识别蛋白进行识别和交配成为合子，再发育成新个体。此生殖方式主要存在于低等动植物，特别是藻类和真菌中。

异配生殖是形态结构相同，但大小不同的配子间，或形态和大小无差异，但交配型上有差异的配子间相互结合成为合子，再发育成新个体。例如，空球藻（*Eudorina elegans*）的两种类型配子大小有差异，它们的结合方式就属于此类。红色面包霉（*Neurospora crassa*）的子囊果中产生具有差异交配类型的菌丝体，二者可结合产生合子，所以它的生殖方式也属于异配生殖。

卵式生殖是大小不同，在形态、结构和运动能力等方面也有差异的两性配子结合成为合子，再发育成新个体。雌配子（female gamete）较大，呈卵形，无鞭毛，称为卵子（egg）。雄配子（male gamete）较小，细长，有的甚至还具鞭毛（助运动），称为精子（sperm）。精子与卵子的融合称为受精（fertilization），受精后的合子又称为受精卵（fertilized egg），受精卵再发育成个体。例如，高等植物、动物和团藻（volvox）是以此类方式进行生殖的。

高等动物和植物的雌、雄配子的形成经历增殖期、生长期和减数分裂期，雌、雄配子结合，完成有性生殖过程。

（一）动物性细胞的形成

高等动物大多数是雌雄异体的。首先个体发育成熟，进行性腺分化（$2n$），经减数分裂直接发育为雌配子（卵子）和雄配子（精子）。动物雌、雄配子的形成与减数分裂有关，故称为配子减数分裂（gametic meiosis）。

动物性腺中具有性原细胞（gonium）。在雌性性腺（卵巢）中有卵原细胞（oogonium）（$2n$），在雄性性腺（睾丸）中有精原细胞（spermatogonium）（$2n$）。性原细胞经多次有丝分裂后停止分裂，分别成为初级卵母细胞（primary oocyte）和初级精母细胞（primary spermatocyte）（图 1-14）。

资源 1-2

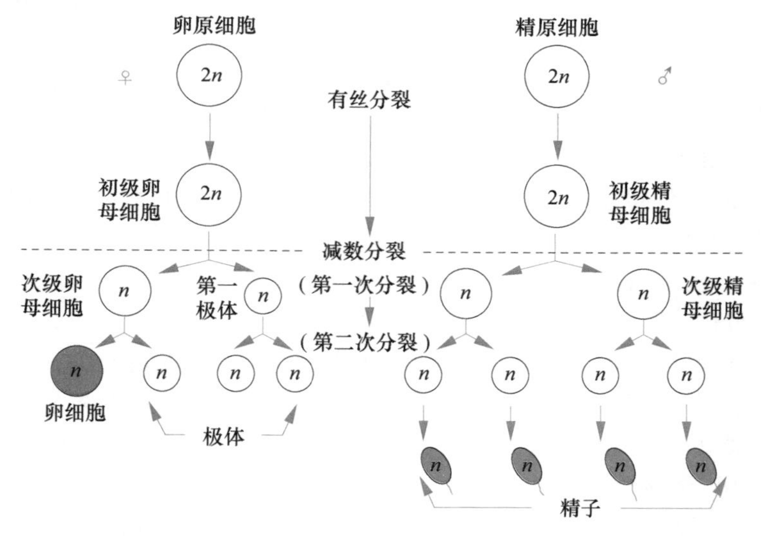

图 1-14　高等动物性细胞的形成过程

初级卵母细胞（2*n*）通过减数分裂的第一次分裂，形成 2 个细胞（*n*），其中 1 个细胞质含量较多的大细胞称为次级卵母细胞（secondary oocyte），另 1 个细胞质含量较少的小细胞称为第一极体（first polar body）。次级卵母细胞再经过减数分裂的第二次分裂，同样产生 2 个细胞，分别是卵细胞（*n*）和极体（*n*）。第一次产生的极体可能消失，也可能再分裂一次，再次产生的极体称为第二极体（second polar body），但最后极体全部退化消失。最终 1 个初级卵母细胞（2*n*）可形成 1 个卵细胞（雌配子）（*n*）。

初级精母细胞（2*n*）发生减数分裂的第一次分裂，形成 2 个相同的子细胞（*n*），称为次级精母细胞（secondary spermatocyte），经减数分裂的第二次分裂形成 4 个子细胞，再经过一系列的变化，发育成为 4 个成熟的精子。最终 1 个初级精母细胞（2*n*）可形成 4 个精子（雄配子）（*n*）。

（二）植物性细胞的形成

高等植物个体发育成熟时，从体细胞的营养分生组织（2*n*）中开始花器官的分化与形成。高等植物雌、雄配子就是在这些花器官中形成的。现以被子植物为例，说明高等植物的雌、雄配子的形成过程。被子植物的雌配子和雄配子分别产生于雌蕊和雄蕊。

被子植物雄蕊的花药发育到一定阶段（图 1-15），其内部孢原组织分化成花粉母细胞（pollen mother cell）（2*n*）或称小孢子母细胞（microsporocyte）（2*n*），经过减数分裂，每个花粉母细胞形成 4 个小孢子（microspore）（*n*），随即每个小孢子开始第一

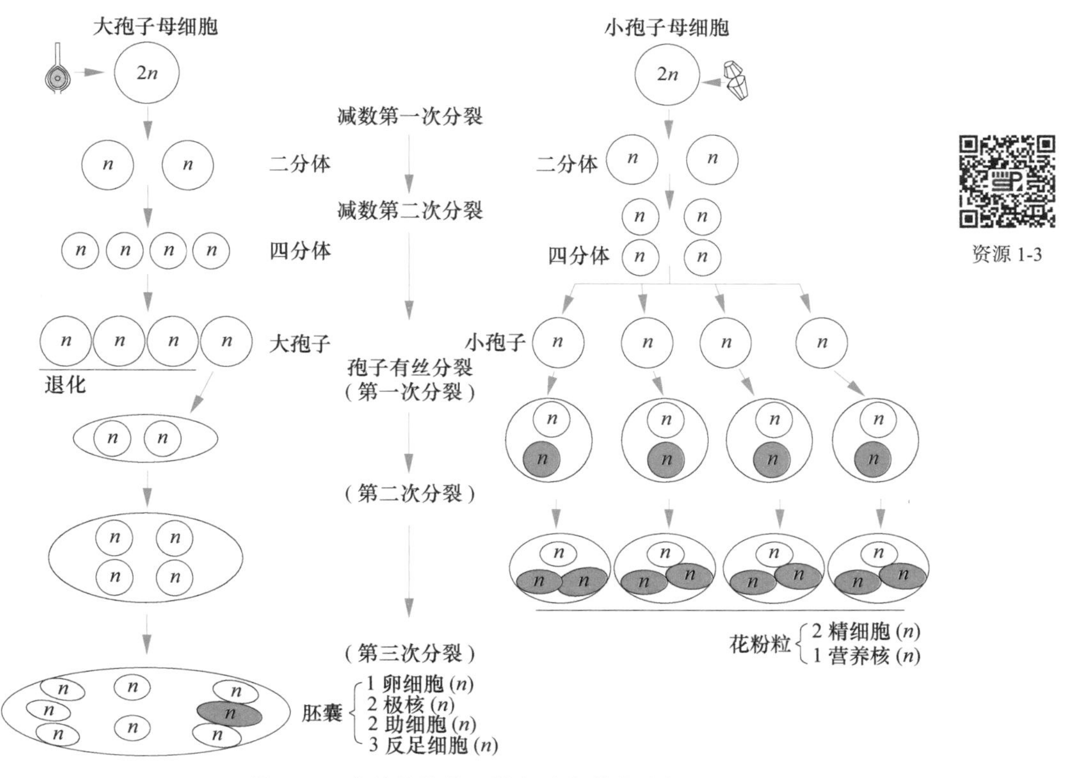

图 1-15　高等植物雌、雄配子的形成过程

次有丝分裂，分别形成1个营养细胞和1个生殖细胞，而生殖细胞又经过一次有丝分裂，形成2个精细胞（sperm cell），这种含3个细胞的成熟花粉粒称为雄配子体（male gametophyte）。这样，1个花粉母细胞（$2n$）可形成4个雄配子体（n）。

雌蕊胚珠的珠心细胞发育到一定阶段，分化出胚囊母细胞（embryonic sac mother cell）（$2n$）或称大孢子母细胞（megasporocyte）（$2n$）（图1-15），大孢子母细胞经减数分裂，形成直线排列的4个大孢子（macrospore）（n），靠近珠孔的3个细胞退化消失，而远离珠孔的1个大孢子经过连续3次有丝分裂形成8个核（n），但不进行细胞质分裂，形成含8个核的胚囊，称为"8核胚囊"。而8个核分布于胚囊的不同位置，3个核位于珠孔，其中中间的1个核将发育成1个卵细胞，在其两侧的核将发育成2个助细胞（synergid）。3个核处于珠孔的另一极，将发育成3个反足细胞（antipodal cell）。2个核位于胚囊中央，称为极核（polar nucleus），之后两个极核融合形成二倍体的核，即形成1个中央细胞（central cell）。这种成熟的胚囊称为雌配子体（female gametophyte）。每个胚囊母细胞（$2n$）只能形成1个雌配子体（n）。

高等植物雌、雄配子体是经单倍体大孢子（n）和小孢子（n）阶段，然后经过有丝分裂发育而来的。在此过程中减数分裂的结果是形成单倍体的小孢子和大孢子，故将高等植物形成配子过程中的减数分裂称为孢子减数分裂（sporic meiosis）。

二、授粉与受精

（一）授粉

授粉是指成熟花粉粒（雄配子）落到雌蕊柱头上的过程。根据花粉来源，可将授粉方式分为自花授粉（self-pollination）和异花授粉（cross-pollination）两类。

自花授粉是来自同花或同株的成熟花粉粒落到雌蕊柱头上的过程。自花授粉的植物称自花授粉植物，如水稻、小麦、豌豆和花生等。

异花授粉是来自不同株的成熟花粉粒落到雌蕊柱头上的过程。异花授粉的植物称为异花授粉植物，如油菜、向日葵、苹果等。

植物授粉过程中各种各样的花粉都可能落到柱头上，但并不是任何花粉都能萌发完成受精作用。原因是柱头与花粉间具有较高的选择性，主要体现为：花粉的种间不亲和性（interspecific incompatibility），授粉过程中高生命活力的花粉具有强的竞争优势。

（二）受精

受精（fertilization）也称为配子融合（gametogamy），是指生殖细胞（配子）结合的过程。受精是有性生殖的基本特征，以两性配子的核融合为标志。

动物受精方式具有多样性。按精卵结合的地点，受精可分为体内受精（*in vivo* fertilization）和体外受精（*in vitro* fertilization）。凡雌雄亲体交配时，精子从雄体传递到雌体的生殖道，抵达受精地点（如子宫或输卵管），而使精卵相遇和融合的，称为体内受精。例如，高等动物如爬行类、鸟类、哺乳类、某些软体动物、昆虫及某些鱼类和少数两栖类等均为体内受精。精子和卵子同时排出体外，在雌体产孔附近或在水中受精，称体外受精。例如，某些鱼类和部分两栖类等的普遍生殖方式为体外受精。

按雌、雄配子的来源，受精可分为自体受精（autologous fertilization）和异体受精（heterologous fertilization）。多数动物是雌雄异体，而有些动物是雌雄同体，即同个体既产生卵子，也产生精子。雌雄同体动物中同一个体的精子和卵子融合，称为自体受精，如绦虫。两个不同个体的精子和卵子结合是异体受精，如蚯蚓。按与卵子结合的精子数量，受精可分为单精受精（monozygotic fertilization）和多精受精（polyspermy fertilization）。仅一个精子进入卵后完成受精，称单精受精，如腔肠动物、棘皮动物、环节动物、硬骨鱼、无尾两栖类和哺乳类动物。单精受精时，若卵子与精子接触，即刻被激活并阻止其他精子入卵。有些卵子正常受精后，还可有一个以上的精子进入卵子，但仅一个精子的雄性核与卵子雌性核融合，成为合子细胞核，其余精子核退化，称为多精受精。例如，昆虫、软体动物、软骨鱼、有尾两栖类、爬行类和鸟类的受精。

植物受精是以成熟花粉粒落到雌蕊柱头上萌发开始的，花粉萌发形成花粉管，穿过花柱、子房和珠孔，进入成熟胚囊。花粉管延伸时，营养细胞位于两个精核前端。花粉管进入胚囊接触到助细胞即刻破裂，助细胞也同时解体。多数植物中，此刻的营养细胞也同时解体。于是，两个精核中的一个与卵细胞（n）结合为合子（$2n$），将发育成种子的胚。而另一个精核与两个极核受精结合为胚乳核（$3n$），将发育成种子的胚乳。被子植物特有的两个精核参与受精的过程，称为双受精（double fertilization）。

通过双受精发育的种子包括胚、胚乳、种皮及果皮，它们的遗传组成来源不同。果皮是由子房壁（$2n$）发育而成的，种皮来自胚珠的珠被（$2n$），它们都来自母体组织，染色体数为 $2n$，其性状表现为母本性状。胚（$2n$）和胚乳（$3n$）则是受精产物，虽生长在母本植株上，但已是子代组织（孢子体）。

（三）直感现象

直感现象是花粉对种子或果实的性状产生影响的现象，分为花粉直感和果实直感。

花粉直感（xenia）也称胚乳直感（endosperm xenity），是指胚乳（$3n$）性状受精核影响而表现父本的某些性状的现象。其原因是参与受精的花粉中含有控制胚乳性状的显性基因。一些单子叶植物的种子常出现胚乳直感现象。例如，玉米黄粒植株花粉给白粒植株授粉，当代白粒植株所结籽粒表现父本的黄粒性状。在白糯玉米地块种植普通玉米，白糯会部分接收到普通玉米的花粉而变为黄粒，呈现黄白粒相间的现象。

果实直感（metaxenia）也称种皮直感（metaxenia of seed coat），是指种皮或果皮组织（$2n$）在发育过程中受花粉影响而表现父本的某些性状的现象。例如，棉花纤维是由种皮细胞延伸的部分，在开放授粉的群体中，常因父本花粉影响棉花纤维的性状而出现父本的某些性状。

胚乳直感和果实直感在表现方式上相似，但两者却有本质上的区别。胚乳直感是受精的结果，而果实直感却不是受精的直接结果。

三、无融合生殖

无融合生殖（apomixis）是雌、雄配子不发生核融合而能形成种子的生殖方式。植物无融合生殖首先在山麻杆属（*Alchornea*）中被发现，现已在 400 多种被子植物中被发现，在藻类、蕨类、苔藓和裸子植物也有报道。

不同物种无融合生殖后代不符合有性生殖的遗传规律，但都是母本或父本基因型的完整克隆。所以无融合生殖在植物杂种优势固定与利用上是最理想的途径，被誉为“无性革命”。按种子形成途径可将其分为单倍配子体无融合生殖（haploid gametophyte apomixis）、二倍配子体无融合生殖（diploid gametophyte apomixis）、不定胚（adventitious embryo）和单性结实（parthenocarpy）。

1. 单倍配子体无融合生殖

其又称为单性生殖（parthenogenesis），是指发育良好的胚囊中雌、雄配子体不经过正常受精而产生单倍体胚（n）的生殖方式，主要包括孤雌生殖和孤雄生殖。孤雌生殖（parthenogenesis）是卵细胞未受精而发育成胚，但极核细胞需受精才能发育成胚乳的生殖方式。通常雄配子未与雌配子进行核融合就退化和解体，而雌配子单独发育成胚。远缘杂交会出现此现象。例如，玉米孤雌诱导系能诱导雌配子进入孤雌生殖状态，产生单倍体种子，经染色体加倍，获得纯合二倍体植株，因而大大加速了育种进程。孤雄生殖（male parthenogenesis）是卵核在精子入卵后发生解体，而精子在卵细胞质内发育形成具有父本染色体的胚（n）。例如，利用远缘杂交并辅以人工诱变获得了烟草、金鱼草和拟南芥的少数孤雄生殖单倍体的种子。

2. 二倍配子体无融合生殖

二倍配子体无融合生殖（diploid gametophyte apomixis）是指发育良好的胚囊中未经减数分裂的二倍配子体直接发育成种子的生殖类型。例如，玉米中由造孢细胞或邻近珠心细胞发育形成的良好的胚囊中含有未减数的卵细胞，未减数的卵细胞可直接发育成种子，同时极核分裂形成胚乳。极核分裂不取决于是否与精细胞融合，因而显示不同的倍性。

3. 不定胚

不定胚（adventitious embryo）是指不通过配子体阶段而直接经有丝分裂从孢子体产生胚。被子植物的珠心或珠被细胞（$2n$）不能形成胚囊，而其前体细胞有丝分裂形成芽状突起，接着进行分化，并摹写合子胚胎的形成。在自然状态下，柑橘类的珠心细胞和珠被细胞可形成不定胚。

4. 单性结实

单性结实（parthenocarpy）是指植物不通过受精而由子房发育成果实的现象。单性结实的果实中常不含有种子。但无籽果或空瘪种子不一定是单性结实的结果。例如，柿（*Diospyros kaki*）的无籽是由于授粉受精后胚乳细胞异常，胚停止发育而不形成种子，但形成果实；葡萄的无核是由于合子的分裂在时间上落后于胚乳核也不能形成种子。

无融合生殖具有复杂的遗传特性，但研究证实：无融合生殖是受核基因控制的遗传性状，随着分子生物学技术发展，将会加快定位、克隆和利用无融合生殖基因的步伐。

第五节　生活周期

一、世代交替

自然界中任何生物都具有生活周期（life cycle），即个体发育全过程，或称生活史。了解生物生活周期的特点，将有助于研究生物的遗传变异和进化。

有性生殖动植物的生活周期是指从受精合子（2*n*）发育为一个成熟个体的过程。在此过程中，无配子形成和受精的发生，称无性世代（asexual generation），也称孢子体世代（sporophyte generation）。孢子体经过发育，将产生雌、雄配子或雌、雄配子体（*n*），配子经受精作用形成合子，此过程称有性世代（sexual generation），或称配子体世代（gametophyte generation）。

大多数有性生殖生物的生活周期包括一个无性世代和一个有性世代，二者交替发生，称世代交替（alternation of generation）。

高等动植物生活周期中，一般是孢子体世代占主要地位，而配子体寄生于孢子体而生存，依赖孢子体提供营养。例如，被子植物的植株，除胚囊中的雌配子体和成熟花粉粒中的雄配子体外都是孢子体，而雌、雄配子体就依赖于孢子体提供的营养而生存。一些低等生物的生活周期中，一般是配子体占主要地位，而孢子体寄生于配子体而生存，依赖配子体提供营养。例如，一些真菌类生物，依赖于菌丝体（*n*）提供营养进行生长和繁殖。在生物的生活周期中，孢子体和配子体的生长、发育和繁殖的依存关系，说明了生物进化的趋势，即孢子体世代越发达，生物进化的程度越高。

二、低等生物的生活周期

现以红色面包霉（*Neurospora crassa*）为例，说明低等生物的生活周期（图 1-16）。红色面包霉是丝状的真菌，既能进行有性生殖，又能进行无性生殖。它的生活周期是以配子体世代为主体，性状易于直接表达和遗传分析。其体积较小，生长迅速，易于培养，一次杂交可产生大量后代。其基因组的基因数目与果蝇相当，因此它是遗传学研究的极

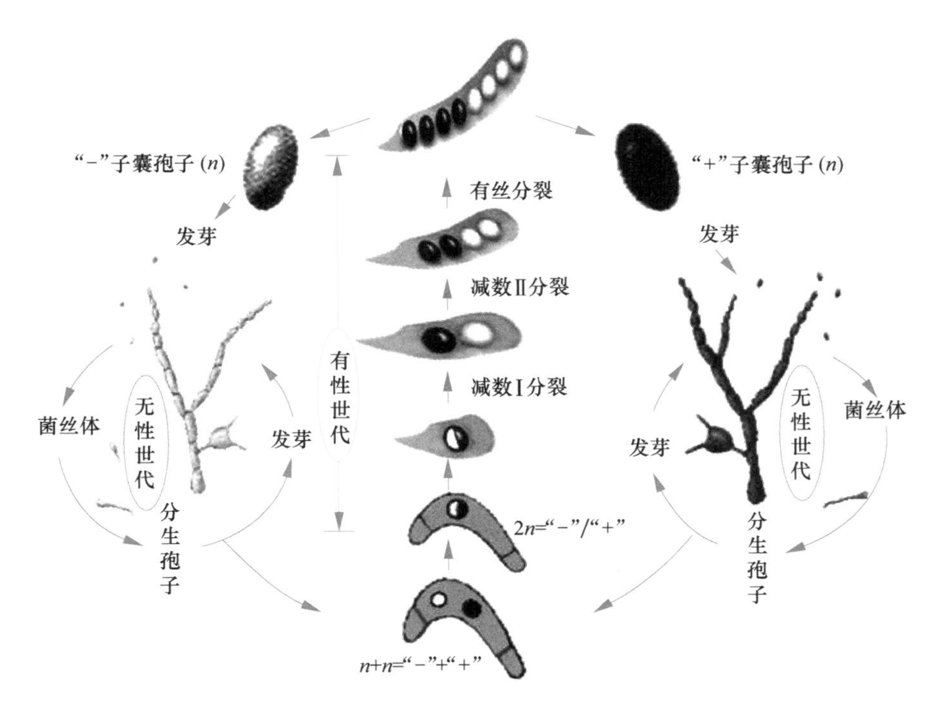

图 1-16 红色面包霉生活周期示意图

佳材料，在近代遗传学的研究中发挥了重要作用。

红色面包霉的配子体世代是多细胞的菌丝体（mycelium）（$n = 7$）和分生孢子（conidium）（$n = 7$）。由分生孢子发芽可形成新的菌丝，这是它的无性世代，可循环进行。分生孢子也会产生两种不同生理交配接合型（conjugant）的菌丝（用“+”和“−”表示），类似于雌雄性别。通过融合和异型核（heterocaryon）的接合，类似受精作用，形成二倍体的合子（$2n = 14$），这便是它的有性世代。合子本身是短暂的二倍体世代。

红色面包霉的有性过程也可经其他方式来实现。菌丝体都可产生原子囊果和分生孢子，分别相当于高等植物的卵细胞和精细胞，差异在于，自身产生的原子囊果和分生孢子属于同种生理交配类型，无法进行核融合而实现有性生殖。而只有异型生理交配型才能融合，形成合子（$2n = 14$）。合子在子囊果内形成以后，即刻进行一次减数分裂，产生 4 个核（n），称为四分孢子（tetraspore）。四分孢子的每个核进行一次有丝分裂，形成 8 个子囊孢子（ascospore），这样子囊内含有 8 个子囊孢子，为 4 个“+”和 4 个“−”（n），分离比例是 1∶1。8 个子囊孢子的形成标志有性世代的结束。

许多真菌和单细胞生物的世代交替，与红色面包霉基本上是一致的。不同点在于二倍体合子经减数分裂以后形成 4 个子囊孢子（n），而不是 8 个（n）。单细胞生物进行有性繁殖是通过 2 个异型核的接合而发生受精作用。

三、高等植物的生活周期

高等植物的配子形成及受精在第四节作了叙述。现以玉米（*Zea mays*）为例说明高等植物的生活周期（图 1-17）。

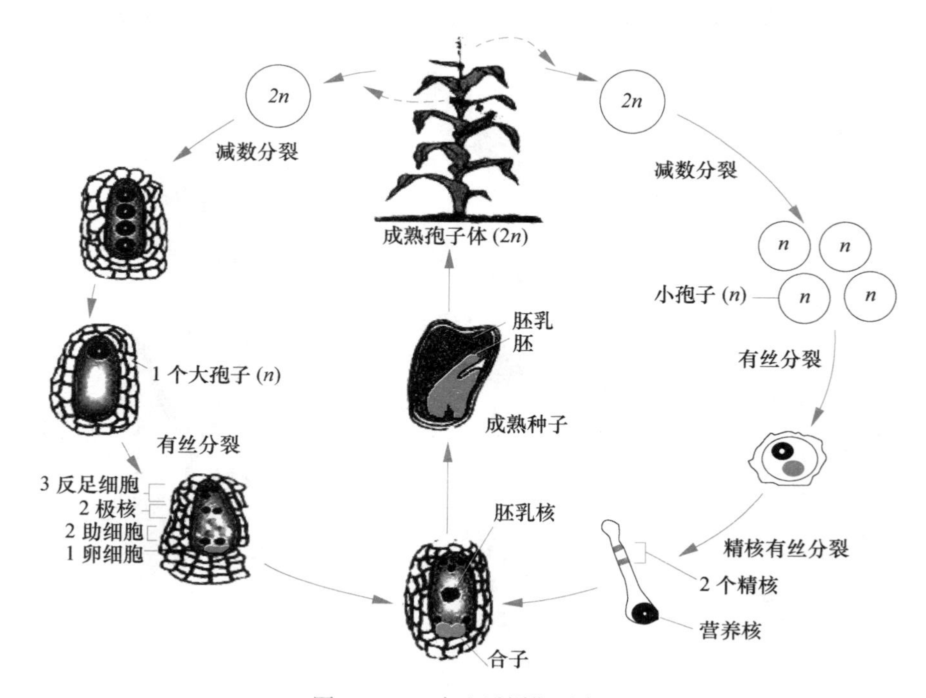

图 1-17　玉米生活周期示意图

玉米是雌雄同株异花授粉植物，繁殖方便，后代变异类型丰富，染色体形态特征明显，是禾本科中经典模式植物，所以玉米作为遗传学和育种学研究的经典材料具有悠久的历史。

玉米从受精卵（合子）（$2n$）发育成一个完整的植株，是它的无性世代，称为孢子体世代。当植株体发育到一定阶段时，将形成特化的花器官（雄蕊和雌蕊）。在花器官的孢子囊（花药和胚珠）内发生减数分裂，产生单倍体的小孢子（n）和大孢子（n），进一步经有丝分裂发育成雌、雄配子体，雌、雄配子体经授粉受精结合形成合子（$2n$），完成有性世代。由此可见，玉米的配子体世代是很短暂的，大部分时间是孢子体体积的增长和组织的分化。

四、高等动物的生活周期

现以果蝇（*Drosophila*）为例，说明高等动物的生活周期。

果蝇属于雌雄异体动物（$2n = 8$）。其染色体数目较少，形态差异明显。果蝇的生命周期一般为 14 天，受精卵不在雌果蝇体内发育，而是排出体外，发育成幼虫。雌果蝇在生命周期可产 200 ~ 1000 个卵。通常雌、雄果蝇交配后 40h 产卵，从蛹壳中新羽化的雌性成虫 8h 后就可交配。杂交后代变异类型丰富，常见的有眼色、体色和翅膀的形态等。因而果蝇为遗传学研究的经典模式动物。

果蝇的生活周期（图 1-18）与高等动物类似。当个体发育到性成熟时，在雄体的精巢内产生雄配子（精子）（n），在雌性的卵巢内产生雌配子（卵）（n），通过雌雄交配，雌、雄配子结合，形成受精卵（$2n$），完成其配子体世代。所不同的是果蝇与很多昆虫一样，属于完全变态发育类型，即受精卵脱离母体生长，经过卵、幼虫（包括 3 个龄期）、蛹和成虫 4 个时期，而多数高等动物的受精卵是在母体中发育的。

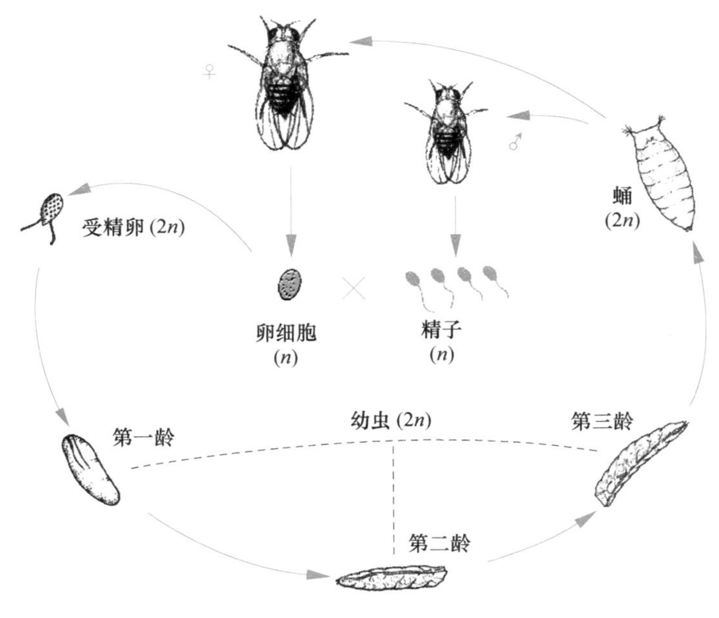

图 1-18　果蝇生活周期示意图

复习题

1. 中期染色体由哪几部分组成？染色体的形态有哪些类型？
2. 简述有丝分裂和减数分裂的主要区别。
3. 简述真核生物的染色体结构。
4. 某物种细胞染色体数为 $2n = 24$，分别指出下列各细胞分裂期中的有关数据：
   （1）有丝分裂后期染色体的着丝点数。
   （2）减数分裂后期Ⅰ染色体着丝点数。
   （3）减数分裂中期Ⅰ的染色体数。
   （4）减数分裂末期Ⅱ的染色体数。
5. 果蝇体细胞染色体数为 $2n = 8$，假设在减数分裂时有一对同源染色体不分离，被拉向同一极，那么：
   （1）二分子的每个细胞中有多少条染色体？
   （2）若在减数分裂第二次分裂时所有的姊妹染色单体都分开，则产生的 4 个配子中各有多少条染色体？
   （3）用 n 表示正常配子的染色体数目，应如何表示形成的每个配子的染色体数？
6. 人类体细胞染色体 $2n = 46$，那么：
   （1）人类受精卵中有多少条染色体？
   （2）人的初级精母细胞、初级卵母细胞、精子和卵细胞中各有多少条染色体？
7. 水稻体细胞中有 $2n = 24$ 条染色体，小麦中有 $2n = 42$ 条染色体，黄瓜中有 $2n = 14$ 条染色体。理论上它们各能产生多少种含不同染色体组成的雌、雄配子？
8. 假定一个杂种细胞里含有 3 对染色体，其中 A、B、C 来自父本，A′、B′、C′ 来自母本（注：用字母表示配子染色体组合）。
   （1）通过减数分裂能形成几种配子？
   （2）其染色体组成如何？
   （3）同时含有 3 条父本染色体或 3 条母本染色体的配子比例是多少？
9. 植物的 10 个花粉母细胞和 10 个大孢子母细胞，可以形成：
   （1）多少个花粉粒？多少个精核？多少个营养核？
   （2）多少个胚囊？多少个卵细胞？多少个极核？多少个助细胞？多少个反足细胞？
10. 玉米体细胞 $2n = 20$ 条染色体，写出下列各组织的细胞中染色体数目。
   （1）叶、根、胚乳、胚、花药壁。
   （2）大孢子母细胞、卵细胞、反足细胞、营养细胞。
11. 以红色面包霉为例：
   （1）说明低等植物的生活周期。
   （2）说明它们与高等植物的生活周期有何异同。

本章课程视频

第二章　遗传物质的分子基础

真核生物中控制生物性状的遗传物质位于染色体上。从化学上分析，真核生物的染色体是核酸、蛋白质和少量其他物质组成的复合物，其中核酸平均占33%左右，包括脱氧核糖核酸（DNA，占27%）和核糖核酸（RNA，占6%）。蛋白质约占66%，蛋白质主要由大致等量的组蛋白和非组蛋白组成。组蛋白的含量比较稳定，而非组蛋白随细胞的类型和代谢存在较大的变化。其他物质为拟脂和无机物。

蛋白质在生物体内具有丰富多样的类型和变化形式，同时遗传物质也是通过表达多种多样的蛋白质实现其功能的，因此在很长时期内人们错误地认为蛋白质是生物的遗传物质。但是自20世纪40年代以来，随着微生物遗传学、生物化学、生物物理学及许多新技术不断引入遗传学，产生了一个崭新的领域——分子遗传学，这种观念才得以否定。分子遗传学的大量证据表明，生物中DNA是主要的遗传物质，而在缺乏DNA的某些病毒中，RNA是遗传物质。

第一节　DNA是主要遗传物质

一、DNA作为主要遗传物质的间接证据

DNA在生物细胞中存在的部位较单一，大部分DNA存在于染色体上，少量存在于线粒体等细胞器中，而RNA和蛋白质很多分布在细胞质内。除了少数RNA病毒外，DNA被其他所有生物的染色体所共有，包括无完整细胞结构的噬菌体到最高等的人类都是如此。而蛋白质则不同，噬菌体、病毒等的染色体上没有蛋白质。每个物种不同组织的细胞不论其大小和功能如何，其DNA含量是恒定的，性细胞中的DNA含量刚好是体细胞的一半，而细胞内的RNA和蛋白质的量在不同细胞之间差别很大。如果存在多倍体系列物种，其细胞中DNA的含量随染色体倍数的增加而表现出倍数性的递增，而其细胞内的RNA和蛋白质含量的变化无此规律。

DNA在代谢上比较稳定，利用示踪原子的方法，发现一种原子一旦成为DNA分子的组成成分，则在细胞的生长发育过程中不会离开DNA，保持稳定，细胞内的RNA和蛋白质分子一面迅速形成，同时又一面分解。用不同波长的紫外线诱发各种生物突变时，其最有效的波长均为260nm，这与DNA所吸收的紫外线光谱是一致的，说明基因突变与DNA分子的变异密切相关。

二、DNA作为主要遗传物质的直接证据

（一）细菌的转化

肺炎双球菌（*Streptococcus pneumoniae*）可以分为两种类型：一种是具有荚膜的光滑型（smooth，S），荚膜由黏多糖组成，黏多糖为水溶性的，有毒性，在培养基上形成光滑的菌落。另一种为无荚膜和毒性的粗糙型（rough，R），在培养基上形成粗糙的菌落。在R型和S型内按照血清免疫反应的不同，分为许多抗原型，常用RⅠ、RⅡ和SⅠ、

SⅡ、SⅢ等加以区别。R 型和 S 型的各种抗原型都比较稳定，可以遗传，在一般情况下不发生互变。

1928 年，英国医生格里菲斯（F. Griffith）首次将肺炎双球菌 RⅡ型转变为 SⅢ型，实现了细菌遗传性状的定向转化（图 2-1）。实验的方法是先将少量无毒的 RⅡ型肺炎双球菌注入家鼠体内，再将大量有毒但已加热（65℃）杀死的 SⅢ型肺炎双球菌注入，结果家鼠发病死亡。从死鼠体内分离出的肺炎双球菌全部是 SⅢ型。这说明了被加热杀死的 SⅢ型肺炎双球菌中，必然含有某种活性物质，促成了 RⅡ型细菌的转变。但当时并不知道这种活性物质是什么。

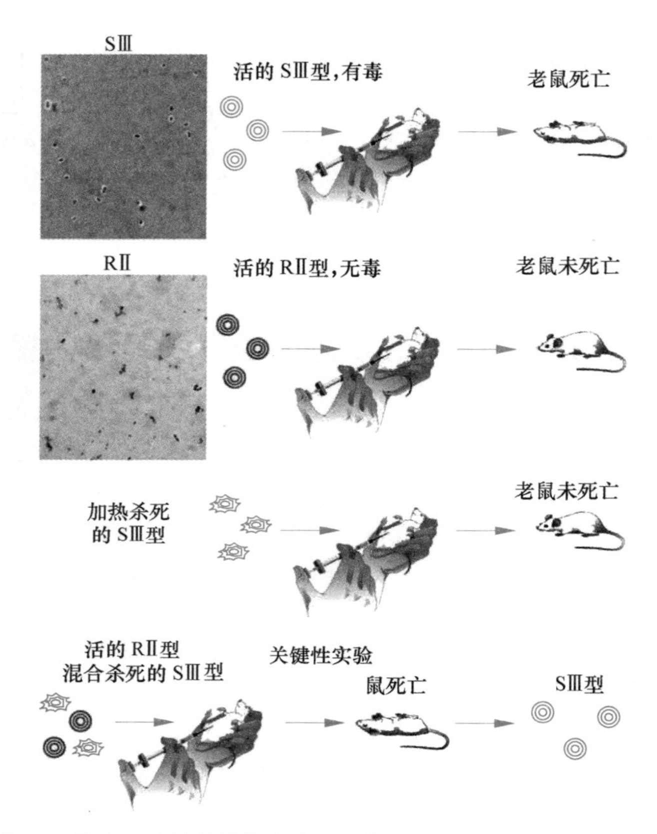

图 2-1　肺炎双球菌的转化实验（引自 Klug and Cummings，2002）

资源 2-1

1944 年，艾弗里（O. T. Avery）及其合作者用生物化学方法证明这种活性物质是 DNA。他们不仅成功地重复了上述实验，而且将 SⅢ型细菌的 DNA 提取物与 RⅡ型细菌混合在一起，在离体培养条件下，也成功地使少数 RⅡ型细菌定向转化为 SⅢ型细菌。由于该提取物不受蛋白酶、多糖酶和核糖核酸酶（RNase）的影响，而只能为 DNA 酶所破坏，因此确认导致转化的物质是 DNA。

迄今，不仅在大量生物中通过对 DNA 的操作成功地获得了遗传性状的转化，而且遗传转化已成为现代基因工程改变生物性状的核心技术之一。

（二）噬菌体的侵染与繁殖

噬菌体（bacteriophage）是极小的低级生命类型，由蛋白质外壳和其内的DNA构成。它必须在电子显微镜下才可以观察到，本身不能进行基本代谢，专靠寄生于细菌中生活繁殖。当噬菌体侵染大肠杆菌时，其DNA注入大肠杆菌细胞内，而蛋白质外壳留在宿主细胞外。噬菌体DNA不仅能够利用大肠杆菌合成DNA的材料来复制自己的DNA，而且能够利用大肠杆菌合成蛋白质外壳和尾部，从而形成完整的新生噬菌体。

1952年，赫尔希（A. D. Hershey）等用大肠杆菌的捣碎实验确证了DNA的遗传物质的本质。在噬菌体中，DNA是唯一含磷的物质，而蛋白质是唯一含硫的物质。利用 ^{32}P 和 ^{35}S 分别标记 T_2 噬菌体的DNA与蛋白质，然后用标记后的 T_2 噬菌体分别感染大肠杆菌，10min后，用搅拌器甩掉附着于细胞外面的噬菌体外壳。发现在第一种情况下，基本上全部放射活性见于细菌内而不被甩掉并可传递给子代。在第二种情况下，放射性活性见于被甩掉的外壳中，细菌内只有极低的放射性活性，且不能传递给子代（图2-2）。

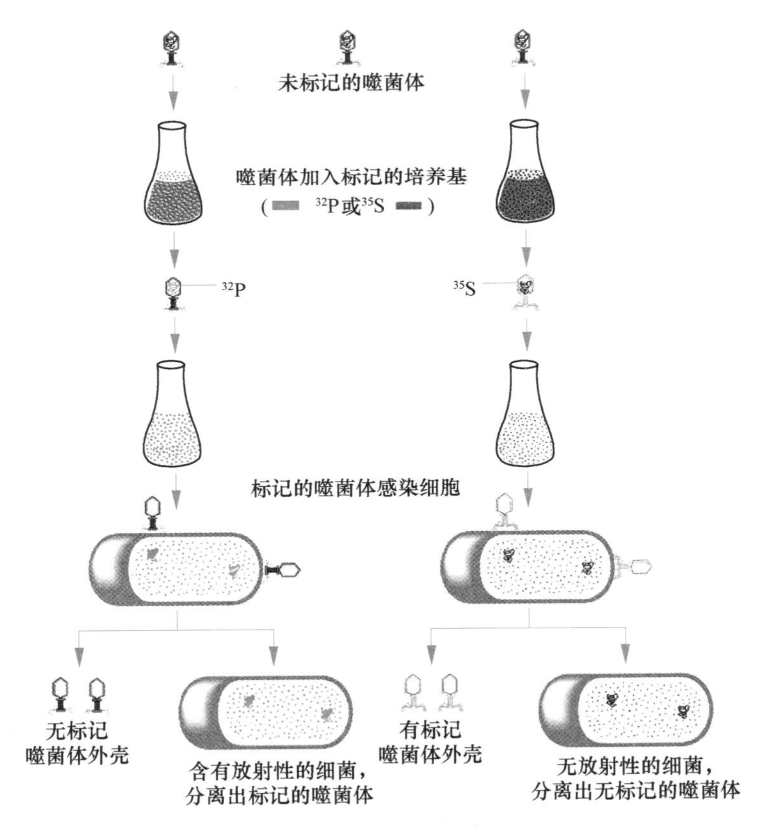

图2-2 赫尔希（1952年）的噬菌体实验（引自Klug and Cummings，2002）

该实验也证明只有DNA进入细胞内产生完整的噬菌体。所以说DNA是具有连续性的遗传物质。

三、在无 DNA 的病毒生物中，RNA 是遗传物质及其证据

有些病毒是由 RNA 和蛋白质构成的，并不含有 DNA，如感染植物的烟草花叶病毒（tobacco mosaic virus，TMV），它是一个管状微粒，其中心是单螺旋的 RNA，外部是由蛋白质组成的外壳。实验证明，它的遗传物质是其中的 RNA，而不是蛋白质。

1956 年，弗伦克尔-康拉特（H. Fraenkel-Conrat）与辛格（B. Singer）用化学的方法将 TMV 的 RNA 与蛋白质分开，把提纯的 RNA 接种到烟草植株上，可以形成新的 TMV 而使烟草发病；单纯利用它的蛋白质接种，就不能形成新的 TMV，烟草继续保持健壮。如果用 RNA 酶处理提纯的 RNA，再接种到烟草上，也不能产生新的 TMV。这说明在不含 DNA 的 TMV 中，RNA 是遗传物质。

弗伦克尔-康拉特与辛格还采用了分离与聚合的方法，把 TMV 两个不同株系的 RNA 与蛋白质外壳结合重新合成杂合的病毒颗粒，用它感染烟草植株，所产生的新病毒颗粒与提供 RNA 的病毒完全一致，即亲本的 RNA 决定了后代的病毒类型，而与蛋白质无关（图 2-3）。

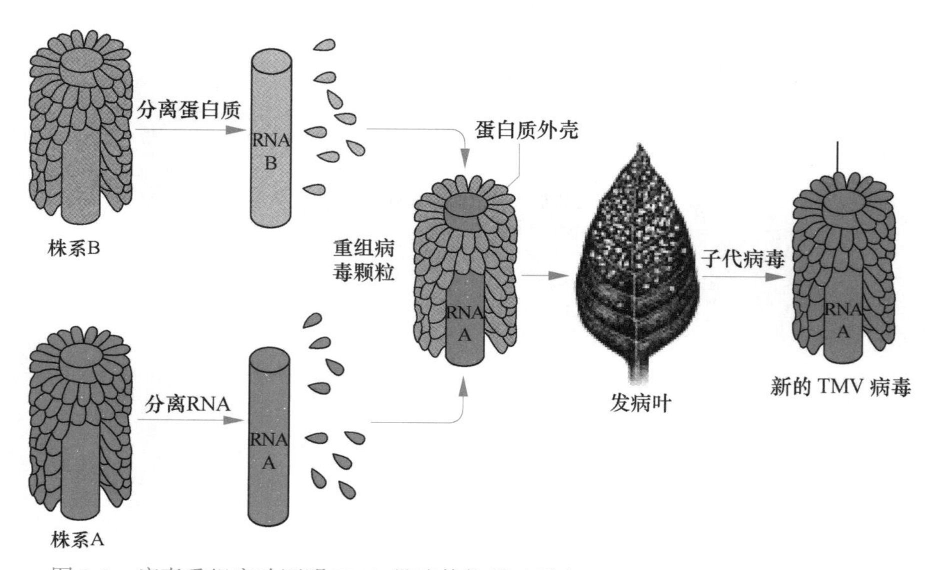

图 2-3　病毒重组实验证明 RNA 是遗传物质（引自 Snustad and Simmons，2011）

另外，朊病毒（prion）（又称朊粒、蛋白质侵染因子、毒朊或感染性蛋白质）是一类能侵染动物并在宿主细胞内复制的小分子无免疫性疏水蛋白质。朊病毒严格来说不是病毒，没有通常我们认为是遗传物质的 DNA 或 RNA，没有属于自己的遗传信息，它的遗传信息来源于其“宿主”的细胞核，是具有正常功能的蛋白质，即朊病毒是正常功能的蛋白质空间结构变异所形成的。

第二节　DNA 和 RNA 的分子结构

DNA 和 RNA 都是核酸（nucleic acid）类高分子化合物，其中 DNA 为脱氧核糖核酸，RNA 为核糖核酸。它们都是由基本构成单元核苷酸（nucleotide）形成的多聚体。每个核苷酸包括五碳糖、磷酸和环状的含氮碱基 3 部分；含氮碱基包括双环结构的嘌呤

（purine）和单环结构的嘧啶（pyrimidine）。两个核苷酸之间由 3′ 位和 5′ 位的磷酸二酯键相连。

DNA 和 RNA 两种核酸的主要区别为：DNA 含的糖分子为脱氧核糖，RNA 含的是核糖；DNA 所含的碱基是腺嘌呤（A）、鸟嘌呤（G）、胞嘧啶（C）、胸腺嘧啶（T），RNA 含有的碱基前 3 个与 DNA 完全相同，只有最后一个胸腺嘧啶被尿嘧啶（U）所代替；DNA 通常为双链，分子链较长，RNA 主要为单链，分子链较短。

一、DNA 的分子结构

资源 2-2

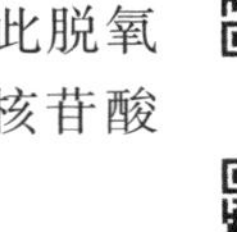

资源 2-3

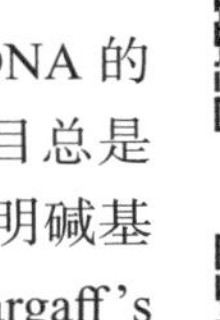

资源 2-4

DNA 是脱氧核苷酸的多聚体。由于构成核酸的碱基有 4 种，因此脱氧核苷酸也有 4 种，分别是脱氧腺嘌呤核苷酸（dATP）、脱氧鸟嘌呤核苷酸（dGTP）、脱氧胞嘧啶核苷酸（dCTP）、脱氧胸腺嘧啶核苷酸（dTTP）。

根据查尔格佛（E. Chargaff）在 1949 ~ 1951 年对多种生物来源的 DNA 的碱基成分的精密分析，发现在每种生物来源的 DNA 中，A 和 T 的数目总是相等，C 和 G 的数目总是相等，既 A = T，G = C，A + G = C + T，说明碱基 A 与 T 之间、G 与 C 之间存在互补配对关系，称为查尔格佛法则（Chargaff's rule）。

1953 年，沃森（J. D. Watson）和克里克（F. Crick）根据查尔格佛法则及对 DNA 分子的 X 射线衍射研究的结果，提出了著名的 DNA 双螺旋模型（double helix model）（图 2-4）。这个模型不仅解释了当时所知道的 DNA 的一切理化性质，还将结构

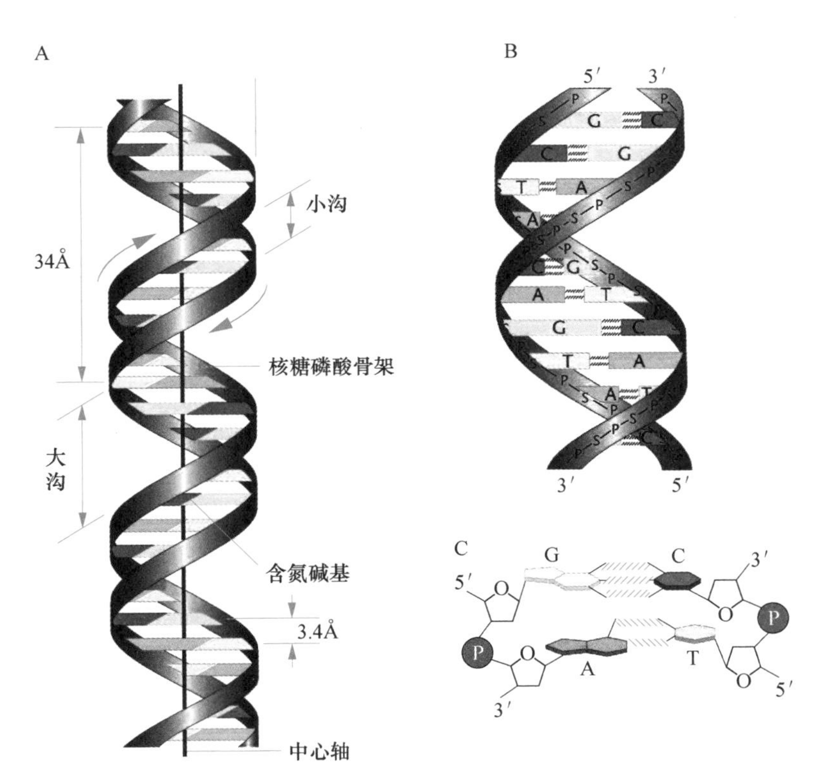

图 2-4　DNA 双螺旋模型（引自 Klug and Cummings，2002）

和功能联系起来，极大地推动了分子生物学的发展，具有划时代的意义。

根据沃森和克里克所提出的模型，DNA双螺旋结构具有如下特征：①脱氧核苷酸的磷酸基通过3′,5′-磷酸二酯键连接形成螺旋链的骨架。两条主链的走向为反向平行（antiparallel），即一链磷酸二酯键为5′→3′方向，另一链为3′→5′方向，两链围绕一个中心轴相互环绕，组成双螺旋（图2-4A）。双螺旋为右手螺旋。磷酸与核糖主链处于螺旋的外侧，碱基处于螺旋的内侧。②两条核苷酸链彼此依靠碱基之间的氢键（hydrogen bond）相连，相互层叠宛如一级一级的梯子横档（图2-4B）。互补碱基对A与T之间形成两条氢键，G与C之间形成三条氢键（图2-4C）。③上、下碱基对（bp）之间的距离为0.34nm，每条链绕轴一周的距离为3.4nm，刚好长10bp。双螺旋的平均直径为2nm。④在双螺旋分子的表面，大沟（major groove）和小沟（minor groove）交替出现。

由此可知，DNA分子结构是按照A—T、G—C配对的两种核苷酸对从头到尾连接起来的。每个DNA分子一般有上万个这两种核苷酸对，它们在分子链内排列的位置和方向有以下4种形式：

A—T	或	A—T	或	C—G	或	G—C
C—G		G—C		A—T		A—T

假设某一段DNA分子链有1000对核苷酸，则该段DNA就可以有4^{1000}种不同的排列组合形式，反映出来的就是4^{1000}种不同性质的基因。因为现在已经知道基因是DNA分子链上的一个片段，其平均约含有1000对核苷酸。

然而，对一特定物种的DNA分子来说，其碱基顺序是一定的，并且通常保持不变，这样才能保持该物种遗传特性的稳定。只有在特殊的条件下，改变其碱基顺序、位置或以碱基类似物代替某一碱基时，才出现遗传的变异（突变）。

二、RNA的分子结构

相对于DNA分子而言，RNA的分子结构较简单。前已述及，它也由4种核苷酸构成。与DNA相比，是尿嘧啶核苷酸（U）代替了胸腺嘧啶核苷酸（T），核糖代替了脱氧核糖。另外还有一个重要的不同点是绝大多数RNA以单链形式存在，只有少数以RNA为遗传物质的动物病毒含有双链RNA。在单链RNA中，部分区域可以按照碱基配对原则形成氢键而折叠起来，形成若干双链区域（图2-5），在形态上表现如发夹（hairpin）状。RNA分子的大小变化较大，有些RNA分子由几十个核苷酸组成，有些分子可以含有上千个核苷酸。

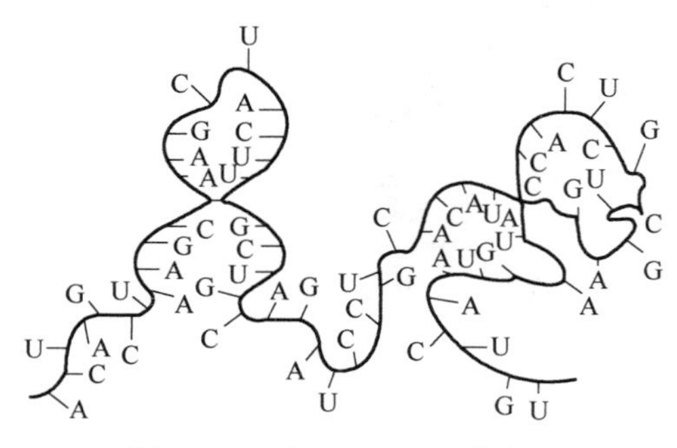

图2-5　一个RNA分子模式图

第三节　DNA和RNA的复制

生物体要保持物种的延续，子代必须从亲代继承控制个体发育的遗传信息。生物体通过细胞分裂来实现物种的传递和个体数目的增殖，在此过程中染色体数目加倍，作为遗传物质的DNA分子也必须加倍，并伴随染色体平均分配到两个子代细胞中。因此，所谓复制（replication），是指以原来的 DNA 分子为模板合成出相同分子的过程，遗传信息通过亲代 DNA 分子的复制传递给子代。

一、DNA 复制的一般特点

（一）半保留复制

根据 DNA 双螺旋结构模型理论，碱基互补配对原则是 DNA 分子结构的基础，这个原则在 DNA 复制过程中也起着重要的指导作用。由此可推测 DNA 分子的复制过程。首先是它一端的碱基氢键断裂使 DNA 分子双链解螺旋。因为氢键较弱，在常温下不需要酶即可断开。当双螺旋的一端已解螺旋形成两条单链时，各自作为模板，从细胞核内吸取与自己碱基互补的游离核苷酸（A 吸取 T，C 吸取 G，反之亦然），进行氢键的结合，在复杂的酶系统的作用下，逐步连接起来，各自形成一条新的互补链，与原来的模板链互相盘绕在一起而成为新的双螺旋。这样，随着 DNA 分子双螺旋的完全分开，就逐渐形成了两个新的 DNA 分子，与原来的完全一样（图 2-6）。由于新 DNA 分子中一链来自原来亲本 DNA 分子，一链为新合成的，这种复制方式称为半保留复制（semiconservative replication）。DNA 在活体内的半保留复制性质，已被大量实验所证实。半保留复制机制说明了 DNA 在代谢上的稳定性。

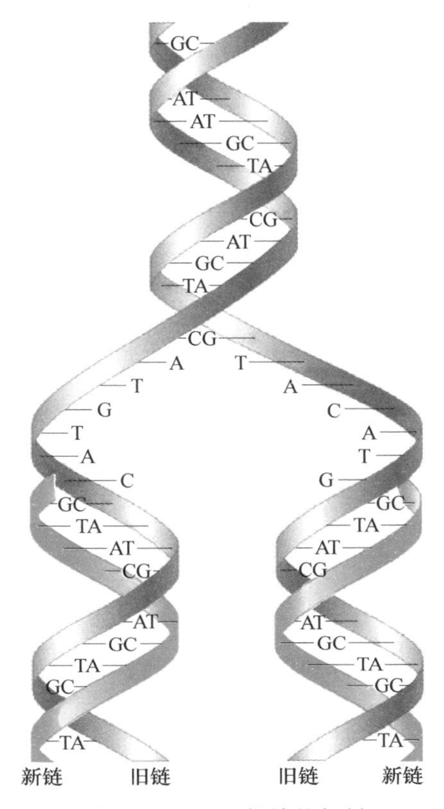

图 2-6 DNA 双螺旋的复制
（引自 Klug and Cummings，2002）

（二）复制起点和复制方向

现有的实验表明，原核生物的复制是在 DNA 分子的特定位点开始的，这一位点称为复制起点（replication origin，常用 *ori* 表示）。原核生物的染色体只有一个复制起点，复制从起点开始，直到整条染色体复制完成为止，即原核生物的染色体只有一个复制单位或称复制子（replicon）（图 2-7）。复制子是指在某个复制起点控制下合成的一段 DNA 序列。真核生物的实验表明，每一条染色体的复制是多起点的，共同控制一条染色体的复制，所以真核生物每条染色体上具有多个复制子。

绝大多数生物体内 DNA 的复制都以双向等速方式进行。在电子显微镜下观察正在复制的 DNA，复制的区域形如一只眼睛，因此称为复制眼（replicative eye）（图 2-8），而正在复制的地方或位点犹如一个叉子，称为复制叉（replication fork）。有的生物 DNA 的双向复制为非对称性复制。例如，枯草杆菌中的复制从起点开始双向进行，在一个方向上仅复制 1/5 的距离，然后停下等另一个方向复制 4/5 的距离。有的生物 DNA 的复制完全是单向进行的，如质粒 ColE1、噬菌体 T_2 的复制。

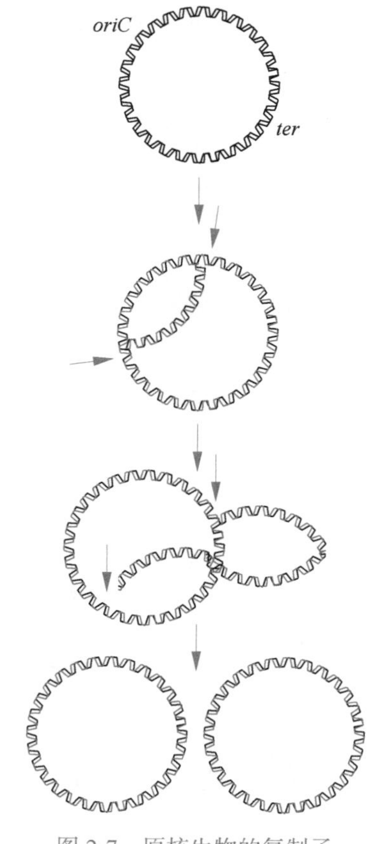

图 2-7　原核生物的复制子
（引自 Klug and Cummings，2002）

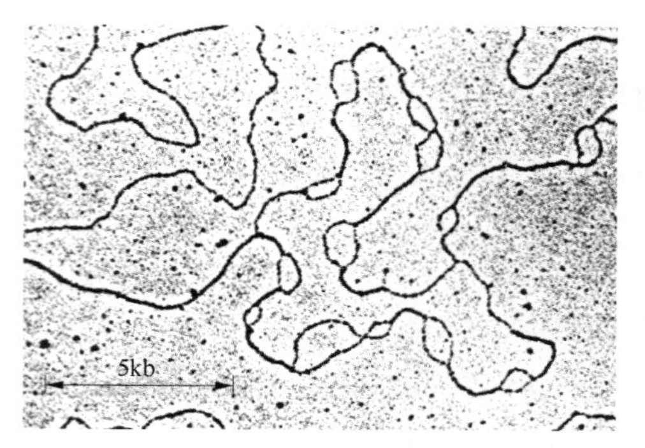

图 2-8　真核生物多复制位点电镜图
（引自 Klug and Cummings，2002）

（三）DNA 复制的忠实性

保证生物体遗传信息准确传递的必要条件是 DNA 必须忠实地复制自己，它取决于碱基配对的专一性。生物体是通过一种称为 DNA 聚合酶Ⅰ（DNA polymerase Ⅰ）的酶采取两种方式来提高碱基互补选择的专一性。第一，通过专一性识别使即将加入的碱基与模板上的碱基严格互补来控制合成前的错误；第二，当发现存在错配时，切除新加入的错配碱基，这种方式称为校对控制（proofreading control）。两种方式可单独起作用，也可共同起作用，以最大限度地降低 DNA 复制过程中发生错误的概率。

二、原核生物 DNA 的复制

（一）有关 DNA 复制的酶

DNA 的精确复制需要在一套复杂的酶系统作用下才能完成。这些酶主要包括 DNA 聚合酶（DNA polymerase）、连接酶（ligase）、解旋酶（helicase）、拓扑异构酶（topoisomerase）等。

从大肠杆菌中分离出 3 种与 DNA 复制有关的聚合酶，分别为 DNA 聚合酶Ⅰ、DNA 聚合酶Ⅱ和 DNA 聚合酶Ⅲ。经对这 3 种酶研究发现，DNA 聚合酶Ⅰ是一条分子质量为 103kDa、含 928 个氨基酸的多肽链，它在体外合成 DNA 的速度很慢，达不到体内 DNA 快速复制的要求；DNA 聚合酶Ⅱ是一条分子质量为 120kDa 的单亚基酶，该酶的活性仅为 DNA 聚合酶Ⅰ的 5%；现已证明，DNA 聚合酶Ⅲ才是活体内真正控制 DNA 合成的复制酶（replicase），该酶结构较复杂，至少是由 10 种不同的亚基组成，其全酶（holoenzyme）的分子质量达 167.5kDa，聚合反应时需要 ATP 存在，反应具有很高的速度。3 种酶在 DNA 复制中都有一些共同的特性：①都只有 5′→3′ 聚合酶的功能，而没有 3′→5′ 聚合酶功能，说明 DNA 链的延伸只能从 5′→3′ 端进行。②都没有直接起始合成 DNA 的能力，只有在引物存在下才能进行链的延伸，因此 DNA 的合成必须有引物引导。③都有核酸外切酶的功能，可对合成过程中发生的错误进行校正，保证 DNA 复制的高度准确性。

DNA 聚合酶只能催化多核苷酸链的延长反应，不能使链与链之间连接。因此，细胞内必然存在一种酶，在 DNA 复制过程中催化链的两个末端之间形成共价连接，这个酶就是 DNA 连接酶。DNA 连接酶能在 ATP 或 NAD 作为能源的基础上，催化双链 DNA 切口处的 5′-磷酸基和 3′-羟基生成磷酸二酯键，使 DNA 成为一条完整的分子。

大多数 DNA 以双螺旋的形式存在于生物体内外。如果要进行复制、修复、重组等，DNA 两条互补链涉及部分必须分开形成单链 DNA 中间体，即解旋。该过程是由 DNA 解旋酶完成的。解旋酶是一个至少有两个 DNA 结合位点的寡聚体，它打断互补碱基配对的氢键并结合、水解 ATP，以 500 ~ 1000bp/s 的速率沿 DNA 链解旋 DNA 双螺旋。

复制过程中，DNA 双螺旋的解旋使复制叉前面获得巨大的张力而产生正超螺旋，如果不释放这种张力，复制将不能继续进行。现在发现这种张力主要是通过 DNA 拓扑异构酶作用而消除的。DNA 拓扑异构酶是一个含两个亚基的酶，它可以将 DNA 双链切开一个口子，使一条链旋转一周，然后再将其共价连接，从而消除其张力。DNA 拓扑异构酶主要有两类：DNA 拓扑异构酶Ⅰ，只对双链 DNA 中的一条链进行切割，产生切口（nick），每次切割只能去除一个超螺旋，此过程不需要能量；DNA 拓扑异构酶Ⅱ，可以对 DNA 双链的两条链同时进行切割，每次切割可以去除两个超螺旋，需要 ATP 提供能量。

（二）DNA 复制过程

DNA 的复制包括起始、延伸、终止 3 个步骤。

1. DNA 复制的起始

复制的起始包括 4 个方面的内容。第一，专一识别复制起点序列的蛋白质结合在复制起点上，促使其邻近的 DNA 发生扭曲，能让 DNA 解旋酶和其他有关的因子进入；第二，DNA 双链在解旋酶作用下解螺旋；第三，DNA 双链解开后，单链 DNA 结合蛋白（single-stranded DNA binding protein，SSB protein）马上结合在分开的单链上，保持其伸展状态，否则分开的双链互补碱基间又可重新配对，或者在同一链上的互补碱基对间配对形成发夹结构，妨碍 DNA 聚合酶的作用，而使复制不能进行（图 2-9）；第四，一种 RNA 聚合酶（RNA polymerase），也称为引发酶（primase），以解旋的单链 DNA 为模板，根据碱基互补配对原则，合成一段不超

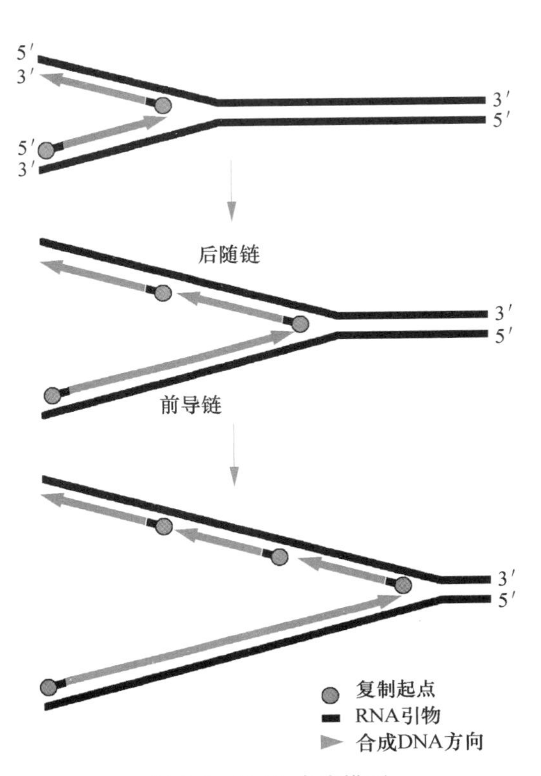

图 2-9　DNA 合成模型

过 12 个核苷酸的 RNA 引物，提供 3′ 端自由的羟基（—OH）。

2. DNA 复制的延伸

资源 2-5

DNA 聚合酶Ⅲ把新生链的第一个核苷酸加到 RNA 引物的 3′ 羟基上，按照碱基互补配对原则，开始新生链的延伸合成过程。因为 DNA 双螺旋的互补双链是反向平行的，一条从 5′→3′ 方向，另一条从 3′→5′ 方向。3 种 DNA 聚合酶也只有 5′→3′ 聚合酶的功能，由此可推测出，一条 DNA 链的合成是连续的，而另一条则是不连续的，并为日本学者冈崎用放射性实验所证实。所以从整个 DNA 分子水平来看，DNA 两条新链的合成方向是相反的，但都是从 5′→3′ 方向延伸。现在一般把从 5′→3′ 方向延伸的链称为前导链（leading strand），它是连续合成的。而另一条链先沿 5′→3′ 方向合成一些片段，也称为冈崎片段（Okazaki fragment），然后由 DNA 连接酶连接起来，成为一条完整的链，这条链称为后随链（lagging strand），其合成是不连续的（图 2-9）。因此，在前导链上，RNA 引物酶只在起点合成一次引物 RNA，DNA 聚合酶Ⅲ就可开始进行 DNA 的合成；而在后随链上，每个冈崎片段的复制都需要先合成一段引物 RNA，然后 DNA 聚合酶Ⅲ才能进行 DNA 的合成。

3. DNA 复制的终止

绝大多数生物的 DNA 复制是双向进行的，但不是通过相遇而简单终止。一般都具有终止区域，含有多个位点，可结合终止蛋白，从而使复制在终止区域不能离开。DNA 到达终止区域后，DNA 聚合酶Ⅰ利用其有 5′→3′ 端核酸外切酶的功能，将引物 RNA 切除，同时利用其 5′→3′ 聚合酶的功能，以对应的 DNA 链为模板，合成 DNA，置换切除 RNA 引物区域链，最后由 DNA 连接酶连接起来，形成一条完整的新链。

三、真核生物 DNA 的复制

大量的研究表明，真核生物 DNA 的复制过程基本上与原核生物相同。但是，真核生物的细胞内 DNA 含量远大于原核生物，真核生物的核 DNA 与不同种类的蛋白质结合构成核小体，真核生物染色体的末端存在端粒区域等，因此，其复制比原核生物更复杂，具有自己的复制特点。

（1）DNA 复制只发生在细胞周期的特定时期。真核生物的 DNA 复制只在细胞周期的 S 期进行，而原核生物则在整个细胞生长过程中都可以进行 DNA 复制或合成。

（2）真核生物的 DNA 聚合酶多。目前已经知道，在真核生物中，有 5 种不同的 DNA 聚合酶，它们是 α、β、γ、δ、ε。其中 γ 是线粒体酶，其他位于核中。在这几种聚合酶中，对 DNA 合成起作用的主要是聚合酶 α 和 δ，而聚合酶 β、ε 可能与 DNA 的修复等功能有关。聚合酶 α 的功能是起始复制，而聚合酶 δ 的功能则是延伸两条链，因此前导链和后随链冈崎片段的起始具有相同的程序。另外，真核生物中 DNA 聚合酶在细胞内的拷贝数量众多。例如，真核生物的每个细胞内聚合酶 α 可以达到 50 000 个拷贝以上，而大肠杆菌的聚合酶Ⅲ只有 10～20 个拷贝。

（3）原核生物 DNA 的复制是单起点的，而真核生物的复制为多起点的，无终止位点或区域。真核生物的一条染色体上的 DNA 含量远大于原核生物整个细胞的 DNA 含量，而且真核生物的 DNA 聚合酶活性比原核生物 DNA 聚合酶活性低，因此真核生物要在比较短的时间内完成 DNA 的合成，必须有多个复制起点。同时也说明，真核生物中前导链的合成不像原核生物那样是连续的，而是以半连续的方式，由一个复制起点控制一个复制子的合成直到另一个复制子的起点为止，最后由连接酶将其连接成一条完整的新链。

（4）真核生物DNA复制中合成的冈崎片段比原核生物的短。原核生物中，后随链上合成的冈崎片段长度为1000～2000个核苷酸，而真核生物中的冈崎片段长度约为原核生物的1/10，只有100～150个核苷酸。

（5）核小体的复制。真核生物细胞的DNA同各种组蛋白复合组成染色体。现在的研究表明，染色体上的DNA是半保留复制的，而组蛋白八聚体是以全保留的方式传递给子代分子的，即亲本的组蛋白八聚体在复制过程中并不解离，而新组蛋白的8个亚基则完全是重新合成的。而且在DNA复制过程中亲代八聚体仍与亲链保持一定的结合，并不完全从亲本链上脱落下来，从而导致复制后所有的亲代八聚体都分布在一条子链上，而新的八聚体分布在另一条子链上。

（6）真核生物染色体端粒的复制。原核生物的染色体大多数为环状，而真核生物染色体为线状，存在端粒，保持线状染色体的稳定性。真核生物的新链DNA合成完毕后，RNA引物被切除，就没有3′端的自由羟基为DNA合成引物，5′端的DNA就无法自动合成形成端粒。那么端粒是怎样合成的呢？大量的研究表明，端粒的合成是在一种特殊的聚合酶——端粒酶（telomerase）作用下完成的。端粒酶是一种核糖核蛋白，含有RNA分子。在RNA上存在复制端粒亚单位所需要的关键核苷酸模板，从而合成端粒或保持端粒的长度。

四、RNA的复制

在自然界中，绝大多数生物以DNA作为遗传物质，但也有少量的物种，如一些动物、植物病毒不含有DNA，它们是以RNA作为其遗传物质，因此称为RNA病毒，它们也可以自我复制传递给后代。相对于以DNA作为遗传物质的物种来说，其RNA的复制要简单得多。大多数RNA病毒的遗传物质RNA是单链的。复制时，在RNA聚合酶作用下，先以自己的RNA作为模板合成一条互补的单链，通常将病毒原有的、起模板作用的RNA分子链称为“+”链，将新复制的RNA分子称为“−”链，这样就形成了双螺旋的复制类型。然后这条“−”链从“+”链模板释放出来，它也以自己为模板复制出一条与自己互补的“+”链，于是形成了一条新生的病毒RNA分子（图2-10）。

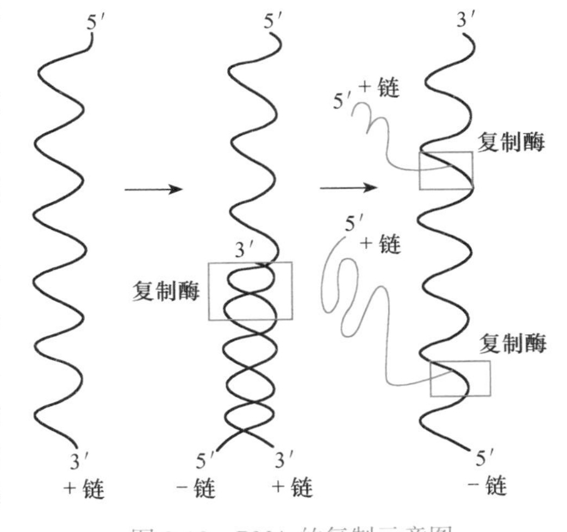

图2-10　RNA的复制示意图

第四节　RNA的转录与加工

转录（transcription）是指以DNA为模板，在DNA的RNA聚合酶的催化下，以4种核糖核苷酸（ATP、CTP、GTP和UTP）为原料，合成RNA的过程。RNA是将DNA上的遗传信息传递给蛋白质并进行表达的中心环节。

一、RNA 分子的种类

在转录过程中，主要形成 3 种类型的 RNA 分子，分别是信使 RNA（messenger RNA，mRNA）、转移 RNA（transfer RNA，tRNA）、核糖体 RNA（ribosomal RNA，rRNA）。

1. mRNA

DNA 不直接决定表达性状的蛋白质的合成，况且在真核生物中 DNA 存在于细胞的细胞核内，而蛋白质的合成中心却位于细胞质的核糖体上。因此，它需要一种中介物质，才能把 DNA 上控制蛋白质合成的遗传信息传递给核糖体。现已证明，这种中介物质是一种特殊的 RNA，它起着传递遗传信息的作用，因而称为信使 RNA（mRNA）。mRNA 的功能就是把 DNA 上的遗传信息准确无误地记录下来，通过其上的碱基顺序决定蛋白质的氨基酸顺序，完成基因表达中的遗传信息传递过程。在真核生物转录形成的 RNA 中，含有大量的对指导蛋白质合成无用的序列，还不能直接作为蛋白质合成的模板，需要进一步加工，因此把这种未经加工、分子质量差别很大的 mRNA，称为核不均一 RNA（heterogeneous nuclear RNA，hnRNA）。

2. tRNA

如果说 mRNA 是合成蛋白质的蓝图，核糖体则是合成蛋白质的工厂。从 DNA 上获得遗传信息的 mRNA 与细胞质中的氨基酸并无必然的联系，那么 mRNA 如何让氨基酸排列为多肽链呢？实验表明，在二者之间也需要一种特殊的 RNA——转移 RNA（tRNA）把游离的氨基酸搬运到核糖体上，tRNA 能根据 mRNA 的遗传信息依次准确地将它携带的氨基酸连接成多肽链。一种氨基酸可被 1～4 种 tRNA 转运，说明 tRNA 在生物体内种类较多。tRNA 是最小的 RNA 之一，其分子质量约为 27kDa（25～30kDa），是 RNA 中构造了解最清楚的。这类分子约含有 80 个核苷酸，而且具有稀有碱基。稀有碱基包括假尿核苷、次黄嘌呤及一些甲基化的嘌呤与嘧啶。它们一般是 tRNA 在 DNA 模板转录后，经过特殊酶修饰而成的。

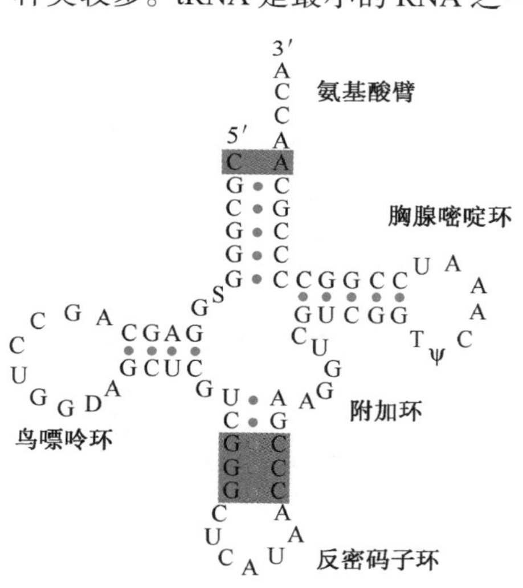

图 2-11　tRNA 的三叶草构型

对大肠杆菌、酵母、小麦和鼠等各种生物的多种 tRNA 结构研究发现，它们的碱基序列都能折叠成三叶草型。同时它们的构型还有下列一些共同的特征（图 2-11）：① 5′ 端之末具有 G（大部分）或 C。② 3′ 端之末都以 ACC 的顺序终结。③有 1 个富有鸟嘌呤的环。④有 1 个反密码子环，在其顶端有 3 个暴露的碱基，称为反密码子（anticodon），该密码子可与 mRNA 链上同自己互补的密码子配对。⑤有 1 个胸腺嘧啶环。

3. rRNA

核糖体 RNA（rRNA）是组成核糖体的主要成分，而核糖体是蛋白质合成的中心。rRNA 是以 DNA 为模板合成的单链，含有不等量的 A 与 U 及 G 与 C，但有广泛的双链区域，构成发夹式螺旋。rRNA 一般与核糖体蛋白质结合在一起形成核糖体（ribosome）。

如果把 rRNA 从核糖体上除掉，就会发生塌陷。在大肠杆菌中，rRNA 占细胞总 RNA 量的 75%～85%，而 tRNA 占 15% 左右，mRNA 仅占 3%～5%。原核生物的核糖体所含的 rRNA 有 5S、16S 和 23S 3 种。S 为沉降系数（sedimentation coefficient），是某种颗粒在超速离心时沉降速度的数值，此数值与颗粒的大小直接成比例。5S 含有 120 个核苷酸，16S 含有 1540 个核苷酸，而 23S 则含有 2900 个核苷酸。真核生物的核糖体比原核生物复杂，含有 5S、5.8S、18S 和 28S 4 种 rRNA 及约 80 种蛋白质，4 种 rRNA 具有的核苷酸数分别为 120 个、160 个、1900 个和 4700 个。

rRNA 在蛋白质合成中的功能至今不是很清楚，但 16S rRNA 3′ 端有一段核苷酸序列与 mRNA 的前导序列是互补的，这可能有助于 mRNA 与核糖体的结合。

4. 其他 RNA

除了上述 3 种主要的 RNA 外，生物中还有很多含量较少的非编码 RNA（non-coding RNA，ncRNA），它们在生物体内起着重要的调控功能。核小 RNA（small nuclear RNA，snRNA）是真核生物转录后加工过程中 RNA 剪接体（spliceosome）的主要部分。它们存在于细胞核中，与核内蛋白质共同组成 RNA 剪接体。核仁小 RNA（small nucleolar RNA，snoRNA）是一类研究得最清楚的小分子 RNA，能与特定蛋白质结合，富集于核仁区，负责 rRNA 的加工及核糖体的生物合成。胞质小 RNA（small cytoplasmic RNA，scRNA）是存在于细胞质中的小 RNA，是蛋白质内质网定位合成的信号识别体的组成成分。微 RNA（microRNA，miRNA）是短的单链 RNA，与特定蛋白质结合，形成复合体，达到降解 mRNA 或者抑制 mRNA 的翻译、沉默 DNA 表达等目的。干扰小 RNA（small interfering RNA，siRNA）为短的双链 RNA，参与 RNA 干扰，调节基因表达等。反义 RNA（antisense RNA）与 mRNA 互补，能抑制直接相关基因而封闭基因表达。另外，端粒酶中也存在 RNA，与染色体末端的端粒合成有关。

二、RNA 合成的一般特点

RNA 的合成与 DNA 的自我复制从总体上非常类似，但也有自己的特点。首先，RNA 合成不需要引物，可以直接起始合成，而 DNA 复制时必须有引物。其次，RNA 合成时所用的原料为核苷三磷酸（rNTP），DNA 复制时则为脱氧核苷三磷酸（dNTP），而且在合成的 RNA 链上胸腺嘧啶核苷酸（T）被替换为尿嘧啶核苷酸（U）。再次，DNA 复制时亲本的两条链都分别用作模板，而 RNA 合成时只用一条 DNA 链作为模板，这条 DNA 链称为模板链（template strand），另一条则称为非模板链（nontemplate strand），由于其序列除 U 替代 T 外，与转录的 RNA 序列完全一致，因此也称为编码链（coding strand）。最后是相对于 DNA 复制而言，RNA 合成的速度比 DNA 慢得多，一般每秒只有 40 个核苷酸左右，而 DNA 复制时每秒可达上千个核苷酸。

RNA 的合成也是按照碱基互补配对原则从 5′→3′ 端进行的。此过程由 RNA 聚合酶（RNA polymerase）催化。RNA 聚合酶在一些起始蛋白质分子的协助下与启动子（promotor）部位的 DNA 结合，形成转录泡（transcription bubble），并开始转录。在原核生物中只有一种 RNA 聚合酶，而在真核生物中，有 3 种不同的 RNA 聚合酶控制不同类型 RNA 的合成。

三、原核生物 RNA 的合成

RNA 的转录起始于 RNA 聚合酶与特定的启动部位的结合，该启动部位称为启动子（promotor），转录起始的第一个碱基称为启动点，在 RNA 聚合酶的作用下合成 RNA，至终止子（terminator）结束。由启动子到终止子的序列称为转录单位（transcription unit）。在细菌等原核生物中，一个转录单位通常含有多个基因，而在真核生物中大多只含有 1 个基因。转录起始点前面的序列称为上游（upstream），后面的序列称为下游（downstream）。因为 RNA 的转录总是从 5′→3′ 端进行，所以上游指 RNA 分子的 5′ 端，下游为其 3′ 端。起始点为 +1，上游的第一个核苷酸为 −1，以此类推。

（一）RNA 聚合酶

在大肠杆菌中催化转录的 RNA 聚合酶是一个多蛋白质亚基组成的复合酶。其分子质量约为 480kDa，含有 α、β、β′ 和 σ 4 种不同的多肽，其中 α 为两个分子，因而其全酶（holoenzyme）的组成是 $\alpha_2\beta\beta'\sigma$。σ 亚基与全酶结合疏松，容易脱落，把 σ 脱落后的部分称为核心酶（core enzyme）。α 亚基与 RNA 聚合酶四聚体核心（$\alpha_2\beta\beta'$）的形成有关；β 亚基具有核苷三磷酸结合的位点；β′ 亚基含有与 DNA 模板结合的位点；σ 亚基有多种不同的类型，它们参与全酶的组装和识别不同的启动子，与链的延伸没有关系，一旦转录开始，将脱落下来，而链的延伸由核心酶催化。

（二）启动子

RNA 聚合酶只有结合到位于转录区域上游的启动子，才能开始转录。对上百种大肠杆菌不同的启动子序列分析发现，启动子有 4 个区域：转录起始点、−10 区和 −35 区的保守序列（conserved sequence）及二者之间的序列。这些序列与转录的启动、起始位点的识别、DNA 解螺旋和转录效率的高低等有关。

资源 2-6

（三）终止子

在 RNA 转录过程中，提供转录终止信号的序列称为终止子（terminator）。有两种类型的终止子：一类为内在终止子（intrinsic terminator），只要核心酶与终止子结合就足以使转录终止，不依赖其他辅助因子；另一类终止子必须在 ρ 因子（ρ factor）的存在下，核心酶才能终止转录，因此称为依赖于 ρ 的终止子（ρ-dependent terminator）。两类终止子在结构上具有两个特征：一是形成发夹结构（hairpin structure）；二是发夹结构末端紧跟着连续的 U 串。不同终止子的发夹结构和 U 串长度都有差异，造成终止子的效率也不同。这表明真正起终止作用的不是 DNA 序列本身，而是转录生成的 RNA。

资源 2-7

（四）RNA 的转录

RNA 的转录可分为 3 步，分别为转录的起始、RNA 链的延伸和 RNA 链的终止及释放。RNA 转录的起始首先是 RNA 聚合酶在 σ 因子的作用下结合于 DNA 的启动子部位，并在 RNA 聚合酶的催化下使 DNA 双链解开，形成转录泡，为 RNA 合成提供模板，并按照碱基互补配对原则结合核苷酸，然后在核苷酸之间形成磷酸二酯键，使其连接，形成 RNA 新链。σ 因子在 RNA 链伸长到 8 ~ 9 个核苷酸后就被释放，然后由核心酶催化链的延伸。核心酶不仅能够解开 DNA 双链，还会使分开的 DNA 双链重新闭合。因此，随着 RNA 链的延伸，RNA 聚合酶使 DNA 双链不断解开和重新闭合，转录泡也不断前移，合成新的 RNA 分子。新生成的 RNA 链与 DNA 形成的杂交双链很短，可能只有 3bp 长度，所以 DNA 模板与 RNA 链之间复合体的稳定不是靠二者的氢键来维持的。当 RNA 链延伸遇到终止信号（termination signal）时，转录复合体就发生解体，新合成的 RNA 链释放出来。

在原核生物中，RNA 的转录、蛋白质的翻译及 mRNA 的降解通常可以同时进行。因为在原核生物中不存在核膜分隔的核，另外，RNA 的转录和多肽的合成都是从 5′→3′ 方向进行，只要 mRNA 的 5′ 端合成完毕，即可进行蛋白质的翻译过程，因此原核生物中 mRNA 的寿命一般较短，只有几分钟。在转录还未最后结束，5′ 端 mRNA 在完成多肽链的合成后已经开始降解。

四、真核生物 RNA 的转录与加工

（一）真核生物 RNA 转录的特点

真核生物与原核生物 RNA 的转录过程大致相同，但更为复杂，主要有以下区别。

（1）真核生物 RNA 的转录在细胞核内。RNA 在核内转录完毕后必须运送到细胞质，才能进行蛋白质的翻译，因此其存在的时间就比原核生物的长，可达数小时。

（2）真核生物 mRNA 分子一般只编码 1 个多肽链。原核生物的 1 个 mRNA 分子通常可编码多个多肽链，在真核生物中，除少数较低等的真核生物外，转录出的 RNA 分子常含有大量无用的序列，需要进行加工才能成为成熟的有功能的 RNA。

（3）真核生物 RNA 聚合酶较多，但都不能独立转录 RNA。在原核生物中只有 1 种 RNA 聚合酶，能催化所有 RNA 的合成。而真核生物细胞中含有 RNA 聚合酶Ⅰ、RNA 聚合酶Ⅱ、RNA 聚合酶Ⅲ 3 种，每一种都含有 10 种以上的亚基。它们都不能直接结合到启动子上，而必须要有另外的启动蛋白结合在启动子上后，才能结合上去启动转录。每一种 RNA 聚合酶转录不同的 RNA。RNA 聚合酶Ⅰ转录核糖体大亚基的 RNA，RNA 聚合酶Ⅱ则催化合成 mRNA 的前体即不均一核 RNA，RNA 聚合酶Ⅲ转录那些小的、稳定的 RNA，如 5S RNA、tRNA 等。

（4）真核生物的启动子比原核生物复杂。真核生物中每种 RNA 聚合酶结合的启动子都不同，其中以 RNA 聚合酶Ⅱ的启动子结构最复杂。每种启动子含有的保守序列数量和组合也存在差异，构成了真核生物启动子的复杂性。

（二）真核生物 RNA 转录后的加工

多数转录的初始 RNA 分子并无生物学活性，必须经进一步加工处理。在真核生物中，现在对 tRNA 转录后的加工了解不多，对 rRNA 和 mRNA 转录后的加工则进行了较为深入的研究。

1. rRNA 转录后的加工

真核生物有 4 种 rRNA，即 5S rRNA、5.8S rRNA、18S rRNA 和 28S rRNA。对成熟

的 rRNA 结构研究发现，其结构上有一个显著的特点，特别是保守区域有大量的甲基化位点，甲基基团主要加在核糖上。甲基化多数在细胞核内完成，少量被运送到细胞质中进行。例如，哺乳动物的 18S rRNA 有 43 个甲基化位点，其中 4 个是进入细胞质后甲基化的，在 28S rRNA 上有 74 个，表明甲基化是成为成熟 rRNA 的标志，其作用不详，推测可能是增加 rRNA 在细胞中的稳定性。除此以外，前体 rRNA 还需要进一步去掉不需要的序列，过程与 mRNA 的剪接类似。

2. mRNA 转录后的加工

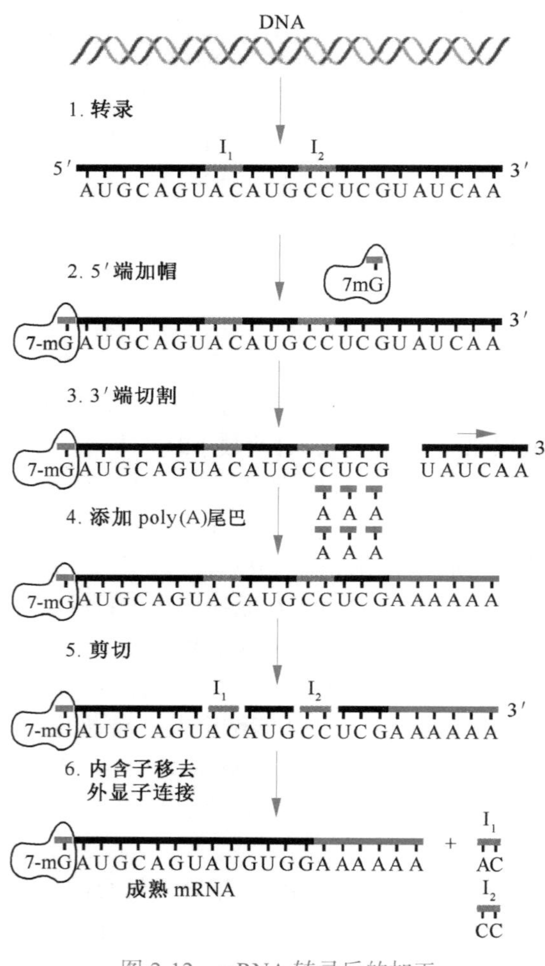

图 2-12　mRNA 转录后的加工

I. 内含子

在真核生物中，几乎所有的成熟 mRNA 在其 5′ 端具有 7-甲基鸟嘌呤核苷（7-mG）的帽子（cap）结构，多数还有 3′ 端的多聚腺苷酸——poly（A）尾巴，没有内含子。这些结构都是转录后经过修饰的结果。mRNA 只有通过修饰加工（图 2-12）才能运输到细胞质进行蛋白质的翻译。

当 RNA 链合成到大约 30 个核苷酸后，就在其 5′ 端加上 1 个 7-甲基鸟嘌呤核苷的帽子，它含有 2 个甲基和稀有的 5′—5′ 三磷酸键，其作用是为核糖体识别 mRNA 提供信号和增加 mRNA 的稳定性，有时可能与某些 RNA 病毒的正链 RNA 合成有关。

真核生物中 mRNA 的 poly（A）尾巴并不是由 DNA 所编码，而是在转录完成后由 RNA 末端腺苷酸转移酶（RNA terminal riboadenylate transferase）催化，以 ATP 为前体，添加到 mRNA 的 3′ 端。poly（A）的添加位点也并不在转录终止的 3′ 端，而是由一种分子质量为 360kDa 的内切酶和其他因子识别其切点上游 13～20 个碱基的保守序列 AAUAAA 和下游的 GUGUGUG（有些情况例外），然后切除一段序列，在此基础上，由 RNA 末端腺苷酸转移酶催化添加大约含 200 个聚腺苷酸的 poly（A）尾巴。它对增加 mRNA 的稳定性及从细胞核向细胞质的运输具有重要作用。

真核生物中合成的 hnRNA（mRNA 前体），比实际的 mRNA 要长一些，一般存在许多非编码序列。将一个基因中出现在成熟 mRNA 上用于编码蛋白质合成的序列称为外显子（exon），而未出现在成熟 mRNA 上的非编码序列称为内含子（intron）。一个基因的外显子和内含子共同转录在一条转录链上，然后将内含子去除而把外显子连接起来形成成熟的RNA分子，这一过程称为RNA剪接（RNA splicing）。只有将内含子去除，形成成熟的RNA分子，才能进行蛋白质的翻译。hnRNA内含子的去除是在复杂的核酸蛋白质复合结构——核酸剪接体（spliceosome）的作用下完成的。核酸剪接体的大小为50～60S，与核糖体的大亚基类似，由多种snRNA和大量的蛋白质分子组成。hnRNA上的内含子和外显子交界处及内含子内部有可供识别的特异序列，在大多数基因中内含子在5′端为GU、3′端为AG。在剪接时首先是核酸剪接体进行装配，然后识别特有序列并在内含子与外显子交界处进行切割再连接起来而成为成熟的mRNA分子。

第五节 遗传密码与蛋白质的翻译

一、遗传密码

DNA分子是由4种脱氧核苷酸组成的多聚体。这4种脱氧核苷酸的差别在于所含的碱基不同，即A、T、G、C 4种碱基的不同。遗传学上把每种碱基看成一种密码符号，则DNA分子中含有4种密码符号，遗传信息就储藏于这4种碱基密码的不同排列顺序中，因此也称为遗传密码（genetic code）。如果一个DNA分子含有1000个核苷酸对，按照其排列组合可以形成4^{1000}种形式。

前已提及，DNA上的遗传信息要按照碱基互补配对原则转录为mRNA，再由mRNA指导蛋白质的合成。在转录过程中，DNA上的A、T、G、C 4种碱基分别被替换为U（尿嘧啶）、A、C、G，同时脱氧核糖被替换为核糖。因此，在转录的mRNA链上，其遗传密码的排列顺序与原来模板DNA的互补DNA链一样。

mRNA在指导蛋白质的合成过程中，其遗传密码与组成蛋白质的氨基酸必然存在一定的关系。显然，1个碱基或2个碱基作为1个密码子（codon）决定1个氨基酸的翻译是不能成立的，因为它们的密码子组合分别为4种和16（4^2）种，而已知组成蛋白质的氨基酸是20种。如果是3个碱基决定1个氨基酸，其可能的组合将有$4^3 = 64$种，这比20种氨基酸多出44种。可以初步确定可能是3个碱基组成密码子决定1个氨基酸的合成，因此也称为三联体密码（triplet code）。

从1961年开始，利用已知的64个三联体密码，经过大量的精密实验，至1967年的短短几年时间就破译了全部的密码子，找出了它们与氨基酸的对应关系，建立了遗传密码字典（表2-1）。

由遗传密码字典可以看出，除甲硫氨酸和色氨酸外，其他的氨基酸均有两种以上的密码子，最多达到6个，如精氨酸。两种或两种以上的密码子编码一种氨基酸的现象称为简并（degeneracy）。代表一种氨基酸的所有密码子称为同义密码子（synonym codon）。氨基酸的密码子数目和它在蛋白质中出现的频率间并没有明显的正相关性。另外，在遗传密码字典中有3个三联体密码UAA、UAG、UGA不编码任何氨基酸，是蛋白质合成的终止信号，分别称为赭石、琥珀和乳石密码子；AUG和GUG不仅分别是甲硫氨酸和缬氨酸的密码子，而且还兼作蛋白质合成的起始信号。

在分析简并现象时可以发现，当三联体密码的第一个、第二个碱基决定后，有时不管第三个碱基是什么，都有可能决定同一个氨基酸，说明密码子的第三个碱基具有一定的灵活性，如丝氨酸由UCU、UCC、UCA、UCG 4个三联体密码决定，它们的第一个和第二个碱基相当固定，第三个碱基出现变化，这就是产生简并现象的基础。

表 2-1　20 种氨基酸的遗传密码字典

第一碱基（5′端）	第二碱基（中间碱基）								第三碱基（3′端）
	U		C		A		G		
U	UUU	苯丙氨酸 Phe	UCU	丝氨酸 Ser	UAU	酪氨酸 Tyr	UGU	半胱氨酸 Cys	U
	UUC		UCC		UAC		UGC		C
	UUA	亮氨酸 Leu	UCA		UAA	终止密码子	UGA	终止密码子	A
	UUG		UCG		UAG		UGG	色氨酸 Trp	G
C	CUU		CCU	脯氨酸 Pro	CAU	组氨酸 His	CGU	精氨酸 Arg	U
	CUC		CCC		CAC		CGC		C
	CUA		CCA		CAA	谷氨酰胺 Gln	CGA		A
	CUG		CCG		CAG		CGG		G
A	AUU	异亮氨酸 Ile	ACU	苏氨酸 Thr	AAU	天冬酰胺 Asn	AGU	丝氨酸 Ser	U
	AUC		ACC		AAC		AGC		C
	AUA		ACA		AAA	赖氨酸 Lys	AGA	精氨酸 Arg	A
	AUG*	甲硫氨酸 Met	ACG		AAG		AGG		G
G	GUU	缬氨酸 Val	GCU	丙氨酸 Ala	GAU	天冬氨酸 Asp	GGU	甘氨酸 Gly	U
	GUC		GCC		GAC		GGC		C
	GUA		GCA		GAA	谷氨酸 Glu	GGA		A
	GUG*		GCG		GAG		GGG		G

* 同时为起始密码子

同义密码子越多，生物遗传的稳定性越大。因为一旦 DNA 分子上的碱基发生突变，所形成的三联体密码就有可能与原来的三联体密码翻译成同样的氨基酸，就不会引起蛋白质多肽链上氨基酸序列的改变，从而将突变对生物体的影响降低到最小。

在所有生物体中，遗传密码字典几乎是通用的，即所有的核酸语都是由 4 种基本碱基符号所编成；所有的蛋白质都是由 20 种氨基酸所组成。密码子的通用性表明生命具有共同本质和共同起源。但是密码子的通用性在近年来也发现有极少数的例外情况，主要表现在一些低等生物的 tRNA 中（表 2-2）。例如，在山羊支原体（*Mycoplasma capricolum*）中，UGA 不是终止密码子，而代表色氨酸，其使用频率比 UGG 高得多。

表 2-2　密码子通用性的一些例外情况

密码子	通用情况	例外情况	发现例外的生物
UGA	终止密码子	色氨酸 Trp	人和酵母的线粒体，支原体（*Mycoplasma*）
CUA	亮氨酸 Leu	苏氨酸 Thr	酵母的线粒体
AUA	异亮氨酸 Ile	甲硫氨酸 Met	人的线粒体
AGA	精氨酸 Arg	终止密码子	人的线粒体
AGG	精氨酸 Arg	终止密码子	人的线粒体
GUG	缬氨酸 Val	丝氨酸 Ser	假丝酵母属（*Candida*）
UAA	终止密码子	谷氨酰胺 Gln	草履虫属（*Paramecium*），四膜虫属（*Tetrahymena*）
UAG	终止密码子	谷氨酰胺 Gln	草履虫属

因此，遗传密码具有下列主要特征。

（1）遗传密码为三联体，即 3 个碱基决定 1 个氨基酸。

（2）遗传密码间无间隔或逗号，即在翻译过程中，遗传密码的编码是连续的。

（3）遗传密码间存在简并现象。除甲硫氨酸和色氨酸外的所有氨基酸都由 2 种或 2 种以上的密码子编码。

（4）遗传密码第三个碱基的灵活性，决定同一氨基酸或性质相近的不同氨基酸的多个密码子往往只有最后一个碱基的变化，这种现象对生命的稳定性具有重要意义。

（5）遗传密码具有起始和终止密码子。蛋白质合成的启动和终止由专门的密码子决定。

（6）遗传密码具有通用性。除一些极少数的例外情况，遗传密码从病毒到人类是通用的。

二、蛋白质的合成

蛋白质是由氨基酸组成的多肽链，每种蛋白质都有其特定的氨基酸序列。蛋白质的生物合成称为翻译（translation）。翻译就是 mRNA 携带着从 DNA 上转录的遗传密码附着在细胞内的核糖体（ribosome）上，由 tRNA 运来的各种氨基酸，按照 mRNA 的密码顺序，相互连接起来成为多肽链，并进一步通过修饰成为立体的蛋白质分子的过程。蛋白质的翻译过程非常复杂，有至少 50 种蛋白质和 3 ~ 5 种 RNA 分子的参与组成蛋白质的合成场所——核糖体，至少有 20 种的氨基酸活化酶和 tRNA 分子负责氨基酸的运输，还有大量的蛋白质参与多肽链的起始、延伸和终止。

（一）核糖体

核糖体是蛋白质翻译的场所，是由 rRNA 和蛋白质结合起来的小颗粒，直径为 14 ~ 30nm。核糖体是细胞的重要细胞器。在 1 个生长旺盛的细菌中，约有 20 000 个核糖体。其蛋白质成分占细菌总蛋白质的 10% 左右，RNA 成分占细菌总 RNA 的 80% 左右。在真核细胞，该比例小一些，但绝对含量更大。细菌的核糖体散见于细胞质内，而真核细胞的核糖体与内质网或细胞骨架相连。

核糖体由大、小两个亚基通过镁离子（Mg^{2+}）结合而成，具有大致相似的三维结构，一般呈不倒翁形。大肠杆菌等原核生物的核糖体为 70S，分子质量为 2600kDa，由 50S 大亚基和 30S 小亚基结合而成。大亚基包括 5S 和 23S 两种 rRNA 和 31 种多肽，小亚基包括 16S rRNA 和 21 种多肽。真核生物的核糖体比细菌的要大，为 80S，由 60S 的大亚基和 40S 的小亚基组成，大亚基包含 5S、5.8S 和 28S 3 种 rRNA 及 49 种多肽，小亚基包含 18S rRNA 和 33 种多肽。核糖体上存在多个蛋白质合成所需要的活性位点，如与起始信号结合的位点、转肽酶活性位点、结合起始 tRNA 的 P 位和结合其他 tRNA 的 A 位等。

核糖体只有以 70S（或 80S）存在才能维持它们的生理活性。一般来说，核糖体在细胞内比 mRNA 稳定，可以反复用来进行多肽的合成，特异性小，这就是说，同一核糖体由于同它结合的 mRNA 不同，可以合成不同种类的多肽。同时在绝大多数情况下，一个 mRNA 可以同多个核糖体结合形成一串核糖体，称为多聚核糖体（polyribosome 或 polysome）（图 2-13）。这样，多个核糖体可以同时翻译一个 mRNA 分子，极大地提高了蛋白质合成的效率。

（二）氨酰 tRNA 合成酶

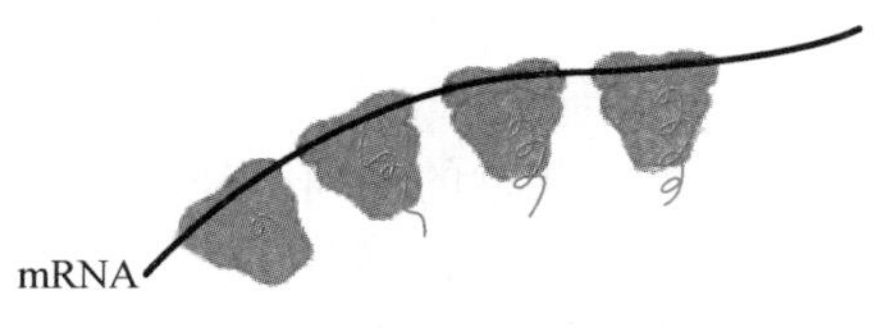

图 2-13 一条 mRNA 链上结合的多个核糖体

tRNA 在翻译中起转运氨基酸的作用，但是氨基酸和 tRNA 在细胞内都是游离的，因此必须在氨酰 tRNA 合成酶（aminoacyl tRNA synthetase）活化氨基酸并催化氨基酸与 tRNA 结合形成氨酰 tRNA 的情况下，才能运送到核糖体上参与多肽链的形成。一种氨酰 tRNA 合成酶只能识别一种氨基酸和运输该氨基酸的 tRNA。生物体内的 20 种氨酰 tRNA 合成酶的分子质量差异很大（40 ~ 100kDa）。

氨酰 tRNA 合成酶有 3 个结合位点，分别为氨基酸结合位点、ATP 结合位点和 tRNA 结合位点。它催化的反应分为两步：第一步，氨基酸和 ATP 形成腺苷酸化氨基酰，释放焦磷酸；第二步，活化型的氨基酸被转移至 tRNA 并结合，释放 AMP。由此可看出该过程由 ATP 提供能量。

（三）蛋白质的合成过程

蛋白质的合成可以分为 3 个阶段：起始（initiation）、延伸（elongation）和终止（termination）。翻译的速度很快，在 37℃可达 15 个氨基酸 /s。一个由 300 个氨基酸组成的蛋白质多肽 20s 内即可合成完毕。

资源 2-8

1. 肽链的起始

核糖体是蛋白质合成的中心。平时以大、小亚基分散存在于细胞质中，只有在蛋白质合成过程中才装配为完整的核糖体。原核生物中肽链合成的起始可分为 3 个步骤。第一步为 30S 小亚基在起始因子（initiation factor，IF）IF3 的作用下与 mRNA 结合形成复合物。在结合过程中，起始密码子上游 10 个碱基处有一保守序列（AGGAGG）起着识别的关键作用。第二步是起始氨酰 tRNA 在 IF2 的协助下，由反密码子识别起始密码子而直接进入 P（peptidyl）位，形成更复杂的复合体。原核生物中存在两种甲硫氨酸 tRNA，一种转送起始甲酰化甲硫氨酸，另一种运输延伸过程中的甲硫氨酸。第三步是上述复合物与 50S 大亚基结合，使 IF3 游离，同时激活 IF2 的 GTP 酶活性，释放能量，并解离下来，形成 70S 起始复合物，完成多肽链的起始。

真核生物蛋白质合成的起始与原核生物基本相同，但是更加复杂，需要更多的起始因子。真核生物的蛋白质合成与原核生物明显不同的是：①蛋白质的起始氨基酸为甲硫氨酸而不是甲酰甲硫氨酸。②合成的起始位置一般在 mRNA 5′ 端的起始密码子 AUG 位置，而不是在一个特殊的起始序列处。

2. 肽链的延伸

肽链的延伸在原核生物和真核生物中基本一致。以第二个氨酰 tRNA 按照反密码子与密码子配对的原则进入核糖体起始复合物的 A（aminoacyl）位为标志，肽链开始延伸。随后在肽酰转移酶（peptidyl transferase）的催化下，在 A 位的氨酰 tRNA 上的氨基酸残基与在 P 位上的氨基酸的碳端间形成肽键。转肽结束后，核糖体沿 mRNA 向前移动一个三联体密码的距离，称为移位（translocation），原来在 A 位的多肽 tRNA 转入 P 位，而原来在P位的tRNA离开核糖体。这样空出的A位就可以结合另外一个氨酰tRNA，从而开始第二轮的多肽链延伸。

3. 肽链的终止

当多肽链的延伸遇到终止密码子UAA、UAG和UGA进入核糖体的A位时，由于没有对应的氨酰tRNA识别而延伸不能进行，从而终止肽链的合成。对终止密码子的识别，需要多肽链释放因子（release factor，RF）的参与。当释放因子结合在核糖体的A位后，改变了转肽酶的活性，在新合成多肽链的末端加上水分子，从而使多肽链从P位tRNA上释放出来，离开核糖体，同时核糖体也与mRNA解离，核糖体大、小两个亚基分开，分开后的大、小亚基可参与下一次肽链合成的循环。

在核糖体上合成的多肽链，很多不具有生物活性，还必须经过不同链的缔合、共价修饰、卷曲或折叠，才能成为具有立体结构和生物活性的蛋白质，如结构蛋白、功能蛋白或者酶等。

三、中心法则及其发展

前面介绍的DNA和蛋白质的合成过程，实际上就是遗传信息从DNA→DNA的复制过程，以及遗传信息由DNA→mRNA→蛋白质的转录和翻译过程，这就是分子生物学的中心法则（central dogma）。分子生物学的中心法则所阐述的是遗传物质或基因的两个基本属性：自我复制和基因的表达。关于这两个属性的分子水平的分析，对深入理解遗传及变异的实质具有重要意义。这一法则被认为是从噬菌体到真核生物的整个生物界共同遵循的规律。

1970年，Temin等在RNA肉瘤病毒中发现存在着依赖RNA的DNA聚合酶，即反转录酶（reverse transcriptase），它可以以RNA为模板合成DNA，然后在其他酶系统的作用下，转化为DNA-DNA双螺旋，并整合到寄主细胞的染色体上。整合后的DNA又可转录合成RNA，翻译蛋白质，装配成新的病毒，从而开始下一轮的侵染。迄今不仅在很多种由RNA致癌病毒引起的癌细胞中发现了反转录酶，甚至在正常细胞如胚胎细胞中都有发现。反转录酶的发现不仅具有重要的理论意义，而且对于遗传工程上基因的酶促合成及致癌机制的研究都具有重要作用。

进一步研究发现一些RNA病毒如小儿麻痹症病毒、流行性感冒病毒等可以以RNA为模板，在一种高度专一的酶作用下进行自我复制形成新的RNA分子，该酶称为RNA复制酶（RNA replicase）。每一种这样的RNA病毒都有自己的RNA复制酶。

20世纪60年代中期，McCarthy和Holland发现在他们的实验体系中加入抗生素等条件，变性的单链DNA在离体情况下可以直接与核糖体结合，合成蛋白质。但至今在活细胞内还未证实DNA能直接指导蛋白质的合成。另外，疯牛病在世界上闹得沸沸扬扬，已知疯牛病由朊病毒引起，朊病毒不含任何核酸，它是否依赖核酸增殖或蛋白质增殖，目前科学界尚存在争论。

上述发现不仅增加了中心法则的遗传信息的原有流向，丰富了中心法则的内容，也对中心法则提出了挑战，表明中心法则并非终极，需要进一步完善。因此，可以把中心法则概括为图2-14，其中实线表示遗传信息传递的方向，虚线表示尚未发现或在离体条件下发现但在活细胞内未发现的信息流向。

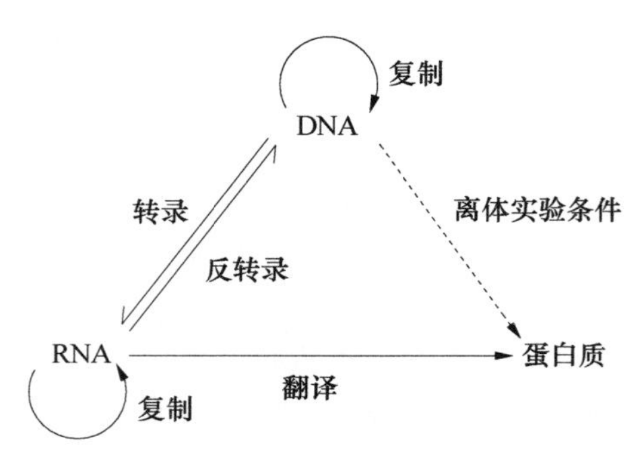

图 2-14　中心法则的遗传信息流向

复习题

1．怎样证明 DNA 是绝大多数生物的遗传物质？
2．简述 DNA 双螺旋结构及其特点。
3．原核生物 DNA 聚合酶有哪几种？各有何特点？
4．真核生物与原核生物 DNA 合成过程有何不同？
5．简述原核生物 RNA 的转录过程。真核生物与原核生物相比，其转录有何不同？
6．试述 mRNA、tRNA、rRNA 和核糖体各有什么作用？
7．简述原核生物蛋白质合成的过程。
8．如果 DNA 的一条链上（A＋G）/（T＋C）= 0.6，那么互补链上的同一个比率是多少？
9．果蝇的染色体包含大约 1.6×10^8bp。在 DNA 合成过程中按照每秒 30bp 进行，5min 完成所有复制，试问需要多少个双向起始点才能完成复制？
10．有几种不同的 mRNA 可以编码氨基酸序列 Met-Leu-His-Gly？
11．简述密码的简并现象及其生物学意义。
12．真核生物 mRNA 的加工是如何进行的？
13．简述生物中心法则的主要内容。
14． DNA 与 RNA 在结构上有何异同？
15．在蛋白质翻译过程中，哪种分子携带密码子？哪种分子携带反密码子？

本章课程视频

第三章　孟德尔遗传

孟德尔

孟德尔（G. J. Mendel，1822～1884 年）从 1856～1864 年进行了 8 年的豌豆杂交试验，在前人的基础上把植物杂交的工作向前推进了一大步，确定了生物性状遗传的两条基本规律——遗传因子分离和多对遗传因子分离后的自由组合。这两个规律后来称为孟德尔定律，即分离规律（the law of segregation）和独立分配规律（the law of independent assortment）。

第一节　分离规律

一、性状分离现象

性状（character）是指生物体所表现的形态特征和生理特性的总称。豌豆（*Pisum sativum*）是严格的自花授粉植物。孟德尔在研究豌豆性状的遗传时，把植株所表现的性状总体区分为各个单位来进行研究，这些被区分开的每一个具体性状称为单位性状（unit character）。例如，豌豆的花色、种子形状、子叶颜色、豆荚形状、豆荚（未成熟的）颜色、花序着生部位和植株高度就是 7 个不同的、稳定的、易于区分的单位性状。不同个体在单位性状上常有着各种不同的表现，如豌豆花色有红花和白花、种子形状有圆形和皱缩、子叶颜色有黄色和绿色等。这种同一单位性状在不同个体间所表现出来的相对差异，称为相对性状（contrasting character）。

资源 3-1

通常用 P 表示亲本（parent），♀ 表示母本，♂ 表示父本，× 表示杂交，⊗ 表示自交，F（filial generation）表示杂种后代。F_1 即表示杂种第一代，是指杂交当代所结的种子及由它所长成的植株。F_2 表示杂种第二代，是指由 F_1 自交产生的种子及由它所长成的植株。依次类推，F_3、F_4 分别表示杂种第三代、杂种第四代。

孟德尔在进行豌豆杂交试验时，选用具有 7 对相对性状的品种作为亲本，用人工方法将它们分别成对相互杂交，并按照杂交后代的系谱进行详细的记载，统计和计算了杂种后代表现相对性状的株数，并分析了它们的比例关系。

例如，为了研究豌豆花色的遗传，孟德尔用红花植株与白花植株进行杂交。在杂交时，先将母本花蕾的雄蕊完全摘除，这称为去雄，然后将父本的花粉授到已去雄的母本柱头上，这称为人工授粉。去了雄和授了粉的母本花朵还必须套袋隔离，防止其他花粉授粉。结果发现红花植株不论作父本还是作母本，F_1 植株全部开红花，白花性状被红花性状所遮盖。F_1 自花授粉后，得到的 F_2 同时出现了红花和白花两种植株，其中红花植株 705 株，白花植株 224 株，两者之比为 3.15∶1。这个比值非常接近 3∶1（图 3-1）。如果把红花植株作母本的杂交组合称为正交，则作父本的杂交组合即称为反交。正交和反交的结果完全一样，说明后代的性状表现不受亲本组合方式的影响。

孟德尔把在 F_1 表现出来的性状称为显性性状（dominant character），如红花；未表现出来的性状称为隐性性状（recessive character），如白花。其他 6 对相对性状的杂交试

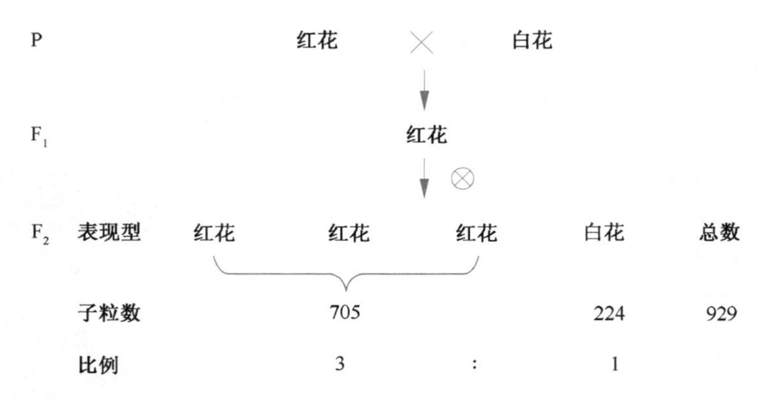

图 3-1　豌豆花色的遗传

验，都获得同样的试验结果（表 3-1）。

表 3-1　孟德尔豌豆相对性状杂交试验的结果

性状	杂交组合	F_1 表现的显性性状	F_2 的表现		
			显性性状	隐性性状	比例
花色	红花 × 白花	红花	705 红花	224 白花	3.15 : 1
种子形状	圆粒 × 皱粒	圆粒	5474 圆粒	1850 皱粒	2.96 : 1
子叶颜色	黄色 × 绿色	黄色	6022 黄色	2001 绿色	3.01 : 1
豆荚形状	饱满 × 缢缩	饱满	882 饱满	299 缢缩	2.95 : 1
未熟豆荚色	绿色 × 黄色	绿色	428 绿色	152 黄色	2.82 : 1
花序着生部位	轴生 × 顶生	轴生	651 轴生	207 顶生	3.14 : 1
植株高度	长茎 × 短茎	长茎	787 长茎	277 短茎	2.84 : 1

孟德尔从以上 7 对相对性状的杂交结果，看到了两个共同特点：第一，不论正交、反交，F_1 所有植株的性状表现是一致的，都只表现一个亲本的性状，而另一亲本的性状则隐藏未现。第二，F_2 植株在性状表现上是不同的，一部分植株表现一个亲本的性状，其余植株则表现另一个亲本的相对性状，即显性性状和隐性性状在 F_2 中都表现了出来，这种现象称为性状分离（character segregation），F_2 群体中表现显性性状的个体与表现隐性性状的个体比例总是 3 : 1。

二、分离现象的解释

这 7 对相对性状在 F_2 为什么都出现 3 : 1 的分离比呢？为了解释这些结果，孟德尔提出了下面的假设。

（1）一对相对性状由一对遗传因子控制。

（2）遗传因子在体细胞内是成对的，一个来自父本，一个来自母本。

（3）杂种的“遗传因子”彼此不同，各自保持独立性，且存在显隐性关系，即 F_1 植株有一个控制显性性状的遗传因子和一个控制隐性性状的遗传因子。

（4）在形成配子时，每对遗传因子相互分离，均等地分配到不同的配子中，结果每个配子（精核或卵细胞）中只含有成对遗传因子中的一个。

（5）在形成合子（子代个体）时，雌、雄配子的结合是随机的。

孟德尔的豌豆花色杂交试验及其结果可表示为（图 3-2）：以 *C* 表示显性性状——红花的遗传因子，*c* 表示隐性性状——白花的遗传因子。红花亲本应具有一对红花遗传因子 *CC*，白花亲本应具有一对白花遗传因子 *cc*。红花亲本产生的配子中只有一个遗传因子 *C*，白花亲本产生的配子中只有一个遗传因子 *c*。受精时，雌、雄配子结合形成的 F_1 应该是 *Cc*。因为 *C* 对 *c* 有显性的作用，所以 F_1 植株开红花。但是 F_1 植株在产生配子时，因为 *C* 和 *c* 分配到不同的配子中去，所以产生的配子（不论雌配子还是雄配子）有两种：一种为 *C*，另一种为 *c*，两种配子数目相等，呈 1∶1 的比例。F_1 自交时各类雌、雄配子随机结合。由此可见，F_2 群体的总组合按遗传因子的成分归纳，实际上是 3 种：1/4 个体 *CC*，2/4 个体 *Cc*，1/4 个体 *cc*。1/4 *CC* 和 2/4 *Cc* 植株均开红花，只有 1/4 *cc* 植株开白花，所以 F_2 红花与白花之比是 3∶1。

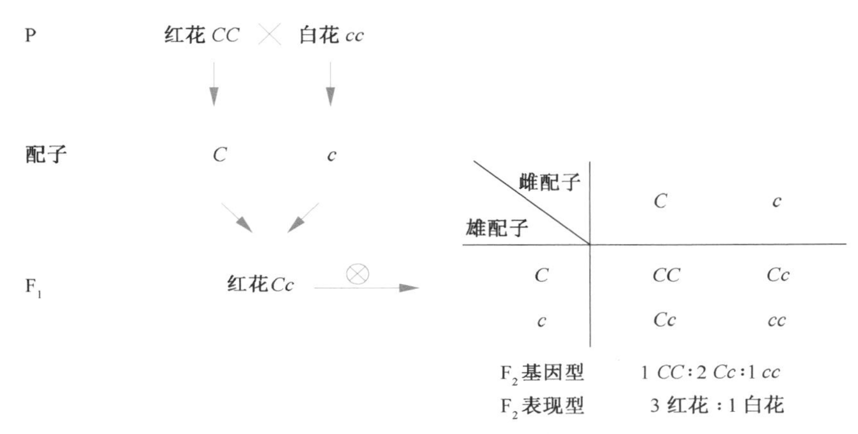

图 3-2　孟德尔对性状分离现象的解释

三、表现型和基因型

孟德尔在解释上述遗传试验中所用的遗传因子，被 1909 年约翰生提出的“基因”这个名词所取代。遗传学中将位于同源染色体上对应位点并控制一对相对性状的两个基因称为等位基因（allele）。例如，红花基因 *C* 和白花基因 *c* 相互为等位基因。个体的基因组合，称为基因型（genotype）。例如，决定红花性状的基因型为 *CC* 和 *Cc*，决定白花性状的基因型为 *cc*。基因型是生物性状表现的内在遗传基础，是肉眼看不到的，只能通过杂交试验根据表现型来推断。表现型（phenotype）是指生物体所表现的性状，如红花和白花等。表现型简称表型，它是基因型和外界环境作用下的具体表现，是可以直接观测的。像 *CC* 个体和 *Cc* 个体，植株都为红花，其表现型相同，但基因型不同。

从基因的组合来看，像 *CC* 和 *cc* 2 个基因型，等位基因是一样的，这在遗传学上称为纯合基因型（homozygous genotype）。具有纯合基因型的个体称为纯合体（homozygote），*CC* 个体为显性纯合体（dominant homozygote），*cc* 个体为隐性纯合体（recessive homozygote）。*Cc* 基因型，等位基因不同，称为杂合基因型（heterozygous genotype)。具有杂合基因型的个体称为杂合体(heterozygote)。

从细胞学的角度看,*C* 和 *c* 是一对等位基因,位于一对同源染色体的相对位点上。F_1 的基因型是 *Cc*,当它的孢子母细胞进行减数分裂形成配子时,随着这对同源染色体在后期Ⅰ的分离,*C* 与 *c* 也分别进入不同的二分体。最后形成一半 *C* 配子和一半 *c* 配子,雌、雄配子都是这样。因此,雌、雄配子相互随机结合出现 4 种组合,在基因型上出现 1*CC*∶2*Cc*∶1*cc* 的比例,在表现型上出现 3∶1 的比例。

四、分离规律的验证

任何一个理论或假说能否成立,除了要对已有的事实作出解释外,还必须经得起检验。分离规律是建立在一种假设基础上的,这个假设的实质就是成对的基因(等位基因)在配子形成过程中彼此分离,互不干扰,因而配子中只具有成对基因的一个。为了证明这一假设的真实性,孟德尔采用了测交和自交的方法进行验证,并得到了证实。

(一)测交法

测交(test cross)是指被测验的个体与隐性纯合个体间的杂交。测交所得的后代为测交子代,用 F_t 表示。根据测交子代所出现的表现型种类和比例,可以确定被测个体是纯合体还是杂合体。由于隐性纯合体只能产生一种含隐性基因的配子,它们和含有任何基因的另一种配子结合,其子代都只能表现出另一种配子所含基因的表现型。因此,测交子代表现型的种类和比例正好反映了被测个体所产生的配子种类和比例,从而可以确定被测个体的基因型。

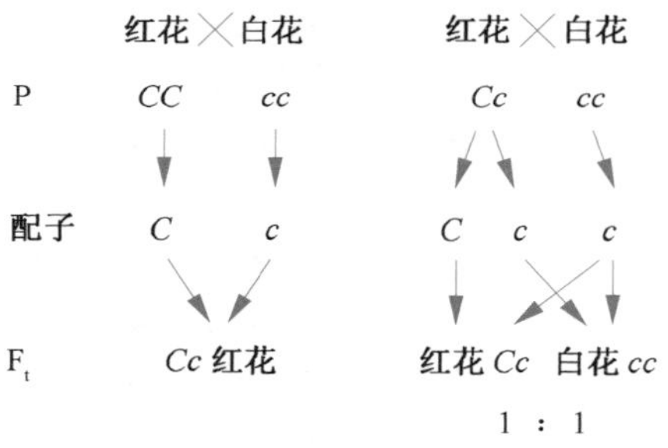

例如,某被测个体为红花豌豆,不知其为纯合体还是杂合体。当它与白花豌豆(隐性的 *cc* 纯合体)杂交时,由于后者只产生一种含 *c* 基因的配子,所以如果测交子代全部开红花,就说明该被测豌豆是 *CC* 纯合体,因为它只产生含 *C* 基因的一种配子。如果在测交子代中有一半的植株开红花,一半的植株开白花,就说明被测豌豆的基因型是 *Cc*(图 3-3)。

红花×白花　　红花×白花
P　*CC*　*cc*　　*Cc*　*cc*
配子　*C*　*c*　　*C*　*c*　*c*
F_t　*Cc* 红花　　红花 *Cc*　白花 *cc*
1∶1

图 3-3　豌豆花色的测交验证

(二)自交法

孟德尔为了验证遗传因子的分离,也曾继续使 F_2 植株自交产生 F_3 株系(来自一个 F_2 植株的子代群体)。然后根据 F_3 的性状表现,证实他所设想的 F_2 基因型。按照他的设想,F_2 的隐性性状植株只能产生隐性性状的 F_3。而在 F_2 的显性性状植株中,2/3 是杂合体,1/3 是纯合体。如果真如此,则前者自交产生的 F_3 群体就应该又分离为 3/4 的显性植株和 1/4 的隐性植株;而后者自交产生的 F_3 群体就应该一律表现显性。实际自交的结果表明(表 3-2),这两类显性性状的 F_2 植株的比例接近 2∶1。实际观察的结果证实了他的推论。孟德尔对前述 7 对性状,连续自交了 4～6 代均未发现与他的推论不相符合的情况。

表 3-2 豌豆 F_2 表现显性性状的个体分别自交后的 F_3 表现型种类及其比例

性状	在 F_3 表现显性：隐性 = 3：1 的株系数	在 F_3 完全表现显性性状的株系数	F_3 株系总数
花色	64（1.80）	36（1）	100
种子形状	372（1.93）	193（1）	565
子叶颜色	353（2.13）	166（1）	519
豆荚形状	71（2.45）	29（1）	100
未熟豆荚色	60（1.50）	40（1）	100
花序着生部位	67（2.03）	33（1）	100
植株高度	72（2.57）	28（1）	100

（三）F_1 花粉鉴定法

关于等位基因发生分离的时机，细胞遗传学已经充分证明它是在杂种的细胞进行减数分裂形成配子时发生的。随着染色体减半的发生，各对同源染色体分别分配到两个配子中去，位于同源染色体上的等位基因也就随之分开而分配到不同的配子中去。这种现象在某些植物（如玉米、水稻、高粱、谷子等）中可用 F_1 植株产生的花粉粒进行观察鉴定。

例如，玉米的籽粒有糯性和非糯性两种，已知它们是受一对等位基因控制的，分别控制着籽粒及其花粉粒中的淀粉性质。非糯性的为直链淀粉，由显性基因 *Wx* 控制；糯性的为支链淀粉，由隐性基因 *wx* 控制。通常糯性的花粉或籽粒的胚乳与稀碘液反应后呈红棕色；非糯性的花粉或籽粒的胚乳与稀碘液反应后则呈蓝黑色。如以碘液处理玉米（糯性 × 非糯性）F_1 植株上的花粉，在显微镜下可以明显地看到红棕色和蓝黑色的两种花粉粒，而且大致上各占一半。这清楚地表明了 F_1（*Wxwx*）产生了带有 *Wx* 基因和带有 *wx* 基因两种类型的配子，而且它们的数目是 1：1。

此外，用红色面包霉的不同品系杂交也可以验证等位基因的分离现象。当红色菌丝的正常种与白色菌丝变种有性交配时，二倍体接合子在一个长形的子囊内进行减数分裂和一次有丝分裂，形成 8 个子囊孢子。在子囊尚未破裂前，把各个子囊中的子囊孢子分别取出培养，就会看到每个子囊中 4 个孢子长出红色菌丝，另外 4 个孢子长出白色菌丝，形成 1：1 的比例。这也是由于等位基因在减数分裂时发生分离的结果。

孟德尔的基因分离规律在很多生物中都得到了证实，具有普遍意义。在人类中也发现不少呈现单基因分离模式的家系遗传现象，如白化病、侏儒症、多指（趾）等在一些家系中的表现。

根据分离规律，由具有一对相对性状的个体杂交产生的 F_1，其自交后代的分离比为 3：1，测交后代的分离比为 1：1。这些分离比的出现必须满足以下的条件。

（1）研究的生物体是二倍体。

（2）F_1 个体形成的两种配子数目相等或接近相等，并且两种配子生活力相同；受精时各雌、雄配子都能以均等的机会相互自由结合。

（3）不同基因型的合子及由合子发育的个体具有同样或大致同样的存活率。

（4）研究的相对性状差异明显，显性表现完全。

（5）杂种后代都处于相对一致的条件下，而且试验分析的群体比较大。

这些条件在一般情况下是具备的，所以大量试验结果都能符合这个基本遗传规律。

五、分离规律的应用

分离规律是遗传学中最基本的一个规律。根据分离规律，必须重视表现型和基因型之间的联系与区别。对于一个表现显性的材料，如果不知道其显性基因位点是否纯合，就可以通过自交或测交的方法来确定。实践中正是利用纯种不分离，杂种要分离的规律来鉴定品种或品系是否纯合的，从而可以区别真伪杂种。例如，小麦的无芒对有芒显性，如果用有芒品种作母本，无芒品种作父本，杂种一代应该全是无芒的。如果出现少量有芒植株，则这些植株可能是由于母本去雄不彻底而产生的自交后代，这不是真正的杂种，应该淘汰。

分离规律表明，杂种通过自交将产生性状分离，同时也导致基因的纯合。在杂交育种工作中，在杂种后代连续进行自交和选择，目的就是促使个体间的分离和个体基因型的纯合。根据各性状的遗传研究，可以比较准确地预计后代分离的类型及其出现的频率，从而可以有计划地种植杂种后代，提高选择效果，加速育种进程。例如，水稻对稻瘟病的抗病性和感病性分别由显性基因和隐性基因决定，在它们的 F_2 群体内虽然很容易选到抗病植株，但根据分离规律，可以预料其中某些抗病植株的抗病性仍要分离。因此，还需要通过自交和进一步的选择，才能从中选出抗病性稳定的纯合体植株。

在生产上为了保持良种的增产作用，必须防止品种因天然杂交而发生分离退化。因此，需要加强良种繁育工作，注意品种保纯，做好去杂去劣或适当的隔离繁殖工作。

此外，根据分离规律的启示，杂种产生的配子在基因型上是纯粹的，可以利用花粉培养的方法培育出优良的纯合二倍体植株，为育种工作开辟了新的途径。

第二节　独立分配规律

孟德尔在说明了一对相对性状的遗传规律后，进一步研究了两对和两对以上相对性状之间的遗传关系，揭示了独立分配规律，又称自由组合规律。

一、两对相对性状的遗传

为了研究两对相对性状的遗传，孟德尔仍以豌豆为材料，选取具有两对相对性状差异的纯合亲本进行杂交。例如，用种子圆形而子叶黄色的一个亲本与种子皱缩而子叶绿色的另一亲本杂交。其 F_1 都结圆形、黄色子叶的种子，表明种子圆形和子叶黄色都是显性。这与 7 对性状分别进行研究的结果是一致的。由 F_1 种子长成的植株（共 15 株）进行自交，得到 556 粒 F_2 种子，共有 4 种类型，其中两种类型和亲本相同，另两种类型为亲本性状的重新组合，而且存在着一定的比例关系，比例接近 9∶3∶3∶1（图 3-4）。

如果把以上两对相对性状个体杂交试验的结果，分别按一对性状进行分析，F_2 代中：

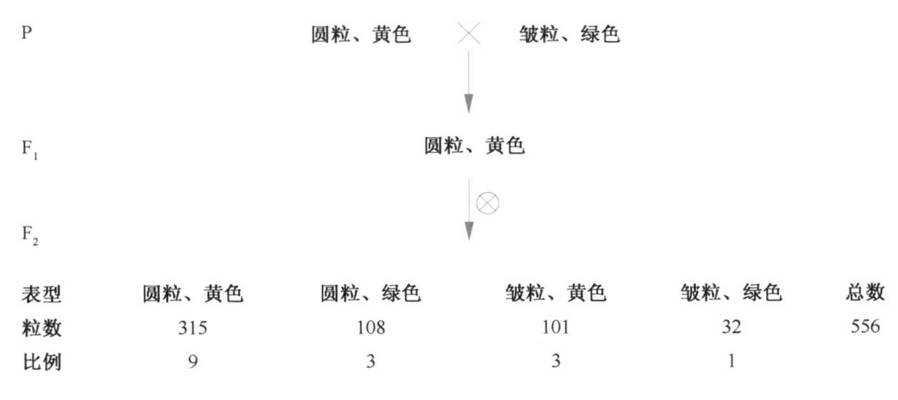

图 3-4　豌豆两对相对性状的杂交试验

黄色：绿色 =（315 + 101）：（108 + 32）= 416：140 ≈ 3：1

圆粒：皱粒 =（315 + 108）：（101 + 32）= 423：133 ≈ 3：1

资源 3-2

根据上述的分析，虽然两对相对性状是同时由亲代遗传给子代的，但由于每对性状的 F_2 分离仍然符合 3：1 的比例，说明它们是彼此独立地从亲代遗传给子代的，没有发生任何相互干扰的情况。同时在 F_2 群体内两种重组型个体的出现，说明两对性状的基因在从 F_1 遗传给 F_2 时是自由组合的。按照概率定律，两个独立事件同时出现的概率，为分别出现的概率的乘积。因而圆形种子、黄色子叶同时出现的机会应为$\frac{3}{4}\times\frac{3}{4}=\frac{9}{16}$，皱缩种子、黄色子叶同时出现的机会应为$\frac{1}{4}\times\frac{3}{4}=\frac{3}{16}$，圆形种子、绿色子叶同时出现的机会应为$\frac{1}{4}\times\frac{3}{4}=\frac{3}{16}$，皱缩种子、绿色子叶同时出现的机会应为$\frac{1}{4}\times\frac{1}{4}=\frac{1}{16}$；用另一种方式表达是：

$$
\begin{array}{rl}
 & \text{黄色子叶}\frac{3}{4}：\text{绿色子叶}\frac{1}{4} \\
\times & \text{圆形种子}\frac{3}{4}：\text{皱缩种子}\frac{1}{4} \\
\hline
\multicolumn{2}{c}{\text{黄、圆}\frac{9}{16}：\text{黄、皱}\frac{3}{16}：\text{绿、圆}\frac{3}{16}：\text{绿、皱}\frac{1}{16}}
\end{array}
$$

将孟德尔试验的 556 粒 F_2 种子，按上述的 9：3：3：1 的理论推算，即 556 分别乘以$\frac{9}{16}$、$\frac{3}{16}$、$\frac{3}{16}$、$\frac{1}{16}$，如下所列，所得的理论数值与实际结果比较，是非常近似的。

	黄、圆	黄、皱	绿、圆	绿、皱
实得粒数	315	101	108	32
理论粒数	312.75	104.25	104.25	34.75
差数	+ 2.25	− 3.25	+ 3.75	− 2.75

二、独立分配现象的解释

独立分配规律的基本要点是：在配子形成时，控制一对相对性状的等位基因与另一对等位基因的分离和组合是互不干扰的，各自独立分配到配子中去。

仍以上述杂交试验为例，用 *Y* 和 *y* 分别代表子叶黄色和绿色的基因，*R* 和 *r* 分别代表种子圆粒和皱粒的基因。从图 3-5 可看出，黄色、圆粒亲本的基因型为 *YYRR*，产生 *YR* 配子；绿色、皱粒亲本的基因型为 *yyrr*，产生 *yr* 配子。两亲代的配子结合产生 F_1 杂合体 *YyRr*，表现型为黄色、圆粒。F_1 产生的雌配子和雄配子都是 4 种，即 *YR*、*Yr*、*yR* 和 *yr*，并且 4 种配子数目相等，为 1 : 1 : 1 : 1。雌、雄配子结合，共有 16 种可能的组合。F_2 群体中共有 9 种基因型。因为 *Y* 对 *y* 为显性，*R* 对 *r* 为显性，所以 F_2 中只有 4 种表现型，其比例为 9 : 3 : 3 : 1，这与孟德尔的杂交试验结果是符合的。

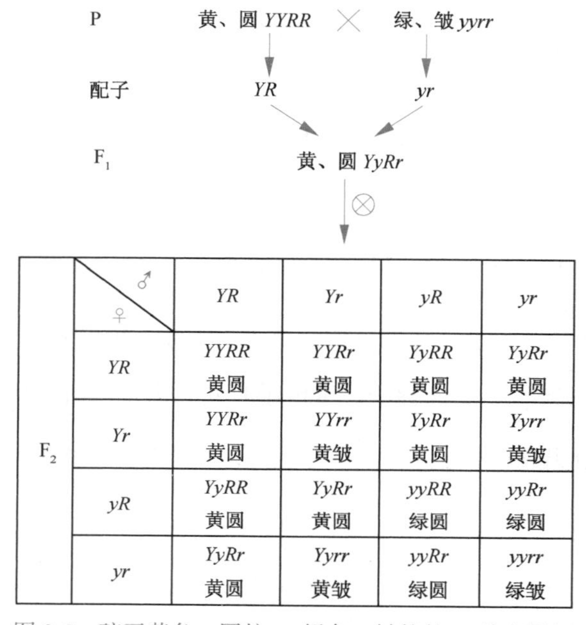

♀ \ ♂	*YR*	*Yr*	*yR*	*yr*
YR	*YYRR* 黄圆	*YYRr* 黄圆	*YyRR* 黄圆	*YyRr* 黄圆
Yr	*YYRr* 黄圆	*YYrr* 黄皱	*YyRr* 黄圆	*Yyrr* 黄皱
yR	*YyRR* 黄圆	*YyRr* 黄圆	*yyRR* 绿圆	*yyRr* 绿圆
yr	*YyRr* 黄圆	*Yyrr* 黄皱	*yyRr* 绿圆	*yyrr* 绿皱

图 3-5　豌豆黄色、圆粒 × 绿色、皱粒的 F_2 分离图解

现在从细胞学的角度看这 4 种配子是怎样形成的。*Y* 和 *y* 是一对等位基因，位于同一对同源染色体的相对位点上。*R* 和 *r* 是另一对等位基因，位于另一对同源染色体的相对位点上。这两对等位基因互称为非等位基因（non-allele）。F_1 的基因型是 *YyRr*，当它的孢子母细胞进行减数分裂形成配子时，随着这两对同源染色体在后期 I 的分离，*Y* 与 *y* 一定分别进入不同的二分体，*R* 与 *r* 也一定分别进入不同的二分体。此时，在一些孢子母细胞内，可能是 *Y* 和 *R* 进入一个二分体，而 *y* 和 *r* 进入另一个二分体，最后形成一半的 *YR* 配子和一半的 *yr* 配子。在另一些孢子母细胞内，可能是 *Y* 和 *r* 进入一个二分体，而 *y* 和 *R* 进入另一个二分体，最后形成一半的 *Yr* 配子和一半的 *yR* 配子。由于发生这两种分离的孢子母细胞数目均等，所以这 4 种类型的配子数目相等，形成 1 : 1 : 1 : 1 的比例。雌、雄配子都是这样。雌、雄配子相互随机结合，因而有如图 3-6 所示结果，共出现 16 种组合，在表现型上出现 9 : 3 : 3 : 1 的比例。

由此可知，独立分配规律的实质在于：控制这两对性状的两对等位基因，分别位于不同的同源染色体上。在减数分裂形成配子时，每对同源染色体上的每一对等位基因发

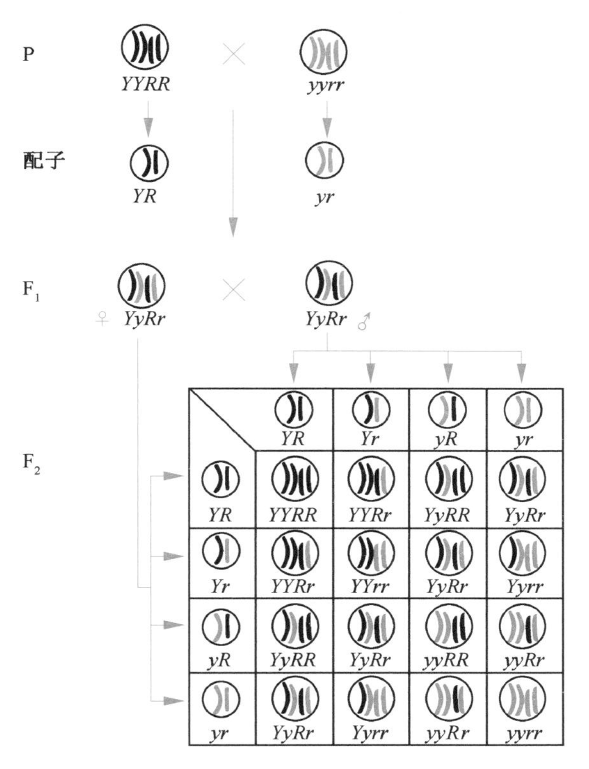

图 3-6　两对同源染色体及其载荷基因的独立分配示意图

生分离，而位于非同源染色体上的基因之间自由组合。

三、独立分配规律的验证

（一）测交法

为了验证两对基因的独立分配规律，孟德尔同样采用了测交法。就是用 F_1 与双隐性纯合体测交。当 F_1 形成配子时，不论雌配子还是雄配子，都有 4 种类型，即 *YR*、*Yr*、*yR*、*yr*，而且比例相等。由于双隐性纯合体的配子只有 *yr* 一种，因此测交子代种子的表现型种类和比例应能反映 F_1 所产生的配子种类和比例。表 3-3 说明孟德尔所得到的实际结果与测交的理论推断是完全一致的。

表 3-3　豌豆（黄色、圆粒×绿色、皱粒）F_1 和双隐性亲本测交的结果

		F_1 黄、圆 *YyRr* × 绿、皱 *yyrr*				
	配子	*YR*	*Yr*	*yR*	*yr*	*yr*
测交后代	基因型	*YyRr*	*Yyrr*	*yyRr*	*yyrr*	
	表现型	黄、圆	黄、皱	绿、圆	绿、皱	
期望值	表现型比例	1	1	1	1	
孟德尔的实际测交结果	F_1 为母本	31	27	26	26	
	F_1 为父本	24	22	25	26	

（二）自交法

按照分离和独立分配规律的理论推断，由纯合的 F_2 植株（如 *YYRR*、*yyRR*、*YYrr*、*yyrr*）自交产生的 F_3 个体，不会出现性状的分离，这类植株在 F_2 群体中应各占 1/16。由一对基因杂合的植株（如 *YyRR*、*YYRr*、*yyRr*、*Yyrr*）自交产生的 F_3 个体，一对性状是稳定的，另一对性状将分离为 3∶1 的比例。这类植株在 F_2 群体中应各占 2/16。由两对基因都是杂合的植株（*YyRr*）自交产生的 F_3 个体，将分离为 9∶3∶3∶1 的比例。这类植株在 F_2 群体中应占 4/16。孟德尔所做的试验结果，完全符合预定的推论。

F_2 F_3

38 株 $\left(\frac{1}{16}\right)$ *YYRR* ⟶ 全部为黄、圆，没有分离

35 株 $\left(\frac{1}{16}\right)$ *yyRR* ⟶ 全部为绿、圆，没有分离

28 株 $\left(\frac{1}{16}\right)$ *YYrr* ⟶ 全部为黄、皱，没有分离

30 株 $\left(\frac{1}{16}\right)$ *yyrr* ⟶ 全部为绿、皱，没有分离

65 株 $\left(\frac{2}{16}\right)$ *YyRR* ⟶ 全部为圆粒，子叶颜色分离 3 黄∶1 绿

68 株 $\left(\frac{2}{16}\right)$ *Yyrr* ⟶ 全部为皱粒，子叶颜色分离 3 黄∶1 绿

60 株 $\left(\frac{2}{16}\right)$ *YYRr* ⟶ 全部为黄色，籽粒形状分离 3 圆∶1 皱

67 株 $\left(\frac{2}{16}\right)$ *yyRr* ⟶ 全部为绿色，籽粒形状分离 3 圆∶1 皱

138 株 $\left(\frac{4}{16}\right)$ *YyRr* ⟶ 分离 9 黄、圆∶3 黄、皱∶3 绿、圆∶1 绿、皱

从 F_2 群体基因型的鉴定，也证明了独立分配规律的正确性。

四、多对基因的遗传

当具有 3 对相对性状的植株杂交时，只要决定 3 对性状遗传的基因分别在 3 对非同源染色体上，它们的遗传都是符合独立分配规律的。例如，以黄色、圆粒、红花植株和绿色、皱粒、白花植株杂交，F_1 全部为黄色、圆粒、红花。F_1 的 3 对杂合基因分别位于 3 对染色体上，减数分裂过程中，这 3 对染色体有 $2^3 = 8$ 种可能的分离方式，因而产生 8 种雌、雄配子（*YRC*、*YrC*、*yRC*、*YRc*、*yrC*、*Yrc*、*yRc*、*yrc*），并且各种配子的数目相等。各种雌、雄配子之间随机结合，F_2 将产生 64 种组合、8 种表现型、27 种基因型。以上归纳于表 3-4 中。

表 3-4 豌豆黄色、圆粒、红花 × 绿色、皱粒、白花的 F_2 基因型、表现型及其 F_3 分离的比例

基因型	基因型比例	表现型	表现型比例	F_3 的分离比例
YYRRCC	1	黄色圆粒红花	27	不分离
YyRRCC	2			黄色∶绿色=3∶1
YYRrCC	2			圆粒∶皱粒=3∶1
YYRRCc	2			红花∶白花=3∶1
YyRrCC	4			黄圆∶黄皱∶绿圆∶绿皱=9∶3∶3∶1
YYRrCc	4			圆红∶圆白∶皱红∶皱白=9∶3∶3∶1
YyRRCc	4			黄红∶黄白∶绿红∶绿白=9∶3∶3∶1
YyRrCc	8			黄圆红∶黄圆白∶黄皱红∶绿圆红∶黄皱白∶绿圆白∶绿皱红∶绿皱白=27∶9∶9∶9∶3∶3∶3∶1
yyRRCC	1	绿色圆粒红花	9	不分离
yyRrCC	2			圆粒∶皱粒=3∶1
yyRRCc	2			红花∶白花=3∶1
yyRrCc	4			圆红∶圆白∶皱红∶皱白=9∶3∶3∶1
YYrrCC	1	黄色皱粒红花	9	不分离
YyrrCC	2			黄色∶绿色=3∶1
YYrrCc	2			红花∶白花=3∶1
YyrrCc	4			黄红∶黄白∶绿红∶绿白=9∶3∶3∶1
YYRRcc	1	黄色圆粒白花	9	不分离
YyRRcc	2			黄色∶绿色=3∶1
YYRrcc	2			圆粒∶皱粒=3∶1
YyRrcc	4			黄圆∶黄皱∶绿圆∶绿皱=9∶3∶3∶1
yyrrCC	1	绿色皱粒红花	3	不分离
yyrrCc	2			红花∶白花=3∶1
YYrrcc	1	黄色皱粒白花	3	不分离
Yyrrcc	2			黄色∶绿色=3∶1
yyRRcc	1	绿色圆粒白花	3	不分离
yyRrcc	2			圆粒∶皱粒=3∶1
yyrrcc	1	绿色皱粒白花	1	不分离

雌、雄配子的自由组合，可以用棋盘方格图解法进行分析。但是，为了方便起见，复杂的基因组合也可以先将各对基因杂种的分离比例分解开，而后按同时发生事件的概率进行综合。例如，3 对独立基因杂种的杂交（$YyRrCc \times YyRrCc$），可以看作 3 个单基因杂种之间的杂交，即（$Yy \times Yy$）（$Rr \times Rr$）（$Cc \times Cc$）。每一单基因杂种的 F_2 按 3∶1 比例分离，因此 3 对独立基因杂种的 F_2 表现型的比例就是（3∶1）×（3∶1）×（3∶1），或 $(3:1)^3$ 的展开。设有 n 对独立基因，则其 F_2 表现型的比例应为 $(3:1)^n$ 的展开（表 3-5）。

表 3-5 杂种杂合基因对数与 F_2 表现型和基因型种类的关系

杂种杂合基因对数	F_1 形成的配子种类	F_1 产生的雌、雄配子的可能组合数	显性完全时 F_2 表现型种类	F_2 基因型种类	F_2 纯合基因型种类	F_2 杂合基因型种类	F_2 表现型分离比例
1	2	4	2	3	2	1	$(3:1)^1$
2	4	16	4	9	4	5	$(3:1)^2$
3	8	64	8	27	8	19	$(3:1)^3$
4	16	256	16	81	16	65	$(3:1)^4$
5	32	1024	32	243	32	211	$(3:1)^5$
⋮	⋮	⋮	⋮	⋮	⋮	⋮	⋮
n	2^n	4^n	2^n	3^n	2^n	3^n-2^n	$(3:1)^n$

由表 3-5 可见，只要各对基因都是属于独立遗传的，其杂种后代的分离就有一定的规律可循。就是说在 1 对等位基因的基础上，每增加 1 对等位基因，F_1 形成的不同配子种类就增加为 2 的倍数，即 2^n；F_2 的基因型种类就增加为 3 的倍数，即 3^n；F_1 配子的可能组合数就增加为 4 的倍数，即 4^n。

五、χ^2 测 验

在遗传学实验中，由于各种因素的干扰，实际获得的观察值与理论上估算的期望值常具有一定的差异。这种差异可能由两种因素造成：一是由群体小等原因产生的随机误差，二是由遗传因素造成的内在本质的差异。如果要判断这种差异是属于实验误差还是本质的差异，通常需要进行适合度测验。适合度测验是比较实测值与理论值是否符合的假设测验。统计学中常用卡方（χ^2）测验来进行，χ^2 的计算公式如下：

$$\chi^2 = \sum \frac{(O - E)^2}{E}$$

式中，O 为实测值（observed value）；E 为理论值（expected value）；$O-E$ 为实测值和理论值的偏差；$\sum$ 为总和。χ^2 值即平均偏差平方的总和，反映实测值与理论值的偏离程度，如果实测值和理论值越接近，χ^2 越小，反之，χ^2 越大。

进行 χ^2 测验时，首先提出假设，并设置显著性水平。在统计学中，常将显著性水平设为 0.05 和 0.01。$P > 0.05$ 说明“差异不显著”，实测值与理论值相符合；$P < 0.05$ 说明“差异显著”，实测值与理论值不符合；$P < 0.01$ 说明“差异极显著”。

例如，用 χ^2 测验检测孟德尔两对相对性状的杂交试验 F_2 结果见表 3-6。首先提出假设：实测值与理论值相符合，即两对相对性状的杂交试验 F_2 表型分离比符合 9∶3∶3∶1；根据实测值和理论值算出 χ^2 值为 0.47；自由度（df）一般为子代分离类型的数目减 1，两对相对性状杂交 F_2 表型为 4 种分离类型，则自由度为 3，查 χ^2 表得 $0.90 < P < 0.95$，说明差异不显著，实测值与理论值相符合，即 F_2 表型分离比符合 9∶3∶3∶1。

资源 3-3

当样本数为 2 时，df = 1，此时必须用连续性矫正公式：

$$\chi^2 = \sum \frac{(|O-E| - 0.5)^2}{E}$$

χ^2 测验法不能用于百分比资料的适合度测验。如果遇到百分比应根据总数把它们化成频数，然后进行计算。例如，在一个实验中得到雌果蝇 44%，雄果蝇 56%，总数是 50 只，现在要测验一下这个实测值与理论值是否相符，这就需要首先把百分比根据总数化成频数，即雌果蝇 $50 \times 44\% = 22$ 只，雄果蝇 $50 \times 56\% = 28$ 只，然后按照公式求 χ^2 值。

表 3-6　孟德尔两对基因杂种自交结果的测验

	圆、黄	圆、绿	皱、黄	皱、绿	总数
实测值（O）	315	108	101	32	556
理论值（E）	312.75	104.25	104.25	34.75	556
$O-E$	2.25	3.75	−3.25	−2.75	
$(O-E)^2$	5.06	14.06	10.56	7.56	
$\frac{(O-E)^2}{E}$	0.016	0.135	0.101	0.218	
$\chi^2=\sum\frac{(O-E)^2}{E}$	$\chi^2=0.016+0.135+0.101+0.218=0.47$				

注：理论值是由总数 556 粒种子按 9∶3∶3∶1 分配求得的

六、独立分配规律的应用

独立分配规律是在分离规律的基础上，进一步揭示了多对基因之间自由组合的关系。它解释了不同基因的独立分配是自然界生物发生变异的重要来源之一。

按照独立分配规律，在显性作用完全的条件下，亲本间有 2 对基因差异时，F_2 有 $2^2=4$ 种表现型；4 对基因差异时，F_2 有 $2^4=16$ 种表现型。设两个亲本有 20 对基因的差别，而这些基因都是独立遗传的，那么 F_2 将有 $2^{20}=1048576$ 种不同的表现型。至于 F_2 的基因型数目就更为复杂了。这说明通过杂交造成基因的重新组合，是生物界多样性的重要原因之一。生物有了丰富的变异类型，可以广泛适应于各种不同的自然条件，有利于生物的进化。

根据独立分配规律，在杂交育种工作中，可以有目的地组合两个亲本的优良性状，并可预测在杂交后代中出现的优良性状组合及其大致的比例，以便确定育种工作的规模。例如，某水稻品种无芒而感病，另一水稻品种有芒而抗病。已知有芒（*A*）对无芒（*a*）为显性，抗病（*R*）对感病（*r*）为显性。在有芒、抗病（*AARR*）× 无芒、感病（*aarr*）的组合中，F_2 分离出无芒、抗病植株（*aaR_*）的机会占 3/16，其中纯合植株（*aaRR*）占 1/3，杂合植株（*aaRr*）占 2/3。在 F_3 中，纯合体不再分离，而杂合体将继续分离。因此，如在 F_3 希望获得 10 个稳定遗传的无芒、抗病株系（*aaRR*），那么可以预计，在 F_2 至少要选择 30 株无芒、抗病的植株，供 F_3 株系鉴定。

第三节　孟德尔规律的扩展

一、显隐性关系的相对性

（一）显性现象的表现

1. 完全显性

孟德尔在豌豆杂交试验中的 7 对相对性状中，F_1 所表现的性状都和亲本之一完全一样，这样的显性表现称为完全显性（complete dominance）。通常所说的显性就是指完全显性。

2. 不完全显性

有些性状，其杂种F_1的性状表现是双亲性状的中间型，这称为不完全显性(incomplete dominance)。例如，金鱼草(*Antirrhinum majus*)花色的遗传(图3-7)，红花亲本(RR)和白花亲本(rr)杂交，F_1(Rr)的花色不是红色，而是粉红色。F_2群体的基因型分离为1RR∶2Rr∶1rr，即其中1/4的植株开红花，2/4的植株开粉红花，1/4的植株开白花。因此，在不完全显性时，表现型和其基因型是一致的。

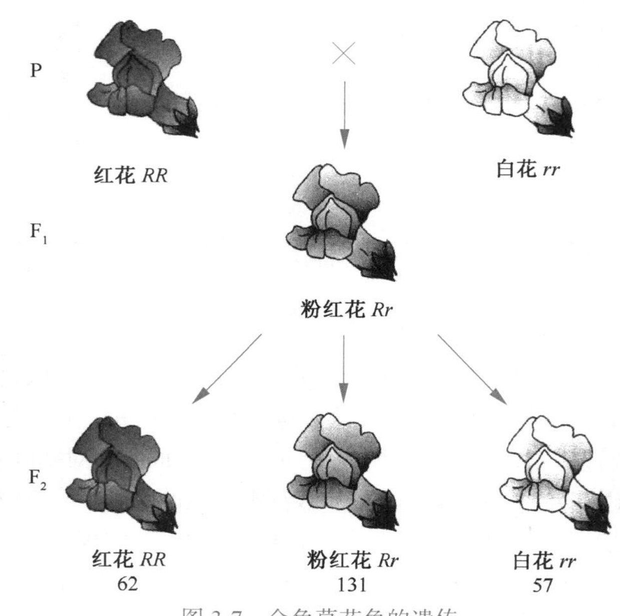

图3-7 金鱼草花色的遗传

人的天然卷发也是由一对不完全显性基因决定的，其中卷发基因W对直发基因w是不完全显性的。WW的头发十分卷曲，Ww的头发卷曲程度中等，ww则是直发。

3. 共显性

如果双亲的性状同时在F_1个体上表现出来，即一对等位基因的两个成员在杂合体中都表达的遗传现象称为共显性(codominance)或并显性。例如，正常人红细胞呈碟形，镰刀形细胞贫血症患者的红细胞呈镰刀形(图3-8)。这种贫血症患者和正常人结婚所生的子女，其红细胞既有碟形，又有镰刀形，这就是共显性的表现。

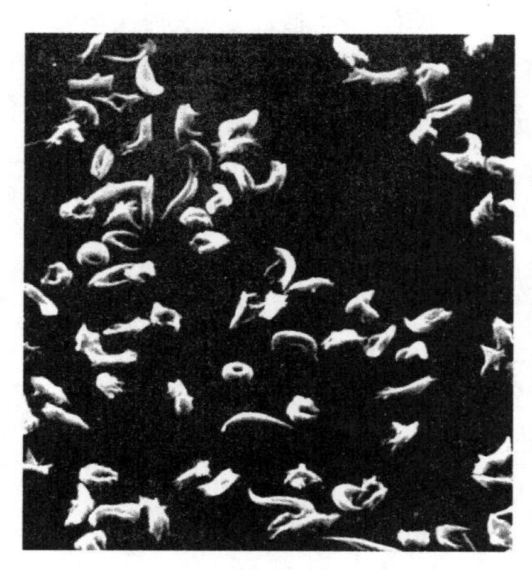

图3-8 镰刀形细胞贫血症患者的红细胞

(引自Tamarin，1996)

人类的血型中存在一种MN血型系统。M血型是由L^M基因控制，其红细胞存在M抗原；N血型是由L^N基因控制，其细胞存在N抗原。当M血型人(L^ML^M)与N血型人(L^NL^N)结婚，他们所生的小孩血型为MN型，其红细胞既有M抗原又有N抗原，而不是两种抗原的中间类型。任何一个人，要么是M血型，要么是N血型，要么是MN血型。

4. 镶嵌显性

双亲的性状在后代的同一个体不同部位表现出来，形成镶嵌图式，这种显性现象称为镶嵌显性（mosaic dominance）。例如，我国学者谈家桢教授对异色瓢虫（*Harmonia axyridis*）色斑遗传的研究，他用黑缘型鞘翅（$S^{Au}S^{Au}$）瓢虫（鞘翅前缘呈黑色）与均色型鞘翅（$S^{E}S^{E}$）瓢虫（鞘翅后缘呈黑色）杂交，子一代杂种（$S^{Au}S^{E}$）既不表现黑缘型，也不表现均色型，而出现一种新的色斑，即上下缘均呈黑色。在植物中，如玉米花青素的遗传也表现出这种现象。

鉴别性状的显性表现也因所依据的标准而改变。例如，孟德尔根据豌豆种子的外形，发现圆粒对皱粒是完全显性。但是，如果用显微镜检查豌豆种子淀粉粒的形状和结构，可以发现纯合圆粒种子的淀粉粒持水力强，发育完善，结构饱满；纯合皱粒种子的淀粉粒持水力较弱，发育不完善，表现皱缩；而 F_1 杂合种子的淀粉粒，其发育和结构是前面两者的中间型，但种子外形是圆粒。故从种子外表观察，圆粒对皱粒是完全显性，但深入研究淀粉粒的形态结构，则可发现它是不完全显性。

（二）显性与环境等因素的影响

当一对等位基因处于杂合状态时，为什么显性基因能决定性状的表现，而隐性基因不能，是否由于显性基因直接抑制了隐性基因的作用？试验证明，等位基因之间的关系，并不是彼此直接抑制或促进的关系，而是分别控制各自所决定的代谢过程，从而控制性状的发育。例如，兔子的皮下脂肪有白色和黄色的不同。白色由显性基因 *Y* 决定；黄色由隐性基因 *y* 决定。白脂肪的纯种兔子（*YY*）和黄脂肪的纯种兔子（*yy*）交配，F_1（*Yy*）的脂肪为白色。用 F_1 的雌兔（*Yy*）和雄兔（*Yy*）进行近亲交配，F_2 群体中，3/4 个体是白脂肪，1/4 个体是黄脂肪。兔子的主要食料是绿色植物，绿色植物中除含有叶绿素以外，还有大量的黄色素。显性基因 *Y* 控制合成一种黄色素分解酶而能分解黄色素，隐性基因 *y* 则没有这种作用。所以，基因型为 *YY* 或 *Yy* 的兔子，由于细胞内有 *Y* 基因，能合成黄色素分解酶，因而能破坏吃进的黄色素使脂肪内没有黄色素的积存，于是脂肪是白色。基因型为 *yy* 的兔子，由于细胞内不能合成黄色素分解酶，因此脂肪是黄色的。由此可知，显性基因 *Y* 与白脂肪表现型的关系、隐性基因 *y* 与黄脂肪的关系都是间接的。从兔子脂肪颜色的遗传来看，显性基因与相对隐性基因之间的关系并不是显性基因抑制了隐性基因的作用，而是它们各自控制一定的代谢过程，分别起着各自的作用。一个基因是显性还是隐性取决于它们各自的作用性质，取决于它们能不能控制某个酶的合成。

显隐性关系有时受到环境的影响，或者为其他生理因素如年龄、性别、营养、健康状况等所左右。

例如，金鱼草的红花品种与淡黄色花品种杂交，F_1 在不同条件下的表型不同。在低温、光充足的条件下，花为红色，那么红色为显性；在温暖、遮光条件下，花为淡黄色，那么红色为隐性。如果培育在温暖、光充足的条件下，花为粉红色，表现不完全显性。可见环境条件改变时，显隐性关系也可相应地发生改变。

须苞石竹（*Dianthus barbatus*）花的白色和暗红色是一对相对性状。用开白花的植株与开暗红色花的植株杂交，杂种 F_1 的花最初是纯白的，以后慢慢变为暗红色。这样个体发育中显隐性关系也可相互转化。

有角羊与无角羊杂交，F_1 雄性有角，雌性无角。因此，杂种有无角与性别有关。

二、复等位基因

尽管在孟德尔的豌豆杂交试验中，单位性状均受一对等位基因控制，随后的遗传研究表明，同一位点的基因可能有两种以上的形式。遗传学把同源染色体相同位点上存在的 3 个或 3 个以上的等位基因称复等位基因（multiple allele）。复等位基因在生物界广泛存在，如人类的 ABO 血型遗传。由于二倍体生物中等位基因总是成对存在，因此每一个个体最多只能具有复等位基因的两个成员。复等位基因存在于同种生物群体的不同个体中，决定同一单位性状内多种差异的遗传，增加了生物多样性，为生物适应性和育种提供了更丰富的资源。

人类的 ABO 血型由 3 个复等位基因 I^A、I^B 和 I^O 决定。I^A 与 I^B 之间表示共显性（无显隐性关系），而 I^A 和 I^B 对 I^O 都是显性，所以这 3 个复等位基因组成 6 种基因型，但表现型只有 4 种（表 3-7）。

表 3-7　人类 ABO 血型和基因型及其凝集反应

表型（血型）	基因型	抗原	抗体	血清	血细胞
AB	I^AI^B	A、B	—	不能使任一血型的红细胞凝集	可被 O、A、B 型的血清凝集
A	I^AI^A	A	β	可使 B 及 AB 型的红细胞凝集	可被 O、B 型的血清凝集
	I^AI^O				
B	I^BI^B	B	α	可使 A 及 AB 型的红细胞凝集	可被 O、A 型的血清凝集
	I^BI^O				
O	I^OI^O	—	α、β	可使 A、B 及 AB 型的红细胞凝集	不能被任一血型的血清凝集

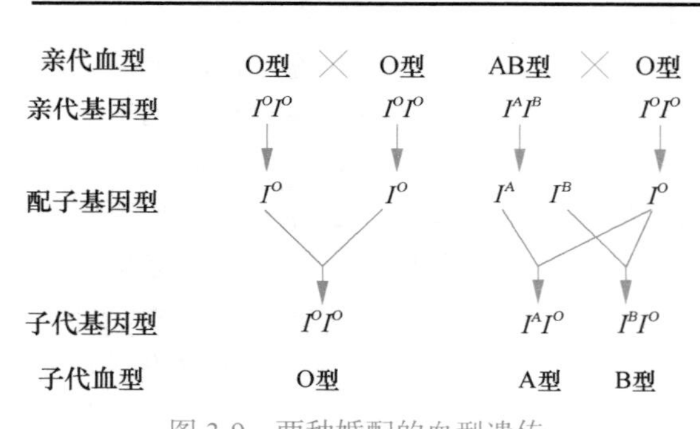

图 3-9　两种婚配的血型遗传

根据 ABO 血型遗传规律可进行亲子鉴定。例如，如果父母的血型都是 O 型，则子女也只能是 O 型；父母之一是 AB 型，另一方是 O 型，其子女可能是 A 型或 B 型，但不可能为 O 型或 AB 型（图 3-9）。

三、致 死 基 因

致死基因（lethal allele）是指当其发挥作用时导致生物体死亡的基因。致死作用可以发生在个体发育的各个时期。第一次发现致死基因是 1904 年，法国遗传学家 Cuénot 在小鼠中发现黄色皮毛的品种不能稳定遗传（图 3-10）。黄色小鼠与黄色小鼠交配，其后代总会出现黑色小鼠，而且黄色、黑色的比率往往是 2∶1，而不是通常应出现的 3∶1 的分离比。黑色小鼠的后代都是黑色，证明它是黑色的隐性纯合体。黄色小鼠与黑色小鼠杂交的子代则是 1 黄色∶1 黑色，表明黄色皮毛小鼠是杂合体。根据孟德尔定律，既然黄色是杂合体，其自交结果却不出现 3∶1 的比例，唯一的可能性就是其中纯合的黄色个体在胚胎发育过程中死亡了。后来的研究证明了这一推断。

图 3-10 小鼠皮毛色的遗传

致死基因包括显性致死基因（dominant lethal allele）和隐性致死基因（recessive lethal allele）。黄色小鼠这个例子，A^y 基因在控制毛皮的颜色上是显性的，但在“致死”这个表型上属于隐性（纯合致死）。隐性致死基因只有在隐性纯合时才能使个体死亡。植物中常见的白化基因也是隐性致死基因。隐性纯合个体因为不能形成叶绿素，植物成为白化苗，最后植株死亡。显性致死基因在杂合体状态时就可导致个体死亡。

四、基 因 互 作

基因分离和独立分配规律不断得到实验的证明。根据独立分配规律，两对基因杂交 F_2 出现 9∶3∶3∶1 的性状分离比例。但是，两对等位基因的自由组合却不一定会出现 9∶3∶3∶1 的性状分离比例，或者即使出现 9∶3∶3∶1 的性状分离比例，也并非常见的双显性个体占 9/16，单显、单隐性个体占 3/16，双隐性个体占 1/16。研究表明，这是由于不同对基因间相互作用共同决定同一单位性状表现的结果。这种现象称为基因互作（gene interaction）。

基因互作决定生物性状的表现情况复杂，存在多种互作方式。下面就两对独立遗传的等位基因的互作表现，举例说明各种互作方式。

（一）互补作用

两对独立遗传基因分别处于纯合显性或杂合状态时，共同决定一种性状的发育。当只有一对基因是显性，或两对基因都是隐性时，则表现为另一种性状。这种基因互作的类型称为互补作用（complementation）。发生互补作用的基因称为互补基因（complementary gene）。例如，在香豌豆（*Lathyrus odoratus*）中有两个白花品种，二者杂交产生的 F_1 开紫花。F_1 植株自交，其 F_2 群体分离为 9/16 紫花∶7/16 白花。对照独立分配规律，可知该杂交组合是两对基因的分离。F_1 和 F_2 群体的 9/16 植株开紫花，说明两对显性基因的互补作用。如果紫花所涉及的两个显性基因为 C 和 P，就可以确定杂交亲本、F_1 和 F_2 各种类型的基因型如下：

P　　白花 $CCpp$ × 白花 $ccPP$
　　　　↓
F_1　　紫花 $CcPp$
　　　　↓⊗
F_2　　9 紫花（$C\_\ P\_$）∶7 白花（$3C\_\ pp+3ccP\_\ +1ccpp$）

上述试验中，F_1 和 F_2 的紫花植株表现其野生祖先的性状，这种现象称为返祖遗传（atavistic inheritance）。这种野生香豌豆的紫花性状取决于两种基因的互补。这两种显性基因在进化过程中，显性基因 C 突变成隐性基因 c，产生了一种白花品种；显性基因 P

突变成隐性基因 p，又产生了另一种白花品种。当这两个品种杂交后，两对显性基因重新结合，于是出现了祖先的紫花。

（二）积加作用

在有些试验中，发现两种显性基因同时存在时产生一种性状，单独存在时能分别表现相似的性状，两种显性基因均不存在时又表现第三种性状，这种基因互作称为积加作用（additive effect）。例如，南瓜（*Cucurbita moschata*）有不同的果形，圆球形对扁盘形为隐性，长圆形对圆球形为隐性。如果用两种不同基因型的圆球形品种杂交，F_1 产生扁盘形，F_2 出现 3 种果形：9/16 扁盘形、6/16 圆球形、1/16 长圆形。它们的遗传行为分析如下：

P　　圆球形 $AAbb$ × 圆球形 $aaBB$

↓

F_1　　扁盘形 $AaBb$

↓⊗

F_2　9 扁盘形（$A\_\ B\_$）：6 圆球形（$3A\_\ bb+3aaB\_$）：1 长圆形（$aabb$）

从以上分析可知，两对基因都是隐性时，形成长圆形；只有显性基因 A 或 B 存在时，形成圆球形；A 和 B 同时存在时，则形成扁盘形。

（三）重叠作用

两对基因互作时，不同的显性基因对表现型产生相同的影响，F_2 产生 15∶1 的性状分离比，这种基因互作称为重叠作用（duplicate effect）。这类表现相同作用的基因，称为重叠基因（duplicate gene）。例如，荠菜（*Capsella bursa-pastoris*）中常见的植株是三角形蒴果，极少数植株是卵形蒴果。将这两种植株杂交，F_1 全是三角形蒴果。F_2 分离为 15/16 三角形蒴果∶1/16 卵形蒴果。卵形蒴果的后代不再分离；三角形蒴果的后代有一部分不分离。一部分分离为 3/4 三角形蒴果和 1/4 卵形蒴果，还有一部分分离为 15/16 三角形蒴果和 1/16 卵形蒴果。由此可知，上述试验中 F_2 出现 15∶1 的比例，实际上是 9∶3∶3∶1 比例的变形，只是前 3 种表现型没有区别。这显然是由于每对基因中的显性基因具有使蒴果表现为三角形的相同作用。如果缺少显性基因，即表现为卵形蒴果。如用 T_1 和 T_2 表示这两个显性基因，则三角形蒴果亲本的基因型为 $T_1T_1T_2T_2$，卵形蒴果亲本的基因型为 $t_1t_1t_2t_2$。F_1 和 F_2 的各种基因型如下：

P　　三角形 $T_1T_1T_2T_2$ × 卵形 $t_1t_1t_2t_2$

↓

F_1　　三角形 $T_1t_1T_2t_2$

↓⊗

F_2　15 三角形（$9T_1\_\ T_2\_+3T_1\_\ t_2t_2+3t_1t_1T_2\_$）：1 卵形（$t_1t_1t_2t_2$）

当杂交试验涉及 3 对基因时，则 F_2 的性状分离比例相应地为 63∶1，以此类推。在这里它们的显性基因作用虽然相同，但并不表现累积的效应。基因型内的显性基因数目不等，并不改变性状的表现，只要有 1 个显性基因存在，就能使显性性状得到表现。

（四）显性上位作用

两对独立遗传基因共同对一单位性状发生作用，而且其中一对基因对另一对基因的表现有遮盖作用，这种情形称为上位性（epistasis）。反之，后者被前者所遮盖，称为下位性（hypostasis）。起遮盖作用的基因如果是显性基因，称为上位显性基因。例如，影响西葫芦果皮的显性白皮基因（*W*）对显性黄皮基因（*Y*）有上位性作用。当 *W* 基因存在时能阻碍 *Y* 基因的作用，表现为白色；缺少 *W* 时，*Y* 基因表现其黄色作用；如果 *W* 和 *Y* 都不存在，则表现 *y* 基因的绿色。

P　　白皮 *WWYY* × 绿皮 *wwyy*

↓

F_1　　白皮 *WwYy*

↓⊗

F_2　12 白皮（9*W*_ *Y*_ +3*W*_ *yy*）：3 黄皮（*wwY*_ ）：1 绿皮（*wwyy*）

（五）隐性上位作用

在两对互作的基因中，其中一对隐性基因对另一对基因起上位性作用，称为隐性上位作用（epistatic recessiveness）。例如，玉米胚乳蛋白质层颜色的遗传，当基本色泽基因 *C* 存在时，另一对基因 *Prpr* 都能表现各自的作用，即 *Pr* 表现紫色，*pr* 表现红色。缺少 *C* 基因时，隐性基因 *c* 对 *Pr* 和 *pr* 起上位作用，使得 *Pr* 和 *pr* 都不能表现其性状而呈现白色。

P　　红色蛋白质层 *CCprpr* × 白色蛋白质层 *ccPrPr*

↓

F_1　　紫色 *CcPrpr*

↓⊗

F_2　9 紫色（*C*_ *Pr*_ ）：3 红色（*C*_ *prpr*）：4 白色（3*ccPr*_ +1*ccprpr*）

上位作用和显性作用不同，上位作用发生于两对非等位基因之间，而显性作用则发生于同一对等位基因的两个成员之间。

（六）抑制作用

在两对独立基因中，其中一对显性基因本身并不控制性状的表现，但对另一对基因的表现有抑制作用（inhibiting effect），称为抑制基因。例如，家蚕中有结黄茧和结白茧的个体。如果将结白茧和结黄茧的中国品种杂交，F_1 全为黄茧，说明中国品种的白茧是隐性的。但将结白茧和结黄茧的欧洲品种杂交，F_1 全为白茧，表明欧洲品种的白茧是显性的。如果将上述两个白茧品种杂交，F_1 结白茧，F_2 表现白茧与黄茧的比例为 13∶3。

这种遗传方式可以用下列杂交说明：黄茧基因为 *Y*，白茧基因为 *y*，另一个非等位的抑制基因 *I* 可以抑制黄茧基因 *Y* 的作用。

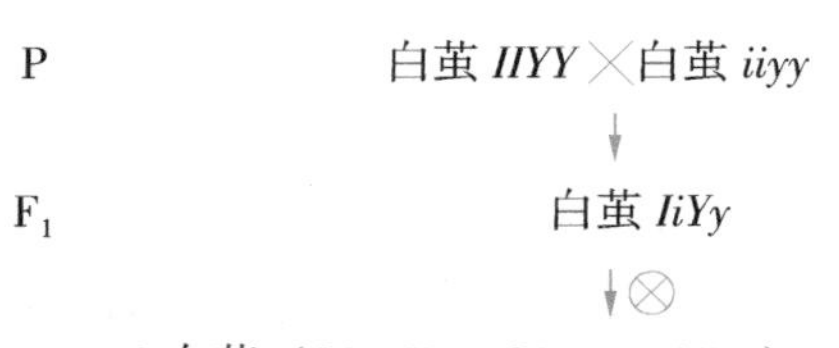

F_2　13 白茧（$9I\_\ Y\_ + 3I\_\ yy + 1iiyy$）：3 黄茧（$iiY\_$）

当基因 *I* 存在时，抑制了 *Y* 基因的作用。只有 *I* 不存在时，*Y* 基因的作用才能表现。由此可见，有些基因本身并不能独立地表现任何可见的表型效应，但可以完全抑制其他非等位基因的作用。上位作用和抑制作用不同，抑制基因本身不能决定性状，而显性上位基因除遮盖其他基因的表现外，本身还能决定性状。

以上只讨论了两对独立基因共同决定同一性状时所表现的各种情况，但这并不是说，基因的相互作用只限于两对非等位基因。如果共同决定同一性状的基因对数更多，后代表现分离的比例将更加复杂。上述两对基因互作的关系，可归纳为模式图 3-11。

基因互作方式	9 *A_B_*	3 *A_bb*	3 *aaB_*	1 *aabb*	表现型比例
无互作	9	3	3	1	9：3：3：1
显性互补	9	7			9：7
抑制作用	12		3	1	13：3
隐性上位	9	3	4		9：3：4
显性上位	12		3	1	12：3：1
重叠作用	15			1	15：1
积加作用	9	6		1	9：6：1

图 3-11　两对基因互作的模式图

图 3-11 以两对基因 *Aa* 和 *Bb* 的互作为例，假定各对基因的显性作用是完全的，按自由分离和独立分配规律，F_2 出现的 9 种基因型在基因不发生互作的情况下，4 种表现型的比例为 9：3：3：1。这是一个基本类型。在此基础上，由于基因互作的情况不同，才出现 6 种不同方式的表现型和比例。而各种表现型的比例都是在两对独立基因分离比例 9：3：3：1 的基础上演变而来的。这里只是表现型的比例有所改变，而基因型的比例仍然与独立分配一致。由此可知，由于基因互作，杂交分离的类型和比例与典型的孟德尔遗传的比例虽然不同，但这并不能因此否定孟德尔遗传的基本规律，而应该认为这是对它进一步的深化和发展。

实际上，基因互作可以分为基因内互作（intragenic interaction）和基因间互作（intergenic interaction）。基因内互作是指等位基因间的显隐性作用。基因间互作是指不同位点非等位基因之间的相互作用，表现为互补、抑制、上位性等。性状的表现都是在一定环境条件下，通过这两类基因互作共同或单独发生作用的产物。上述各基因互作的实例中，两对非等位基因各自分别都表现完全显性作用。也有少数情况，一对等位基因表现完全显性，另一对表现不完全显性。例如，有一种牛的毛色，红色（*A*）对白色（*a*）为不完全显性，杂合型（*Aa*）表现灰色。无角（*B*）对有角（*b*）为完全显性。两对杂合基因型的 F_2 代的分离比例为：红色无角（*AAB_*）3/16：灰色无角（*AaB_*）6/16：红色有角（*AAbb*）1/16：灰色有角（*Aabb*）2/16：白色无角（*aaB_*）3/16：白色有角（*aabb*）1/16。上述显性上位作用、隐性上位作用和抑制作用，都是基因内和基因间相互共同作用的结果。

五、多因一效和一因多效

以上基因互作的实例，说明了一个单位性状的表现并不都受一个位点基因控制，而经常受许多不同位点基因的影响。许多基因影响同一个性状的表现称为“多因一效”（multigenic effect）。例如，已知玉米正常叶绿素的形成与 50 多对不同的基因有关，其中的任何一对发生改变，都会影响叶绿素的消失或改变。玉米籽粒胚乳蛋白质层的紫色，已知是由 A_1、A_2、A_3、C、R、Pr 6 对不同的显性基因和 1 对隐性抑制基因 i 共同决定的。

另外，一个基因也可以影响许多性状的发育，这称为“一因多效”（pleiotropy）。孟德尔在豌豆杂交试验中就曾发现，开红花的植株同时结灰色种皮的种子，叶腋上有黑斑；开白花的植株结淡色种皮的种子，叶腋上没有黑斑。在杂交后代中，这 3 种性状总是连在一起出现，仿佛是一个遗传单位。可见决定豌豆红花或白花的基因不但影响花色，而且控制种子颜色和叶腋上黑斑的有无。水稻的矮生基因也常有多效性的表现，它除表现矮化的作用以外，一般还有提高分蘖力、增加叶绿素含量和扩大栅栏细胞的直径等作用。

从生物个体发育的整体观念出发，“多因一效”和“一因多效”现象是不难理解的。一方面，一个性状的发育是由许多基因所控制的许多生化过程连续作用的结果。另一方面，如果某一基因发生了改变，其影响虽然只有一个以该基因为主的生化过程，但也会影响与该生化过程有联系的其他生化过程，从而影响其他性状的发育。

复习题

1. 小麦毛颖基因 P 为显性，光颖基因 p 为隐性。写出下列杂交组合的亲本基因型。
   （1）毛颖 × 毛颖，后代全部毛颖。
   （2）毛颖 × 毛颖，后代 3/4 毛颖：1/4 光颖。
   （3）毛颖 × 光颖，后代 1/2 毛颖：1/2 光颖。
2. 小麦无芒基因 A 为显性，有芒基因 a 为隐性。写出下列各杂交组合中 F_1 的基因型和表现型。每一组合的 F_1 群体中，出现无芒或有芒个体的机会各为多少？
   （1）$AA \times aa$　（2）$AA \times Aa$　（3）$Aa \times Aa$　（4）$Aa \times aa$　（5）$aa \times aa$
3. 小麦有稃基因 H 为显性，裸粒基因 h 为隐性。现以纯合的有稃品种（HH）与纯合的裸粒品种（hh）杂交，写出其 F_1 和 F_2 的基因型和表现型。在完全显性情况下，其 F_2 基因型和表现型的比例怎样？
4. 大豆的紫花基因 P 对白花基因 p 为显性，紫花 × 白花的 F_1 全为紫花，F_2 共有 1653 株，其中紫花 1240 株，白花 413 株，试用基因型说明这一试验结果。
5. 玉米是异花授粉作物，靠风力传播花粉。一块纯种甜粒玉米繁殖田收获时，发现有的甜粒玉米果穗上结有少数非甜粒种子，而另一块非甜粒玉米繁殖田收获时，非甜粒果穗上却找不到甜粒的种子。如何解释这种现象？怎样验证解释？
6. 花生种皮紫色（R）对红色（r）为显性，厚壳（T）对薄壳（t）为显性。R-r 和 T-t 是独立遗传的。指出下列各种杂交组合的：①亲本的表现型、配子种类和比例。② F_1 的基因型种类和比例、表现型种类和比例。

（1）$TTrr \times ttRR$　（2）$TTRR \times ttrr$　（3）$TtRr \times ttRr$　（4）$ttRr \times Ttrr$

7．番茄的红果（Y）对黄果（y）为显性，二室（M）对多室（m）为显性。两对基因是独立遗传的。当一株红果、二室的番茄与一株红果、多室的番茄杂交后，子一代（F_1）群体内有：3/8 的植株为红果、二室的，3/8 是红果、多室的，1/8 是黄果、二室的，1/8 是黄果、多室的。试问这两个亲本植株是怎样的基因型？

8．大麦的刺芒（R）对光芒（r）为显性，黑稃（B）对白稃（b）为显性。现有甲品种为白稃，但具有刺芒；而乙品种为光芒，但为黑稃。怎样获得白稃、光芒的新品种？

9．小麦的相对性状，毛颖（P）是光颖（p）的显性，抗锈（R）是感锈（r）的显性，无芒（A）是有芒（a）的显性。已知小麦品种杂交亲本的基因型如下，试述 F_1 的表现型。

（1）$PPRRAa \times ppRraa$　（2）$pprrAa \times PpRraa$　（3）$PpRRAa \times PpRrAa$

10．光颖、抗锈、无芒（$ppRRAA$）小麦和毛颖、感锈、有芒（$PPrraa$）小麦杂交，希望从 F_3 选出毛颖、抗锈、无芒（$PPRRAA$）的小麦 10 个株系，试问在 F_2 群体中至少应选择表现型为毛颖、抗锈、无芒（$P\_R\_A\_$）的小麦多少株？

11．在番茄中，红色果实对黄色果实是显性，双子房果实对多子房果实是显性，高蔓对矮蔓是显性。现有两个纯种品系：红色、双子房、矮蔓和黄色、多子房、高蔓。如何培育出一种新的纯种品系：黄色、双子房、高蔓？写出杂交组合模式。

12．萝卜块根的形状有长形的、圆形的、椭圆形的，以下是不同类型杂交的结果：

长形 × 圆形→ 595 椭圆形

长形 × 椭圆形→ 205 长形，201 椭圆形

椭圆形 × 圆形→ 198 椭圆形，202 圆形

椭圆形 × 椭圆形→ 58 长形，121 椭圆形，61 圆形

说明萝卜块根形状属于什么遗传类型，并自定基因符号，标明上述各杂交组合亲本及其后裔的基因型。

13．Nilson-Ehle 用白颖和黑颖两种燕麦杂交。F_1 是黑颖。F_2 共 560 株，其中黑颖 416 株，灰颖 106 株，白颖 36 株。请说明燕麦颖壳颜色的遗传方式；写出 F_2 中白颖和灰颖植株的基因型；作 χ^2 测验，实得结果是否符合你的理论假设？

14．设玉米籽粒有色是独立遗传的三显性基因互作的结果，基因型为 $A\_C\_R\_$ 的籽粒有色，其余基因型的籽粒均无色。一个有色籽粒植株与以下 3 个纯合品系分别杂交，获得下列结果：

（1）与 $aaccRR$ 品系杂交，获得 50% 有色籽粒。

（2）与 $aaCCrr$ 品系杂交，获得 25% 有色籽粒。

（3）与 $AAccrr$ 品系杂交，获得 50% 有色籽粒。

试问这个有色籽粒植株是怎样的基因型？

15．假定某个二倍体物种含有 4 个复等位基因（如 $a1$、$a2$、$a3$、$a4$），试决定在下列 3 种情况下可能有几种基因组合：

（1）一条染色体。

（2）一个个体。

（3）一个群体。

第四章　连锁遗传和性连锁

本章课程视频

摩尔根

1900 年孟德尔遗传规律被重新发现以后，引起了生物学界的广泛重视。人们以更多的动物、植物为材料进行杂交试验，获得大量可贵的遗传资料，其中属于两对性状遗传的结果，有的符合独立分配规律，有的不符合，因此不少学者对于孟德尔的遗传规律曾一度产生怀疑。

就在这个时期，摩尔根（T. H. Morgan，1866 ~ 1945 年）以果蝇为试验材料对此问题开展了深入细致的研究，最后确认所谓不符合独立遗传规律的一些例证，实际上不属于独立遗传，而属于另一类遗传，叫连锁遗传，即连锁（linkage）。于是继孟德尔揭示的两条遗传规律之后，连锁遗传成为遗传学中的第三个遗传规律。摩尔根还根据自己研究成果创立了基因论（theory of the gene），把抽象的基因概念落实在染色体上，大大地发展了遗传学。由此可见，摩尔根的工作对孟德尔的遗传规律不是一种简单的修正，而是具有重大意义的补充和发展。

资源 4-1

第一节　连锁与交换

一、连锁遗传及解释

（一）性状连锁遗传的发现

性状连锁遗传现象是贝特生（W. Bateson）和庞尼特（R. C. Punnett）于 1906 年在香豌豆的两对性状杂交试验中首先发现的。试验的杂交亲本：一个是紫花、长花粉粒，另一个是红花、圆花粉粒。已知紫花（*P*）对红花（*p*）为显性，长花粉粒（*L*）对圆花粉粒（*l*）为显性，杂交试验的结果如图 4-1 所示。

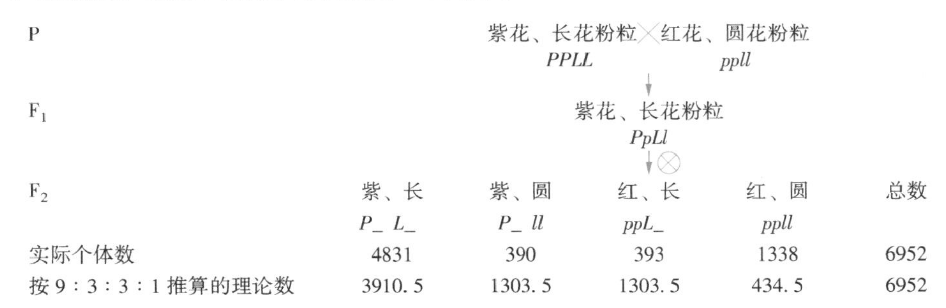

P　紫花、长花粉粒 × 红花、圆花粉粒
　　PPLL　　*ppll*
　　↓
F_1　紫花、长花粉粒
　　PpLl
　　↓ ⊗

F_2	紫、长	紫、圆	红、长	红、圆	总数
	*P_ L_*	*P_ ll*	*ppL_*	*ppll*	
实际个体数	4831	390	393	1338	6952
按 9 : 3 : 3 : 1 推算的理论数	3910. 5	1303. 5	1303. 5	434. 5	6952

图 4-1　香豌豆相引组的两对相对性状的连锁遗传

从图 4-1 可以看出，F_2 虽然与独立遗传一样也出现 4 种表现型，但是它们不符合 9 : 3 : 3 : 1 的分离比例。它们实际数与独立遗传的 9 : 3 : 3 : 1 理论数相差很大。其中亲本组合性状（紫、长和红、圆）的实际数多于理论数，而重新组合性状（紫、圆和红、长）的实际数却少于理论数。总之，它与独立遗传相比，在 F_2 表现型中，像亲本组合的实际数偏多，而重新组合的实际数偏少，这显然不能用独立分配规律来解释。

这个试验是以一个具有两对显性性状的亲本和另一个具有两对隐性性状的亲本杂交而获得的结果。他们在另一试验中采用的杂交亲本：一个是紫花、圆花粉粒，另一个是红花、长花粉粒，即两个亲本各具有一对显性基因和一对隐性基因，其杂交试验结果如图 4-2 所示。

P　紫花、圆花粉粒 × 红花、长花粉粒

PPll　　*ppLL*

↓

F_1　紫花、长花粉粒

PpLl

↓⊗

F_2	紫、长	紫、圆	红、长	红、圆	总数
	*P_ L_*	*P_ ll*	*ppL_*	*ppll*	
实际个体数	226	95	97	1	419
按 9：3：3：1 推算的理论数	235.8	78.5	78.5	26.2	419

图 4-2　香豌豆相斥组的两对相对性状的连锁遗传

第二个试验的表现与第一个试验基本相同，同 9：3：3：1 的独立遗传比例相比较，F_2 群体 4 种表现型中仍然是亲本组合性状（紫、圆和红、长）的实际数多于理论数，重新组合性状（紫、长和红、圆）的实际数少于理论数，同样不能用独立分配规律来解释。

上述两个试验结果都表明，原来为同一亲本所具有的两个性状，在 F_2 中常常有联系在一起遗传的倾向，这种现象称为连锁遗传。

遗传学中把像第一个试验那样，甲、乙两个显性性状连接在一起遗传，而甲、乙两个隐性性状连接在一起遗传的杂交组合，称为相引相（coupling phase）或相引组；把像第二个试验那样，甲显性性状和乙隐性性状连接在一起遗传，而乙显性性状和甲隐性性状连接在一起遗传的杂交组合，称为相斥相（repulsion phase）或相斥组。

（二）连锁遗传的解释

贝特生和庞尼特从他们的杂交试验结果中发现了性状连锁遗传现象，但当时他们对此并未作出圆满的解释。摩尔根和他的同事以果蝇为试验材料，通过大量遗传研究，对连锁遗传现象作出了科学的解释。

摩尔根在研究果蝇的两对常染色体上的基因时发现了类似的连锁现象。一对基因决定眼色，红眼为显性（pr^+），紫眼为隐性（pr）；另一对基因决定翅长，长翅即正常翅为显性（vg^+），残翅为隐性（vg）。摩尔根让 $prprvgvg$ 个体与 $pr^+pr^+vg^+vg^+$ 个体交配，然后再使 F_1 雌蝇测交，所得结果如图 4-3 所示。

P　♀$pr^+pr^+vg^+vg^+$ × $prprvgvg$♂

↓

测交　F_1　♀pr^+prvg^+vg × $prprvgvg$♂

↓

F_t		
	pr^+prvg^+vg	1339
	$prprvgvg$	1195
	$pr^+prvgvg$	151
	$prprvg^+vg$	154

图 4-3　果蝇相引组的两对相对性状的连锁遗传

从上述测交结果可以看出，F_1 虽然形成 4 种配子，但 4 种配子的比例显然不符合 1：1：1：1，而是两种亲本型配子 pr^+vg^+ 和 $prvg$ 多，两种重组型配子 pr^+vg 和 $prvg^+$ 少。并且，两种亲本型配子数大致相等，为

1∶1；两种重组型配子数也大致相等，为1∶1。

摩尔根又做了相斥组的杂交试验，并且也将F_1进行测交，其结果如图4-4所示。

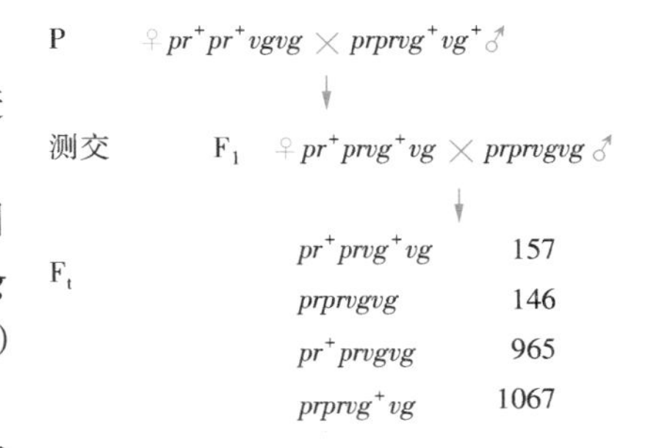

图4-4 果蝇相斥组的两对相对性状的连锁遗传

相斥组的测交试验结果与相引组的基本一致，同样证实F_1的4种配子数不相等，2种亲本型配子（pr^+vg和$prvg^+$）数多，2种重组型配子（pr^+vg^+和$prvg$）数少，而且分别为1∶1。

为什么在相引组和相斥组中都出现这样的试验结果呢？摩尔根对此做了解释：控制眼色和翅长的两对基因位于同一对同源染色体上。因此，在相引组中pr^+和vg^+连锁在一条染色体上，而pr和vg连锁在其同源的另一条染色体上，两亲本的同源染色体所载荷的基因分别是$\frac{pr^+\quad vg^+}{pr^+\quad vg^+}$和$\frac{pr\quad vg}{pr\quad vg}$，其$F_1$就应是$\frac{pr^+\quad vg^+}{pr\quad vg}$。那么，$F_1$在减数分裂时，来自父母双方的两条同源染色体$\underline{pr^+\quad vg^+}$和$\underline{pr\quad vg}$就被分配到不同的配子中去。至于重组型配子的形成，摩尔根的解释是在减数分裂时有一部分性母细胞中同源染色体的两条非姊妹染色单体之间发生了交换（crossing over）。因此，在产生的4种配子中，大多数为亲本型配子，少数为重组型配子，而且其数目分别相等，均为1∶1。在相斥组中也是如此。有关交换和重组型配子的形成过程将在下面讲解。

二、完全连锁和不完全连锁

所谓连锁遗传，是指在同一同源染色体上的非等位基因连在一起而遗传的现象。位于同一同源染色体的两个非等位基因之间不发生非姊妹染色单体之间的交换，则这两个非等位基因总是连接在一起而遗传的现象，称为完全连锁（complete linkage）。完全连锁的情况是极少见的，在果蝇的雄性和家蚕的雌性中发现有极个别的例子是完全连锁的。现以果蝇为例加以说明。

已知果蝇灰身（b^+）对黑身（b）为显性，长翅（vg^+）对残翅（vg）为显性。用灰身残翅（b^+b^+vgvg）的雄蝇与黑身长翅（$bbvg^+vg^+$）的雌蝇交配，得到的F_1代全为灰身长翅（b^+bvg^+vg）。然后用F_1代的雄蝇与黑身残翅（$bbvgvg$）的雌蝇进行测交，结果测交后代中只出现了两种亲本类型，其数目各占50%（图4-5）。因为测交后代的表现型种类和比例正好反映杂种个体所形成的配子种类和比例，因此图4-5的测交结果表明F_1雄蝇只形成了b^+vg和bvg^+两种精子。也就是说b^+b和vg^+vg两对非等位基因完全连锁在同一同源染色体上。因此，测交后代只出现亲本型个体，而且数目相等，这便是完全连锁的遗传特点。

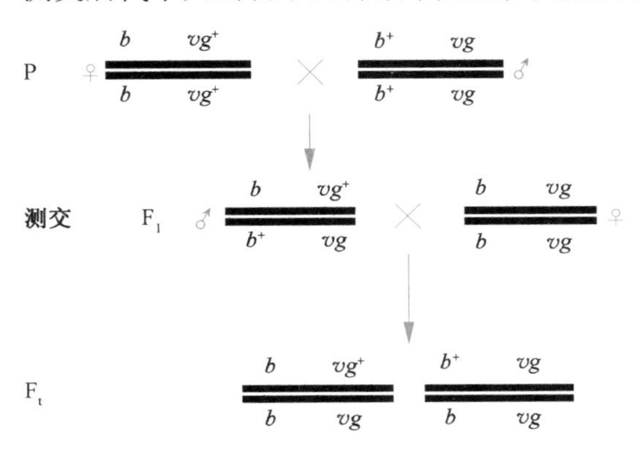

图4-5 果蝇的完全连锁

一般的情形都是不完全连锁。不完全连锁（incomplete linkage）是指同一同源染色体上的两个非等位基因之间或多或少地发生非姊妹染色单体之间的交换，测交后代中大部分为亲本类型，少部分为重组类型的现象。例如，前面所介绍的香豌豆等的连锁遗传现象就是不完全连锁。当两对非等位基因为不完全连锁时，F_1 不仅产生亲本型配子，也产生重组型配子。

三、交换及其发生机制

所谓交换，是指同源染色体的非姊妹染色单体之间的对应片段的交换，从而引起相应基因间的交换与重组。

生物在减数分裂形成配子的过程中，在分裂前期 I 的偶线期，各对同源染色体分别配对，出现联会现象；到粗线期形成二价体，进入双线期，二价体之间的某些区段出现交叉（chiasma），这些交叉现象标志着各对同源染色体中的非姊妹染色单体的对应区段间发生了交换。所以说，交叉是交换的结果。现在已知，除着丝粒以外，非姊妹染色单体的任何位点都可能发生交换，只是在交换频率上，靠近着丝粒的区段低于远离着丝粒的区段。由于发生了交换而引起同源染色体间非等位基因的重组，打破原有的连锁关系，因而表现出不完全连锁。

现以玉米第 9 对染色体上的 *Cc* 和 *Shsh* 两对基因为例说明交换与不完全连锁的形成。非姊妹染色单体之间的交换，可能发生在 *Cc* 和 *Shsh* 两对连锁基因相连区段之内，也可能发生在它们相连区段之外（图 4-6）。以相引组 $\frac{C\quad Sh}{C\quad Sh}\times\frac{c\quad sh}{c\quad sh}$ 而言，其 F_1 为 $\frac{C\quad Sh}{c\quad sh}$。当 F_1 进行减数分裂形成配子时，如果某一个孢子母细胞内第 9 对染色体的交换发生在某两个非姊妹染色单体的 *Cc* 和 *Shsh* 相连区段之外，则最后产生的全部配子是亲本型的（$\underline{C\quad Sh}$ 和 $\underline{c\quad sh}$）；如果另一个孢子母细胞内第 9 对染色体的交换，正好发生在某两个非姊妹染色单体的 *Cc* 和 *Shsh* 相连区段之内，则在最后产生的配子

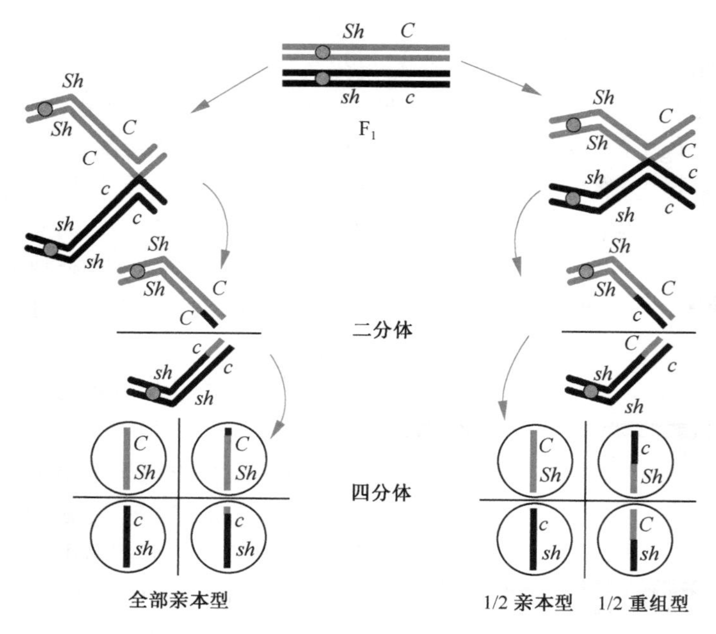

图 4-6 交换与重组型配子形成过程示意图

中，半数是属于亲本型（$\underline{C\quad Sh}$ 和 $\underline{c\quad sh}$），半数是属于重组型（$\underline{C\quad sh}$ 和 $\underline{c\quad Sh}$）。所以当两对非等位基因为不完全连锁时，重组型配子是在连锁基因相连区段之内发生交换的结果。

图 4-6 不仅说明了当两对非等位基因为不完全连锁时重组型配子的形成过程，同时解释了重组型配子少于配子总数 50% 的原因。因为任何 F_1 植株的小孢子母细胞数和大孢子母细胞数都是大量的，即使在 100% 的孢子母细胞内，一对同源染色体之间的交换都发生在某两对连锁基因相连区段之内，最后产生的重组型配子也只能是配子总数的一半，即 50%。但是这种情况是很难发生的，甚至是不可能发生的。通常的情形是在一部分孢子母细胞内，一对同源染色体之间的交换发生在某两对连锁基因相连区段之内；而在另一部分孢子母细胞内，该两对连锁基因相连区段之内不发生交换。由于后者产生的配子全部是亲本型的；前者产生的配子，一半是亲本型的，一半是重组型的，所以就整个 F_1 植株来说，重组型配子自然就少于 50% 了。假定在杂种 $\frac{C\quad Sh}{c\quad sh}$ 的 100 个孢子母细胞内，交换发生在 *Cc* 和 *Shsh* 相连区段之内的有 7 个，在 *Cc* 和 *Shsh* 相连区段之内不发生交换的有 93 个，按表 4-1 分析，重组型配子数应该是 3.5%。

表 4-1　亲本型配子和重组型配子分析

总配子数	亲本型配子		重组型配子	
	CSh	*csh*	*Csh*	*cSh*
93 个孢子母细胞在连锁区段内不发生交换	186	186	0	0
93 × 4 = 372 个配子				
7 个孢子母细胞在连锁区段内发生交换	7	7	7	7
7 × 4 = 28 个配子				
400	193	193	7	7

$$亲本型配子=\frac{193+193}{400}\times100\%=96.5\%$$

$$重组型配子=\frac{7+7}{400}\times100\%=3.5\%$$

根据表 4-1 的分析，可知某两对连锁基因之间发生交换的孢子母细胞的百分数，恰恰是重组型配子（又称交换型配子）百分数的 2 倍。这是由孢子母细胞减数分裂的规律所决定的。

上述所介绍的情况是同源染色体的非姊妹染色单体的对应片段之间发生一次交换，即单交换（single crossing over）。在一些情况下，同源染色体的非姊妹染色单体的对应片段之间可能发生两次交换，即双交换（double crossing over）或多次交换，交换可能涉及两条非姊妹染色单体，也可能同时涉及多条非姊妹染色单体。图 4-7 表示同源染色体的非姊妹染色单体的对应片段之间发生双交换的几种情况。

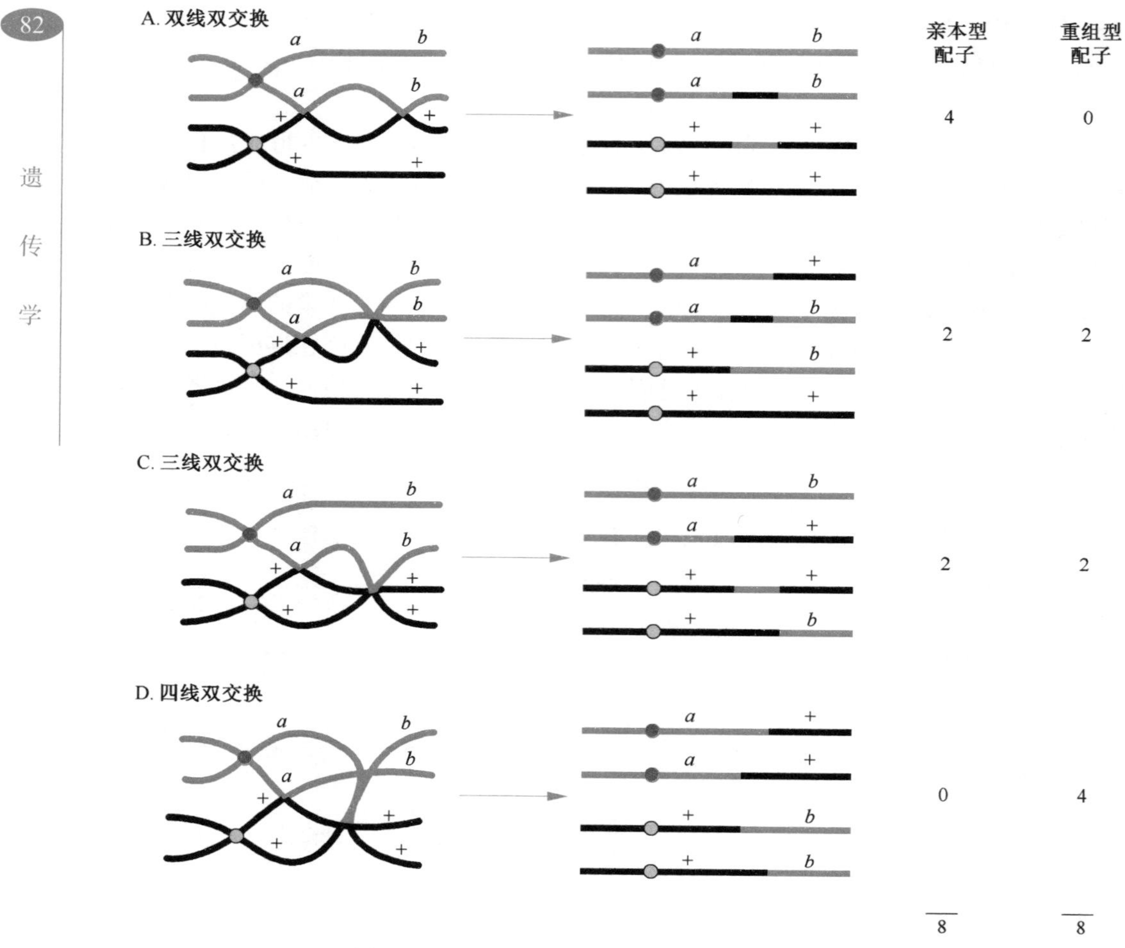

图 4-7 同源染色体上两个非等位基因之间的双交换

第二节 交换值及其测定

一、交 换 值

交换值（crossing-over value）是指同源染色体的非姊妹染色单体间有关基因的染色体片段发生交换的频率。就一个很短的交换染色体片段来说，交换值就等于交换型配子（重组型配子）占总配子数的百分率，即重组率（recombination frequency）。但在较大的染色体区段内，由于双交换或多交换常可发生，因而用重组率来估计的交换值往往偏低。例如，一种可能的情况如图 4-7A 所示，非姊妹染色单体间有关基因的染色体片段物理上发生了双交换，但这样的双交换并未产生重组型配子，因而用重组率估计的交换值就低于实际上的交换值。

一般来说，估算交换值如下。

$$交换值 = \frac{重组型配子数}{总配子数} \times 100\%$$

应用这个公式估算交换值，首先要知道重组型配子数。测定重组型配子数的简易方法有测交法和自交法两种。

二、交换值的测定

（一）测交法

用测交法测定交换值，是使杂种 F_1 与隐性纯合体测交，然后根据测交后代的表现型种类和数目，来计算重组型和亲本型配子的数目，异花授粉植物常用此方法。

现以玉米籽粒颜色和形状这两对连锁基因为例，来说明估算交换值的方法。已知玉米籽粒的有色（*C*）对无色（*c*）为显性，饱满（*Sh*）对凹陷（*sh*）为显性。以有色、饱满的纯种与无色、凹陷的纯种杂交获得 F_1，然后用双隐性纯合体与 F_1 测交，试验结果如图 4-8 所示。

P　　*CCShSh* × *ccshsh*

↓

测交　　F_1　*CcShsh* × *ccshsh*

↓

F_t	*CcShsh*	*Ccshsh*	*ccShsh*	*ccshsh*
实得粒数	4032	149	152	4035

图 4-8　玉米两对基因连锁与交换

由图 4-8 的测交结果可以求得：

$$\text{重组型配子数} = 149 + 152 = 301$$

$$\text{总配子数} = 4032 + 149 + 152 + 4035 = 8368$$

$$\text{交换值} = \frac{301}{8368} \times 100\% = 3.6\%$$

（二）自交法

利用测交法测定交换值因植物的不同而有难有易。像玉米这样的植物是比较容易的。它授粉方便，一次授粉能得到大量种子。可是像小麦、水稻、豌豆及其他自花授粉植物进行测交就比较困难。它们不仅去雄和授粉比较困难，而且进行一次授粉只能得到少量种子。因此，这一类植物在测定交换值时最好利用自交结果，而不是利用测交结果。利用自交结果（即 F_2 资料）估算交换值的方法很多，这里只介绍其中的一种。

前述香豌豆连锁遗传的资料是利用自交法获得的。现在以其相引组为例，说明估算交换值的理论根据和具体方法。香豌豆的 F_2 有 4 种表现型，可以推测它的 F_1 能够形成 4 种配子，其基因组成为 *PL*、*Pl*、*pL* 和 *pl*。假定各种配子的比例分别为 *a*、*b*、*c*、*d*，经过自交而组合起来的 F_2 结果，自然是这些配子的平方，即（$aPL : bPl : cpL : dpl$）^{2}，其中表现型为纯合双隐性 *ppll* 的个体数的占比是 *d* 的平方，即 $d \times d = d^2$。反过来说，组合 F_2 表现型 *ppll* 的 F_1 配子必然是 *pl*，其频率为 d^2 的开方，即 *d*。本例 F_2 表现型 *ppll* 的个体数 1338 为总数 6952 的 19.2%，F_1 配子 *pl* 的频率为 $\sqrt{0.192} = 0.44$，即 44%。配子 *PL* 同 *pl* 的频率是相等的，也应为 44%，它们在相引组中都是亲本型配子。而重组型的配子 *Pl* 和 *pL* 各为（50 − 44）% = 6%。于是 F_1 形成 4 种配子的比例便为 $44PL : 6Pl : 6pL : 44pl$ 或 $0.44PL : 0.06Pl : 0.06pL : 0.44pl$。交换值是两种重组型配子比例之和，那么交换值就为 $2 \times 6\% = 12\%$。

交换值的幅度为 0 ~ 50%。当交换值越接近 0 时，说明连锁强度越大，两个连锁的非等位基因之间发生交换的孢子母细胞数越少。当交换值越接近 50% 时，连锁强度越小，两个连锁的非等位基因之间发生交换的孢子母细胞数越多。所以当非等位基因为不完全连锁遗传时，交换值总是大于 0，而小于 50%。

交换值因某种外界和内在条件的影响而会发生变化。例如，性别、年龄、温度等条件对某些生物的连锁基因间的交换值都会有所影响；雄果蝇和雌蚕根本不发生交换；染色体的部位不同、染色体发生畸变等也会影响交换值。因此，在测定交换值时总是以正常条件下生长的生物作为研究材料，并从大量资料中求得比较准确的结果。尽管如此，交换值还是相对稳定的。

由于交换值具有相对的稳定性，所以通常以这个数值表示两个基因在同一染色体上的相对距离，称为遗传距离（genetic distance）。一般将 1% 的交换值定为度量交换的基本单位，称为 1 个遗传单位（genetic unit），转换成图距单位（map unit）后相当于 1 厘摩（centimorgan，cM）。例如，*Cc* 和 *Shsh* 这两对连锁基因的交换值为 3.5%，就算它们在玉米第 9 染色体上相距 3.5 个遗传单位，即 3.5cM。连锁基因间的距离越远，在它们之间发生交换的孢子母细胞数越多，交换值就越大；连锁基因间的距离越近，在它们之间发生交换的孢子母细胞数越少，交换值就越小。这就是以连锁基因间的交换值当作它们之间距离的原因。

第三节　基因定位与连锁遗传图

一、基 因 定 位

实验证明，基因在染色体上各有其一定的位置。基因定位就是确定基因在染色体上的位置。确定基因的位置主要是确定基因之间的距离和顺序，而它们之间的距离是用交换值来表示的。因此，只要准确地估算出交换值，并确定基因在染色体上的相对位置，就可以把它们标记在染色体上，绘制成图，就称为连锁遗传图（linkage map）。两点测验和三点测验是基因定位所采用的主要方法。

（一）两点测验

两点测验（two-point test cross）是基因定位最基本的方法，它首先通过一次杂交和一次用隐性纯合个体测交来确定两对基因是否连锁，然后再根据其交换值来确定它们在同一染色体上的位置。前面所讲的玉米测交试验，实际上就是两点测验。

为了确定 *Aa*、*Bb* 和 *Cc* 3 对基因在染色体上的相对位置，采用两点测验的具体方法是：通过一次杂交和一次测交求出 *Aa* 和 *Bb* 两对基因的重组率（交换值），根据重组率来确定它们是否是连锁遗传的；再通过一次杂交和一次测交，求出 *Bb* 和 *Cc* 两对基因的重组率，根据重组率来确定它们是否是连锁遗传的；又通过同样方法和步骤来确定 *Aa* 和 *Cc* 两对基因是否是连锁遗传的。若通过这 3 次试验，确认 *Aa* 和 *Bb* 是连锁遗传的，*Bb* 和 *Cc* 也是连锁遗传的，*Aa* 和 *Cc* 还是连锁遗传的，就说明这 3 对基因都是连锁遗传的。于是可以根据 3 个重组率（交换值）的大小，进一步确定这 3 对基因在染色体上的位置。

例如，已知玉米籽粒的有色（*C*）对无色（*c*）为显性，饱满（*Sh*）对凹陷（*sh*）为显性，非糯性（*Wx*）对糯性（*wx*）为显性。为了明确这 3 对基因是否连锁遗传，曾分别进行了以下 3 个试验。

第一个试验是用有色、饱满的纯种玉米（*CCShSh*）与无色、凹陷的纯种玉米（*ccshsh*）杂交，再使 F_1（*CcShsh*）与无色、凹陷的双隐性纯合体（*ccshsh*）测交。

第二个试验是用糯性、饱满的纯种玉米（*wxwxShSh*）与非糯性、凹陷的纯种玉米（*WxWxshsh*）杂交，再使 F_1（*WxwxShsh*）与糯性、凹陷的双隐性纯合体（*wxwxshsh*）测交。

第三个试验是用非糯性、有色的纯种玉米（*WxWxCC*）与糯性、无色的纯种玉米（*wxwxcc*）杂交，再使 F_1（*WxwxCc*）与糯性、无色的双隐性纯合体（*wxwxcc*）测交。

这 3 个试验的结果列于表 4-2。

表 4-2　玉米两点测验的 3 个测交结果

试验类别	亲本和后代	表现型及基因型		种子粒数
		种类	亲本型或重组型	
相引组试验	P_1	有色、饱满（*CCShSh*）		
	P_2	无色、凹陷（*ccshsh*）		
	测交后代	有色、饱满（*CcShsh*）	亲	4032
		无色、饱满（*ccShsh*）	重	152
		有色、凹陷（*Ccshsh*）	重	149
		无色、凹陷（*ccshsh*）	亲	4035
相斥组试验	P_1	糯性、饱满（*wxwxShSh*）		
	P_2	非糯、凹陷（*WxWxshsh*）		
	测交后代	非糯、饱满（*WxwxShsh*）	重	1531
		非糯、凹陷（*Wxwxshsh*）	亲	5885
		糯性、饱满（*wxwxShsh*）	亲	5991
		糯性、凹陷（*wxwxshsh*）	重	1488
相引组试验	P_1	非糯、有色（*WxWxCC*）		
	P_2	糯性、无色（*wxwxcc*）		
	测交后代	非糯、有色（*WxwxCc*）	亲	2542
		非糯、无色（*Wxwxcc*）	重	739
		糯性、有色（*wxwxCc*）	重	717
		糯性、无色（*wxwxcc*）	亲	2716

第一个试验就是本章第二节提到的玉米测交试验。试验结果表明，*Cc* 和 *Shsh* 两对基因是连锁遗传的，因为它们之间的交换值为 $[(152+149)/(4032+4035+152+149)]\times 100\%=3.6\%$，远远小于 50%。就是说，*Cc* 和 *Shsh* 这两对基因在染色体上相距 3.6cM。

第二个试验结果指出，*Wxwx* 和 *Shsh* 这两对基因也是连锁遗传的。因为它们在测交后代所表现的交换值为 $[(1531+1488)/(5885+5991+1531+1488)]\times 100\%=20\%$，也小于 50%。显然，*Cc* 和 *Wxwx* 也是连锁遗传的。但是仅仅根据 *Cc* 和 *Shsh* 的交换值为 3.6% 与 *Wxwx* 和 *Shsh* 的交换值为 20%，还是无法确定三者在同一染色体上的相对位置。因为仅仅根据这 2 个交换值，它们在同一染色体上的排列顺序有两种可能性：

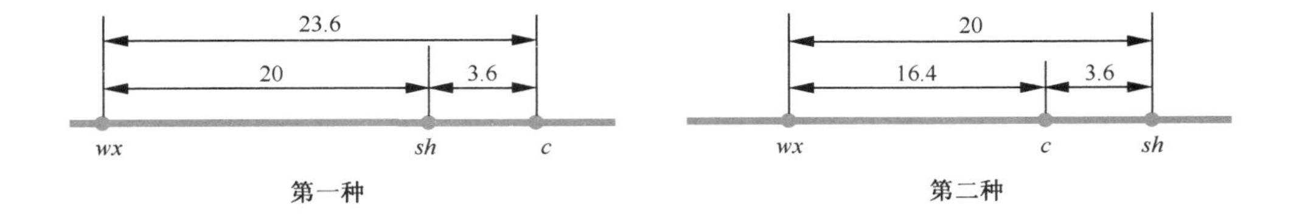

如果是第一种排列顺序，则 *Wxwx* 和 *Cc* 间的交换值应该是 23.6%；如果是第二种排列顺序，则 *Wxwx* 和 *Cc* 之间的交换值应该是 16.4%。究竟是 23.6% 还是 16.4%？这要根据第三个试验结果来确定。第三个试验结果表明，*Wxwx* 和 *Cc* 的交换值为 $[(739+717)/(2542+2716+739+717)]\times 100\% = 22\%$，这与 23.6% 比较接近，与 16.4% 相差较远。所以可以确认第一种排列顺序符合这 3 对连锁基因的实际情况，即 *Shsh* 在染色体上的位置应在 *Wxwx* 和 *Cc* 之间。这样就把这 3 对基因的相对位置初步确定下来。用同样的方法和步骤，还可以把第 4 对、第 5 对及其他各对基因的连锁关系和位置确定下来。不过，如果两对连锁基因之间的距离超过 5cM，两点测验便不如下面介绍的三点测验的准确性高。另外，两点测验必须分别进行 3 次杂交和 3 次测交，工作烦琐。这些都是两点测验的缺点。

（二）三点测验

三点测验（three-point test cross）是基因定位最常用的方法，它是通过 1 次杂交和 1 次用隐性亲本测交，同时确定 3 对基因在染色体上的位置。采用三点测验可以达到两个目的：一是纠正两点测验的缺点，使估算的交换值更加准确；二是通过 1 次试验同时确定 3 对连锁基因的位置。现仍以玉米 *Cc*、*Shsh* 和 *Wxwx* 3 对基因为例，说明三点测验的具体步骤。

曾经使籽粒凹陷、非糯性、有色的玉米纯系与籽粒饱满、糯性、无色的玉米纯系杂交得 F_1，再使 F_1 与无色、凹陷、糯性的隐性纯合体进行测交，测交的结果如图 4-9 所示。为了便于说明，以“+”号代表各显性基因，其对应的隐性基因仍分别以 *c*、*sh* 和 *wx* 表示。

P　　凹陷、非糯、有色 × 饱满、糯性、无色
　　shsh ++ ++ ↓ ++ *wxwx* *cc*

测交　　F_1 饱满、非糯、有色 × 凹陷、糯性、无色
　　+*sh* +*wx* +*c* ↓ *shsh* *wxwx* *cc*

⋮

测交后代的表现型	据测交后代表现型推知的 F_1		配子种类	粒数	交换类别
饱满、糯性、无色	+	*wx*	*c*	2708	亲本型
凹陷、非糯、有色	*sh*	+	+	2538	
饱满、非糯、无色	+	+	*c*	626	单交换型
凹陷、糯性、有色	*sh*	*wx*	+	601	
凹陷、非糯、无色	*sh*	+	*c*	113	单交换型
饱满、糯性、有色	+	*wx*	+	116	
饱满、非糯、有色	+	+	+	4	双交换型
凹陷、糯性、无色	*sh*	*wx*	*c*	2	
总数				6708	

图 4-9　玉米三点测验的测定结果

根据试验结果分析，首先看出这 3 对基因不是独立遗传的，即不是分别位于非同源的 3 对染色体上。因为如果是独立遗传，测交后代的 8 种表现型比例就应该彼此相等，而

现在的比例相差很远。其次也可看出这3对基因也不是2对连锁在1对同源染色体上，1对位于另1对染色体上，因为如果是这样，测交后代的8种表现型就应该每4种表现型的比例一样，总共只有两类比例值，而现在也不是这样。现在测交后代的遗传比例是，每两种表现型一样，总共有4种不同的比例值，这正是3对基因连锁在1对同源染色体上的特征。

既然这3对基因是连锁遗传的，那么它们在染色体上排列的顺序又是怎样呢？这首先要在测交后代中找出两种亲本表现型和两种双交换表现型。当3个基因顺序排列在一条染色体上时，如果每两个基因之间都分别发生了一次交换，即单交换，对于3个基因所包括的连锁区段来说，就是同时发生了两次交换，即双交换。发生双交换的可能性肯定是较少的，所以在测交后代群体内，双交换表现型的个体数应该最少，亲本型的个体数应该最多。在本例中，测交后代群体内的亲本型个体（饱满、糯性、无色和凹陷、非糯性、有色）无疑是F_1的2种亲本型配子（+ *wx c* 和 *sh* + +）产生的；而产生双交换个体（饱满、非糯性、有色和凹陷、糯性、无色）的 + + + 和 *sh wx c* 两种配子，就应该是F_1的双交换型配子。根据两个杂交亲本的表现型推断，F_1的染色体基因型有3种可能的排列方式：

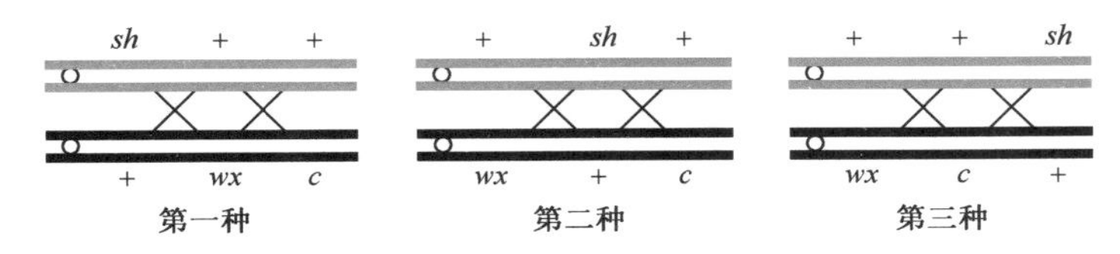

在这3种中，只有第二种才能产生 + + + 和 *sh wx c* 两种双交换型配子，其他两种都不可能产生。所以可以确定3个连锁基因在染色体上的位置，是 *sh* 在 *wx* 和 *c* 两者之间。

由此可见，利用三点测验来确定连锁的3个基因在染色体上的顺序时，首先要在F_t中找出双交换型（即个体数最少的），然后以亲本型（即个体数最多的）为对照，在双交换中居中的基因就是3个连锁基因中的中间基因，它们的排列顺序就可以被确定。

3对基因在染色体上的顺序已经排定，就可以进一步估算交换值，以确定它们之间的距离。由于每个双交换都包括两个单交换，因此在估算两个单交换值时，应该分别加上双交换值，才能正确地反映实际发生的单交换频率。在本例中：

$$\text{双交换值} = \frac{4+2}{6708} \times 100\% = 0.09\%$$

$$wx\ \text{和}\ sh\ \text{间的单交换值} = \frac{601+626}{6708} \times 100\% + 0.09\% = 18.4\%$$

$$sh\ \text{和}\ c\ \text{间的单交换值} = \frac{116+113}{6708} \times 100\% + 0.09\% = 3.5\%$$

这样，3对基因在染色体上的位置和距离图解为：

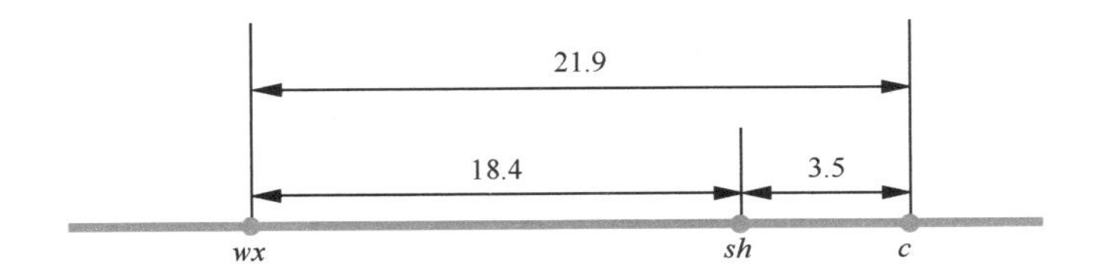

上述试验结果表明，基因在染色体上有一定的位置、顺序和距离，它们是呈线性排列的。

（三）干扰和符合

从理论上讲，除着丝粒以外，沿着染色体的任何一点都有发生交换的可能。但是邻近的两个交换彼此间是否会产生影响？即一个单交换的发生是否会影响到另一个单交换的发生？根据概率定律，如果两个单交换的发生是彼此独立的，那么两个单交换同时发生的概率就应该等于各自发生概率的乘积，即双交换出现的理论值应该是：单交换 1 的百分率 × 单交换 2 的百分率。以上述玉米三点测验为例，理论的双交换值应为 $0.184 \times 0.035 = 0.64\%$，但实际的双交换值则为 0.09%。可见一个单交换发生后，在它邻近再发生第二个单交换的机会就会减少，这种现象称为干扰（interference，I）。对于受到干扰的程度，通常用符合系数或称并发系数（coefficient of coincidence，C）来表示。

$$C = \frac{\text{实际双交换值}}{\text{理论双交换值}}$$

$$I = 1 - C$$

以此公式，上例中

$$C = \frac{0.09}{0.64} = 0.14$$

$$I = 1 - C = 1 - 0.14 = 0.86$$

C 经常变动于 0 ~ 1。当 $C = 1$（即 $I = 0$）时，表示两个单交换独立发生，完全没有受干扰。当 $C = 0$（即 $I = 1$）时，表示发生完全的干扰，即一点发生交换，其邻近一点就不会发生交换。上例中 $C = 0.14$，很接近 0，这说明两个单交换的发生受到相当严重的干扰。

二、连锁遗传图

通过两点测验或三点测验，即可将一对同源染色体上的各个基因的位置确定下来，绘制成图，就称为连锁遗传图，又称为遗传图谱（genetic map）。存在于同一染色体上的基因群，称为连锁群（linkage group）。对于二倍体生物来说，其连锁群的数目与染色体的对数是一致的，即有 n 对染色体就有 n 个连锁群。例如，玉米的染色体对数 $n = 10$，所以有 10 个连锁群；雌果蝇的染色体对数 $n = 4$，所以有 4 个连锁群。连锁群的数目一般不会超过染色体的对数，但有些动物的成对性染色体可能有两个不同的连锁群。

绘制连锁遗传图时，要以最先端的基因位点当作 0，依次向下排列。以后发现新的连锁基因，再补充定出位置。如果新发现的基因位置应在最先端基因的外端，那就应该把 0 点让位给新的基因，其余基因的位置要做相应的变动。

现将玉米连锁遗传图中的部分基因表示于图 4-10，以供参考。

应该指出，交换值应该小于 50%，但图中标识基因之间距离的数字却有超过 50 的。这是因为这些数字是从染色体最先端一个基因为 0 点依次累加而成的。

图中最上方的数字 1，2，…，10 表示玉米染色体序号，即 1 号染色体，2 号染色体，…，10 号染色体。“●”表示着丝粒。每条染色体左边的数字和右边的符号分别表示相应基因的位点和符号。6 号染色体上的“NOR”指核仁组织中心。

因此，在应用连锁遗传图确定基因之间的距离时，以靠近的基因间的遗传距离较

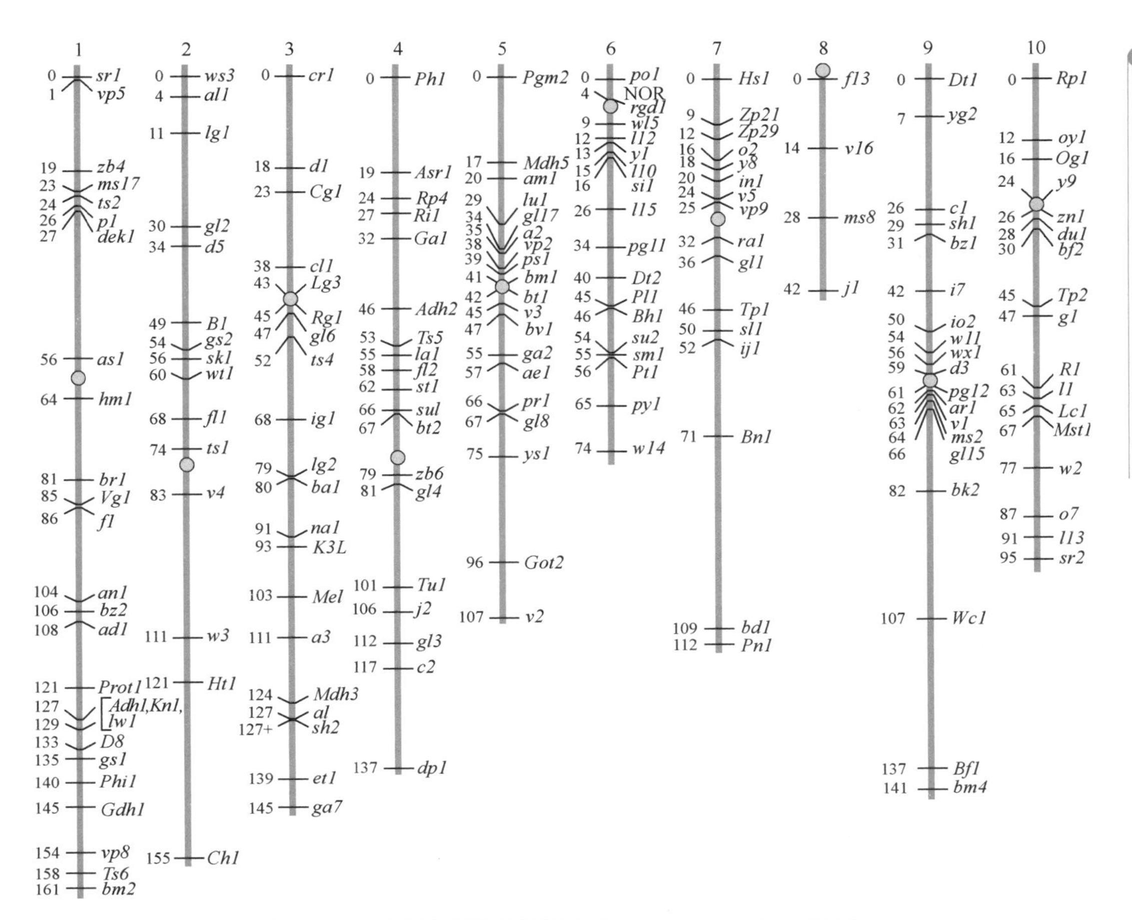

图 4-10　玉米的连锁遗传图（引自 Gardner et al.，1991）

为准确。

第四节　真菌类的连锁与交换

一、四分子分析

不论二倍体的高等生物或单倍体的低等生物，都普遍具有连锁和交换的遗传现象。现以红色面包霉为例，说明真菌类低等植物的连锁和交换。红色面包霉属于真菌类的子囊菌，具有核结构，属于真核生物。它的个体小，生长迅速，易于培养。除了进行无性生殖外，也可进行有性生殖。它的无性世代是单倍体世代，是大部分性状得以表现的世代。因此，染色体上每个基因不论显性或隐性都可从其表现型上直接表现出来，便于观察和分析。一次只分析一个减数分裂的产物，手续比较简便。所以，它是遗传学研究中广泛应用的好材料。

根据第一章第五节关于红色面包霉生活周期的介绍，已知它在有性生殖过程中正（+）和负（−）两个接合型（n）通过接合受精，就在子囊果里的子囊中形成二倍体的合子（$2n$）。这个合子立即进行减数分裂，产生 4 个单倍体的子囊孢子，即称四分孢子或四分子。对四分子进行遗传分析，称为四分子分析（tetrad analysis）。四分子再经过一次有丝分裂，形成 8 个子囊孢子，它们按严格顺序直线排列在子囊里。因此，通过四分子分析，可以直接观察其分离比例，计算某一基因与着丝粒之间的交换值。

二、四分子重组作图

在遗传学上，可以将着丝粒作为一个位点，估算某一基因与着丝粒的重组率，进行基因定位，这种方法称为着丝粒作图（centromere mapping）。

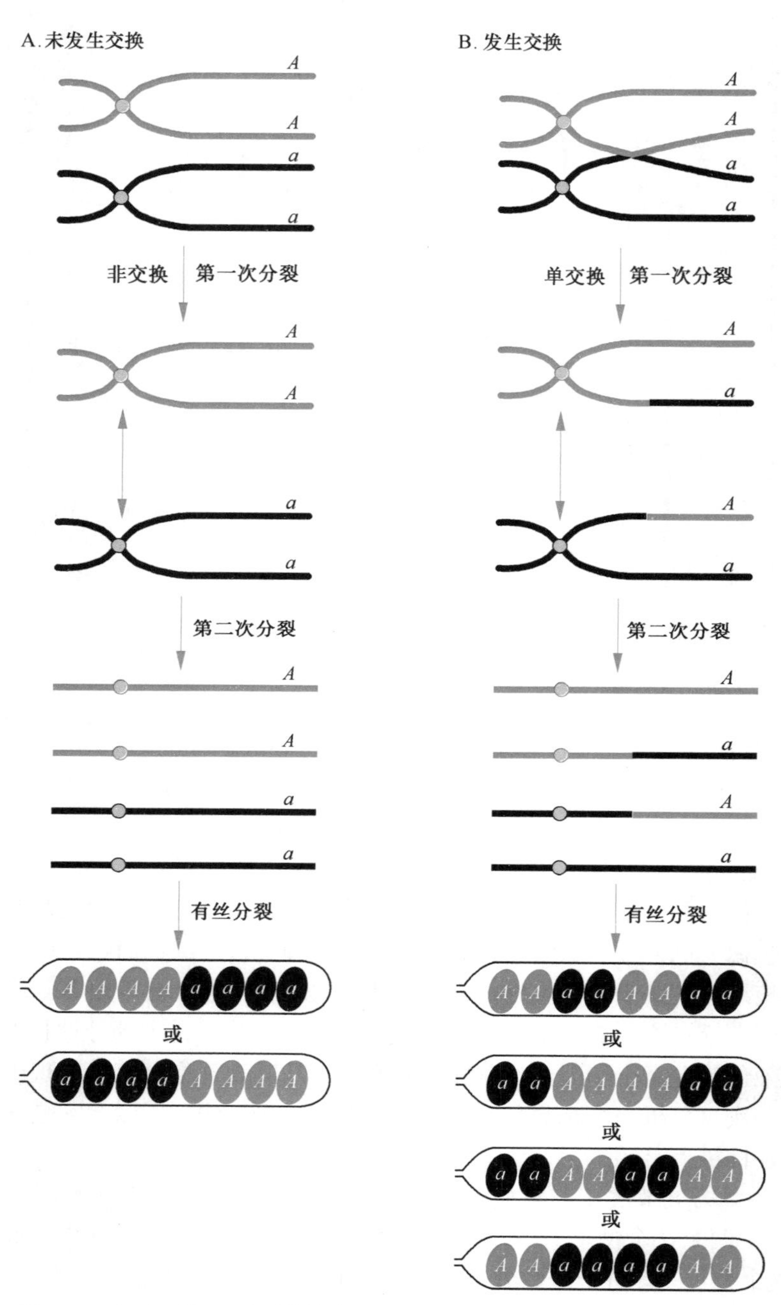

图 4-11　红色面包霉不同菌株杂交产生非交换型和交换型子囊的示意图

如图 4-11 所示，红色面包霉形成的 8 个子囊孢子严格按照顺序直线排列在子囊里。当基因 *A-a* 与着丝粒之间没有交换时，等位基因 *A/a* 在减数分裂的第一次分裂时分离（first division segregation），这说明同源染色体的非姊妹染色单体在着丝粒与等位基因之间没有发生交换，形成 *AAAAaaaa* 和 *aaaaAAAA* 2 种非交换型子囊。当基因 *A-a* 与着丝粒之间发生交换时，等位基因 *A/a* 在减数分裂的第二次分裂时分离（second division segregation），形成 *AAaaAAaa*、*aaAAaaAA*、*AAaaaaAA* 和 *aaAAAAaa* 4 种交换型子囊。这 4 种交换型子囊都是由于着丝粒与基因 *A-a* 间发生了交换，而且交换是在同源染色体的非姊妹染色单体间发生的，即发生在粗线期。同时可知，在交换型子囊中，每发生一个交换，一个子囊中就有半数孢子发生重组。因此，基因 *A-a* 与着丝粒之间的交换值可估算如下。

$$交换值 = \frac{交换型子囊数}{交换型子囊数 + 非交换型子囊数} \times 100\% \times \frac{1}{2}$$

例如，红色面包霉能在基本培养基上正常生长的野生型的子囊孢子成熟后呈黑色。由于基因突变而产生的一种不能自我合成赖氨酸的菌株，称为赖氨酸缺陷型，它的子囊孢子成熟较迟，呈灰色。用赖氨酸缺陷型（记作 lys^- 或 −）与野生型（记作 lys^+ 或 +）进行杂交，在杂种的子囊中，8 个子囊孢子按黑色和灰色的排列顺序，将出现下列 6 种排列方式或 6 种类型（图 4-12）。

图 4-12　红色面包霉不同菌株杂交产生的杂种子囊中 8 个子囊孢子的排列方式（引自 Gardner et al.，1991）

非交换型　（1）＋＋＋＋－－－－
　　　　　（2）－－－－＋＋＋＋
交换型　　（3）＋＋－－＋＋－－
　　　　　（4）－－＋＋－－＋＋
　　　　　（5）＋＋－－－－＋＋
　　　　　（6）－－＋＋＋＋－－

若在试验观察结果中有 9 个子囊对等位基因 lys^+/lys^- 为非交换型，5 个子囊对等位基因 lys^+/lys^- 为交换型，则

$$交换值 = \frac{5}{9+5} \times 100\% \times \frac{1}{2} = 18\%$$

所获得的交换值即表示 lys^+/lys^- 与着丝粒间的相对距离为 18cM。这种基因定位称为着丝粒作图。

第五节　连锁遗传规律的应用

连锁遗传规律的发现，证实了染色体是控制性状遗传的基因的载体。通过交换值的测定进一步确定基因在染色体上具有一定的距离和顺序，呈直线排列。这为遗传学的发展奠定了坚实的科学基础。

连锁基因重组类型的出现频率，依交换值的大小而变化。因此，在杂交育种时，如果所涉及的基因具有连锁遗传的关系，就要相应地根据连锁遗传规律安排工作。

杂交育种的目的，在于利用基因重组综合亲本优良性状，育成新的优良品种。当基因连锁遗传时，重组基因型的出现频率因交换值的大小而有很大差别。交换值大，重组型出现的频率高，获得理想类型的机会就大。反之，交换值小，获得理想类型的机会就小。因此，要想在杂交育种工作中得到足够的理想类型，就需要慎重考虑有关性状的连锁强度，以便安排适当规模的育种群体。

例如，已知水稻的抗稻瘟病基因（$Pi\text{-}z^t$）与晚熟基因（Lm）都是显性，而且是连锁遗传的，交换值仅 2.4%。如果用抗病、晚熟材料作为一个亲本，与感病、早熟的另一亲本杂交，计划在 F_3 选出抗病、早熟的 5 个纯合株系，那么这个杂交组合的 F_2 群体至少要种植多少株？对此，可根据这 2 对连锁基因已知的交换值进行具体的估算。

按上述亲本组合进行杂交，F_1 的基因型应该是 $\dfrac{\underline{Pi\text{-}z^t\quad Lm}}{pi\text{-}z^t\quad lm}$。要知道理想类型在 F_2 出现的频率，须先根据交换值求得 F_1 形成配子的类型及其比例。已知交换值为 2.4%，说明 F_1 的两种重组型配子（$\underline{Pi\text{-}z^t\quad lm}$ 和 $\underline{pi\text{-}z^t\quad Lm}$）各为 2.4%/2 = 1.2%，两种亲本型配子（$\underline{Pi\text{-}z^t\quad Lm}$ 和 $\underline{pi\text{-}z^t\quad lm}$）各为（100−2.4）%/2 = 48.8%。求得了各类配子及其比例，F_2 可能出现的基因型及比例表示于表 4-3 中。

表 4-3　水稻 F_2 抗稻瘟病性与成熟期连锁遗传结果

雌配子＼雄配子	*PL* 48.8	*Pl* 1.2	*pL* 1.2	*pl* 48.8
PL 48.8	*PPLL* 2381.44	*PPLl* 58.56	*PpLL* 58.56	*PpLl* 2381.44
Pl 1.2	*PPLl* 58.56	[*PPll*]* 1.44	*PpLl* 1.44	*Ppll** 58.56
pL 1.2	*PpLL* 58.56	*PpLl* 1.44	*ppLL* 1.44	*ppLl* 58.56
pl 48.8	*PpLl* 2381.44	*Ppll** 58.56	*ppLl* 58.56	*ppll* 2381.44

* 表示理想类型，□ 表示理想类型中的纯合体

注：为了书写简便起见，基因符号以 *P* 代替 $Pi\text{-}z^t$，*p* 代替 $pi\text{-}z^t$，*L* 代替 *Lm*，*l* 代替 *lm*

由表 4-3 可知，在 F_2 群体中出现理想的抗病、早熟类型共计 $\dfrac{118.56}{10000}\times 100\% =$ 1.1856%，其中属于纯合体的仅有 $\dfrac{1.44}{10000}$，也即在 10 000 株中，只可能出现 1.44 株。因此，要从 F_2 中选得 5 株理想的纯合体，按 $10000:1.44 = x:5$ 的比例式计算，其群体至少需种 3.5 万株，这样才能满足原定计划的要求。

利用性状的连锁关系，可以提高选择效果。生物的各种性状相互间都有着不同程度的内在联系。由同源染色体上基因控制的性状，彼此相关遗传的程度就更加紧密。利用性状间的这种相关从事选择工作，会起到一定的指导作用。例如，大麦抗秆锈病与抗散黑穗病的基因是紧密连锁的。在育种中只要注意选择抗秆锈病的优良单株，也就等于同时选得了抗散黑穗病的材料，达到一举两得、提高选择效果的目的。

在动物育种中，基因连锁的信息也可用于配种亲本的选择。如果有与其连锁的标记性状，在选择亲本时就可以根据标记性状的有无，选择没有遗传病基因的种质作亲本。

第六节 性别决定与性连锁

一、性染色体与性别决定

（一）性染色体

在生物许多成对的染色体中，直接与性别决定有关的一条或一对染色体，称为性染色体（sex chromosome）；其余各对染色体则统称为常染色体（autosome），通常以 A 表示。常染色体的每对同源染色体一般都是同型的，即形态、结构和大小等都基本相似；性染色体如果是成对的，往往是异型的，即形态、结构和大小以至功能都有所不同。例如，人类有 23 对染色体（$2n = 46$），其中 22 对是常染色体，1 对是性染色体。女性的染色体组成为 AA + XX；男性的为 AA + XY，X 与 Y 呈现异型（图 4-13）。

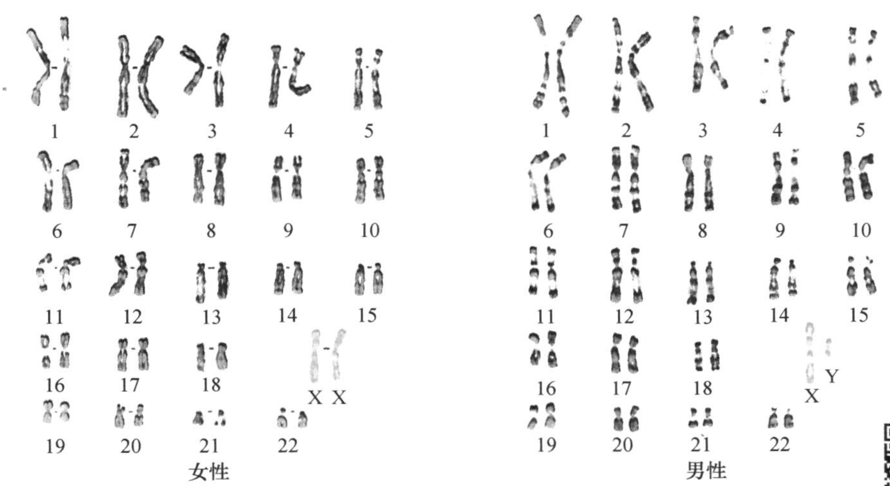

图 4-13 人类的常染色体和性染色体（引自 Gardner et al.，1991）

彩图

（二）性别决定的方式

由性染色体决定雌雄性别的方式主要有两种类型：一类是雄杂合型，即 XY 型。果蝇、鼠、牛、羊等高等动物和人类属于这一类型。这类生物在配子形成时，由于雄性个体是异配子性别（heterogametic sex），可产生含有 X 和 Y 的两种雄配子，而雌性个体是同配子性别（homogametic sex），只产生含有 X 的一种雌配子。因此，当雌、雄配子结合受精时，含 X 的卵细胞与含 X 的精子结合形成的受精卵（XX）将发育成雌性；含 X 的卵细胞与含 Y 的精子结合形成的受精卵（XY）将发育成雄性。因而雌性和雄性的比例（简称性比）一般总是 1∶1。

人类的性染色体属于 XY 型。不过人类的 X 染色体在形态结构上明显大于 Y 染色体。如上所述，在配子形成时，男性能产生 X 和 Y 两种精子，而女性只能产生 X 一种卵细胞，由此可见，生男生女主要是由男方决定的；而且受孕后生男生女的概率总是各占$\frac{1}{2}$，即在一个大群体中男女性比总是 1∶1。

与 XY 型相似的还有 XO 型。它的雌性的性染色体为 XX；雄性的性染色体只有一个 X，而没有 Y，不成对。其雄性个体产生含有 X 和不含有 X 的两种雄配子，故称为 XO 型。蝗虫、蟋蟀等就属于这一类型。

另一类是雌杂合型，即 ZW 型。家蚕、鸟类（包括鸡、鸭等）、蛾类、蝶类等属于这一类型。该类型跟 XY 型恰恰相反，雌性个体是异配子性别，即 ZW，而雄性个体是同配子性别，即 ZZ。在配子形成时，雌性个体产生含有 Z 和 W 的两种雌配子，而雄性只产生含有 Z 的一种雄配子。故在它们结合受精时，所形成的雌雄性比同样是 1∶1。

高等动物的性别决定除上述两种类型外，还有另外一种情况，即取决于染色体的倍数性；换言之，与是否受精有关。例如，蜜蜂、蚂蚁等由正常受精卵发育的二倍体（$2n$）为雌性，而由孤雌生殖发育的单倍体（n）则为雄性。

在哺乳类动物中，来自父本的 Y 染色体含有性别决定区——Y（*Sry*）基因，这个基因诱导未分化的性腺形成睾丸，睾丸分泌激素使机体的其他部分雄性化。这些雄性化睾丸的激素中有两种激素，即抑制雌性生殖管发育的蛋白质和睾酮。睾酮是一种甾醇，它能促进雄性生殖管的发育和雄性化外生殖器。在使机体雄性化过程中，睾酮首先与雄激素受体结合，然后睾酮-受体复合物与 DNA 结合，从而调节基因表达和促进向雄性分化。如果 *Sry* 基因缺失（像接受了父本 X 染色体的雌性），性腺发育成卵巢，在没有暴露于睾丸激素的情况下，机体形成雌性外形。

（三）性别决定的畸变

性别决定也有一些畸变现象，通常是由于性染色体的增加或减少，导致性染色体与常染色体两者正常的平衡关系受到破坏。例如，雌果蝇的性染色体是 2X，而常染色体的各对成员是 2A，那么两者之比是 X∶A = 2∶2 = 1。但是，假如某个体的性染色体是 1X，而常染色体的各对成员仍是 2A，那么两者之比是 X∶A = 1∶2 = 1/2 = 0.5，这样，该个体就可能发育成雄性，同样，如 X∶A = 3∶2 = 1.5，就可能发育成超雌性；如 X∶A = 1∶3 = 0.33，就可能发育成超雄性；如 X∶A = 2∶3 = 0.67，就可能发育成间性（intersex）。果蝇的染色体组成与性别的关系列于表 4-4。经试验观察发现，超雌和超雄个体的生活力都很低，而且高度不育。间性个体总是不育的。

表 4-4　果蝇染色体组成与性别的关系

X	A	X/A	性别类型	X	A	X/A	性别类型
3	2	1.50	超雌	3	4	0.75	间性
4	3	1.33	超雌	2	3	0.67	间性
4	4	1.00	雌（4 倍体）	1	2	0.50	雄
3	3	1.00	雌（3 倍体）	2	4	0.50	雄
2	2	1.00	雌（2 倍体）	1	3	0.33	超雄

人类也有类似的性别畸形现象。例如，有一种睾丸发育不全的克兰费尔特综合征（Klinefelter syndrome）患者，就是由于性染色体组成是 XXY，多了一条 X。还有一种卵巢发育不全的特纳综合征（Turner syndrome）患者，就是由于性染色体组成是 XO，少了一条 X。

（四）植物性别的决定

植物的性别不像动物那样明显。低等植物只在生理上表现出性的分化，而在形态上却差别很少。种子植物虽有雌雄性的不同，但多数是雌雄同花、雌雄同株异花，但也有一些植物是雌雄异株的，如大麻、菠菜、蛇麻、番木瓜、石刁柏等。据研究，蛇麻、菠菜、石刁柏、番木瓜等属于雌性 XX 型和雄性 XY 型。多数雌雄异株植物的 Y 染色体存在雄性决定基因和雌性抑制基因，雄性决定基因决定花药、花丝的发育和小孢子体方向减数分裂，雌性抑制基因抑制子房、柱头的发育和大孢子体方向减数分裂。然而有些雌雄异株植物则不是如此，如喷瓜，性别受到一组等位基因 *D*、+、*d* 控制，*D* 基因决定雄株，+ 基因决定雌雄同株，*d* 基因决定雌株，且 *D* 基因相对 +、*d* 基因为显性，+ 基因相对 *d* 基因为显性，因而 *D*_ 基因型为雄株，+ _ 基因型为雌雄同株，*dd* 基因型为雌株。玉米是雌雄同株异花植物，研究表明，玉米性别的决定受基因的支配。例如，隐性突变基因 *ba* 可使植株没有雌穗只有雄花序，另一个隐性突变基因 *ts* 可使雄花序成为雌花序并能结实。因此，基因型不同，植株花序就表现不同：

*Ba_Ts_*　　正常雌雄同株
Ba_tsts　　顶端和叶腋都生长雌花序
*babaTs_*　　仅有雄花序
babatsts　　仅顶端有雌花序

如果让雌株 *babatsts* 和雄株 *babaTsts* 进行杂交，其后代雌雄株的比例为 1∶1，这说明玉米的性别是由基因 *Tsts* 分离所决定的。

（五）环境对性别分化的影响

性别也是一种性状，是发育的结果，所以性别分化受染色体的控制，也受环境的影响。

例如，在鸡群中常会遇见母鸡叫鸣现象，即通常所指的“牝鸡司晨”现象。经过研究发现，原来生蛋的母鸡因患病或创伤而使卵巢退化或消失，促使精巢发育并分泌出雄性激素，从而表现出母鸡叫鸣的现象。在这里，激素起了决定性的作用。如果检查这只性别已经转变的母鸡的性染色体就会发现，它仍然是 ZW 型，并未发生变化。

蜜蜂孤雌生殖发育成为单倍体（$n = 16$）的雄蜂，受精卵发育成为二倍体（$2n = 32$）的雌蜂。雌蜂并非完全能育，其中只有在早期生长发育中获得蜂王浆营养较多的一个雌蜂才能成为蜂王，并且有产卵能力，其余都不能产卵。很明显，雌蜂能否产卵，营养条件起了重要的作用。

植物的性别分化也受环境条件的影响。例如，雌雄同株异花的黄瓜在早期发育中施用较多氮肥，可以有效地提高雌花形成的数量。适当缩短光照时间，同样也可以达到上述目的。降低夜间温度，会使南瓜的雌花数量增加。

综上所述，可以将性别决定问题概括为：①性别同其他性状一样，也受遗传物质的控制。但是有时环境条件可以影响甚至转变性别，但不会改变原来决定性别的遗传物质。②环境条件之所以能够影响甚至转变性别，是以性别有向两性发育的自然性为前提条件的。③遗传物质在性别决定中的作用是多种多样的，有的是通过性染色体的组成，有的是通过性染色体与常染色体两者之间的平衡关系，也有的是通过整套染色体的倍数性。

其中以性染色体组成决定性别发育方向的较为普遍。

二、性 连 锁

性连锁（sex linkage）是指性染色体上的基因所控制的某些性状总是伴随性别而遗传的现象，所以又称伴性遗传（sex-linked inheritance）。

（一）果蝇的性连锁

1910 年，摩尔根等首先在果蝇中发现性连锁。摩尔根和他的学生以果蝇为材料进行遗传试验时，在纯种红眼果蝇的群体中发现个别白眼个体。他们为了查明白眼与红眼的遗传关系，便以雌性红眼果蝇与雄性白眼果蝇交配，结果 F_1 无论雌性或雄性全是红眼；再让 F_1 的雌果蝇和雄果蝇进行近亲繁殖，F_2 既有红眼，又有白眼，比例是 3∶1（图 4-14）。这说明红眼对白眼是显性，而且它们的差别只是一对基因的差异。很显然，白眼是红眼基因突变的结果。特别引人注意的是：在 F_2 群体中，所有白眼果蝇都是雄性而无雌性，这就是说白眼这个性状的遗传，是与雄性相联系的。从这个试验结果也可看出，雄果蝇的眼色性状是通过 F_1 雌蝇传给 F_2 雄蝇的，它同 X 染色体的遗传方式相似。于是，摩尔根等就提出了假设：果蝇的白眼基因（w）在 X 性染色体上，而 Y 染色体上不含有它的等位基因。这样上述遗传现象就得到了合理的解释（图 4-14）。

为了验证这一假设的正确性，摩尔根等又用最初发现的那只白眼雄果蝇跟它的红眼女儿交配（测交），结果产生了 1/4 红眼雌蝇、1/4 红眼雄蝇、1/4 白眼雌蝇和 1/4 白眼雄蝇。这表明 F_1 红眼果蝇的基因型是 $X^W X^w$（图 4-15），因此说明其假设是正确的。

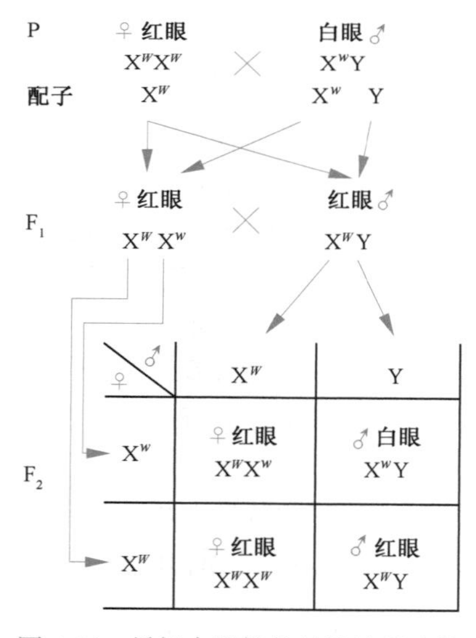

图 4-14　果蝇白眼性状的性连锁遗传

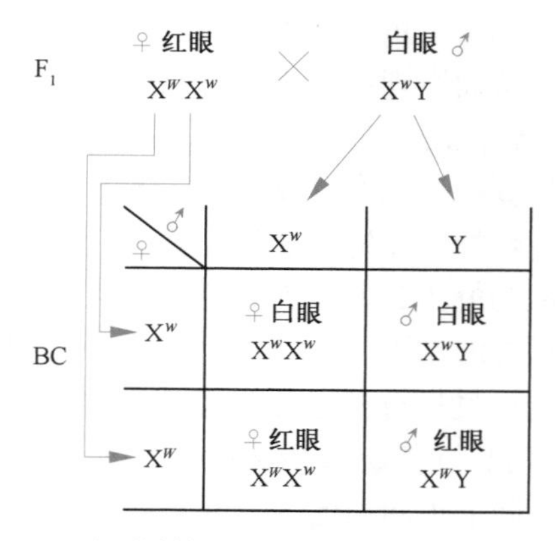

图 4-15　F_1 红眼果蝇（♀）与白眼果蝇（♂）的测交

摩尔根等通过对果蝇眼色遗传的研究，不仅揭示了性连锁遗传的机制，更重要的是第一次将一个特定的基因定位在一个特定的染色体上，将抽象的基因落到了实处，从而创造了基因论。

（二）人类的性连锁

性连锁在人类中也是常见的，如色盲、A 型血友病等就表现为性连锁遗传。下面以色盲的性连锁为例来说明。

人类色盲有许多类型，最常见的是红绿色盲。对色盲家系的调查结果表明，患色盲病的男性比女性多，而且色盲一般是由男人通过他的女儿遗传给他外孙子的。可见色盲遗传与上述果蝇眼色遗传是一致的。已知控制色盲的基因是隐性 *c*，位于 X 染色体上，而 Y 染色体上不携带它的等位基因。因此，女人在 X^CX^c 杂合条件下虽有潜在的色盲基因，但不是色盲；只有在 X^cX^c 隐性纯合条件下才是色盲。男人则不然，由于 Y 染色体上不携带对应的基因，当 X 染色体上携带 *C* 时就表现正常，携带 *c* 时就表现色盲，所以男性比较容易患色盲。这就是色盲患者总是男性多而女性少的原因。

如果母亲患色盲（X^cX^c）而父亲正常（X^CY），其儿子必患色盲，而女儿表现正常。这样子代与其亲代在性别和性状上出现相反表现的现象，称为交叉遗传（criss-cross inheritance）。如果父亲患色盲（X^cY），而母亲正常（X^CX^C），则其子女都表现正常。如果父亲患色盲而母亲又有潜在的色盲基因，其子和女的半数都患色盲；有时父母都表现正常，但其儿子的半数可能患色盲，这是因为母亲有潜在色盲基因。上述 4 种伴性遗传的情况见图 4-16。

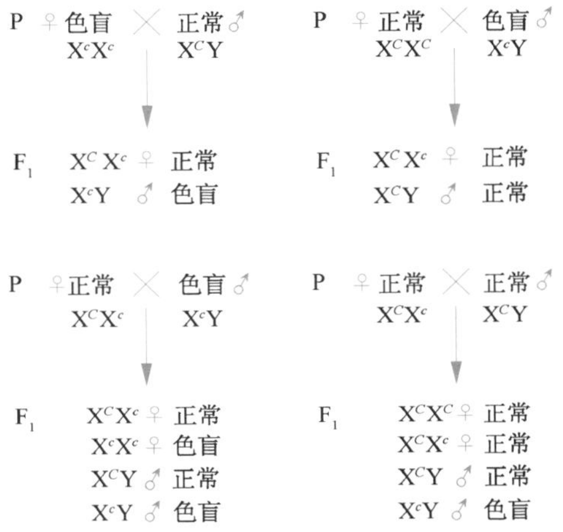

P ♀色盲 × 正常♂
X^cX^c X^CY
F_1 X^CX^c ♀ 正常
X^cY ♂ 色盲

P ♀正常 × 色盲♂
X^CX^C X^cY
F_1 X^CX^c ♀ 正常
X^CY ♂ 正常

P ♀正常 × 色盲♂
X^CX^c X^cY
F_1 X^CX^c ♀ 正常
X^cX^c ♀ 色盲
X^CY ♂ 正常
X^cY ♂ 色盲

P ♀正常 × 正常♂
X^CX^c X^CY
F_1 X^CX^C ♀ 正常
X^CX^c ♀ 正常
X^CY ♂ 正常
X^cY ♂ 色盲

图 4-16 人类各种婚配下的色盲遗传

（三）鸡的性连锁

上面所讲的果蝇眼色及人类色盲的性连锁基因都位于 X 性染色体上。如果性连锁基因在 Z 染色体上，它的遗传方式又将如何？

芦花鸡的毛色遗传也是性连锁。这个品种的羽毛呈黑白相间的芦花条纹状。芦花基因（*B*）对非芦花基因（*b*）为显性，*Bb* 这对基因位于 Z 染色体上，而 W 染色体上不含有它的等位基因。以雌芦花鸡（Z^BW）与非芦花的雄鸡（Z^bZ^b）交配，F_1 公鸡的羽毛全是芦花，而母鸡全是非芦花。让这两种鸡近亲繁殖，F_2 公鸡和母鸡中各有半数是芦花，半数是非芦花（图 4-17）。如果进行反交，情况就大不相同。以非芦花雌鸡（Z^bW）作母本与芦花雄鸡（Z^BZ^B）杂交，F_1 公鸡和母鸡的羽毛全是芦花。再让这两种芦花鸡近亲繁殖，F_2 的公鸡全是芦花，母鸡同正交的一样，半数是芦花，半数是非芦花。

（四）限性遗传和从性遗传

限性遗传（sex-limited inheritance）是指位于常染色体或性染色体上的基因只在一种性别中表达，而在另一种性别中完全不表达的现象。限性遗传与伴性遗传不同，限性遗传只局限于一种性别上表现，而伴性遗传则可在雄性也可在雌性上表现，只是表现频率有所差别。限性遗传的性状常和第二性征或性激素有关。例如，毛耳的基因在 Y 染色体上，仅在男性中表达。睾丸女性化的基因位于 X 染色体上，但也只在男性中出现这种症

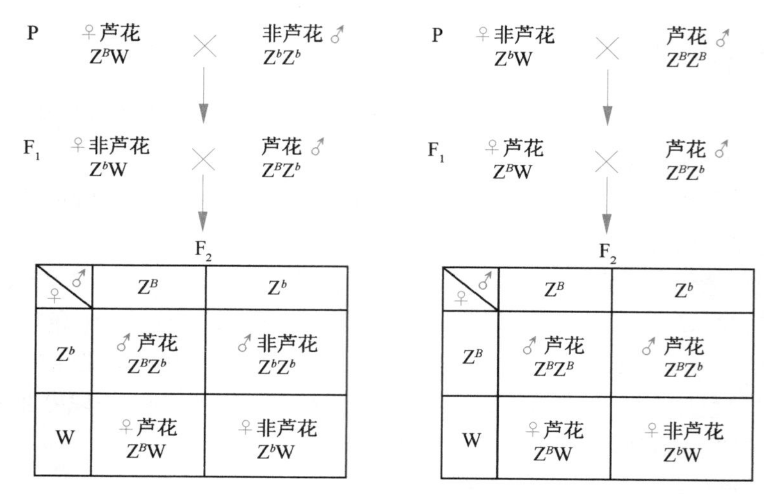

图 4-17 鸡芦花条纹的遗传

状。子宫阴道积水也是一种遗传病，基因在常染色体上，但只在女性中出现。

另有一种从性遗传（sex-controlled inheritance）或称性影响遗传（sex-influenced inheritance），与限性遗传不同。它是位于常染色体上的基因所控制的性状，是由于内分泌及其他关系使基因在不同性别中表达不同，在一方为显性，另一方为隐性的现象。在具有发达内分泌系统的高等动物中，很容易发现从性遗传的例子。例如，羊的有角因品种不同而有 3 种特征：雌雄都无角，雌雄都有角，雌无角雄有角。如让前两种羊交配，则其 F_1 雌性无角，而雄性有角。反交的结果和正交的完全相同。人类青年时期的秃顶基因在男性中表现为显性，但在女性中则表现为隐性。

性连锁遗传的理论具有重要的实践意义，家养动物的利用价值，常因雌、雄性别而大不相同，畜牧业需要雌畜、雌禽，养蚕业需要雄蚕。如果能够有效地控制或在生育早期鉴别它们的性别，这对人类将会带来很大好处。例如，为了鉴别小鸡的性别，可以利用芦花雌鸡跟非芦花雄鸡交配，在后代孵化的小鸡中凡属芦花羽毛的都是雄鸡，而非芦花羽毛的全是雌鸡，这样就能尽早而准确地区分出鸡的雌、雄。在家蚕中可通过 X 射线处理育成斑纹蚕或黄色茧限性遗传的性状，从而可以在饲养过程的后期分别上簇或采茧，然后将雌、雄茧分别缫丝，借以提高生丝的品质。

复习题

1. 试述交换值、连锁强度和基因之间距离三者的关系。
2. 在大麦中，带壳（*N*）对裸粒（*n*）、散穗（*L*）对密穗（*l*）为显性。今以带壳、散穗与裸粒、密穗的纯种杂交，F_1 表现如何？让 F_1 与双隐性纯合体测交，其后代为：

   带壳、散穗　201 株　裸粒、散穗　18 株

   带壳、密穗　20 株　裸粒、密穗　203 株

   试问，这 2 对基因是否连锁？交换值是多少？要使 F_2 出现纯合的裸粒散穗 20 株，至少应种多少株？
3. 在小麦中，*Th*/*tH* 基因型的植株自交，其数目最少的子代类型为全部子代群体的 0.25%，那么 *t* 和 *h* 两个基因间的交换值是多少？
4. 在杂合体 $\frac{ABy}{abY}$ 内，*a* 和 *b* 之间的交换值为 6%，*b* 和 *y* 之间的交换值为 10%。在没有干扰的条件下，

这个杂合体自交，能产生几种类型的配子？在符合系数为 0.26 时，配子的比例如何？

5. 设某植物的 3 个基因 t、h、f 依次位于同一染色体上，已知 t-h 相距 10cM，h-f 相距 14cM，现有如下杂交：$+++/thf \times thf/thf$。问：①符合系数为 1 时，后代基因型为 thf/thf 的比例是多少？②符合系数为 0 时，后代基因型为 thf/thf 的比例是多少？

6. a、b、c 3 个基因都位于同一染色体上，让其杂合体与纯隐性亲本测交，得到下列结果：

$+++$ 74

$++c$ 382

$+b+$ 3

$+bc$ 98

$a++$ 106

$a+c$ 5

$ab+$ 364

abc 66

试求这 3 个基因排列的顺序、距离和符合系数。

7. 已知某生物的两个连锁群如下图，试求杂合体 $AaBbCc$ 可能产生配子的类型和比例。

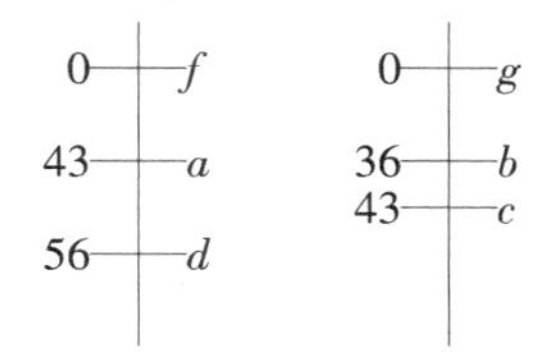

8. 纯合的匍匐、多毛、白花的香豌豆与丛生、光滑、有色花的香豌豆杂交，产生的 F_1 全是匍匐、多毛、有色花。如果 F_1 与丛生、光滑、白色花又进行杂交，后代可望获得近于下列的分配，试说明这些结果，求出重组率。

匍、多、有 6%　丛、多、有 19%

匍、多、白 19%　丛、多、白 6%

匍、光、有 6%　丛、光、有 19%

匍、光、白 19%　丛、光、白 6%

9. 基因 a、b、c、d 位于果蝇的同一染色体上。经过一系列杂交后得出如下交换值：

基因	交换值
a，c	40%
a，d	25%
b，d	5%
b，c	10%

试描绘出这 4 个基因的连锁遗传图。

10. 脉孢菌的白化型（al）产生亮色子囊孢子，野生型产生灰色子囊孢子。将白化型与野生型杂交，结果产生：129 个亲本型子囊，孢子排列为 4 亮 : 4 灰；141 个交换型子囊，孢子排列为 2 : 2 : 2 : 2 或 2 : 4 : 2。

问：al 基因与着丝粒之间的交换值是多少？

11. 果蝇的长翅（Vg）对残翅（vg）是显性，该基因位于常染色体上；红眼（W）对白眼（w）是显性，该基因位于 X 染色体上。现在让长翅红眼的杂合体与残翅白眼纯合体交配，所产生的基因型如何？

12. 将无角的雌羊和雄羊交配，所生产的雄羊有一半是有角的，但生产的雌羊全是无角的，试写出亲本的基因型，并做出解释。

本章课程视频

第五章　基 因 突 变

由于DNA分子结构的高度稳定性和复制准确性，遗传信息能在世代间稳定传递。那么变异又是如何产生的呢？生物性状变异包括遗传变异（hereditary variation）与不可遗传变异（non-hereditary variation）。不可遗传变异由环境因素引起，细胞内遗传物质并不发生改变，不能在世代间传递。遗传变异是由于细胞内遗传物质的结构、组成及排列方式改变而产生的性状变异，可以在世代间传递。

根据遗传物质的改变方式，可将遗传变异分为基因重组、基因突变、染色体结构和数目变异。有性生殖过程中等位基因随同源染色体分离、非同源染色体上的非等位基因自由组合及连锁基因交换可产生变异体，这类由基因组合方式改变产生的遗传变异称为基因重组或遗传重组（genetic recombination）。基因重组不改变基因与染色体结构，通常也不改变基因在染色体上的直线排列顺序。基因突变与染色体变异则是由遗传物质结构或组成改变产生的遗传变异。

1901年，弗里斯用“突变”（mutation）一词表示突然发生的可遗传变异，也即遗传物质发生质的变化。广义的突变包括染色体与基因结构和功能改变，染色体水平的突变通常指可以在光学显微镜下识别、涉及范围超出一个基因位点的染色体结构改变，也即染色体变异。狭义的突变就是基因突变，本章主要讨论基因突变的表现、突变基因的鉴定、突变的机制及人工诱变。

第一节　基因突变的概念与意义

一、基因突变的概念

基因突变（gene mutation）是指基因内部发生了化学性质的变化，与原来的基因形成对性关系。例如，植物高秆基因 D 突变为矮秆基因 d，D 与 d 为一对等位基因。携带突变基因并表现突变性状的细胞或生物个体称为突变型或突变体（mutant）；而自然群体中最常见的典型类型称为野生型（wild type）。野生型和突变型也常被用作限定词以描述不同类型的生物个体、细胞、基因、品系或性状。例如，突变细胞/品系（mutant cell/strain）携带突变基因（mutant gene/allele），表现为突变表现型（mutant phenotype）。

1910年，摩尔根等在培养的纯种红眼果蝇群体中发现了一只白眼雄果蝇，进一步的研究表明X染色体上发生了红眼基因（W）→白眼基因（w）突变。大量研究表明，基因突变并不是偶然现象，而是生物界中广泛存在的普遍现象。摩尔根和他的学生就先后观察到果蝇眼、翅、触角等器官的数百种突变。水稻矮生型、棉花短果枝、玉米糯性胚乳等性状都是基因突变的结果。

基因突变可以自然发生，也可以人为诱导产生。在自然条件下发生的突变称为自发突变（spontaneous mutation）。自发突变并不是没有原因，自然界的各种辐射、环境中的化学物质，DNA复制错误、修复差错及转座子转座等均可能引起基因的碱基序列改变而产生突变。通常自然条件下突变率非常低，远远不能满足遗传研究与育种工作的需要。根据突变产生的机制，人为利用物理、化学因素处理诱发基因突变，称为诱发突变

（induced mutation）。

二、基因突变的意义

基因突变产生新的等位基因与遗传功能并导致个体间相对性状差异，是侦测基因存在、进行遗传分析的重要前提。如果没有基因突变，一个单位性状在所有个体中只有一种表现型，就难以侦测到其基因功能的存在。例如，如果红眼果蝇没有发生 $W \rightarrow w$ 突变，产生眼色的相对性状差异（红眼与白眼），摩尔根等在当时的技术水平下就不可能发现果蝇眼色基因的存在，当然也难以对其进行遗传研究。

基因突变是生物进化的根本源泉。如果没有基因突变，生物将因为不能适应生存环境的改变而可能面临消亡。基因突变也是遗传育种的重要基础，新基因甚至能导致生物生理、发育模式的重要转变。人类已经利用突变基因育成不少生物新品种、新类型。例如，矮秆、半矮秆基因的发现与利用导致许多栽培植物矮化，实现了高肥水、高密度栽培条件下生产性能的提高。利用植物雄性不育基因，实现了高粱、玉米、水稻等作物杂种优势利用。

第二节 基因突变的一般特征

基因突变具有重演性、可逆性、多方向性、有害性和有利性及平行性等一般特征。掌握这些特征对于研究基因突变产生的机制、突变体筛选与鉴定、人工诱发突变及其应用都具有重要的指导意义。

一、突变的重演性

突变的重演性是指相同的基因突变可以在同种生物的不同个体上重复发生。例如，果蝇白眼突变多次在摩尔根的试验中出现；短腿的安康羊绝种 50 年后，短腿突变体又在挪威一个羊群中出现；玉米籽粒颜色有关的基因突变也曾在不同研究者的多次试验中重复出现。

研究人员发现，同一突变重复发生的趋势相对稳定，并可用突变率（mutation rate）或突变频率（mutation frequency）定量描述。突变率表示单位时间内（如一个生物世代或细胞世代内）某一基因突变发生的概率。在实践中，由于时间检测与界定困难，大多数生物的突变率难以准确估计，因此通常用突变频率估算突变率。突变频率是指突变体在一个世代群体中所占的比例。突变频率估算因生物生殖方式而不同：有性生殖生物的突变频率通常用配子发生突变的概率，即一定数目配子中突变配子数表示；细菌与单细胞生物的突变频率用细胞发生突变的概率，即一定数目细胞中突变细胞数表示。

自然突变频率一般都很低（也称为基因突变的稀有性），据估计高等生物突变频率为 $10^{-8} \sim 10^{-5}$。不同生物和不同基因间的突变频率有很大差异。例如，玉米籽粒 7 个基因的自然突变频率彼此各不相同（表 5-1）。例如，*R* 基因的突变频率为 492×10^{-6}，*Sh* 基因仅为 1.2×10^{-6}，两者相差 400 多倍。低等生物的突变频率变幅更大，如细菌自然突变频率为 $10^{-10} \sim 10^{-4}$。大肠杆菌在一个世代中链霉素抗性基因 str^R 与乳糖发酵基因 lac^- 的突变频率分别为 4×10^{-10} 和 2×10^{-7}。

表 5-1　玉米籽粒 7 个基因的自然突变频率（Stadler，1942）

基因	性状表型	测定配子数	突变数	突变频率（$\times 10^{-6}$）
R	籽粒色	554 786	273	492.0
I	抑制色素形成	265 391	28	106.0
Pr	紫色	647 102	7	11.0
Su	非甜粒	1 678 736	4	2.4
Y	黄胚乳	1 745 280	4	2.3
Sh	籽粒饱满	2 469 285	3	1.2
Wx	非糯性	1 503 744	0	0.0

一般情况下，无论是非等位基因间还是等位基因间，突变都独立发生。因此，野生型大肠杆菌（$str^S lac^+$）经过一个世代产生双突变体（$str^R lac^-$）的概率为 $4\times 10^{-10}\times 2\times 10^{-7}=8\times 10^{-17}$；而玉米有色籽粒纯合体（$RR$）经过一代突变获得突变纯合体（$rr$）的概率约为（$4.92\times 10^{-4}$）$^2=2.42\times 10^{-7}$。

任何一个物种生活的环境总是充满了各种诱变因子，而引起自发突变的条件则是生物体所固有的。如果这些因素对 DNA 中碱基的作用是完全随机的，那么每个基因发生突变的频率应该完全相等。但实际上，自然界中任意一个物种的任意基因的突变频率都是不同的，而且各个基因的突变频率基本上是稳定的（表 5-1）。基因突变频率的稳定，说明基因组内存在易于发生突变的热点区域。这些突变频率大大高于平均数的 DNA 位点就称为突变热点（hotspot of mutation）。

二、突变的可逆性

基因突变像许多生物化学反应过程一样是可逆的，即野生型基因可以突变为突变型基因，突变型基因也可以突变为野生型基因。将前者称为正突变或正向突变（forward mutation），后者称为反突变（reverse mutation）或回复突变（back mutation）。例如，水稻有芒基因 A 可以突变为无芒基因 a，而无芒基因 a 也可突变为有芒基因 A。通常以 u 表示正突变率，以 v 表示反突变率，即

$$A \underset{v}{\overset{u}{\rightleftharpoons}} a$$

在多数情况下，正突变率总是高于反突变率，即 $u>v$。因为正常野生型基因碱基序列中任意一个碱基对改变都可能导致正突变，而反突变则只有在特定（改变的）碱基对恢复原始状态下才能发生。因此，反突变要求高度的特异性，其突变率自然比正突变低得多。大肠杆菌组氨酸合成基因的正突变率（$his^+\rightarrow his^-$）为 2×10^{-6}，反突变率（$his^-\rightarrow his^+$）仅为 7.5×10^{-9}。不过，除了基因内部结构缺失而引起基因突变外，突变基因都有可能恢复为原来的基因性质。突变的可逆性是区别基因突变和染色体微小结构变化的重要标志。染色体的微小结构变化可能产生与基因突变相似的遗传行为，但它们一般是不可逆的，其结构和功能不能回复。

突变型基因与野生型基因之间存在等位对性关系，在杂合体中表现一定的显隐性关系。由显性基因产生隐性基因称为隐性突变（recessive mutation）；反之，由隐性基因产生显性基因称为显性突变（dominant mutation）。野生型基因一般是正常、有功能的基因，

突变常导致其功能丧失，因此正突变通常是隐性突变。

资源 5-1

三、突变的多方向性

基因突变可以多方向发生，即一个基因 A 突变后可能形成 a_1、a_2、a_3 等不同等位基因，且 A、a_1、a_2、a_3 可分别具有不同的性状表现。这些基因两两之间都存在等位对性关系，即第三章所述的复等位基因。

研究表明，复等位基因就是基因内部不同碱基对改变的结果。各复等位基因可以由野生型基因突变产生，也可以由另一个突变基因产生。果蝇眼色基因突变（$W \rightarrow w$）是第一个被证实的基因突变，后来人们在该座位上发现了许多控制不同眼色的复等位基因。突变基因对野生型红眼基因（W）都是隐性，彼此之间一般表现为不完全显性关系。

人的红细胞表面抗原特异性受 I^A、I^B 和 I^O3 个复等位基因控制；其中 I^A 和 I^B 对 I^O 均为显性，I^A 与 I^B 为共显性（表 3-7）。

植物自交不亲和性（self-incompatibility）是指自花授粉不能受精结实，而植株间授粉却可能受精结实的现象。这种现象在植物界普遍存在，并且许多植物的自交不亲和性由多个复等位基因控制。在甘蓝（*Brassica oleracea*）和白菜（*Brassica pekinensis*）中分别发现了 41 个和 28 个自交不亲和基因。

普通烟草为自花授粉植物，但烟草属两个野生种福式烟草（*Nicotiana forgationa*）和花烟草（*Nicotiana alata*）表现为自交不亲和。在这些烟草中发现了 15 个自交不亲和基因：S_1、S_2、…、S_{15}。试验表明，具有某一基因的花粉不能在具有相同基因的柱头上萌发，好像相同基因之间存在拮抗作用。例如，$S_1S_2 \times S_1S_2$ 不能结实，$S_1S_2 \times S_2S_3$ 可能得到 S_1S_3 与 S_2S_3 种子，$S_1S_2 \times S_3S_4$ 可能得到 S_1S_3、S_1S_4、S_2S_3 和 S_2S_4 种子（图 5-1）。

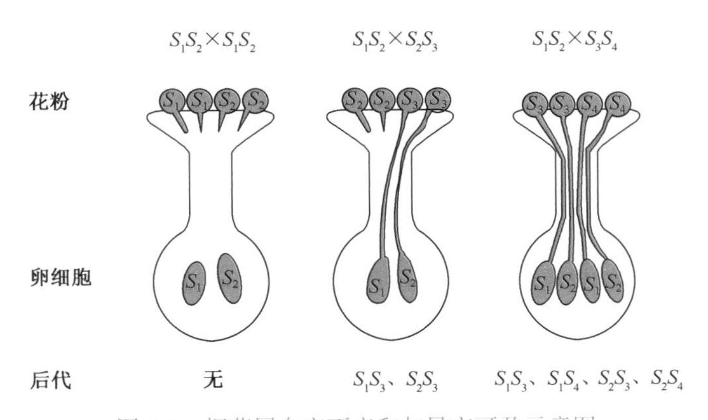

图 5-1 烟草属自交不亲和与异交可孕示意图

四、突变的有害性和有利性

生物经过长期进化，遗传物质及形态结构、生理生化与发育特征等都处于相对平衡的协调状态，从某种意义上说也是“最适应”其生存环境的。基因突变可能直接导致基因原有功能丧失或异常，并进而影响到与之相关的生物功能；导致原有协调关系被破坏或削弱，生物赖以正常生活的代谢关系被打乱。因此，大多数基因突变对突变体本身的生长和发育往往是有害的。

突变体一般表现为某种性状的缺陷或生活力和育性降低，如果蝇残翅、鸡卷羽、植物雄性不育、禾谷类作物脆秆等。许多人类基因突变直接导致疾病，如镰刀形细胞贫血症、色盲等。某些基因突变还会导致带有突变基因的特定基因型个体死亡，即第三章中介绍的致死突变。

迄今为止所发现的致死突变大多为隐性致死，已经发现的显性致死突变不多，显然这并不意味着它比隐性致死发生得少。如果致死作用发生在配子期、合子期或胚胎发育早期，就无从获得突变体。致死突变如果发生在性染色体上，则表现为伴性致死（sex linked lethal）。

突变的有害性概括了大多数基因突变对突变体本身在一定环境条件下生长发育的效应。但有害与有利总是相对的，在一定条件下基因突变的效应可以转变。

少数基因突变不仅对生物的生命活动无害，反而有利于其生存和生长发育，如作物的抗病、早熟突变，鸡的多产蛋突变，牛的高泌乳量突变等。这类突变就是所谓的“适应”环境的突变，可以通过自然选择保留下来，实现生物进化。有些性状称为中性性状（neutral character），即使发生基因突变，突变型与野生型间也没有明显的生存与繁殖能力差异，因而没有进化选择差异。在生物进化过程中，中性性状基因往往随机保留，并逐渐成为物种的特征，如水稻芒的有无、小麦颖壳和籽粒的颜色等。

在一种环境中不适应的“有害”突变可能适应另一种环境条件而成为有利突变。例如，矮秆突变植株处于高秆群体中，受光不足，发育不良；但在多风或高肥地区，矮秆植株群体具有较强的抗倒伏能力，生长更加茁壮。鸡的卷羽突变在通常条件下不利于保持体温，但在高温条件下却比正常羽毛更有利于散热。人类也存在类似可能同时具有有害性与有利性的基因突变。红细胞镰刀形突变显然于人不利，但在非洲大陆某些恶性疟疾流行地区，人群中该基因的频率比其他地区高。分析结果表明，镰刀形红细胞突变基因的携带者比正常人具有更高的恶性疟疾抵抗力。

如果从人类对生物利用与需求考虑，而不是从生物本身生存与生长发育角度考虑，有害性与有利性可能发生更显著的转变。有的突变性状对生物本身有利，但不符合人类生产需要，如谷类作物的落粒性。相反，有些突变对生物本身有害而对人类却有利。例如，植物雄性不育对其自身繁衍生存有害，但利用雄性不育配制杂交种可以免除人工去雄的麻烦。

五、突变的平行性

亲缘关系相近的物种遗传基础相近，具有类似的基因，往往会发生相似的基因突变，这种现象称为突变的平行性。根据这一特征，如果一个种、属的生物中产生了某种变异类型，可以预期与之近缘的其他种、属也可能存在或能产生相似的变异类型。例如，小麦有早熟、晚熟类型，属于禾本科的其他物种如大麦、黑麦、燕麦、玉米、高粱、水稻等也同样存在这些类型。

突变的平行性对于研究物种间的亲缘关系、开展人工诱变育种具有一定的参考价值，在进行动物与人类相关的试验研究中也有一定的意义。

第三节 基因突变与性状表现

早期基因突变鉴定完全建立在等位基因间遗传功能和性状表现差异基础上。因此，在讨论基因突变鉴定之前，应该了解基因突变的性状变异类型及影响变异性状表现的因素。

一、基因突变的性状变异类型

不同基因突变后产生的性状变异各不相同。有些突变型与野生型表现差异显著；有些则需要借助精细的遗传学或生物化学技术检测区别。根据突变基因的效应或性状变异的可识别程度来描述基因突变引起的性状变异类型。

（1）形态突变（morphological mutation）是指引起生物体外部形态结构（如形态、大小、色泽等）产生肉眼可识别变异的突变，也称可见突变（visible mutation），如果蝇白眼突变、水稻矮秆突变、羊短腿突变等。

（2）生化突变（biochemical mutation）是指影响生物的代谢过程、导致特定生化功能改变或丧失的突变。最常见的生化突变是营养缺陷型（auxotroph）——丧失某种生长与代谢必需物质合成能力的突变型。例如，野生型大肠杆菌（his^{+}）可在基本培养基中正常生长，其组氨酸合成突变体（his^{-}）不能合成组氨酸，需要在培养基中加入组氨酸才能正常生长。人类中也存在类似的代谢缺陷生化突变，如苯丙酮尿症和半乳糖血症等先天性代谢缺陷。

（3）致死突变（lethal mutation）是指导致特定基因型突变体死亡的突变。

（4）条件致死突变（conditional lethal mutation）是指在一种条件下表现致死效应，但在另一种条件下能存活的突变。例如，细菌的某些温度敏感突变型（temperature-sensitive mutant）在30℃左右可存活，在42℃左右或低于30℃时致死。T_4噬菌体的温度敏感突变型在25℃时能在大肠杆菌宿主细胞中正常生长，42℃时不能生长。

（5）抗性突变（resistant mutation）是指突变细胞或生物体获得了对某种特殊抑制剂的抵抗能力。生物可以广泛产生对生物性和非生物性抑制物的抗性突变，包括动植物抗病虫性、细菌对抗生素的抗性等。例如，野生型果蝇对滴滴涕（DDT）敏感，在培养瓶中放置涂有DDT的玻片可导致其大量死亡；人们曾经选择到对DDT具有很高抗性的突变型。

二、显性突变和隐性突变的表现

由于等位基因突变独立发生，等位基因同时发生相同突变产生突变纯合体的概率极低，绝大多数情况下，仅等位基因之一发生突变。无论是显性突变（$aa \rightarrow Aa$），还是隐性突变（$AA \rightarrow Aa$），突变当代都是杂合体。因此，基因突变表现世代早晚和纯化速度快慢，因突变性质而有所不同。

一般来说，在自交情况下，显性突变表现得早而纯合得慢；隐性突变表现得晚而纯合得快（图5-2）。显性突变在第一代就能表现，第二代能够纯合，但检出突变纯合体则有待于第三代。隐性突变在第一代因被显性等位基因掩盖不表现，在第二代纯合并表现，检出突变纯合体也在第二代。一般用M表示诱发突变世代；诱发当代个体为M_1，用M_1繁殖的后代为M_2，其余类推。

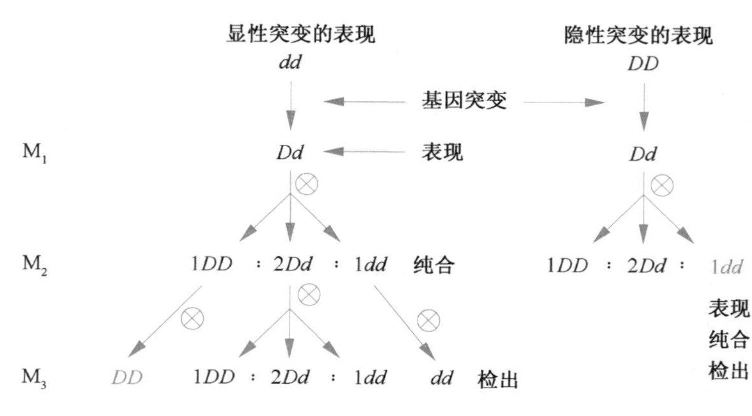

图 5-2　显性突变与隐性突变的表现

三、体细胞突变和性细胞突变的表现

基因突变可以发生在生物个体发育的任何时期，对有性生殖生物而言，也意味着体细胞（somatic cell）和生殖细胞（germ cell）均可能发生突变。体细胞发生的突变称为体细胞突变（somatic mutation）；生殖细胞发生的突变称为性细胞突变（sexual mutation）。

（1）体细胞突变。体细胞突变通常不能通过有性生殖传递给后代。如果发生隐性突变，受显性基因掩盖并不表现突变性状；如果发生显性突变，当代个体就可表现突变性状。

具有分生能力的显性突变体细胞分裂形成突变细胞群落，表现为一个突变体区（mutant sector）。突变体区与正常非突变性状并存在一个生物体或其器官、组织上，称为嵌合体（chimera 或 mosaic）。突变体区大小取决于突变在个体发育中发生的早晚，发生越早，突变体区就越大；发生越晚，突变体区就越小。植物芽原基发育早期的突变细胞可能发育形成一个突变芽或枝条，称为芽变（bud mutation）。晚期花芽上发生突变，变异性状只局限于一个花朵或果实，甚至它们的一部分。有些水果果实上半边红半边黄的现象，就可能是这样的嵌合体。

突变基因对细胞生长发育的影响也是决定突变体区形成的关键因素。如果突变不利于细胞生长，突变细胞竞争不过周围正常细胞，会受到抑制或最终消失。而有些基因突变会使不具有分裂能力的动物体细胞获得无限分裂增生的能力，导致肿瘤发生。

通常要保留体细胞突变，需将它从母体上及时地分割下来进行无性繁殖，或设法让它产生性细胞，再通过有性繁殖传递给后代。一次芽变一般只涉及个别性状变异，很少同时涉及很多性状，在果树上一旦发现优良芽变，就要及时地采用扦插、压条、嫁接或组织培养等方法加以繁殖，保留下来育成新品种。著名的温州早橘就是来源于温州蜜橘的芽变。林木、果树等有性生殖周期较长，有性杂交育种效率低，无性变异选择至今仍是这类植物育种的重要手段。

（2）性细胞突变。性细胞突变形成突变配子，可通过受精过程直接传递给后代。由于突变配子可能源于配子本身或其前体细胞——种系（germ line）中发生的突变，因此也常将其称为种系突变（germinal mutation）。性细胞突变的表现因交配方式而异。发生隐性突变时，自花授粉植物只要通过自交繁殖，突变性状就会分离出来。异花授粉植物则不然，隐性基因会在群体中长期保持杂合而不表现，只有进行人工自交或互交，纯合突变体才能出现。

多数试验检测到的性细胞突变频率要高于体细胞突变频率。除了两者表现与传递特点有差异，另一个重要原因是配子形成过程对外界环境条件更为敏感，尤其是性母细胞减数分裂、配子（体）发育与传播过程。因此，诱发突变时经常采用性细胞作为材料，以提高诱变率。

四、大突变和微突变

在描述基因突变的表型效应时，还经常用到另一对术语——大突变和微突变，两者引起性状变异的可识别程度不同。大突变（macromutation）是指具有明显、容易识别表型变异的基因突变。产生大突变的基因控制的性状在相对性状间一般表现为类别差异，如豌豆的圆粒和皱粒、玉米籽粒的糯性和非糯性等。微突变（micromutation）是指突变效应表现微小，较难察觉的基因突变。这类性状差异通常以数量指标来描述，如玉米的果穗长度变异、小麦粒重变异等。事实上，产生大突变的性状往往是质量性状，而产生微突变的性状往往是数量性状。

大突变的遗传相对简单、效应明显，传统上受到遗传与育种工作者的高度重视。但微突变中有利突变的比例高于大突变；而且控制数量性状遗传的基因具有累加效应，微小遗传效应的多基因积累，最终可以积量变为质变，表现出显著的作用。基于分子标记的遗传图谱构建也使研究数量性状基因座（QTL）的效应并进行选择成为可能。因此，微突变的选择与利用也越来越受到重视。

第四节　基因突变的鉴定

资源 5-2

基因突变及其利用研究往往始于从自然或诱变处理群体中获得突变体。最容易被发现的突变是形态性状显性大突变，但由于基因突变是一种罕有现象，在一个广泛的自然群体中，即使这类突变体也很难保证不被忽略。遗传学家常用两种方法收集特定类型的突变体：一是利用诱变剂提高突变率；二是设计特定的选择系统从群体中筛选理想的突变体。这两种方法往往是结合运用。

在把任何新的表现型变异归因于基因突变之前，必须排除不可遗传变异、基因重组及染色体变异。对所有生物来说，排除不可遗传变异的基本原则都是消除可能影响性状表现的环境因素，然后重新进行性状鉴定。如果变异体产生于基因型纯合一致的群体，也可以排除基因重组产生变异体的可能性；否则就需要根据其系谱进行细致的遗传分析。染色体变异（尤其是结构变异）无论在自然还是诱导条件下都可能与基因突变相伴出现，但它们与基因突变间具有简单而可靠的区分标准：是否具有在光学显微镜下可识别的染色体差异。

在排除基因重组与染色体变异的情况下，鉴定变异体是源于环境因素还是基因突变的工作也称基因突变的真实性鉴定。基因突变的性质——显性突变还是隐性突变通常也在真实性鉴定过程中确定。某些情况下还需要测定基因突变发生的频率。

实际操作中，突变体筛选与突变纯合体检出往往与突变鉴定同步或交叉进行。由于不同遗传类型、生殖方式生物突变的表现及传递特征不同，基因突变筛选与鉴定工作程序也不同。

一、微生物基因突变的鉴定

微生物的形态结构简单，可供识别的形态变异也非常有限，这可能不利于变异体的筛选。但正是由于微生物遗传物质、形态结构和代谢基础相对简单，遗传功能与代谢功能间的对应关系也相对简单。微生物最常见的基因突变是与某一代谢途径相关的（条件）致死突变或抗性突变。利用专一代谢底物、培养条件或抑制剂差异可以筛选特定突变体，并准确地鉴定该基因座位的遗传功能。这种方法也称为选择培养法（selective culture），即根据野生型与突变型在不同培养基、培养条件下的生长能力差异来筛选突变型，这也是微生物遗传重组研究中鉴定重组型的基本方法。

野生型红色面包霉可以利用无机盐、一些糖类及微量生物素等合成生长必需的各种复杂有机物，如氨基酸、酶的辅助因子、嘌呤、嘧啶和维生素等。因此，野生型可在含有最低营养需要的基本培养基上正常生长、繁殖。自发或诱发突变均可能产生各种营养缺陷型突变，突变体不能在基本培养基上正常生长，只有在培养基中加入相应的营养物质（称补充培养基或营养培养基）才能正常生长。可通过营养条件差异进行选择培养，筛选、鉴定突变体。红色面包霉生化突变的诱发、筛选和鉴定的基本方法如图 5-3 所示。

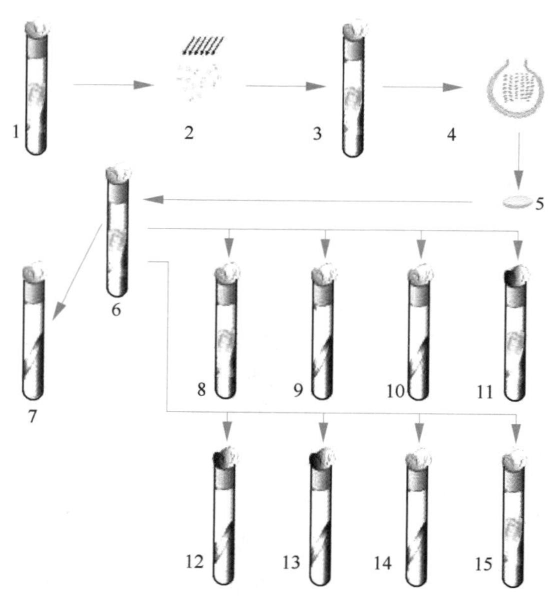

图 5-3　红色面包霉生化突变的诱发、筛选和鉴定

1. 野生型；2. X 射线或紫外线照射分生孢子；3. 被照射过的分生孢子与野生型交配；4. 含有成熟子囊的子囊壳；5. 子囊孢子；6. 子囊孢子生活在完全培养基中；7. 基本培养基；8. 基本培养基添加维生素；9. 基本培养基添加氨基酸；10. 基本培养基；11. 完全培养基；12. 基本培养基添加硫胺素；13. 基本培养基添加吡醇素；14. 基本培养基添加泛酸；15. 基本培养基添加肌醇

（1）突变的诱发。用 X 射线或紫外线照射红色面包霉的分生孢子，然后用照射后的分生孢子与野生型原子囊果交配，产生子囊果。

分离子囊孢子，进行非选择性单孢子培养。非选择性是指培养基及培养条件能满足任何突变型生长需要，产生菌丝和分生孢子。在筛选营养缺陷突变时，培养基中应该添加红色面包霉可能需要的所有营养物质——完全培养基（6）。对每一个单孢子培养产物分别进行鉴定。

诱发可以提高基因突变的频率，但并不是基因突变鉴定过程中必需的步骤。

（2）突变的筛选和鉴定。从完全培养基（6）取出突变型单孢菌株分生孢子，分别培养在下列培养基里：完全培养基（11）、基本培养基（10）、基本培养基添加多种氨基酸（9）、基本培养基添加多种维生素（8）。如果某一突变型不能在（9）、（10）两种培养基里生长，而能在（8）、（11）两种培养基里生长，表明某种维生素合成代谢基因发生了突变。

接下来要分析它究竟是哪一种维生素合成缺陷型。把这种突变型再转移到添加不同维生素的基本培养基里，如转移到在基本培养基中添加硫胺素（维生素 B_1）（12）、吡醇素（维生素 B_6）（13）、泛酸（14）、肌醇（15）等。如果发现突变型只能在（15）中生长，而不能在其他培养基里生长，表明该突变型为肌醇合成缺陷型突变。

利用上述程序已获得数百个生化突变型，分别是控制各种维生素、氨基酸、嘧啶、嘌呤等合成的基因突变。将选择条件换成培养条件（如温度）、抑制物，这一程序也可用于其他条件致死突变或抗性突变的筛选与鉴定。

1941 年，比德尔（G. W. Beadle）和塔特姆（E. L. Tatum）用 X 射线照射红色面包霉分生孢子，筛选到许多生化突变型，其中 3 个突变型表现如下。

突变型 *a*——提供精氨酸才能正常生长，说明它丧失了合成精氨酸的能力。

突变型 *c*——在有精氨酸的条件下能够正常生长，但不给精氨酸而只给瓜氨酸也能生长，说明它能利用瓜氨酸合成精氨酸。

突变型 *o*——在有精氨酸或瓜氨酸的条件下能够正常生长，但不给这两种物质，而只给鸟氨酸也能生长，说明它能利用鸟氨酸最终合成精氨酸。

对比分析 3 个突变型，推测精氨酸的合成步骤与基因的关系大致为：

$$\xrightarrow{O}\text{鸟氨酸}\xrightarrow{C}\text{瓜氨酸}\xrightarrow{A}\text{精氨酸}\longrightarrow\text{蛋白质}$$

可见精氨酸合成至少需要 *A*、*C*、*O* 3 个基因，其中任何一个基因发生突变，就不能合成精氨酸。突变型 *a* 不能合成精氨酸不是因为体内不存在前体物瓜氨酸，而是由于基因 *A* 突变。突变型 *c* 因为基因 *C* 突变，所以不能合成瓜氨酸，只要给它瓜氨酸，就能合成精氨酸。突变型 *o* 的基因 *O* 突变不能合成鸟氨酸，只要给它鸟氨酸，瓜氨酸和精氨酸都能正常合成，因为基因 *C* 和 *A* 功能正常。

这一研究揭示了基因作用与性状表现的关系，即基因通过酶的作用来控制性状。据此提出了“一个基因一个酶”假说，即一个基因通过控制一个酶的合成来控制某个生化过程，并发展了以微生物为研究材料、着重研究基因的生理生化功能的微生物遗传学与生化遗传学。

二、植物基因突变的鉴定

与微生物相比，除一些个别的特例，高等动植物突变体的筛选和鉴定都要困难得多。但是，遗传学家还是独具匠心地设计了各种研究高等生物基因突变的方法。

体细胞形态突变体筛选基本上只能通过对群体逐一性状考察进行，由于自然突变频率太低，通过这种方法来发现自然突变体无异于大海捞针。通常突变研究都是基于纯合原始材料诱变处理后代群体进行。

（1）突变真实性鉴定。在诱变处理材料后代中，一旦发现与原始亲本不同的变异体，就要鉴定它是否真实遗传。例如，某种高秆植物经理化因素处理，在后代中出现了个别矮秆植株。这种变异体究竟是基因突变的结果，还是因土壤瘠薄或遭受病虫为害而生长不良？为探明这个问题，应把变异体后代连同原始亲本一起在土壤等环境因素一致条件下种植，如果变异体与原始亲本表现相似，说明它是不遗传变异；反之，如果变异体与原始亲本不同，仍然表现为矮秆，说明它是可遗传变异。

（2）突变性质鉴定。通过杂交就可鉴定突变是显性突变，还是隐性突变。用矮秆突变植株与原始亲本杂交，如果 F_1 表现高秆，F_2 既有高秆，又有因分离而出现的矮秆植株，说明矮秆是隐性突变。如显性突变，也可用同样方法加以鉴定。

（3）突变频率测定。突变频率一般是根据 M_2 出现的突变体比例估算。例如，在 10 万个 M_2 个体中出现 5 个突变体，突变频率为 5×10^{-5}。

20 世纪 20 年代，斯特德勒（L. J. Stadler）利用直感现象建立了玉米性细胞基因突变检测与突变频率测定方法，是测定植物性细胞基因突变（诱变）频率最经典的方法。为测定玉米籽粒由非甜粒突变甜粒（$Su\rightarrow su$）的频率，用甜粒玉米纯种作母本，用经诱变处理的非甜粒玉米纯种花粉授粉。未突变花粉授粉所结籽粒为非甜粒，突变花粉授粉所结籽粒为甜粒。假如在 2 万个籽粒中出现了 2 粒甜粒，表明在父本的 2 万粒花粉中有 2 粒花粉的基因发生突变，诱变率为 1/10 000。

（4）谷类作物种子诱发隐性突变鉴定。稻、麦等谷类作物有分蘖存在，种子（幼苗）经过诱变后长成的植株，其体细胞突变往往只发生于一个幼芽或幼穗原基，因而只影响一个穗，甚至其中少数籽粒。如果是隐性突变则必须分株、分穗收获，然后分别播种几代才能发现突变性状，这时突变频率的测定应以单穗或籽粒作为估算单位。

现以大麦为例说明诱发隐性突变表现的过程（图 5-4）。假定某大麦植株的 1 个分蘖发生隐性突变（$A\rightarrow a$），其他分蘖仍保持原状（AA）。①成熟时按单穗分别收获，播

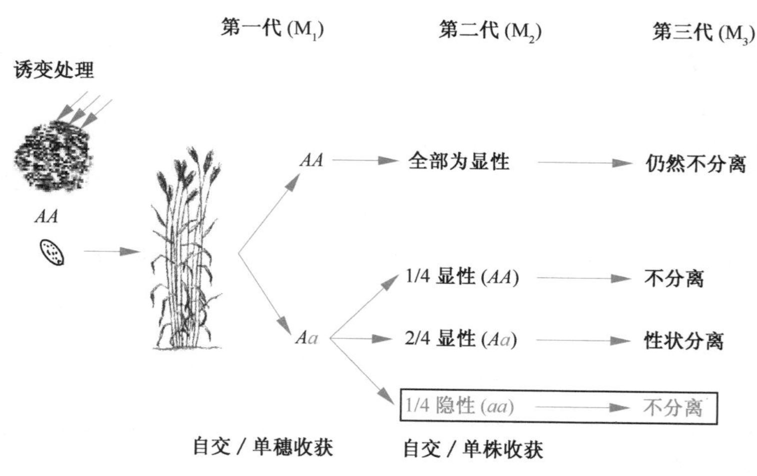

图 5-4　大麦诱发隐性突变后代遗传动态

种成穗行（M_2）。在 M_2 代发现突变穗行的幼苗约 1/4 表现突变性状，其余都表现正常。②把表现隐性突变和尚未表现突变的单穗统统按单行播种（M_3）。由原来突变穗播种的后代中发现两个穗行有 1/4 幼苗表现突变，说明它们在 M_2 代的遗传组成为 *Aa*。一个穗行仍未表现突变，说明它在 M_2 代仍为 *AA*。M_2 代已经表现突变性状的在 M_3 代全部表现突变，说明它已成为纯合的突变系（*aa*）。原来未发生突变的分蘖，经过 M_2 代、M_3 代仍未表现突变，说明它们的遗传组成仍然是 *AA*。

三、动物基因突变的鉴定

尽管最早的基因突变发现和证实均来自果蝇（眼色突变），但高等动物基因突变的筛选与鉴定也相当困难。一个特例是性染色体上半合子基因突变，由于不受显性等位基因掩盖，因而相对易于检测和鉴定。最早的高等动物基因突变检测系统都是针对性染色体基因突变的，其中最典型的是果蝇 X 染色体基因隐性突变检测与突变频率测定的 ClB 测定法（详见第六章）。

极少数情况下可以采用类似微生物生化突变选择的方法对小体型动物进行家系、个体水平筛选，其中利用特异抑制剂筛选抗性变异最为常见。例如，在培养果蝇时培养瓶中放置涂有 DDT 的玻片，每代保留培养瓶中死亡率低的家系，连续 10 多代选择能筛选到高抗 DDT 的家系。

一旦发现突变体，高等动物常染色体基因突变真实性与突变性质的鉴定和高等植物形态突变鉴定程序基本一致，最大的差异是由于雌雄异体，采用互交代替自交产生后代。

目前鉴定动物突变体或基因突变的方法，除了最为传统的形态学和细胞学方法外，还有生理生化和分子生物学方法。通过检测突变体组织中蛋白质、核酸含量，同工酶及相关代谢产物的活性来鉴定突变体；或通过一些核酸多态性分析和标记技术如简单重复序列（SSR）和单核苷酸多态性（SNP）等，DNA 杂交技术如 DNA 印迹法（Southern blotting）等来鉴定突变体。除此之外，随着基因组学的快速发展，全基因组测序、全转录组测序等方法也被成功应用于动物基因突变的鉴定中。例如，秦岭野生大熊猫中出现的棕白毛色表型，我国科学家利用长期收集的大熊猫生态学和遗传学数据，建立了与棕白毛色大熊猫相关的两个家系，确定了棕白毛色的常染色体隐性遗传模式（图 5-5）。通过大熊猫基因组、两个棕白毛色大熊猫家系的全基因组重测序和种群水平的全基因组重测序数据，以及转录组测序数据，确认大熊猫 *Bace2* 基因第一外显子中 25bp 的缺失突变是棕白毛色大熊猫产生的遗传基础。

人工诱变的突变动物是研究动物基因功能及人类疾病的重要工具。基因突变的动物如果留种并育成突变品系，就会成为极具科学价值的"模型动物"。例如，在小鼠中发现了突变基因超过 600 个，培育小鼠突变品系 100 余个，有的突变品系与人的疾病一样或近似。如肥胖小鼠，它与人类有相似的肥胖病和糖尿病。突变体的分离和选择是鉴定突变品系的重要环节。下面以基因工程小鼠（转基因小鼠）为例，介绍动物突变体基因型的鉴定过程。对于制备阶段的 F_0 代小鼠，首先通过 PCR 和测序技术确认外源基因是否存在，敲入的 DNA 片段是否在正确的位置重组。F_0 代小鼠往往处于嵌合状态，为了得到稳定遗传的小鼠，需要进一步扩繁得到 F_1 代杂合子。F_1 代小鼠同样需要经过 PCR 和测序检测。除此之外，还需要进行 DNA 印迹法检测。DNA 印迹法可以有效避免 PCR 检测的污染，可以更有效地检测到正确重组和随机插入。经过 PCR 鉴定、DNA 印迹法鉴定和测序确认的基因工程小鼠为亲本繁殖得到的子代小鼠，通过 PCR 结合测序即可确认其基因突变类型并用于后续实验。

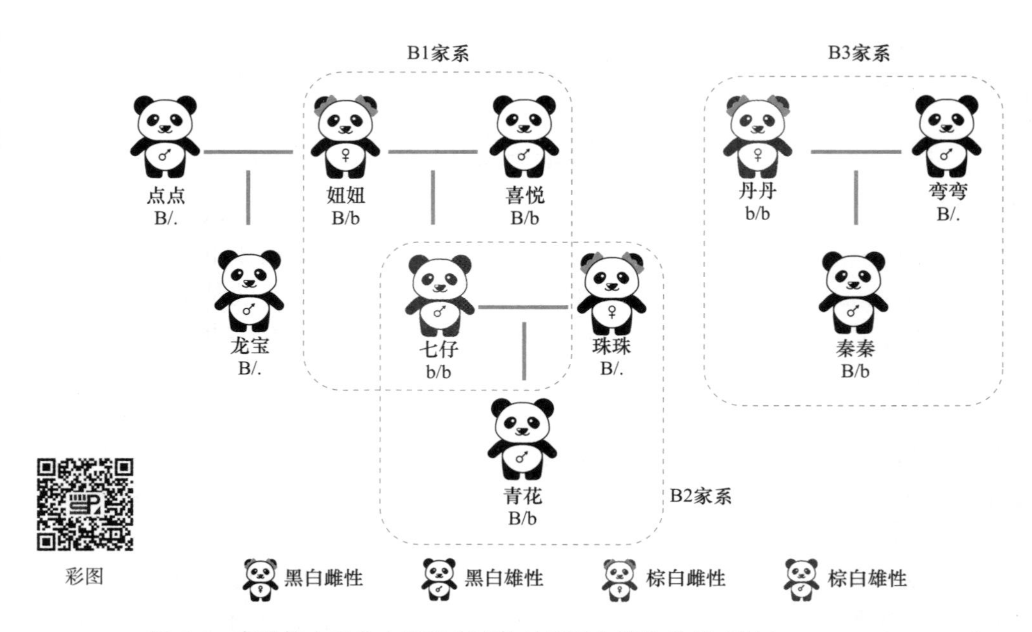

图 5-5　秦岭棕白毛色大熊猫突变体的家系和遗传分析（引自 Guan et al.，2024）

四、靶标基因突变的鉴定

在分子水平进行基因突变的检测，是生物遗传变异分析的重要手段。分子标记技术是一种以分布在基因组上的特殊标记为靶标，测定特定基因组位点或区域的相关基因型变异，从而在整体上代表全基因组水平遗传变异的手段。以蛋白质为分子标记开始，近 50 年内分子标记技术在数量、种类、通量、成本等一系列方面发生了革命性的突破，经历了从凝胶电泳、荧光检测、固相芯片到液相芯片的发展过程，并在动植物遗传改良工作中得到了长期而广泛的应用。

基因型检测的最终目标是在 DNA 水平上进行全基因组测序，即测序式基因型检测（genotyping by sequencing，GBS）。为了降低成本和数据量，可以对全基因组 DNA 酶切后挑选一部分 DNA 片段进行随机测序，再通过生物信息学分析获得代表全基因组简化序列的分子标记。借助于大规模的简化测序数据的对比分析，可以通过较小的测序量获得覆盖全基因组的高密度分子标记。这种测序方法在玉米中已成功应用，但是在很多作物中，尤其是在小宗作物中难以实现。

鉴于简化基因组测序存在的限制，一种更佳的方法是从基因组上定点进行测序并获得物理位置相对固定的标记。这就是近年发展起来的靶向测序基因型检测（genotyping by target sequencing，GBTS）。GBTS 主要由基于多重 PCR 的 GenoPlexs 和基于液相探针杂交的 GenoBaits 两种技术组成。二者均能实现对基因组任意位置、任意长度的非高度重复区的精准捕获，并对 SSR、SNP、InDel 等多种类型的突变进行检测。为了在每一靶向测序位点检测尽量多的 SNP 变异，一种在单个扩增子内检测多个 SNP 的方法，即多聚单核苷酸多态性（multiple single- nucleotide-polymorphism，mSNP）的技术也被发展起来。mSNP 技术能够显著提高标记的利用率，以及鉴定的准确度和灵敏度。GBTS 技术一般先通过简化基因组测序或重测序鉴定出 SNP 多态性位点，再利用分子标记技术，开发 40 ~ 50K SNP 的原始 GBTS 标记或基于 mSNP 的 240 ~ 270K SNP 标记，这些标记优化后最终形成高效、低成本的 GenoBaits 或 GenoPlexs 标记。目前，我国已开发出多个具有自主知识产权的 GBTS 技术体系，并广泛应用于不同物种的分子和基因型检测。例如，在动物方面，开发了用于宠物猫和宠物狗的血统检测、遗传病评估的 GenoPlexs 标记；在植物方面，开发了基于 GenoBaits 的 20K 和 40K 液相芯片并将其成功应用于玉米、水稻、大豆等作物的遗传学和育种研究中。

第五节　基因突变的分子机制

许多自然与人为诱导因素都可以引起 DNA 损伤（lesion/damage），即 DNA 分子结构的破坏、改变，包括复制配对错误、碱基结构异常、单链或双链断裂与缺口等。多数带有未经修复 DNA 损伤的细胞都不能正常进行 DNA 复制、转录而致死，并不能产生突变基因；只有在修复发生错误（或未经修复）情况下，再经过复制才会形成稳定的双链突变，因此大多数 DNA 损伤都属于前突变损伤（premutation lesion）。另外，DNA 重组错误和转座子转座也可能引起基因突变。这里主要介绍修复差错产生基因突变的分子机制。

一、基因突变的方式

经典遗传学认为基因相当于染色体上的一点，称为基因座，又称座位（locus），因此将单个基因的突变称为点突变（point mutation）。从分子水平上看，基因是 DNA 分子中携带特定遗传信息的碱基序列的一个区段，还可以分成许多基本单位即核苷酸对，一个核苷酸对在染色体上的位置称为位点（site）。分析结果表明，基因突变通常只是基因碱基序列中个别或部分碱基改变，碱基序列的改变方式包括以下几种。

（1）碱基替换（base substitution）：是指 DNA 分子单链（双链）中某个碱基（对）被另一种碱基（对）代替。例如，双链 DNA 分子中 G═C 碱基对被替换成 A═T 碱基对。DNA 链上一种嘌呤被另一种嘌呤替换，或一种嘧啶被另一种嘧啶替换称为转换（transition），即 AG 互换（A↔G）与 TC 互换（T↔C）。一个嘧啶被一个嘌呤替换，或一个嘌呤被一个嘧啶替换称为颠换（transversion），包括 A↔T、A↔C、G↔T 和 G↔C 互换。

碱基替换只是 DNA 分子中单个碱基对改变，也称为单点突变（simple mutation），它不改变 DNA 分子（基因）序列长度及其转录产物 mRNA 分子的阅读框（reading frame）。

（2）缺失突变（deletion mutation）：是指 DNA 分子缺失了一个或多个碱基（对）。缺失碱基（对）数目可能是一个或少数几个，也可能缺失较长的 DNA 片段（从数十到数百万碱基）；这两种缺失的形成机制不同，效应也可能明显不同。

（3）插入突变（insertion mutation）：是指 DNA 分子增加了一个或多个碱基（对）。与缺失突变相似，插入碱基（对）既可能仅限于一个或少数几个，也可能长达数十到数百万个；并且具有不同形成机制与效应。

当缺失或插入碱基数不等于 3 或 3 的倍数时，突变效应将不限于缺失与插入碱基本身，还会导致下游阅读框改变，即移码（frameshift），所以也统称为移码突变（frameshift mutation）。例如，一个基因的 mRNA 一段为 GAA GAA GAA GAA……翻译产物是一个谷氨酸多肽。如果开头插入一个 G，那么 mRNA 阅读框将变成：GGA AGA AGA AGA……翻译产物是一个以甘氨酸开头的精氨酸多肽。

二、突变的防护机制

一旦细胞内产生稳定的双链突变，生物就具有更广泛的机制来防止有害突变的表现及其对生物个体、物种生存的影响。以下几种机制传统上被人们称为 DNA 的防护机制，实质是生物有害突变防护机制。

（1）密码的简并性。遗传密码的简并性可以降低编码蛋白质产物基因突变表现的机会。由于多个密码子编码同一种氨基酸，因此一些单碱基（通常位于密码子的第三个碱基）改变，翻译产物并不改变。例如，CUA 和 UUA 两个密码子都编码亮氨酸，基因突变导致 mRNA 分子中 CUA → UUA 变化，但并不改变其蛋白质产物中的氨基酸残基。

（2）回复突变。尽管回复突变的频率比正突变频率低得多，但突变基因回复可使基因恢复为野生型基因。

（3）抑制突变（suppressor mutation）。包括两种类型：基因内抑制（intragenic suppression），是指突变基因内另一个位点再次发生突变，新基因（与野生型相比具有两个突变位点）表现为野生型性状；基因间抑制（intergenic suppression），也称基因外抑制（extragenic suppression），是指与突变基因表达或功能相关的另一个基因发生突变，突变体恢复为野生型性状。能够抑制其他突变基因表现的基因称为抑制基因（suppressor gene）。

（4）二倍体和多倍体。二倍体生物体细胞内染色体（基因）成对存在，其中一个基因能够掩盖另一个基因隐性突变表现。多倍体体细胞内存在 3 个以上染色体组（多份基因拷贝），比二倍体具有更强的掩盖防护作用，有时隐性基因由于剂量效应甚至能够掩盖显性突变基因的表现。

（5）选择和致死。如果上述有害突变防护机制都未起作用，有害突变性状最终得以表现，自然选择将淘汰表现有害性状的细胞、个体，从而淘汰群体中的有害突变基因，致死突变细胞与生物个体则自然消亡。

三、DNA 修复与差错

细胞内 DNA 损伤修复系统包括错配修复（mismatch repair）、直接修复（direct repair）、切除修复（excision repair）、双链断裂修复（double-strand break repair）、复制后修复（post-replication repair）、SOS 反应（SOS response）与倾向差错修复（error-prone repair）等类型。

如果修复过程既恢复了DNA分子结构的完整性，也恢复了其碱基序列（遗传信息），就成功地避免了突变发生。但有些修复途径为了尽可能地保证DNA分子结构完整性，并不恢复碱基序列，修复差错将产生突变。

（一）错配修复

未被复制酶校正的复制错误通常并不破坏DNA分子结构的完整性，因为它并不影响突变单链作为模板进行复制与转录的能力。杂种DNA分子再经过一次复制后即可形成稳定的双链突变。错配修复作为校正遗漏的一种重要补救措施，可以修复大部分杂种DNA中的异常位点，从而恢复正常碱基序列，因此错配修复总是降低突变发生的频率。例如，大肠杆菌DNA复制产物含10^{-6}～10^{-5}个错配碱基，经过修复可降低至10^{-10}个。

错配修复的基本过程为：①修复系统识别杂种DNA分子中双螺旋结构异常的错配位点。②切除错误碱基。③进行修复合成并封闭DNA链切口。

含错配位点DNA分子正确修复的关键是如何区别一个异常碱基对中哪一个碱基是错误的。研究发现，大肠杆菌的错配修复系统通过两条链的甲基化修饰状态来识别、切除错误碱基。双螺旋中模板链具有甲基化修饰特征，而新合成的单链还没有被甲基化。但真核生物中错误碱基识别机制还不清楚，因为一些真核生物如酵母和果蝇的DNA没有可识别的甲基化特征。

（二）直接修复

直接修复是指直接恢复DNA分子中损伤碱基的结构。已知的直接修复途径包括胸腺嘧啶二聚体、部分碱基化学修饰及单链断裂等损伤修复。通常直接修复可以恢复DNA双螺旋结构和碱基序列而减少突变发生。

（1）光修复。胸腺嘧啶二聚体（$\widehat{TT}$）是一种致死的紫外线损伤。它在DNA双螺旋结构上形成一个凸起或扭曲的“瘤”，破坏DNA分子的结构完整性，使其不能正常复制和转录。经紫外线照射的细菌暴露于可见光下，细菌存活率显著提高。研究表明，细菌中存在一种光修复酶（photolyase，也称光复合酶），它能识别DNA双螺旋分子上的$\widehat{TT}$，并利用波长320～370nm的可见光（蓝光）能量将其裂解为两个单体T，使DNA分子结构恢复正常（图5-6）。这种在可见光照射条件下进行的碱基损伤修复称为光修复（photo repair）或光复活（photoreactivation）。

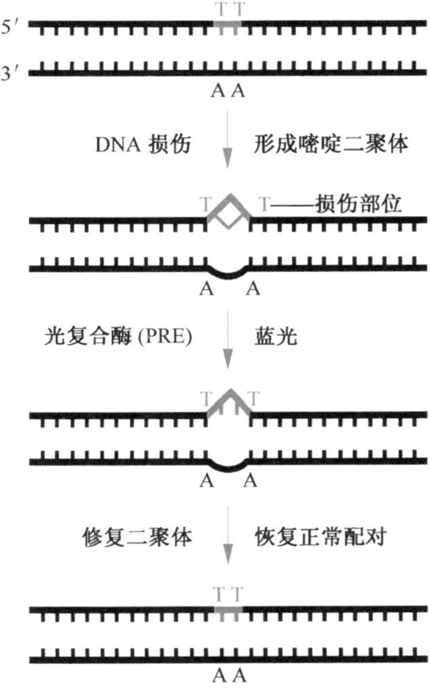

图5-6 光修复途径

（2）脱烷基化。烷基化的碱基也可以通过脱烷基化（dealkylation）作用直接得到修复。已发现细胞内存在的具有脱烷基化作用的酶包括烷基转移酶（alkyltransferase）和甲基转移酶（methyltranferase）。

（3）单链断裂修复。DNA 单链断裂是由物理射线等因素诱导产生的一种常见损伤。DNA 连接酶催化双螺旋结构中单链断裂处形成磷酸二酯键，相当一部分单链断裂只需要在 DNA 连接酶的作用下就可以直接修复。

（三）切除修复

切除修复是指移除 DNA 分子中损伤部位然后加以修复。这类修复途径不依赖于光照，所以也称暗修复（dark repair）。细胞内有多种酶可以检测到 DNA 双螺旋结构的损伤或扭曲，去除损伤链上的碱基或核苷酸，然后利用与保留链的互补性修补缺口。显然，切除修复也是一种尽可能恢复双螺旋结构与碱基序列的机制，因而也可以显著减少突变发生。

切除修复分为碱基切除修复（base excision repair）和核苷酸切除修复（nucleotide excision repair）两类。仅从修复过程看，前述错配修复也属于核苷酸切除修复。

（1）切除修复的基本过程。碱基切除修复与核苷酸切除修复移除核苷酸经历 4 个共同阶段。①检测。识别 DNA 上的损伤部位。②切除。由 DNA 修复内切酶在损伤部位一侧或两侧切断损伤链磷酸-核糖骨架的磷酸二酯键。③聚合。DNA 聚合酶以另一条链为模板在切口产生的 3′-OH 端续上核苷酸替代被切除的损伤（有时包括一些非损伤）核苷酸。④连接。DNA 连接酶封闭磷酸-核糖骨架链。

（2）碱基切除修复途径（图 5-7）。辐射、自发水解和氧自由基等都可以导致 DNA 碱基脱落、损伤。DNA 糖苷酶专一性识别 DNA 上的损伤、化学修饰等异常碱基，把不适当或损伤碱基从双螺旋内部翻转出来切除。尿嘧啶-*N*-糖苷酶系统（*ung* 修复系统）也是一种切除修复。尿嘧啶 U 是胸腺嘧啶 T 的类似物，在大肠杆菌 DNA 复制过程中可能替代 T 而掺入 DNA 分子中与 A 配对。大肠杆菌无法识别 DNA 中自身的 U 和 C 氧化脱氨转换的 U。*ung* 基因编码的尿嘧啶-*N*-糖苷酶可以准确识别新生 DNA 链中的 U，并迅速将其切除，形成 AP 位点，再由 AP 内切酶进一步将 AP 位点酶解成缺口，以和它对应的亲代链为模板，利用 DNA 聚合酶 I 和连接酶进行聚合和连接，完成切除修复过程。

（3）核苷酸切除修复会替换一个核苷酸片段。图 5-8 所示为大肠杆菌胸腺嘧啶二聚体的核苷酸切除修复：① UvrAB（$UvrA_2UvrB$ 复合体）具有 5′→3′ 解旋酶活性，沿 DNA 移动查找损伤部位。一旦发现中度到严重的双螺旋扭曲（如 $\widehat{TT}$），释放 UvrB 亚基，结合 UvrC。② UvrB 亚基在 DNA 损伤部位 3′ 侧 4～5 个核苷酸处水解切断。UvrC 接着在损伤部位下游（5′ 侧）8 个核苷酸处切断。UvrA、UvrB 和 UvrC 共同实现核酸内切切除作用，所以合称切除核酸酶（excinuclease）。解旋酶Ⅱ（*uvrD* 基因产物）把 12～13 个核苷酸的寡核苷酸链及 UvrC 从 DNA 上去除。③ DNA 聚合酶 I 填补缺口，并驱出 UvrB。④ DNA 连接酶封闭切口。

（四）双链断裂修复

DNA 双链断裂（DNA double-strand breakage，DSB）是最严重的损伤形式之一。对于具有环状 DNA 分子的细菌来说，双链断裂是致命的，而真核生物的 DNA 双链断裂则会引起染色体片段丢失甚至细胞死亡。

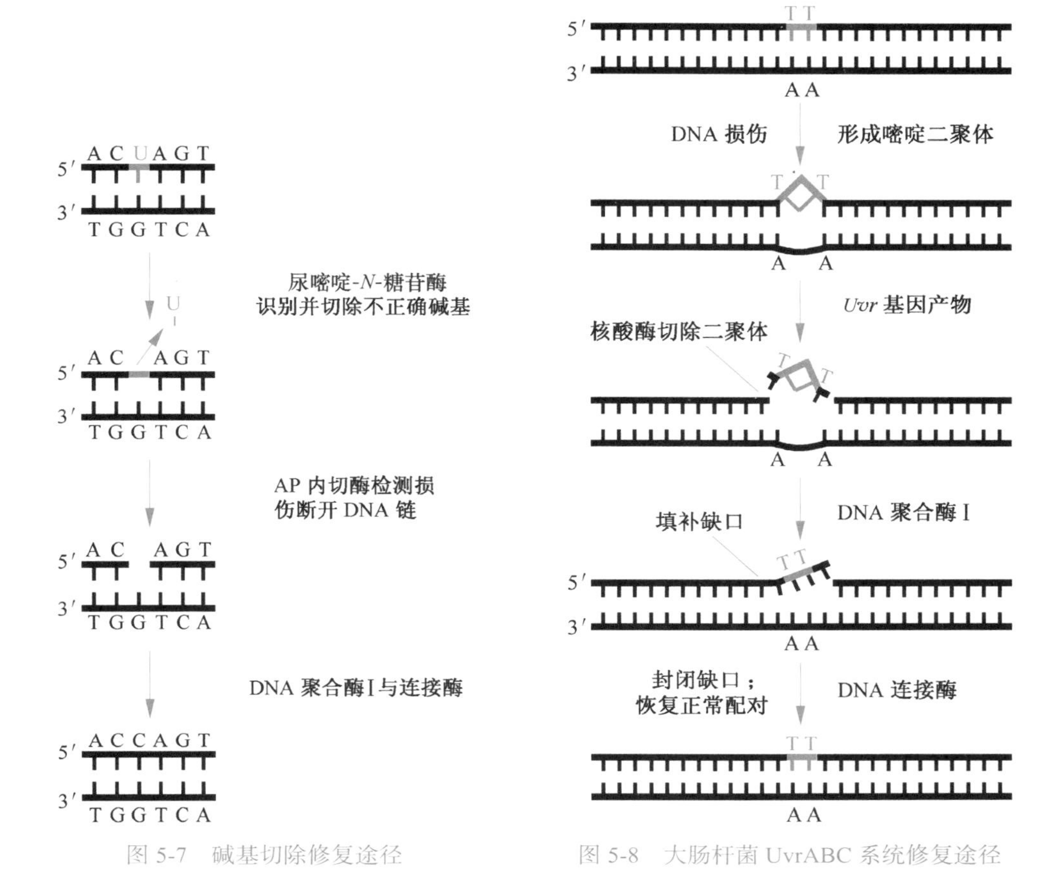

图 5-7 碱基切除修复途径

图 5-8 大肠杆菌 UvrABC 系统修复途径

同源重组修复（homologous recombination repair，HR）和非同源末端连接（non-homologous end-joining，NHEJ）是修复 DSB 的两个主要途径。

同源重组修复首先由细胞中的核酸外切酶对 DNA 断裂末端进行加工，暴露出来的 DNA 单链 3′端会和若干个复制蛋白 A（replication protein A，RPA）分子结合。RAD51 是 HR 修复通路的核心分子。RAD51 竞争性置换单链 DNA 3′端上结合的 RPA 分子，覆盖在暴露的 DNA 单链上，形成核丝蛋白。RAD51 引导核丝蛋白识别同源 DNA 模板并催化 DNA 链的配对和延伸，形成霍利迪连接体（Holliday junction），完成链交换过程。霍利迪连接体解体后就得到两个完整的双链 DNA 分子。同源重组修复是一种精确修复，在最大程度上保持了遗传信息的稳定性。

非同源末端连接是指在一些修复元件的参与下，DNA 双链断裂处两端直接连接的修复过程。连接过程大致如下：首先是一些特异的末端结合因子结合于双链断裂处；然后这些因子通过相互作用使断裂处彼此靠近；最后两末端通过 DNA 连接酶直接连接。连接过程对断裂末端并没有特异性识别功能，也不依赖 DNA 序列同源性。当细胞内存在两个以上断头时，很可能发生错误重接导致染色体结构变异。另外，如果断裂末端存在核苷酸损失，为了保持连接后 DNA 双螺旋的结构正常，拼接前可能需要将两个断裂末端切齐，从而导致碱基缺失突变。

1. 复制前 DNA 单链损伤
T T
A A 损伤部位的互补区域
2. 跳过损伤部位复制
3. 重新结合亲本链非损伤互补区域
重新结合互补链
形成新缺口
4. DNA 聚合酶与连接酶增补新缺口

图 5-9　大肠杆菌复制后修复过程

（五）复制后修复

如果 DNA 损伤在下一次复制时仍然没有被修复，聚合酶会跳过模板链的损伤部位在下游某处继续合成，新合成子链上留下一个缺口。大肠杆菌中这种缺口可能达 800 个碱基甚至更长。复制后单链缺口的修复机制称为复制后修复（post-replication repair），由于许多参与修复的酶与重组相同，过程也与重组相似，也称为重组修复（recombination repair）。

尽管以损伤单链为模板的复制产物双链中一条有缺口而另一条带损伤，但以未损伤互补链作为模板合成的双链是完整的。带缺口的单链可以通过重组机制从完整双链获得修复所需要的序列信息，其主要步骤如图 5-9 所示。

重组修复最关键的一步是引发重组，大肠杆菌中 RecA 蛋白能够检测、结合 DNA 单链末端，并引导其侵入对应完整双链，引发重组过程。*recA* 基因的功能最先发现于重组过程，重组修复后续过程的多数基因也与重组的基因相关。但人们也发现有些基因是重组修复或正常重组所独有的，因此重组修复与正常重组并不完全等同。

（六）SOS 反应与倾向差错修复

资源 5-3

尽管细胞具有如此复杂多重的修复系统，但它们不是孤立的，也并非简单的冗余。细胞往往能够探测并正确评估损伤的类型与程度，然后启动适当的修复机制。大肠杆菌中 RecA 蛋白可能是探测 DNA 单链末端、评估损伤程度并可根据损伤程度启动不同修复机制的关键蛋白。重组修复只是由 RecA 启动的修复系统的一部分。

大肠杆菌暴露在过量紫外线、其他诱变剂中或在 DNA 复制过程被抑制等情况下，DNA 分子将产生大量单链缺口。此时 RecA 可以启动另一种细胞反应，即 SOS 反应。

SOS 反应使 RecA 表达量上升约 50 倍；并诱导合成忠实性低的聚合酶，原有的聚合酶的活性也可能被水解而降低复制的忠实性。修复系统越过 DNA 损伤部位进行 DNA 复制以增加 DNA 结构完整性。生存细胞中产生基因突变的可能性也大大增加。因此，由 SOS 反应启动的修复也称为倾向差错修复。

资源 5-4

第六节　基因突变的诱发

根据基因突变发生的机制，采用各种物理、化学因素可诱导更高频率的突变，获得更丰富的突变类型。通常人们把能够诱导基因突变，使突变率显著高于自发突变率的物理、化学因素统称为诱变剂（mutagen）。

一、物理诱变

1927年穆勒（H. J. Muller）发现X射线可以诱导果蝇基因突变，1928年斯特德勒利用X射线诱发玉米基因突变也获得成功，以后相继发现紫外线、γ射线、α射线、β射线、中子、超声波和激光等多种物理因素都有诱变作用。能够诱发基因突变的物理因素称为物理诱变剂（physical mutagen），最常用的物理诱变剂主要是一些高能射线。根据诱变作用特点，物理诱变可分为电离辐射（ionizing radiation）和非电离辐射（non-ionizing radiation）。

（一）电离辐射诱变

电离辐射包括α射线、β射线和中子等粒子辐射及γ射线和X射线等电磁波辐射。γ射线的穿透力强，速度快，效果好，目前应用较多。^{60}Co和^{137}Cs是γ射线的主要辐射源。中子的诱变效果好，应用也非常广泛，可以从同位素、加速器和反应堆中获得。但中子诱变成本较高，剂量也不容易准确测定；并且经中子照射的物体带有放射性，必须注意防护。

X射线、γ射线和中子都适用于外照射，即辐射源与接受照射的材料之间保持一定距离，让射线透入材料内产生DNA损伤。α射线和β射线的穿透力很弱，故只能采用内照射。一般可以用浸泡或注射，使其渗入生物体内，在体内放出射线诱发损伤。在实际应用中，一般都用β射线进行内照射。β射线常用的辐射源是^{32}P和^{35}S，尤以^{32}P使用较多。

电离辐射可以直接或间接地导致DNA分子上的原子（基团）发生电离。高能电磁波或射线粒子直接轰击原子，外围电子脱离轨道，原子释放出高能电子并成为带正电荷的离子，称为初级电离或原发电离（primary ionization）。活跃的高能电子高速运动引起途经的其他原子电离，称为次级电离（secondary ionization）。每一原发电离电子的能量能导致230次次级电离。电离释放的电子被邻近原子（基团）捕获后形成带负电基团，因此带电基团总是成对出现（离子对）。这种不稳定结构会导致分子重排，产生碱基结构破坏、磷酸二酯键断裂等DNA损伤。

电离辐射引起环境介质电离后，也具有破坏、修饰DNA的化学效应。例如，细胞中H_2O电离产生不稳定的H^+和OH^-及氢自由基和羟自由基，并可进一步产生过氧化氢和氧自由基等，这些强氧化剂可引起碱基化学损伤。

辐射能够产生多种DNA损伤，并导致碱基置换、插入、缺失等突变。双链断裂修复也可能产生染色体结构变异，因此在电离辐射作用下，基因突变和染色体畸变常常相伴出现。

DNA损伤程度和基因突变率与辐射剂量成正向关系，即辐射剂量越大，损伤程度、基因突变率就越高。辐射剂量是指单位质量被照射物质所接受的能量数值。

就基因突变来说，突变率通常与辐射剂量成正比，但不受辐射强度影响。辐射强度是指单位时间内照射的剂量，也称剂量率。倘若照射总剂量不变，不管单位时间内所照射剂量多少，基因突变率保持一定。

重离子束辐射是一种新兴的电离辐射诱变技术。重离子是指N、C、B、Ne、Ar等原子去掉或者部分去掉外围电子后带正电荷的原子核。通过大型加速器将重离子加速形成的具有能量的射线就是重离子束（heavy ion beam）。与X射线或γ射线不同，重离子束具有独特的剂量曲线。在入射坪区，吸收剂量保持相对恒定，坪区长度取决于入射重离子的能量，而快到射程末端时，剂量急剧提高形成峰。育种中一般需要将诱变部位设定在峰的范围内进行辐射，进而筛选突变体进行后期研究。重离子束诱变具有变异率高、变异谱宽、变异稳定快等优点，近年来受到育种家的广泛关注并被成功应用到种质创新的工作中。例如，我国首个通过重离子束诱变培育的北方粳稻品种“东稻122”，具有耐盐碱、抗倒伏、高产、适应性高等特点，并于2021年入选了吉林省农业主导品种；在动物育种中，我国科研人员利用重离子束辐射猪体细胞，为优质猪新品种的培育提供了育种新资源。

（二）非电离辐射诱变

非电离辐射主要是指紫外线，其能量较低，通常不足以引起电离作用。由于穿透力较弱，一般只适用于性细胞和微生物诱变处理。

紫外线的主要作用是激发（excitation）作用。被照射物质吸收紫外线能量后，原子外围电子从低能轨道跃迁到高能轨道，处于高能级不稳定状态，物质易发生化学变化和分子重排。紫外线诱变最有效的波长为260nm，也就是DNA分子碱基的嘌呤、嘧啶共轭环的最大紫外吸收波长。紫外线可以高效地引起碱基损伤，如相邻嘧啶核苷形成多价联合体（最常见的是$\widehat{TT}$）、胞嘧啶脱氨等。

紫外线也可以通过改变环境介质而产生间接的诱变作用。例如，用经紫外线照射过的培养基培养微生物，可使微生物突变率增加，因为紫外线照射过的培养基内产生了过氧化氢（H_2O_2）。

二、化学诱变

早在1930年，拉帕帕特就发现亚硝酸可以使某些霉菌的突变增加，1941年奥尔巴克（C. Auerbacb）和罗伯逊（J. M. Robson）发现芥子气可以诱发基因突变。以后发现许多化学药物都可以诱发基因突变。目前已经发现的化学诱变剂（chemical mutagen）种类繁多，根据化学结构可将其分为碱基类似物、碱基修饰物、DNA插入剂等。一般来说，物理诱变作用是随机的，不具有特异性，但某些化学诱变剂具有一定程度的碱基特异性。

（一）碱基类似物

碱基类似物（base analog）是指与DNA分子碱基结构相似，在DNA复制过程中可代替正常碱基掺入到DNA分子中的化合物，如5-溴尿嘧啶（5-BU/BrdU）、2-氨基嘌呤（2-AP/AP）等。其诱变机制是：在复制过程中代替正常碱基掺入到DNA分子中，在下一次复制前发生互变异构移位产生复制错误。

5-BU与T结构非常相似，只是在C5位置上用溴原子（Br）取代了甲基（—CH_3）。5-BU有酮式（BUk）和烯醇式（BUe）两种异构体（图5-10），通常情况下BUk与A配对形成BUk═A，而BUe与G配对形成BUe≡G。由于溴原子对碱基的电子分布的影响，酮式结构易于发生互变异构移位呈烯醇式结构（BUk→BUe）。如果DNA复制时，BUk

掺入到 DNA 分子中，而下一次复制前发生互变异构移位，再次复制将导致单链碱基置换（A ═ T → A ═ BUk → G ≡ BUe → G ≡ C）（图 5-11）。研究发现，5-BU 可使细菌的突变率提高近万倍之多。

2-AP 也有两种异构体，其正常状态与 T 配对形成 2-AP═T，但稀有状态（2-AP*，亚胺态）则与 C 配对形成 2-AP* ≡C。其诱变机制与 5-BU 相似（图 5-11）。

艾滋病病毒是一种反转录病毒，当病毒侵入细胞后将其遗传物质 RNA 反转录成一个 DNA 拷贝，并进而产生新病毒。用于治疗艾滋病（AIDS）的一种药物叠氮胸苷（AZT）也是碱基类似物。AZT 可作为胸苷类似物掺入到反转录 DNA 中，但不能掺入细胞 DNA-DNA 复制叉中，因此可以选择性损伤病毒反转录 DNA。

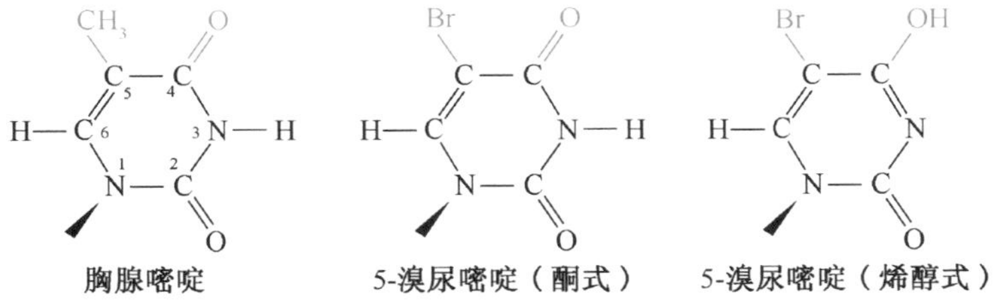

胸腺嘧啶
5-溴尿嘧啶（酮式）
5-溴尿嘧啶（烯醇式）

图 5-10　5-BU 两种异构体的分子结构

5-BU 代替 T 掺入
AP 代替 A 掺入
第 1 轮
第 2 轮
第 3 轮

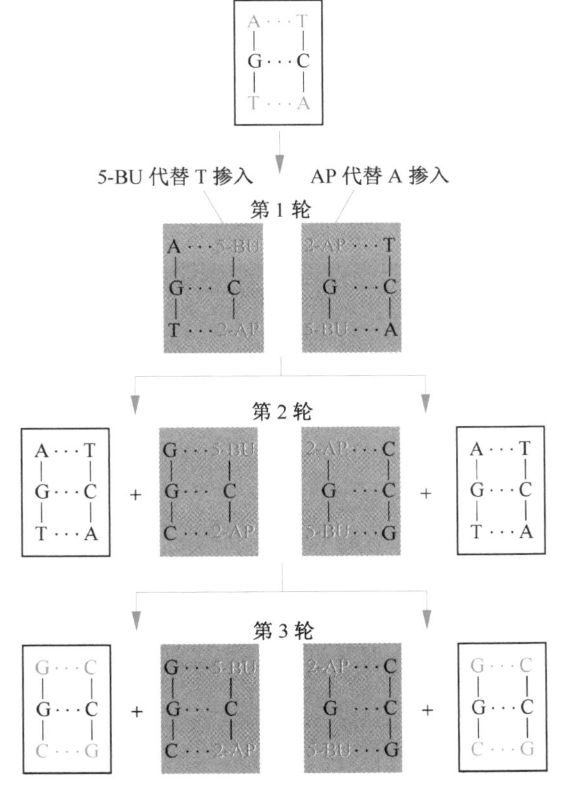

图 5-11　碱基类似物引起的 DNA 碱基置换

（二）碱基修饰物

碱基修饰物（base modifier）也称碱基修饰剂，它直接修饰碱基化学结构，改变其配对特性，引起DNA损伤和复制错误。属于这类诱变剂的有烷化剂类、亚硝酸和羟胺等，它们不需要掺入到DNA分子中就可以诱发损伤和突变。

常见的烷化剂有甲基磺酸乙酯（EMS）、甲基磺酸甲酯（MMS）、亚硝基胍（NG）及芥子气（NM）等。它们都带有一个或多个活泼烷基，可以转移到其他电子密度较高的分子中，可使DNA碱基许多位置（主要是N1、N3和N7位置）烷基化，从而改变其氢键形成能力。例如，EMS容易导致G的N7位置烷化形成7-乙基鸟嘌呤，后者复制时与T配对，产生G≡C→G*═T→A═T转换。

烷化剂还具有脱嘌呤和产生DNA链断裂的作用。例如，G烷基化可能使β-糖苷键活化、断裂，嘌呤脱落形成AP位点。烷化剂与DNA磷酸基团结合成不稳定的磷酸酯，水解即破坏磷酸二酯键导致DNA链断裂。

亚硝酸（HNO_2）对C、A和G具有氧化脱氨作用，如果没有得到修复，可以在下一次复制时产生碱基置换。

羟胺（NH_2OH）可特异地使胞嘧啶C6位置上的氨基氮羟化，羟化胞嘧啶（C*）配对特性改变，与T配对（C*═T），经过复制产生碱基颠换（C≡G→C*═T→A═T）。羟胺具有更强的专化性，是一种非常方便的诱变剂。

（三）DNA插入剂

有些化合物分子可插入到DNA链碱基之间，称为DNA插入剂（intercalating agent）。插入剂主要是吖啶类染料，包括吖啶橙、原黄素、吖啶黄素（黄素）等。这类化合物都含有吖啶环，呈平面分子形态，与碱基对大小相近。美国癌症研究所（ICR）发现一些吖啶-氮芥衍生复合物（如ICR 170）也是很好的插入剂，近年被广泛采用。

插入剂在DNA复制时插入到模板链碱基之间，新合成单链对应位置上将随机插入一个碱基；取代一个碱基插入到新合成单链中，新合成单链将缺失一个碱基。因此，DNA插入剂作为化学诱变剂，可以导致DNA复制过程产生插入或缺失突变。

三、转 座 因 子

转座（因）子（transposable element）是基因组中一段可移动的DNA序列，可以通过切割、重新整合等一系列过程从基因组的一个位置“跳跃”到另一个位置。转座子一般包括三大类。首先是剪切-粘贴因子（cut and paste element），这类因子的特征是存在末端反向重复序列。末端反向重复序列中含有转座酶的结合位点，这些结合位点使转座子能够被识别和连接进入切割后的靶位点。其次是LTR反转录转座子（LTR retrotransposon），其特征是具有长末端重复序列（long terminal repeat，LTR），利用RNA作为中间体进行转座。反转录转座子转录为RNA，在反转录酶（reverse transcriptase）的作用下进行反转录产生互补的DNA子链。没有长末端重复序列的反转录转座子称为非LTR反转录转座子（non-LTR retrotransposon），它主要包括LINE（long interspersed nuclear element，长散在核元件）和SINE（short interspersed nuclear element，短散在核元件）两类。

转座子通过转座可引发诱变效应和切除效应，如转座子插入某一基因的编码区，可能导致基因的表达关闭，或引起基因的表达下降，或使结构基因编码序列改变，产生突变。而在转座子的剪切-粘贴过程中，转座子的准确切除可引起靶基因的回复突变，非准确切除可引起 DNA 的缺失、倒位等变异。

目前研究表明，孟德尔遗传中的皱缩豌豆种子就是转座子引发的突变，在这个例子中，一个剪切-粘贴因子产生一个 8bp 的重复序列并插入分支酶Ⅰ（SBE Ⅰ）基因中，从而导致基因失活。在动物中，转座子是突变和物种进化的主要来源。如在果蝇的一些基因中，在具有可见表型的所有自发突变中，约有一半是转座子插入的结果。在小鼠中约 1/10 的新突变都是由转座子引起的。

四、定点诱变

物理诱变和化学诱变所获得的突变往往都是随机的、不定向的。自 1985 年科学家利用分子克隆技术实现体外定点诱变（site-specific *in vitro* mutation）以来，体内外定点诱变发展极为迅速。

基因体外定点诱变方法较多，但均有一个共同的技术要点，即利用一个已知序列的单链环状 DNA 为模板，将一段含有突变靶位点在内的 DNA 分子与其复性，经过一次复制，以突变 DNA 分子为模板合成的双链 DNA 便是一个可以稳定遗传的定点突变基因。这种技术已经在微生物蛋白质及高等植物中成功应用。在此原理之上，发展出了利用 PCR 技术进行的寡核苷酸介导的诱变、重叠延伸诱变、简并寡核苷酸引物诱变、DNA 片段改组（DNA shuffling）等多种体外诱变技术。

体内定点诱变技术和在此基础上发展出的基因编辑（genome editing）技术在近 20 年中取得了长足的发展。自 1996 年第一代基因编辑技术 ZFN（zink finger nuclease，锌指核酸酶）诞生以来，TALEN [transcription activator-like（TAL）effector nuclease，转录激活因子样效应物核酸酶] 和 CRISPR（clustered regulatory interspaced short palindromic repeat，成簇规律间隔短回文重复）技术也相继发展起来。和体外定点诱变技术不同，这三种新技术主要利用的是生物体内 DNA 双链断裂修复系统。

复习题

1. 举例说明自发突变和诱发突变、正突变和反突变、显性突变和隐性突变。
2. 基因突变对生物进化、遗传研究与育种工作有何重要意义？
3. 兔子毛色受 3 个复等位基因控制：正常毛色基因 *C*、喜马拉雅白化基因 *Ch* 和白化基因 *Ca*。它们的显隐性关系为：$C > Ch > Ca$。试写出兔子有哪几种毛色基因型和表现型。
4. 为什么大多数基因突变是有害的？
5. 基因突变的性状变异类型有哪些？
6. 有性繁殖和无性繁殖、自花授粉和异花授粉与突变性状表现有什么关系？
7. 试用红色面包霉的生化突变试验，说明性状与基因表现的关系。
8. 在种植高秆小麦品种的田里出现一株矮化植株，怎样验证它是由于基因突变，还是由于环境影响产生的？
9. 什么是芽变？在植物育种中有什么利用价值？

10．利用花粉直感现象测定突变频率，在亲本性状配置上应该注意什么问题？
11．比较微生物、动植物基因突变的筛选与鉴定方法的主要区别是什么？
12．碱基缺失、插入突变与碱基置换的后果有何不同？
13．DNA 损伤修复途径有哪些？其中哪些途径能够避免差错？哪些允许修复差错并产生突变？
14．生物突变的防护机制主要有哪些？它们针对的是前突变损伤还是基因突变形成后？
15．试述物理因素诱变的机制。
16．化学诱变剂有哪些类型？它们的诱变机制各是什么？

本章课程视频

第六章　染色体结构变异

染色体作为遗传物质的主要载体，在细胞分裂过程中能够准确地自我复制、均等地分配到子细胞中，以保持染色体形态、结构和数目稳定。然而染色体也同它所载的基因一样，稳定只是相对的，变异则是绝对的。染色体变异（chromosome variation）又称为染色体畸变（chromosomal aberration），包括结构变异（structure variation）与数目变异（number variation）。

DNA损伤（尤其是双链断裂）修复、不等交换及转座子转座等均可能导致染色体上载有的基因及其排列顺序改变，产生结构变异。断裂愈合假说（breakage and reunion hypothesis）可以很好地解释大多数结构变异的形成。DNA损伤修复机制可能把染色体断头与断片按原来的直线顺序重接而恢复原有的染色体结构；也可能将同源染色体或非同源染色体断头非特异性重接——错误重接或保持断头，将产生结构变异。通常把染色体结构变异分为缺失（deficiency或deletion）、重复（duplication）、倒位（inversion）和易位（translocation）4种基本类型。

资源 6-1

染色体分带（chromosome banding）、原位杂交（*in situ* hybridization，ISH）等细胞学技术是检测染色体结构变异的重要手段。染色体分带是指通过细胞学特殊处理程序，使染色体显现出深浅不同的染色带。这些染色带的数目、部位、宽窄和着色深浅均具有相对稳定性，所以每一条染色体都有固定的分带模型，即带型。通过染色体分带，可以获得染色体在成分、结构、行为和功能等方面的许多信息。原位杂交技术是一项利用标记的DNA或RNA探针直接在染色体、细胞或组织水平定位特定靶核酸序列的分子细胞遗传学技术，它能把探针直观地定位到具体染色体臂上，能检测出相应探针在基因组中不具任何表型的同源序列。原位杂交技术中应用最多的是基因组原位杂交（GISH）和荧光原位杂交（FISH）。染色体分带技术和原位杂交技术极大地促进了细胞遗传学的发展，有助于更准确地识别每条染色体及染色体结构变异类型，适用于各种细胞染色体标本，同时也为基因定位的研究提供基础。

第一节　缺　　失

一、缺失的类型及形成

缺失是指染色体的某一区段丢失了。如果染色体缺失了包括端粒在内的染色体末端区段，称为顶端缺失（terminal deletion，末端缺失）；如果染色体缺失了一条臂的内部区段，称为中间缺失（interstitial deletion）（图6-1）。

当染色体上发生一次断裂，保持断头不发生重接愈合，就会产生顶端缺失。例如，某染色体各区段的正常直线顺序是abc·defgh（·代表着丝粒，下同），在f-g之间断裂、缺失“gh”区段就成为顶端缺失染色体。“gh”区段不包含着丝粒，称为无着丝粒断片（fragment）。断片在细胞分裂时不能正常分配到子细胞核中，因而在后续细胞分裂过程中会被丢失。染色体也可能缺失一整条臂而成为端着丝粒染色体（telocentric chromosome）。

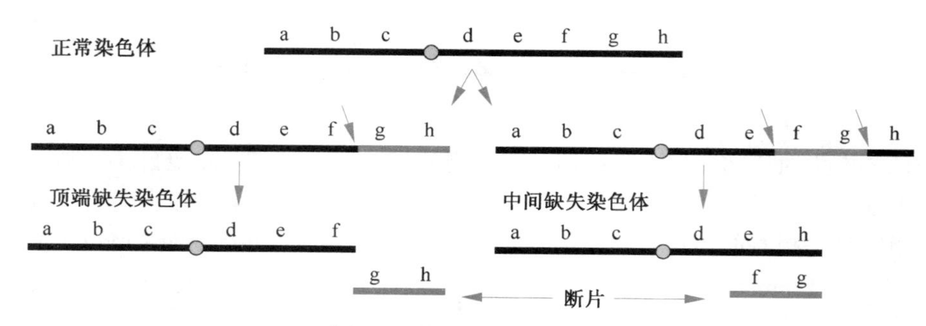

图 6-1　缺失的类型与形成

染色体一条臂上产生两次断裂，并且重接时将中间区段排除在外，就会形成中间缺失。例如，染色体 abc · defgh 的 e-f 和 g-h 之间各发生一次断裂，重接时 e 区段断头与 h 区段断头连接，就缺失“fg”区段成为中间缺失染色体；“fg”区段也是无着丝粒断片。

顶端缺失染色体带有无端粒的断头难以正常愈合，结构很不稳定，因此较少见。中间缺失染色体没有断头外露，比较稳定，也更为常见。

如果细胞内某对染色体中一条为缺失染色体而另一条为正常染色体，则该个体称为缺失杂合体（deletion heterozygote）；而带有一对缺失相同区段同源染色体的个体称为缺失纯合体（deletion homozygote）。

二、缺失的细胞学鉴定

在最初发生缺失的细胞进行分裂时，后期可以观察到遗留在赤道板附近的无着丝粒断片。但经过多次分裂后，断片将从子代细胞中消失。

缺失染色体长度比正常染色体短，染色体两臂相对长度也会改变。如果缺失片段足够长，参照原始材料或物种正常染色体核型进行染色体形态观察就能够对缺失进行初步的细胞学鉴定。

资源 6-2

顶端缺失染色体的断头可能同另一个有着丝粒的染色体断头重接，形成双着丝粒染色体（dicentric chromosome）。细胞分裂后期如果两个着丝粒分别被牵引向两极，着丝粒之间的区段将形成连接两极的染色体桥，并且被再次拉断形成新的不稳定断头。这一过程称为断裂-融合-桥循环（breakage-fusion-bridge cycle），因为它会在每一次细胞分裂过程中反复出现。具有断头姊妹染色单体间彼此靠近，发生断头融合并形成断裂-融合-桥循环的可能性很高。如果一条染色体两个臂都发生顶端缺失，两端的断头相互连接还可能形成环状染色体（ring chromosome）。

减数分裂前期 I 同源染色体对应区段配对时，缺失杂合体同源染色体间不能完全对应配对（图 6-2）：①缺失区段较长时，由于同源染色体末端不等长，顶端缺失杂合体粗线期前后可能观察到正常染色体的突出片段。②中间缺失杂合体在偶线期和粗线期可能观察到二价体上形成环状或瘤状突起——缺失圈或缺失环（deletion loop）。缺失圈是正常染色体上与缺失区段对应的部分被排挤形成的。③如果缺失区段微小，缺失杂合体也可能并不表现明显的细胞学特征。因此，进行微小缺失的细胞学鉴定非常困难，需要借助更精细的细胞学、分子细胞学技术，如染色体显带、原位杂交等，并结合类似突变基因遗传分析的程序才能完成。缺失纯合体在减数分裂过程中不会出现二价体配对异常现象。

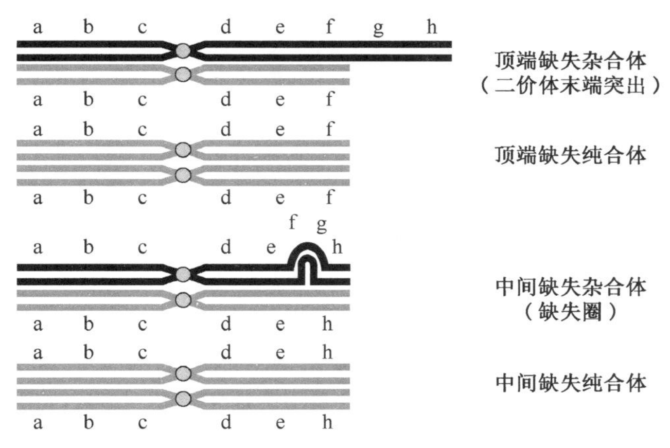

图 6-2 缺失个体的染色体联会

三、缺失的遗传效应

染色体区段缺失意味着该区段上载有的基因也随之丢失，所以首先导致缺失区段基因控制的生物功能丧失或表现异常。缺失还会导致基因间相互作用关系与平衡被破坏，这对细胞和生物体正常生长发育通常是有害的。中间缺失还导致该缺失区段外端载有基因在染色体上的相对位置改变，缺失区段两侧基因间连锁强度增强。

缺失纯合体一般都表现出致死、半致死或生活力显著降低等现象；缺失杂合体通常也表现为生活力、繁殖力差，缺失区段较长时也会表现为致死。含缺失染色体的配子一般是败育的，植物花粉尤其如此，含缺失染色体的花粉即使不败育，在授粉和受精过程中，也竞争不过正常的花粉。胚囊对缺失的耐性比花粉略强，因此缺失染色体主要通过雌配子传递给后代。

如果缺失区段较小，不严重损害个体的生活力，含缺失染色体的个体可能存活下来。这类个体往往具有各种异常表现。例如，人类第 5 染色体短臂顶端缺失杂合体生活力差、智力迟钝、面部小；最明显的特征是患儿哭声轻，音调高，常发出咪咪声，通常在婴儿期和幼儿期夭折。这种症状称为猫叫综合征（cat cry syndrome）（图 6-3）。

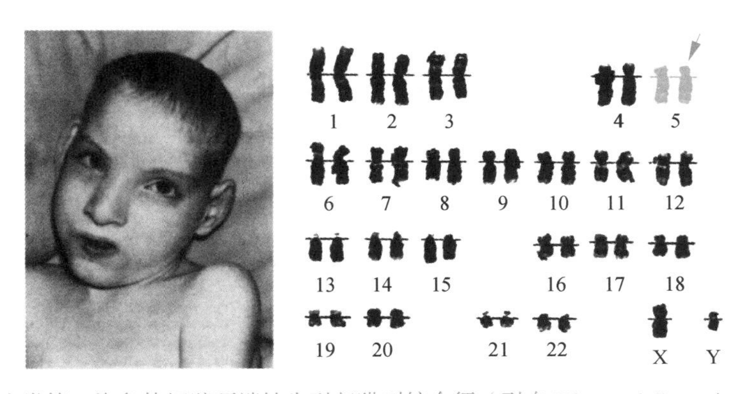

图 6-3 人类第 5 染色体短臂顶端缺失引起猫叫综合征（引自 Klug and Cummings，2002）

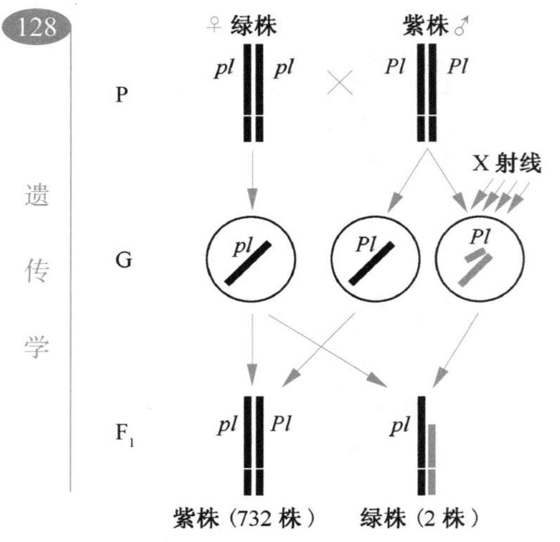

图6-4　玉米植株颜色的假显性现象

有时染色体片段缺失后，其非缺失同源染色体上的隐性等位基因不被掩盖而表现，称为假显性（pseudodominance）。例如，玉米植株颜色紫色（*Pl*）对绿色（*pl*）为显性，1931年，麦克琳托克（B. McClintock）用经X射线照射的紫株（*PlPl*）花粉给正常绿株（*plpl*）授粉，发现在F_1中出现个别的绿苗（假显性）。进一步研究发现，*Pl*基因位于玉米第6染色体外端，X射线照射可导致部分花粉发生第6染色体外端缺失。这类花粉受精结合产生的后代中*Pl*基因丢失，来自母本的*pl*基因呈半合状态（hemizygous condition），植株就表现为绿色（图6-4）。

第二节　重　　复

一、重复的类型及形成

重复是指染色体多了自身的某一区段。常见重复有顺接重复（tandem duplication）和反接重复（reverse duplication）两种类型（图6-5）：顺接重复（串联重复）是指重复区段与原有区段在染色体上的排列方向相同；反接重复是指重复区段与原有区段的排列方向相反。

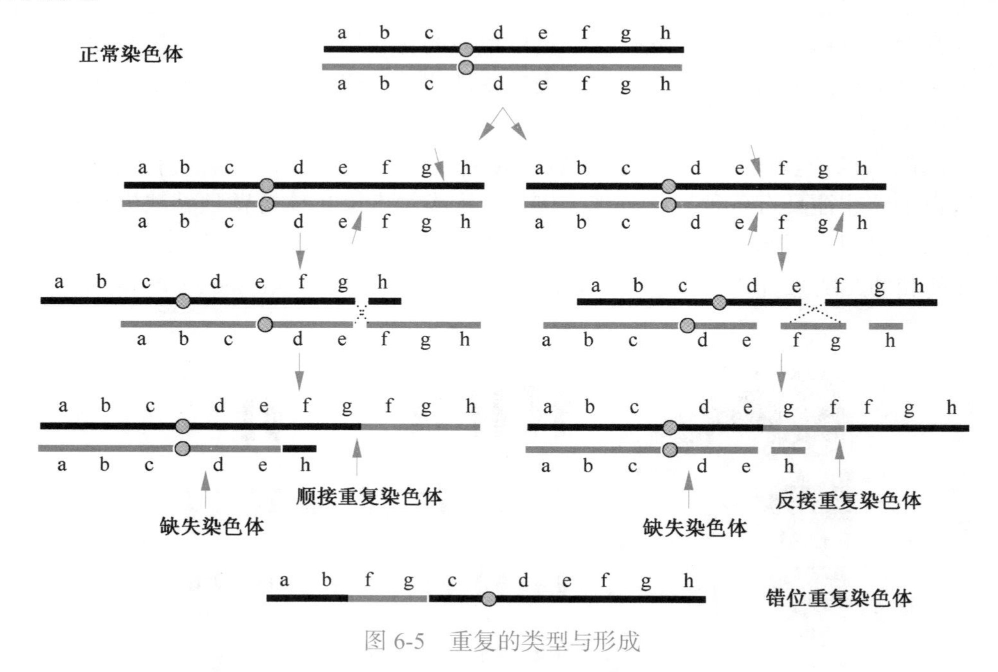

图6-5　重复的类型与形成

图6-5示意了重复形成的断裂-重接机制。正常区段顺序为abc · defgh的一对同源染色体，分别发生同一条染色体臂不同位置断裂（2次断裂），可形成4个断头。如果g断

头与f断头错误重接，就形成“fg”区段顺接重复染色体（abc · defgfgh）。如果一条染色体发生1次断裂，其同源染色体发生2次断裂，3次断裂可形成6个断头。如果无着丝粒“fg”区段在重接时，发生如图6-5右所示的错误重接，将形成“fg”区段反接重复染色体（abc · degffgh）。在这种情况下，如果“fg”区段重接方向不发生倒转，也可以产生顺接重复。

按照断裂重接假说，重复区段只能来自其同源染色体，因此一条染色体重复必然导致其同源染色体缺失。如果图6-5中e、h两个断头间没有重接将导致大片段（fgh）顶端缺失，即使重接也将形成“fg”区段中间缺失染色体。染色体断头重接可能是随机的，如果图6-5左图中e、g断头重接也会产生双着丝粒染色体（abc · defged · cba），继续发生结构变异，而不能稳定成型。

重复区段并不总是与原有区段邻接，当重复区段出现在同一染色体的其他位置，称为错位重复（displaced duplication），如图6-5“fg”区段错位重复染色体（abfgc · defgh）。错位重复的形成与反接重复形成相似，至少需要一对同源染色体上发生3次断裂。

减数分裂过程中部分同源区段发生错误配对，错配区内发生不等交换也会同时产生缺失染色体与重复染色体。一个典型的例子是果蝇X染色体不等交换分别产生16A区段重复、缺失的X染色体（图6-6）。

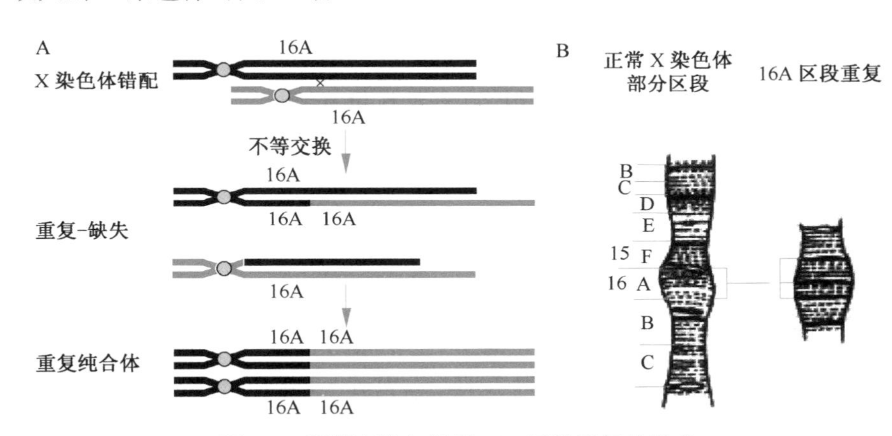

图6-6 不等交换与果蝇16A区段重复的形成

重复杂合体（duplication heterozygote）是指细胞内某对同源染色体中，一条为重复染色体而另一条为正常染色体；而重复纯合体（duplication homozygote）是指含有一对发生相同重复的同源染色体。

二、重复的细胞学鉴定

重复与缺失具有某些相似的细胞学特征。重复染色体比正常染色体长，可导致染色体两臂相对长度的变化，在光学显微镜下这些变化的可检测程度取决于重复区段的长度。

重复杂合体减数分裂联会时表现为（图6-7）：①在染色体末端非重复区段较短时，重复区段可能影响末端区段配对，可能形成二价体末端不等长突出。②如果重复区段较长，重复区段会被排挤出来，成为二价体的一个突出的环或瘤——重复圈或重复环

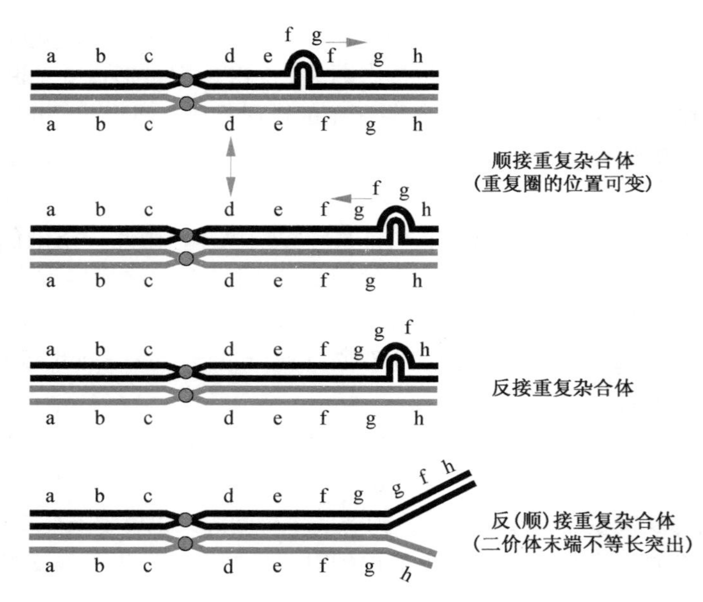

图 6-7 重复杂合体染色体联会

(duplication loop)。缺失圈和重复圈需要参考染色体长度、带型、横纹等特征及性状变异加以区别。后面将看到倒位和简单易位杂合体也会形成类似的突起，因此除了检查二价体突出的环和瘤，还必须参照染色体长度、着丝粒位置等进行比较鉴定。③如果重复区段极短，联会时二价体可能就不会有环或瘤突出。因此，微小片段重复的细胞学鉴定比较困难，往往难以与具有相似遗传效应的基因突变区分。

一对重复同源染色体能够正常进行染色体配对，所以重复纯合体一般不会形成二价体配对异常。

三、重复的遗传效应

重复染色体重复区段上的基因数目增加，会扰乱基因间固有的平衡，对细胞、生物体的生长发育可能产生不良影响。过长区段重复或带有某些特殊基因的片段重复也会严重影响个体生活力、配子育性，甚至引起个体死亡。重复还导致基因在染色体上的相对位置改变、重复区段两侧基因间连锁强度降低。重复也是生物进化的一种重要途径，它导致染色体 DNA 含量增加，为新基因产生提供材料。

重复个体的性状变异因重复区段载有的基因不同而异。某些基因可能表现剂量效应(dosage effect)，即随着细胞内基因拷贝数增加，基因的表现能力和表现程度也会随之加强，因此细胞内基因拷贝数越多，表现型效应越显著。有时多个拷贝的隐性基因甚至会掩盖其显性等位基因的表现。剂量效应一个经典的例子来自果蝇眼色遗传。果蝇红色（V^+）对朱红色（V）为显性，杂合体（V^+V）为红眼。当 V 基因所在的染色体区段重复，杂合体（V^+VV）却表现为朱红眼，表明两份 V 的表现能力比一份 V^+ 强，V^+ 的作用被掩盖。剂量效应具有相当的普遍性，许多基因的作用都具有剂量效应。

果蝇棒眼遗传是剂量效应的另一个重要例证。野生型果蝇复眼大约由 779 个小眼组成，眼面呈椭圆形。X 染色体 16A 区段具有降低复眼中小眼数量，使眼面呈棒眼（bar）

的效应，并且随16A区段重复数增加，小眼数量降低的效应也会加强。用B^+表示野生型X染色体16A区段、B表示16A区段重复（棒眼）、B^D表示具有3个16A区段（重棒眼），各种基因型对应眼形如图6-8所示。重复杂合体（B^+B）的小眼数约为358个，复眼眼面缩小，近似粗棒状（杂合棒眼）；重复纯合体（BB，棒眼）的小眼数约为68个，眼面呈棒状；重棒眼（B^DB^D）的小眼数仅为25个，眼面进一步缩小。

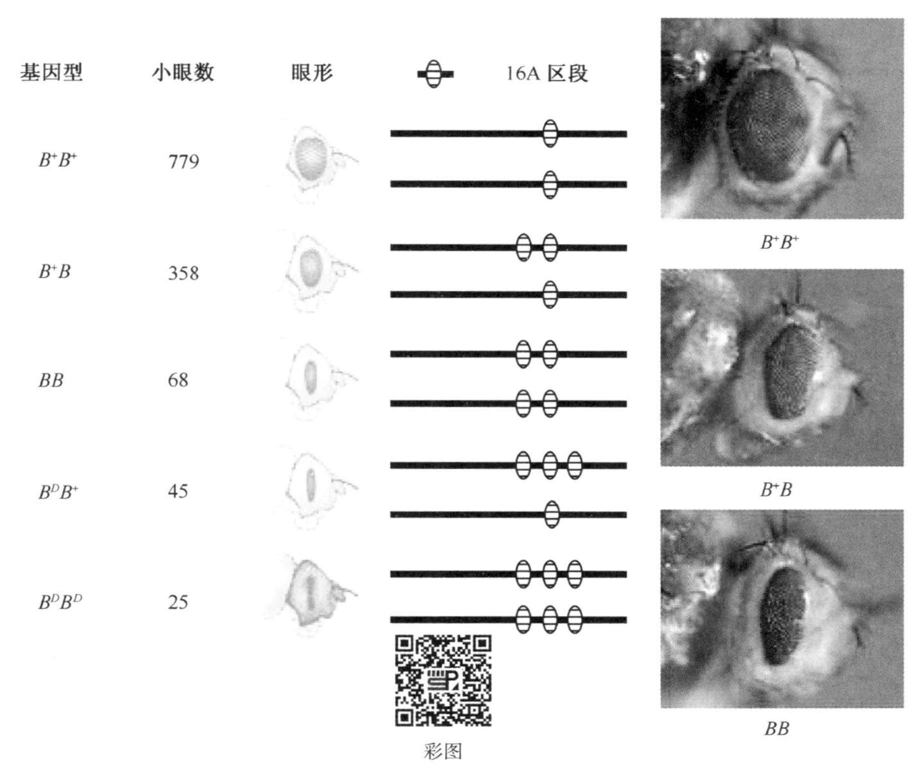

图6-8 果蝇X染色体16A区段的遗传效应（改自 Klug and Cummings，2002）

通过果蝇棒眼遗传研究，还揭示了基因作用的另一个重要效应——位置效应（position effect），即基因的表现型效应会随其在染色体上位置不同而改变。图6-8中棒眼与杂合重棒眼均具有4个16A区段，然而后者的小眼数比前者更少。这是由于棒眼型4个重复区段平均分布于两条X染色体上，而杂合重棒眼一条X染色体上只有1个16A区段，另一条上有3个。位置效应的发现是对经典遗传学基因论的重要发展，它表明染色体不仅是基因的载体，而且对其载有基因的表达具有调节作用。

第三节 倒　位

一、倒位的类型及形成

倒位是指染色体中发生了某一区段倒转。倒位形成的断裂-重接机制如图6-9所示，一条染色体上发生2次断裂，形成4个断头，中间区段倒转180°再与两侧断头重接。不包含着丝粒的染色体臂中间区段倒位称为臂内倒位（paracentric inversion）；包含着丝粒的区段倒位称为臂间倒位（pericentric inversion）。

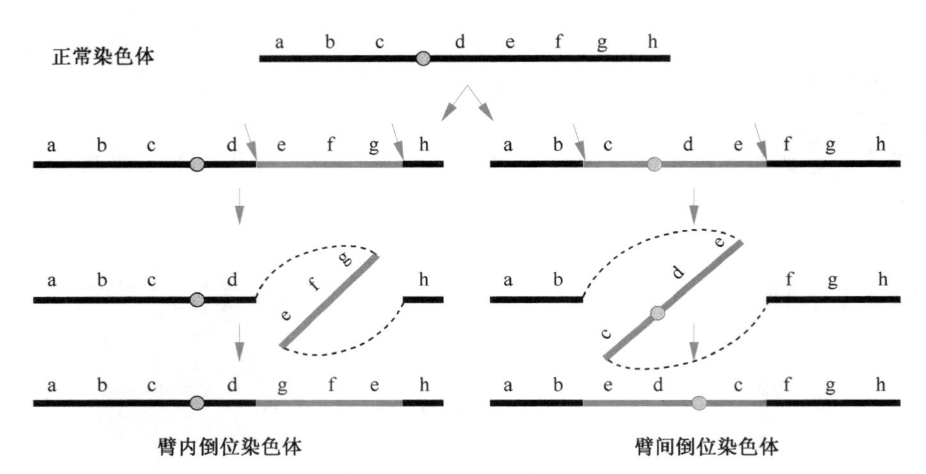

图 6-9　倒位的类型与形成

例如，一条正常区段顺序为 abc · defgh 的染色体，分别在 d-e 间和 g-h 间发生断裂，“efg”区段倒转重接后形成臂内倒位染色体（abc · dgfeh）；如果两次断裂分别发生在 b-c 间和 e-f 间，“c · de”区段倒转重接形成臂间倒位染色体（abed · cfgh）。

细胞内某对染色体中一条为倒位染色体而另一条为正常染色体的个体称为倒位杂合体（inversion heterozygote）；而含有一对发生相同区段倒位同源染色体的个体称为倒位纯合体（inversion homozygote）。

二、倒位的细胞学鉴定

倒位通常不导致染色体片段的增加或减少，因此不会改变整条染色体的长度。臂内倒位也不会改变染色体两臂的相对长度；如果臂间倒位涉及两条臂的区段不等长，倒位染色体与正常染色体也产生臂比差异（图 6-9）。

在倒位杂合体中，由于倒位区段与其正常同源染色体对应区段方向相反，因此也不能联会形成正常的二价体。二价体的异常形态因倒位区段长度和两端未倒位区段长度而异（图 6-10）：①如果倒位区段很长，而两端区段较短，其中一条染色体反转使两条染

资源 6-3

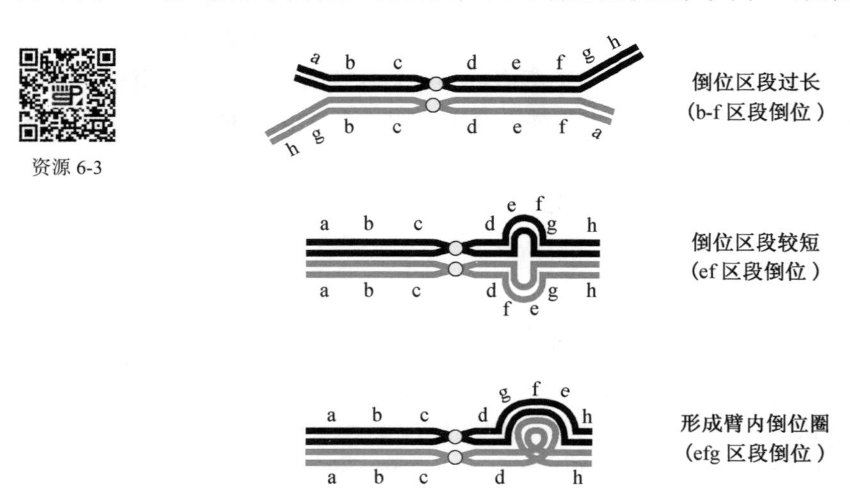

图 6-10　倒位杂合体染色体联会示意图

色体倒位区段同源配对，两端区段则只能保持分离状态。偶线期和粗线期可能观察到二价体两端具有分叉形态。②如果倒位区段较短，则两侧区段正常配对，而倒位区段与对应正常区段保持分离，二价体上形成一个泡状。由于呈松弛状态，因而不一定能够观察到；尤其是倒位区段特别短时，往往难以从细胞学上鉴别。③如果倒位区段与两端区段长度适中，则两端区段正常配对，中间部分则通过其中一条染色体发生扭转后进行同源区段配对形成倒位圈（inversion loop）。前面谈到的缺失圈和重复圈都由单个染色体被排挤的区段形成，其中并不发生同源配对；而倒位圈是由两条染色体同源区段配对形成的。

倒位圈内对应区段能够进行同源配对，因此也能进行非姊妹染色单体交换（图 6-11）。臂内倒位杂合体倒位圈内发生交换将形成双着丝粒染色体与无着丝粒断片。后期Ⅰ同源

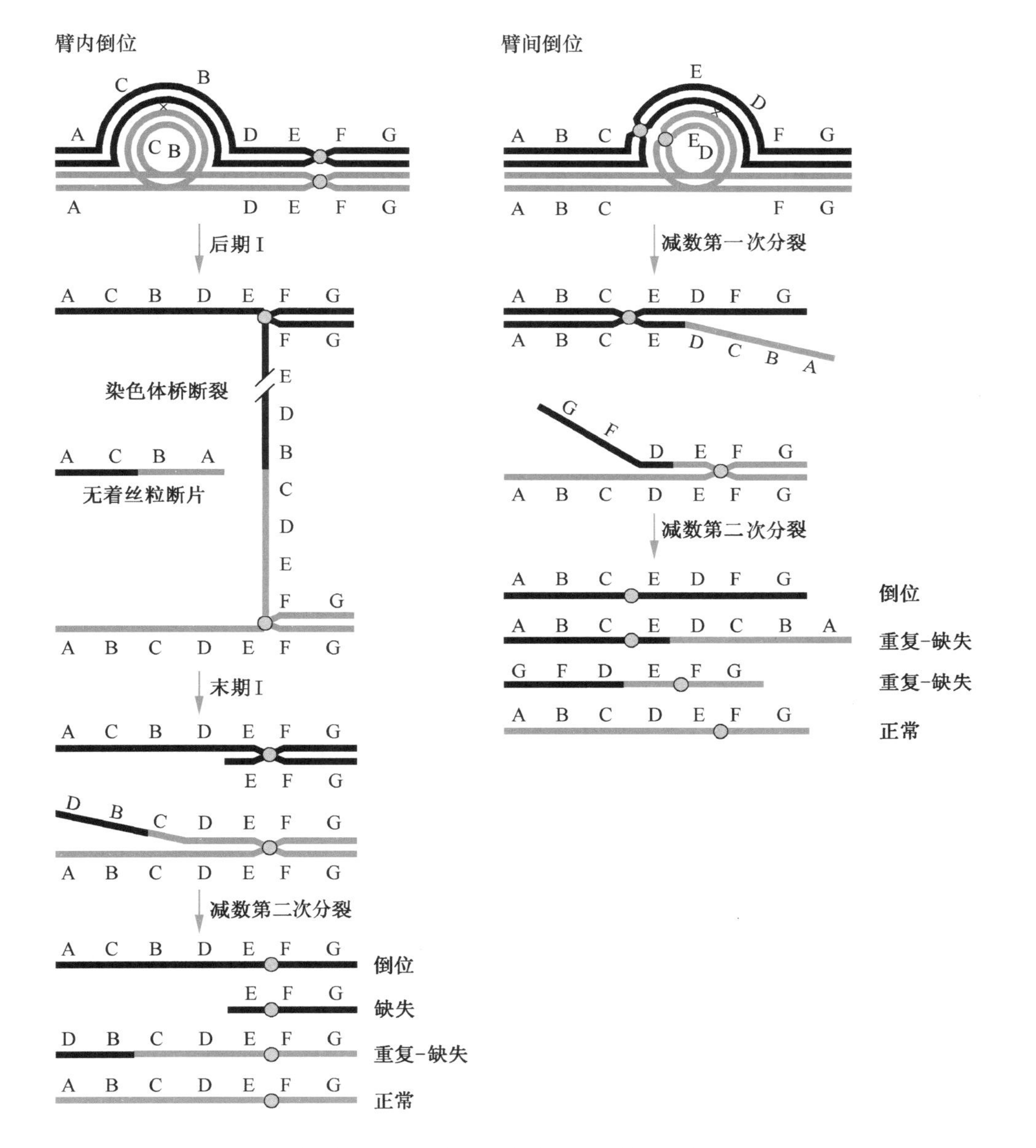

图 6-11　倒位圈内交换与配子败育机制

染色体相互分离时，两个着丝粒中间区段形成染色体桥——后期Ⅰ桥。在光学显微镜下观察到后期Ⅰ桥和无着丝粒断片，可作为臂内倒位细胞学鉴定的依据。臂内倒位杂合体倒位圈内外多次交换，染色体桥也可能出现在后期Ⅱ，称为后期Ⅱ桥。在后期Ⅰ或后期Ⅱ出现染色体桥，是臂内倒位的标志。

臂间倒位杂合体倒位圈内发生单次交换，不会形成双着丝粒染色体和后期桥。倒位纯合体在有丝分裂与减数分裂过程中均不会表现明显的细胞学异常特征。

三、倒位的遗传效应

倒位导致基因重排，倒位区段内基因排列顺序与方向都随之倒转。除断裂点涉及的基因之外，倒位并不改变其他基因的结构，也不发生基因丢失。如果断裂点不破坏重要基因，通常不会对细胞与生物个体的生活力造成严重损害，含有完整倒位染色体的配子通常也是可育的。但一些重要基因被破坏的倒位纯合体对动物来说常常是致死的。倒位区段内基因的表达也可能由于位置效应而发生显著改变，引起表型变异。

倒位是生物进化的重要途径之一。研究表明，某些物种之间的差异常常是一次或多次倒位造成的。果蝇就有一些具有不同染色体倒位的种，分布在不同地理区域。欧洲百合（*Lilium martagon*）与竹叶百合（*L. hansonii*）两个种都具有 12 对同源染色体，2 对较长的染色体用 M_1 和 M_2 表示；10 对较小的染色体用 S_1、S_2、…、S_{10} 表示。研究发现，其中一个种的 M_1、M_2、S_1、S_2、S_3 和 S_4 染色体，是由另一个种的对应染色体发生臂内倒位形成的。

无论是臂内倒位还是臂间倒位，倒位圈内非姊妹染色单体交换都会降低配子育性。如图 6-11 所示，臂内倒位圈内交换会产生双着丝粒染色单体和无着丝粒断片；断片通常被丢弃在细胞质中而不能进入子细胞核；双着丝粒染色单体形成后期Ⅰ桥，被纺锤丝牵引拉断后形成缺失或重复-缺失（Dp-Df）染色单体，经过减数第二次分裂分配到缺失或重复-缺失染色体的四分孢子通常败育。非交换型染色单体是正常或倒位染色单体，分配到这两种染色体的四分孢子可育。臂间倒位圈内发生非姊妹染色单体交换产生的交换型染色单体为重复-缺失染色单体，对应的四分孢子也败育；分配到非交换型正常或倒位染色体的四分孢子可育。总之，倒位圈上发生交换最直接效应就是产生缺失、重复-缺失染色单体（图 6-11）。倒位圈内发生交换产生一半含有缺失或重复-缺失染色体的不育四分孢子，由于通常并不是所有孢子母细胞都会在倒位圈内发生交换，因此倒位杂合体都具有配子部分不育现象（低于 50%）。这一特征可以通过常规花粉育性检测方法测定，并作为鉴定植物倒位杂合体的重要遗传方法。

理论上讲，雌、雄配子都应该出现同等程度含缺失、重复-缺失染色体的四分孢子，因而植物胚囊也应该具有与花粉相近的不育率，结实率下降。但研究发现，许多植物（如玉米）臂内倒位杂合体结实率并不发生明显的下降。目前认为可能有两个方面的原因：一是由于胚囊形成方式与花粉不同。减数分裂形成的 4 个大孢子呈直线排列，通常由最内层一个发育形成胚囊。而臂内倒位杂合体的染色体桥结构可能有利于含正常或倒位染色体的四分孢子排列到内层，而发育成可育的胚囊。二是由于胚囊比花粉对染色体缺失具有更强的耐性。

倒位圈结构还具有降低倒位区段基因间重组率的效应或称为交换抑制效应。布里奇斯曾分离到一系列交换抑制突变，杂合体中某些基因间不会出现交换型。细胞遗传分析表明，这些交换抑制突变就是染色体倒位，因此也把倒位称为交换抑制因子（crossover suppressor）。倒位杂合体倒位圈上非姊妹染色单体间发生奇数次交换产生的交换型配子都是不育的，重组率测定时得不到倒位区段上基因间的重组型，因此重组率降低。前述分析表明，倒位并非真正抑制交换，只是交换型四分孢子败育。但交换抑制这一术语至今仍然被广泛使用。显然如果倒位圈内非姊妹染色单体间发生双交换（或偶数次交换），则可以产生少量可育的重组型配子。

倒位圈的结构也可能减少倒位区段两侧区域的交换发生。其原因是倒位区段扭转配对时，倒位点附近区段常常不能正常配对，导致交换机会下降，因而降低重组率。

第四节　易　　位

一、易位的类型及形成

易位是指染色体上某一个区段移接到其非同源染色体上。最常见的易位是相互易位（reciprocal translocation，交互易位），即非同源染色体间发生了区段互换。例如，两条非同源染色体 abc · defgh 与 uvw · xyz 发生区段“fgh”与“yz”互换，形成两条易位染色体 abc · deyz 和 uvw · xfgh。如果某条染色体的一个臂内区段嵌入到非同源染色体上，称为简单易位（simple translocation）或转移（shift）。例如，abc · defgh 的 efg 区段插入到 uvw · xyz 染色体 x-y 之间，形成易位染色体 uvw · xefgyz；而另一条染色体就成为缺失染色体 abc · dh。

相互易位形成的断裂-重接机制如图 6-12 所示。abc · defgh 与 uvw · xyz 两条非同源染色体分别发生断裂（2 次断裂），重接时 e 区段断头与 y 区段断头重接，而 x 断头与 f 断头重接，即形成相互易位。简单易位的形成至少需要 3 次断裂，如 abc · defgh 发生 2 次断裂，而 uvw · xyz 发生 1 次断裂。相互易位比简单易位更为常见，也是本节主要讨论的易位类型。

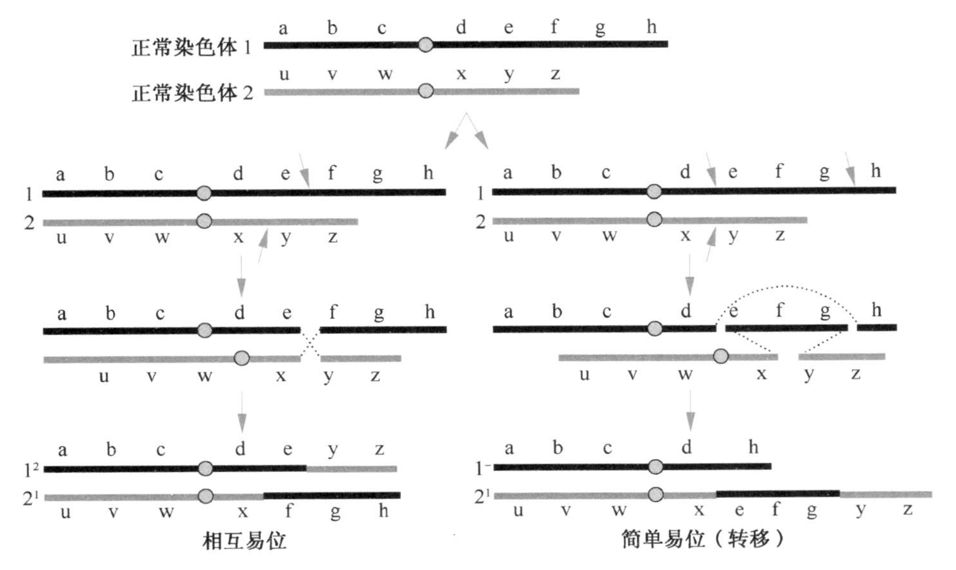

图 6-12　易位的类型与形成

易位杂合体（translocation heterozygote）是指两对同源染色体各含一条易位染色体和一条正常染色体。如果分别用1和2表示两对正常染色体；可用1^2表示包括染色体1部分区段（含着丝粒）和染色体2部分区段（不含着丝粒）的易位染色体；同理，2^1表示包括染色体2部分区段（含着丝粒）和染色体1部分区段（不含着丝粒）的易位染色体。易位杂合体的染色体组成为$11^2 22^1$。而易位纯合体（translocation homozygote）则带有两对易位染色体，即$1^2 1^2 2^1 2^1$。

二、易位的细胞学鉴定

资源6-4

相互易位的细胞学鉴定主要是根据杂合体在减数分裂过程中的一系列细胞学特征。相互易位杂合体在联会时显然不能配对形成两个正常的二价体，大多数情况下，正常染色体（1和2）与易位染色体（1^2和2^1）的对应区段交替同源配对形成含4条染色体（1-1^2-2-2^1）的四重体（quadruple）。四重体在粗线期呈十字形，1-1^2、1^2-2、2-2^1、2^1-1同源区段配对形成4个区域构成十字形的4个臂，而十字交叉处为易位点（图6-13）。4个配对区域内均可发生交换。

双线期到终变期交叉远离着丝粒端化。因交换发生情况不同，终变期四重体可呈现不同形态：①若交换都发生在4个臂的着丝粒以外区域，交叉端化后4条染色体由末端交叉首尾相连成大环结构（称四体环，常用$○_4$表示）。②其中一个臂没有发生交换，四重体呈链状结构（称四体链，用C_4表示）。③除4个臂发生交换外，有时着丝粒与易位点间的区域也发生交换，则终变期也可形成“8”字形结构。

中期Ⅰ4个着丝粒在纺锤丝牵引下，其中两个朝向细胞一极，另外两个朝向细胞另一极。4条染色体排列在赤道面两侧，四重体也可能呈一个大环状或“8”字形。

如果转移区段较长，简单易位杂合体则在粗线期配对时，一个二价体上出现插入区段形成的突出环状或瘤状突起，而另一个二价体出现由未缺失区段形成的环状和瘤状突起。

相互易位纯合体不会出现染色体配对异常。简单易位和不等长区段的相互易位会导致染色体长度及两臂相对长度改变，也可以作为细胞学鉴定的参考依据。

三、易位的遗传效应

易位可导致非同源染色体间重排。易位区段基因处于不同的染色体上可能导致更为显著的位置效应，从而产生表型变异。

易位可使两个正常的连锁群改组为两个新的连锁群，是生物进化的一种重要途径。易位纯合体具有两个新连锁群，并且能够正常配对分离。许多植物的变种就是由染色体易位形成的。曼陀罗（*Datura stramonium*）的许多品系是不同染色体的易位纯合体。直果曼陀罗有12对染色体，为了研究方便，曾任意选定一个品系当作“原型一系”，把它的12对染色体的两臂都分别标以数字代号，即1·2、3·4、5·6、…、23·24。以原型一系为标准与其他品系比较，发现原型二系是1·18和2·17的易位纯合体；原型三系是11·21和12·22的易位纯合体；原型四系是3·21和4·22的易位纯合体。已查明有近百个直果曼陀罗品系都是易位纯合体，它们的外部形态都彼此不同。

易位还可能导致物种染色体数目改变。如果易位发生在两条近端着丝粒染色体的着丝粒附近，易位纯合体的一对易位染色体包含原来两条染色体的长臂，而另一对易

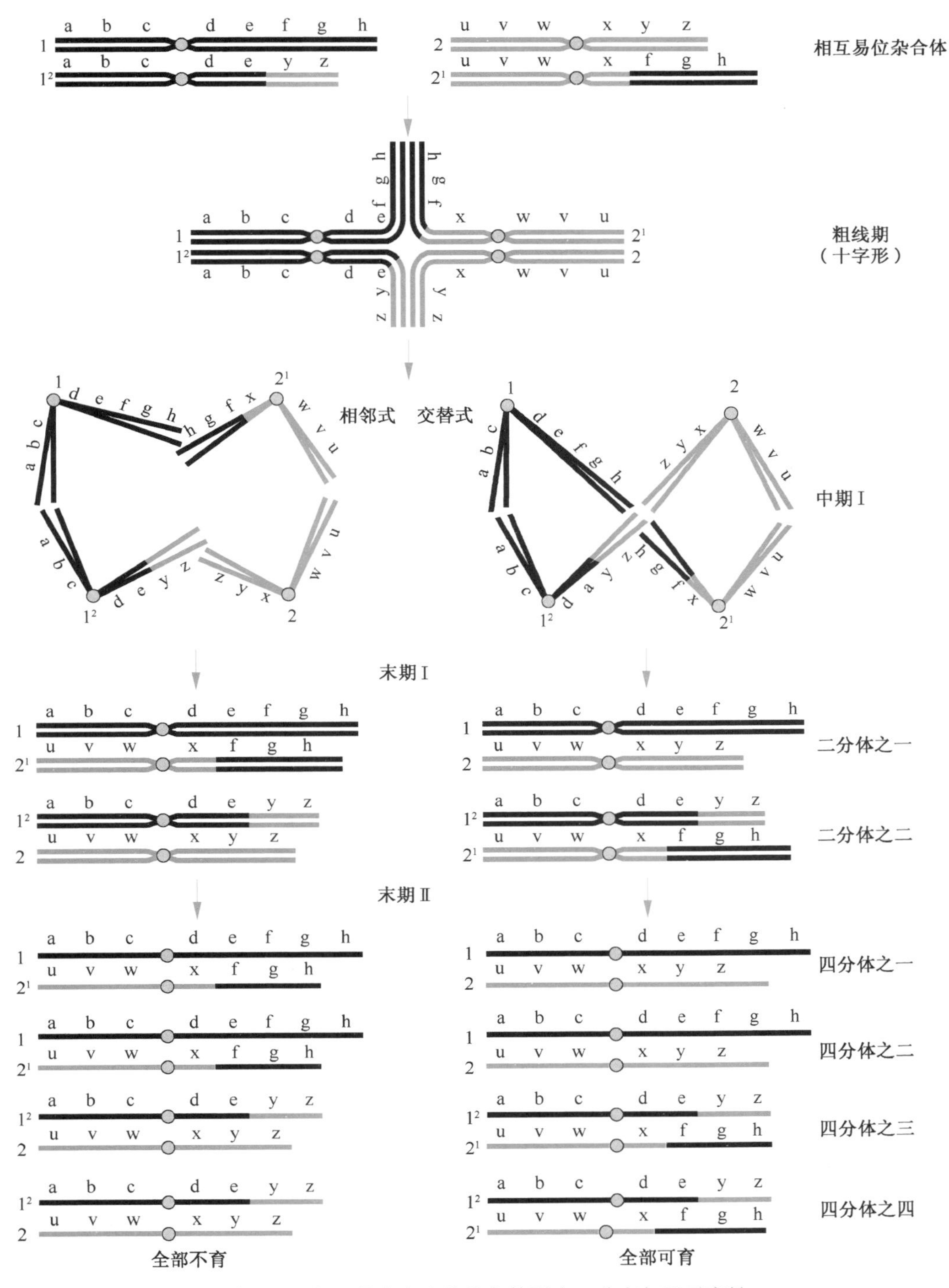

图 6-13 相互易位杂合体染色体联会、分离与配子育性

位染色体只包含原来两条染色体的短臂，这种易位现象称为罗伯逊易位（Robertsonian translocation）（图 6-14）。易位纯合体中一对易位染色体很小，可能仅含有极少量的基因，甚至不含有基因。它在细胞分裂过程中完全丢失后，对细胞和个体的生活力与繁殖

力影响不严重，从而生存下来形成新的变种甚至物种。这种由两对近端着丝粒染色体通过罗伯逊易位和染色体丢失变为一对染色体的过程也称为染色体融合（chromosome fusion）。还阳参属（*Crepis*）植物通过这种途径，形成了 $n = 3$、4、5、6、7、8 等染色体数不同的种。人类染色体也常发生罗伯逊易位，最常见的是第 14 和第 21 染色体之间的易位。

相互易位杂合体的一个典型的遗传效应是半不育（semisterility）现象，其大孢子与小孢子都有一半是败育的，其结实率为 50%。可以通过花粉育性或结实率来对植物相互易位杂合体进行遗传学鉴定（图 6-15）。相互易位杂合体减数分裂中期 I 四重体在赤道面上的排列有两种可能形式，即图 6-13 中的相邻式与交替式。相邻式四重体保持环的形象，交替式通常呈“8”字形象。由于 1 和 2 两个正常染色体同 1^2 和 2^1 两个易位染色体在四重体中本来就是交替相连的，因此后期 I 交替式 2/2 分离，最后产生的四分孢子可得到两条正常染色体 1 和 2 或两条易位染色体 1^2 和 2^1。这两种孢子都包含正常染色体的全部区段及其所载基因，因而都能发育为可育配子。四重体在后期 I 的相邻式 2/2 分离，只能产生含染色体重复-缺失（Dp-Df）的四分孢子，这些孢子一般只能形成不育的花粉和胚囊。

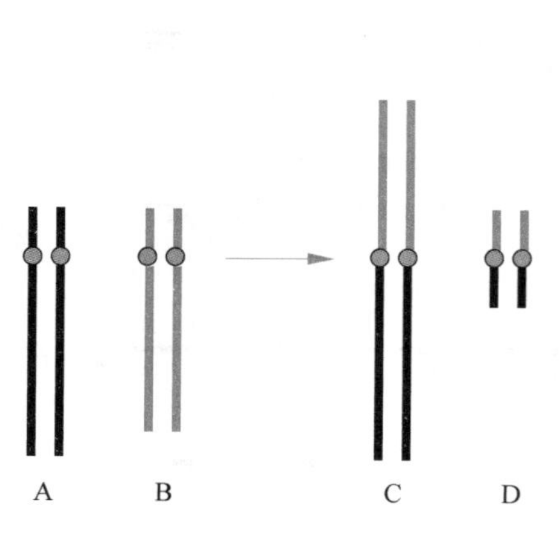

图 6-14　罗伯逊易位示意图

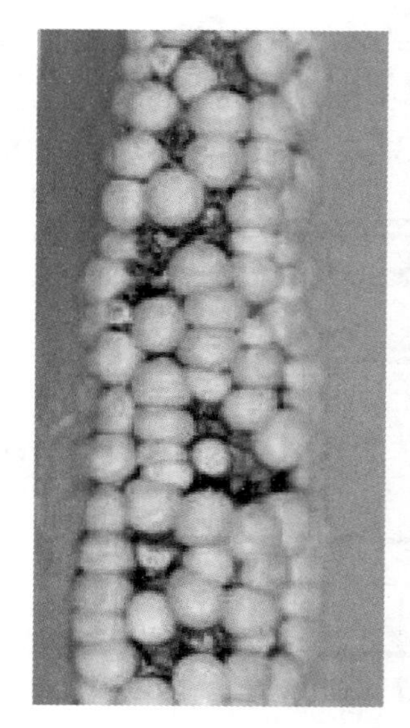

图 6-15　玉米相互易位杂合体的果穗

实际上，四重体在赤道面上的排列方式因不同生物而异，通常有玉米型和月见草型两类：①玉米型。玉米、豌豆、高粱、矮牵牛等，相互易位杂合体的四重体发生交替式分离和相邻式分离的机会相近，因此易位杂合体半不育。②月见草型。月见草、曼陀罗、风铃草、紫万年青等，易位杂合体四重体全部呈交替式分离，因而配子全部可育。

四重体结构也会影响易位点附近区段配对、交换，所以相互易位杂合体邻近易位点的基因间重组率也有所下降。例如，玉米 $T_{5\text{-}9a}$ 是第 5 染色体和第 9 染色体易位，涉及第 5 染色体长臂外侧的一小段和第 9 染色体短臂包括 *Wx* 座位在内的一大段。在正常的第 9 染色体上，yg_2 与 *sh* 之间的重组率为 23%，*sh* 与 *Wx* 之间的重组率为 20%；在易位杂合体中这两个重组率分别下降到 11% 和 5%。大麦的钩芒基因（*K*）对直芒基因（*k*）为显性，蓝色糊粉层基因（*Bl*）对白色糊粉层基因（*bl*）为显性，*K-k* 和 *Bl-bl* 都位于第 4 染色体上，重组率为 40%，在 $T_{2\text{-}4a}$、$T_{3\text{-}4a}$ 和 $T_{4\text{-}5a}$ 等相互易位杂合体中，该重组率则分别下降到 23%、28% 和 31%。

第五节 染色体结构变异的诱发

在自然条件下，各种植物和动物都可能发生染色体结构变异。引起染色体结构变异的自然因素包括营养、温度、生理等异常变化。储藏 6 ~ 7 年的还阳参 *Crepis capilaris* 陈种子长成的植株会发生大量染色体易位；而高温处理也会提高染色体结构变异频率。由于结构变异的发生通常是由双链断裂所引发，因此其频率通常低于基因自然突变率。在遗传与育种研究工作中，有时需要获得更高频率的染色体结构变异。早在 1927 年，穆勒就发现 X 射线可以诱导果蝇产生易位及其他结构变异。以后的研究表明能够诱发基因突变的物理与化学诱变剂通常也能够诱发染色体结构变异。

一、物理因素诱导

物理因素可诱导染色体双链断裂，提高结构变异频率。用于诱导染色体结构变异的物理因素主要是电离辐射。用 X 射线、热中子处理种子或花粉，可以有效地诱发缺失、易位等结构变异。正如第五章所介绍辐射产生的电离作用轻则造成基因分子结构紊乱，重则造成染色体断裂。所以，在电离辐射的作用下，染色体结构变异常常是和基因突变交织在一起的。

不同结构变异的产生频率与染色体折断次数有关。例如，顶端缺失只需要染色体断裂 1 次；顺接重复和相互易位则需要两条染色体分别折断 1 次，即 2 次断裂。研究表明，只需要 1 次染色体折断的结构变异类型产生的频率在一定范围内与辐射剂量成正比（图 6-16A），而不受辐射强度影响，这与基因突变相似。需要 2 次断裂才能产生的结构变异类型产生的频率则与辐射剂量的平方成正比（图 6-16B）。这表明其产生频率不仅与辐射剂量有关，还要受到辐射强度的影响。如果辐射总剂量不变，急照射（高剂量率短时间照射）时产生结构变异的频率较高，而慢照射（低剂量率长时间照射）时较低。这可能是由于慢照射时，同一个核内同时产生多次断裂的概率较小，因而断头错接的概率也较小；急照射时，同一核内同时产生多次折断的概率较高，因而断头错接的概率也较大。根据这一规律，可以用慢照射来获得更高频率的需要 1 次断裂的结构变异类型与基因突变，而提高剂量率能获得更高频率的需要 2 次或 2 次以上断裂的变异类型。不过应当注意，一次照射剂量过大容易导致细胞死亡。

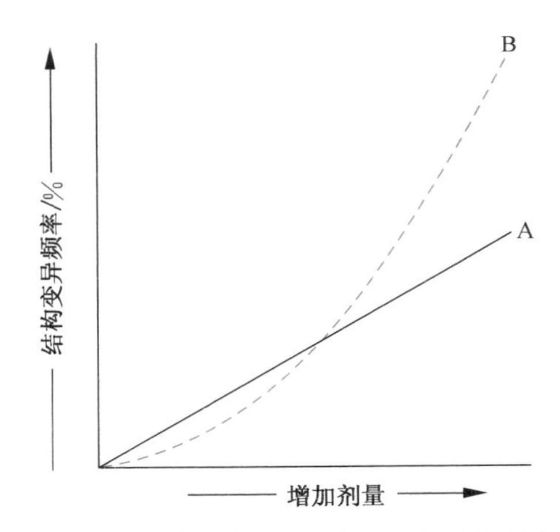

图 6-16 染色体结构变异频率与辐射剂量的关系

A. 一次断裂的结构变异频率；B. 两次断裂的结构变异频率

二、化学因素诱导

化学因素也主要通过诱导染色体断裂来提高结构变异发生频率。能够诱发染色体结构变异的化学物质很多，而且某些药物诱发的结构变异还具有一定的染色体部位特异性。例如，用8-乙氧基咖啡碱（EOC）、顺丁烯联胺（MH）和2,3-环氧丙醚（DEPE）分别处理蚕豆根尖时，不同药物使根尖细胞染色体发生折断的部位不同。另外，恢复时数（停止药物处理后的时数）不同对染色体结构变异多少也有一定的影响。

根据对人类及动物的研究，部分抗肿瘤、保胎和预防妊娠反应药物也可引起染色体结构变异，如环磷酰胺、氮芥、马勒兰、氨甲蝶呤、阿糖胞苷等抗癌药物。另外，农业生产中广泛使用的有机磷农药，工业废物中的有毒物质如苯、铅、砷、氮丁二烯、氯乙烯单体，食品工业的添加剂如环己基糖精、硝基呋喃糖胺（AF-2），霉菌毒素如广泛存在于霉变花生、玉米种子等中的黄曲霉素等能够导致染色体结构损伤。

除物理和化学因素外，某些病毒也可引起宿主细胞染色体结构变异。例如，SV40病毒（猿猴空泡病毒40）、Rous肉瘤病毒、带状疱疹病毒均可诱发染色体结构变异。研究还表明，染色体结构变异在一定程度上也受生物自身的遗传控制。例如，小麦5B染色体上存在控制染色体同源配对的*Ph*基因，当*Ph*基因突变（$Ph \rightarrow ph$）或缺失时，染色体配对的特异性下降，非同源染色体间配对、交换形成易位的频率提高。

第六节　染色体结构变异的应用

染色体结构变异在遗传研究中具有独特的价值，某些结构变异类型在育种工作中也具有广泛的应用。由于结构变异的特征和效应与其所涉及的染色体区段（及其所携带的基因）密切相关，因此每一个特定的结构变异实例都可能具有不同的应用方式与范围。在此介绍3个具有普遍意义的应用领域和3个较独特的应用实例。

一、基 因 定 位

广义的基因定位包括确定基因所在的染色体（甚至染色体的特定区域），并进而通过连锁分析确定其与相邻基因间的距离和顺序。确定基因所在的染色体也称基因的染色体定位（chromosome location），通常利用非整倍体完成。利用缺失可以更精细地确定基因所在的染色体区域，而倒位点与易位点在连锁分析中可以作为遗传标记加以应用。

（一）利用缺失进行基因定位

利用缺失的细胞学鉴定与假显性现象可以确定基因在染色体上的大致区域，这种方法称为缺失定位（deletion mapping，也称为缺失作图）。高等植物中，麦克琳托克的方法是最常用且行之有效的：首先采用诱导染色体断裂的方法处理显性个体的花粉，用处理后花粉给隐性性状母本授粉；然后观察后代中哪些个体表现假显性现象；对表现假显性现象个体进行细胞学鉴定。如果该个体发生了一个顶端缺失，就可以推测控制该性状的基因位于缺失区段。

中间缺失杂合体二价体上缺失圈显示了缺失区段在染色体上的位置，因此也可据此定位表现假显性现象的基因。果蝇的缺失区段可以结合唾腺染色体横纹观察进行更精确的鉴定，因而许多果蝇基因最初都是通过缺失定位（包括中间缺失）确定其在染色体上的位置。

（二）利用顶端着丝粒染色体进行基因定位

在一些高等植物如小麦和棉花中，还可以利用端着丝粒染色体进行基因到着丝粒的距离测定。例如，某一父本除了拥有一个正常的中间着丝粒染色体外，还有一个由它的同源染色体缺失而衍生出的端着丝粒染色体。在正常染色体上有一个待测着丝粒距离的隐性基因，在端着丝粒染色体上具有它的等位显性基因。由于携带了端着丝粒染色体的配子缺少一条染色体臂，其无法正常受精。当待测隐性基因和端着丝粒染色体显性基因之间发生一次交换时，就能得到带有显性基因的正常染色体，而携带了该染色体的配子是可育的。因此，统计父本和纯合隐性母本的杂交子代中出现的显性个体数，便可以推算交换发生的频率，从而求得该基因到着丝粒的距离。

（三）利用易位进行连锁分析

通常易位杂合体所产生的可育配子中一半含两个正常染色体（1 和 2），一半含两个易位染色体（1^2 和 2^1），所以在它的自交子代群体内：1/4 是完全可育的正常个体（1122），2/4 仍然是半不育的易位杂合体（11^222^1），1/4 是完全可育的易位纯合体（$1^21^22^12^1$）。由此可见易位染色体上的易位点也符合一对等位基因的遗传方式。

可以将易位点当作一个具有配子半不育表型的显性基因（*T*），正常染色体上的等位点相当于一个隐性基因（*t*），具有配子可育表型。尽管易位纯合体（*TT*）也表现为可育，但在测交后代群体只有杂合体（*Tt*）和一种纯合体（*tt* 或 *TT*），所以根据配子育性可以将两者区别开来。

易位点与相邻基因间的重组率可通过两点测验或三点测验进行测定。例如，已知玉米长节间（株高正常）（*Br*）对短节间（植株矮化）（*br*）为显性。某玉米植株的株高正常、半不育，它与完全可育的矮生品系杂交，再用 F_1 群体中半不育株与矮生亲本品系测交，测交子代（F_t）为：株高正常、完全可育的 27 株，株高正常、半不育的 234 株，植株矮化、完全可育的 279 株，植株矮化、半不育的 42 株。*Br* 基因与易位点间的重组率为重组型后代［株高正常、完全可育（*Brt*//*brt*），植株矮化、半不育（*brT*//*brt*）］占测交后代的百分率（11.9%）。

二、在育种中的应用

染色体结构变异也是育种工作重要的遗传变异来源之一。

由于基因的剂量效应，重复区段基因拷贝数增加可能导致性状变异，诱导特定基因所在染色体区段重复可能提高其性状表现水平。其中，最具前途的应用包括植物抗逆相关的基因、营养成分或特定次生代谢产物相关的基因。例如，诱导大麦的 α-淀粉酶基因所在染色体区段重复，可大大提高其 α-淀粉酶表达量从而显著改良大麦品质。

染色体易位是迄今为止在植物育种中应用最为传统也最富有成果的物种间基因转移方法。栽培植物的野生近缘物种具有抗逆性、品质性状等有益基因，通过物种间杂交得到种间杂种（参见第七章），再诱导杂种或其衍生后代发生栽培植物染色体与野生物种染色体间易位，可以将野生物种的基因转移到栽培物种中。几乎所有番茄栽培品种都带有从一个野生近缘种导入的抗枯萎病基因。

三、利用易位控制害虫

采用化学农药防治害虫的效果不易控制，成本较高，还会造成环境污染，而天敌防治也存在难以控制天敌数量等问题。利用易位的半不育效应可以有效地控制害虫：用适当剂量的射线照射雄虫（产生各种易位杂合体），放归自然；易位雄虫与自然群体中的雌虫交配，后代表现半不育（50% 的卵不能孵化）；长期处理，可以降低害虫的种群数量以达到控制害虫的目的。我国台湾用这种方法，经过 10 年努力控制了柑橘果蝇的危害。

四、果蝇的 ClB 测定法

ClB 测定法（crossover suppress-lethal-bar technique）用于检测果蝇 X 染色体上的隐性突变和致死突变，并测定其隐性突变的频率。这一方法由穆勒于 1928 年在果蝇 ClB 品系的基础上创建，是对倒位交换抑制效应最独特精妙的应用之一。

ClB 品系是穆勒从 X 射线照射的果蝇子代群体中筛选的一种特殊的 X 染色体倒位杂合体（X^+X^{ClB}），具有 1 条结构正常、通常带野生型显性基因的 X 染色体（X^+）和 1 条 ClB 的 X 染色体。在 ClB 染色体上，*C* 表示该染色体上存在 1 个倒位区段，可抑制 X 染色体间交换；*l* 表示该倒位区段内的 1 个隐性致死基因，*l* 基因纯合胚胎在最初发育阶段死亡；*B* 表示倒位区段外的 16A 区段重复，具有显性棒眼表型。由于 *l* 基因的作用，$X^{ClB}X^{ClB}$ 与 $X^{ClB}Y$ 类型均不能存活。

ClB 法测定 X 染色体上某基因的隐性突变率（诱变率）的基本步骤如图 6-17 所示。

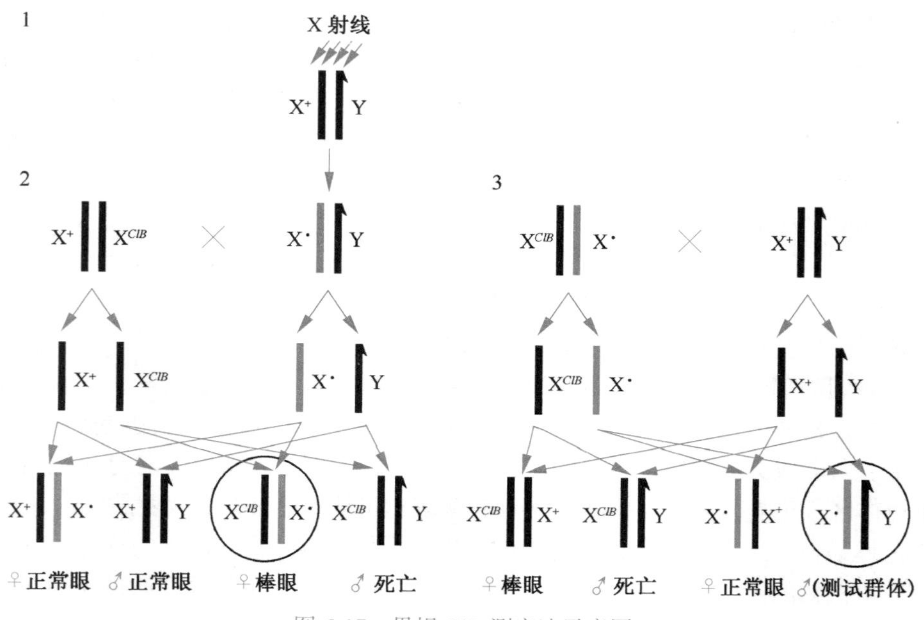

图 6-17　果蝇 ClB 测定法示意图

①用射线（如X射线）处理X染色体正常的显性雄果蝇（$X^{+}Y$）；部分X染色体上的显性基因突变（$X^{+}\rightarrow X^{-}$）；带X染色体的配子有两种类型：X^{+}和X^{-}，由于不能直接将其区分开，可用$X^{\cdot}$表示。②用该雄果蝇与$X^{+}X^{ClB}$交配；由于倒位区段抑制交换，后者只产生两种类型的配子，分别带X^{+}和X^{ClB}染色体；杂交子代存活个体包括3种类型：$X^{\cdot}X^{ClB}$（棒眼雌性）、$X^{\cdot}X^{+}$（正常眼雌性）和$X^{+}Y$（正常眼雄性）；此时仍然不能根据表型鉴定前两种个体的$X^{\cdot}$染色体上基因是否突变。③再用后代中棒眼雌性（$X^{\cdot}X^{ClB}$）与显性雄果蝇（$X^{+}Y$）交配；由于倒位仍然抑制$X^{\cdot}$与X^{ClB}交换，因此棒眼雌性（$X^{\cdot}X^{ClB}$）也只产生两种类型的配子，分别含$X^{\cdot}$和X^{ClB}染色体。后代中$X^{ClB}Y$雄果蝇不能存活，存活的$X^{\cdot}Y$雄性个体中，$X^{\cdot}$染色体上的基因呈半合状态，其中未突变的为X^{+}，表现显性性状；而发生隐性突变的为X^{-}，表现隐性性状。④雄果蝇中隐性个体的比例就是该基因的诱变（突变）频率。

理论上，诱导处理的雄果蝇X染色体上所有显性基因突变频率都能通过一次ClB测验来测定。另外，由于诱变处理通常具有较高的突变频率，如果在最后的子代雄果蝇中没有发现隐性个体，则可能是发生了高频率的隐性致死突变。

五、利用易位创造玉米核不育系的双杂合保持系

玉米雄性不育核基因（*ms*）通常对其雄性可育基因（*Ms*）为隐性，核雄性不育系（*msms*）与可育植株（*MsMs*）杂交后代雄性可育（*Msms*）；而不育系与杂合株（*Msms*）杂交后代为一半可育株（*Msms*）与一半不育株（*msms*）的混合群体。找不到能与不育系杂交产生完全不育系群体的保持系（参见第十一章）。已经发现玉米的第1、3、5、6、7、8、9和10染色体上都载有*ms*及其等位的*Ms*。

曾有人提出利用易位来创造核雄性不育系的双杂合保持系。以位于第6染色体上的不育基因ms_1不育系（ms_1ms_1）为例，其双杂合保持系为：育性基因杂合（Ms_1ms_1）、第6染色体杂合（$66^{9}99$——包含一条正常的第6染色体和一条6-9易位染色体，但具有一对正常的第9染色体）、可育基因Ms_1位于易位染色体上（6^{9}）。易位片段也可以来自任意其他染色体，如图6-18所示，这种双杂合保持系可以从6-9相互易位杂合体（$66^{9}99^{6}$）与正常染色体、育性基因杂合体杂交后代中筛选得到。

双杂合保持系产生2种小孢子：带有Ms_1基因的花粉为重复-缺失小孢子，因而是败育的；带有ms_1基因的小孢子染色体组成正常，因而可育。雄性不育系与双杂合体杂交子代植株都是ms_1ms_1的雄性不育株，雄性不育得到保持（图6-18）。

六、利用易位鉴别家蚕的性别

在家蚕养殖中，雄蚕食桑量小，吐丝早，出丝率高，丝的质量也更高，因此经济价值明显高于雌蚕。家蚕的性别决定为ZW型，研究发现其卵壳颜色受第10染色体上的*B*基因控制，野生型卵壳为黑色（*B*）。诱导突变可获得隐性基因（*b*），表现为白色卵壳。用X射线处理雌蚕，从后代中筛选到带有W-10易位染色体（含*B*基因）的雌性品系。该品系与白卵雄蚕杂交后代中，黑卵全为雌蚕，而白卵全为雄蚕（图6-19），采用光学仪器就能够自动鉴别蚕卵的性别。

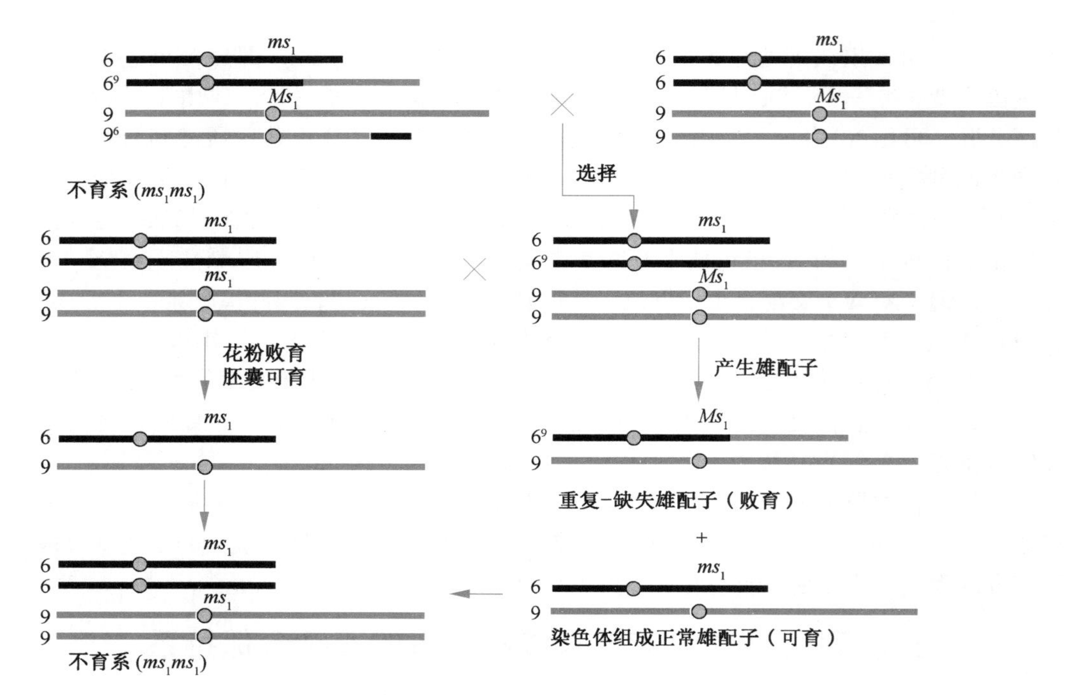

图 6-18　玉米雄性不育双杂合保持系的获得与应用机制

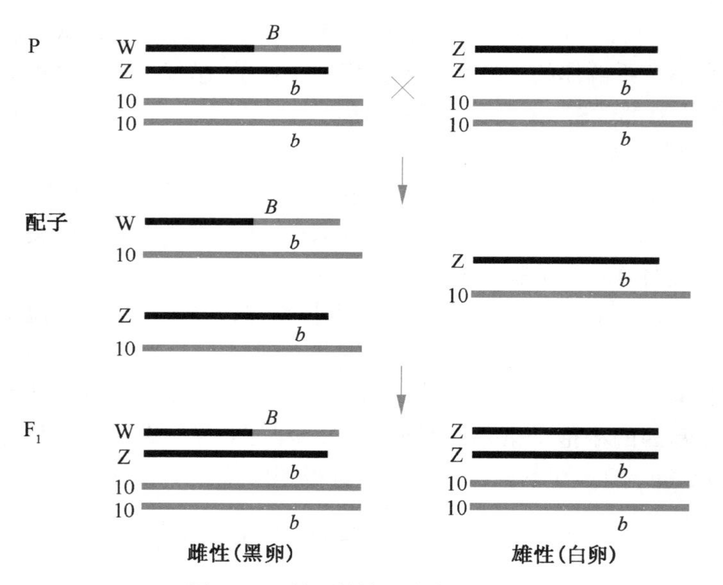

图 6-19　利用易位鉴定家蚕性别

复习题

1. 缺失可分为哪两种类型？两者的细胞学特征各是什么？
2. 某植株是隐性 *aa* 纯合体，用显性 *AA* 纯合体的花粉给它授粉，在 500 株 F_1 中，有 2 株表现型为隐性 *a*。如何解释和证明这个杂交结果？
3. 某玉米植株是第 9 染色体的缺失杂合体，同时也是 *Cc* 杂合体，糊粉层有色基因 *C* 在缺失染色体上，与 C 等位的无色基因 c 在正常染色体上。玉米的缺失染色体一般不能通过花粉而遗传。在一次以该缺失杂合体植株为父本与正常 cc 纯合体为母本的杂交中，得到10%有色的杂交籽粒。试解释发生这种现象的原因。

4. 如何利用染色体缺失进行基因定位？
5. 顺接重复和反接重复的形成有何不同？哪一种更常见？
6. 染色体区段重复会产生哪些遗传效应？
7. 如何通过细胞学观察区分臂内倒位和臂间倒位？
8. 某个体的一对同源染色体的区段顺序有所不同，一个是abcde · fg，另一个是adcbe · fg（“·”代表着丝粒）。试回答下列问题：
   （1）这对染色体在减数分裂时怎样联会？
   （2）如果在减数分裂时，b-c之间发生一次非姊妹染色单体的交换，图解说明二分体和四分体的染色体结构，并指出所产生配子的育性。
   （3）如果在减数分裂时，着丝粒与e之间和b-c之间各发生一次交换，但两次交换所涉及的非姊妹染色单体不同，图解说明二分体和四分体的染色体结构，并指出所产生配子的育性。
9. 某生物有3个不同的变种，各变种的某染色体区段顺序分别为：ABCDEFGHIJ，ABCHGFIDEJ，ABCHGFEDIJ。试分析这3个变种的进化关系。
10. 臂内倒位和臂间倒位为什么被称为“交换抑制因子”，那么交换是否真的被抑制而没有发生呢？
11. 倒位杂合体和易位杂合体都会产生不育的配子，这两种不育现象表现有何差异？
12. 玉米中 a、b 两基因正常情况下是连锁的，曾发现它们在一个品种中表现为独立遗传，试解释这种现象。
13. 某植物染色体1区段正常顺序为ABCDEF，染色体2区段正常顺序为MNOPQR。两条染色体发生相互易位，两条易位染色体区段顺序分别为：ABCPQR和MNODEF。图示易位杂合体减数分裂粗线期染色体联会形态，并分析花粉育性情况。
14. 易位杂合体植株自交可以产生哪几种染色体组成的子代？比例如何？
15. 玉米第6染色体的1个易位点（T）距离黄胚乳基因（Y）较近，T 与 Y 之间的重组率为20%，以黄胚乳的易位纯合体与正常的白胚乳纯系（yy）杂交，再以 F_1 与白胚乳纯系测交，试解答以下问题：
   （1）F_1 和白胚乳纯系分别产生哪些可育配子？图解分析。
   （2）测交子代（F_t）的基因型和表现型（黄粒或白粒，完全可育或半不育）的种类和比例如何？图解说明。
16. 用叶基边缘有条纹（f）和叶中脉棕色（bm_2）的正常玉米品系（$ffbm_2bm_2$）与叶基边缘和中脉色都正常的易位纯合体（$FFBm_2Bm_2TT$）杂交，F_1 植株的叶边缘和脉色都正常，但为半不育。检查发现该 F_1 的孢子母细胞内在粗线期有十字形的四重体。再用隐性纯合亲本与 F_1 测交，测交子代（F_t）的分离见下表。已知 F-f 和 Bm_2-bm_2 本来连锁在染色体1的长臂上，问易位点（T）与这两对基因的位置关系如何？

叶基边缘有无白条纹	中脉色	育性	
		半不育	全育
无	正常	96	9
有	棕色	12	99
无	棕色	2	67
有	正常	63	3

17. 采用电离辐射诱导染色体结构变异与诱导基因突变在处理方法上有什么不同？为什么？

本章课程视频

第七章　染色体数目变异

资源 7-1

19 世纪末，荷兰植物学家弗里斯（H. de Vries）在普通月见草（*Oenothera lamarckiana*）中发现了一种组织和器官明显增大的变异株，将其命名为巨型月见草（*O. gigas*）。当时以为是普通月见草发生了基因突变的产物。但随后的细胞学研究发现，这种巨型月见草的染色体数是 $2n = 28$，正好是普通月见草染色体数（$2n = 14$）的 2 倍。这一发现使人类开始认识到，染色体数目的变异也可以导致生物遗传性状的改变。

第一节　染色体数目变异的类型

一、染色体组的概念和特征

一种生物维持基本生命活动所必需的一套染色体称为染色体组或基因组（genome）。染色体组的基本特征是：一个染色体组所包含的所有染色体的形态、结构和连锁群彼此不同，它们构成了一个完整而协调的体系，载荷着该种生物体生长发育和繁殖后代所必需的全部遗传物质，缺少其中的任何一条都会造成生物体的性状变异、不育甚至死亡。

通常用“x”表示一个染色体组中的染色体数目。一般来说，x 所包含的染色体数就是一个属的染色体基数。例如，小麦属 $x = 7$，该属中各个不同物种的染色体数都是以 7 为基数变化的，野生一粒小麦 $2n = 2x = 14$，野生二粒小麦 $2n = 4x = 28$，普通小麦 $2n = 6x = 42$。不同种属的染色体组所包含的染色体数可能相同，也可能不同。例如，大麦属 $x = 7$，葱属 $x = 8$，芸薹属 $x = 9$，高粱属 $x = 10$，烟草属 $x = 12$，稻属 $x = 12$，棉属 $x = 13$。

x 与 n 的含义不同，x 表示一个染色体组中的染色体数目，表示物种进化过程中的染色体倍数性关系。n 用于个体发育的范畴，指某个物种配子体世代或单倍体细胞中的染色体数目，孢子体世代细胞中的染色体数目用 $2n$ 表示，n、$2n$ 与染色体的倍数性无关。二倍体物种的配子中只含有一个染色体组，$n = x$，而多倍体物种的配子可能含有 2 个、3 个甚至更多个染色体组，即 $n = 2x$、$3x$ 等。所以，n、$2n$ 只表示性细胞、体细胞中的染色体数，x 才表示物种之间的倍数性关系。

二、整　倍　体

染色体数是 x 整倍数的个体或细胞称为整倍体（euploid）。$2n = 2x$ 的个体或细胞称为二倍体（diploid），$2n = 4x$ 的称为四倍体（tetraploid），$2n = 6x$ 的称为六倍体（hexaploid），以此类推。二倍体的配子内只有一个染色体组，所以是一倍体（monoploid）。四倍体与二倍体杂交（$4x \times 2x$）的子代是三倍体（$3x$，triploid），六倍体与四倍体杂交（$6x \times 4x$）的子代是五倍体（$5x$，pentaploid）。三倍和三倍以上的整倍体统称为多倍体（polyploid）。染色体组相同的多倍体称为同源多倍体（autopolyploid），所有染色体组来自同一物种，一般是由二倍体经染色体数目加倍形成的。染色体组不同的多倍体称为异源多倍体（allopolyploid），其染色体组来自不同物种，一般是由不同种、属间的杂交种经染色体数目加倍形成的。例如，有甲、乙、丙 3 个二倍体物种（图 7-1），其染色体组分别表示为

AA、BB、CC，其中 A、B 和 C 代表 3 个不同的染色体组。若使甲、乙和丙的染色体数加倍，则分别形成 3 个不同的同源四倍体，即 AAAA、BBBB、CCCC。四倍体 AAAA 与二倍体 AA 杂交的子代是同源三倍体，$2n = 3x =$ AAA。甲、乙两个二倍体杂交子代的染色体组是 AB，其染色体数加倍就成为 $2n = 4x =$ AABB 的异源四倍体。同理，异源四倍体 AABB 与二倍体 CC 杂交，子代是异源三倍体 ABC，再经染色体数加倍就成为异源六倍体（$2n = 6x =$ AABBCC）。若异源四倍体 AABB 的染色体数加倍，就形成同源异源八倍体（$2n = 8x =$ AAAABBBB）。

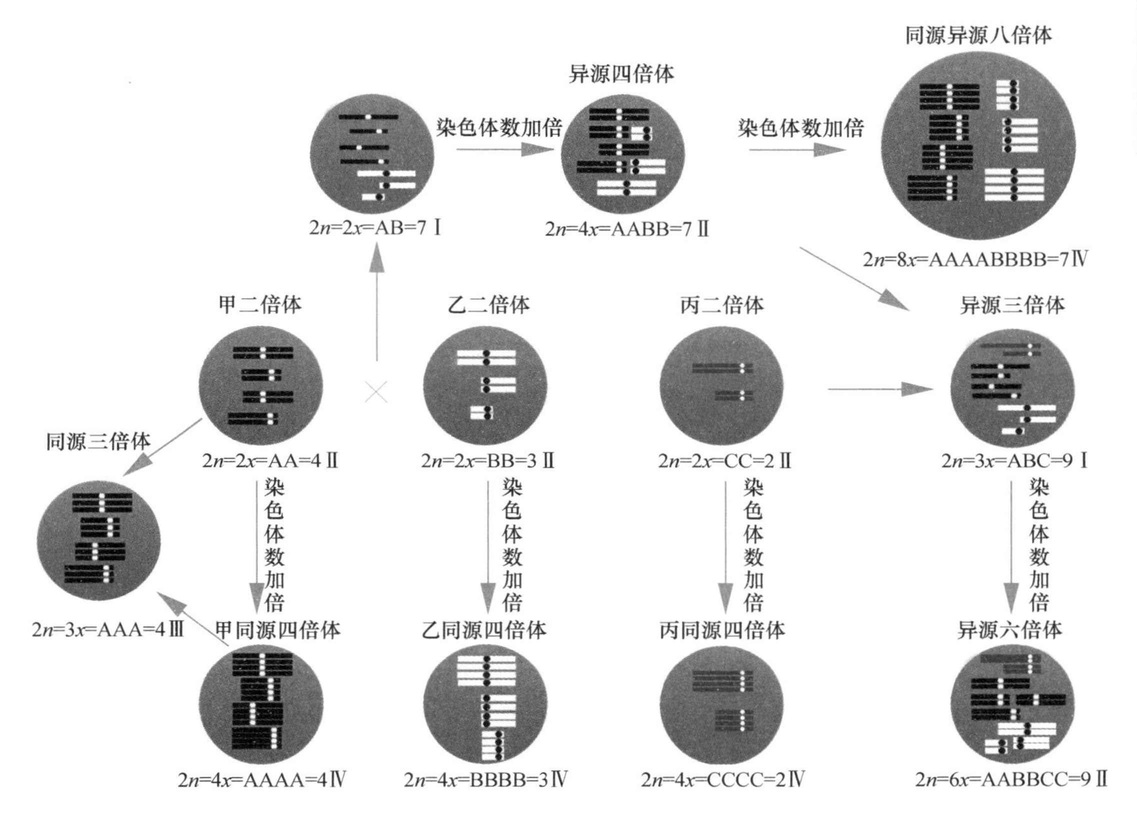

图 7-1 多倍体染色体组的组合示意图

三、非 整 倍 体

若在正常合子染色体数（$2n$）的基础上增加或减少 1 条或若干条染色体的个体或细胞统称为非整倍体（aneuploid）。染色体数多于 $2n$ 的非整倍体称为超倍体（hyperploid），染色体数少于 $2n$ 的非整倍体称为亚倍体（hypoploid）。非整倍体的种类很多，但在遗传学研究中常用的只有几种（图 7-2）。

在超倍体中，常见的主要是三体、双三体和四体。在正常 $2n$ 的基础上，增加 1 条染色体的个体或细胞称为三体（trisomic），其染色体组成为 $2n + 1 = (n - 1)$ Ⅱ + Ⅲ。在正常 $2n$ 基础上，有 2 对染色体各自都增加 1 条的个体或细胞称为双三体（ditrisomic），其染色体组成为 $2n + 1 + 1 = (n - 2)$ Ⅱ + 2 Ⅲ。在正常 $2n$ 基础上，某一对染色体多了两

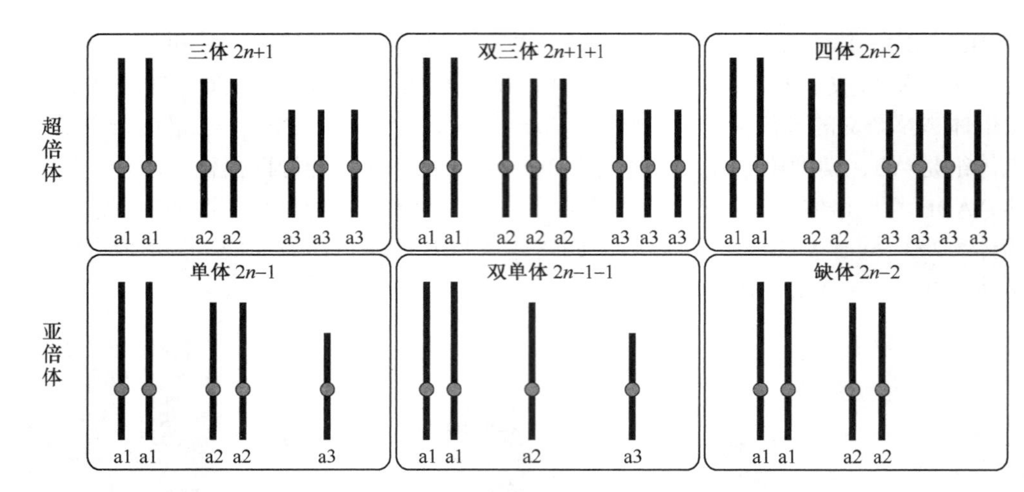

图 7-2 非整倍体的几种常见类型

个成员的个体或细胞称为四体（tetrasomic），其染色体组成为 $2n+2=(n-1)$ Ⅱ + Ⅳ。

在亚倍体中，染色体数比正常 $2n$ 少 1 条的个体或细胞称为单体（monosomic），其染色体组成为 $2n-1=(n-1)$ Ⅱ + Ⅰ。两对染色体各缺少 1 条的个体或细胞称为双单体（double monosomic），其染色体组成为 $2n-1-1=(n-2)$ Ⅱ + 2 Ⅰ。某对染色体的 2 条全部丢失了的个体或细胞称为缺体（nullisomic），其染色体组成为 $2n-2=(n-1)$ Ⅱ。为了同各种非整倍体区别，通常称 $2n$ 的正常个体为双体（disomic）。

第二节 整 倍 体

一、同源多倍体

（一）同源多倍体的形态特征

染色体倍数的增加一般会给生物体带来一系列的变化。例如，二倍体的西葫芦（*Cucurbita pepo*）的果实为梨形，而同源四倍体的果实却是扁圆形的。同源多倍体在形态上一般表现巨大型的特征，倍数越多，细胞体积和细胞核体积越大，组织和器官也有趋大的倾向，如四倍体葡萄的果实明显大于其二倍体。

一般情况下，同源多倍体的气孔和保卫细胞比二倍体大，单位面积内的气孔数比二倍体少。例如，二倍体桃树（$2n=2x=16$）的气孔长 5.49（接目镜测微尺的刻度）、宽 4.23，而三倍体桃树（$2n=3x=24$）分别为 6.1 和 4.45。甜菜的气孔和保卫细胞，四倍体大于其二倍体，八倍体又大于四倍体（图 7-3）。另外，大多数同源多倍体的叶片大小、花朵大小、茎粗和叶厚都随染色体倍数的增加而递增，其成熟期也随之递延。然而，这样的递增或递延关系并不是绝对的。染色体倍数超过一定限度，同源多倍体的器官和组织就不再随着增大了。例如，甜菜最适宜的同源倍数是三倍而不是四倍。也有例外的情况，同源多倍体的器官和组织不增大甚至变小。例如，同源八倍体玉米的植株比同源四倍体矮壮，大花马齿苋（*Portulaca grandiflora*）同源四倍体的花并不比二倍体的大，车前（*Plantago asiatica*）同源四倍体的花反而比二倍体小。

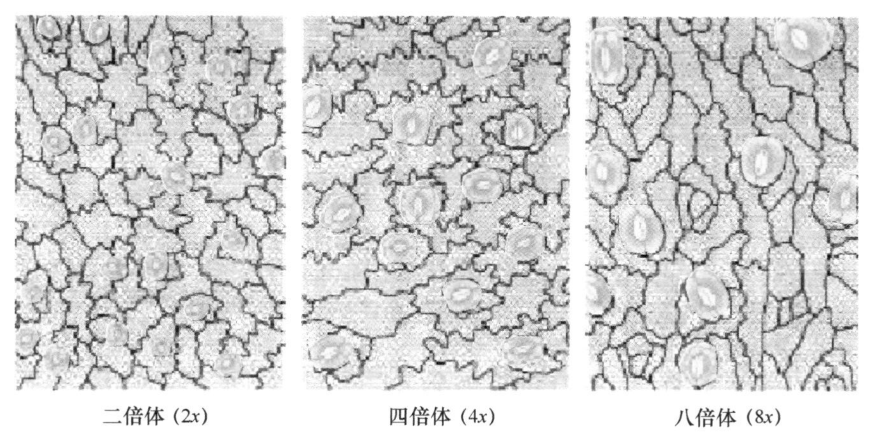

图 7-3 不同倍数甜菜叶片气孔大小的比较

（二）同源多倍体的基因剂量效应

在同源多倍体细胞中，同源染色体不是成对的而是成组的。由 3 个或 3 个以上的同源染色体组成的一组染色体称为同源染色体组或同源组。

假如 1 对等位基因 *A* 和 *a*，对于一个二倍体生物，其基因型只有 3 种：*AA*、*Aa* 和 *aa*。而同源三倍体的基因型则有 4 种：*AAA*（三式）、*AAa*（复式）、*Aaa*（单式）和 *aaa*（零式）。同理，同源四倍体有 *AAAA*（四式）、*AAAa*（三式）、*AAaa*（复式）、*Aaaa*（单式）和 *aaaa*（零式）5 种不同的基因型。随着同源染色体数目的增加，其基因剂量也随之增加。

一般情况下，随着基因剂量的增加，生化代谢活动也随之加强。例如，大麦同源四倍体籽粒的蛋白质含量比二倍体原种提高 10% ~ 12%；同源四倍体玉米籽粒内类胡萝卜素含量比二倍体原种增加 43%。但是也有相反的情况，如二倍体大麦的白化基因（a_7）是正常绿色基因（A_7）的隐性等位基因，在二倍体大麦加倍为同源四倍体以后，零式植株仍然是白化致死的，复式、三式和四式虽都是正常绿色的，但四式植株比复式和三式植株矮小，结实率也较低。菠菜是雌雄异株的植物，雌株是 XX 型，雄株是 XY 型，同源四倍体植株的 X 染色体和 Y 染色体有 5 种不同的组成：XXXX、XXXY、XXYY、XYYY 和 YYYY，其中只有 XXXX 发育为雌株，其余的都是雄株，说明菠菜的 Y 染色体具有重要的雄性决定效应。

同源多倍体在动物中比较少见，这是因为大多数动物是雌雄异体，染色体稍微不平衡就会引起不育，甚至不能生存。即使能产生多倍体个体，也只能依靠无性生殖来繁衍。例如，甲壳类的丰年鱼（*Artemia* sp.），二倍体（$2n = 2x = 42$）进行两性生殖，而四倍体（$2n = 4x = 84$）只能通过单性生殖来繁殖。在蝾螈、蛙及家蚕等中都发现过三倍体和四倍体，但都不能正常地生存下去。但在某些动物的特定组织中存在着能进行正常生命活动的同源多倍体细胞，如人类的肝脏和肾脏组织。

（三）同源多倍体的联会和分离

减数分裂的正常进行是物种能否在自然条件下保持及繁衍的基础。自然界中同源多倍体可表现出多种特有的遗传现象，染色体倍数的增加导致减数分裂过程的异常是同源多倍体最明显的遗传特征。一般来讲，在自然情况下，同源多倍体中同源染色体在减数分裂后期 Ⅰ 不能均衡分离，产生不育配子的比例很高，所以很难留下子代。即使产生子代，往往也和亲代不同，不再是同源多倍体而是非整倍体。因此，人们所见到的同源多倍体大多数是人工创造和保存下来的，自然界只有极少数植物是能够自己繁殖的同源多倍体种。

在自然界，一般多年生植物自然产生同源多倍体的频率高于一年生植物，自花授粉植物高于异花授粉植物，无性繁殖植物高于有性繁殖植物。一年生植物如果在变为多倍体的当年不开花结实，就死亡而绝种，而多年生植物如果在变为多倍体的当年不开花结实，还可以等到来年。异花授粉植物在变为同源多倍体之后，只能同二倍体原种杂交，产生高度不育的三倍体子代。无性繁殖不需要经过减数分裂过程，自然出现同源多倍体的频率比较高。

染色体在减数分裂时联会成多价体（multivalent）是同源多倍体的细胞学特征。但是，同源多倍体的联会是局部联会，每个同源组中的所有染色体可以联会成一个多价体，而在任何同源区段内只能有 2 条染色体联会，而将其他染色体的同源区段排斥在联会之外。因此，多价体联会松弛，交叉较少，常常提早解离（desynapsis），即在多价体向赤道面转移之前，就已经松解为单价体、二价体等。下面以同源三倍体和同源四倍体为例来说明同源多倍体的联会和基因分离。

1. 同源三倍体的联会和分离

同源三倍体中每个同源组的 3 条染色体，在任何同源区域内只能有 2 条染色体参与联会，而将第 3 条染色体排斥在外（图 7-4）。3 条同源染色体可能有 2 种联会形式，并有几种分离的可能。

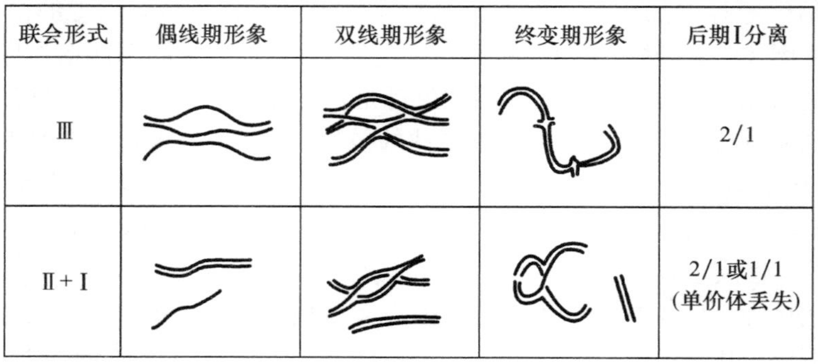

联会形式	偶线期形象	双线期形象	终变期形象	后期Ⅰ分离
Ⅲ				2/1
Ⅱ+Ⅰ				2/1或1/1 (单价体丢失)

图 7-4　同源三倍体每个同源组的联会和分离

一是 3 条染色体都参与联会，形成三价体（Ⅲ），但在任何同源区域只能两两联会。后期 Ⅰ 染色体只能 2/1 分离，即同源组中的 2 条染色体分向一极，另 1 条分向另一极，这样的分离是不均衡分离。二是 3 条染色体中有 2 条联会成二价体（Ⅱ），而第 3 条不参与联会，成为单价体（Ⅰ）。后期 Ⅰ 有可能以 2/1 式不均衡分离，也有可能单价体消失在细胞质中，而二价体则以 1/1 式均衡地分向两极。不管是哪一种情况，都将造成同源三倍体减数分裂产物中染色体组分的不平衡。

如果同时考虑几个同源组，减数分裂产物中染色体数不均衡现象就会更加严重。同源三倍体减数分裂产物中的染色体数目高度紊乱，导致所形成配子败育，不能正常参与受精，从而使同源三倍体表现出高度不育的特征。也正是由于这个原因，同源三倍体的基因分离缺乏规律性。曼陀罗（$n = x = 12$）同源三倍体（$2n = 3x = 36 = 12$ Ⅲ）的染色体不均衡分离就是一个很好的例证（表 7-1）。

表 7-1 曼陀罗同源三倍体（$2n = 3x = 36 = 12$ Ⅲ）12 个同源组的分离（%）

分离	12/24	13/23	14/22	15/21	16/20	17/19	18/18
大孢子母细胞	—	3.5	9.0	14.0	21.5	34.5	17.5
小孢子母细胞	0.8	4.5	8.5	14.5	22.9	30.8	18.0

同源三倍体的高度不育性虽然对生物体本身不利，但人们却巧妙地利用这一特性为人类服务，如无籽西瓜、无核葡萄的育成。同源三倍体的不育性也有例外。例如，三倍体菠菜的结实率与其二倍体相似；马铃薯的三倍体也能结出部分种子。

2. 同源四倍体的联会和分离

1）同源四倍体在减数分裂中的联会

同源四倍体的每个同源组有 4 个成员，由于在任何同源区段只能有 2 条染色体参与联会，因此每个同源组的 4 条染色体在减数分裂前期Ⅰ联会时可能出现 4 种形式（图 7-5）。

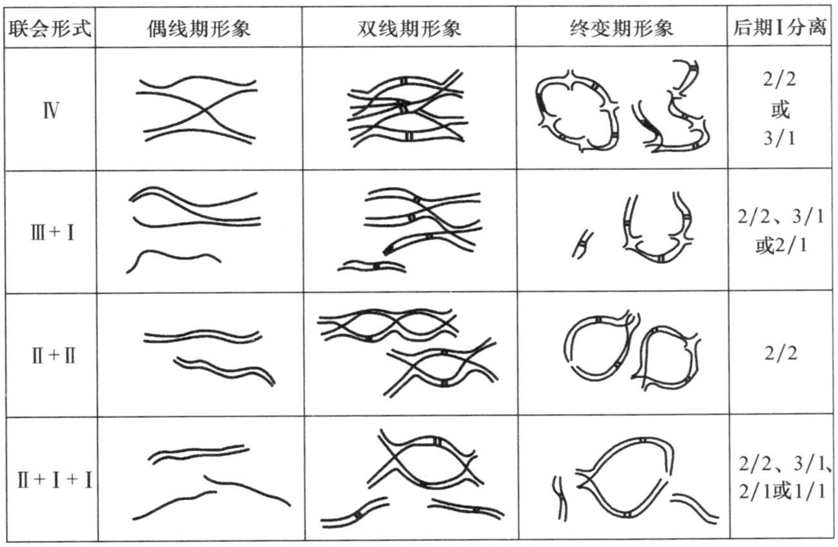

联会形式	偶线期形象	双线期形象	终变期形象	后期Ⅰ分离
Ⅳ				2/2 或 3/1
Ⅲ+Ⅰ				2/2、3/1 或2/1
Ⅱ+Ⅱ				2/2
Ⅱ+Ⅰ+Ⅰ				2/2、3/1、2/1或1/1

图 7-5 同源四倍体每个同源组的联会和分离

4 条染色体联会成 1 个四价体（Ⅳ），后期Ⅰ可能呈 2/2 式均衡分离，也可能呈 3/1 式不均衡分离。

4 条染色体中 3 条联会成三价体，另 1 条不联会，以单价体的形式存在（即Ⅲ + Ⅰ），后期Ⅰ可能是 2/2 式均衡分离，也可能是 3/1 式或 2/1 式不均衡分离。

4 条染色体联会成两个二价体（Ⅱ + Ⅱ），后期Ⅰ以 2/2 式均衡分离。

4 条染色体中有 2 条联会成二价体，另 2 条以两个单价体存在（Ⅱ + Ⅰ + Ⅰ），后期

Ⅰ可能是2/2式分离，也可能是3/1、2/1或1/1式分离。每个同源组的4条染色体都可能发生不均衡分离，造成减数分裂产物内染色体数目和组合成分的不平衡，从而造成同源四倍体的部分不育及其子代染色体数的多样性变化。但多数情况下，同源四倍体的联会以四价体（Ⅳ）和2个二价体（Ⅱ + Ⅱ）为主，后期Ⅰ分离也主要是2/2式。根据对玉米同源四倍体（$2n = 4x = 40 = 10$ Ⅳ）小孢子母细胞的观察，每个同源组都以联会成四价体（Ⅳ）和两个二价体（Ⅱ + Ⅱ）为主，只有少数是其他形式的联会。由于Ⅱ + Ⅱ式联会必然是2/2式分离，Ⅳ也主要是2/2式分离，多数配子含有20条染色体。因此，同源四倍体配子大部分是可育的。

2）同源四倍体的基因分离

既然同源四倍体形成的配子多数可育，就有必要进一步研究染色体上基因的分离情况。同源四倍体的基因分离方式取决于所研究的基因与着丝粒之间的距离。如果基因（*A-a*）距着丝粒较近，非姊妹染色单体在该基因座与着丝粒之间很少发生交换时，则该基因就随着染色体的随机分离而分离，这种分离方式称为基因的染色体随机分离（random chromosome segregation）。如果基因（*A-a*）距着丝粒较远，非姊妹染色单体在该基因座与着丝粒之间容易发生交换，则该基因就随染色单体随机地分离，这种分离方式称为基因的染色单体随机分离（random chromatid segregation）。

同源四倍体某一基因座上有3种杂合基因型：三式（*AAAa*）（图7-6）、复式（*AAaa*）或单式（*Aaaa*）。现以三式（*AAAa*）同源四倍体为例，并假定都是2/2式分离的情况下，来讨论基因的分离。

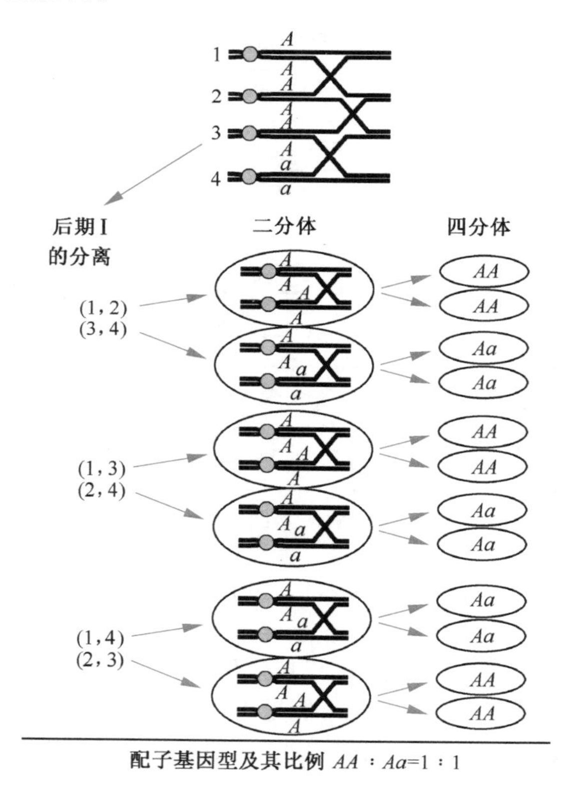

图7-6 三式（*AAAa*）同源四倍体的染色体随机分离示意图

（1）染色体随机分离。假设有三式同源四倍体 *AAAa*，其基因 *A*、*A* 和 *A* 分别位于同源组的 1 号染色体、2 号染色体和 3 号染色体的 *A-a* 座位上，*a* 在 4 号染色体的 *A-a* 座位上。按照 2/2 式分离，这 4 条同源染色体在减数分裂后期Ⅰ总共有 3 种分离方式，即（1,2）/（3,4）、（1,3）/（2,4）和（1,4）/（2,3），且 3 种分离方式的概率均等。如图 7-6 所示，所形成的配子基因型种类和比例为 *AA*：*Aa* = 1：1。假如雌、雄配子都以相同的比率参与受精，理论上同源四倍体自交子代的基因型种类和比例应为（1*AA*：1*Aa*）^{2} = 1*AAAA*：2*AAAa*：1*AAaa*，其表现型均为［A］，不会出现隐性［a］表现型。同理，可以推出复式（*AAaa*）和单式（*Aaaa*）同源四倍体的染色体随机分离结果（表 7-2）。

表 7-2　同源四倍体等位基因的染色体随机分离结果

基因型	配子比例			自交后代基因型比例					表现型比例	
	AA	*Aa*	*aa*	A^4	A^3a	A^2a^2	Aa^3	a^4	显性［A］	隐性［a］
AAAa	1	1		1	2	1			1	0
AAaa	1	4	1	1	8	18	8	1	35	1
Aaaa		1	1			1	2	1	3	1

（2）染色单体随机分离。如果同源四倍体 *AAAa* 发生染色单体随机分离，则某一染色单体上的基因可以通过交换而与其他非姊妹染色单体上的基因互换位置，而且这种交换在染色单体间是随机进行的。就是说，同源组中的 8 条染色单体上的 8 个基因（*AAAAAAaa*）中的任何 2 个成员都有可能分配到一个配子中去。因此，同源四倍体 *AAAa* 形成的配子基因型种类和比例为

$$AA = C_6^2 = 6!/（6-2）!2! = 15$$
$$Aa =（C_6^1）（C_2^1）=（6!/5!）（2!）= 6 \times 2 = 12$$
$$aa = C_2^2 = 1$$

AA：*Aa*：*aa* = 15：12：1，其中有 1/28 隐性纯合 *aa* 基因型配子，这与染色体随机分离的结果不同。假如雌、雄配子都以相同的比率参与受精，则自交子代基因型种类和比例理论上应为：（15*AA*：12*Aa*：1*aa*）^{2} = 225A^4：360A^3a：174A^2a^2：24Aa^3：1a^4，表现型的种类和比例为 783［A］：1［a］。同理可以推及复式（*AAaa*）和单式（*Aaaa*）同源四倍体的染色单体随机分离的结果（表 7-3）。

表 7-3　同源四倍体等位基因的染色单体随机分离结果

基因型	配子比例			自交后代基因型比例					表现型比例	
	AA	*Aa*	*aa*	A^4	A^3a	A^2a^2	Aa^3	a^4	显性［A］	隐性［a］
AAAa	15	12	1	225	360	174	24	1	783	1
AAaa	3	8	3	9	48	82	48	9	20.8	1
Aaaa	1	12	15	1	24	174	360	225	2.44	1

对曼陀罗、玉米、番茄、苜蓿、水稻、菠菜等植物同源四倍体的分析结果表明，多数基因的实际分离比例介于染色体随机分离和染色单体随机分离之间。一是由于某些同源组的 4 条染色体不都是 2/2 式均衡分离；二是由于基因与着丝粒之间能否发生交换是相对的，在一些孢子母细胞中可能是染色体随机分离，而在另一些孢子母细胞中则可能是染色单体随机分离。

二、异源多倍体

异源多倍体在植物界广泛存在，是物种演化的一个重要因素。据分析，中欧植物的652个属中有419个属是由异源多倍体种组成的。在被子植物纲内，异源多倍体物种占30%~35%。小麦、燕麦、棉花、烟草、甘蔗等农作物，苹果、梨、樱桃等果树，菊花、水仙、郁金香等花卉，都是异源多倍体。在动物中，异源多倍体极为罕见，马蛔虫（*Parascaris equorum*）有 $2n = 2$ 和 $2n = 4$ 的个体可能是唯一的实例。根据染色体组数目的奇、偶性，可将异源多倍体划分为偶倍数的异源多倍体和奇倍数的异源多倍体。

（一）偶倍数的异源多倍体

偶倍数的异源多倍体是指各同源染色体组的染色体都是成对存在的异源多倍体。在这一类多倍体中，同源染色体都是成对的，在减数分裂前期Ⅰ，所有染色体可以像正常的二倍体那样联会成二价体，后期Ⅰ成对染色体均衡地分向两极，从而形成正常的配子，受精后产生正常的合子，表现出与二倍体相同的遗传规律，从而保证了物种的生存和繁衍。

自然界能够自繁的异源多倍体种几乎都是偶倍数的。例如，普通烟草（$2n = 4x =$ TTSS = 48 = 24Ⅱ），是由一个二倍体（$2n = 2x =$ TT = 24 = 12Ⅱ）的拟茸毛烟草（*Nicotiana tomentosiformis*）和另一个二倍体（$2n = 2x =$ SS = 24 = 12Ⅱ）的林烟草（*N. sylvestris*）合成的异源四倍体。普通烟草具有两个二倍体物种的染色体组成，即TT和SS，故又称为双二倍体（amphidiploid）。

普通小麦为异源六倍体（$2n = 6x =$ AABBDD = 42 = 21Ⅱ），其A染色体组的7条染色体分别命名为1A、2A、3A、4A、5A、6A和7A；B染色体组的7条染色体分别为1B、2B、3B、4B、5B、6B和7B；D染色体组的7条染色体分别为1D、2D、3D、4D、5D、6D和7D。在这3个染色体组间，编号相同的染色体之间具有部分同源（homoeologous）关系。例如，1A、1B和1D是部分同源的，2A、2B和2D是部分同源的，以此类推。在部分同源染色体上有少数基因座的功能是相同的，因而在遗传上，部分同源染色体有部分相互补偿功能。例如，控制小麦粒色遗传的3对基因 R_1-r_1、R_2-r_2 和 R_3-r_3 就分别位于3D、3A和3B染色体上。普通小麦减数分裂时，正常情形是1A与1A联会、1B与1B联会、1D与1D联会，即同源联会（autosynapsis）。但在小麦单倍体中，由于每条染色体都是成单的，具有部分同源关系的染色体之间也可能发生异源联会（allosynapsis），如1A可能与1B或1D联会等。

如果某异源多倍体的不同染色体组间有较高程度的同源关系，这样的多倍体称为节段异源多倍体（segmental allopolyploid）。节段异源多倍体在减数分裂时，染色体除了联会成二价体外，还会出现或多或少的多价体，从而造成某种程度的育性下降。

在大多数异源多倍体物种中，不同染色体组所含染色体数常常是相同的。如上述的普通烟草中的T组和S组都含有12条染色体；普通小麦的A、B和D组都有7条染色体。但也有些异源多倍体的不同染色体组的染色体数不同。例如，芥菜型油菜（*Brassica juncea*）是异源四倍体（$2n = 4x = 36 =$ 8Ⅱ + 10Ⅱ = 18Ⅱ），它由黑芥（*B. nigra*，$2n = 2x = 16 =$ 8Ⅱ）提供 $x = 8$ 的染色体组，由白菜型油菜（*B. campestris*，$2n = 2x = 20 =$ 10Ⅱ）

提供 $x = 10$ 的染色体组。甘蓝型油菜（*B. napus*）也是异源四倍体（$2n = 4x = 38 = 9$ Ⅱ + 10 Ⅱ），白菜型油菜为其提供 $x = 10$ 的染色体组，甘蓝（*B. oleracea*，$2n = 2x = 18 = 9$ Ⅱ）提供 $x = 9$ 的染色体组。

（二）奇倍数的异源多倍体

奇倍数的异源多倍体是指含有奇数个染色体组的异源多倍体。它们一般是不同的偶倍数异源多倍体的种间杂交后代。例如，异源六倍体普通小麦（$2n = 6x$ = AABBDD = 42 = 21 Ⅱ）与异源四倍体圆锥小麦（*Triticum turgidum*，$2n = 4x$ = AABB = 28 = 14 Ⅱ）的杂交子代 F_1 为异源五倍体（$2n = 5x$ = AABBD = 35 = 7 Ⅱ + 7 Ⅱ + 7 Ⅰ）。普通小麦与异源四倍体提莫菲维小麦（*T. timopheevii*，$2n = 4x$ = AAGG = 28 = 14 Ⅱ）的杂交子代也是异源五倍体（$2n = 5x$ = AABDG = 35 = 7 Ⅱ + 21 Ⅰ）。

上述 2 个 F_1 虽然同是异源五倍体，但它们在减数分裂过程中却有不同的细胞学特征。在普通小麦 × 圆锥小麦的 F_1 孢子母细胞内将出现 14 个二价体和 7 个单价体（14 Ⅱ + 7 Ⅰ），而在普通小麦 × 提莫菲维小麦的 F_1 孢子母细胞内则形成 7 个二价体和 21 个单价体（7 Ⅱ + 21 Ⅰ）。单价体数越多，染色体的分离越紊乱，配子染色体数及其组合成分越不平衡。由于单价体的出现，这 2 个 F_1 都会表现不育，而后者的不育程度要比前者严重得多。所以，奇倍数的异源多倍体很难在自然界存在，除非它可以无性繁殖。

在奇倍数的异源多倍体中，还有一种称为倍半二倍体（sesquidiploid）的异源多倍体。例如，将普通烟草（$4x$ = TTSS = 48）和黏毛烟草（*N. glutinosa*，$2x$ = GG = 24）杂种（$2n = 3x$ = TSG = 36）的染色体数加倍，成为一个新的异源六倍体（$6x$ = TTSSGG = 72 = 36 Ⅱ），再与普通烟草回交，产生异源五倍体的子代（$2n = 5x$ = TTSSG = 60 = 24 Ⅱ + 12 Ⅰ）。这种异源五倍体含有普通烟草的全部染色体组和黏毛烟草一半的染色体组，因此称为倍半二倍体。在染色体工程中，人为地创造倍半二倍体是进行染色体替换的一个重要途径。

三、多倍体的形成途径

多倍体的形成途径主要有两条：一是生物体偶然形成未减数配子，未减数的配子受精结合形成多倍体；二是体细胞染色体数加倍。多倍体不仅可以自然发生，也可以通过各种途径人工创造。一般认为，多倍体的自然发生主要是通过第一条途径，人工创造多倍体则主要是通过第二条途径。

（一）未减数配子结合形成多倍体

自然界中多倍体的形成，主要是由于个别生物体在减数分裂时，偶尔发生染色体不分离现象，形成不减数的配子（$2n$）。未减数的雌、雄配子偶然相遇并受精结合，导致染色体数目加倍，形成多倍体后代。最经典的实例是萝卜甘蓝的形成过程。1928 年，卡贝钦科（G. Karpechenko）将萝卜与甘蓝进行远缘杂交，然后让其 F_1 自交，得到了一个新物种，并称其为萝卜甘蓝（*Raphanobrassica*），其性状表现为根像甘蓝、叶像萝卜。

$$萝卜(2n=2x=RR=18=9Ⅱ)\times 甘蓝(2n=2x=BB=18=9Ⅱ)$$

$$\downarrow$$

$$F_1(2n=2x=RB=18=9Ⅰ+9Ⅰ)$$

$$\downarrow\otimes$$

$$萝卜甘蓝(2n=4x=RRBB=36=9Ⅱ+9Ⅱ)$$

在这个杂交中，由于萝卜染色体组（R）和甘蓝染色体组（B）的差异很大，所以在 F_1 的孢子母细胞内 18 条染色体都是单价体（$2n=2x=RB=18=9Ⅰ+9Ⅰ$），F_1 产生的配子染色体数大多十分紊乱，高度不育。但偶尔也有少数配子含有全套的 R 染色体组和全套的 B 染色体组，即杂种 F_1 形成了少数未减数的配子（$n=2x=RB=18Ⅰ$）。未减数的雌、雄配子偶然结合形成了 $2n=4x=RRBB=36=9Ⅱ+9Ⅱ$ 的合子。

有研究者在二倍体的桃（$2n=2x=16=8Ⅱ$）中挑选出体积较大的花粉粒用于授粉，结果产生了同源三倍体后代（$3x=24=8Ⅲ$）。这些大粒花粉就是未减数的配子（$n=2x=16$）。

倘若未减数的配子含有相同的染色体组，受精后产生同源多倍体；未减数的配子含有不同的染色体组，受精结合后产生异源多倍体。

（二）体细胞染色体数加倍形成多倍体

人工创造多倍体的主要途径是诱导体细胞染色体数加倍。其方法有生物学的（如植物枝条切断伤口处偶尔会有多倍体的愈伤组织产生、组织培养、体细胞融合等）、物理学的（如高温、低温、离心、超声波处理等）和化学的（如秋水仙素、萘骈乙烷、异生长素等化学药剂处理）3 种。其中以用秋水仙素处理的效果最好。当秋水仙素水溶液渗入分生组织，抑制正在分裂的细胞形成纺锤丝，每个染色体所复制的两个姊妹染色单体虽然彼此分开了，却不能分向两极，不能形成 2 个子核，于是细胞内的染色体数就加倍了。染色体数加倍了的细胞脱离秋水仙素的作用，就会恢复正常的有丝分裂，最后成长为多倍体个体。

四、多倍体的应用

人工诱发多倍体在育种中具有重要的应用价值，主要体现在 4 个方面。

1. 克服远缘杂交的不孕性

由于存在生殖隔离，亲缘关系较远的植物种杂交往往不能得到种子。例如，青菜（*Brassica chinensis*，$2n=20=10Ⅱ$）与甘蓝（*B. oleracea*，$2n=2x=18=9Ⅱ$）杂交，无论正交还是反交都不能得到种子。但是如果将甘蓝加倍成为同源四倍体（$4x=36=9Ⅳ$），再与青菜杂交，正反交均能得到种子。所以在进行种间杂交前，将一个亲本种加倍成同源多倍体，是克服种间杂交不孕性的有效途径之一。

2. 克服远缘杂种的不育性

人工创造多倍体也是克服远缘杂种不育性的重要手段。在远缘杂交的情况下，亲本染色体组之间的差异悬殊，F_1 减数分裂时孢子母细胞内必然出现大量的单价体，造成严重的不育。但是如果使 F_1 植株的染色体数加倍成异源多倍体物种，则在减数分裂时各个染色体都能联会成二价体。小黑麦（triticale）的育成是一个成功范例。黑麦（$2n=2x=RR=14=7Ⅱ$）穗大、粒大、抗病和抗逆性强。因为小麦与黑麦的杂种 F_1（$2n=4x=ABDR=28$）

是高度不育的，所以黑麦的这些优点无法通过杂交转移给普通小麦。将这个异源四倍体的 F_1 加倍成为异源八倍体（$2n = 8x =$ AABBDDRR = 56 = 28 Ⅱ），就成为可育的小黑麦。这种小黑麦曾在我国云贵高原的高寒地带大面积种植。

3. 创造远缘杂交育种的中间亲本

远缘杂交很难成功，即使成功，杂种也常常不育。为了克服这个困难，通常先创造一个多倍体的中间亲本，再利用中间亲本与另一亲本杂交。突出的成功案例是将伞穗山羊草（*Aegilops umbellulata*，$2n = 2x = C^uC^u$ = 14 = 7 Ⅱ）的抗叶锈病显性基因（*R*）转移给普通小麦（$2n = 6x$ = AABBDD = 42 = 21 Ⅱ）的过程。伞穗山羊草与普通小麦杂交不能产生有活力的种子，因而无法直接将伞穗山羊草的抗叶锈病基因转移给普通小麦。先将伞穗山羊草与异源四倍体的野生二粒小麦（$4x$ = AABB = 28 = 14 Ⅱ）杂交，再将其 F_1（$2n = 3x = ABC^u$ = 21）加倍成异源六倍体（$2n = 6x = AABBC^uC^u$ = 42 = 21 Ⅱ）。以此为中间亲本，再与普通小麦进行杂交和回交，经过选择，最后得到携带来自伞穗山羊草的高抗叶锈病基因的普通小麦。

4. 育成作物新类型

人工诱发多倍体是植物育种的重要途径之一。迄今为止，已有许多多倍体品种或类型应用于农业生产，如同源四倍体的马铃薯（$2n = 4x$ = 48 = 12 Ⅳ）、荞麦（$2n = 4x$ = 32 = 8 Ⅳ）；同源三倍体的甜菜（$2n = 3x$ = 27 = 9 Ⅲ）、无籽西瓜（$2n = 3x$ = 33 = 11 Ⅲ）；异源八倍体的小黑麦（$2n = 8x$ = 56 = 28 Ⅱ）等。这些多倍体品种无论在产量上还是品质上都优于正常二倍体。

五、单 倍 体

（一）单倍体的表现特征

单倍体（haploid）是指具有配子染色体数（*n*）的个体或细胞。二倍体物种产生的单倍体只含有一个染色体组，称为一倍体，又称为单元单倍体（monohaploid）；多倍体的单倍体含有 2 个或 2 个以上的染色体组，称为多元单倍体（polyhaploid）。在多元单倍体中又可根据染色体组的来源是否相同分为同源多元单倍体（autopolyhaploid）和异源多元单倍体（allopolyhaploid）。

单元单倍体和异源多元单倍体中各个染色体都是成单的，在减数分裂过程中没有联会的伙伴，只能以单价体（univalent）的形式存在。这种单价体在减数分裂过程中的表现有 3 种可能：①后期Ⅰ随机趋向纺锤体的某一极，即某个或某些趋向一极，另一个或另一些趋向另一极，后期Ⅱ姊妹染色单体进行正常的均衡分离。②提早在后期Ⅰ进行姊妹染色单体的均衡分离，后期Ⅱ再随机地趋向纺锤体的某一极。③不迁往中期纺锤体的赤道面，以致被遗弃在子核之外，最终在细胞质中消失。这 3 种表现都会使最后形成的配子中很少能够得到整套（*x*）的染色体组，从而导致单倍体的高度不育。高度不育现象是单倍体的最重要特征之一。

自然界中也有些单倍体是正常的生命个体，也有些是某些物种正常生命过程的一个阶段。例如，某些膜翅目昆虫（蜂、蚁）和同翅目昆虫（白蚁）的雄性是由未受精的卵细胞（$n = x$）孤雌生殖发育而成的。这些单倍体雄性个体的精母细胞减数分裂后期Ⅰ染色体不分离而全部进入细胞的一极（假减数分裂），但在后期Ⅱ却按常规进行染色单体的均衡分离，减数分裂产物内的染色体数仍然是一个完整的染色体组（$n=x$）。在植物中，低等植物生命的主要阶段大多数是单倍体，如藻菌类的单倍体菌丝体，苔藓类的配子体世代等。这些植物的单倍体不会出现不育现象，原因在于它们藏精器内的精子和藏卵器内的卵子都是通过有丝分裂产生的。真菌类的有性繁殖是单倍体菌丝的交接，而分生孢子也是直接由单倍体细胞经有丝分裂产生的。在高等植物中，单倍体除了表现高度不育外，其细胞、组织、器官和植株一般都比相应的二倍体和双倍体弱小。所谓双倍体（amphiploid），是指具有合子染色体数（$2n$）的异源多倍体。

（二）单倍体诱导

单倍体诱导是通过特定手段或方法促使生物体产生单倍体细胞或个体的过程。这一过程在生物学研究中具有重要意义，为实现遗传改良和新品种培育提供了有效途径。

单倍体诱导主要有以下几种方法：①花药培养。此方法直接将花药作为外植体，通过特定的培养和诱导条件，促使花药中的花粉改变原有的发育途径，进而形成单倍体植株。这一过程的实现，得益于花药中小孢子所具备的潜在发育能力。②花粉培养。与花药培养相比，花粉培养能够更直接地针对花粉本身进行。它将花粉从花药中分离出来，使其处于分散或游离的状态，然后通过培养使其启动脱分化过程，进而发育成单倍体植株。这种方法提高了单倍体诱导的效率。③染色体消除法。利用远缘杂交中杂合子亲本之一的染色体组可以被自动排除的特性，仅留下另一亲本的配子体染色体组，从而诱导出单倍体植株，这种方法在遗传学研究中具有独特的应用价值。④孤雌生殖诱导。通过对未授粉的雌蕊进行离体培养，诱发孤雌生殖，产生单倍体植株。这种方法为单倍体诱志提供了另一条可行的途径。⑤基因诱导。近年来，随着基因克隆和基因编辑技术的快速发展，科学家们已经能够通过基因编辑创制单倍体诱导系。在玉米中，*CENH3*、*MTL/ZmPLA1/NLD* 和 *DMP* 等基因与单倍体诱导密切相关。通过基因编辑技术改造这些关键基因，可以创造出具有高诱导率的单倍体诱导系，使其具有诱导单倍体的能力。并且，由于这些基因的保守性强，因此在其他植物中被编辑后也具有单倍体诱导功能。目前，以基因编辑技术改造相关基因的单倍体诱导系统在主要粮食作物及牧草上获得了成功，该方法有望在未来成为主要农作物纯系创制与性状快速改良的关键技术。

（三）单倍体的主要作用

尽管单倍体的高度不育特性对自身的繁衍不利，但它对于人类来说有着非常重要的理论意义和实用价值。因此，近年来遗传学和育种学对它的研究有增无减。

（1）加速基因的纯合进度。单倍体细胞中每个染色体都是成单存在的，等位基因也都是单个的，如果人为地进行染色体数加倍，使之成为二倍体或双倍体，不仅可以由不育变为可育，而且其全部基因都是纯合的。在植物育种中，通过此途径可以加速基因纯合的进度，缩短育种时间。利用花药培养和花粉培养已在近百种植物中获得了单倍体植株，将其染色体加倍后可直接获得有实用价值的新品种。利用这一方法，已培育出烟草、水稻、小麦等多种植物新品种。

（2）研究基因的性质和作用。单倍体的每一种基因座上都只有一个等位基因，所以每个基因都能发挥其功能，不管它是显性的还是隐性的。因此，单倍体是研究基因性质及其功能的好材料。

（3）用于基因定位的研究。单倍体的同源染色体和等位基因都只有一个成员，用分子标记和原位杂交方法研究基因在染色体上的位置比较方便。

（4）研究染色体之间的同源关系。有些不同来源的染色体之间并不都是绝对异源的，一个染色体组的某个或某些染色体与另一染色体组的某个或某些染色体之间，可能有着部分同源的关系。在单倍体的孢子母细胞内，染色体可能与自己有部分同源关系的另一个染色体联会成二价体。通过对单倍体孢子母细胞减数分裂时联会情况的观察，可以分析各个染色体组之间的同源或部分同源关系。例如，马铃薯（$2n=48$）最初被认为是二倍体或异源多倍体，但观察其单倍体的减数分裂发现，所有染色体可联会成 12 个二价体（$n=24=12\mathrm{II}$），因此确定马铃薯是同源四倍体（$2n=4x=12\mathrm{IV}=48$）。

（5）离体诱导非整倍体。研究表明，在花药离体培养条件下，容易产生各种类型的非整倍体，能够为用非整倍体进行染色体工程提供丰富的材料。

第三节 非 整 倍 体

一、亚 倍 体

自然界中的亚倍体主要存在于双倍体生物群体中，而二倍体的生物群体内很难出现亚倍体。因为在二倍体（如 $2n=2x=\mathrm{AA}=\mathrm{a_1a_1a_2a_2a_3a_3}=6$）细胞内只含有 2 个完整的染色体组，当它成为亚倍体如单体（$2n-1$）后，可能形成两种配子，一种含有一个完整染色体组，即 n 型配子（$n=x=\mathrm{A}=\mathrm{a_1a_2a_3}=3$）；另一种缺少 1 条染色体，即 $n-1$ 型配子（$n-1=x-1=\mathrm{A}-1=\mathrm{a_1a_2}=2$）。$n$ 型配子可以正常参与受精，而 $n-1$ 型配子由于其染色体组的完整性遭到破坏，一般不能正常发育和参与受精。因此，子代群体内就不会再出现缺体、单体、双单体一类的亚倍体。而双倍体的情况与二倍体不同，如异源多倍体（如 $2n=4x=\mathrm{AABB}=\mathrm{a_1a_1a_2a_2a_3a_3\ b_1b_1b_2b_2b_3b_3}$）产生的配子内含有 2 个不同染色体组（$n=2x=\mathrm{AB}=\mathrm{a_1a_2a_3\ b_1b_2b_3}$），$n-1$ 配子内虽然缺失了这个染色体组（A）的某一染色体，但缺失染色体的部分功能有可能由另一染色体组（B）的某染色体所补偿，所以 $n-1$ 配子有可能发育成熟并参与受精，产生新的亚倍体子代。已从普通小麦（$2n=6x=\mathrm{AABBDD}=42=21\mathrm{II}$）中分离出全套的 21 个单体和缺体，从普通烟草（$2n=4x=\mathrm{TTSS}=48=24\mathrm{II}$）中分离出全套的 24 个单体。

（一）单体

在动物中，有些物种的正常个体是单体，而单体染色体主要是性染色体。例如，许多昆虫（蝗虫、蟋蟀、某些甲虫）的雌性为 XX 型（$2n$），雄性为 X 型（$2n-1$）；一些鸟类的雄性为 ZZ 型（$2n$），雌性是 Z 型（$2n-1$）。动物中也会出现不正常的单体。例如，果蝇 $2n=8=4\mathrm{II}$，雌性是 XX 型，雄性是 XY 型，曾经发现一种单体Ⅳ果蝇，其 Y 染色体丢失了，从而变成 XO 型（$2n-1$）。人类特纳综合征患者的性染色体组成为 XO（$2n-1$），缺少了 1 条性染色体。

在植物中，二倍体物种的单体一般都不能存活，即使有少数存活下来也是不育的。而异源多倍体植物由于不同染色体组有部分相互补偿功能，单体是可以存在的，也能繁衍后代。例如，普通烟草是异源四倍体（$2n = 4x = TTSS = 48 = 24Ⅱ$），其配子中有 2 个染色体组（$n = 2x = TS = 24Ⅰ$）。烟草是第 1 个分离出全套 24 个不同单体的植物。通常用除 X 和 Y 以外的其他 24 个英文字母命名烟草中 2 个染色体组的 24 条染色体。因此，烟草的全套 24 个单体分别表示为 $2n - Ⅰ_A$、$2n - Ⅰ_B$、…、$2n - Ⅰ_W$ 和 $2n - Ⅰ_Z$。烟草的单体与正常双体之间，以及不同染色体的单体之间，在花冠大小、花萼大小、蒴果大小、植株大小、发育速度、叶形和叶绿素浓度等方面都有明显差异。普通小麦也有 21 个不同染色体的单体，分别用 $2n - Ⅰ_{1A}$、…、$2n - Ⅰ_{2B}$、…、$2n - Ⅰ_{7D}$ 表示。同样，各个单体与正常双体之间，以及不同染色体的单体之间，都有一定的差别。例如，单体 $2n - Ⅰ_{1D}$ 比其他单体的生长势弱；$2n - Ⅰ_{1D}$ 抗秆锈能力不及它的双体姊妹系；等等。

理论上讲，单体应该产生 1∶1 的 n 型和 $n - 1$ 型配子，自交后代应表现出双体∶单体∶缺体 = 1∶2∶1 的分离。但实际上并非如此，分离的比例变化很大，受很多因素的影响。研究表明，成单的那个染色体在减数分裂时无联会对象，后期Ⅰ不能正常分离，常常会被遗弃，所以 $n - 1$ 型配子的频率高于理论预期值。例如，普通小麦 21 种单体中参与受精的 $n - 1$ 型胚囊平均占 75%，正常的 n 型胚囊平均只占 25%。对于花粉而言，由于 $n - 1$ 型花粉生活力较差，在受精过程中竞争不过正常的 n 型花粉，所以尽管产生的 $n - 1$ 型花粉比例较大，但参与受精的数量却很少。普通小麦单体参加受精的 $n - 1$ 型花粉平均只占 4% 左右（变异范围为 0 ~ 10%），而 n 型花粉的传递率平均为 96% 左右（变异范围为 90% ~ 100%）（表 7-4）。

表 7-4　普通小麦单体自交后代各种类型的比例

胚囊 \ 花粉	（n）96%	（$n-1$）4%
（n）25%	双体（$2n$）24%	单体（$2n-1$）1%
（$n-1$）75%	单体（$2n-1$）72%	缺体（$2n-2$）3%
各种类型的比例	双体 24%∶单体 73%∶缺体 3%	

（二）缺体

缺体一般来自单体的自交后代。在二倍体生物中，缺体是不能存活的，在异源多倍体中，也只有普通小麦才具有能存活并有一定育性的缺体。普通烟草的缺体在幼胚阶段就死亡，因为它只有两组染色体，其中的异位同效基因不如普通小麦多，缺少的一对染色体上有许多重要基因的功能不能得到补偿。普通小麦的 21 个缺体都已分离出来，所有的缺体生活力和育性都较低。可育的缺体一般都各具特征。例如，小麦 5A 染色体的一个臂上载有一组抑制斯卑尔脱小麦穗型的基因，缺了一对 5A 染色体，抑制基因就随之丢掉了，于是 5A 染色体的缺体（$2n - Ⅱ_{5A}$）就发育成斯卑尔脱小麦的穗型；缺体 $2n - Ⅱ_{3D}$ 的果皮是白色的，而它的双体姊妹系的果皮是红色的；缺体 $2n - Ⅱ_{4D}$ 的花粉表面正常，但不能受精；缺体 $2n - Ⅱ_{7D}$ 的生长势不及其他缺体，大约有半数植株不是雄性不育就是雌性不育；等等。

由于不同染色体的缺体有不同的性状变异，可据此确定在哪个染色体上存在与哪个单位性状相关的基因。例如，已用这种方法确定了控制小麦籽粒颜色的 3 对独立遗传的基因 R_1、R_2 和 R_3 分别位于 3D、3A 和 3B 染色体上。上面提到的缺体（$2n - Ⅱ_{3D}$）结出白皮籽粒，就是 $R_1R_1r_2r_2r_3r_3$ 基因型的红皮双体（18Ⅱ + $Ⅱ_{3D}^{R_1R_1}$ + $Ⅱ_{3A}^{r_2r_2}$ + $Ⅱ_{3B}^{r_3r_3}$）的 2 个 R_1 基因随着 3D 染色体一起缺失的结果。

二、超 倍 体

与亚倍体相比，超倍体多出一条或若干条染色体，虽说是不平衡的，但对生物体的影响要小一些。超倍体既可在异源多倍体的自然群体内出现，也可在二倍体的自然群体内出现。例如，玉米、曼陀罗、大麦、水稻、番茄等二倍体物种中都曾分离出全套的三体。

（一）三体

三体是细胞内某 1 对同源染色体增加了 1 条，染色体数由原来的 $2n$ 条变成了 $2n$ + 1 条，或者说，染色体由原来的 n 对（nⅡ）变成了 nⅡ + Ⅰ。在三体中，有 1 对染色体有 3 个成员，而其余的 $n-1$ 对染色体仍是 2 个成员，所以三体又可表示为（$n-1$）Ⅱ + Ⅲ，即 $2n+1=n$Ⅱ + Ⅰ =（$n-1$）Ⅱ + Ⅲ。三体又有以下几种类型（图 7-7）。

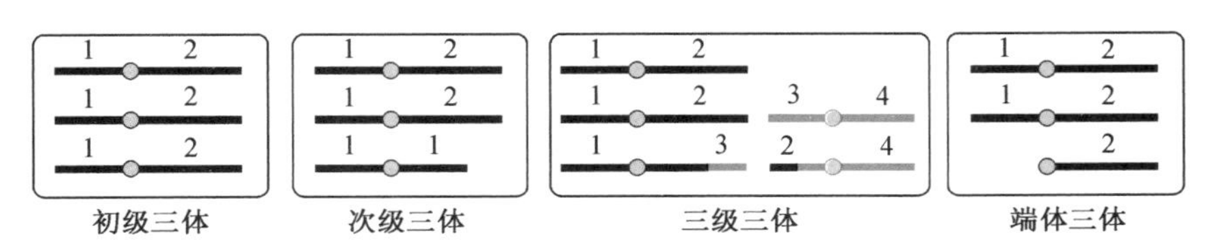

图 7-7 几种主要类型三体的染色体组成

初级三体（primary trisomic）外加的染色体与其余 2 条染色体完全相同，即同源组的 3 条染色体相同。自然界中发现的三体大多属于这种类型，一般情况下，没有特殊说明，三体指的是初级三体。

次级三体（secondary trisomic）外加的染色体是由于着丝粒错分裂（横向分裂）而形成的 1 个等臂染色体。等臂染色体具有两个完全相同的臂，但缺少了另一个臂。

三级三体（tertiary trisomic）外加的染色体是与另一对非同源染色体发生了相互易位的易位染色体。也就是说，外加的染色体是由两个非同源染色体的各一部分组合而成的。

端体三体（telotrisomic）同源组的 3 条染色体中，2 条染色体正常，而外加染色体是一个端着丝粒染色体，只有 1 个染色体臂。

1. 初级三体的性状变异

在初级三体细胞中，由于有一对染色体由 2 条增加为 3 条，该染色体上的基因剂量（gene dosage）也就随之改变，从而会使三体或多或少地产生不同于正常双体的表型效应。例如，直果曼陀罗（$2n=24=12$Ⅱ）的某染色体变成三体（12Ⅱ + Ⅰ）后，其蒴果的形状就会发生变异。三体引起的基因剂量变化对人类的表现型会产生巨大的影响。例如，唐氏综合征患者（21 号染色体的三体）患阿尔茨海默病的比例较高，可能是与阿尔茨海默病有关的类淀粉前趋蛋白基因（位于 21 号染色体上）的剂量增加所致；相对而言，唐氏综合征患者患乳腺癌的比率较低，可能是因为位于 21 号染色体上的肿瘤抑制基因（tumor suppressor gene）增加了剂量。

一般情况下，不同染色体载荷的连锁基因群不同，不同染色体的三体会有不同的表现型。在普通小麦的 21 个不同的三体中，大多数三体与它的双体姊妹系相似，只是 5A 的三体（$2n+\mathrm{I}_{5A}$）是密穗的，2A、2B 和 2D 的三体（$2n+\mathrm{I}_{2A}$、$2n+\mathrm{I}_{2B}$、$2n+\mathrm{I}_{2D}$）是窄叶的。玉米 10 个不同的三体中，第 5 染色体的三体（$2n+\mathrm{I}_5$）与自己的双体姊妹系相比叶片较短、较宽，第 7 染色体的三体（$2n+\mathrm{I}_7$）的叶片较挺、较窄，其他各个染色体的三体与双体姊妹系相比则没有太大的差异，只是植株略微矮些，生长势略微弱些而已。

资源 7-2

水稻 $n=12$，共有 12 个不同染色体的三体。例如，扬州大学育成的以籼稻品种 3037 为遗传背景的成套三体，相互之间及与双体之间都可以从形态上予以识别。

资源 7-3

人类经常会出现三体，性染色体三体（XXX、XXY、XYY）的发生率相对较高。据报道，在异常胎儿中，有 47.8% 为三体。在流产胎儿中，有 11.9% 为三体。1960 年，爱德华（Edward）首次发现 18 号染色体的三体病例，称为 18 三体综合征（又称爱德华氏综合征），发病率约为 1/3500，50% 患儿在 2 个月内夭亡，极少能活到 10 岁。同年，帕托（Patau）等又发现 13 号染色体三体患儿，发病率约为 1/5000。这两种患者都表现为智力低下，并有唇裂、腭裂和多趾等畸形。

2. 初级三体的联会及传递

由于初级三体细胞内有一组染色体为 3 条，而其余 $n-1$ 对染色体仍是 2 条，在减数分裂过程中 $n-1$ 对染色体与正常双体一样，联会成 $n-1$ 个二价体，而增加了一个成员的那个同源组与同源三倍体的一个同源组一样，或者 3 条染色体联会成三价体（Ⅲ），或者是 3 条染色体中的 2 条联会成二价体（Ⅱ），另 1 条不参与联会，以单价体状态存在（Ⅰ）。

假如那组染色体联会成三价体（Ⅲ），后期Ⅰ可能是 2/1 式分离。如果 2 条同源染色体分向同一极，形成比正常配子（n）多 1 条染色体的配子，即 $n+1$ 型配子。而另一极的染色体数正常，形成 n 型配子。如果不发生染色体丢失事件，两种配子的比例应该相等。

假如其中 2 条染色体联会成二价体（Ⅱ），后期Ⅰ会均衡分离；而另 1 条不参与联会，以单价体形式存在（Ⅰ），被随机地分向某一极，3 条染色体呈 2/1 式分离，结果也形成 $n+1$ 和 n 型 2 类配子。但是，单价体可能会被遗弃在细胞质里，不能进入二分体，使得 3 条染色体形成 1/1 式分离。

假如两种联会方式随机发生，就会使初级三体植株产生的 $n+1$ 型配子数少于 n 型配子数。因而在三体自交子代群体内，多数是 n 型配子与 n 型配子受精结合的正常双体，少数是 n 型配子与 $n+1$ 型配子受精而成的三体，$n+1$ 型配子与 $n+1$ 型配子受精结合的四体（$2n+2$）植株则非常少见。普通小麦三体自交子代群体内，平均正常双体占 54%，三体占 45%，四体只占 1%，与理论分析的结果基本吻合。

在初级三体中，增加的染色体通过雌、雄配子传递到下一代的能力是不同的。因为受精过程中，$n+1$ 型花粉竞争不过 n 型花粉，很难有机会参与受精。当 $n+1$ 型花粉和 n 型花粉同时落在柱头上时，$n+1$ 型花粉往往出现各种各样的不正常，或不萌动，或不产生花粉管，或花粉管生长缓慢，或花粉管的顶端尚在花柱内就破裂。因此，三体的外加染色体主要通过卵子传递给子代。例如，在玉米中，以 10 号染色体的三体（$2n+\mathrm{I}_{10}$）

为父本与正常二体（$2n$）杂交，在 349 株的 F_1 群体内只有 5 株是三体，占 1.4%；可是以该三体为母本与正常二体（$2n$）杂交得到的 1237 株 F_1 群体内，304 株是三体，占 24.6%。

一般来说，染色体越长，传递率越大。因为染色体越长，三价体在减数分裂时的交叉越多，越容易联系在一起，外加染色体成为单价体而被遗弃的可能性越小，于是 $n+1$ 型的配子数越多，其结果自然是外加染色体的传递率越大。在玉米中，2 号、3 号、5 号染色体的三体产生的 $n+1$ 型配子平均占 46%，6 号、7 号、8 号染色体的三体产生的 $n+1$ 型配子平均占 40%，9 号、10 号染色体的三体产生的 $n+1$ 型配子仅占 29%。

3. 初级三体的基因分离

初级三体（$2n+1$）是在正常 n 对染色体的基础上增加 1 个正常染色体，在增加了一个成员的同源染色体组的每一个基因座上有 3 个等位基因、4 种可能的基因型：三式（*AAA*）、复式（*AAa*）、单式（*Aaa*）和零式（*aaa*），而其余 $n-1$ 对染色体上的基因座上仍然只有 2 个等位基因、3 种基因型（*AA*、*Aa* 和 *aa*）。因此，杂合的三体植株的子代群体会出现两种不同的基因分离比例：一是双体 *Aa* 杂合基因型所导致的［A］：［a］= 3：1 的分离，这种分离符合孟德尔比例；二是三体 *AAa* 杂合基因型所导致的不符合孟德尔比例的分离。

影响三体基因分离的因素主要是三体染色体的联会方式（Ⅲ或Ⅱ + Ⅰ）、分离方式（2/1 或 1/1）及基因距离着丝粒的远近。与同源四倍体相似，当所研究的基因位于增加了的那一组染色体上且距离着丝粒较近时，表现为染色体随机分离；当其距离着丝粒较远时，则表现为染色单体随机分离。下面以复式（*AAa*）三体为例，并假定都是 2/1 式分离的情况下，来讨论初级三体的基因分离。

（1）初级三体基因的染色体随机分离。假如所研究的基因 *A-a* 位于着丝粒附近，与着丝粒之间不发生交换，而且是 2/1 式分离，则三体上的基因依染色体随机分离产生 n 型和 $n+1$ 型两种数目相同的配子，其基因型和比例为 *AA*：*Aa*：*A*：*a* = 1：2：2：1（图 7-8）。

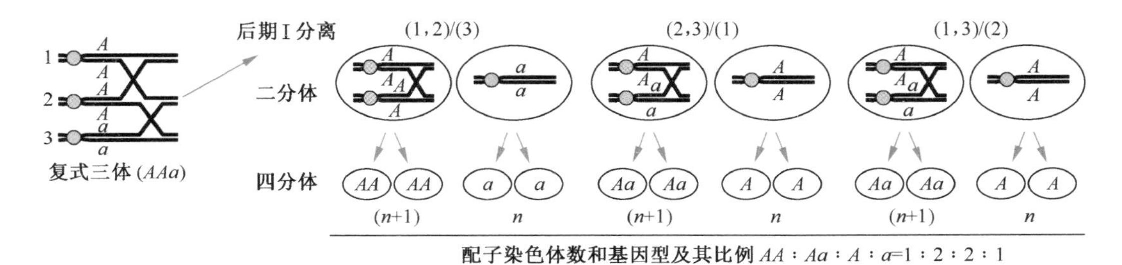

图 7-8 复式三体（*AAa*）基因的染色体随机分离

假设 $n+1$ 型配子与 n 型配子同等可育，且雌、雄配子也同等可育，则复式三体自交子代的表现型比例应该是 35［A］：1［a］。但实际上，能参与受精的 $n+1$ 型配子一般都少于 n 型配子，能参与受精的 $n+1$ 型雄配子更少，所以当复式三体发生染色体随机分离时，自交子代表现型比例就很难符合［A］：［a］= 35：1。假定复式三体的 $n+1$ 雄配子都不能参与受精，参与受精的雌配子中只有 1/4 是 $n+1$ 型的，3/4 是 n 型的，则受精时雌、雄配子组合方式为（1*AA*：2*Aa*：6*A*：3*a*）（2*A*：1*a*），自交子代表现型比例是［A］：［a］= 33：3 = 11：1。因此，实际情况都是［A］表现型的比例数少于35/36。同理可推及单式（*Aaa*）杂合体染色体随机分离的结果（表7-5）。

表7-5　复式三体和单式三体染色体随机分离的基因型和表现型比例

杂合基因型	配子基因型及比例	受精配子比例及自交子代表现型比例			
		雌配子（$n+1$）：n = 1：1 雄配子（$n+1$）：n = 1：1		雌配子（$n+1$）：n = 1：3 雄配子（$n+1$）：n = 0：1	
		显性［A］	隐性［a］	显性［A］	隐性［a］
AAa	1*AA*：2*Aa*：2*A*：1*a*	35	1	11	1
Aaa	2*Aa*：1*aa*：1*A*：2*a*	3	1	11	7

（2）初级三体基因的染色单体随机分离。当目的基因*A-a*距离着丝粒很远，与着丝粒之间可以最大程度地发生非姊妹染色单体的交换时，基因将随染色单体随机分离而分离。在这种情况下，染色体复制以后三体的3条染色体共有6条染色单体，复式三体*AAa*中的4条载有*A*基因，2条载有*a*基因，共6个（*AAAAaa*）等位基因。对于$n+1$型配子而言，可以认为是从这6个基因中每次随机取2个的组合，按组合公式计算得如下结果：

$$AA\text{ 配子} = C_4^2 = (4!)/(4-2)!\ 2! = 6$$

$$Aa\text{ 配子} = (C_4^1)(C_2^1) = 4 \times 2 = 8$$

$$aa\text{ 配子} = C_2^2 = 1$$

因此，$n+1$型配子*AA*：*Aa*：*aa* = 6：8：1。

根据前述假定，从理论上讲，在产生$n+1$型配子的同时应该产生等数的n型配子，因此$n+1$型配子与n型配子的数目应相等，又由于复式三体载有*A*基因的染色单体数是载有*a*的染色单体数的2倍，所以n型配子的比例应为*A*：*a* = 10：5。合并考虑，初级三体产生的全部配子种类和比例为6*AA*：8*Aa*：1*aa*：10*A*：5*a*。倘若$n+1$和n型配子同等可育，雌、雄配子也同等可育，则其自交子代表现型比例应为（6*AA*：8*Aa*：1*aa*：10*A*：5*a*）^{2} = 24［A］：1［a］。倘若$n+1$的雄配子都不能参与受精，参与受精的雌配子中1/4是$n+1$型的，3/4是n型的，则其自交子代的表现型比例为10.3［A］：1［a］。同理可推及单式（*Aaa*）杂合体基因的染色单体随机分离结果（表7-6）。

表7-6　复式三体和单式三体染色单体随机分离的基因型和表现型比例

杂合基因型	配子基因型及比例	受精配子比例及自交子代表现型比例			
		雌配子（$n+1$）：n = 1：1 雄配子（$n+1$）：n = 1：1		雌配子（$n+1$）：n = 1：3 雄配子（$n+1$）：n = 0：1	
		显性［A］	隐性［a］	显性［A］	隐性［a］
AAa	6*AA*：8*Aa*：1*aa*：10*A*：5*a*	24	1	10.3	1
Aaa	1*AA*：8*Aa*：6*aa*：5*A*：10*a*	2.5	1	1.5	1

（二）四体

四体（$2n+2$）的特征是体细胞中（$n-1$）对染色体都是成对存在的，但有一对增加了 2 个同源染色体，成为由 4 个成员组成的同源组（Ⅳ）。绝大多数四体来源于三体的自交后代，如在普通小麦三体（2*n* + 1 = 43 = 20Ⅱ + Ⅲ）的自交子代群体内，大约有 1% 的植株是四体（2*n* + 2 = 44 = 20Ⅱ + Ⅳ）。已经从普通小麦 21 个不同三体的子代群体内分离出 21 个不同的四体。

4 个成员的同源染色体组的联会与分离和同源四倍体的某一同源组一样，同源区段内只能有 2 个染色体联会，联会的同源区段相对较短，交叉数显著减少，容易发生提早离解，中期Ⅰ除四价体（Ⅳ）外，还会出现 1 个三价体和 1 个单价体（Ⅲ + Ⅰ）、2 个二价体（Ⅱ + Ⅱ）以及 1 个二价体和 2 个单价体（Ⅱ + Ⅰ + Ⅰ）等多种情况。虽然如此，四体的同源染色体数毕竟是偶数的，后期Ⅰ多数是 2/2 式均衡分离，所产生的配子中 *n* + 1 型占多数，而且大部分能参与受精。因此，四体的遗传稳定性远远高于三体。例如，普通小麦四体的自交子代群体内，大约有 73.8% 的植株仍然是四体，23.6% 是三体，1.9% 是正常的 2*n* 植株。也有少数四体产生 100% 的四体子代。

四体植株的基因分离和三体一样，也能出现两种不同的分离比例：一是双体 *Aa* 杂合基因型所导致的［A］:［a］= 3 : 1 的分离；二是四体染色体上三式（*AAAa*）、复式（*AAaa*）或单式（*Aaaa*）杂合基因型所导致的不符合孟德尔比例的分离，其分离规律与同源四倍体某一同源组相同。详见“同源四倍体的基因分离”部分，这里不予重述。

三、非整倍体的应用

非整倍体本身直接应用于生产的实例很少，但在遗传学理论研究中具有重要的用途，概括起来主要有两个方面：一是用于测定某些基因所在染色体，即进行基因定位；二是用于有目标地替换某些染色体，创造遗传研究的材料和育种工作的中间亲本。

（一）基因所属染色体的测定

1. 单体测验

1）测定隐性基因所在染色体

倘若某物种中发现了新的隐性突变 $A \rightarrow a$，可以利用该物种成套的单体确定这个隐性突变基因 *a* 位于哪一条染色体上。方法是，首先将隐性表现型（*aa*）的双体（2*n*）与显性表现型的单体（2*n* − 1）杂交。

（1）隐性基因在该单体染色体上。如果隐性基因 *a* 在该单体染色体上，那么杂交后将有：

［A］表型单体［$(n-1)$ Ⅱ + $Ⅰ^{A}$］× ［a］表型双体［$(n-1)$ Ⅱ + $Ⅱ^{aa}$］

↓

	$(n-1)$ Ⅰ + $Ⅰ^{a}$
$(n-1)$ Ⅰ + $Ⅰ^{A}$	双体［$(n-1)$ Ⅱ + $Ⅱ^{Aa}$］,［A］
$(n-1)$ Ⅰ	单体［$(n-1)$ Ⅱ + $Ⅰ^{a}$］,［a］

可见，当所研究的基因在单体染色体上时，F_1 的单体植株全部为隐性表现型，双体植株全部为显性表现型。

（2）隐性基因不在该单体染色体上。如果这个隐性基因 *a* 不在单体染色体上，则有：

[A] 表型单体 $[(n-1)\ \text{II}^{AA}+\text{I}]$ × [a] 表型双体 $[(n-1)\ \text{II}^{aa}+\text{II}]$

↓

	$(n-1)\ \text{I}^{a}+\text{I}$
$(n-1)\ \text{I}^{A}+\text{I}$	双体 $[(n-1)\ \text{II}^{Aa}+\text{II}]$, [A]
$(n-1)\ \text{I}^{A}$	单体 $[(n-1)\ \text{II}^{Aa}+\text{I}]$, [A]

可见，当所研究的基因不在单体染色体上时，F_1 中无论是单体植株还是双体植株全部为正常的显性表现型。

例如，在普通烟草（$2n=48$）中曾发现一种黄绿叶突变体，是由隐性基因 yg_2 决定的，正常绿色显性等位基因是 Yg_2。用单体测验法确定了 Yg_2-yg_2 基因座在 S 染色体上。方法是以纯合黄绿株（yg_2yg_2）双体（$2n$）分别与 24 个绿叶单体杂交，得到 24 个不同组合的 F_1：

组合 1：$[2n-\text{I}_\text{A}]$ 绿 × $[2n]$ 黄绿→ F_1 绿

组合 2：$[2n-\text{I}_\text{B}]$ 绿 × $[2n]$ 黄绿→ F_1 绿

⋮

组合 19：$[2n-\text{I}_\text{S}]$ 绿 × $[2n]$ 黄绿→ F_1 绿（$2n$）；黄绿（$2n-1$）

⋮

组合 23：$[2n-\text{I}_\text{W}]$ 绿 × $[2n]$ 黄绿→ F_1 绿

组合 24：$[2n-\text{I}_\text{Z}]$ 绿 × $[2n]$ 黄绿→ F_1 绿

检查各个组合 F_1 群体内正常绿色株和黄绿株的染色体数，在 23 个杂交组合的 F_1 群体内，无论单体还是双体都是绿叶，唯独黄绿型 × $[2n-\text{I}_\text{S}]$ 的 F_1 群体内，所有双体都是绿叶的，而所有单体都是黄绿叶的。这就证明 Yg_2-yg_2 基因座在 S 染色体上。

2）测定显性基因所在染色体

倘若要测定某显性基因 A 是在哪条染色体上，先将 [A] 表现型的纯合双体（$2n$）与各个 [a] 表现型的单体（$2n-1$）杂交。如果 A 基因在某单体染色体上，则有：

[a] 表型单体 $[(n-1)\ \text{II}+\text{I}^{a}]$ × [A] 表型纯合双体 $[(n-1)\ \text{II}+\text{II}^{AA}]$

↓

	$(n-1)\ \text{I}+\text{I}^{A}$
$(n-1)\ \text{I}+\text{I}^{a}$	双体 $[(n-1)\ \text{II}+\text{II}^{Aa}]$, [A]
$(n-1)\ \text{I}$	单体 $[(n-1)\ \text{II}+\text{I}^{A}]$, [A]

由于 F_1 植株全部为 [A] 表现型，所以根据 F_1 还无法确定所研究的基因位于哪条染色体上。再将 F_1 单体植株自交，根据 F_2 的表现型来鉴定：

F_1 单体 $[(n-1)\ \text{II}+\text{I}^{A}]$

	$(n-1)\ \text{I}+\text{I}^{A}$	$(n-1)\ \text{I}$
$(n-1)\ \text{I}+\text{I}^{A}$	双体 $[(n-1)\ \text{II}+\text{II}^{AA}]$, [A]	单体 $[(n-1)\ \text{II}+\text{I}^{A}]$, [A]
$(n-1)\ \text{I}$	单体 $[(n-1)\ \text{II}+\text{I}^{A}]$, [A]	缺体 $(n-1)\ \text{II}$

根据分析可见，如果显性基因 [A] 在这个单体染色体上，F_1 单体自交后代中除缺体植株外，无论是单体还是双体都是显性表现型，不会有隐性表现型出现。如果 A 基因不在某单体亲本的单体染色体上，则其 F_1 单体 $[(n-1)\ \text{II}^{Aa}+\text{I}]$ 自交的 F_2 群体内，双体、单体和缺体植株中都会出现 3∶1 的显隐性分离。

2. 三体测验

对于多数二倍体生物，很难获得单体，因此在基因定位中多采用三体。现以隐性基因的测定为例，介绍三体测验的基本方法。

用隐性突变的双体（aa）作父本，与各个显性纯合表现型的三体母本杂交，得杂种 F_1。再将 F_1 中的三体植株自交，根据 F_2 群体性状分离情况进行判定，过程如下。

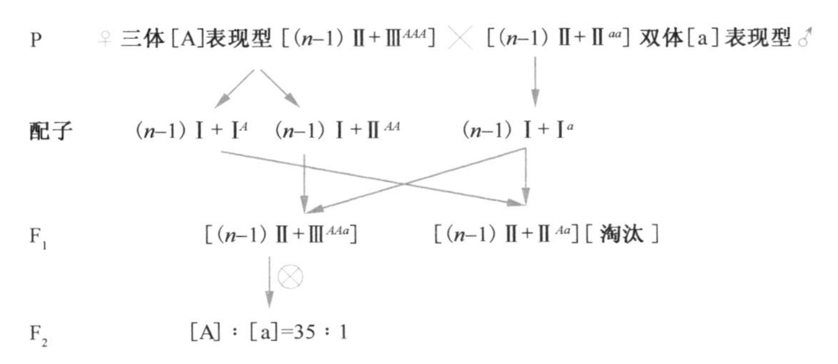

如果隐性基因 a 在三体染色体上，F_1 中复式三体（AAa）自交后代中显性性状［A］与隐性性状［a］的分离比例应该介于 35∶1 和 10∶1 之间（参见“初级三体的基因分离”部分）。

如果隐性基因 a 不在三体染色体上，则 F_1 中复式三体（AAa）自交后代中显性性状［A］与隐性性状［a］的分离应该符合 3∶1 的孟德尔比例。

（二）目标染色体的替换

在育种中，如果某个综合性状优良的品种具有个别明显的不良性状，可以利用非整倍体为材料导入个别染色体对其进行改良。

1. 单体的利用

一个普通小麦品种综合性状优良但对某种病害很敏感，又已知该抗病基因（R）在小麦的 6B 染色体上，可以用抗病品种的 6B 染色体（Ⅱ_{6B}^{RR}）替换该优良品种的 6B 染色体（Ⅱ_{6B}^{rr}）。以该优良品种的 6B 单体（$20\text{Ⅱ}+\text{Ⅰ}_{6B}^{r}$）为母本与某抗病品种（$20\text{Ⅱ}+\text{Ⅱ}_{6B}^{RR}$）杂交，在 F_1 群体内，不管是单体植株（$20\text{Ⅱ}+\text{Ⅰ}_{6B}^{R}$）还是双体植株（$20\text{Ⅱ}+\text{Ⅱ}_{6B}^{Rr}$）都是抗病的。选择单体植株自交得 F_2，淘汰 F_2 群体内的单体（$20\text{Ⅱ}+\text{Ⅰ}_{6B}^{R}$）和缺体（$20\text{Ⅱ}$），保留双体植株（$20\text{Ⅱ}+\text{Ⅱ}_{6B}^{RR}$）。这个双体植株就是换进了一对载有抗病基因的 6B 染色体的个体，对其实行进一步选择可以改良原品种的抗病性，也可以用作杂交育种的亲本。过程示意如下。

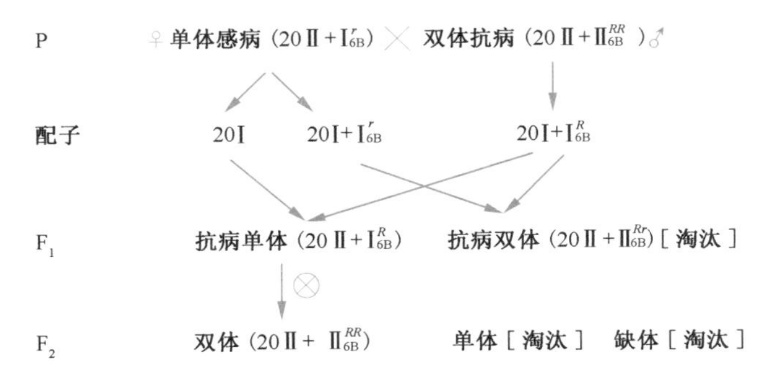

2. 缺体的利用

普通小麦抗秆锈17生理小种的基因（R）在6D染色体上。甲品种综合性状优良而不抗病（$2n = 20\text{II} + \text{II}_{6D}^{rr}$），用甲品种的6D缺体（$21\text{II} - \text{II}_{6D} = 20\text{II}$）与抗病的乙品种（$20\text{II} + \text{II}_{6D}^{RR}$）杂交，$F_1$是6D单体（$20\text{II} + \text{I}_{6D}^{R}$），$F_1$自交，$F_2$群体内将会出现换进一对带有抗病基因的6D染色体的双体（$20\text{II} + \text{II}_{6D}^{RR}$），对其进行进一步选择可以改良甲品种的抗病性，也可以用作杂交育种的亲本。

3. 单体或缺体配合倍半二倍体的利用

人工合成的异源八倍体小黑麦种由于具有全套的黑麦染色体，小麦在获得了黑麦优良性状的同时，也获得了黑麦的许多不良性状。为了克服这种现象，以小黑麦为中间材料，用携带优良性状基因的个别黑麦染色体置换普通小麦的相应染色体。

方法是先使小黑麦（$2n = 8x = \text{AABBDDRR} = 56 = 28\text{II}$）与普通小麦（$2n = 6x = \text{AABBDD} = 42 = 21\text{II}$）杂交得$F_1$（$2n = 7x = \text{AABBDDR} = 49 = 21\text{II} + 7\text{I}$）。这种$F_1$植株在减数分裂时形成21个二价体和7个单价体（$21\text{II} + 7\text{I}$），$F_1$自交子代群体内会出现7种不同的外加单个黑麦染色体的植株，即$2n + 1 = \text{AABBDD} + \text{I}_{1R}$，$\text{AABBDD} + \text{I}_{2R}$，…，$\text{AABBDD} + \text{I}_{7R}$（R代表黑麦染色体）。再用这些植株与小麦的单体（或缺体）杂交，在其子代群体内有可能出现由$n + 1 = \text{ABD} + \text{I}_R$的配子与$n - 1 = \text{ABD} - \text{I}_T$的配子（T代表小麦染色体）受精结合的$2n - 1 + 1$个体（$20\text{II}_T + \text{I}_T + \text{I}_R$），在这种个体自交子代群体内会出现一对黑麦染色体置换了一对小麦染色体的植株（$2n = 20\text{II}_T + \text{II}_R = 21\text{II}$），可以作为进一步杂交育种的亲本。

（三）非整倍体在生产上的应用

前已述及，非整倍体很少直接用于生产，但在植物育种工作中偶有应用，典型的例子是大麦三级三体的创造和利用。大麦（$2n = 2x = 14$）是高度自交作物，用其适当的品系配制杂交种可表现出明显的杂种优势。育种工作者曾经利用染色体畸变方法创造出一种大麦“平衡三级三体”品系，从而将大麦细胞核基因控制的雄性不育性应用于杂交制种。

三级三体是外加一条易位染色体的三体。在大麦额外的这条易位染色体上带有一个显性可育基因（Ms）和茶褐色种皮的显性标记基因（R），它们均与易位点紧密连锁。两条正常染色体上带有隐性不育基因（ms）和隐性黄种皮基因（r）。减数分裂时，由于额外染色体上带有非同源染色体的片段，不能与同源组的另两条染色体配对，后期Ⅰ随机地分配到子细胞中去。因此，这种三级三体产生2种配子：一是正常染色体的n型配子，基因型为msr；另一种是$n + 1$型配子，基因型为MsR/msr。$n + 1$型的花粉生理功能极弱，不能参与受精，参与受精的$n + 1$卵细胞与n卵细胞的比例大约是3∶7。三级三体自交后代中，约有70%是黄种皮的雄性不育二倍体（ms/ms），30%是茶褐色的三级三体（$MsR/msr/msr$）。种皮有2种颜色，肉眼就能识别。黄色种皮是雄性不育系，可用于配制杂交种；茶褐色种皮是三级三体，可作保持系用于次年再生产（图7-9）。

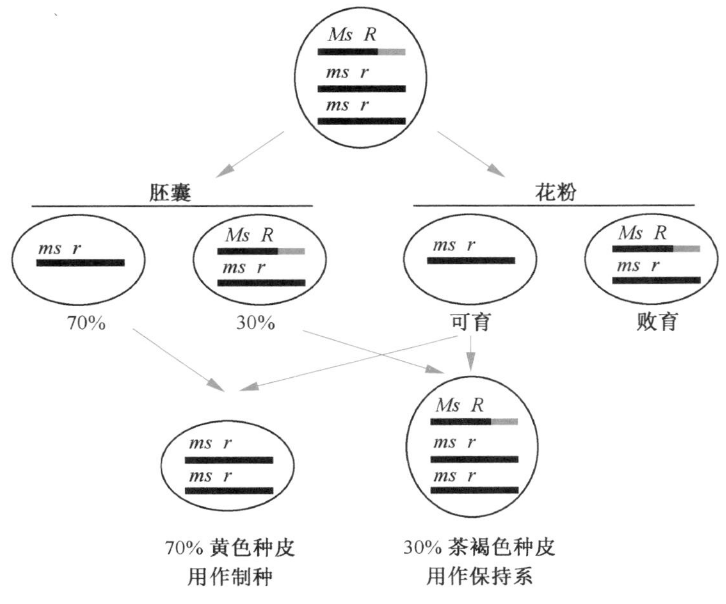

图 7-9 大麦三级三体的保持

复习题

1. 假设有二倍体物种 A，$2n = 22$，物种 B，$2n = 16$，两物种杂交，F_1 不育。问：① F_1 的染色体数是多少？②怎样才能得到一可育后代？可育后代的染色体数是多少？
2. 糖槭和羽叶槭都是二倍体植物 $2n = 2x = 26$，是同一个属的不同种。它们的种间杂种是不育的。试解释原因并提出使杂种成为可育的办法。
3. 杂种 F_1 与隐性性状亲本回交后，得到显性性状与隐性性状之比为 5 [A] ∶ 1 [a] 的后代，因此可以肯定该杂种是同源四倍体，对吗？试说明。
4. 为什么在自花授粉植株的同源四倍体后代中隐性性状个体的比例少于二倍体？
5. 如何用黑麦 1 对染色体替换普通小麦的某 1 对染色体？写出程序图式。
6. 在小麦中发现 1 个叶绿素异常的隐性基因 *a*，纯合体为黄绿色叶，试用单体分析法确定 *a* 基因座位于哪个染色体上。
7. 普通小麦的某一单位性状的遗传常常是由 3 对独立分配的基因共同决定的，这是什么原因？用小麦属的二倍体种、四倍体种和六倍体种进行电离辐射诱变处理，哪个种的突变型出现频率最高，哪个种最低？为什么？
8. 在普通烟草中，红花对白花为显性。两株均开红花的三体植株（A、B）杂交时，F_1 中红花与白花的分离比为 5∶1；反交则为 4∶1。试分析 A、B 两个亲本的基因型、基因的分离方式及配子的受精情况。
9. 在某物种中，红花缺体与白花双体杂交，F_1 全为红花，F_2 呈现 3∶1 分离。试分析花色基因是否位于缺失的同源组染色体上？若 F_1 为白花，该基因是否位于缺失的同源组上？
10. 人类 21 号染色体的三体表现为先天愚型。假如一个先天愚型（$2n + \mathrm{I}_{21}$）患者已有了孩子，这些孩子患先天愚型的概率是多少？
11. 若某植物种 $2n = 4x$，你怎样从细胞学上确定它是同源多倍体还是异源多倍体？
12. 假设单式三体（*Aaa*）产生 $n + 1$ 和 n 两种配子，比例相等。参与受精的 $n + 1$ 雌配子和 n 雌配子为 1∶4，$n + 1$ 雄配子均不能参与受精，分别计算染色体随机分离和染色单体随机分离情况下该三体自交子代的表现型类型及其比例。
13. 已知果蝇第 4 染色体的单体仍然是可育的，隐性焦刚毛（bent bristle）基因位于 4 号染色体上。

试比较下列 2 个杂交组合的 F_1 和 F_2 的表现型及其种类和比例：

（1）单体Ⅳ（焦刚毛）× 二体（正常刚毛）。

（2）单体Ⅳ（正常刚毛）× 二体（焦刚毛）。

14. 某同源四倍体的基因型为 *AAaaDDdd*，*A-a* 和 *D-d* 独立遗传，*A* 对 *a* 为完全显性，*D* 对 *d* 为不完全显性。试分析该杂合体自交子代的表现型种类和比例。

15. 白肋型烟草的茎叶都是乳黄绿色，基因型是 $y^{b_1}y^{b_1}y^{b_2}y^{b_2}$ 的隐性纯合体。只要有一个显性等位基因 Y^{b_1} 或 Y^{b_2} 存在，茎叶即正常绿色。曾使白肋型烟草与 9 个不同染色体（从 M 到 U）的单体杂交得到 9 个杂交组合的 F_1，再使 9 个 F_1 群体内的单体植株与白肋型烟草分别回交，得到下列 9 个的回交子代：

F_1 单体的单体染色体	回交子一代的表现型种类和株数	
	绿株	白肋株
M	36	9
N	28	8
O	19	17
P	33	9
Q	32	12
R	27	12
S	27	4
T	28	8
U	37	8

试问 Y^{b_1}-y^{b_1} 或 Y^{b_2}-y^{b_2} 可能在哪条染色体上？为什么？

本章课程视频

第八章　数量性状的遗传

资源 8-1

生物界遗传性状的变异有连续的和不连续的两种：表现不连续变异的性状，称为质量性状（qualitative trait）；表现连续变异的性状，称为数量性状（quantitative trait）。例如，豌豆的红花和白花、水稻籽粒胚乳的糯与非糯、玉米籽粒的甜质与非甜质、兔的白化与有色、牛的有角与无角等都是质量性状。质量性状在杂种后代的分离群体中，不同个体的性状表现为类别的差异，可以明确地分组，求出不同组之间的比例，进而研究它们的遗传规律。

但是，在生物界更广泛存在的是数量性状，如植株的高矮、果实的大小、种子产量的多少、牛的产奶量、猪的日增重等。在一个自然群体或杂种后代分离群体内，不同个体的数量性状表现为连续的变异，很难明确地分组，求出不同组之间的比例，所以不能应用分析质量性状的方法分析数量性状，而要借助统计学方法对这些性状进行分析，才能研究它们的遗传规律。

由于动植物的经济性状多为数量性状，品种改良的中心是对数量性状的改良。因此，研究数量性状的遗传规律对动植物的育种具有非常重要的意义。

第一节　数量性状的特征及遗传基础

一、数量性状的特征

（1）数量性状呈连续性变异，杂种后代的分离世代不能明确分组。伊斯特（E. M. East）（1910）用爆粒玉米（P_1 短穗）与甜玉米（P_2 长穗）杂交，将双亲、F_1、F_2 种于同一田间，分别测量各世代所有植株的果穗长度，将穗长资料做成次数分布表。由表 8-1、图 8-1 可以观察到，长穗品种与短穗品种杂交后，F_1 表现为两亲本的中间型，F_2 群体 401 个植株的穗长分布在两亲本之间（7 ~ 19cm），呈广泛的连续性变异，不能明确地划分为不同的组，统计每组的植株或个体数，求出分离的比例。只能用一定的度量单位进行测量，采用统计学方法加以分析。

表 8-1　玉米果穗长度的遗传（East，1910）

玉米穗长/cm	5	6	7	8	9	10	11	12	13	14	15	16	17	18	19	20	21	n	$\bar{x}$	V
短穗亲本	4	21	24	8														57	6.632	0.665
长穗亲本									3	11	12	15	26	15	10	7	2	101	16.802	3.561
子一代					1	12	12	14	17	9	4							69	12.116	2.307
子二代			1	10	19	26	47	73	68	68	39	25	15	9	1			401	12.888	5.072

（2）数量性状容易受环境条件的影响而产生不遗传的变异。观察玉米 P_1、P_2 和 F_1 3 个群体，尽管每一群体所有个体的基因型是相同的，各群体的穗长均呈连续性变异，而不是集中在一个数值上。这种连续性变异是由于土壤肥力、种植密度、管理措施及自然因素温、光、气、热等环境条件不一致而产生的，一般是不遗传的。F_2 群体的平均值与 F_1 接近，但 F_2 群体的变异幅度比亲本和 F_1 都更大，这是因为 F_2 群体表现出的差异既有

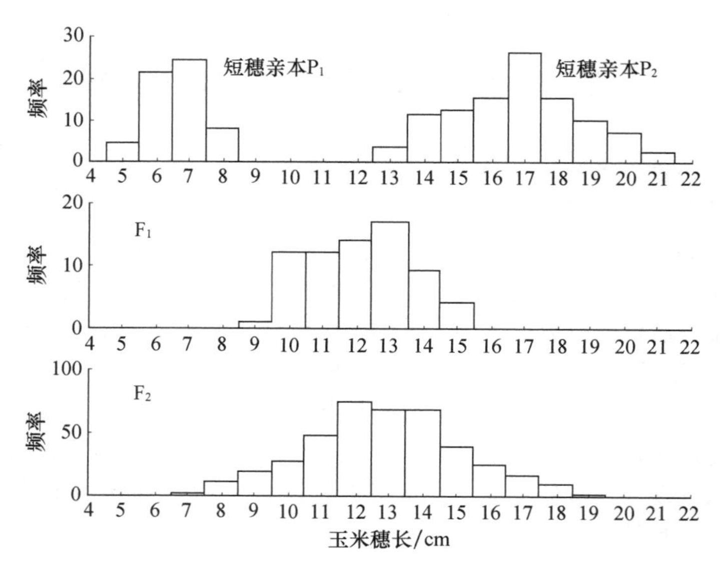

图 8-1 玉米穗长遗传的柱形图

由于基因分离所造成的基因型差异，又有由于环境的影响所造成的同一基因型的表现型差异。因此，充分估计外界环境的影响，分析数量性状遗传的变异实质，对提高数量性状育种的效率是很重要的。

（3）数量性状普遍存在着基因型与环境的互作。控制数量性状的基因较多，且容易出现在特定的时空条件下表达，在不同环境中基因表达的程度可能不同（图 8-2）。

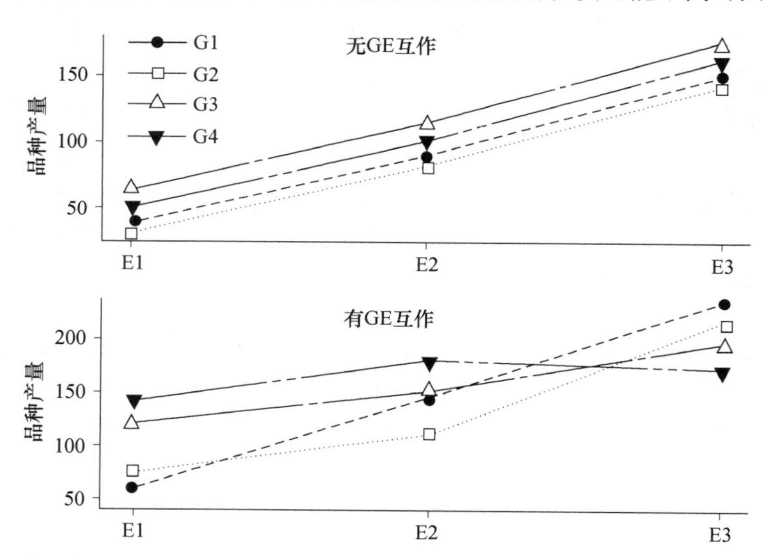

图 8-2 玉米 4 个品种（G1 ~ G4）在 3 个环境（E1 ~ E3）中的产量表现（引自朱军，2018）

为了更好地理解数量性状的特征，将其与质量性状的区别列于表 8-2 中。

表 8-2 质量性状和数量性状的区别

区别点	质量性状	数量性状
变异类型	种类上的变化（如红花、白花）	数量上的变化（如穗长）

续表

区别点	质量性状	数量性状
变异表现方式	间断型	连续型
遗传基础	少数主基因控制，遗传基础简单	微效多基因系统控制，遗传基础复杂
对环境的敏感性	不敏感	敏感
分析方法	系谱和概率分析	统计分析

二、数量性状的遗传基础

孟德尔曾经用“遗传因子”和两条遗传定律很好地解释了质量性状的遗传基础，以后的研究证实了他的理论，并且在生物细胞染色体上找到了这一“遗传因子”，即基因。孟德尔的理论能否适用于数量性状？1909年，尼尔逊-埃尔（H. Nilson-Ehle）提出多基因假说（multiple-factor hypothesis），认为孟德尔的分离规律和独立分配规律也是解释数量性状遗传的基础，所不同的是，决定质量性状的基因为1对或少数几对，而决定数量性状的基因对数很多。多基因假说的要点如下。

（1）数量性状是由许多彼此独立的基因决定的，这些基因服从孟德尔遗传规律。

（2）各基因的效应微小且相等。

（3）各对等位基因表现为不完全显性，或表现为增效和减效作用。

（4）各基因的作用是累加性的。

尼尔逊-埃尔提出多基因假说的实验根据是小麦籽粒颜色的遗传（图8-3）。用小麦的

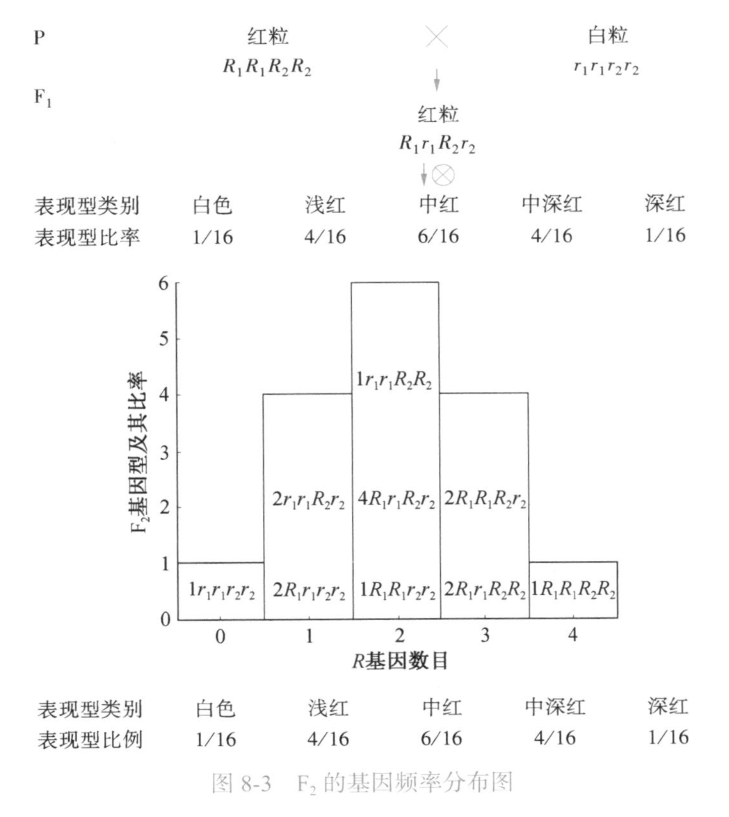

图8-3 F_2的基因频率分布图

红粒品种与白粒品种杂交，F_1的籽粒颜色全部是淡红色，表现为两亲的中间型。F_2籽粒可分为红粒和白粒两组。有的组合表现3∶1分离，有的则表现15∶1分离或63∶1分离。进一步研究后发现，有3对独立遗传、功能上表现为重叠作用的基因控制小麦种皮的颜色。这3对基因中的任何一对单独分离时都可以产生3∶1的分离比例，而3对基因同时分离则产生63∶1的分离比例。仔细检查F_2的红粒，又可区分为各种程度不同的红色。

在3∶1分离中分为：1红∶2中红∶1白。

在15∶1分离中分为：1深红∶4中深红∶6中红∶4浅红∶1白。

在63∶1分离中分为：1最深红∶6暗红∶15深红∶20中深红∶15中红∶6浅红∶1白。

从上述各类红色的分离比例可以看出，红色深浅程度的差异与具有的红色基因数目有关，每增加一个红粒基因（R），籽粒的颜色就要更红一些。这样，由于各个基因型所含的红粒基因数的不同，就形成红色程度不同的许多中间籽粒。现将2对和3对基因的遗传动态表述如下。

（1）小麦籽粒颜色受2对基因决定时的遗传动态。设2对基因分别为R_1和r_1、R_2和r_2，相互不连锁。R_1和R_2决定红色，r_1和r_2决定白色，显性不完全，并有累加效应，所以麦粒的颜色随R因子的增加而逐渐加深（图8-3）。

（2）小麦籽粒颜色受3对基因决定时的遗传动态。

P　　红粒 $R_1R_1R_2R_2R_3R_3$ × 白粒 $r_1r_1r_2r_2r_3r_3$

↓

F_1　　红粒 $R_1r_1R_2r_2R_3r_3$

↓⊗

F_2

表现型类别	最深红	暗红	深红	中深红	中红	浅红	白色
表现型比例	1	6	15	20	15	6	1
红粒有效基因数	6R	5R	4R	3R	2R	1R	0R
红粒∶白粒				63∶1			

当某性状由1对基因决定时，由于F_1能够产生具有等数R和等数r的雌配子和雄配子，因此F_1产生的雌配子与雄配子都各为$\left(\frac{1}{2}R+\frac{1}{2}r\right)$，雌、雄配子受精后，得$F_2$各基因型的频率为

$$\left(\frac{1}{2}R+\frac{1}{2}r\right)\left(\frac{1}{2}R+\frac{1}{2}r\right)=\left(\frac{1}{2}R+\frac{1}{2}r\right)^2=\frac{1}{4}RR+\frac{2}{4}Rr+\frac{1}{4}rr$$

因此，当性状由n对独立基因决定时，设$R_1=R_2=\cdots=R_n=R$，$r_1=r_2=\cdots=r_n=r$，则F_2各基因型的频率为

$$\left(\frac{1}{2}R+\frac{1}{2}r\right)^2\left(\frac{1}{2}R+\frac{1}{2}r\right)^2\cdots\cdots$$

或

$$\left(\frac{1}{2}R+\frac{1}{2}r\right)^{2n}$$

当 $n=2$ 时，代入上式并展开，即得

$$\left(\frac{1}{2}R+\frac{1}{2}r\right)^{2\times2}=\frac{1}{16}RRRR+\frac{4}{16}RRRr+\frac{6}{16}RRrr+\frac{4}{16}Rrrr+\frac{1}{16}rrrr$$

当 $n=3$ 时，代入上式并展开，即得

$$\left(\frac{1}{2}R+\frac{1}{2}r\right)^{2\times3}=\frac{1}{64}RRRRRR+\frac{6}{64}RRRRRr+\frac{15}{64}RRRRrr+\frac{20}{64}RRRrrr+\frac{15}{64}RRrrrr+\frac{6}{64}Rrrrrr+\frac{1}{64}rrrrrr$$

对小麦籽粒颜色生化基础的研究结果表明，红粒基因 R 编码一种红色素合成酶。R 基因份数越多，酶和色素的量也就越多，籽粒的颜色就越深。可看出，当这些微效多基因在分离世代重新组合时，呈现的二项分布十分接近于正态分布，再加上环境效应，从而产生和加强了数量性状遗传变异的连续性表现。

多基因假说阐明了数量性状遗传的基本原因，为数量性状的遗传分析奠定了理论基础。数量性状的深入研究进一步丰富和发展了多基因假说。近年来，借助于分子标记和数量性状基因座（quantitative trait locus，QTL）作图技术，已经可以在分子标记连锁图上检测出与数量性状有关的基因座（locus），由此推断，在该基因座上存在控制数量性状的基因，并确定其基因效应。对动植物众多的数量性状基因定位和效应分析表明，数量性状可以由少数效应较大的主基因（major gene）控制，也可由数目较多、效应较小的微效多基因控制。主基因是指对于性状的作用比较明显的 1 对或少数几对基因。微效多基因又称微效基因（minor gene），是指控制数量性状的一系列效应微小的基因。由于效应微小，难以根据表型将微效基因间区别开。各个微效基因的遗传效应值不尽相等，效应的类型包括等位基因间的加性效应、显性效应和非等位基因间的上位性效应。

也有一些性状虽然是受 1 对或少数几对主基因控制，但另外还有一组效果较微小的基因能增强或削弱主基因对表现型的作用，这类微效基因称为修饰基因（modifying gene）。例如，同一饲养条件下养育的某品种荷兰牛，其身体上的花斑大小个体间不完全一样，这是因为牛的毛色花斑受 1 对隐性基因控制，花斑的大小则受一组修饰基因影响，修饰基因数的不同，造成个体间的这种差异。

三、超亲遗传

超亲遗传（transgressive inheritance）是指在数量性状的遗传中，杂种第二代及以后的分离世代群体中，出现超越双亲性状的新表型的现象。例如，2 个水稻品种，1 个早熟，1 个晚熟，杂种第一代表现为中间型，生育期介于两亲本之间；但其后代可能出现比早熟亲本更早熟，或比晚熟亲本更晚熟的植株。这就是超亲遗传。用微效多基因假说可以解释数量性状的超亲遗传。假设某作物的生育期是由 3 对独立基因决定的，各代基因型为

P	早熟 $a_1a_1a_2a_2A_3A_3$ × 晚熟 $A_1A_1A_2A_2a_3a_3$
	↓
F_1	$A_1a_1A_2a_2A_3a_3$ 熟期介于双亲之间
	↓
F_2	27 种基因型 其中 $A_1A_1A_2A_2A_3A_3$ 的个体将比晚熟亲本更晚， 而 $a_1a_1a_2a_2a_3a_3$ 的个体比早熟亲本更早

可见，如果两杂交亲本的遗传组成不是极端类型，杂交 F_2 代就可能出现超亲现象，反之则无。超亲遗传在数量性状中是经常出现的，它给育种工作者创造、选育新类型提供了有利的条件。

第二节　数量性状遗传研究的基本统计方法

研究数量性状一般要用度量单位对群体的每个个体进行测量，然后进行统计学的分析。这里介绍最常用的几个统计参数的计算方法，即平均数（mean）、方差（variance）和标准差（standard deviation）。

一、平　均　数

平均数表示一个资料的集中性，是某一性状全部观测值（表现型值）的平均，通常应用的平均数是算术平均数，就是把全部资料中各个观测的数据加起来，然后除以观测总个数，所得的商就是平均数。可用公式表示如下。

$$\bar{x}=\frac{x_1+x_2+x_3+\cdots+x_i+\cdots+x_n}{n}=\frac{\sum x_i}{n}$$

式中，$\bar{x}$为平均数；x_i 为资料中每一个观测值；$\sum$为累加；n 为观测值的总个数。

如果资料中存在数值相同的观测值，则公式为

$$\bar{x}=\frac{x_1\times f_1+x_2\times f_2+\cdots+x_i\times f_i+\cdots+x_k\times f_k}{f_1+f_2+\cdots+f_k}=\frac{\sum f_ix_i}{\sum f_i}$$

式中，x_i 为资料中每一个相同的观测值；f_i 为相同的观测值对应的个数。

二、方差和标准差

方差表示一个资料的分散程度或离中性，使方差开方即等于标准差。方差和标准差是全部观测值偏离平均数的重要统计数。方差和标准差愈大，表示这个资料的变异程度愈大，也说明平均数的代表性愈小。计算方差的方法是先求出资料中每一个观测值与平均数离差的平方总和，然后除以自由度 $n-1$，即得出方差。方差开平方即得出标准差。

设 V（或 S^2）为方差，S 为标准差，则

$$V=\frac{\sum(x-\bar{x})^2}{n-1}\qquad S=\sqrt{\frac{\sum(x-\bar{x})^2}{n-1}}$$

方差也可用下列公式求得：

$$V=\frac{\sum x^2-\frac{(\sum x)^2}{n}}{n-1}$$

当 $n > 30$ 时属于大样本，式中分母可用 n 代替 $n-1$。

第三节　数量性状的遗传模型和方差分析

数量遗传学运用统计学方法，研究生物体表现型变异中归因于遗传效应和环境效应的分量，并进一步分解遗传变异中基因效应的变异分量。平均数和方差的估算与分析是数量遗传分析的基础。

一、数量性状的遗传模型

（一）数量性状的数学模型

一个数量性状的表现型值（phenotype value）就是对个体某性状度量或观测到的数值。例如，某玉米的穗长 = 10cm，这 10cm 就是该性状的表现型值。这个表现型值是个体基因型（genotype）在一定条件下的实际表现，是基因型与环境共同作用的结果。如果基因型与环境各自独立作用于表现型，没有相互作用，则

$$P = G + E$$

这就是数量性状的基本数学模型。式中，P 为表现型值，是指某性状的表现型的数值；G 为基因型值（genotypic value），是指表现型值中由基因型所决定的数值；E 为环境离差（environmental deviation），是指由环境引起的表现型值的变化。

基因型值还可以进一步剖分为 3 个部分：$G = A + D + I$，其中：

（1）加性效应（additive effect），用 A 表示，是指基因位点内等位基因（allele）和非等位基因的累加效应。其被认为是上下代遗传中可以固定的分量，所以在实践上又称为“育种值”（breeding value），即表示在动植物育种工作中实际能够获得的效应。

（2）显性效应（dominance effect），用 D 表示，是指基因位点内等位基因之间的互作效应，属于非加性效应组成部分。它是能遗传而不能固定的遗传因素，因为随着基因在不同世代中的分离和重组，基因间的关系会发生变化。例如，自交或近亲交配引起的杂合体减少，显性效应也逐代减少。

（3）上位性效应（epistatic effect），用 I 表示，是指非等位基因之间的相互作用对基因型值所产生的效应，也属于非加性效应。

用一个模型来说明基因型的加性效应和显性效应。假定 1 对等位基因 C、c 构成的一个群体由 3 种基因型个体（CC、Cc、cc）所组成，相应的基因型值分别为 CC、Cc、cc。令两个纯合体 CC 和 cc 的基因型值的平均值（中亲值）为 $m=\frac{CC+cc}{2}$，则各基因型值与中亲值的差就称为相应的基因型的效应。图 8-4 就是等位基因 C、c 的基因型效应的数学模型。

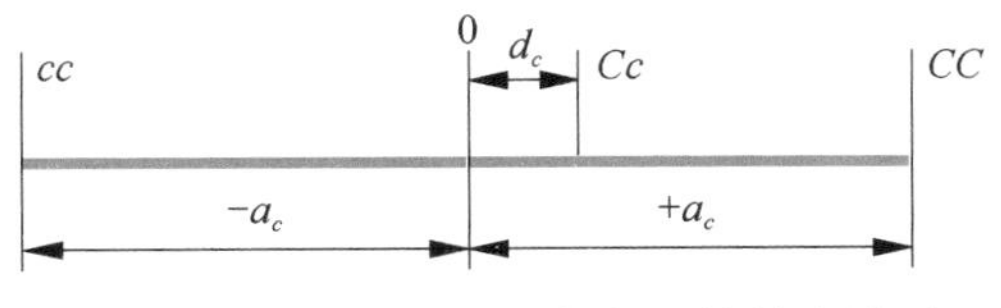

图 8-4　1 对基因 C-c 的加性显性效应模型

以 m 作为比较不同基因型效应值的起点，把这个起点定为 0（m 实际值往往不等于 0）。往正方向的纯合体 CC 的效应值为 $+a_c$，往负方向的纯合体 cc 的效应值为 $-a_c$，杂合体 Cc 的效应值为 d_c。这里，a_c 称为加性效应，它表征的是 CC 基因型值或 cc 基因型值离中亲值之差。d_c 称为显性效应，它表征的是 Cc 基因型值离中亲值之差。d_c 的大小取决于显性程度。如果无显性存在，$d_c=0$；C 为显性时，d_c 为正值；c 为显性时，d_c 为负值；当完全显性时，$d_c=\pm a_c$，杂合体基因型值与纯合体之一完全相同；存在超显性时，$d_c>a_c$，或 $d_c<-a_c$。

例如，小鼠中有一矮小基因或称为侏儒基因（pg），该基因能使小鼠的体型变小，它对体型的作用是不完全显性（表 8-3）。

表 8-3　小鼠 3 种基因型 6 周龄体重（两性平均值）

基因型	*PgPg*	*Pgpg*	*pgpg*
体重 /g	14	12	6

平均体重的表现型值可以当作体重的基因型值，由此可计算出：

$$m=(14+6)/2=10\ (\mathrm{g})$$
$$a_{\mathrm{pg}}=14-10=4\ (\mathrm{g})$$
$$d_{\mathrm{pg}}=12-10=2\ (\mathrm{g})$$

同理，对于等位基因 E、e，EE、Ee、ee 3 种基因型的效应值分别是 a_e、d_e、$-a_e$。

涉及多对等位基因时，基因型效应值为

$$ccEEFF：\ -a_c+a_e+a_f$$
$$CCeeff：\ a_c-a_e-a_f$$
$$CcEeFf：\ d_c+d_e+d_f$$

如果是 k 对基因

$$a=\sum a_+-\sum a_-$$
$$d=\sum d$$

基因型值是各种基因效应的总和。基因型值包括加性效应和显性效应的模型称为加性-显性模型，其公式为

$$G=A+D$$

表现型值相应分解为

$$P=A+D+E$$

对于某些性状，不同基因座的非等位基因之间还可能存在上位性效应。此时，基因型值包括加性效应、显性效应和上位性效应，相应的遗传模型称为加性-显性-上位性模型。其基因型值和表现型值分别分解为

$$G=A+D+I$$
$$P=A+D+I+E$$

（二）表现型变异与基因型变异

在数量性状的遗传研究中，分析是以变异为中心进行的，因为只有生物性状的变异

才能系统说明基本遗传问题、遗传育种的实质。育种者除了关心控制整个性状总基因效应值外，更加关注的是性状各个位点基因效应的变异程度，这就需要估算代表基因效应变异程度的方差。

已知表现型值、基因型值和环境离差三者的关系是

$$P = G + E$$

以$\bar{P}$、$\bar{G}$、$\bar{E}$表示三者的平均数，则各项的方差可以推算如下：由于

$$\begin{aligned}\sum(P-\bar{P})^2 &= \sum[(G+E)-(\bar{G}+\bar{E})]^2 \\ &= \sum(G-\bar{G})^2 + 2\sum(G-\bar{G})(E-\bar{E}) + \sum(E-\bar{E})^2\end{aligned}$$

如果基因型和环境之间没有相互作用，即

$$\sum(G-\overline{G})(E-\overline{E})=0$$

则

$$\sum(P-\bar{P})^2 = \sum(G-\bar{G})^2 + \sum(E-\bar{E})^2$$

各项除以 n，即得

$$\frac{\sum(P-\bar{P})^2}{n} = \frac{\sum(G-\bar{G})^2}{n} + \frac{\sum(E-\bar{E})^2}{n}$$

或

$$V_P = V_G + V_E$$

式中，V_P、V_G 和 V_E 分别为表现型方差（phenotypic variance）、基因型方差（genotypic variance）和环境方差（environmental variance）。

基因型方差是指群体内个体间基因型差异引起的变异量。基因型方差可以进一步分解为 3 个组成部分：加性方差 V_A、显性方差 V_D 和上位性方差 V_I。加性方差是指等位基因间和非等位基因间的累加作用引起的变异量，也称育种值方差。显性方差是指等位基因间相互作用引起的变异量，是产生杂种优势的主要方差组分。而上位性方差是指非等位基因间的相互作用引起的变异量，后两部分的变异量又称为非加性的遗传方差。因此，基因型方差表示公式为

$$V_G = V_A + V_D + V_I$$

于是表现型方差的公式可进一步表示为

$$V_P = (V_A + V_D + V_I) + V_E$$

加性方差是可固定的遗传变异量，它可在上代、下代间传递，显性方差和上位性方差是不能固定的遗传变异量。

二、常用的几种群体的方差

方差分析要以一定的遗传模型为基础。数量性状分析的通用模型是 $P = A + D + I + E$，但由于上位效应较难分解，本节以加性-显性模型（即 $P = A + D + E$）为基础，介绍数量性状分析常用的几种群体的方差，为进一步估算遗传率奠定基础。

（一）不分离世代的方差

一般来说，P_1、P_2 群体的各个个体的基因型是纯合一致的，F_1 群体的各个个体的基

因型是杂合一致的，因此这 3 种群体均为不分离群体。不分离世代群体内个体间无遗传差异，群体个体间表型值的不同都是环境因素引起的。因此，不分离世代的基因型方差为零，表现型方差即环境方差 V_E，于是：

$$V_{P_1}=V_E \qquad V_{P_2}=V_E \qquad V_{F_1}=V_E$$

（二）F_2 的方差

群体总基因型方差为各基因型值与群体平均值的离差平方和的加权平均值。

假定 1 对等位基因 A、a，其 F_2 群体的遗传组成为：$\frac{1}{4}AA+\frac{1}{2}Aa+\frac{1}{4}aa$，则群体平均理论值为

$$\frac{1}{4}a+\frac{1}{2}d+\frac{1}{4}(-a)=\frac{1}{2}d$$

于是基因型方差为

$$V_{(G)F_2}=\frac{1}{4}\left(a-\frac{1}{2}d\right)^2+\frac{1}{2}\left(d-\frac{1}{2}d\right)^2+\frac{1}{4}\left(-a-\frac{1}{2}d\right)^2=\frac{1}{2}a^2+\frac{1}{4}d^2$$

如果这一性状受 k 对基因控制，效应相等，可累加，基因间不连锁，无互作，那么 F_2 的基因型方差应为

$$\begin{aligned}V_{(G)F_2}&=\frac{1}{2}(a_1^2+a_2^2+\cdots+a_k^2)+\frac{1}{4}(d_1^2+d_2^2+\cdots+d_k^2)\\&=\frac{1}{2}\sum a^2+\frac{1}{4}\sum d^2\end{aligned}$$

式中，$\frac{1}{2}\sum a^2$ 和$\frac{1}{4}\sum d^2$分别为 F_2 方差构成中的加性方差和显性方差，加上环境方差，F_2 的表现型方差为

$$V_{F_2}=V_A+V_D+V_E$$

（三）F_3 的方差和 F_4 的方差

由 F_2 自交产生 F_3 混合种植，F_3 群体的遗传组成为$\frac{3}{8}AA+\frac{1}{4}Aa+\frac{3}{8}aa$，其平均数是

$$\frac{3}{8}a+\frac{1}{4}d+\frac{3}{8}(-a)=\frac{1}{4}d$$

F_3 群体的基因型方差为

$$V_{(G)F_3}=\frac{3}{8}\left(a-\frac{1}{4}d\right)^2+\frac{1}{4}\left(d-\frac{1}{4}d\right)^2+\frac{3}{8}\left(-a-\frac{1}{4}d\right)^2=\frac{3}{4}a^2+\frac{3}{16}d^2$$

F_3 的表现型方差为

$$V_{F_3}=\frac{3}{4}\sum a^2+\frac{3}{16}\sum d^2+V_E$$

同理，F_4 的表现型方差为

$$V_{F_4} = \frac{7}{8}\sum a^2 + \frac{7}{64}\sum d^2 + V_E$$

由此可见，随着自交代数的增加，群体基因型方差中的可固定遗传变异加性效应方差比例逐渐加大，而不可固定的显性效应方差比例逐渐减小。

（四）回交世代的方差

回交（back cross）是指杂种 F_1 与两个杂交亲本之一进行杂交的交配方式，回交子代群体即回交世代。通常将杂种 F_1 与两个亲本回交得到的回交群体分别记为 B_1 和 B_2。

对于基因 A、a，以 B_1 表示 F_1 与纯合亲本 AA 回交子代群体，$F_1 \times P_1 \to Aa \times AA$，其群体遗传组成$\frac{1}{2}AA+\frac{1}{2}Aa$的平均数是

$$\bar{B}_1 = \frac{1}{2}a + \frac{1}{2}d$$

以 B_2 表示 F_1 与纯合亲本 aa 回交子代群体，$F_1 \times P_2 \to Aa \times aa$，其群体遗传组成$\frac{1}{2}Aa+\frac{1}{2}aa$的平均数是

$$\bar{B}_2 = \frac{1}{2}d - \frac{1}{2}a$$

$$B_1\text{ 的基因型方差} = \frac{1}{2}\left[a-\left(\frac{1}{2}a+\frac{1}{2}d\right)\right]^2 + \frac{1}{2}\left[d-\left(\frac{1}{2}a+\frac{1}{2}d\right)\right]^2$$

$$= \frac{1}{4}a^2+\frac{1}{4}d^2-\frac{1}{2}ad$$

$$B_2\text{ 的基因型方差} = \frac{1}{2}\left[d-\left(\frac{1}{2}d-\frac{1}{2}a\right)\right]^2 + \frac{1}{2}\left[-a-\left(\frac{1}{2}d-\frac{1}{2}a\right)\right]^2$$

$$= \frac{1}{4}a^2+\frac{1}{4}d^2+\frac{1}{2}ad$$

上述两个方差均遇到 a 和 d 不能分割的问题。为了消除这种情况，将两个方差加在一起，则

$$\frac{1}{4}a^2 + \frac{1}{4}d^2 - \frac{1}{2}ad + \frac{1}{4}a^2 + \frac{1}{4}d^2 + \frac{1}{2}ad = \frac{1}{2}a^2 + \frac{1}{2}d^2$$

于是 a 和 d 2 个成分就分割开了。假设控制 1 个性状的基因有很多对，这些基因不存在连锁，而且各基因间没有相互作用，则回交一代的表现型方差总和是

$$V_{B_1} + V_{B_2} = \frac{1}{2}\sum a^2 + \frac{1}{2}\sum d^2 + 2V_E$$

第四节　遗传率的估算及其应用

一、遗传率的概念

遗传率又称遗传力（heritability），是指遗传方差在总方差（表型方差）中所占的比值，可以作为杂种后代进行选择的一个指标。遗传率的概念有广义和狭义之分。

（一）广义遗传率

广义遗传率（heritability in the broad sense，h_B^2）是指遗传方差占总方差（表型方差）的比值，用公式表示为

$$h_B^2=\frac{遗传方差}{总方差}\times 100\%$$
$$=\frac{V_G}{V_P}\times 100\%$$
$$=\frac{V_G}{V_G+V_E}\times 100\%$$

可见，遗传方差占总方差的比例愈大，遗传率愈高，意味着群体性状表现的差异主要是由遗传方差决定的，受环境的影响较小。一个性状遗传率较高时，亲本的性状在子代中将有较多的机会表现出来，而且容易根据表现型辨别其基因型，选择的效果就较好。反之，遗传率较低，说明环境条件对性状的影响较大，对这种性状进行选择的效果也就较差。

广义遗传率对某些自花授粉的植物而言，估计 h_B^2 是很有意义的，因为这时基因型效应不易剖分，而且所有的基因型效应都可以稳定遗传。

（二）狭义遗传率

狭义遗传率（heritability in the narrow sense，h_N^2）是指基因加性方差占总方差的比值，用公式表示为

$$h_N^2=\frac{基因加性方差}{总方差}\times 100\%$$
$$=\frac{V_A}{V_P}\times 100\%$$
$$=\frac{V_A}{(V_A+V_D+V_I)+V_E}\times 100\%$$

由于加性效应是从基因型效应中已剔除显性效应和上位效应后的加性效应部分，在世代传递中是可以稳定遗传的，因此狭义遗传率在育种上具有重要意义。

二、遗传率的估算

（一）广义遗传率的估算

不分离世代 P_1、P_2 和 F_1 群体各个个体的基因型是一致的，基因型方差为零，即 P_1、P_2 和 F_1 各自的表现型的差异完全是由环境引起的，因此 P_1、P_2 和 F_1 的表型方差就是环境方差。可用不分离世代群体估计环境方差，然后从 F_2 群体总方差中减去环境方差，估计基因型方差。较好的环境方差估计应根据 F_2 基因型分离比例求其加权均数，即

$$V_E=\frac{1}{4}V_{P_1}+\frac{1}{2}V_{F_1}+\frac{1}{4}V_{P_2}$$

那么

$$h_B^2 = \frac{V_G}{V_P} \times 100\% = \frac{V_{F_2} - V_E}{V_{F_2}} \times 100\%$$

$$= \frac{V_{F_2} - \frac{1}{4}(V_{P_1} + V_{P_2} + 2V_{F_1})}{V_{F_2}} \times 100\%$$

上述环境方差估算方法是最常用的一种。但在不同的情况下，F_2 环境方差 V_E 的估算还可以采用下列方法。

$$V_E = \frac{1}{3}(V_{P_1} + V_{P_2} + V_{F_1})$$

或

$$V_E = \frac{1}{2}(V_{P_1} + V_{P_2})$$

或

$$V_E = V_{F_1}$$

用短穗和长穗玉米的杂交材料（表 8-1），$V_{P_1} = 0.665$，$V_{P_2} = 3.561$，$V_{F_1} = 2.307$，$V_{F_2} = 5.072$，则

$$h_B^2 = \frac{V_{F_2} - V_E}{V_{F_2}} \times 100\% = \frac{V_{F_2} - \frac{1}{4}(V_{P_1} + V_{P_2} + 2V_{F_1})}{V_{F_2}} \times 100\%$$

$$= \frac{5.072 - \frac{1}{4}(0.665 + 3.561 + 2 \times 2.307)}{5.072} \times 100\%$$

$$= \frac{2.862}{5.072} \times 100\% = 56.4\%$$

结果表明，对穗长这个性状而言，其总变异约 56% 是遗传因素所决定的。

（二）狭义遗传率的估算

经前面推导已知，两回交一代表现型方差之和是

$$V_{B_1} + V_{B_2} = \frac{1}{2}\sum a^2 + \frac{1}{2}\sum d^2 + 2V_E$$

F_2 表现型方差为

$$V_{F_2} = \frac{1}{2}\sum a^2 + \frac{1}{4}\sum d^2 + V_E$$

F_2 加性方差可由上述两式估计：

$$2V_{F_2} - (V_{B_1} + V_{B_2}) = 2 \times \left(\frac{1}{2}\sum a^2 + \frac{1}{4}\sum d^2 + V_E\right) - \left(\frac{1}{2}\sum a^2 + \frac{1}{2}\sum d^2 + 2V_E\right)$$

$$= \frac{1}{2}\sum a^2 = V_A$$

由此，加性方差占 F_2 表现型方差的比率为狭义遗传率。

$$h_N^2 = \frac{2V_{F_2} - (V_{B_1} + V_{B_2})}{V_{F_2}} \times 100\%$$

例如，玉米籽粒含油量的资料见表 8-4。

表 8-4　玉米籽粒含油量的资料（引自孔繁玲，2006）

世代	平均含油量 /%	表现型方差
P_1（A 品系）	15.96	1.97
P_2（B 品系）	1.13	0.21
F_1（$P_1 \times P_2$）	8.47	1.27
F_2（$F_1 \times F_1$）	9.17	54.30
B_1（$F_1 \times P_1$）	14.33	26.70
B_2（$F_1 \times P_2$）	12.84	37.70

$$h_B^2 = \frac{V_{F_2} - V_E}{V_{F_2}} \times 100\% = \frac{V_{F_2} - \left(\frac{1}{4}V_{P_1} + \frac{1}{2}V_{F_1} + \frac{1}{4}V_{P_2}\right)}{V_{F_2}} \times 100\%$$

$$= \frac{54.30 - \left(\frac{1}{4} \times 1.97 + \frac{1}{2} \times 1.27 + \frac{1}{4} \times 0.21\right)}{54.30} \times 100\% = 97.83\%$$

$$h_N^2 = \frac{2V_{F_2} - (V_{B_1} + V_{B_2})}{V_{F_2}} \times 100\% = \frac{2 \times 54.30 - (26.70 + 37.70)}{54.30} \times 100\%$$

$$= \frac{44.20}{54.30} \times 100\% = 81.40\%$$

结果显示：在该 F_2 群体里，玉米籽粒含油量的变异有 97.83% 是由遗传原因引起的，2.17% 是由环境造成的。在 97.83% 的遗传变异中有 81.40% 是加性效应引起的，16.43% 是由显性效应引起的。

三、遗传率的应用

遗传率概念提出后，各国育种家对不同植物和动物都进行了测验和估算，认为它对杂种后代群体的选择具有指导意义。我国育种工作者从 20 世纪 60 年代以来，对遗传率的概念进行了介绍，并在水稻、小麦、棉花、谷子、粟、高粱、大豆、花生和蚕桑等方面应用，取得了一定的结果。

目前，根据多数试验结果，对遗传率在育种上的应用，总结了如下几条规律：①不易受环境影响的性状的遗传率比较高，易受环境影响的性状则较低。②变异系数小的性状遗传率高，变异系数大的则较低。③质量性状一般比数量性状有较高的遗传率。④性状差距大的两个亲本的杂种后代，一般表现较高的遗传率。⑤遗传率并不是一个固定数值，对自花授粉植物来说，它因杂种世代推移而有逐渐升高的趋势。

从几种主要作物的不同性状所估算的遗传率可以看出，株高、抽穗期、开花期、成熟期、每荚粒数、油分、蛋白质含量和棉纤维的衣分等性状具有较高的遗传率；千粒重、抗倒伏、分枝数、主茎节数和每穗粒数等性状具有中等的遗传率；穗数、穗长、每行粒数、每株荚数及产量等性状的遗传率较低（表 8-5）。

表 8-5 几种主要作物遗传率的估算资料（%）

作物	籽粒产量 /(g/ 株)	株高 /cm	穗数 /（穗 / 株）	穗长 /cm	每穗粒数 /(粒 / 穗)	千粒重 /g
水稻		52.6 ~ 85.9	10.0 ~ 84.0	57.2 ~ 69.1	55.6 ~ 75.7	83.7 ~ 99.7
小麦		51.0 ~ 68.6	12.0 ~ 27.2	60.0 ~ 78.9	40.3 ~ 42.6	36.3 ~ 67.1
大麦	43.9 ~ 50.7	44.4 ~ 74.6	23.6 ~ 29.5			21.2 ~ 38.5
玉米	15.5 ~ 29.0	42.6 ~ 70.1		13.4 ~ 17.3		

遗传率高低标志着选择的难易程度。遗传率决定着亲属间相似程度和由表现型值预测基因型值的可靠性。因此，遗传率不仅有描述的功能，而且有预测的功能。遗传率是数量性状遗传与育种的重要参数指标。当某性状的遗传率高时，不仅说明该性状的遗传受环境影响小，而且说明上下代的相似程度高，因而由表现型判断基因型及由上代判断下代的命中率高，因而选择容易见效。反之，若遗传率低，则选择不易见效。

遗传率高低有助于确定性状选择的世代早晚和种植规模的大小。性状的遗传率高时可在早代选择，一般在 F_2、F_3 选择，选择效果较好；性状的遗传率低时宜在较晚世代选择，一般在 F_4 以后世代选择，选择效果较好。

第五节 数量性状基因座

前几节介绍了经典数量遗传分析方法，这些方法能有效解析控制数量性状的多基因综合遗传效应，但是无法区分基因数目、单个基因在染色体上的位置及遗传效应。现代（分子）数量性状基因座遗传分析开启了数量性状研究的新纪元。数量性状基因座（quantitative trait locus，QTL）是控制数量性状的染色体区段，这个区段可能含有一个或多个控制性状的基因。当分子标记与目标性状 QTL 连锁时，不同标记基因型的表型值将存在显著差异。因而通过数量性状表型值与标记的关联分析，确认 QTL 在染色体上的位置及其遗传效应，这就是 QTL 定位。所以，QTL 定位将能促进经典数量遗传分析的质变和飞跃。QTL 定位方法主要包括连锁分析和全基因组关联分析。

一、连锁分析

（一）QTL 定位原理

数量性状基因座（QTL）是指控制数量性状的染色体区段。一个数量性状往往受多个 QTL 控制，控制数量性状的 QTL 可能分布于不同染色体区段，或者分布于同一染色体的不同位置。QTL 定位是利用 DNA 分子标记来确定目标数量性状位于染色体的位置及遗传效应大小，其理论基础是摩尔根的连锁和交换定律。

以单标记（*M*-*m*）分析为例，若 *M*-*m* 与 QTL（*Q*-*q*）连锁（图 8-5B），则 *M* 标记基因型（*MM*、*Mm*、*mm*）值受所连锁的 *Q*-*q* 基因型值影响，使 *M*-*m* 的表现型间均值存在差异；反之，*M*-*m* 与 QTL（*Q*-*q*）不连锁（图 8-5A）。

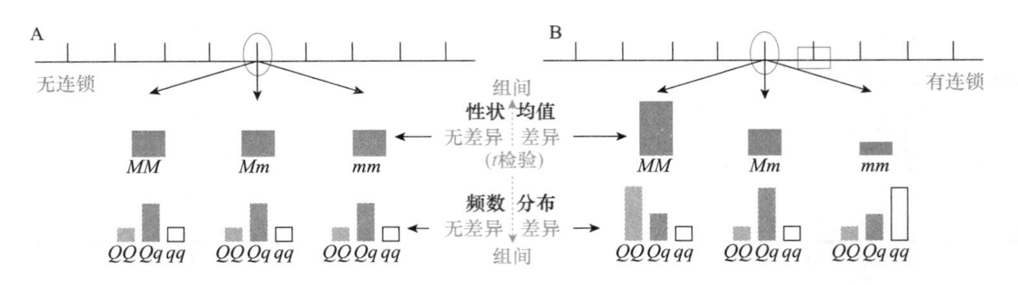

图 8-5 QTL 定位原理（单标记分析法）

○表示标记（标记基因型为 *MM*、*Mm*、*mm*）；□表示某数量性状的一个基因座

（二）QTL 定位步骤

1. 创制作图群体

QTL 定位群体一般是由相对性状差异显著的亲本间衍生的分离群体，如用高株和矮株、早熟期和晚熟期等杂交，再经自交或回交构建成为分离群体。植物中，常见定位群体及类型见图 8-6。动物中，常见定位群体有 F_2 群体和 BC 群体。

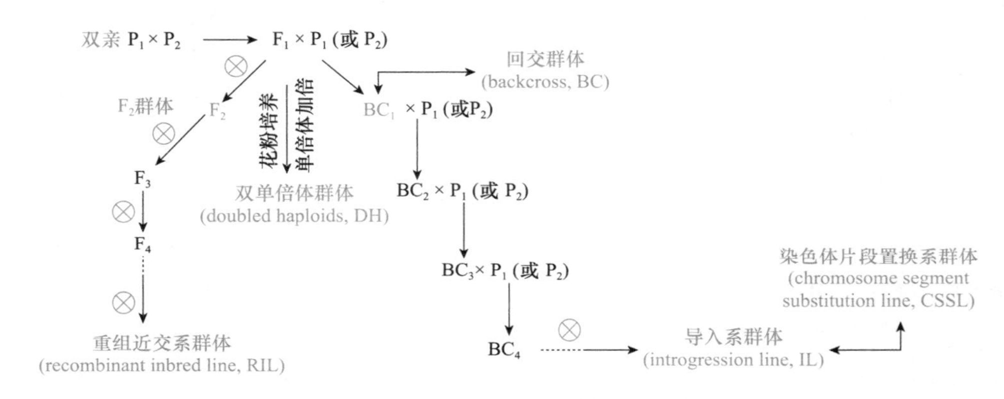

图 8-6 QTL 定位群体类型及构建

2. 筛选遗传标记

遗传标记反映遗传多态性的生物学特征，是易于识别的可遗传的等位基因或染色体片段的相对差异。它们具有可遗传性和可识别性特点。遗传标记包括形态学标记、细胞学标记、生化标记和分子标记等。

（1）形态学标记。形态学标记主要是指可以观察到的一些性状，如眼色、株高、种皮颜色等。国际水稻研究所（IRRI）和日本系统地收集和研制了大量水稻形态标记材料，并作为重要的种质资源加以保存。以形态学标记为基础的连锁群的建立为生理、生化性状的遗传研究奠定了基础。由于形态学标记数量少，在染色体上的分布又不均匀，因而难以建立饱和的遗传图谱。另外，许多形态学标记还会受到环境、生育期等因素的影响，使形态学标记在动植物遗传学图谱构建和育种中的应用受到一些限制。

（2）细胞学标记。细胞学标记是指能明确显示遗传多态性的细胞学特征。染色体的结构特征和数量特征是常见的细胞学标记，它们分别反映了染色体结构和数量上的遗传多态性。染色体的结构特征包括染色体的核型和带型。核型特征是指染色体的长度、着丝粒的位置和随体有无等，由此可以反映染色体的缺失、重复、倒位和易位等遗传变异；带型特征是指染色体经特殊染色后，带的颜色深浅、宽窄和位置顺序等。染色体的数量特征是指细胞中染色体数目的多少，染色体数量上的遗传多样性包括整倍体和非整倍体变异，前者如多倍体，后者如缺体、单体、三体等。用具有染色体数目和结构变异的材料与染色体正常的材料进行杂交，其后代常导致特定染色体上的基因在减数分裂过程中的分离和重组发生偏离，由此可以测定基因所在染色体及其相对位置。因此，染色体结构和数量的特征可以作为一种遗传标记。在水稻上，国际水稻研究所构建了一套籼稻 IR36 的初级三体，它在基因定位、标记辅助选择及遗传图谱构建中都发挥了重要作用。

细胞学标记克服了形态学标记易受环境影响的缺点，但这种标记材料的产生需要花费大量的人力和物力进行培养选择。另外，一些细胞学标记常常伴有一些有害的表型效应，从而限制了细胞学标记的应用。

（3）生化标记。生化标记主要是同工酶及种子贮藏蛋白，有时又称蛋白质标记。在水稻中，已定位了近 30 种同工酶基因。与形态学标记相比，生化标记数量上更丰富，受环境影响小，能更好地反映遗传多态性，因此生化标记是一种较好的遗传标记，已被广泛应用于物种起源和进化研究、种质鉴定、分类和抗病性筛选等领域。

但生化标记仍然存在诸多不足，如每一种同工酶标记都需要特殊的显色方法和技术；某些酶的活性具有发育和组织特异性；局限于反映基因编码区的表达信息等。最关键的不足是生化标记的数量仍比较有限，尤其是在种内品种间，差异更小。

（4）分子标记。分子标记主要是指 DNA 水平上的标记。DNA 标记是 DNA 水平上遗传多态性的直接反映。DNA 水平的遗传多态性表现为核苷酸序列的差异，甚至是单个核苷酸的变异。因此，DNA 标记在数量上几乎是无限的。DNA 标记具有许多形态标记和同工酶标记所无法比拟的优点：①在各个组织、各发育时期均可检测到，不受季节、环境的限制，不存在表达与否的问题。②遍及整个基因组，数量多。③表现中性，不影响性状表达，与优良性状无必然的连锁关系。④自然界存在着许多等位变异，多态性高，不需创造特殊的遗传材料。⑤有许多标记表现为共显性，能鉴别纯合型与杂合型。分子标记的概念一经提出，很快就受到动植物遗传育种学界的极大关注，并迅速应用于遗传图谱构建、基因定位、种质资源研究、杂种优势成因分析及标记辅助选择育种等方面。

依据对 DNA 多态性的检测手段，DNA 标记可分为以下四大类。

第一类为基于 DNA-DNA 杂交的 DNA 标记。该标记技术是利用限制性内切核酸酶酶解及凝胶电泳分离不同生物体的 DNA 分子，然后用经标记的特异 DNA 探针与之进行杂交，通过放射自显影或非同位素显色技术来揭示 DNA 的多态性。其中最具代表性的是发现最早且应用最广泛的限制性片段长度多态性（RFLP）标记，它常被称为第一代分子标记的代表。

第二类为基于 PCR 的 DNA 标记。PCR 技术问世不久，便以其简便、快速和高效等特点迅速成为分子遗传学研究的有利工具，尤其是在 DNA 标记技术的发展上更是起到了巨大作用。根据所用引物的特点，这类 DNA 标记可分为随机引物 PCR 标记和特异引物 PCR 标记。随机引物 PCR 标记中，随机扩增多态 DNA（randomly amplified polymorphic DNA，RAPD）标记应用较为广泛。随机引物 PCR 所扩增的 DNA 区段是事先未知的，具有随机性和任意性，因此随机引物 PCR 标记技术可用于对任何未知基因组的研究。特异引物 PCR 标记包括简单重复序列（simple sequence repeat，SSR）标记、序列标签位点（sequence tagged site，STS）标记等，其中被称为第二代分子标记代表的 SSR 标记已被广泛应用于遗传图谱构建、基因定位等领域。特异引物 PCR 所扩增的 DNA 区段是事先已知的，具有特异性。因此，特异引物 PCR 标记技术依赖于对各个物种基因组信息的了解。

第三类为基于 PCR 与限制性酶切技术结合的 DNA 标记。这类 DNA 标记可分为两种类型，一种是通过对限制性酶切片段的选择性扩增来显示限制性片段长度的多态性，如扩增片段长度多态性（amplified fragment length polymorphism，AFLP）标记。另一种是通过对 PCR 扩增片段的限制性酶切来揭示被扩增区段的多态性，如酶切扩增多态性序列（cleaved amplified polymorphic sequence，CAPS）标记。

第四类为基于单核苷酸多态性的 DNA 标记，如单核苷酸多态性（single nucleotide polymorphism，SNP）标记，它是由 DNA 序列中单个碱基的变异而引起的遗传多态性。上述 3 类分子标记技术都是基于片段长度大小的差异，而对于相同大小片段的碱基差异检测无能为力，SNP 的出现解决了这一问题。因此，其被称为第三代分子标记的代表。目前 SNP 标记一般通过 DNA 芯片技术、基因组测序或基因组重测序进行分析。

3. DNA 标记分离及数量化处理

收集每个个体 DNA 标记基因型信息，是进行 QTL 定位的第一步。标记基因型可从电泳带型读取，同时进行数字化处理。以 SSR 标记（共显性标记）为例，在 F_2 群体中含有双亲（P_1 和 P_2）、F_1 和缺失带型，分别赋予 1、3、2 和 0，即获得数量化的基因型（图 8-7）。对于 BC、DH 和 RIL 群体，每个分离的基因座有两种基因型，因而用 3 个数字就可以将全部带型数量化，如 1、2 和 0。

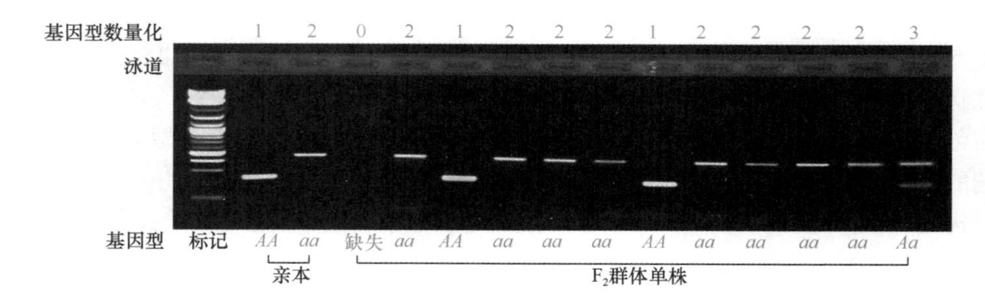

图 8-7 SSR 标记检测的 F_2 群体基因型获取及数量化

4. 构建遗传图谱

定位群体中，基因型以带型或 SNP 多态性确认，并且借助基因型频率估算重组交换值，进而构建遗传图谱。也可以利用统计学方法，如似然比检验。原理如下：两个位点连锁（$r < 0.5$）与不连锁（$r = 0.5$）的概率可能性使用 $\mathrm{LOD} = \log_{10}[L(r < 0.5)/L(r = 0.5)]$ 评价。其中，$L(r)$ 为假定条件的似然函数的极大值。LOD 值越大，则位点间存在连锁的可能性越大；反之亦然。由于构建全基因组连锁图时，涉及多个标记座位，因此测定多位点间的排列顺序及它们间的遗传图距，须多位点的联合分析方可实现。通常借助统计学软件进行处理，如 Mapmaker/EXP 和 JoinMap 等。之后，将通过作图函数

（如 Kosambi 函数）把重组率转换为遗传图距，绘制连锁遗传图谱。

5. 测量数量性状

在检测和分析作图群体每个个体的分子标记基因型值的同时，测定其数量性状值。将每个个体的基因型值和数量性状表型值按顺序列表，就形成了后续分析的基本数据。

6. QTL 分析

数量性状很难明确分组，所以不能使用分析质量性状的方法研究数量性状，但可以借助统计学方法对这些性状进行分析。目前已提出了 20 多种 QTL 分析的统计方法，其中最常用的有单标记分析法（single marker analysis，SMA）、区间作图法（interval mapping，IM）和混合线性模型（mixed linear model，MLM）等。

1）单标记分析法（SMA）

SMA 是利用统计学方法分析单个标记与目标数量性状是否连锁。该方法是早期 QTL 定位常用方法（图 8-5）。检测单标记与 QTL 连锁的统计学方法通常有以下 3 种。

（1）不同基因型的表型均值的 t 测验。以 BC 群体为例，假设控制某特定分子标记位点和 QTL 分别为 *M-m* 和 *Q-q*，当标记与 QTL 连锁时，*M-m* 与 *Q-q* 的重组率为 r。双亲 P_1 和 P_2 的基因型分别为 *MMQQ* 和 *mmqq*，F_1 经 *MMQQ* 回交，产生 BC_1。F_1 配子、BC_1 和 QTL 基因型及其频率见表 8-6。

表 8-6 单标记分析法对 BC_1 的 QTL 定位的统计模型

F_1 配子	*MQ*	*Mq*	*mQ*	*mq*
BC_1 基因型	*MMQQ*	*MMQq*	*MmQQ*	*MmQq*
QTL 效应	a	d	a	d
BC_1 基因型频率	$(1-r)/2$	$r/2$	$r/2$	$(1-r)/2$
标记型值与方差	*MM*：$\mu_1=\mu+a(1-r)+dr$		*Mm*：$\mu_0=\mu+ar+d(1-r)$	
	$\sigma_1^2=(a-d)^2r(1-r)$		$\sigma_0^2=(a-d)^2r(1-r)$	

注：a 和 d 分别为加性效应和显性效应，根据加性-显性模型计算；μ_1、μ_0、σ_1^2 和 σ_0^2 分别为 *MM* 组群均值、*Mm* 组群均值、*MM* 组群方差和 *Mm* 组群方差

若 M 与 Q 连锁，即 $r<0.5$，则标记基因型为 *MM* 与 *Mm* 组群中含有 *QQ* 与 *Qq* 的概率不同，使得 $\mu_1\neq\mu_0$。因此，对不同标记基因型的性状均值进行成组平均值比较的 t 测验，若差异显著，则说明该标记与 QTL 连锁。t 测验的假设为：H_0：$\mu_1=\mu_0$ 对 H_A：$\mu_1\neq\mu_0$。

$$S^2=\frac{(n_1-1)\ S_1^2+(n_0-1)\ S_0^2}{n_1+n_0-2},\ t=\frac{\bar{y}_1-\bar{y}_0}{\sqrt{S^2\left(\dfrac{1}{n_1}+\dfrac{1}{n_0}\right)}}$$

例如，某大麦 BC_1 回交群体，以 SSR 分子标记测验该群体内控制穗长性状 QTL 分布情况。在标记 *WG456* 的分组资料（以 1 和 0 表示标记组 *MM* 和标记组 *Mm*）如下：$n_1=69$，$\bar{y}_1=14.86$，$S_1^2=20.78$；$n_0=87$，$\bar{y}_0=11.02$，$S_0^2=41.09$。试测验该标记是否与控制穗长的 QTL 相关。

解：$$S^2=\frac{(69-1)\times20.78+(87-1)\times41.09}{69+87-2}=32.12,\ t=\frac{14.86-11.02}{\sqrt{32.12\times\left(\dfrac{1}{69}+\dfrac{1}{87}\right)}}=4.20$$

$df = 69 + 87 - 2 = 154$，$t_{0.01,154} = 2.58$，$t > t_{0.01}$，$P < 0.01$。由此可以认为，该标记附近可能存在与大麦穗长有关的 QTL。

（2）方差分析。按标记基因型（*MM*、*Mm* 和 *mm*）将个体分组，进行单向分组的方差分析。若 *F* 测验表明组间差异显著，说明控制该数量性状的 QTL 与标记连锁。

（3）回归或相关分析。对个体的性状表型值和标记基因型值进行回归或相关分析，若性状值对标记基因型值回归（相关）显著，说明标记与 QTL 连锁。

2）区间作图法（IM）

IM 是借助于完整标记连锁图谱，基于最大似然函数计算染色体相邻标记间的似然函数比值的对数（LOD 值或似然比统计量），即根据 LOD 值描绘一个全基因组的似然图，当 LOD 值大于某一设定阈值，将认为此区间可能存在 QTL。

假定两个纯合亲本在 2 个标记座位（M_1/m_1 和 M_2/m_2）上存在多态性，它们间的重组率为 r，标记之间存在一个 QTL，等位基因用 Q 和 q 表示。左侧标记 M_1/m_1 和右侧标记 M_2/m_2 与 QTL 的重组率分别用 r_1 和 r_2 表示。当不存在干扰现象时，则 $r = r_1 + r_2 - 2r_1r_2$ 为 3 个重组率之间的关系。

区间作图通过染色体上逐点扫描来检测 QTL。当扫描到一个染色体的特定位置时，根据连锁图谱，就知道这个位置的左右侧标记。基于两侧标记对群体分组。假定两纯系亲本 P_1 和 P_2 的基因型分别为 $M_1M_1QQM_2M_2$ 和 $m_1m_1qqm_2m_2$，则 F_1（$M_1m_1QqM_2m_2$）与 P_1（$M_1M_1QQM_2M_2$）回交，将产生 BC_1 群体，有 8 种基因型（表 8-7）。4 组标记型的群体大小分别用 $n_1 \sim n_4$ 表示，总群体大小为 n。每行的两种 QTL 基因型频率（QQ 和 Qq）之和等于标记型的频率。QTL 基因型频率除以相应的标记型频率，就得到每种标记型下 QTL 基因型的条件频率，用符号 p 表示，两个数字的下标用于区分 4 种标记型和两种 QTL 基因型。

表 8-7　基于区间作图法和 BC_1 的 QTL 定位的统计模型

标记型		标记型频率	QTL 基因型频率		QTL 基因型条件频率	
左侧	右侧		QQ	Qq	QQ	Qq
M_1M_1	M_2M_2	$(1/2)(1-r)$	$(1/2)(1-r_1-r_2+r_1r_2)$	$(1/2)r_1r_2$	$p_{11}=(1-r_1-r_2+r_1r_2)/(1-r)$	$p_{12}=r_1r_2/(1-r)$
M_1M_1	M_2m_2	$(1/2)r$	$(1/2)(1-r_1)r_2$	$(1/2)r_1(1-r_2)$	$p_{21}=[(1-r_1)r_2]/r$	$p_{22}=[r_1(1-r_2)]/r$
M_1m_1	M_2M_2	$(1/2)r$	$(1/2)r_1(1-r_2)$	$(1/2)(1-r_1)r_2$	$p_{31}=[r_1(1-r_2)]/r$	$p_{32}=[(1-r_1)r_2]/r$
M_1m_1	M_2m_2	$(1/2)(1-r)$	$(1/2)r_1r_2$	$(1/2)(1-r_1-r_2+r_1r_2)$	$p_{41}=r_1r_2/(1-r)$	$p_{42}=(1-r_1-r_2+r_1r_2)/(1-r)$

$k = 1 \sim 4$ 表示 4 种标记型，$j = 1, 2, \cdots, n_k$ 表示标记型 k 中的个体。BC_1 个体的观测值用 Y_{kj} 表示，服从两个 QTL 基因型 QQ 和 Qq 按照比例 p_{k1} 和 p_{k2} 组成的混合分布，如下所述。

$QQ \sim N(\mu_1, \sigma^2)$，$Qq \sim N(\mu_2, \sigma^2)$

$Y_{kj} \sim p_{k1}N(\mu_1, \sigma^2) + p_{k2}N(\mu_2, \sigma_2)$，$k = 1 \sim 4$，$j = 1, 2, \cdots, n_k$

以下公式给出了所有 BC_1 个体表型数据 Y_{kj} 的联合概率密度函数，或称似然函数。

$$L(Y|\mu_1, \mu_2, \sigma^2) = \prod_{\substack{k=1,2,\cdots,4 \\ j=1,2,\cdots,n_k}} [p_{k1}f(Y_{kj}|\mu_1, \sigma^2) + p_{k2}f(Y_{kj}|\mu_2, \sigma)]$$

用 $f(Y|\mu, \sigma^2)$ 表示任意正态分布 $N(\mu, \sigma^2)$ 的概率密度函数。如果基因型 QQ

和 Qq 的均值 μ_1 和 μ_2 之间存在显著差异，则说明这个位置存在一个 QTL；反之，不存 QTL。因此，测验 QTL 存在的零假设和备择假设分别为 H_0：$\mu_1=\mu_2$ 和 H_A：$\mu_1 \neq \mu_2$。假设 H_0 成立，所有 BC_1 表型服从同一个正态分布，用分布公式 $Y_{kj} \sim N(\mu_0, \sigma_0^2)$（$k=1 \sim 4$，$j=1, 2, \cdots, n_k$）表示。样本似然函数用下述公式表示。

$$L(Y|\mu_0, \sigma_0^2)=\prod_{\substack{k=1,2,\cdots,4 \\ j=1,2,\cdots,n_k}} f(Y_{kj}|\mu_0, \sigma_0^2)$$

应用极大似然方法，可以计算出待估参数 m_0 和 σ_0^2 的极大似然估计值，也就得到 H_0 的似然函数极大值，用 max$L$（H_0）表示。

假设 H_A 成立，利用 EM 迭代算法，可以计算出待估参数 μ_1、μ_2 和 σ_2 的极大似然估计值，将得到 H_A 的似然函数极大值，用 max$L$（H_A）表示。假设测验的统计量为 LOD 值，可由下述公式表示。

$$\text{LOD}=\log_{10}\left[\frac{\max L(\text{H}_\text{A})}{\max L(\text{H}_0)}\right]=\log_{10}\left(\frac{\text{区间内存在QTL的似然值}}{\text{区间内无QTL的似然值}}\right)$$

借助分子标记连锁图谱，均可以计算基因组的任意相邻标记之间的似然函数比值的对数（LOD）。根据各染色体上不同座位处的 LOD，可以描绘出一个数量性状基因座在该染色体上存在与否的似然图谱。当 LOD 超过某个给定的阈值时（LOD 阈值一般在 2～3），数量性状基因座的可能位置可用 LOD 支持区间表示出来。

3）混合线性模型（MLM）

MLM 是应用随机效应预测基因型效应及基因型与环境之间的互作效应，同时结合 IM 分析基因型效应及基因型与环境之间的互作效应。该方法将 QTL 定位与其效应估计结合起来。Zeng（1994）提出复合区间定位法。这种方法是区间作图法的改进，是在作双标记区间分析时，利用多元回归控制其他区间内可能存在的 QTL 的影响，从而提高 QTL 位置和效应估计的准确性。

上述 QTL 定位方法可使用相关 QTL 定位软件进行分析，如 WinQTLCart2.5 和 Icimapping QTL 等。此外，QTL 定位过程中，有些表型性状需要进行数量化处理方可进行 QTL 定位，如作物的抗病、抗虫等性状。

二、全基因组关联分析

以连锁分析为基础的 QTL 定位并不完美。首先，仅能获得双亲间具有多态性等位基因的信息。其次，作图群体的遗传背景并不一定代表优良种质，因而鉴定材料往往不能直接使用。近年来，全基因组关联分析（genome-wide association study，GWAS，也称关联分析）已经成为动植物 QTL 定位和优异等位基因发掘的另一个重要手段。

（一）GWAS 定位原理

GWAS 是对多个个体全基因组遗传变异（标记）多态性检测，获取基因型，将其与表型进行统计分析，进而挖掘影响目标性状的遗传标记或基因。与连锁分析的 QTL 定位相比，关联分析具有材料来源广泛和遗传变异丰富，以及 QTL 定位分辨率高等特点。其理论基础是连锁不平衡（linkage disequilibrum，LD），即当某一基因座特定等位基因与另一基因座等位基因同时出现频率大于群体中因随机分布而使两个等位基因同时出现频率时，称为两个基因座处于连锁不平衡状态。D 是 LD 评价的基本变量。假设两个基因座 A-a 和 B-b，其 F_1 基因型 $AaBb$ 可产生 4 种配子类型。以 AB 配子为例计算 D 值，$D=p(AB)-p(A)p(B)$（图 8-8）。当 $D=0$ 时，A-a 和 B-b 处于完全连锁平衡状态，即 $p(A)=p(B)=0.5$。当 $D\neq0$ 时，A-a 和 B-b 处于连锁不平衡状态，即 A 和 B 基因座可能处于连锁状态。D 值严格取决于等位基因频率，故不完全适合表述实际 LD 强度，如不同研究中 LD 值的相互比较，因而，通常使用 D' 和 r^2 进行 LD 强度度量，但它们均以 D 值为基础进行计算。D' 和 r^2 的计算方法见图 8-8。r^2 包括重组和突变，而 D' 仅包括重组。LD 衰减作图是群体 LD 水平评价的具体形式，通常采用 r^2 值估算。GWAS 分析的 QTL 区间确认通常采用 D' 值。LD 衰减作图和区间确认均是 GWAS 分析的重要步骤。

配子（单倍型）/频率	等位基因/频率	等位基因频率（用配子频率）	D=配子频率－等位基因频率	D=0	D≠0
$AB/p(AB)$	$A/p(A)$	$p(AB)+p(Ab)$	$p(AB)-p(A)\,p(B)$	连锁完全平衡，等位基因频率均为0.5	连锁不平衡，用D评价连锁不平衡强度
$Ab/p(Ab)$	$a/p(a)$	$p(aB)+p(ab)$	$p(Ab)-p(A)\,p(b)$		
$aB/p(aB)$	$B/p(B)$	$p(AB)+p(aB)$	$p(aB)-p(a)\,p(B)$		
$ab/p(ab)$	$b/p(b)$	$p(Ab)+p(ab)$	$p(ab)-p(a)\,p(b)$		

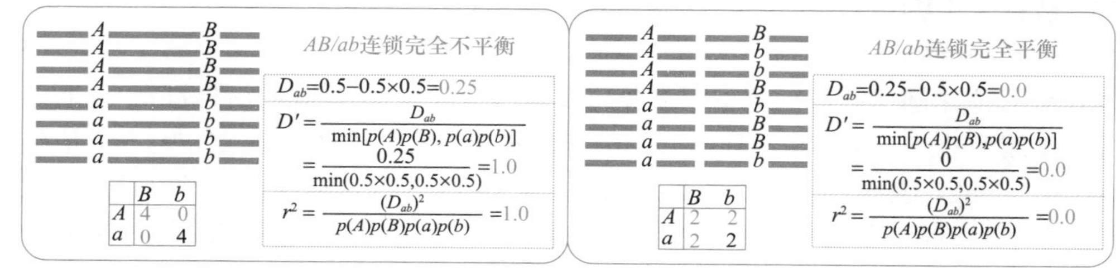

图 8-8　GWAS 分析的理论基础［min（x）为最小值函数］

（二）GWAS 定位步骤

1. 材料选择

材料选择一般遵循 3 个基本原则：首先，遗传变异和表型变异丰富，代表性强；其次，群体结构分化不能过于明显；最后，样本量足够。进行 GWAS，一般选用自然群体材料，如核心种质、微核心种质、农家种、骨干自交系、家养动物资源等，这类群体遗传变异丰富，可以同时对多个性状进行分析。虽然遗传群体也可用于关联分析，但是利用连锁分析方法，可以获得更准确的定位结果。

2. 表型鉴定

数量性状和质量性状均适用于 GWAS。质量性状的相对性状须进行数值转换，如 0、1 等。数量性状为多基因控制，可以测量得到具体数值，如株高、体重等性状；分级性状如抗性性状也属于数量性状，可用级别数表示，如根据抗性强弱赋值 0、1、3、5 等。表型鉴定必须精准，故通常需要多年、多点的重复。

3. 基因分型

可用高通量测序（全基因组测序、重测序、简化测序）、芯片分型或传统分子标记

（SSR 等）确认个体或株系的基因型。应用于 GWAS 分析的表型和基因型须进行质量评价，称为质控；否则将影响 GWAS 的关联效率。表型质控按基因型位点频率过滤。一般而言，单个株系位点缺失率（如无法读取）> 20% 的株系将被剔除，而对大群体缺失率 < 50% 的株系可保留。位点缺失率 > 5% 或者杂合基因型的位点将剔除。

4. 模型选择

关联分析可以用不同的模型和软件来进行。目前常用软件有 TASSEL、GAPIT 等。可用模型包括一般线性模型（GLM）、混合线性模型（MLM）、压缩混合线性模型（CMLM）、光谱变换线性混合模型（Fast-LMM）等（图 8-9）。

群体结构的亚群分化和亲缘关系的共祖关系是 GWAS 成功的关键，否则将导致 GWAS 假阳性，故还须对群体结构和亲缘关系进行评价，常用软件分别有 Admixture、Structure、Frappe 等及 TASSEL、GCTA、LDAK 等。一般根据群体结构的评估情况进行模型选择，但在实际操作中一般使用多种模型同时进行关联分析，根据结果进行取舍。

5. 关联分析

基于 GWAS 模型和软件对不同群体进行标记并与目标性状的对照分析或相关分析，进而获得与目标性状显著相关的突变位点或标记。显著性阈值 P 用 Bonferroni 校正法确认，$P = 0.05/n$（或 $0.01/n$，或 $1.00/n$，n 为标记数）计算。P 的可视化可用曼哈顿图（Manhattan plot）展示，每个点是一个标记，纵轴和横轴分别为 $-\log_{10}P$ 和标记在染色体上的位置。P 越小，其与性状关联程度越强（图 8-9）。QQ 图（quantile-quantile plot）是 GWAS 结果的质控图，是两个概率分布比较的概率图。若两个概率分布相同，那么它们的分位数也应该相同或者重叠在同一条直线上，也就是表型和基因型之间是存在着显著相关的自然选择作用（图 8-9），它也是评估 GWAS 结果准确性的最基本标准。与此同时，根据 LD 衰减距离确认 QTL 区间。LD 衰减距离是基因组标记间平均 LD（即 r^2）随标记间距离增加而降低

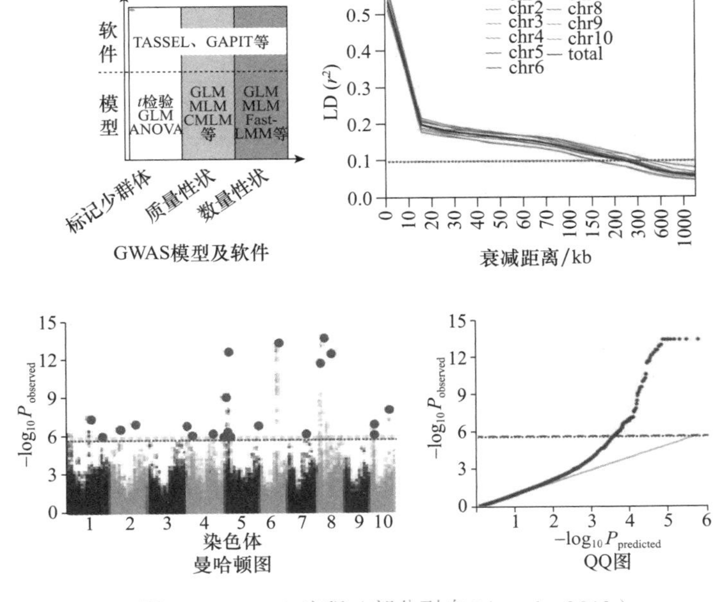

图 8-9　GWAS 流程（部分引自 Li et al., 2013）

的过程描述。两位点越近，则 LD 越大；反之，LD 就越小。也就是说，计算不同标记间的 LD 值可以评价 LD 强度。LD 衰减距离在物种间或同物种亚群间差异较大，因而通常以其为“某距离”对应的物理距离作为度量标准。目前“某距离”使用标准包括：LD 降低到最大值的 50%、< 50%、< 10% 或者到某个基线水平，按具体研究而定。同时也将“某距离”定义为 Block 或称为 QTL 区间（图 8-9）。最后再参照参考基因组信息获得候选基因。

连锁分析和 GWAS 均是基于全部样本的研究，但混合样本分析法（bulked sample analysis，BSA）仅挑选极端性状个体并进行混池，而且 BSA 法在遗传作图方面得到了广泛运用。流程包括构建双亲遗传群体和测序极端性状的两个混池进行 GWAS 分析。BSA 显著降低了测序规模和费用，还可以通过任何群体挑选极端性状（或者代表性性状）个体构建。BSA 的分析能力受到群体大小、极端性状个体选择策略、测序策略、目标性状的遗传结构及标记密度等因素的影响，但其在遗传学、基因组学、作物分子育种等方面展示了广阔的前景。

三、QTL 定位的应用

随着测序技术的迅猛发展、测序成本的降低和测序分析技术的完善，QTL 定位已广泛应用于动植物所有重要性状的遗传研究和分子育种，进而为动植物新品种培育和功能基因组学研究奠定了坚实的基础。QTL 定位应用主要包括 4 个方面。

（1）利用目标性状主效 QTL 的精细定位，能够确认和克隆候选基因，为目标性状的遗传解析、分子及代谢调控和功能标记的开发提供基因资源，有效实现动植物种质资源的精准改良，如水稻产量性状 *GAD1* 基因的克隆及应用（图 8-10）。

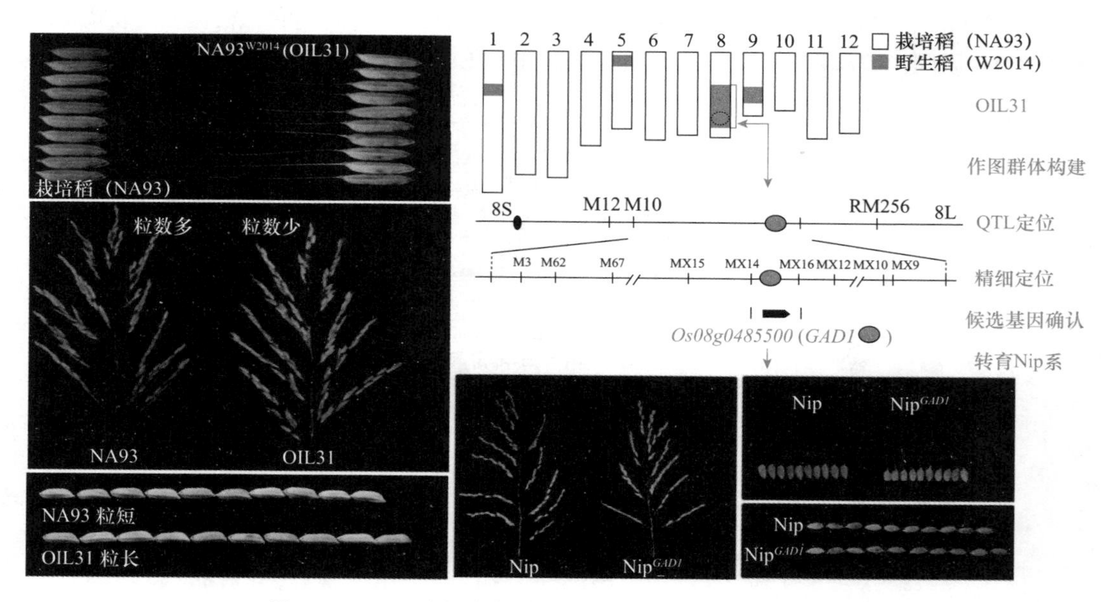

图 8-10 QTL 应用实例（引自 Jin et al.，2016，有变动）

（2）分子标记辅助选择（marker assisted selection，MAS）是动植物育种中 QTL 应用的另一种重要方面。利用标记与 QTL 的连锁，对目标数量性状变异进行预先鉴定与筛选，将大大提高选择效率和精度，实现传统育种到精准育种的转化。

（3）全基因组选择（genomic selection，GS）是指在全基因组范围内的标记辅助选择，即利用覆盖全基因组的高密度标记进行标记辅助选择。主要方法是通过全基因组中大量的遗传标记估计出不同染色体片段或单个标记效应值，然后将个体全基因组范围内片段或标记效应值累加，获得基因组估计育种值（genomic estimated breeding value，GEBV），其理论假设是在分布于全基因组的高密度 SNP 标记中，至少有 1 个 SNP 能够与影响该目标性状的 QTL 处于连锁不平衡状态，使得每个 QTL 的效应都可以通过 SNP 得到反映。

统计模型是全基因组选择的核心，极大地影响了基因组预测的准确度和效率。根据统计模型的不同，全基因组选择的模型大体可分为两大类：第一类是直接法，此方法把个体作为随机效应，参考群体和预测群体遗传信息构建的亲缘关系矩阵作为方差协方差矩阵，通过迭代法估计方差组分，进而求解混合模型获取待预测个体的估计育种值；第二类是间接法，此方法首先在参考群中估计标记效应，然后结合预测群的基因型信息将标记效应累加，获得预测群的个体估计育种值。相比 MAS 方法，全基因组选择模型中包括了覆盖全基因组的标记，能更好地解释表型变异，并可以有效降低计算个体亲缘关系时孟德尔抽样误差的影响。

自从 Meuwissen 等于 2001 年提出全基因组选择以来，该技术不仅在牛、猪等动物选育中加以应用，而且在作物遗传育种中也有了报道。随着芯片和测序技术日趋成熟，高密度标记芯片检测成本不断降低，全基因组选择模型的不断升级和优化，预测准确性不断提高，全基因组选择已成为动植物遗传改良的重要手段和研究热点。

（4）利用标记与 QTL 连锁分析可以提供与杂种优势有关的信息，鉴定与杂种优势有关的标记位点，确定亲本在 QTL 上的差异，有效地预测杂种优势。

复习题

1. 质量性状和数量性状的区别在哪里？这两类性状的分析方法有何异同？
2. 如何对数量性状的表型值进行剖分？
3. 叙述表现型方差和基因型方差的关系。
4. 数量性状的遗传基础是什么？为什么绝大部分数量性状表现为正态分布？
5. 叙述主效基因、微效基因、修饰基因对数量性状遗传作用的异同之处。
6. 什么是基因的加性效应、显性效应及上位性效应？它们对数量性状的遗传改良有何作用？
7. 什么是 QTL？如何确定 QTL 的存在？
8. 根据下列资料估算广义遗传率和狭义遗传率。

水稻莲塘早（P_2）× 矮脚南特（P_1）组合的 6 个世代的生育期

世代	平均值（$\bar{x}$）/d	方差（V）
P_1（矮脚南特）	38.36	4.68
P_2（莲塘早）	28.13	5.68
F_1	32.13	4.84
F_2	32.49	8.96
B_1	35.88	9.17
B_2	30.96	5.38

9. 下表是烟草两个亲本及其杂交后代株高和叶长的群体平均值和方差，试估算广义遗传率和狭义遗传率。

烟草奥新 68（P_1）×34753（P_2）组合的 6 个世代的株高和叶长

世代	株高			叶长		
	n	$\bar{x}$/cm	V	n	$\bar{x}$/cm	V
P_1（奥新 68）	142	121.41	15.46	143	29.46	0.68
P_2（34753）	144	72.89	22.63	128	26.67	0.81
F_1	141	109.72	39.18	132	28.19	0.63
F_2	150	103.12	99.19	143	28.44	1.08
B_1	150	120.14	40.28	145	29.97	1.10
B_2	149	91.95	101.50	136	27.43	0.95

10. 简述单标记分析法进行 QTL 定位的原理及流程。
11. 简述 GWAS 的原理及步骤。
12. 与利用连锁分析进行 QTL 定位相比，试简述利用 GWAS 进行 QTL 定位的优势。
13. 什么是 GS？简述进行 GS 的方法。

本章课程视频

第九章　近亲繁殖和杂种优势

大多数动植物的繁殖方式是有性繁殖，由于亲本来源和交配方式不同，它们的后代遗传动态有着明显的差异。早在 19 世纪 60 年代，达尔文就提出了“异花授粉一般对后代有利，而自花授粉对后代有害”的结论。孟德尔遗传规律被发现以后，近亲繁殖和杂种优势一直是遗传学研究的一个重要方面。

第一节　近亲繁殖及其遗传效应

一、近交的概念

有性生殖是动植物繁殖的普遍形式，由于动植物的交配方式不同，群体结构的相应变化也不相同，性状的遗传效应也有明显差异。深入了解在不同交配方式下动植物的遗传规律，可更有效地开展动植物育种工作。

根据亲缘关系的远近，可把一些交配方式列于图 9-1。

如图 9-1 所示，以品种内交配为起点，愈上则亲缘关系愈近，属于近亲繁殖，也称近亲交配或简称近交（inbreeding），是指血统或亲缘关系相近的两个个体间的交配，其极端类型的为自交；愈下则亲缘关系愈远，属于异交，而以远缘杂交为极点。

常用近交系数（inbreeding coeffeicient，F）来度量动植物群体或个体间亲缘关系的远近。近交系数是指个体的某个基因位点上两个等位基因来源于共同祖先某个基因的频率，其值大小为 0 ~ 1。近亲交配的亲缘程度越近，近交系数越大，反之则越小。

自交（自体受精或自花授粉）
↓
回交（父女或母子交配）
↓
全同胞交配（同父母的兄妹交配）
↓
半同胞交配（同父或同母的兄妹交配）
↓
表兄妹交配
↓
品种内交配
↓
品种间交配
↓
远缘杂交（种间或亲缘关系更远个体间的杂交）

图 9-1　生物的交配方式

植物群体或个体近亲交配的程度，常是根据天然杂交率的高低划分的，一般可分为自花授粉植物（self-pollinated plant）、常异花授粉植物（often cross-pollinated plant）和异花授粉植物（cross-pollinated plant）3 种类型。栽培作物中约有 1/3 是自花授粉植物，如小麦、水稻、大豆等，不过它们也不是绝对自交繁殖，由于遗传基础和环境条件的影响，常发生少量的天然杂交（小于 4%）。常异花授粉植物，如棉花、高粱等，其天然杂交率较高（4% ~ 50%）。自花授粉和常异花授粉植物绝大多数是雌雄同花，在自然状态下大多能够实现自交繁殖。异花授粉植物天然杂交率高（大于 50%），如玉米、白菜型油菜等，在自然状态下是自由传粉的。

近亲繁殖的后代，特别是异花授粉植物的自交后代，一般表现生活力衰退，产量和品质下降，出现退化现象。但是遗传研究和育种工作中却十分强调自交或近亲繁殖。这是因为只有在自交或近亲繁殖的前提下，才能使供试材料具有纯合的遗传组成，从而才能更确切地分析和比较其杂种后代的遗传差异，研究性状的遗传规律，更有效地开展育种工作。

二、自交的遗传效应

杂合体通过自交，主要表现为3个方面的遗传效应。

（一）导致杂合基因型的纯合

以1对基因为例，分析其自交后代群体的遗传组成。2个基因型纯合的亲本杂交（$AA \times aa$），其F_1是100%的杂合体（Aa）。F_1自交产生F_2，F_2基因型的分离比例为$1/4AA : 1/2Aa : 1/4aa$，其中纯合体（AA，aa）占1/2，杂合体（Aa）也占1/2。若继续自交，杂合的个体又产生1/2纯合的后代，而纯合体的个体只能产生纯合的后代。这样，每自交一代，杂合体减少1/2，纯合体增加1/2。连续自交r代（即F_{r+1}），其后代杂合体逐步减少，而纯合体相应地逐步增加（表9-1）。

表9-1　一对杂合基因（Aa）连续自交的后代基因型比例的变化

世代	自交代数	基因型的比数	杂合体（Aa）		纯合体（$AA+aa$）	
			比数	百分数	比数	百分数
F_1	0	Aa	1	100%	0	0
F_2	1	$1/4AA$　$1/2\ Aa$　$1/4\ aa$	1/2	$1/2^1=50\%$	1/2	$1-1/2^1=50\%$
F_3	2	$3/8\ AA$　$1/4\ Aa$　$3/8\ aa$	1/4	$1/2^2=25\%$	3/4	$1-1/2^2=75\%$
F_4	3	$7/16\ AA$　$1/8\ Aa$　$7/16\ aa$	1/8	$1/2^3=12.5\%$	7/8	$1-1/2^3=87.5\%$
F_5	4	$15/32\ AA$　$1/16\ Aa$　$15/32\ aa$	1/16	$1/2^4=6.25\%$	15/16	$1-1/2^4=93.75\%$
⋮	⋮	⋮	⋮	⋮	⋮	⋮
F_{r+1}	r		$(1/2)^r$	$1/2^r \to 0$		$1-1/2^r \to 100\%$

若以x、y分别表示其纯合体和杂合体的频率，则

$$x = 1 - \left(\frac{1}{2}\right)^r = \frac{2^r - 1}{2^r}$$

$$y = \left(\frac{1}{2}\right)^r$$

其中，AA、aa各占1/2，即AA、aa的频率都为

$$\frac{1}{2}\left(\frac{2^r - 1}{2^r}\right)$$

若有n对独立遗传基因，自交r代（F_{r+1}），则n对基因均纯合和均杂合的个体的频率分别为

$$x = \left(\frac{2^r - 1}{2^r}\right)^n$$

$$y = \left(\frac{1}{2}\right)^{nr}$$

约翰生（W. L. Johannsen）提出自交 r 代纯合个体数计算公式，可以计算纯合体的频率，并知道其基因组合中多少对为纯合的。计算各种个体的比例的公式为

$$[1+(2^r-1)]^n\times(1/2)^{nr}$$

例如，$r=5$，$n=3$ 时

$$[1+(2^5-1)]^3\times(1/2)^{5\times3}=(1+93+2883+29791)\times(1/32768)$$

其中，3 对基因纯合：29791/32768 = 0.9091。3 对基因杂合：1/32768。2 对基因杂合 1 对基因纯合：93/32768。1 对基因杂合 2 对基因纯合：2883/32768。

应用以上公式必须具备两个条件：一是各对基因为独立遗传；二是各种基因型后代繁殖能力相同。按上式分列求出 1 对、5 对、10 对和 15 对独立遗传基因自交 1 ~ 10 代的纯合率，以此绘成曲线图（图 9-2）。此曲线图表明，在同一自交世代中，等位基因对数越少，纯合体占的比例就越大；等位基因对数越多，纯合体占的比例则越小。随自交世代的增加，纯合体逐渐趋近于 100%。

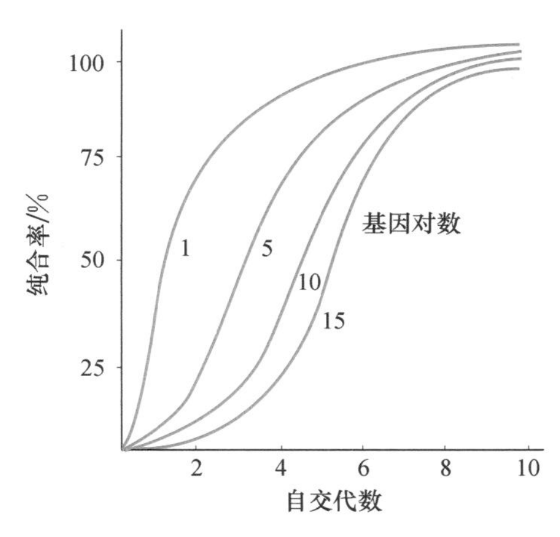

图 9-2 杂种所涉及的基因对数与自交后代纯合的关系

由上述分析可见，杂合体通过自交可以导致后代基因分离，并使后代群体的遗传组成迅速地趋于纯合。

（二）淘汰有害隐性纯合体

杂合体通过自交，必然导致等位基因的纯合而使隐性有害性状表现出来，从而可以淘汰隐性有害个体，改良群体的遗传组成。在杂合状态下，隐性基因常被显性基因掩盖而不能表现出来。自花授粉植物由于长期自交，隐性性状可以表现，其有害的隐性性状已被自然选择和人工选择所淘汰。但是，异花授粉植物是杂合体，有害隐性基因常被显性的等位基因掩盖而不能表现。一经自交，由于成对基因的分离和重组，有害的隐性性状便表现了，如玉米自交后代出现白苗、黄苗、花苗、矮生等畸形性状，引起后代的严重衰退。通过对畸形植株的淘汰，控制畸形性状的隐性基因也随之清除了。

（三）获取不同纯合基因型

杂合体通过自交遗传性状分离和重组，使同一群体内出现多个不同的纯合基因型。例如，两对基因的杂种 *AaBb*，通过长期自交，会出现 *AABB*、*AAbb*、*aaBB*、*aabb* 4 种纯合基因型，逐代趋于稳定。这对于品种的保纯和物种的相对稳定都具有重要意义。

三、回交的遗传效应

回交（backcross）是指杂种后代与其两个亲本之一再次交配。例如，$A\times B\rightarrow F_1$，$F_1\times B\rightarrow BC_1$，$BC_1\times B\rightarrow BC_2$……或 $F_1\times A\rightarrow BC_1$，$BC_1\times A\rightarrow BC_2$……$BC_1$ 表示回交一代，BC_2 表示回交二代，其余类推。被用来连续回交的亲本，称为轮回亲本（recurrent parent)；相对地，未被用来回交的亲本，称为非轮回亲本（non-recurrent parent）。

设两亲本的基因型为 AA、aa，F_1 为 Aa，则回交后代的遗传组成见表 9-2。可见，F_1 与 AA 回交，BC_1 基因型的分离比例为$\frac{1}{2}AA:\frac{1}{2}Aa$，如继续与 AA 回交，纯合体仍形成纯合体，而杂合体又产生 1/2 纯合体的后代和 1/2 杂合体的后代。因此，回交 r 代后，杂合体（y）和纯合体（x）的频率分别为

$$x=\frac{2^r-1}{2^r}$$

$$y=\left(\frac{1}{2}\right)^r$$

式中，r 为回交代数，即 BC_r 纯合体和杂合体的频率。

表 9-2　回交后代的遗传组成

世代	交配方式	基因型频率	
		AA	Aa
P	$AA\times aa$		
F_1	$Aa\times AA$		
BC_1	$(1/2AA+1/2Aa)\times AA$	1/2	1/2
BC_2	$(3/4AA+1/4Aa)\times AA$	3/4	1/4
BC_3	$(7/8AA+1/8Aa)\times AA$	7/8	1/8
BC_4	$(15/16AA+1/16Aa)\times AA$	15/16	1/16
⋮	⋮	⋮	⋮
BC_r		$1-(1/2)^r$	$(1/2)^r$

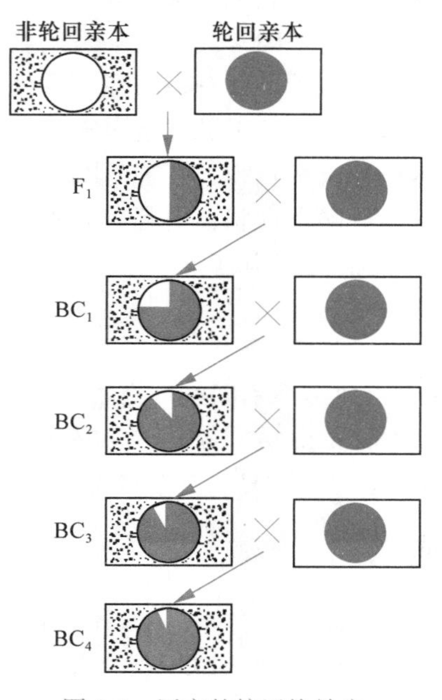

图 9-3　回交的核置换效应

若涉及 n 对基因，则

$$x=\left(\frac{2^r-1}{2^r}\right)^n$$

$$y=\left(\frac{1}{2}\right)^{nr}$$

回交后代纯合率和自交后代纯合率估算公式是一样的，但两者包含的内容却不同，自交后代纯合率是各种基因型纯合率的累加值，即自交后代将分离为多种纯合基因型。因为各对基因分离总数为 2^n，所以每种基因型的纯合率为$\left(\frac{2^r-1}{2^r}\right)^n\times\left(\frac{1}{2}\right)^n$，累加为$\left(\frac{2^r-1}{2^r}\right)^n$；而回交后代只是轮回亲本一种纯合基因型，其纯合率为$\left(\frac{2^r-1}{2^r}\right)^n$。由此可见，在基因型纯合的进度上，回交显然大于自交。

回交的遗传解释，还有一种核置换理论（图 9-3）。

两个亲本杂交后，F_1 的核基因组成各占双亲的 1/2。经一次回交后，BC_1 中所含轮回亲本的基因组成中，除了由轮回亲本直接提供 1/2 外，还由 F_1 间接提供（1/2）/2 = 1/4，两者合起来为 1/2 + 1/4 = 3/4。同理，BC_2 中由轮回亲本直接提供 1/2，由 BC_1 间接提供（3/4）/2 = 3/8，两者合起来为 1/2 + 3/8 = 7/8。余类推。概括地说，一个杂种与其轮回亲本每回交一次，将使后代增加轮回亲本的 1/2 的基因组成；多次连续回交后，其后代基本上回复为轮回亲本的核基因组成。但细胞质仍为母本的基因组成。

第二节　纯系学说及其发展

一、纯系学说

纯系学说（pure line theory）是约翰生提出的。他以自花授粉的菜豆（*Phaseolus vulgaris*）的天然混杂群体为试验材料，按豆粒的轻重分别播种，从中选出 19 个单株。这 19 个单株的后代，即 19 个株系，在平均粒重上彼此具有明显的差异，而且是能够稳定遗传的。他又在 19 个株系中分别选择最轻和最重的两类种子分别种植，如此连续进行 6 年（表 9-3）。

表 9-3　菜豆两个株系按粒重大小选择和种植的结果（g/100 粒）

收获年份	小粒株系				大粒株系			
	选择亲本种子平均重		后代种子平均重		选择亲本种子平均重		后代种子平均重	
	轻粒种子	重粒种子	轻粒种子	重粒种子	轻粒种子	重粒种子	轻粒种子	重粒种子
1902	30	40	35.8	34.8	60	70	63.2	64.9
1903	25	42	40.2	41.0	55	80	75.2	70.9
1904	31	43	31.4	32.6	50	87	54.6	56.9
1905	27	39	38.3	39.2	43	73	63.6	63.6
1906	30	46	37.9	39.9	46	84	74.4	73.0
1907	24	47	37.4	37.0	56	81	69.1	67.7
平均	27.8	42.8	36.8	37.4	51.7	79.2	66.7	66.2

由表 9-3 可见，在小粒株系中，由轻粒种子产生的后代平均粒重为 36.8g/100 粒，由重粒种子产生的后代平均粒重为 37.4g/100 粒。同样，在大粒株系中，它们的后代平均粒重分别为 66.7g/100 粒和 66.2g/100 粒。同一株系内轻粒和重粒的后代平均粒重彼此差异都很少；而且在各年份里，同一株系内轻粒和重粒的后代平均粒重也几乎没有差异。约翰生把像菜豆这样严格自花授粉植物的一个植株的后代，称为一个纯系。纯系是指从一个基因型纯合个体自交产生的后代。于是他提出纯系学说，认为在自花授粉植物的天然混杂群体中，可分离出许多基因型纯合的纯系。在一个混杂群体中选择是有效的。但是在纯系内个体所表现的差异，那只是环境的影响，是不能遗传的。所以，在纯系内继续选择是无效的。根据这一试验结果，他首次提出了基因型和表现型两个不同的概念。

纯系学说是自花授粉植物单株选择育种的理论基础，影响很大。纯系学说的主要贡献是：区分了遗传的变异和不遗传的变异，指出选择遗传的变异的重要性。并且，说明了在自花授粉植物的天然混杂群体中单株选择是有效的；但是在一个经过选择分离而基因型纯合的纯系里，继续选择是无效的。约翰生明确了基因型和表现型的概念，这对后来研究遗传基础、环境和个体发育的相互关系起了很大的推动作用。

二、纯系学说的发展

约翰生当时所指的纯系只是从菜豆试验的粒重一个性状而言，并未涉及所有的性状。因此，对于纯系的概念应该正确地理解。①所谓纯系，实际上只是暂时的。自然界的纯是相对的，不纯才是绝对的。自然界虽然存在着大量的自花授粉植物，但是绝对的完全自花授粉几乎是没有的，总有一定程度的天然杂交，从而引起基因的重组；同时也可能发生各种自发的突变；大多数经济性状都是数量性状，是受多基因控制的。所以，完全的纯系是没有的。所谓“纯”只能是局部的、暂时的和相对的。繁殖的扩大必然会降低后代的相对纯度。因此，在品种的良种繁育工作中需要强调提纯留种，防止混杂退化。②纯系内选择无效也是不存在的。由于天然杂交和突变，必然会引起基因的分离和重组，纯系内的遗传基础不可能是完全纯合的，因此继续选择是有效的。通常在一个纯系品种中，特别是推广时间长和种植面积大的品种，总是存在着许多变异的个体，因而可以有效地进行二次选择和多次选择。我国的水稻、小麦、棉花等作物采用了这样的连续选择，已先后育成许多新的优良品种。

第三节　杂 种 优 势

一、杂种优势的表现

杂种优势（heterosis）是指两个遗传组成不同的亲本杂交产生的杂种一代，在生长势、生活力、繁殖力、产量和品质上比其双亲优越的现象。杂种优势所涉及的性状多为数量性状，故必须以具体的数值来衡量和表示其优势表现的程度。就某一性状而言，通常以 F_1 超过双亲平均数即中亲值的百分率来表示其优势程度，称为中亲优势。F_1 超过双亲中最优亲本的杂种优势，称为超亲优势。

$$\text{中亲优势} = \frac{F_1 - MP}{MP} \times 100\%$$

$$\text{超亲优势} = \frac{F_1 - HP}{HP} \times 100\%$$

式中，MP 为中亲值；HP 为优亲值。

杂种优势是生物界既普遍又复杂的一种现象，凡是能进行有性生殖的生物，都可见到杂种优势现象，但并不是任何两个亲本杂交产生的杂种或者杂种的所有性状都表现优势。有些杂种与亲本水平相当，无明显的优势；有些不但没有优势，甚至还表现劣势。例如，高粱的产量性状优势很大，而品质性状却表现劣势。因此杂种优势也是一种很复杂的生物学现象。

杂种优势不是某一两个性状单独表现突出，而是多个性状综合表现突出。许多禾谷类作物的杂种一代，在产量和品质上表现为穗多、穗大、粒多、粒大、蛋白质含量高等；生长势上表现为植株高大、茎秆粗壮、叶片变大、干物质积累快等；在抗逆性上表现为抗病、抗虫、抗寒、抗旱等杂种优势。

杂种优势的大小与诸多因素有关。一般来说，①异花授粉植物如玉米要比常异花授粉植物如棉花和自花授粉植物如小麦的杂种优势强。②在一定范围内，亲缘关系远、遗传差异大、双亲优缺点互补的组合，其杂种优势强；反之，就较弱。例如，原产于我国的高粱品种与原产于西非或南非的高粱品种间的杂种，其优势一般高于同一地区原产的品种间杂交；玉米马齿型与硬粒型自交系间杂交比同类型自交系间杂交表现较强的优势。③双亲基因型纯合程度高的杂种优势较高，如玉米自交系间杂种优势比品种间杂种优势高。④在适宜的环境条件下种植比在不适宜的环境条件下种植的优势大。

根据遗传的基本规律，F_2 群体内必出现性状分离和重组。因此，F_2 和 F_1 相比，其生长势、生活力、抗逆性和产量等方面都显著地下降，即所谓衰退（depression）现象。并且 F_1 优势愈大，则其 F_2 表现衰退现象愈明显。中国农业科学院作物科学研究所（1958）进行玉米杂种优势试验的结果表明，品种间杂种 F_2 比 F_1 减产 11.8%；双交种减产 16.2%；而单交种减产最多，为 34.1%。所以，在杂种优势利用上，一般不再利用 F_2，必须重新配制杂种，才能满足生产的需要。

二、杂种优势的遗传假说

迄今，杂种优势产生的原因尚无一致结论。目前主要有两种解释：显性假说和超显性假说。近期，人们探讨了杂种优势的遗传学基础，并利用现代分子遗传学理论和技术，对杂种优势进行了研究。

（一）显性假说

显性假说（dominance hypothesis）首先由布鲁斯（A. B. Bruce）于 1910 年提出，其基本论点是：杂交亲本的有利性状大都由显性基因控制，不利性状大都由隐性基因控制。通过杂交，使双亲的显性基因全部集中在杂种里，杂种优势是由于双亲的有利显性基因全部聚集在杂种里所引起的互补作用的结果。

显性假说的实验证据最早由两个豌豆品种杂交而获得。两个株高均为 5 ~ 6 英尺[①] 的豌豆品种，一个茎秆是节多而节间短，另一个的茎秆是节少而节间长，其 F_1 聚集了双亲的节多和节间长的显性基因，株高达 7 ~ 8 英尺，表现出明显的杂种优势。

根据显性假说，按独立分配规律，如所涉及的显隐性基因只是少数几对时，其 F_2 的理论次数应为 $(3/4+1/4)^n$ 的展开，表现为偏态分布。但事实上 F_2 一般仍表现正态分布。另外，F_2 以后虽然优势显著降低，但理论上应该能从其后代中选出具有与 F_1 同样优势，而且把全部纯合显性基因聚合起来的个体。然而，事实上很难选出这种后代。为此，琼斯（D. F. Jones）于 1917 年又提出了显性连锁基因假说做了补充解释，认为一些显性基因与一些隐性基因位于各个同源染色体上，形成一定的连锁关系。而且控制某些有利性状的显性基因是非常多的，即 n 很大时，则 F_2 将不是偏态分布而是正态分布了。同时，在这样非常大的分离群体中，选出显性基因完全纯合的个体几乎是不可能的。

现以两个玉米自交系为例，说明显性假说。假定它们有 5 对基因互为显隐性关系，分别位于两对染色体上。同时设定各隐性纯合基因对性状发育的作用为 1 个单位，而各

① 1 英尺 $=3.048\times10^{-1}$m

显性纯合基因和杂合基因的作用为 2 个单位。这两个自交系杂交产生的杂种优势可图示如下。

$$\text{P} \quad \frac{A\ b\ C}{A\ b\ C}\ \frac{D\ e}{D\ e} \times \frac{a\ B\ c}{a\ B\ c}\ \frac{d\ E}{d\ E}$$

$$(2+1+2+2+1=8) \downarrow (1+2+1+1+2=7)$$

$$\text{F}_1 \quad \frac{A\ b\ C}{a\ B\ c}\ \frac{D\ e}{d\ E}$$

$$(2+2+2+2+2=10)$$

可见，由于显性基因都集中在 F_1 个体中，F_1 比双亲表现了显著的优势。

显性假说虽然得到了一些实验结果的直接证明，但也存在着一些缺点。如果杂种优势大小完全取决于有利显性基因的累加效应，即完全符合显性假说，那么两自交系杂交产生单交种（F_1）的产量就不可能超过两个亲本产量的总和。但事实上，好的玉米单交种，其产量却大大超过双亲自交系之和。所以有利显性基因的累加效应，不能说是产生杂种优势的唯一原因。还应考虑到非等位基因间的相互作用等。

（二）超显性假说

超显性假说（overdominance hypothesis 或 superdominance hypothesis）也称等位基因异质结合假说，由沙尔（G. H. Shull）和伊斯特（E. M. East）于 1908 年首先提出。其基本论点是：杂种优势是由于双亲基因型的异质结合所引起的等位基因间相互作用的结果。等位基因间没有显隐性关系，杂合的等位基因间相互作用大于纯合等位基因间的相互作用。

假定一对纯合等位基因 a_1a_1 能支配一种代谢功能，生长量为 10 个单位；另一对纯合等位基因 a_2a_2 具有另一种代谢功能，生长量为 4 个单位。杂种为杂合等位基因 a_1a_2，它必将同时支配 a_1 和 a_2 所支配的两种代谢功能，于是生长量超过最优亲本而达到 10 个单位以上，即 $a_1a_2 > a_1a_1$，$a_1a_2 > a_2a_2$。由于这一假说解释了杂种超过最优等位基因纯合亲本的现象，故称为超显性假说。

两个亲本只有一对等位基因差异，杂交就能出现明显的杂种优势，这是超显性假说的直接证据。某些植物花色遗传有一对基因差别，但杂种植株的花色往往比其任一纯合亲本的花色都要深。例如，粉红色 × 白色，F_1 表现红色；而 F_2 表现粉红色：红色：白色为 1∶2∶1 的简单比例。

许多生化遗传学的试验结果，有力地阐明了由异质等位基因所表现的杂种优势。例如，把一个不稳定而活泼的酶与一个稳定而不活泼的酶的异质等位基因结合起来，获得的杂种酶表现既稳定又活泼。

为了说明超显性假说，现同样假定玉米的两个自交系各有 5 对基因与生长势有关，各对等位基因均无显隐性关系。同时设同质的等位基因（如 a_1a_1、a_2a_2）的生长量为 1 个单位，而异质的等位基因（如 a_1a_2）的生长量为 2 个单位。两个自交系杂交产生的杂种优势可图示如下。

$$
\begin{array}{lccc}
\text{P} & \dfrac{a_1\ \ b_1\ \ c_1}{a_1\ \ b_1\ \ c_1}\ \dfrac{d_1\ \ e_1}{d_1\ \ e_1} & \times & \dfrac{a_2\ \ b_2\ \ c_2}{a_2\ \ b_2\ \ c_2}\ \dfrac{d_2\ \ e_2}{d_2\ \ e_2} \\
 & (1+1+1+1+1=5) & \downarrow & (1+1+1+1+1=5) \\
\text{F}_1 & & \dfrac{a_1\ \ b_1\ \ c_1}{a_2\ \ b_2\ \ c_2}\ \dfrac{d_1\ \ e_1}{d_2\ \ e_2} & \\
 & & (2+2+2+2+2=10) &
\end{array}
$$

由此可见，由于异质基因的互作，F_1 的表现明显超过双亲。

越来越多的试验资料支持超显性假说。但是这一假说也存在着局限，它完全排斥了等位基因间的显隐性差别，排斥了显性基因在杂种优势表现中的作用。许多事实证明，杂种优势并不都是与等位基因的异质结合相一致的。例如，在自花授粉植物中，有一些杂种并不一定比其纯合亲本表现优势，甚至还有不如亲本的现象。

（三）上位性假说

数量遗传学把基因的作用区分为 3 种效应，即基因的加性效应、显性效应和互作效应（上位性效应）。杂种优势的显性假说可以理解为由非等位基因的加性效应影响，而超显性假说则是由显性效应所导致的杂种优势。近年来人们在水稻、玉米杂种优势方面的研究表明，非等位基因间普遍存在互作现象，包括加性基因之间、加性与显性基因之间及显性基因之间。这种非等位基因的相互作用即上位性效应在杂种优势形成中起着非常重要的作用，也是杂种优势的重要遗传基础之一。

随着分子标记技术的发展，利用分子标记遗传图谱进行 QTL 分析，可以将控制数量性状的多基因区分为不同的 QTL，并获得其作用方式、效应大小和位置。不少学者研究 QTL 与杂种优势的关系，认为 QTL 的作用方式与杂种优势有关，分别得到了支持显性假说、超显性假说和上位性假说的结论。因此，杂种优势这一复杂的遗传现象可能是 QTL 多种作用方式的综合作用结果。因植物种类、生长时期、生长部位的不同，某种方式可能起关键作用，但不能否认各种作用方式的相互联系与共同作用。

纵观生物界杂种优势的种种表现，3 种假说解释的情况都存在。所以概括地说，杂种优势可能是由上述某一个或某几个遗传机制造成的，即可能是由于双亲显性基因互补、异质等位基因互作和非等位基因互作的单一作用，也可能是由这些因素的综合作用和累加作用所引起的。

（四）其他假说

张启发在全基因组水平分析了优良杂交稻的等位基因特异表达的模式，提出了“方向变换的等位基因特异表达”的假说，作为杂种优势形成的分子机制之一。该假说认为，杂种 F_1 中，来自两个亲本的等位基因的表达水平往往不相等，即来自某亲本的基因的表达水平高于来自另一亲本的等位基因，即等位基因特异表达（allele specific expression，ASE）。在某一特定的基因位点上，来自母本的基因可能在某时空条件下较来自父本的等位基因有益，而在另一时空条件下则来自父本的等位基因有益；杂种能在特定的时空条件下选择性地表达有益等位基因，从而表现出杂种优势。

此外，关于杂种优势的解释还有质核互补假说、遗传平衡假说等。在生理生化水平上，发现线粒体互补和叶绿体互补及杂种酶与杂种优势有关。这些假说对杂种优势的分子机制也进行了有益的探讨。

第四节　近亲繁殖与杂种优势在育种上的利用

一、近亲繁殖在育种上的利用

近亲繁殖是育种工作的重要方法之一，也是生产上的重要措施之一。它的作用正如第一节所述，主要是通过近亲繁殖，使其异质基因分离，从而导致基因型的纯合，使其后代群体具有相对纯合的基因型，形成通常所指的纯系。

植物的近亲繁殖主要是采用自交或兄妹交，在具体应用上因为植物授粉方式和育种方法而不同。自花授粉植物是天然自交的，因此在自花授粉植物的杂交育种上，只要对其杂种后代逐代种植，注意选择符合需要的分离个体，即可育成纯合而稳定的优良品种。对于生产上自花授粉植物的推广品种，为了保持品种纯度，做好良种繁育工作，也必须重视近亲繁殖。通常按品种特性分区推广种植作物，其目的就是防止不同品种杂交混杂。对于一些天然杂交率较高的自花授粉植物，在育种上为了保持品种资源原有的遗传组成，则需要进行人工自交留种。

异花授粉植物由于天然杂交率高，其基因型是异质结合的，所以对于生产的品种更要采取适当的隔离方法，控制传粉，防止自交系或品种间杂交混杂。

在杂种优势利用上，不论自花授粉植物还是异花授粉植物，都需要十分重视杂交亲本的纯合性和典型性，这样才能使 F_1 具有整齐一致的优势。为了改良异花授粉植物的遗传组成，更有效地提高杂种优势，在玉米育种上普遍采用自交系间杂种。而自交系正是经过严格自交和选择的产物。它是先选株连续自交，通过分离而淘汰群体中有害的隐性基因，从中选择纯合基因型的群体。然后再杂交测定各自交系间的配合力，从而确定高产优质的杂交组合，以供生产上利用。

在家畜或家禽的纯种繁育、杂交育种和杂种优势利用上，也必须采用近亲繁殖，促使性状分离和固定，通过选择而育成符合生产需要的近交系。然后，可进一步利用这些近交系进行杂交，从而生产具有高生产性能的商品家畜或家禽。

二、杂种优势在育种上的利用

在农业生产上，杂种优势的利用已经成为提高产量和改进品质的重要措施之一。玉米、水稻、高粱、烟草、番茄、甘薯等作物，果树、林木等多年生植物，以及家蚕、鸡、猪等动物的生产，都已广泛利用杂种优势。近年来，更积极开展了小麦、棉花等作物杂种优势的研究和利用。在水稻的杂种优势利用上，我国走在世界的最前列，已经大面积应用，并取得显著的增产效果。杂交水稻平均比常规稻增产 20% 左右，其应用和推广被称为继矮秆水稻和矮秆小麦之后的“第二次绿色革命”。

资源 9-1

在植物生产上利用杂种优势的方法，因植物繁殖方式和授粉方式而不同。无性繁殖植物，如甘薯、马铃薯、甘蔗等，只要通过品种间杂交产生杂种第一代，然后选择杂种优势高的单株进行无性繁殖，即可育成一个新的优良品种。

例如，甘薯“胜利百号”就是从品种间杂交（潮州 × 七福）的 F_1 直接选育的。所以，无性繁殖植物的杂交育种就是杂种优势利用的一种方式。

在有性繁殖植物的杂种优势利用上，一般只能利用 F_1 种子，故需年年配制杂种，较为费时费力。异花授粉作物，如玉米等，是利用人工去雄，通过手工直接去除母本的雄花序或两性花中的雄蕊，然后配合人工授粉，即可收获杂交种种子。自花授粉作物，如水稻等，主要是利用雄性不育性生产杂交种，可以实现不育系、保持系、恢复系三系配套，并能通过三系法进行制种。另外，化学杀雄是克服人工去雄困难的一种有效途径，在花粉发育的关键时期，通过对母本喷洒一定浓度的内吸性化学药剂，直接杀死或抑制雄性器官，造成花粉生理不育，以达到杀雄目的。因此，在杂种优势利用的过程中，不论哪种授粉方式的植物（自花授粉或异花授粉），也不论哪种杂交组合方式（种间、品种间、自交系间杂交等），都必须重视 3 个重要问题：一是杂交亲本的纯合性和典型性。正如以上所述，只有两个纯合的亲本，其 F_1 才能表现整齐一致的优势。二是亲本杂交组合的选配。因为 F_1 表现的优势是各不相同的，甚至有表现劣势的，所以要预先测定杂交亲本的配合力。被利用的杂种优势一定要能显著提高生产率和单位面积的产量。三是杂交制种技术（去雄和授粉）需要简便易行，同时种子繁殖系数要高。这样才能迅速而经济地为生产提供大量的杂交种子。玉米从自交系的选育到大量配制杂交种应用于生产的育种过程，就是在近亲繁殖和杂种优势的遗传理论指导下，注意以上 3 个方面，把自交、选择和杂交 3 个环节结合起来应用于生产最具体的例证。

为了提高制种效率，省略去雄操作，科研人员把遗传的雄性不育性转移给母本，这在玉米、高粱、水稻、小麦等作物都已获得成功和利用。

三、杂种优势的固定

固定杂种优势，省略年年配制杂种，使杂种优势能够在生产上通过一代制种而多代利用，这是一个值得研究的问题。目前，国内外都在研究和探索固定杂种优势的可行性，较为有效的途径有以下 5 种。

（一）无性繁殖法

无性繁殖被看成固定杂种优势的途径之一。如果杂种第一代的优势很强，就可把杂种一代进行无性繁殖，除非发生细胞突变或芽变，一般不会再发生分离，杂种优势就会被固定下来。对于分别以块茎和块根为收获对象的马铃薯和甘薯，利用无性繁殖固定杂种优势已取得显著成效。近年来有人把这种方法应用到甘蓝和白菜上。如果它们的有性杂交 F_1 优势很强，在形成叶球以后，将每个叶腋中的一个腋芽剥下来，经生长素处理，促使其生根后，就可移栽到地里。在四季常青的南方更有条件。例如，现在推广的三倍体无籽西瓜，每年要用四倍体与二倍体杂交，产生三倍体种子，如果从三倍体西瓜植株摘下芽来，用生长素处理，使它生根，就可以不断地移植生长，不用年年制种。对于以籽粒为收获对象的高粱、水稻等，也可利用杂交种的宿根进行无性繁殖来固定杂种优势。

（二）无融合生殖法

无融合生殖是植物不经过精卵细胞受精结合而产生胚和种子的过程，它是一种使有性过程不发生性细胞融合的无性过程，可以看成无性繁殖的一种特殊方式。但因为它能产生种子，所以与无性繁殖又有所区别。苏联科学院（1973）把摩擦禾属中控制无融合生殖特性的基因导入了四倍体玉米，不过这种基因的表现不完全，但他们认为通过杂交、选择可以把它保存下来，并传给四倍体和二倍体的玉米品种，从而得到真正的无融合生殖的玉米。若将这种控制无融合生殖的基因导入杂种 F_1 中，杂种后代的杂合性就会通过无融合生殖的方法把杂种优势固定下来。

近年来，利用 CRISPR/Cas9 基因编辑技术，对杂交水稻关键减数分裂特异性基因 *MiMe* 进行编辑，突变体后代产生未减数配子，同时对精子特异性基因 *MTL* 或孤雌生殖基因 *BBM1* 进行编辑，突变体 *mtl* 或者 *bbm1* 自交后代可以产生单倍体，从而诱导水稻产生孤雌生殖，建立水稻无融合生殖体系，有利于水稻优势性状（尤其是杂种优势）的固定。

（三）多倍体法

“双二倍体”的获得也是有效固定杂种优势的可能途径之一。双二倍体由于“同源联会”的关系，可使具有杂种优势的 F_1 中来自双亲的全部杂合染色体加倍而使原来的每个染色体都成为同质的一对。这样杂种以后各代即不再发生分离现象，而成为“不分离杂种”或“永久杂种”，其杂种优势可以长时期保持，不会再因分离而衰退。事实上许多自然发生的“双二倍体”，早已被人们不自觉地引用为栽培植物，并形成许多优良品种在生产上应用。近代育种学已可用人工的方法（如用秋水仙素处理）诱发双二倍体，以得到具有优良杂种双重组的、健壮的“永久杂种”，从而将其杂种优势固定下来。

（四）平衡致死法

英国科学家在探讨固定杂种优势的过程中，发现自然界有一种月见草属（*Oenothera*）植物在单倍性的配子中，产生一系列的“易位”突变，将所有染色体连成一个复组，它和正常配子结合所产生的杂交种，不可能有纯合的结合子。因为带有“易位”突变的配子，在纯合时会致死，所以可使一切同质结合（纯合）的个体自行死亡，而被自然淘汰，即产生所谓“平衡致死”效应，故其后代全为异质结合体，永远保持杂合性，从而获得所谓的“永久杂种优势”。目前，已有可能用人工诱变的方法诱发具有平衡致死的易位突变。

（五）人工种子

人工种子是用组织培养方法产生胚状体，然后在胚状体外部包上一层种衣，代替生产上用的天然种子。将父母本杂交产生的 F_1 胚状体进行无性繁殖，即可获得遗传基础均一的大量种子，种植这样的种子可以固定杂种优势。虽然目前生产人工种子还存在着许多问题，但美国已在苜蓿上试用。

杂种优势应用的领域越来越广泛，在生产实践中，人类对杂种优势的研究提出了许多新课题，必须进一步深入研究，不断开辟杂种优势利用的新方法、新途径。

复习题

1. 杂合体通过自交，其后代将有哪些遗传表现？

2. 回交和自交在基因型纯合的内容和进度上有何差异?
3. 假设有 3 对独立遗传的异质基因，自交 5 代后群体中 3 对基因全杂合的比例是多少? 2 对基因杂合 1 对基因纯合的比例是多少? 3 对基因均为纯合的比例是多少?
4. 为什么可以在推广多年的小麦品种中进行单株选择?
5. 纯系学说的内容是什么? 有何重要意义?
6. 什么是杂种优势? 影响杂种优势大小的因素有哪些?
7. 为什么自交系间杂交种的优势在 F_2 代比品种间杂交种的 F_2 代表现的衰退更严重?
8. 简述杂种优势的遗传假说。
9. 有许多植物自交时生活力降低，为什么自然界中自花授粉植物自交却没有不良的表现呢?
10. A、B、C、D 是 4 个高粱自交系，其中 A 和 D 是姊妹自交系，B 和 C 是姊妹自交系。4 个自交系可配成 6 个单交种，为了使双交种的杂种优势最强，你将选哪两个单交种进行杂交，为什么?

本章课程视频

第十章　细菌和病毒的遗传

前面各章所阐述的基因都是位于真核细胞核内的染色体上。但是，在现代分子遗传学的研究中，细菌和病毒是理想的遗传学研究材料，因为它们具有遗传结构简单、繁殖速度快等特点。细菌属于原核生物，不进行典型的有丝分裂和减数分裂，因此其染色体传递和重组方式与真核生物不尽相同。病毒甚至不进行分裂，它在宿主细胞内以集团形式产生。

遗传学研究从细胞水平推进到分子水平，主要是由于两大发展：①对基因的化学和物理结构的了解日益深入。②研究材料采用了细菌和病毒。

遗传学中的基因重组、基因精细结构、基因工程、基因的表达与调控等研究工作，都是首先利用细菌和病毒进行的。随着细菌质粒和噬菌体 DNA 的研究而逐步出现并发展的重组 DNA 技术，现已被广泛应用于生物学研究的各个领域。经过改良的大肠杆菌细胞，早已被应用于工业基因工程，生产人类所需要的重要蛋白质。大肠杆菌乳糖代谢操纵元模型，是第一个也是研究得最清楚的基因表达调控模式。因此，细菌和病毒的遗传是遗传学中的重要内容。

第一节　细菌和病毒的特点

一、细菌的特点及培养技术

细菌是单细胞生物。不同细菌的大小不一，长 1 ~ 2μm，宽 0.5μm，由一层或多层膜或壁所包围。细菌细胞内为含有核糖体的细胞质及含 DNA 的区域即拟核（nucleoid）（图 10-1）。核质体的体积约为 $0.1\mu m^3$，其中的 DNA 紧紧地裹成一团，但没有膜包被。细胞质中除大量核糖体外，不存在真核生物所特有的细胞器。细胞质外包被有质膜，质膜向内折叠形成间体（mesosome）或质膜体（plasmolemmosome）。一般认为间体与细菌的细胞分裂有关。

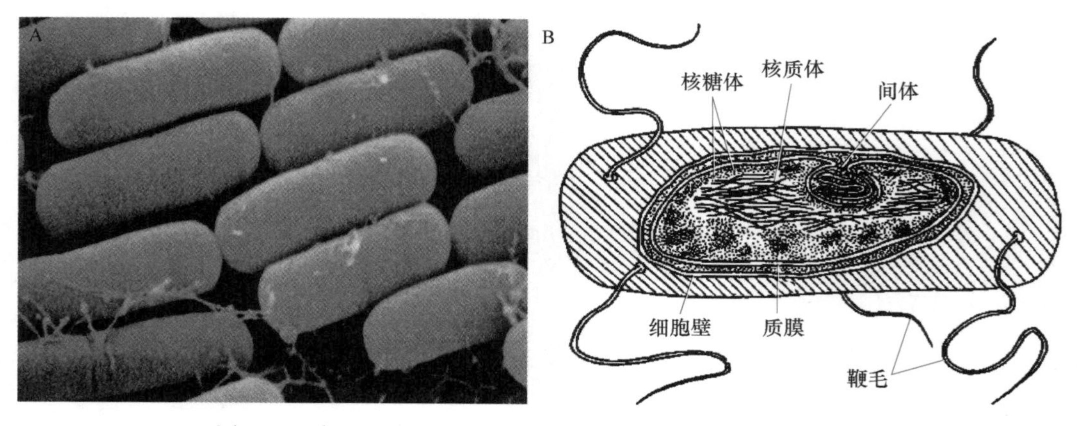

图 10-1　大肠杆菌的电子显微镜照片（A）及结构模式图（B）

细菌的遗传物质非常简单，其 DNA 主要是以一个主染色体（main chromosome）的形式存在，其上携带有数千个基因。这种 DNA 与真核生物的 DNA 不同，它不与组蛋白相结合，也不形成核小体的结构，而是一个共价闭合的环状结构。除了这个主染色体外，细胞里还具有零至数个称为质粒（plasmid）的微小染色体（minute chromosome）。每个质粒是一个双链环状的DNA分子。质粒大小差异很大，其DNA携带数个至数百个基因。有些细菌细胞携带有多达11种不同的质粒。目前，细菌质粒被广泛用作基因工程的载体。

大肠杆菌在细菌遗传学研究中应用十分广泛，其染色体DNA长约1100μm，分子质量约为2.6×10^6kDa。

资源 10-1

细菌太小，所以遗传学极少研究单个细菌细胞，而是用肉眼可以观察到的细菌菌落（colony）进行研究。研究细菌遗传的方法是：将细菌培养在液体培养基中，细菌通过分裂呈几何级数增殖。用移液管吸取少量这种液体培养物，滴到添加琼脂的固体培养基表面，用无菌涂布玻璃棒涂布均匀，每个细菌细胞即分裂繁殖。由于细胞在琼脂凝胶上不能移动，因此每个细胞的子细胞即聚集成群，可达到10^7个细胞，成为肉眼可见的菌落，这种培养方式称为平板培养（plating）（图10-2）。如果最初接种样品所含细胞非常少，则平板上每个单独的菌落就来自单个的原初细胞。所有细胞均来自一个原初细胞的菌落称为无性繁殖系或克隆（clone）。

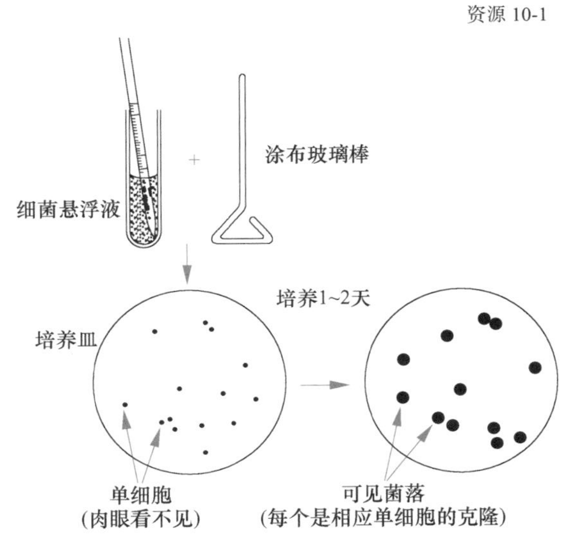

图 10-2 细菌的平板培养

理论上讲，培养皿中每个细菌长成的菌落应具有共同的遗传组成，但是由于偶然发生的突变，使这些突变后的细菌所形成的菌落与其他菌落有所不同。只含有无机盐类、碳源、水等基本营养成分的培养基称为基本培养基（minimal medium）。能够在基本培养基上生长的细菌即野生型细菌称为原养型（prototroph）。原养型大肠杆菌能够在如表10-1所示的基本培养基上生长。如果细菌因为发生突变而丧失了合成某种物质的能力，则必须在培养基中加入这种物质后，细菌才能生长，这样的细菌称为营养缺陷型（auxotroph）。如某细菌丧失了合成组氨酸的能力，则该细菌将不能在基本培养基上生长；如果在培养基中加入组氨酸，该细菌就能生长，这类突变体也称为条件致死突变体（conditional lethal mutant）。含有任何营养缺陷型细胞生长所需的全部营养物质（如氨基酸、维生素等）的培养基称为完全培养基（complete medium）。

表 10-1 大肠杆菌的基本培养基

成分	含量	成分	含量	成分	含量
$NH_4H_2PO_4$	1g	NaCl	5g	$K_2HPO_4\cdot H_2O$	1g
葡萄糖	5g	$MgSO_4\cdot 7H_2O$	0.2g	水	1000mL

细菌的表现型可分为3种：菌落形态、营养需求和抗感性。菌落形态包括菌落形

状、颜色和大小（图 10-3）。细菌营养需求反映了细菌生物合成途径中一种或多种酶的失败，从而丧失合成某种物质的能力即营养缺陷型，这种类型可用不同的选择培养基（selective medium）来确定其特性。细菌抗感性包括对药物、噬菌体和其他环境因素的抗性和敏感性。例如，在培养基上添加青霉素（penicillin），它可以阻止细菌细胞壁的形成，从而杀死对青霉素敏感的细菌（Pen^S）；但有时也发现有抗青霉素的菌落（Pen^R）。

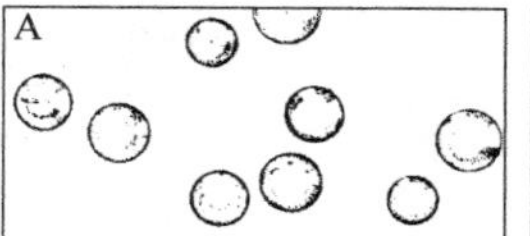

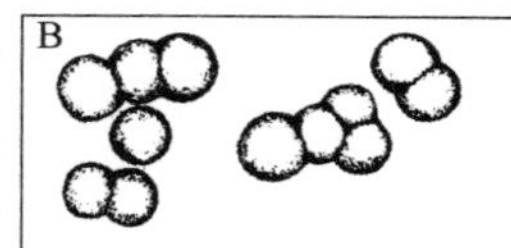

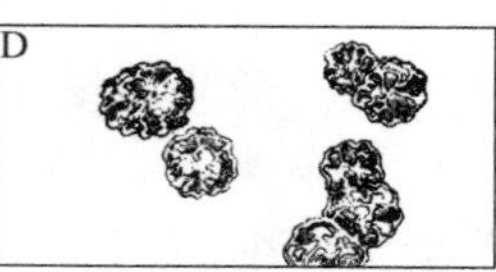

图 10-3　在培养皿上形成的各种细菌菌落（引自 Tamarin，1996）

A. 光滑、圆形的隆起菌落；B. 颗粒状、圆形的隆起菌落；C. 边缘不规则、表面有突起皱褶的扁平菌落；D. 边缘波形、表面有不规则突起的隆起菌落

细菌的突变类型可用由莱德伯格等所设计的影印培养法（replica plating）筛选鉴定（Leder-berg et al.，1952）。其方法是：先在一个母板（master plate）上使细菌长成菌落，然后用一个比培养皿略小的木板，包上一层消过毒的丝绒，印在母板上，把菌落吸附在丝绒上，再把这块丝绒印到含有各种不同成分的培养基上（图 10-4），如缺乏某一特定营养成分的琼脂板上。凡不能出现在影印培养基上的菌落，说明它缺乏合成这一物质的能力，是突变的菌落，可以将其从母板上取下来做进一步的研究。

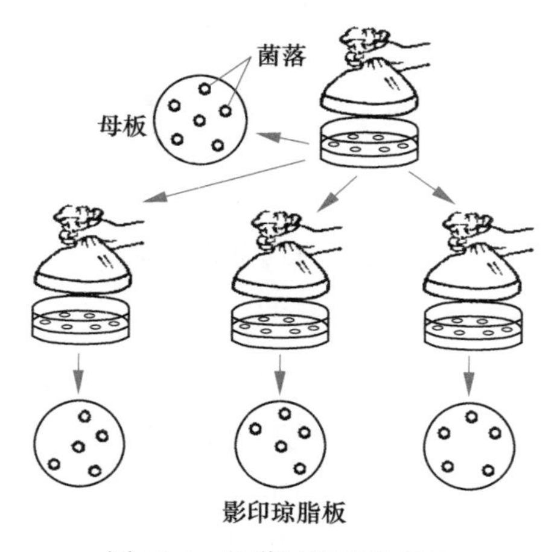

图 10-4　细菌的影印培养法

二、病毒的特点及种类

病毒没有完整的细胞结构，既不属于原核生物，也不属于真核生物。病毒极其微小，只有借助于电子显微镜才能观察到，且其大小相差很大。例如，痘病毒为（300～450）nm×（170～260）nm，菜豆畸矮病毒的直径不到 30nm。病毒结构十分简单，它们仅含一种核酸（DNA 或 RNA）和一个蛋白质外壳。蛋白质外壳保护遗传物质，并参与感染宿主细胞的过程。在病毒中没有合成蛋白质外壳所必需的核糖体，因此缺乏独立代谢能力，必须感染宿主细胞，改变和利用宿主细胞的代谢合成机器，才能合成新的病毒后代。

按照病毒感染的宿主类型，可将病毒分为感染细菌、真菌及藻菌的菌类病毒，以及感染动物和植物的动物病毒与植物病毒。感染细菌的病毒称为噬菌体（phage），是目前研究得比较清楚的病毒。其依遗传物质的性质，可分为单链 DNA、单链 RNA、双链 DNA 和双链 RNA 4 种类型。其依与宿主细胞的相互关系，可分为烈性噬菌体（virulent phage）和温和噬菌体（temperate phage）两大类型。

噬菌体的表现型可大致分为两种，即噬菌斑的形态和生长特性，这将在本章第二节中详述。

三、细菌和病毒在遗传研究中的优越性

细菌和病毒作为遗传研究材料的优越性主要表现在以下几个方面。

（1）繁殖世代所需时间短。每个世代以分钟或小时计算。例如，大肠杆菌每 20min 即可繁殖一代，病毒每小时可繁殖数百个后代。相比之下，果蝇繁殖一代需要 14 天，玉米需要数月，人类需要 20 年甚至更长的时间。将细菌和病毒培养 1 天，便可在固体培养基上得知结果，因此大大缩短了实验周期。

（2）易于管理和进行化学分析。用一支试管可以储存数以百万计的细菌和病毒，操作管理方便，可大量节省空间和培养工作所需的人力、物力和财力。在基因作用的研究上常需要对代谢产物或基因本身进行化学分析，而细菌代谢旺盛，繁殖又快，可在短时间内累积大量产物，为化学分析提供了条件。

（3）遗传物质简单，便于研究基因的结构和功能。细菌和病毒的遗传物质比真核生物简单得多，它们仅具有一条且相当裸露的染色体，因此更适合用来研究基因的结构和功能。例如，细菌可以生活在基本培养基上，而那些丧失合成某种营养物质的突变体则必须添加这类物质才能生长，通过在基本培养基和补充培养基上进行影印培养，很容易从供试菌细胞中检出营养缺陷型，因而有利于从生化角度来研究基因的作用。

（4）便于研究基因的突变和重组。细菌和病毒通常只有一条主染色体，相当于真核生物单倍体，其所有突变都能立即表现出来，不像真核二倍体生物那样，有显性掩盖隐性的问题。此外，基因突变的频率很低，但在快速繁殖的细菌和病毒中很容易检出，如筛选抗药性突变，只需在培养基中加入相应的抗生素就能达到这一目的。利用营养缺陷或抗药性等标记，容易从数以亿计的供试细菌细胞中筛选出基因重组体。

（5）可用作研究高等生物的简单模型。高等生物体内机制复杂，难以着手进行复杂的遗传学研究，如基因的表达与调控等问题。细菌和病毒的结构简单，具有比高等生物少得多的遗传信息，较易分析研究，可以从细菌和病毒的研究中得到模型，为进一步深入研究高等生物的遗传机制奠定基础。

（6）便于进行遗传操作。因为没有组蛋白及大量其他蛋白的结合，所以细菌和病毒的染色体更适宜于遗传工程操作。细菌质粒和病毒作为载体，已成为高等动植物分子遗传学研究和基因工程操作的重要工具。

四、细菌和病毒的拟有性过程

真核生物有性过程的特征在于形成配子时的减数分裂。遗传物质的交换、分离和独立分配的机制都是通过减数分裂实现的。虽然细菌和病毒不具备像真核生物配子进行融合的有性过程，但是它们的遗传物质也必须从一个细胞传递到另一个细胞，并且也能形成重组体。实际上，细菌获取外源遗传物质有 4 种不同的方式：转化（transformation）、接合（conjugation）、性导（sexduction）和转导（transduction）。当不同的病毒颗粒同时侵染一个细菌时，它们能够在细菌体内交换遗传物质，并形成重组体。

第二节　噬菌体的遗传分析

早在 20 世纪初期人们就已发现噬菌体，但直到 20 世纪 40 年代才发现它是遗传

分析的理想材料。德尔布吕克（M. Delbrück）、赫尔希（A. D. Hershey）和罗特曼（R. Rotman）揭示出噬菌体的一个拟有性过程，通过这个过程，可以发生遗传物质的交换。这一重大发现促进了噬菌体遗传学的研究，从而获得了关于基因结构、重组机制和基因功能的大量知识。

一、噬菌体的结构

噬菌体基本上是由一个蛋白质外壳和其中包含的核酸组成的。某些动物病毒，如引起水痘的病毒，还含有某些碳水化合物和脂肪。噬菌体结构的多样性来源于组成其外壳的蛋白质种类及其染色体类型和结构的差异。

遗传学上应用最广泛的噬菌体是大肠杆菌的 T 噬菌体系列（$T_1 \sim T_7$）。它们的结构大同小异，一般呈蝌蚪状。T 偶列噬菌体的结构如图 10-5 所示，具有六角形的头部，其内含有双链 DNA 分子。头下的尾部包括一个中空的针状结构及外鞘。末端是基板，由尾丝及尾针组成。当 T 偶列噬菌体的尾丝附着在大肠杆菌表面时，通过尾鞘的收缩将噬菌体 DNA 经中空尾部注入宿主细胞。

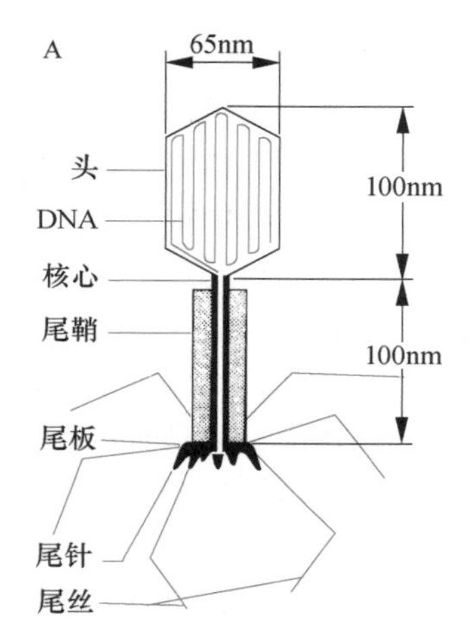

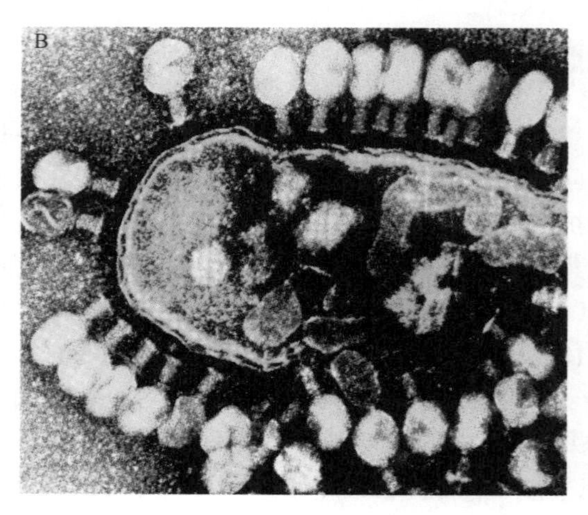

图 10-5　T_4 噬菌体结构模式图（A）及电子显微镜照片（B）（引自 Hartl and Jones，2002）

根据噬菌体 DNA 在宿主细菌内的特点，又将噬菌体分为两类，即烈性噬菌体和温和噬菌体。

（一）烈性噬菌体

烈性噬菌体的遗传物质经中空尾部进入宿主细胞，随即破坏宿主细胞的遗传物质，并转而合成大量的噬菌体遗传物质和蛋白质，组装成许多新的子噬菌体，最后使细菌裂解（lysis），释放出数百个子噬菌体（图 10-6）。

（二）温和噬菌体

温和噬菌体具有溶原性（lysogeny）的生活周期，即在噬菌体侵入后，细菌并不裂解，它们以两种不同形式出现，λ 和 P_1 噬菌体各代表一种略有不同的溶原性类型。λ

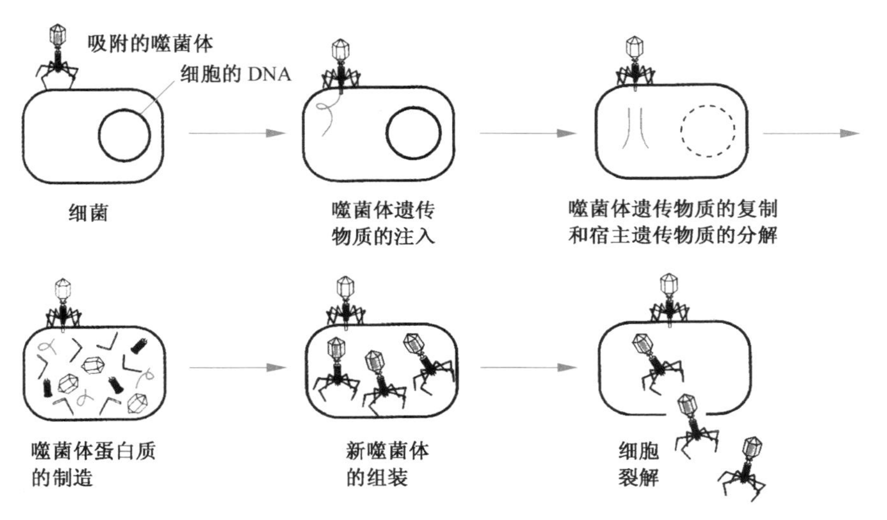

图 10-6 T_4 噬菌体侵染大肠杆菌的生活周期

噬菌体附着于大肠杆菌染色体的 *gal* 和 *bio* 座位之间的 *att*λ 座位上，它能通过交换而整合到细菌染色体上。这时它会阻止其他 λ 噬菌体的超数感染（superinfection）（一个细菌受一个以上噬菌体所感染的现象）。整合的噬菌体称为原噬菌体（prophage）。P_1 噬菌体与 λ 不同，它并不整合到细菌的染色体上，而是独立地存在于细菌细胞质内（图 10-7）。这两种噬菌体的共同特点是核酸既不大量复制，也不大量转录和翻译。这类

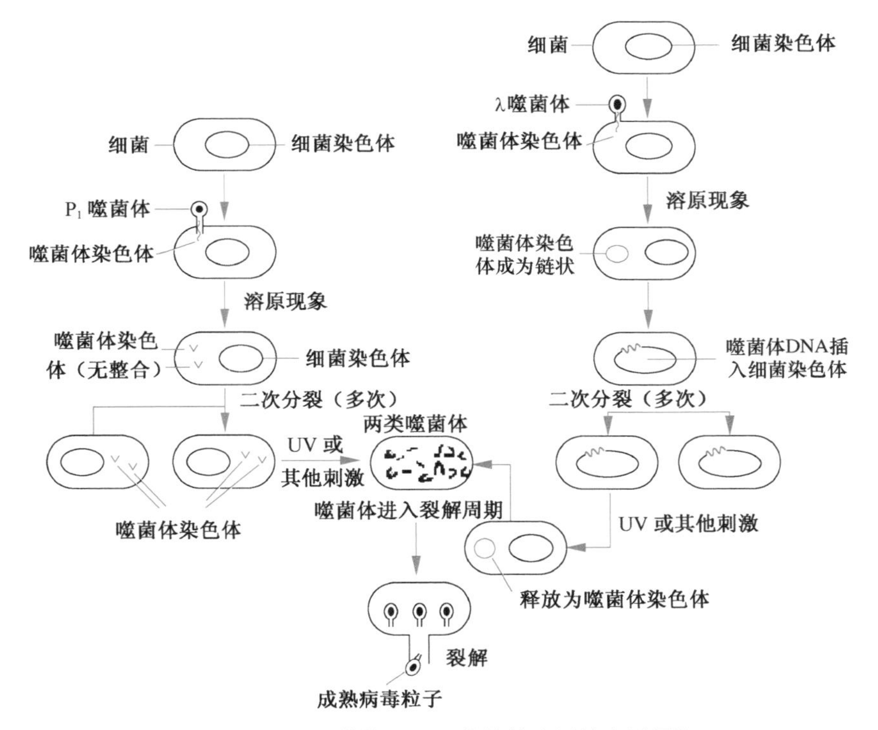

图 10-7 P_1 噬菌体和 λ 噬菌体的溶原性生活周期

噬菌体往往只有一个或少数基因表达，由此产生的阻遏物能关闭其他基因的表达。这样，当溶原性细菌分裂成两个子细胞时，λ 噬菌体随细菌染色体的复制而复制，每个子细胞中有一个拷贝。P_1 噬菌体的复制则使每个子细胞中至少含有一个拷贝。原噬菌体通过诱导（induction）可转变为烈性噬菌体。诱导因素包括 UV 照射、温度改变、与非溶原性细菌的接合等。这类诱导可以造成阻遏物失活或稀释，使其他的噬菌体基因表达出来，促使噬菌体繁殖并进入裂解周期。

二、T 噬菌体的基因重组与作图

噬菌体的遗传性状分为两类：一类是形成的噬菌斑（plaque）形态，即噬菌斑的大小、边缘清楚或模糊；另一类是宿主范围（host range），即噬菌体感染和裂解细菌菌株的能力。

研究得最多的噬菌斑突变体是 T 噬菌体 r^- 突变体（r 代表 rapid lysis，速溶性）。一个正常的 T 噬菌体称为 r^+，产生的噬菌斑小而边缘模糊；而 r^- 突变体则产生比 r^+ 约大两倍的边缘清楚的噬菌斑。

有些噬菌体的突变体能克服抗噬菌体菌株的抗性，称为宿主范围突变体（host-range mutant）。值得注意的是，宿主范围突变是噬菌体的基因突变。例如，大肠杆菌 B 株是 T_2 的宿主，有时它对 T_2 产生抗性，这个菌株称为大肠杆菌 B/2 株。一种发生在 T_2 上的 h^- 突变体，能利用 B 株及 B/2 株；h^+ 则是未突变的噬菌体，只能利用 B 株。

由于 h^- 和 h^+ 均能感染 B 株，用 T_2 的两个亲本 h^-r^+ 和 h^+r^- 同时感染 B 株，称为双重感染（double infection），在其子代中可以得到 h^+r^+ 和 h^-r^- 的重组体（图 10-8）。另有一个类似的过程称为转染（transfection），就是经过特殊处理的细菌细胞，可以直接吸收裸露噬菌体的 DNA，这样的 DNA 在寄主细胞内同样可以进行复制和重组。

为了测定在这个杂交中所得子代噬菌体的基因型，将释放出来的子代噬菌体接种在同时长有 B 株及 B/2 株的培养基上，记录噬菌斑的形态，如表 10-2 所示。

表 10-2　由 $h^-r^+ \times h^+r^-$ 产生的噬菌斑类型

表现型	基因型	类型	表现型	基因型	类型
半透明、大	h^+r^-	亲本型	半透明、小	h^+r^+	重组型
透明、小	h^-r^+	亲本型	透明、大	h^-r^-	重组型

重组率计算公式为

$$重组率 = \frac{重组噬菌斑数}{总噬菌斑数} \times 100\% = \frac{h^+r^+ + h^-r^-}{h^+r^- + h^-r^+ + h^+r^+ + h^-r^-} \times 100\%$$

根据这个重组率即交换值，就可以进行遗传作图。

不同速溶性噬菌体的突变型在表现型上不同，可分别写成 r_a^-、r_b^-、r_c^- 等，用 $r_x^-h^+ \times r_x^+h^-$ 获得的试验结果列于表 10-3 中。

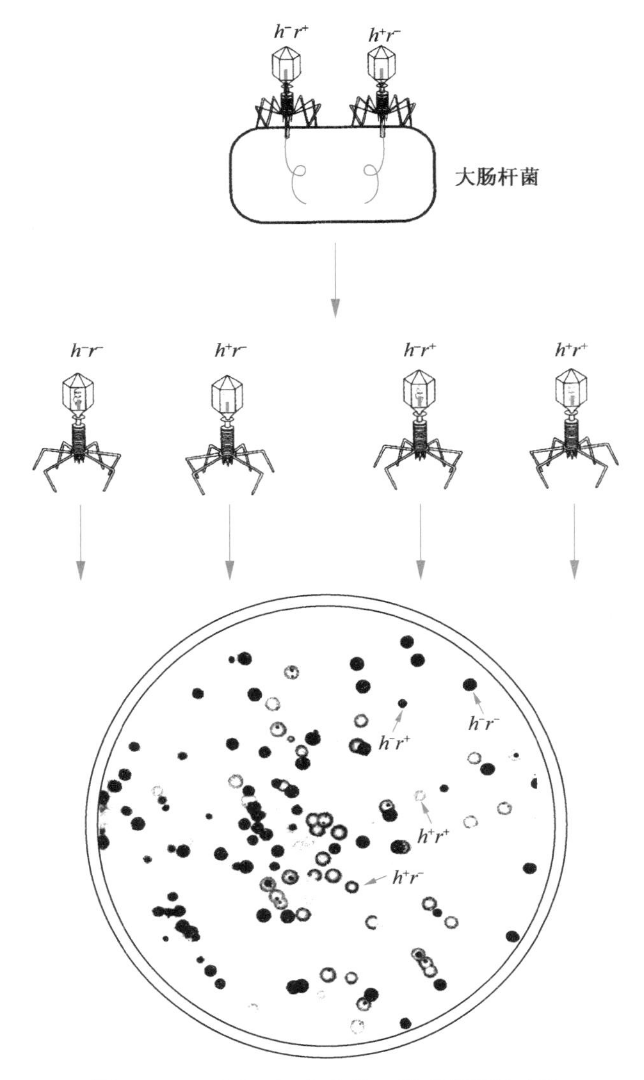

图 10-8 h^-r^+ 和 h^+r^- 杂交及 4 种噬菌斑的产生

表 10-3 用 $r_x^-h^+ \times r_x^+h^-$ 所得的 4 种噬菌斑数及算得的重组率（r_x^- 代表不同的 r^- 基因）

杂交组合	每种基因型的比例 /%				重组率 /%
	r^-h^+	r^+h^-	r^+h^+	r^-h^-	
$r_a^-h^+ \times r_a^+h^-$	34.0	42.0	12.0	12.0	24.0
$r_b^-h^+ \times r_b^+h^-$	32.0	56.0	5.9	6.4	12.3
$r_c^-h^+ \times r_c^+h^-$	39.0	59.0	0.7	0.9	1.6

根据表 10-3 结果可以分别作出 r_a、r_b、r_c 与 h 的以下 3 个连锁图：

r_a 24.0 h

r_b 12.3 h

r_c 1.6 h

由于有 3 个不同的 r 基因的位点，故可根据表 10-3 的重组率列出以下 4 种可能的基因排列连锁图：

r_a　r_b　r_c　h

r_a　r_c　h　r_b

r_a　r_b　h　r_c

r_a　h　r_c　r_b

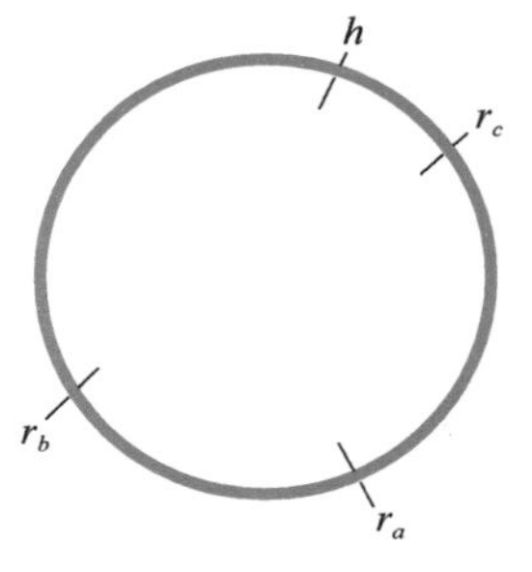

图 10-9　T_2 噬菌体的环状连锁图

为了确定基因排列顺序，可先只考虑 r_b、r_c 及 h 来确定是 r_chr_b 还是 hr_cr_b。为此需作 $r_c^-r_b^+ \times r_c^+r_b^-$ 杂交，将所得重组率约 14% 与 r_bh 间的距离比较，可知 h 应位于 r_b 及 r_c 之间，所以排列顺序就是 r_chr_b。至于 r_a 在 h 的哪一边，是靠近 r_b 还是靠近 r_c？因为 T_2 噬菌体的染色体是环状的（图 10-9），所以两种答案都是正确的。

三、λ 噬菌体的基因重组与作图

1955 年，凯泽（A. D. Kaiser）最先进行了噬菌体的重组作图试验。他用紫外线对噬菌体进行辐照处理，得到 5 个突变系，每一个突变系产生一种变异的噬菌斑表型。s 系产生小噬菌斑；mi 系产生微小噬菌斑；c 系产生完全清亮的噬菌斑；co_1 系产生除了中央一个环之外其余部分都清亮的噬菌斑；co_2 系产生比 co_1 更浓密的中央环噬菌斑。c、co_1 和 co_2 3 个突变系的溶原性反应受到干扰，仅能进入裂解周期，所以形成清亮噬菌斑。野生型噬菌体的溶原性反应正常，因而有部分溶原化的细菌不被裂解，仍旧留在噬菌斑里，所以形成的噬菌斑是混浊的。

凯泽用 $sco_1mi \times + + +$ 杂交，所得后代有 8 种类型。如第四章所述的三点测验那样，这 8 种类型中数目最少的两个就是双交换的结果，频率最高的两个是亲本类型，其余的为单交换类型。结果及分析作图可归纳于表 10-4 中。

表 10-4　λ 噬菌体 $sco_1mi \times + + +$ 的杂交结果及分析作图

类型		数目		占总数比例 /%	重组率 /%		
亲本类型	+ + +	975	1899				
	$s\ co_1\ mi$	924					
单交换型 Ⅰ	s + +	30	62	2.97	√		√
	+ co_1 mi	32					
单交换型 Ⅱ	s co_1 +	61	112	5.36		√	√
	+ + mi	51					
双交换型	s + mi	5	18	0.86	√	√	
	+ co_1 +	13					
合计		2091			3.83	6.22	8.33

通过比较亲本类型和双交换类型的基因型，可知这 3 个基因的顺序就是 sco_1mi；s 与 co_1 之间的图距为 3.83cM；co_1 与 mi 之间的图距为 6.22cM；因为有双交换的存在，s 与 mi 之间的图距则为 $8.33 + 2 \times 0.86 = 10.05$cM，这样就可以作出这 3 个基因的遗传图谱：

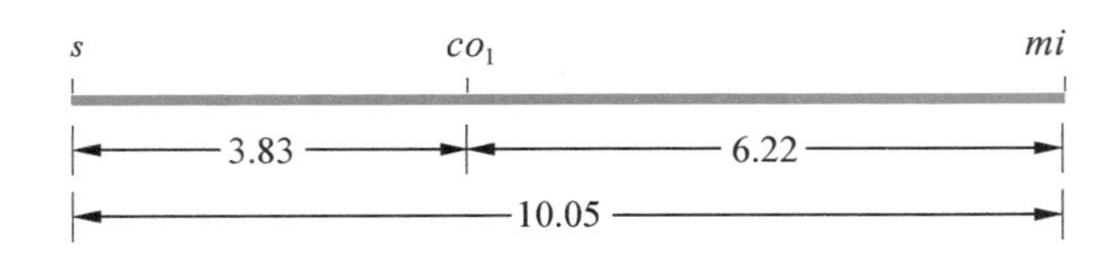

第三节　细菌的遗传分析

如前所述，一个细菌细胞的DNA与另一个细菌细胞DNA的交换重组可以通过4种不同的方式来实现，即转化、接合、性导和转导。

一、转　　化

转化是指某些细菌（或其他生物）通过其细胞膜摄取周围供体（donor）的DNA片段，并将此外源DNA片段通过重组整合到自己染色体组的过程。只有当整合的DNA片段产生新的表现型时，才能测知转化的发生。

在第二章中已经讲述，转化首先是由格里菲斯（F. Griffith）于1928年在肺炎双球菌中发现的，1944年艾弗里（O. T. Avery）等从分子水平上研究证实，转化因子（transforming factor）是DNA，因为肺炎双球菌中其余的组分（component）并不影响转化。这一重要发现不仅证实DNA是细菌的遗传物质，而且表明转化是细菌进行遗传物质重组的方式之一。

细菌的转化研究主要是用3种细菌完成的：肺炎双球菌、枯草芽孢杆菌（*Bacillus subtilis*）和流感嗜血杆菌（*Hemophilus influenzae*）。研究表明，用2个带有不同抗性的肺炎双球菌群体混合时，可以形成带有双抗性的细菌。这是由于死亡的细菌裂解后，其DNA遗留在培养基中，其他细胞可摄取这些DNA并发生转化，从而获得新的性状。枯草芽孢杆菌可将DNA分泌到活细胞表面，以备摄取。

（一）转化的机制

1．供体DNA与受体细胞间的最初相互作用

转化中接受供体遗传物质的一方称为受体（receptor）。转化的第一步是使供体DNA与受体细胞接触并发生相互作用。影响它们之间互作的因素包括：转化片段的大小、形态、浓度和受体细胞的生理状态。并非所有的外源DNA片段都适合转化，只有双链且相当大的外源DNA片段才能够转化。例如，转化肺炎双球菌的DNA片段至少要有800bp，而枯草芽孢杆菌最少需要16 000bp。虽然供体DNA分子的上限不十分明显，但在用高浓度大分子DNA转化时，只有一部分DNA进入受体细胞。

对某一个特定基因来说，存在的供体DNA分子数目与细胞转化率直接相关。例如，从一个抗链霉素细菌菌株提取DNA，转化链霉素敏感的细胞，在每个细胞具有10个DNA分子以前，抗性转化子的数目与供体DNA分子数目成正比。这是因为在细菌的细胞壁或细胞膜上有一定数量的DNA接受位点，一旦它们达到饱和，再增加DNA也不能提高转化子数量。这种解释已得到实验证实。

同时，并非所有的细菌细胞都能被转化，能够被转化的细菌细胞必须在生理上处于感受态（competence），即必须具有表面蛋白或称为感受态因子（competence factor），这种表面蛋白在摄取外源 DNA 的能量需求反应中与外源 DNA 片段相结合，细胞才能接受外源 DNA 片段，从而实现转化。研究证明，这种感受态只能发生在细菌生长周期的某一时期。有人认为感受态是细胞的 DNA 合成刚刚完成，而蛋白质合成仍处于活跃的状态。

2. 转化过程

细菌的遗传转化过程包括供体 DNA 与受体位点的结合（binding）、供体 DNA 由双链向单链的转变（conversion）、单链供体 DNA 的穿入（penetration）、单链供体 DNA 片段与受体染色体之间的联会（synapsis）与整合（integration）、被整合的供体基因在转化细胞中的表型表达（phenotypic expression）（图 10-10）。

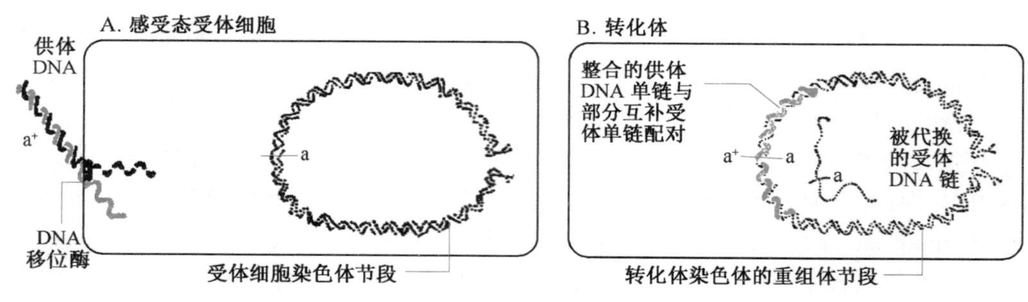

图 10-10 肺炎双球菌转化的两个主要步骤：穿入（A）和整合（B）

（1）结合。当细菌细胞处于感受态时，几个双链 DNA 分子可结合在受体细胞表面的几个受体位点上。例如，这种结合在流感嗜血杆菌上平均为 2 个。最初的结合是可逆的，结合的 DNA 可被 DNA 酶降解或被冲洗掉。这个可逆阶段很短，有时只有 4～5s。只有具备一定长度但不一定具有亲缘关系的 DNA 才能与受体结合。一旦受体细胞上的受体位点饱和后，将阻止其他双链 DNA 的结合。

（2）穿入。稳定结合在受体位点上的双链供体 DNA，由外切酶或 DNA 移位酶（translocase）降解其中的一条链，并利用降解这条链产生的能量，将另一条 DNA 单链拉进细胞中，这个过程是不可逆的。此时，供体 DNA 不会再受到培养基中 DNA 酶的破坏。

（3）联会。供体的单链 DNA 片段一旦穿入细胞，即各个不同位点将与其相应的受体 DNA 片段联会。联会也可以发生在异种 DNA 之间，这主要取决于种间亲缘关系的远近。亲缘关系愈远，联会的可能性愈小，转化的可能性也愈小；反之则大。

（4）整合。整合是指单链的供体 DNA 与受体 DNA 对应位点的置换，从而稳定地插入到受体 DNA 中，整合或 DNA 重组对同源 DNA 具有特异性。视供体 DNA 的亲缘关系，有可能发生不同频率的整合。

（二）转化和基因重组作图

如上所述，外源 DNA 片段进入受体细胞之后，可以和受体细胞染色体发生重组。因为 DNA 是以小片段的形式进入受体的，所以当两个基因紧密连锁时，它们就有较多的机会同时被转化，即并发转化（co-transformation），并同时整合到受体细胞染色体上。因此，紧密连锁的基因可以通过转化进行作图。例如，莱德伯格（J. Lederberg）等用枯草芽孢杆菌做了如下实验，即以 $trp_2^+\ his_2^+\ tyr_1^+$ 为供体，以 $trp_2^-\ his_2^-\ tyr_1^-$ 为受体进行转化，结果见表 10-5。

表 10-5　$trp_2^+\ his_2^+\ tyr_1^+$（供体）×$trp_2^-\ his_2^-\ tyr_1^-$（受体）的转化子类型及重组率计算

座位	转化子类型						
trp_2	+	−	−	−	+	+	+
his_2	+	+	−	+	−	−	+
tyr_1	+	+	+	−	−	+	−
数目	11 940	3 660	685	418	2 600	107	1 180
	亲本类型		重组类型			重组率	
trp_2-his_2	11 940 1 180	13 120	2 600+107 3 660+418		6 785	$\frac{6\ 785}{19\ 905}=0.34$	
trp_2-tyr_1	11 940 107	12 047	2 600+1 180 3 660+685		8 125	$\frac{8\ 125}{20\ 172}=0.40$	
his_2-tyr_1	11 940 3 660	15 600	418+1 180 107+685		2 390	$\frac{2\ 390}{17\ 990}=0.13$	

从表 10-5 可以看出，trp_2、his_2 和 tyr_1 是连锁的，其中 his_2 和 tyr_1 连锁紧密，这是因为它们并发转化的频率最高。根据重组率计算结果，可知 trp_2 与 his_2 之间的重组率为 34%，trp_2 与 tyr_1 之间的重组率为 40%，his_2 与 tyr_1 之间的重组率为 13%，因此，trp_2、his_2 及 tyr_1 的排列顺序为：

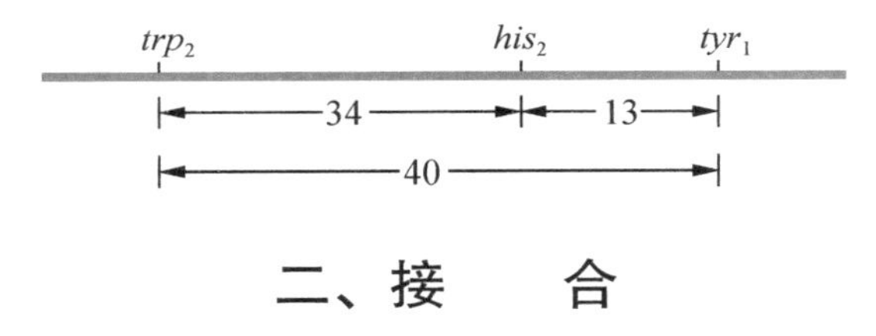

二、接　　合

在原核生物中，接合是指遗传物质从供体——“雄性”转移到受体——“雌性”的过程。

大肠杆菌是遗传学中应用最为广泛的细菌，被研究得也最清楚。如前所述，大肠杆菌可以生长在含有盐类和葡萄糖的基本培养基上（表 10-1）。1946 年，莱德伯格和塔特姆（E. Tatum）发现大肠杆菌细胞之间通过接合可以交换遗传物质。他们选择了两个不同营养缺陷型的大肠杆菌菌株（图 10-11）：A 菌株是 $met^-\ bio^-$，它需要在基本培养基上补充甲硫氨酸和生物素（biotin）才能生长，即其基因型为 $met^-bio^-thr^+leu^+$；B 菌株是 thr^-leu^-，它需要在基本培养基上补充苏氨酸和亮氨酸才能生长，即其基因型为 $met^+bio^+thr^-leu^-$。为了避免自然的回复突变，他们采用这种多营养缺陷型。在每个世代通常约有 10^{-6} 的细胞可以由 met^- 自发回复突变成 met^+。但是在多种营养缺陷型中，几个位点同时自发回复突变的概率小到几乎等于零。

A 菌株和 B 菌株在基本培养基上都不能生长。但是莱德伯格和塔特姆将 A 菌株和 B 菌株混合培养在液体完全培养基中几小时后，将培养物离心，并且将洗涤的沉淀细胞涂布在基本培养基上，发现长出了原养型（$met^+bio^+thr^+leu^+$）的菌落，其频率大约为 10^{-7}。这表明这两种菌株之间发生了遗传物质的重组。几种类型的实验证明，这种遗传物质的重组不是由转化实现的，而是需要细胞与细胞之间的直接接触。

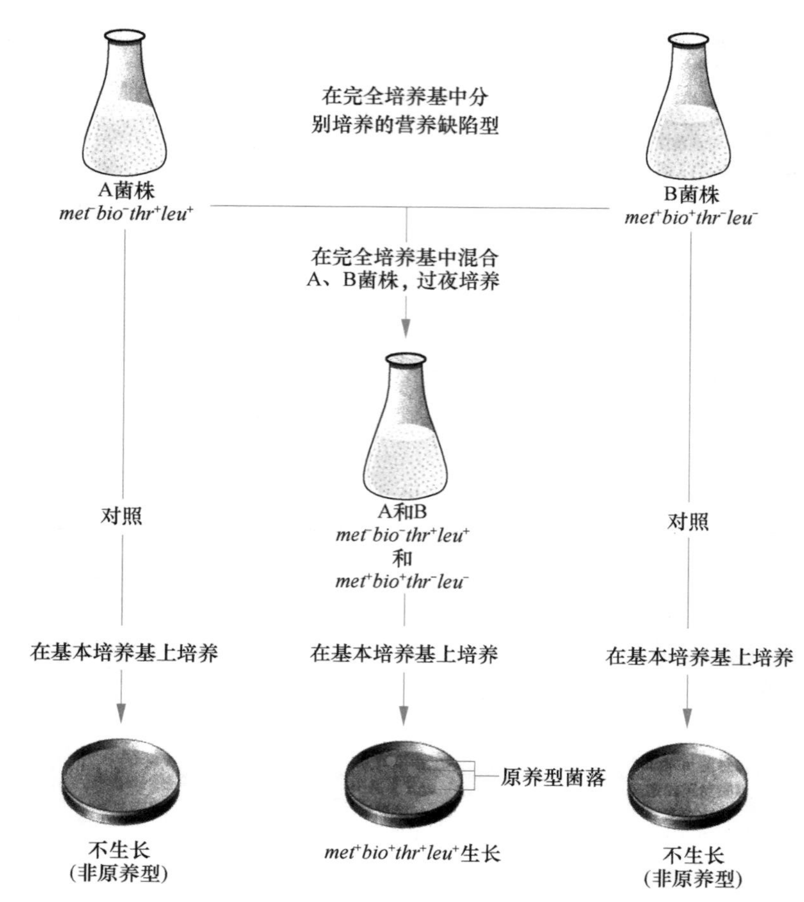

图 10-11　莱德伯格和塔特姆的杂交试验，证明大肠杆菌发生遗传重组

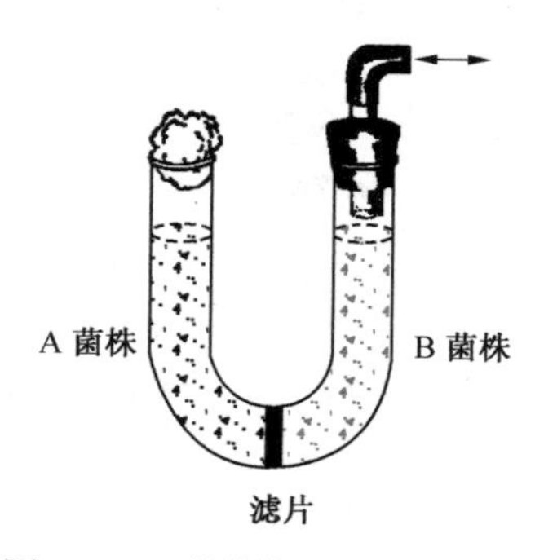

图 10-12　戴维斯的 U 形管试验

一个著名的实验就是戴维斯（B. Davis）于 1950 年做的 U 形管试验。戴维斯设计了一种 U 形管，在这个 U 形管中，左右两臂分别放入 A 菌株和 B 菌株的液体培养物，底部中间用滤片将 A、B 培养物机械地隔开。滤片的孔很小，细菌不能透过，但大分子（包括 DNA）物质可以自由通过（图 10-12）。

从 U 形管一臂轮流用加压和吸引的办法使两臂的培养液和大分子相互混合，待两臂的细胞在 U 形管完全培养基中停止生长后，将它们分别涂布在基本培养基上，发现在任何一臂内都没有出现原养型细菌。这说明两个菌株间的直接接触是产生原养型细胞的必要条件，因此将这种细菌间遗传物质的重组方式称为接合。

1952 年，海斯（W. Hayes）通过试验证明，在接合过程中遗传物质的交换是一种单向的转移。例如，在上述实验中是 A 菌株的遗传物质向 B 菌株转移，因此一般可以将供体看作“雄性”，将受体看作“雌性”。

（一）F 因子

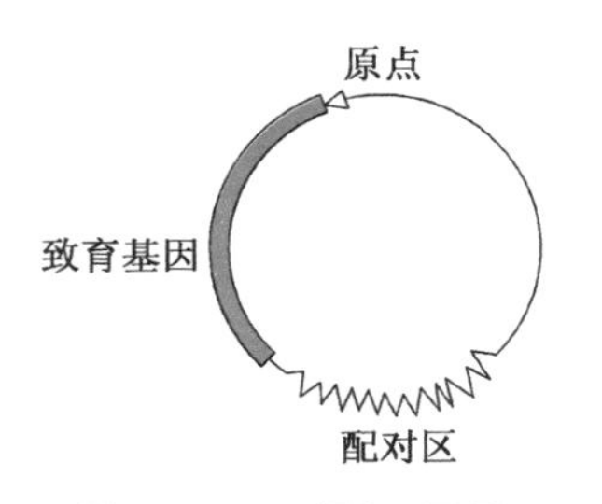

图 10-13 环形 F 因子染色体的 3 个区域

1953 年，海斯和卡瓦利-斯福扎（Cavalli-Sforza）经过进一步研究发现，在接合过程中 A 菌株之所以能成为供体，是因为它有一个性因子（sex factor），即致育因子（fertility factor），简称 F 因子。通过遗传分析，人们发现 F 因子是由 DNA 组成的，可以看作染色体外的遗传物质。它由 3 个不同的区域组成，如图 10-13 所示。

细菌染色体可能有几个同源配对区与 F 因子的配对区相对应。F 因子或者以游离状态存在于细胞质内，或者以整合状态存在于细菌的染色体组内。以大肠杆菌为例，其 F 因子能够以 3 种状态存在（图 10-14）：①没有 F 因子，即 F^-。②包含一个自主状态的 F 因子，即 F^+。③包含一个整合到自己染色体组内的 F 因子，即 Hfr（high frequency recombination，高频重组）。

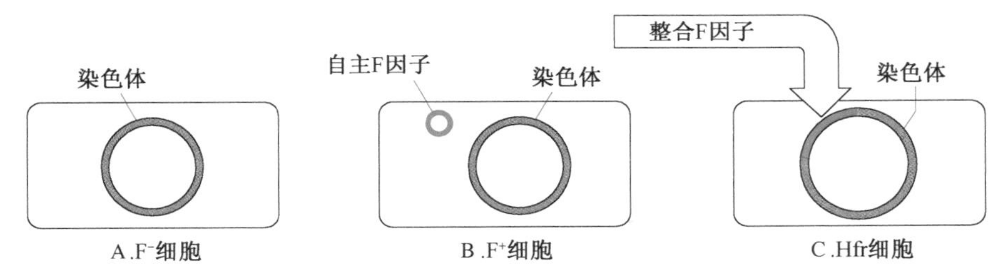

图 10-14 大肠杆菌 F 因子的 3 种状态

在自然群体中，带有 F 因子的细菌是很少的。具有 F 因子的菌株可作为供体，因为 F 因子中有控制 F 性伞毛（F pillus）形成的基因。F 性伞毛是由供体细胞表面伸出的一种长附属物，当供体与受体细胞相互接合时，F 性伞毛就成了两个细胞之间原生质的通道，或称为接合管（conjugation tube），如图 10-15 所示。

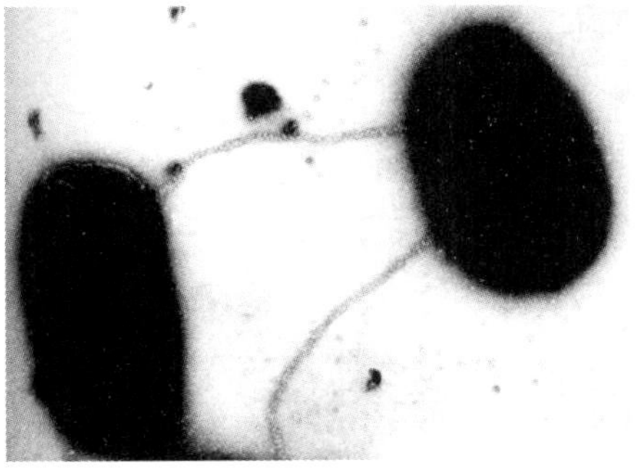

图 10-15 两个大肠杆菌细胞接合的电子显微镜照片（34 300×）（引自 Suzuki et al.，1981）

Hfr 细胞的性伞毛（F^-细胞没有）由于附着病毒而清楚可见；这种病毒特异性地附着于这些性伞毛上

（二）接合过程

1. F^+ 向 F^- 的转移（$F^+ \times F^-$）

F^+ 细胞的 F 因子不依赖宿主染色体而独立地进行复制，新拷贝能在接合过程中转移到 F^- 细胞中去，使 F^- 受体变成 F^+。转移时，F 因子双链中的一条链被内切酶切开，切开的链从 5′ 端先进入受体 F^-，在 F^- 中从 5′→3′ 的方向复制形成一个完整的 F 因子。另一条没有切口的完整链留在供体内作为模板，进行复制，也形成一个完整的 F 因子。因此，两个接合的产物，即接合后体（exconjugant）都是 F^+，各具备一个 F 因子（图 10-16）。在接合中，F 因子传递和复制的过程是按 DNA 复制的滚环模型进行的。

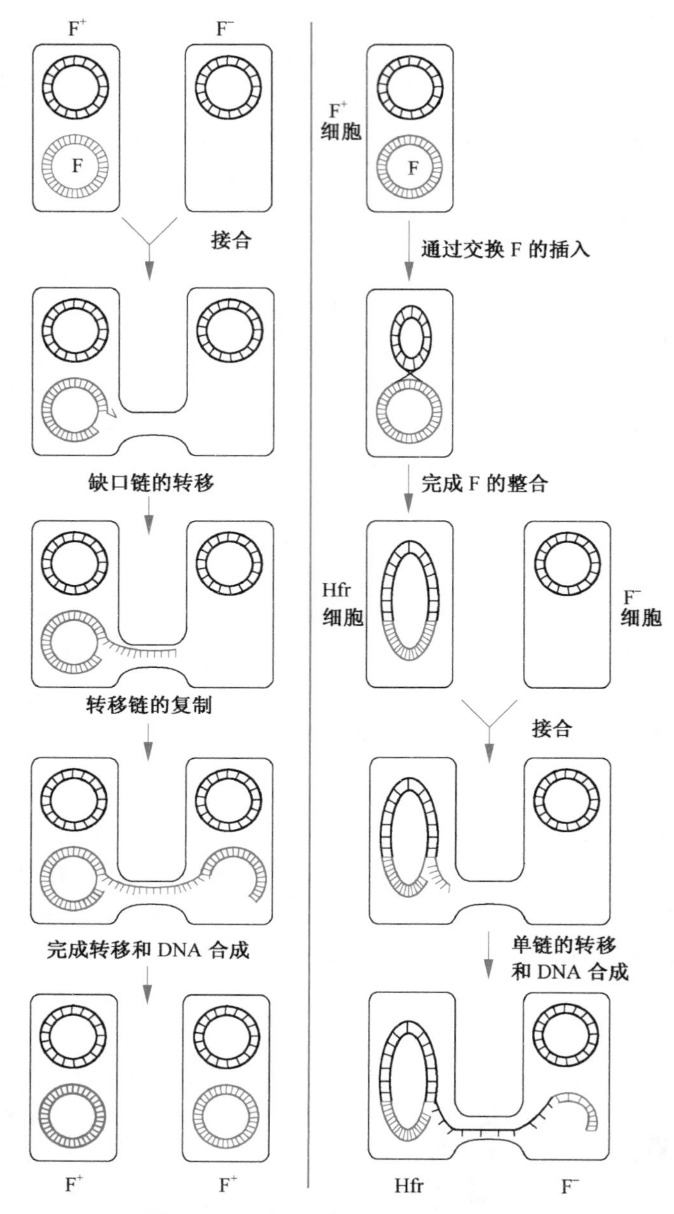

图 10-16　$F^+ \times F^-$ 与 $Hfr \times F^-$ 的示意图

上述 F 因子的传递，与细菌染色体无关。但是 F 因子偶然地（10 000 个 F^+ 细胞中有 1 个）能整合到细菌染色体中去。在整合状态下的接合就可能引起细菌染色体片段的转移。

2. Hfr 细胞的形成及染色体的转移（$Hfr \times F^-$）

F 因子可以通过质粒小环与主染色体之间的交换，插入到主染色体中（图 10-16）。带有一个整合的 F 因子的细胞称为高频重组细胞，即 Hfr 细胞。这类细胞可以将部分甚至全部细菌主染色体传递给 F^- 受体。当 $Hfr \times F^-$ 时，细菌基因的重组频率增加达千倍之多，Hfr 细胞故此得名。

接合时，整合的F因子的复制机器首先活跃起来，在它的一条链中形成切口（图10-16），并同时开始滚环式的复制，借助于DNA滚环复制的动力，带切口的链5′端进入接合管。这种转移方式与F^+向F^-转移相似，所不同的是细菌的染色体和转移链相连，也随着进入F^-细胞。转移的链进入受体后，立即按5′→3′方向进行复制。

当Hfr×F^-开始时，F因子仅有一部分进入F^-细胞，剩下部分基因只有等到细菌染色体全部进入到F^-细胞之后才能进入，然而转移过程常常中断，所以接合后，F^-细胞得到的仅仅是F因子的一部分，而不是全部，因此仍旧属于F^-细胞。如果全部染色体转移了，F^-就可以得到完整的F因子，取得Hfr的性质，变成Hfr细胞，但是这种情况是很罕见的。

应当指出，在F^+×F^-或Hfr×F^-的接合中，供体并不丧失它的F因子或染色体，因为转移的物质是供体遗传物质的拷贝。实际上，受体细胞常常是只接受部分的供体染色体，这些染色体称为供体外基因子（exogenote），而受体的完整染色体则称为受体内基因子（endogenote）。在接合后的一个短时间内，供体外基因子与受体内基因子形成一段二倍体的DNA，这样的细菌称为部分二倍体（partial diploid）或部分合子（merozygote），如图10-17A所示。

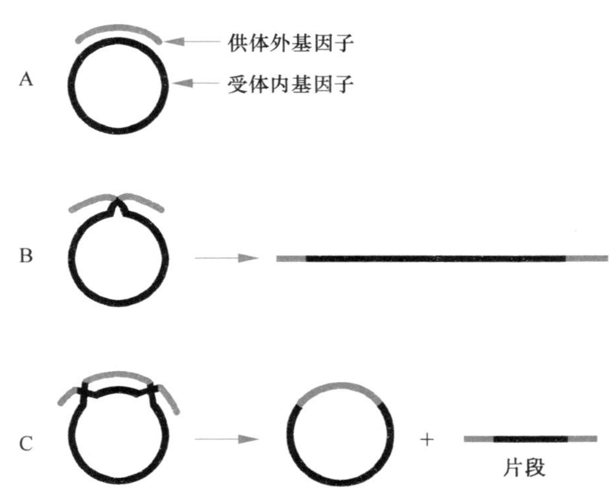

图10-17　细菌部分二倍体的形成及单交换和双交换的结果

A. 部分二倍体形成；B. 单数次交换产生线性染色体；C. 双交换产生有活性的重组体和片段

细菌接合后的重组就是在F^-内基因子与供体外基因子之间进行的。部分二倍体的重组与真核生物中完整的二倍体之间的重组有两点不同。第一，部分二倍体中发生单数次交换是没有意义的，因为单数次交换使环状染色体打开，产生一条线性染色体，这种细胞是不能成活的（图10-17B），只有双交换或偶数的多次交换才能保持重组后细菌染色体的完整（图10-17C）；第二，重组后的游离DNA片段只带有部分基因组，不能单独复制和延续下去，最终消失。这样，重组后F^-细胞不再是部分二倍体，而是单倍体，得到的重组体（recombinant）类型只有1个，而不是2个，相反的重组体不存在。

（三）中断杂交试验及染色体作图

为了证明接合时遗传物质从供体到受体细胞的转移是直线式进行的，1957年沃尔曼

（E. Wollman）和雅各布（F. Jacob）设计了一个著名的中断杂交试验（interrupted mating experiment）。他们采用的菌株基因型如下。

$$\text{Hfr：} thr^{+}leu^{+}azi^{R}ton^{R}lac^{+}gal^{+}str^{S}$$

$$\text{F}^{-}\text{：} thr^{-}leu^{-}azi^{S}ton^{S}lac^{-}gal^{-}str^{R}$$

这里，*thr*、*leu*、*lac*、*gal* 分别表示苏氨酸、亮氨酸、乳糖和半乳糖，+ 表示原养型或发酵型，– 表示营养缺陷型或不发酵型；*azi* 和 *ton* 分别表示叠氮化钠和 T_1 噬菌体；*str* 表示链霉素；*R* 表示抗性，*S* 表示敏感。

将两种细菌混合培养，每隔一定时间取样，将菌液放在食物搅拌器内搅拌，以中断接合。将中断接合的细菌接种到含有链霉素的几种不同培养基上，测定形成了什么样的重组体（链霉素可杀死所有的 Hfr 供体细胞）。例如，检查 F^- 细胞是否得到 thr^+，用不加 *thr* 而含 *str*、*leu* 的培养基，在这里，只有 thr^+str^R 才能生长，能生长的细胞就是供体 thr^+ 已经进入受体并发生了重组的细胞。

结果表明，thr^+ 最先进入 F^- 细胞，接合 8min 后便出现了重组体，随后 0.5min leu^+ 出现，azi^R、ton^R、lac^+ 和 gal^+ 分别在 9min、11min、18min 和 25min 出现。在被选择的 thr^+leu^+ 重组体中，其他的供体基因接连出现，不同的基因经过一定时间就上升到一个稳定的水平（图 10-18）。例如，在 11min 时 ton^R 首次在重组体中出现，15min 后达到 40%，25min 后达到 80%，其后即使增加时间，其重组百分数也不会改变。

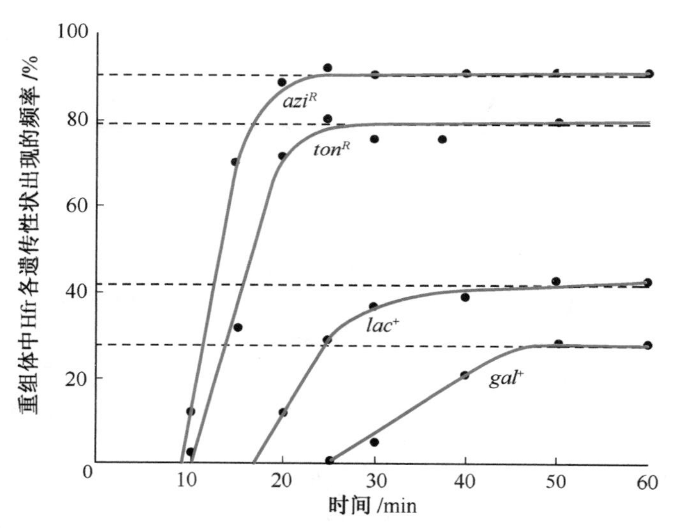

图 10-18　中断杂交后，重组体中 Hfr 各遗传性状出现的频率（引自 Suzuki et al.，1981）

各标记基因进入 F^- 细胞中的时间不同，达到最高水平的时间也不同

上述实验说明，Hfr 菌株的基因是按一定的线性顺序依次进入 F^- 菌株的，这些结果表示于图 10-19 中。也就是说，染色体从原点（origin，O）开始，是以直线方式进入 F^- 细胞的。基因位点离原点愈近，进入 F^- 细胞愈早；反之则晚。由于在自然状态下不经食品搅拌器搅拌也经常能中断杂交，因此距离 O 点愈远的基因进入 F^- 菌株的机会也愈少。

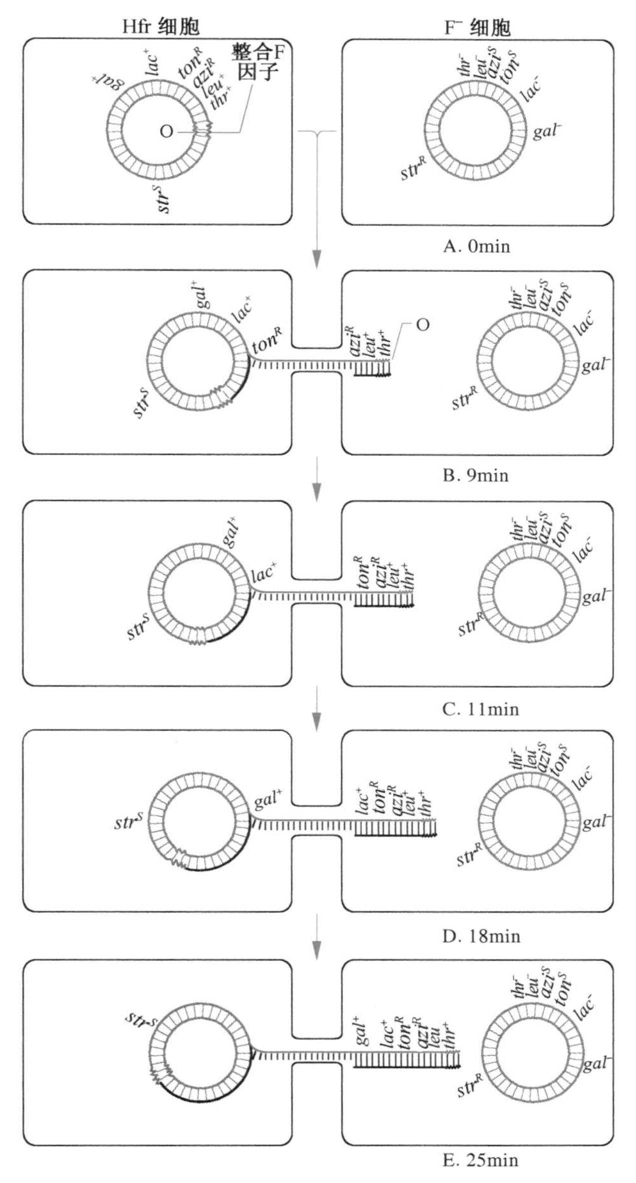

图 10-19　沃尔曼和雅各布的中断杂交试验，表示 Hfr 菌株的基因是以直线方式进入 F^- 细胞的（引自 Gardner et al.，1991）

根据中断杂交试验的结果，以 Hfr 菌株的基因在 F^- 细胞中出现的时间为标准，可以作出大肠杆菌的连锁遗传图。例如，根据沃尔曼和雅各布的中断杂交试验结果，大肠杆菌相关基因的连锁图表示于图 10-20 中。

用不同的 Hfr 菌株进行中断杂交试验，所得结果见表 10-6。似乎每个菌株的基因转移顺序有所不同。其实，转移的顺序并不是随机的。例如，所有的 *his* 基因都有 *gal* 在一边，*gly* 在另一边。其他基因也是如此，除非它们在连锁群的另一端。这种基因转移顺序的差异是由于各 Hfr 菌株间转移的原点（O）和转移的方向不同。这个实验进一步

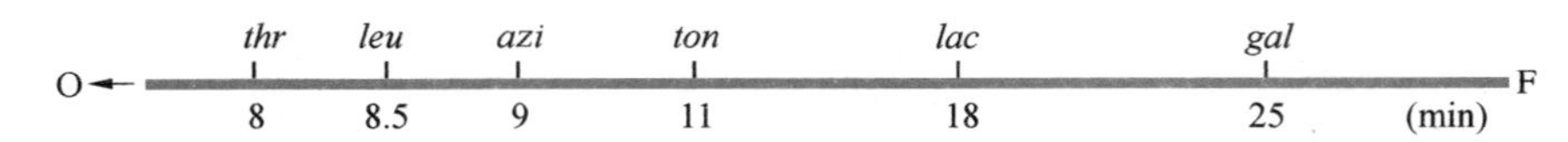

图 10-20　根据沃尔曼和雅各布的中断杂交试验作出的大肠杆菌直线连锁图

O 是原点；F 是 F 因子

表 10-6　用中断杂交试验确定的几个 Hfr 菌株的基因转移顺序

Hfr 的类型	原点	基因转移顺序							
HfrHO	O	*thr*	*pro*	*lac*	*pur*	*gal*	*his*	*gly*	*thi*
1	O	*thr*	*thi*	*gly*	*his*	*gal*	*pur*	*lac*	*pro*
2	O	*pro*	*thr*	*thi*	*gly*	*his*	*gal*	*pur*	*lac*
3	O	*pur*	*lac*	*pro*	*thr*	*thi*	*gly*	*his*	*gal*
AB312	O	*thi*	*thr*	*pro*	*lac*	*pur*	*gal*	*his*	*gly*

说明 F 因子和细菌染色体都是环状的，而 Hfr 细胞染色体的形成，则因 F 因子插入环状染色体的位置不同，从而形成了不同的转移原点和转移方向（图 10-21）。

（四）重组作图

图 10-21　Hfr 的线性连锁群的形成

在中断杂交试验中，是根据基因转移的先后顺序，以时间分钟为单位来表示基因间的距离。但实际上，如果两个基因间的转移时间小于 2min，用中断杂交法所得的图距就不太可靠，应采用传统的重组作图法（recombination mapping）。

例如，有 2 个紧密连锁的基因：lac^+（乳糖发酵）和 ade^-（腺嘌呤缺陷型），为了求得这 2 个基因间的距离，可采用 Hfr $lac^+ade^+ \times F^- lac^- ade^-$ 的杂交试验。用完全培养基但不加腺嘌呤，可以选出 F^- ade^+ 的菌落。由于 *ade* 进入 F^- 细胞的顺序较 *lac* 晚，因此 lac^+ 自然也已经进入。如果选出 ade^+，同时也是 lac^+，则 *lac-ade* 间没有发生过交换；如果是 lac^-，说明两者之间发生过交换（图 10-22）。因此，*lac-ade* 间的遗传距离或重组率为

$$重组率 = \frac{lac^- ade^+}{lac^+ ade^+ + lac^- ade^+} \times 100\%$$

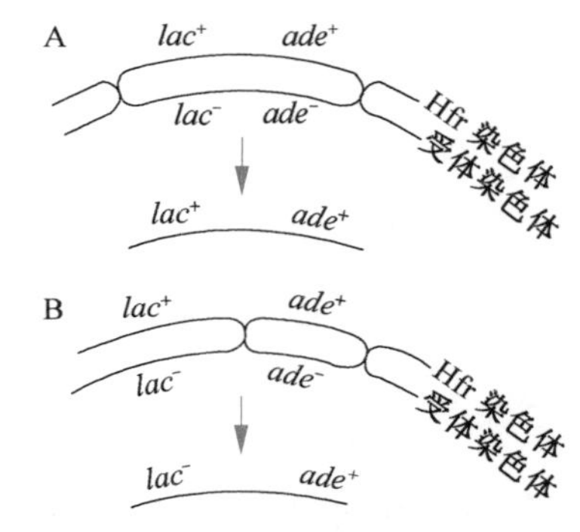

图 10-22　ade^+ 重组的两种形式

A．重组体的基因型是 lac^+ ade^+；

B．重组体的基因型是 lac^- ade^+

中断杂交试验结果表明，*lac-ade* 间的距离是 1min。用重组作图法算出的重组率是 20%。因此，1 个时间单位（min）大约相当于 20% 的重组率。用重组率与中断杂交法所测得的基因距离是大致符合的。

通过多个中断杂交试验及基因重组作图分析，并将所获结果进行整合，人们已经绘制出大肠杆菌染色体的精细连锁遗传图。这个连锁图包含大约 2000 个基因，图 10-23 显示了其部分重要基因。整个染色体的转移需要 100min，所以其遗传图的总长为 100min。

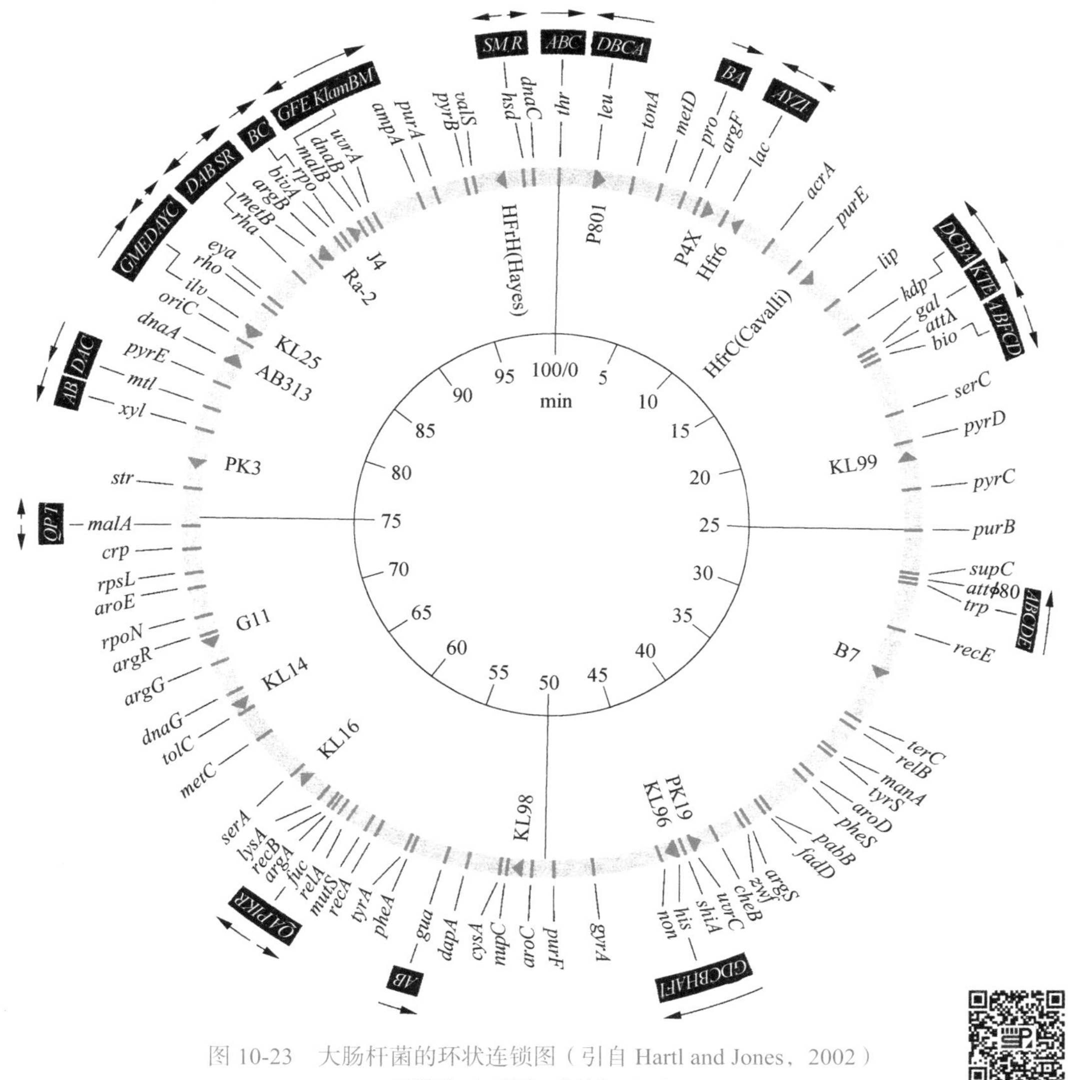

图 10-23　大肠杆菌的环状连锁图（引自 Hartl and Jones，2002）
图距用 min 表示，总长为 100min

彩图

三、性　　导

性导是指接合时由 F′ 因子所携带的外源 DNA 转移到细菌染色体的过程。它实际上属于接合的一种方式，故也可将其归为接合。

F 因子整合到宿主细菌染色体的过程是可逆的，当发生环出（looping out）时，F 因子又重新离开宿主细菌的染色体。然而，F 因子偶然在环出时不够准确，它就携带了宿主细菌染色体的一些基因。1959 年，阿代尔伯格（E. A. Adelberg）和伯恩斯（S. N. Burns）首先鉴定了这种修饰的 F 因子，并称其为 F′ 因子。例如，在一个 Hfr 菌株中，F 因子是插入到基因 *lac* 附近的，F 因子环出时，错误地将 *lac* 部分包括进去了，结果形成了 F-*lac*，这就是 F′ 因子，可以写成 F′*lac*（图 10-24）。F′ 因子所携带的细菌染色体片段的大小不受限制，可以是单个基因，也可以是半个细菌染色体。

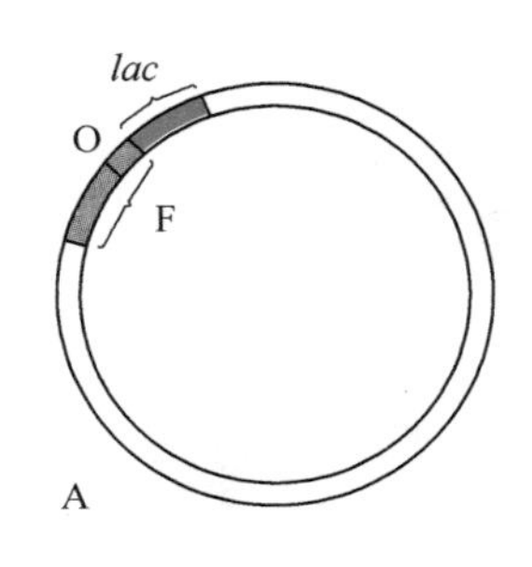

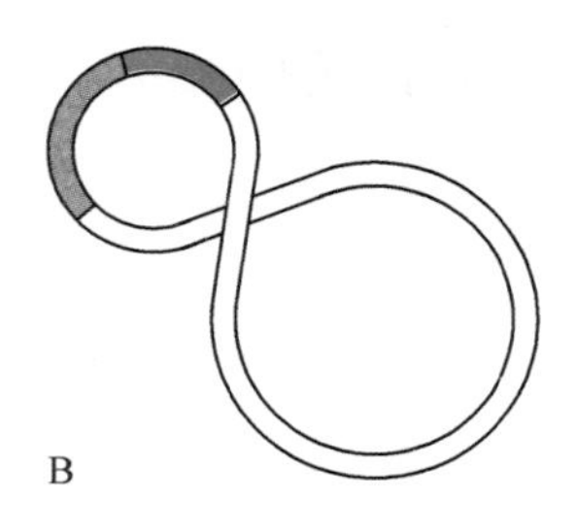

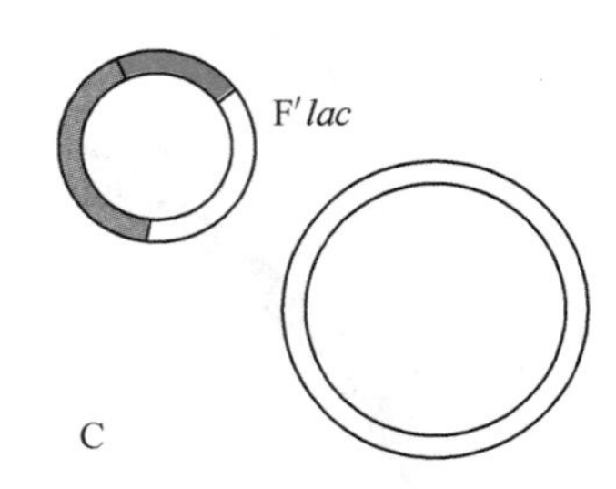

图 10-24　F′ 因子的形成

A．在一个 Hfr 菌株中 F 因子插在基因 *lac* 附近；B．F 因子向外游离时错误地将 *lac* 包进去；C．环出了一个 F′ 因子（F′*lac*）。O 是染色体转移的起始点，该图没有按照比例绘制，F 因子大约是细菌染色体长度的 1/40

雅各布和阿代尔伯格发现一个特殊的 Hfr 菌株能将 lac^+ 等位基因高频率地转移到 F^- lac^- 受体。但 lac^+ 位于染色体的远端，按照中断杂交试验，受体只有 1/1000 变成 F^+lac^+。最好的解释是因为 F′ 携带 lac^+ 基因进入受体细胞，因此使它在 *lac* 位点成为部分二倍体 F'-lac^+/lac^-，它的表现型是 lac^+，所以 lac^+ 对 lac^- 是显性的。部分二倍体 F'-lac^+/lac^- 是不稳定的，F′ 因子可能丢失，产生 lac^- 单倍体，或是在 F′ 和染色体间重组产生稳定的 lac^+。

同 $F^+ \times F^-$ 接合的机制一样，F′ 因子能够转移到 F^- 受体中。但是，F′ 因子具有两个明显的特点：① F′ 因子以极高的频率转移它的基因。② F′ 因子具有极高的自然整合率，而且整合在一定的座位上，因为它有与细菌染色体的同源区段。

性导在细菌的遗传学研究中十分有用。第一，观察由性导形成的杂合部分二倍体中某一性状的表现，可以确定这一性状的等位基因的显隐性关系。第二，由于能够分离出大量 F′ 因子，每个 F′ 因子携带有细菌的不同 DNA 片段，包括全部染色体基因。当两个紧密连锁基因被同一个 F′ 因子进行并发性导（co-sexduction）时，可以进行性导作图，其原理同下面所介绍的转导作图类似。第三，性导形成的部分二倍体也可用作互补测验，确定两个突变型是否属于同一个基因。

四、转　导

转导是指以噬菌体为媒介所进行的细菌遗传物质重组的过程。它是细菌遗传物质传递和交换的另一种重要方式。它与上述的转化、接合和性导的主要不同之处在于，它是以噬菌体为媒介的。转导可分为普遍性转导（generalized transduction）和特殊性转导（specialized transduction）两大类。

（一）普遍性转导

转导噬菌体可以转移细菌染色体组的任何不同部分的转导，称为普遍性转导。

转导是津德（N. D. Zinder）和莱德伯格于 1952 年首先在鼠伤寒沙门氏菌（*Salmonella typhimurium*）中发现的。他们使用沙门氏菌的两种营养缺陷型：一个不能合成苯丙氨酸、色氨酸和酪氨酸，即 $phe^-trp^-tyr^-$；另一个不能合成甲硫氨酸和组氨酸，即 met^- his^-。当他们将这两种菌株单独培养在基本培养基上时，没有发现原养型细菌的出现。

但将两种菌株混合培养在基本培养基上时，却发现了原养型的菌落，其出现的频率约为 10^{-5}，这样高的频率不可能是回复突变的结果。因此，这个结果是由两者之间发生基因重组所致。

为了进一步确定沙门氏菌是否也发生了接合，津德和莱德伯格将上述两种菌株分别放在戴维斯 U 形管的两臂内，中间用玻璃滤板隔开，以防止细胞直接接触，但可以允许比细菌小的物质通过，结果却获得了原养型重组体。这样就排除了沙门氏菌的基因重组是发生了接合的结果。因此，唯一可能的结论是，这种重组是通过一种过滤性因子（filterable agent，FA）而实现的。由于 FA 不受 DNA 酶的影响，这样也就排除了转化的可能性。进一步研究证明，FA 是一种噬菌体，称为 P_{22}，它对亲本菌株之一是溶原性的，也就是说，P_{22} 的遗传信息可以整合到宿主的染色体中。支持这个结论的证据是：① FA 的大小和质量与 P_{22} 相同。② FA 用抗 P_{22} 血清处理后失活。因此，津德和莱德伯格发现了这种噬菌体介导的新的细菌基因重组方式，他们称其为转导。

那么，转导噬菌体是如何形成的呢？1965 年，池田（K. Ikeda）和富泽（J. Tomizawa）用大肠杆菌的温和噬菌体 P_1 进行实验，发现细菌细胞被 P_1 裂解，细菌染色体被断裂成许多小片段，在形成噬菌体颗粒时，少数噬菌体将细菌的 DNA 片段错误地包被在其蛋白质外壳内，从而形成转导噬菌体。

1. 转导过程

现以 P_{22} 噬菌体为例，说明普遍性转导的过程。

P_{22} 侵染细菌后，细菌染色体断裂成小片段，在形成噬菌体颗粒时，偶尔（千分之一的概率）错误地将细菌染色体片段包装在噬菌体蛋白质外壳内，其中并不包含噬菌体的遗传物质。这种假噬菌体称为转导颗粒（transducing particle）。因为决定感染细菌能力的是噬菌体的外壳蛋白质，所以这种转导颗粒可以吸附到细菌上。这种转导颗粒既然不携带噬菌体基因，对受体细菌也就无害。当转导颗粒再度感染细菌时，便将它所携带的细菌基因导入受体细菌，形成一个部分二倍体，导入的基因经过重组，从而整合到受体细菌的染色体上（图 10-25）。

由此形成的具有重组遗传结构的细菌细胞称为转导体（transductant）。转导的细菌 DNA 片段大约为一个噬菌体基因组的大小。细菌染色体比噬菌体的染色体大得多，在转导过程中，被错误包被进去的究竟是细菌染色体的哪一段是随机的。这类噬菌体可以转移细菌染色体的任何不同部分。

2. 转导和基因重组作图

利用普遍性转导可以绘制细菌连锁遗传图。P_1、P_{22} 等噬菌体感染大肠杆菌后，可以随意包被宿主 DNA 片段，只要这个片段包含的基因座位不超过大肠杆菌遗传图谱的 2min 距离，均可一起被转导。这是一般用接合和转化进行基因定位所难以实现的。

两个基因一起被转导的现象称为并发转导或合转导（co-transduction）。并发转导的频率愈高，表明两个基因在染色体上的距离愈近，连锁愈密切；相反，如果两个基因的并发转导频率很低，就说明它们之间距离较远。因此，通过测定两个基因的并发转导频率就可以确定基因之间的顺序和距离。

通过观察两个基因的转导，即两因子转导（two-factor transduction），计算并比较每两个基因之间的并发转导频率，就可以确定 3 个或 3 个以上基因在染色体上的排列顺序。

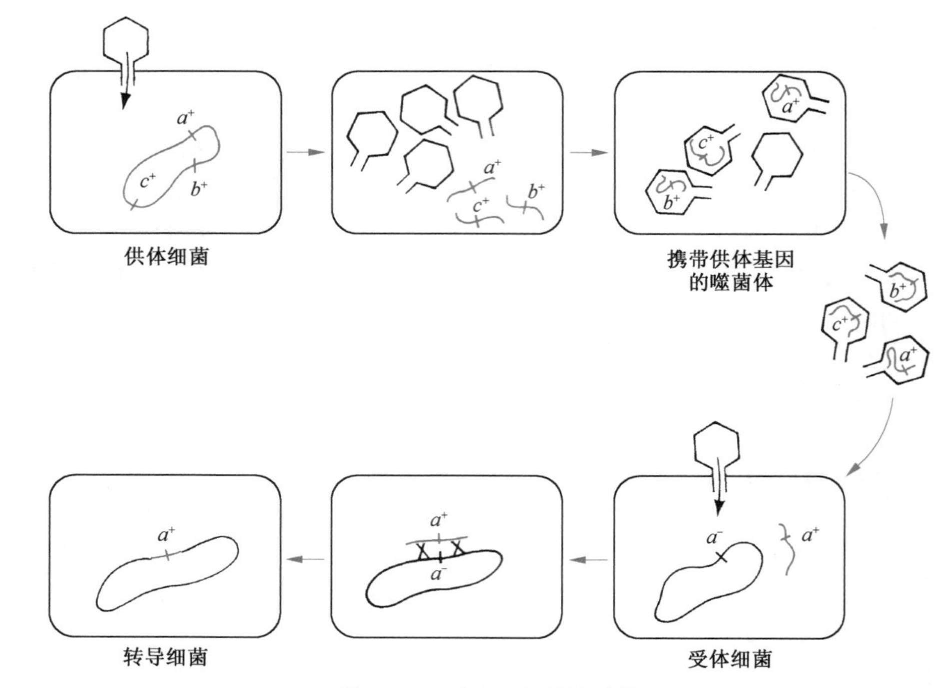

图 10-25　普遍性转导的过程

例如，a 基因和 b 基因的并发转导频率很高，和 c 基因的并发转导频率也很高，而 b 和 c 很少或完全不在一起转导，说明这 3 个基因的顺序应为 bac。

通过研究三因子转导（three-factor transduction），只需分析一个实验的结果即可推出 3 个基因的顺序。例如，供体大肠杆菌具有基因型 $a^+b^+c^+$，受体的基因型为 $a^-b^-c^-$。供体用 P_1 噬菌体感染，P_1 的后代再用来感染受体细胞，然后将受体细胞接种在选择培养基上。如果通过中断杂交已知 3 个基因中的 1 个如 a 不在中间，就可对 a^+ 进行选择，即在对 a^+ 进行选择的选择培养基上，将可以生长的 a^+ 细胞选出来。然后，再将被选择的受体细胞重复接种在其他对 b^+ 或 c^+ 进行选择的选择培养基上，检查 a^+ 细胞是否同时具有 b^+ 和 c^+。

显然，最少的一类转导体应当代表最难以转导的情况，这种转导体是同时发生交换次数最多的一类。这种转导体的两边应为供体基因，而中间为受体基因，如正确次序为 abc，就应为 $a^+b^-c^+$（图 10-26）。假定由实验得到的最少的转导体类别为 $a^+b^+c^-$，那么就可以确定，这 3 个基因的正确顺序应当是 acb 或 bca，而不是 abc。

下面举例说明利用并发转导进行细菌基因重组作图的具体方法。首先利用普遍性转导噬菌体 P_1，侵染带有 leu^+、thr^+、azi^R 3 个基因的大肠杆菌，再用来自后者（供体）的 P_1 侵染带有 leu^-、thr^-、azi^S 3 个标记基因的大肠杆菌（受体），然后将受体细菌进行特定的培养，以测定该 3 个基因的连锁关系。方法是将受体细菌培养在一种可以选择 1～2 个标记基因而不选择其余标记基因的培养基上。例如，将受体细菌放在没有叠氮化钠（azi）但加有苏氨酸（thr）的基本培养基上培养，则 leu 就成为选择的标记基因，因为在该培养基上只有 leu^+ 细胞才能生长。thr 和 azi 是未选择的标记基因，因为当培养基内有 thr 时，其标记基因可能是 thr^+ 或 thr^-；当培养基内无叠氮化钠时，其标记基因可能是 azi^R 或 azi^S。

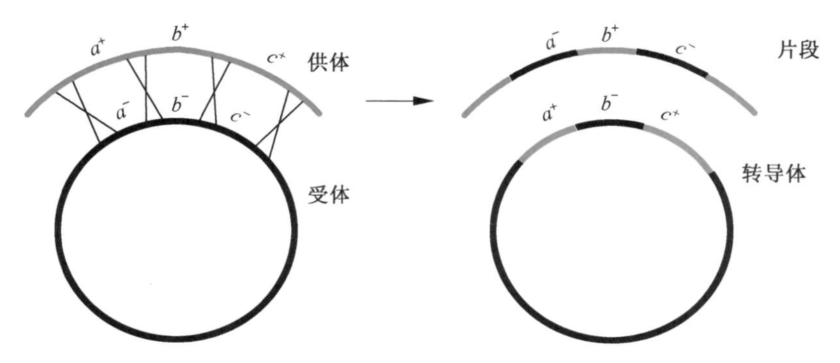

图 10-26 转导颗粒与受体染色体之间通过四交换形成转导体，这种转导体的频率最低

对每个选择的标记基因进行多次实验，以确定其未选择标记基因出现的频率。仍用上例说明，对那些 leu^+ 的细胞按同理进一步进行涂布培养，以测试它们是 azi^R 或 azi^S，是 thr^+ 或 thr^-。3 个实验的结果见表 10-7。

表 10-7 用 P_1 噬菌体对大肠杆菌转导的实验结果

实验	选择标记基因	非选择标记基因
1	leu^+	50%azi^R，2%thr^+
2	thr^+	3%leu^+，0%azi^R
3	leu^+thr^+	0%azi^R

【实验 1】 以 leu^+ 为选择标记基因时，与 azi^R 的并发转导频率为 50%，而与 thr^+ 的为 2%，说明 *leu* 和 *azi* 相距较近，而 *leu* 和 *thr* 则相距较远。基于这个分析，三者的排列顺序可能有下列 2 种：

leu *azi* *thr* 或 *azi* *leu* *thr*

【实验 2】 说明 *leu* 比 *azi* 更接近 *thr*。因为有 3% 的机会 leu^+ 和 thr^+ 是并发转导的，而 azi^R 和 thr^+ 则没有发生过并发转导，因此可以肯定这 3 个基因的顺序应是：

azi *leu* *thr*

【实验 3】 进一步说明这个顺序是正确的，因为 leu^+thr^+ 片段从未携带有 azi^R。

根据上述结果，也可以看出在这个转导实验中转导片段的大小。在 *thr* 和 *leu* 之间的 DNA 长度已接近于这个转导片段大小的极限。因为它们的并发转导只有 2%～3%，接近 *leu* 的 *azi* 座位从未与 *thr* 发生过并发转导。因此，这个转导片段的最大极限是从 *thr* 座位到 *leu* 和 *azi* 座位之间。

如果两个基因紧密连锁，它们就可能经常在一起转导，其并发转导频率将接近于 1；如果两个基因从来或几乎不包含在同一转导片段内，则其并发转导频率接近于或等于 0。利用这种关系可以求出同一染色体上两个基因之间的物理距离。

$$d = L(1 - \sqrt[3]{x})$$

式中，d 为同一染色体上两基因之间的物理距离；L 为转导片段的平均长度；x 为两基因的并发转导频率。

另外，转导DNA分子进入受体细胞后，除了发生普遍性转导外，转导DNA分子也可能不能重组整合到受体染色体上，而是以游离状态存在于受体细胞中，它不能进行复制，因而在细胞分裂时只能传递给一个细胞，随着细胞分裂的增多便渐渐被淘汰，这种情况称为流产转导（abortive transduction）。

（二）特殊性转导

特殊性转导又称为局限性转导（restricted transduction），是指一些温和噬菌体只能转导细菌染色体基因组的某些基因。

特殊性转导是莱德伯格和他的学生于1952年首先在λ噬菌体中发现的。特殊性转导与性导非常相似，它依赖于原噬菌体在环出时的差错。像λ噬菌体的DNA，既可以以自主的状态存在，也可以整合在细菌染色体中。多数噬菌体当整合在细菌染色体中时都占有一个特定的位置。例如，λ噬菌体在大肠杆菌中整合位点的一侧具有半乳糖操纵子*gal*，另一侧具有生物素合成的基因*bio*（图10-27）。λ噬菌体环出时，偶尔错误地形成一种携带有大肠杆菌*gal*位点的缺陷噬菌体（defective phage），就形成了特殊性转导颗粒，这种颗粒能将细菌的基因由一个细胞转移到另一个细胞。这种转导仅局限于靠近原噬菌体整合位点的基因，如λ噬菌体专门转导大肠杆菌的*gal*和*bio*基因。所以这种转导称为特殊性转导或局限性转导。特殊性转导尚未被证明对细菌染色体作图有多大用途。

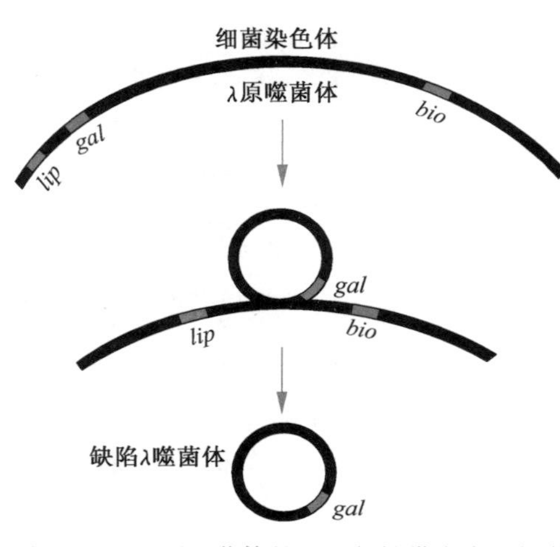

图10-27　λ原噬菌体的环出与携带有大肠杆菌*gal*位点的缺陷λ噬菌体的形成

复习题

1. 试用实验的方法区分转化、接合和转导。
2. 细菌中通过接合形成的“部分合子”，与真核生物中通过受精形成的合子有何区别？
3. 质粒R100携带有抗链霉素基因（str^R）。携带有R100的大肠杆菌F^+菌株通过接合将R100转移到F^-菌株中。试设计一实验验证R100是否真正被转移了。
4. 利用噬菌体，你怎样将不能利用半乳糖的大肠杆菌（gal^-）转变成能利用半乳糖的大肠杆菌（gal^+）？
5. 在大肠杆菌接合实验中，假如Hfr菌株对链霉素敏感，能发酵甘露醇，F^-菌株抗链霉素，不能发酵甘露醇。试问将它们接合后，应先培养在有链霉素还是无链霉素的培养基上？为什么？
6. 在接合实验中，Hfr菌株应带有一个敏感的位点（如azi^S或str^S），这样，在发生接合后可用选择培养基消除Hfr供体。试问这个位点距离Hfr染色体的转移起点（O）应该远还是近，为什么？
7. 对2个基因的噬菌体杂交所测定的重组率如下：

$a^-b^+ \times a^+b^-$	3.0%
$a^-c^+ \times a^+c^-$	2.0%
$b^-c^+ \times b^+c^-$	1.5%

试问：

（1）a、b、c 3个突变在连锁图上的顺序如何？为什么它们之间的距离不是累加的？

（2）假定三因子杂交，$a^-b^+c^- \times a^+b^-c^+$，你预期哪两种类型的重组体频率最低？

（3）计算从（2）所假定的三因子杂交中出现的各种重组类型的频率。

8．噬菌体3个基因杂交产生以下种类和数目的后代：

+ + +	235	pqr	270
pq +	62	p + +	7
+ q +	40	p + r	48
+ qr	4	+ + r	60

总数：726

试问：（1）这一杂交中亲本噬菌体的基因型是什么？

（2）基因顺序如何？

（3）基因之间的图距如何？

9．供体菌株为 Hfr arg^- leu^+ azi^S str^S，受体菌株 F^- $arg^+leu^-azi^Rstr^S$。为了检出和收集重组体 $F^-arg^+leu^+azi^R$，应用下列哪一种培养基可以完成这一任务，为什么其他的培养基不可以？

（1）基本培养基加链霉素。

（2）基本培养基加叠氮化钠和亮氨酸。

（3）基本培养基加叠氮化钠。

（4）在选择培养基中不加精氨酸和亮氨酸，加链霉素。

（5）基本培养基加链霉素和叠氮化钠。

10．大肠杆菌3个Hfr菌株利用中断杂交技术，分别与营养缺陷型 F^- 菌株杂交，获得下表结果：

供体位点	进入时间 /min		
	$HfrP_4X$	HfrKL98	HfrRa-2
gal^+	11	67	70
thr^+	94	50	87
xyl^+	73	29	8
lac^+	2	58	79
his^+	38	94	43
ilu^+	77	33	4
arg^+	62	18	19

试利用上述资料建立一个大肠杆菌染色体图，包括以分钟表示的图距。并标出各Hfr菌株F因子的插入位点及转移方向。

11．Hfr met^+ thi^+ $pur^+ \times F^-$ met^- thi^- pur^- 杂交。中断杂交试验表明，met^+ 最后进入受体，所以只在含 thi 和 pur 的培养基上选择 met^+ 接合后体。检验这些接合后体存在的 thi^+ 和 pur^+，发现各基因型个体数如下：

$met^+thi^+pur^+$	280	$met^+thi^+pur^-$	0
$met^+thi^-pur^+$	6	$met^+thi^-pur^-$	52

试问：（1）选择培养基中为什么不考虑 met？

（2）基因顺序是什么？

（3）重组单位的图距有多大？

（4）这里为什么不出现基因型 $met^+thi^+pur^-$ 的个体？

12. 大肠杆菌中3个位点 *ara*、*leu* 和 *ilvH* 是在0.5min的图距内，为了确定三者之间的正确顺序及图距，用转导噬菌体 P_1 侵染原养型菌株 $ara^+leu^+ilvH^+$，然后使裂解物侵染营养缺陷型菌株 $ara^-leu^-ilvH^-$，对每个有选择标记基因进行实验，确定其未选择标记基因的频率，获得下表结果：

实验	选择的标记基因	未选择的标记基因
1	ara^+	60%leu^+1%$ilvH^+$
2	$ilvH^+$	5%ara^+0%leu^+
3	ara^+ilvH^+	0%leu^+

根据上表3个实验结果，试说明：①3个基因间的连锁顺序。②这个转导片段的大小。

13. 大肠杆菌 Hfrgal^+lac^+（A）与 $F^-gal^-lac^-$（B）杂交，A向B转移 gal^+ 比较早而且频率高，但是转移 lac^+ 迟而且效率低。菌株B的 gal^+ 重组体仍旧是 F^-。从菌株A可以分离出一个变体称为菌株C，菌株C向B转移 lac^+ 早而且频率高，但不转移 gal^+。在C×B的杂交中，B菌株的 lac^+ 重组体一般是 F^+。问菌株C的性质是什么？

14. 用不同的Hfr菌株进行一系列的中断杂交试验，得到下列基因连锁图：
① *AJFC*；② *DHEB*；③ *IBEH*；④ *JFCI*；⑤ *AGDH*。
试描绘该细菌的环状染色体图。

第十一章　细胞质遗传

由细胞核内染色体上的基因即核基因所决定的遗传现象和遗传规律称为细胞核遗传或核遗传（nuclear inheritance）。前面所介绍的遗传现象和遗传规律都是由核基因所决定的。早期遗传学曾经把染色体看作基因或遗传信息的唯一载体。随着遗传学的发展逐渐证实：尽管核基因在遗传上占有重要和主导地位，但是细胞质不但是核基因发生作用的场所，而且存在着决定某些性状的遗传基因。早在 1909 年，柯伦斯（C. E. Correns）就报道了紫茉莉（*Mirabilis jalapa*）花斑叶色的遗传不符合孟德尔定律的遗传现象，但未引起重视。以后在其他高等植物中也陆续报道了类似的核外遗传现象。20 世纪 40 年代初，有关红色面包霉、酵母和一些原生生物如草履虫、衣藻中的核外遗传现象也被发现，人们推测细胞质中可能存在遗传物质。但直到 1963 ~ 1964 年才获得了在线粒体和叶绿体中存在 DNA 的直接证据。20 世纪 80 年代，人们利用荧光染料染色快速而有效地检测出细胞质中质体和线粒体 DNA 的存在。近年来，分子遗传学更是直接对质体和线粒体基因组进行测序和基因注释。同时，核外遗传的研究逐渐成为遗传学中的重要领域之一。这个领域的深入研究，对于正确认识核质关系，全面地理解生物遗传现象和人工创造新的生物类型具有重要意义。

第一节　细胞质遗传的概念和特点

一、细胞质遗传的概念

由细胞质内的基因即细胞质基因所决定的遗传现象和遗传规律称为细胞质遗传（cytoplasmic inheritance）。真核生物的细胞质中存在着一些具有一定形态结构和功能的细胞器，如线粒体、质体、核糖体等。这些细胞器在细胞内执行一定的代谢功能，是细胞生存不可缺少的组成部分。在原核生物和某些真核生物的细胞质中，还有另一类称为附加体（episome）和共生体（symbiont）的细胞质颗粒，它们是细胞的非固定成分，也能影响细胞的代谢活动，但它们并不是细胞生存必不可少的组成部分。例如，果蝇的 σ（sigma）粒子、大肠杆菌的 F 因子及草履虫的卡巴粒（Kappa particle）等，这些成分一般都游离在染色体之外，有些颗粒如 F 因子还能与染色体整合在一起，并进行同步复制。通常把上述所有细胞器和细胞质颗粒中的遗传物质，统称为细胞质基因组（plasmon）。因研究的遗传物质所在部位不同，细胞质遗传有时又称为非染色体遗传（non-chromosomal inheritance）、非孟德尔遗传（non-Mendelian inheritance）、染色体外遗传（extrachromosomal inheritance）、核外遗传（extranuclear inheritance）等。大多数细胞质基因通过母本传递，因此也称为母体遗传（maternal inheritance）。但是，近年来发现某些裸子植物如红杉等的线粒体和叶绿体属于父本遗传。

纵观生物的遗传体系，可以概括如下。

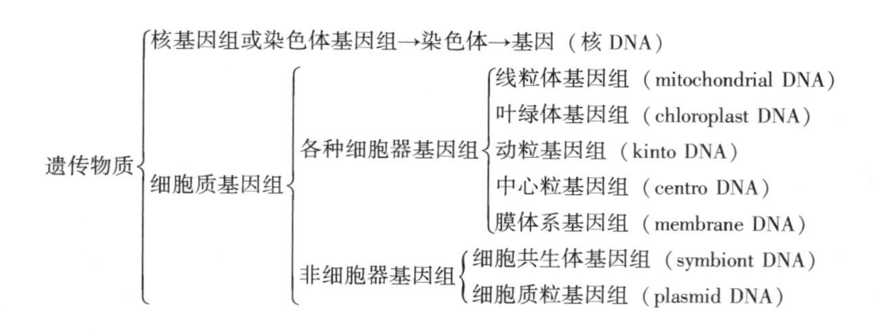

二、细胞质遗传的特点

细胞学的研究表明，在真核生物的有性繁殖过程中，一般参与受精的卵细胞内除细胞核外，还有大量的细胞质及其所含的各种细胞器；而精子内除细胞核外，没有或极少有细胞质，因而也就没有或极少有各种细胞器（图 11-1）。所以在受精过程中，卵细胞不仅为子代提供其核基因，也为子代提供其全部或绝大部分细胞质基因；而精子则仅能为子代提供其核基因，不能或极少能为子代提供细胞质基因。因此，由细胞质基因所决定的性状，其遗传信息往往只能通过卵细胞传递给子代，而不能通过精子遗传给子代。因此，细胞质遗传的特点如下。

（1）正交和反交的遗传表现不同。F_1 通常只表现母本的性状，故细胞质遗传又称为母体遗传。

（2）遗传方式是非孟德尔式的。杂交后代一般不表现一定比例的分离。

（3）通过连续回交能将母本的核基因几乎全部置换掉，但母本的细胞质基因及其所控制的性状仍不消失。

（4）由附加体或共生体决定的性状，其表现往往类似病毒的转导或感染。

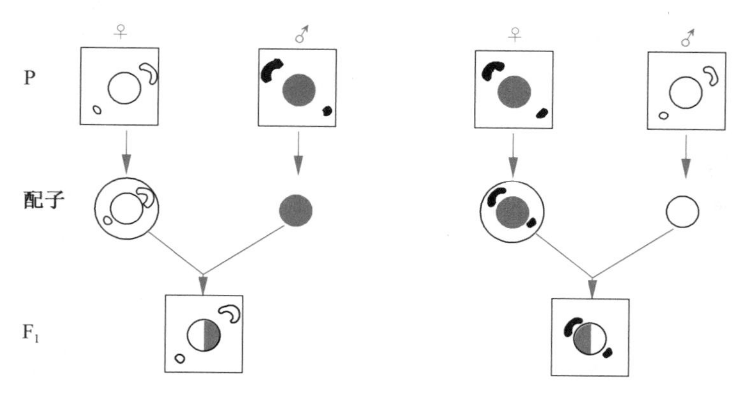

图 11-1　正反交差异形成原因的示意图

●和○代表两种细胞核；●和○代表两种线粒体；●和○代表两种质体

第二节 母性影响

一、母性影响的概念

在核遗传中，正交 ♀*AA*×♂*aa* 及反交 ♀*aa*×♂*AA* 的子代表型通常是一样的，因为双亲在核基因的贡献上是相等的，子代的基因型都是 *Aa*，所以在同一环境下其表型是一样的。可是，有时正反交的结果并不相同，子代受到母本核基因型的影响而表现母本核基因型所决定的性状的现象称为母性影响（maternal effect）。这种遗传现象通常是母体核基因的某些产物在卵细胞中积累所造成的。母性影响有两种：一种是短暂的，只影响子代个体的幼龄期；另一种是持久的，影响子代个体终生。

二、母性影响的遗传实例

（一）欧洲麦蛾色素的遗传

欧洲麦蛾（*Ephestia kuhuniella*）野生型幼虫的皮中含有色素，成虫复眼为棕褐色。经研究，现已鉴定这种色素是由犬尿氨酸（kynurenine）所形成的，由 1 对基因（*Aa*）控制。棕褐色个体（*AA*）与红色个体（*aa*）杂交，不论父本还是母本是棕褐色，其子一代都是棕褐色的。但当用子一代 *Aa* 与 *aa* 个体测交，其后代的表型则取决于 *Aa* 的性别。若 *Aa* 为父本，后代表型与一般测交无差别，即半数测交后代幼虫的皮是着色的，成虫复眼为棕褐色；另一半后代幼虫的皮不着色，成虫复眼为红色。但是如果 *Aa* 为母本，所得测交后代幼虫都是棕褐色的，成虫时半数为棕褐色眼，半数为红色眼。这些结果既不同于一般测交，也与伴性遗传的方式不符。上述杂交结果如图 11-2 所示。为什么会产生上述结果呢？这是由于母体（*Aa*）使幼虫（*aa*）着色。不过，这种母性影响只是暂时的，因幼虫缺少 *A* 基因，不能自主合成色素，随着个体的发育，色素逐渐消耗，成虫时复眼蜕变为红色。

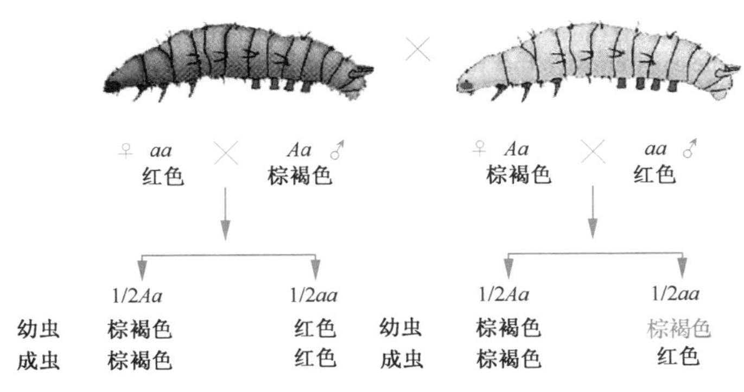

图 11-2 欧洲麦蛾色素（眼色）的母性影响

由此可见，前述的母性影响显然是通过母体核基因起作用的，仍是核基因的遗传，因为幼虫体内的色素物质是由母体核基因型决定的。

（二）椎实螺旋转方向的遗传

椎实螺（*Limnaea peregra*）是一种雌雄同体的软体动物，每个个体能同时产生卵细胞和精子。一般通过异体受精进行繁殖，但若单独饲养，也可以进行自体受精。椎实螺外壳的旋转方向有左旋和右旋之分，是一对相对性状。如果把这两种椎实螺进行正反交，F_1 外壳的旋转方向都与各自的母体一样，即全部为右旋，或全部为左旋，但无论正反交，F_2 都全部为右旋，到 F_3 世代才出现右旋和左旋的分离，且分离比为 3∶1（图 11-3）。如果交配试验仅进行到 F_2，很可能被误认为是细胞质遗传。深入分析椎实螺外壳旋转方向，原来是由 1 对基因决定的，右旋（*D*）对左旋（*d*）为显性。个体的表现型并不由其本身的基因型直接决定，而是由母本卵细胞的状态所决定；而母本卵细胞的状态又由母本的基因型所决定。因此，F_2 中 *DD* 和 *Dd* 的后代（F_3）都是右旋，只有 *dd* 型个体的后代才表现左旋。所以 3∶1 的分离出现在 F_3，比正常的孟德尔分离晚一代出现。因此，母性影响又称为延迟遗传（delayed inheritance）。由受精前母体卵细胞状态决定子代性状表现的母性影响也称为前定作用（predetermination）。

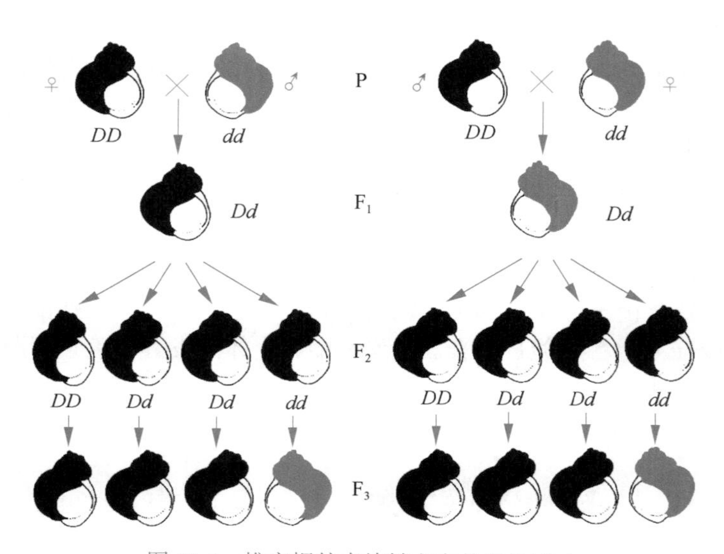

图 11-3　椎实螺外壳旋转方向的母性影响

这种遗传现象初看起来是难以理解的，但研究发现螺类受精卵的卵裂是螺旋式的。椎实螺外壳旋转方向是由受精卵第一次和第二次分裂时的纺锤体分裂方向所决定的。它的第一次卵裂的纺锤体排列的方向不是垂直的，左螺旋的方向倾向左侧约 45°，右旋者，则向右约 45°。这样一来，后来的卵裂及随之躯体和外壳的分化便向左转或右转。换言之，整个发育取决于第一次和第二次卵裂，而第一次和第二次卵裂取决于卵母细胞的基因型。所以椎实螺外壳旋转方向归根到底取决于母体的基因型，纺锤体的这种分裂行为是由受精前的母体基因型决定的。

应该指出，虽然母性影响所表现的遗传现象与细胞质遗传十分相似，但它并不是由细胞质基因组所决定的，而是由于母体核基因的产物在卵细胞中积累所决定的，所以它不属于细胞质遗传的范畴，其遗传基础在细胞核。

第三节 叶绿体遗传

一、叶绿体遗传的表现

（一）紫茉莉花斑性状的遗传

早在1909年，孟德尔定律的重新发现者之一——柯伦斯就曾报道过不符合孟德尔定律的遗传现象。他发现紫茉莉中有一种花斑植株，着生纯绿色、白色和花斑3种枝条和叶片。在这类植株中，白色部分和绿色部分之间有明显的界限。他分别以这3种枝条上的花作母本，用3种枝条上的花粉分别授给每个作为母本的花上，杂交后代的表现见表11-1。

表11-1 紫茉莉花斑性状的遗传

接受花粉的枝条	提供花粉的枝条	杂种植株的表现
白色	白色 绿色 花斑	白色
绿色	白色 绿色 花斑	绿色
花斑	白色 绿色 花斑	白色、绿色、花斑

结果表明，杂种植株的表型完全取决于母本枝条的表型，与提供花粉的枝条无关。白色枝条上的杂交种子都长成白苗；绿色枝条上的杂交种子都长成绿苗；而花斑枝条上的杂交种子或者长成绿苗，或者长成白苗，或者长成花斑苗。可见，决定枝条和叶色的遗传物质是通过母本传递的。研究表明，花斑枝条的绿叶细胞含有正常的绿色质体（叶绿体），白叶细胞只含无叶绿素的白色质体（白色体），而在绿白组织之间的交界区域，某些细胞里既有叶绿体，又有白色体。已知绿色是细胞质中绿色质体决定的，叶绿素与叶绿体所携带的基因有关。植物的这种花斑现象是叶绿体的前体——质体变异造成的。

图11-4可以很好地解释紫茉莉花斑叶色的遗传。由于花粉中不含叶绿体，绿色枝条上的花产生含叶绿体的卵细胞，所以受精形成的合子拥有正常的叶绿体，长出的植株为绿色；白色枝条上的花产生的卵细胞只含有白色体，故长出的植株或枝条为白色；花斑枝条上的花产生的卵细胞有3种类型：只含有叶绿体、只含有白色体和既有叶绿体也有白色体，最后面一种类型产生花斑植株。因为在配子形成或植株发育过程中，花斑类型的细胞质分裂使叶绿体和白色体分别进入不同的子细胞中。质体在细胞质分裂时的分配机制仍不清楚。不同基因型细胞器的分配过程称为细胞质分离和重组（cytoplasmic segregation and recombination，CSAR）。CSAR现象相当常见，可能是核外基因组的一个普遍行为。所以叶绿体的遗传符合细胞质遗传的特征。

（二）玉米叶片埃形条纹的遗传

玉米叶片的埃形条纹是叶绿体遗传的另一个例子。1943年，罗兹（M. M. Rhoades）

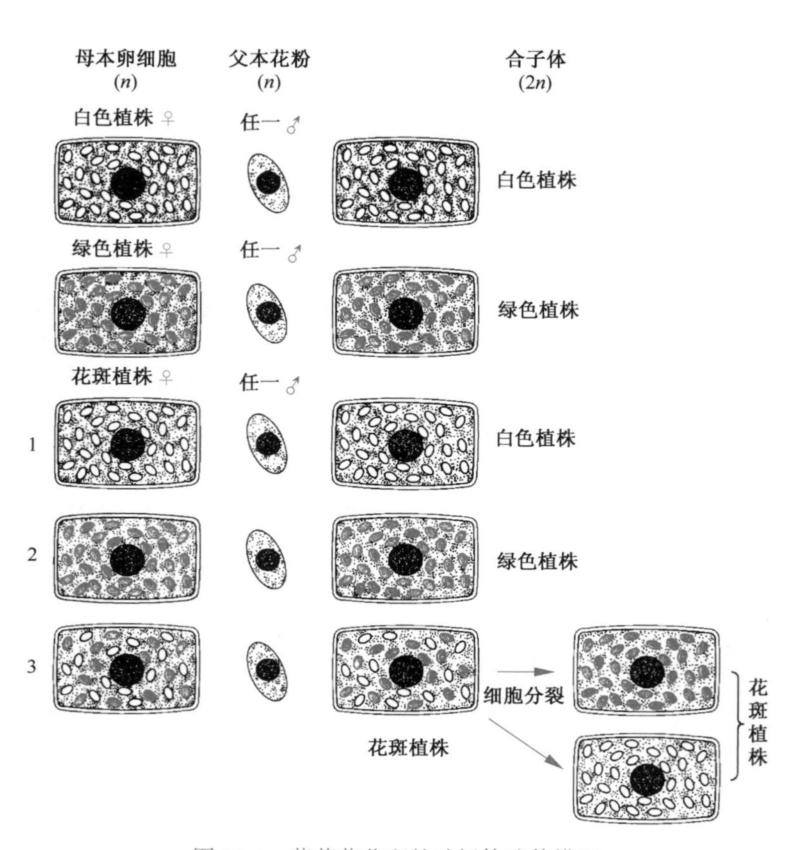

图 11-4　紫茉莉花斑的叶绿体遗传模型

发现，玉米的第 7 染色体上有一个控制白色条纹（iojap）的基因（*ij*），在纯合的 *ijij* 植株中，该基因能引起细胞质中的质体发生改变，以至于不能产生叶绿素。尽管不是所有的质体发生变化，但也足以使叶片产生绿白相间的条纹，甚至有些在幼苗期还会变成不能存活的白化苗。以这种条纹株与正常绿色株进行正反杂交结果不一样。当以绿色植株为母本，条纹叶植株作父本时（图 11-5A），F_1 全部表现正常绿色，F_2 出现绿色与白化（或条纹）3∶1 的分离，纯合隐性（*ijij*）个体表现白化或条纹。这表明绿色与非绿色为 1 对基因的差别，遵循孟德尔遗传方式。但是，以条纹植株为母本时（图 11-5B），F_1 却出现正常绿色、条纹和白化 3 种植株，并且没有一定的比例。如果将 F_1 的条纹植株与正常绿色植株回交，后代仍然出现比例不定的 3 种植株。继续用正常绿色植株作父本与条纹植株回交，直到 *ij* 基因被全部取代，仍然没有发现父本对这个性状的影响。这说明，隐性核基因 *ij* 引起了叶绿体的变异，便呈现条纹或白色性状。变异一经发生，便能以细胞质遗传的方式传递，且一直持续下去，它的保持不再需要隐性基因 *ij* 的存在。显然质体具有一定程度的遗传自主性。同时表明核基因也能影响某些细胞质性状。

二、叶绿体基因组

资源 11-1

（一）叶绿体 DNA 的分子特点

叶绿体 DNA（ctDNA）是一个裸露的环状双链分子，其大小一般在

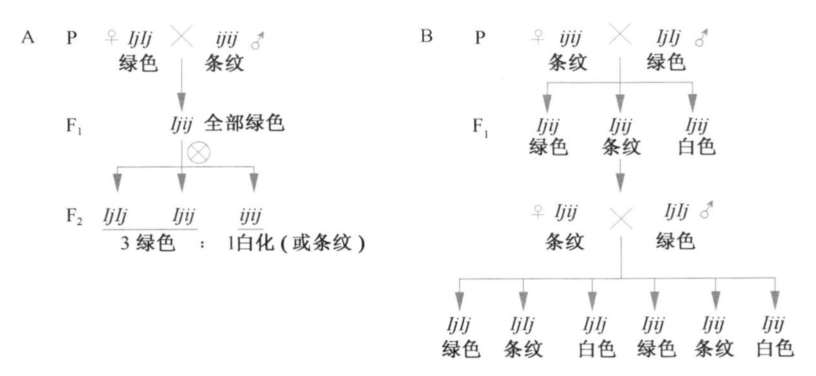

图 11-5 玉米条纹叶性状的遗传

A. 母本正常绿叶，表现孟德尔遗传；B. 母本为条纹叶，不表现孟德尔遗传

120～217kb。通常 1 个叶绿体中可含有 1 至多个这样的 DNA 分子。大多数植物的叶绿体 DNA 有一个共同的特征，即含有两个反向重复序列（inverted repeat，IR）。它们之间由两段大小不等的非重复序列所隔开。这两个大小不等的非重复序列分别称为大单拷贝区（large single-copy region，LSC）和小单拷贝区（small single-copy region，SSC）。不同植物中大、小单拷贝区的长度不一。但在蚕豆、豌豆等一些豆类叶绿体 DNA 中至今尚未检测出重复序列，而在裸藻叶绿体 DNA 中却含有多个串联排列的重复序列。

叶绿体 DNA 在氯化铯（CsCl）中的浮力密度因物种而异，但都与核 DNA 有不同程度的差异。

高等植物 ctDNA 的碱基成分与核 DNA 没有明显区别，如莴苣的 ctDNA 与核 DNA 的 G、C 含量均为 38%。但在单细胞藻类则有明显的不同，如衣藻 ctDNA 的 G、C 含量为 39%，而核 DNA 的 G、C 含量为 67%。此外，在 ctDNA 中缺少 5-甲基胞嘧啶，而核 DNA 中有 25% 胞嘧啶残基是甲基化的。

ctDNA 与细菌 DNA 相似，是裸露的 DNA。据测定，高等植物中每个叶绿体内含有 30～60 个拷贝，而某些藻类中每个叶绿体内约有 100 个拷贝。大多数植物中，每个细胞内含有几千个拷贝。单细胞的鞭毛藻中约含有 15 个叶绿体，每个叶绿体内约有 40 个拷贝，一个个体中约含 600 个拷贝。

（二）叶绿体基因组的结构

关于叶绿体基因组的研究目前已取得很大进展。利用遗传重组和限制性内切酶识别位点作图等方法，现已为眼虫、衣藻、地钱、玉米、菠菜、豌豆、水稻等许多植物的叶绿体 DNA 绘制了物理图谱和遗传图谱。一些藻类和高等植物的 ctDNA 的碱基序列也已被测定出来。多数植物的 ctDNA 大小约为 150kb，如烟草的 ctDNA 为 155 844bp，水稻的 ctDNA 为 134 525bp。从已测定的叶绿体基因组序列看，植物叶绿体基因组能编码 120 种左右的蛋白质。其功能主要表现为：转录和翻译有关的基因、光合作用有关的基因和氨基酸、脂肪酸等生物合成有关的基因。ctDNA 序列中的 12% 专门为叶绿体的组成编码。Turmel 等（1999）报道的绿肾藻（*Nephroselmis olivacea*）叶绿体基因组序列全长为 200 799bp，共编码了 127 个已鉴定功能的基因（图 11-6）。

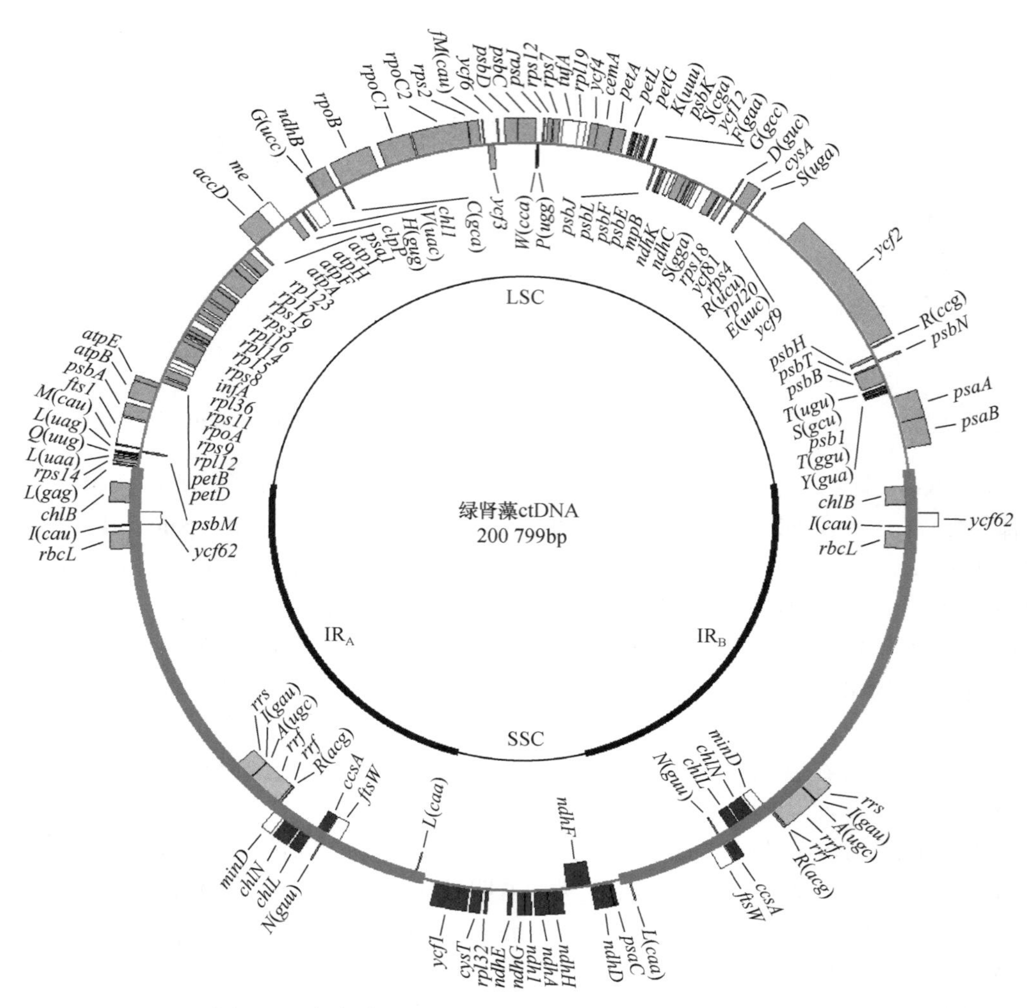

图 11-6　绿肾藻 ctDNA 基因组图（引自 Turmel et al.，1999）

（三）叶绿体内遗传信息的复制、转录和翻译系统

根据对衣藻同步培养细胞的研究，发现叶绿体 DNA 是在核 DNA 合成前数小时合成的，两者的合成时期是完全独立的。叶绿体 DNA 的复制方式与核 DNA 一样，都是半保留复制。但叶绿体 DNA 的复制酶及许多参与蛋白质合成的组分都由核基因编码，在细胞质中合成而后转运入叶绿体。

叶绿体基因组含有自己的转录翻译系统。它的核糖体属于 70S 型，组成 50S 和 30S 小亚基的 23S、4.5S、5S 和 16S rRNA 基因都由叶绿体 DNA 编码。叶绿体核糖体蛋白质基因组中约有 1/3 也是叶绿体 DNA 编码，叶绿体 rRNA 碱基成分与细胞质的 rRNA 不相同，与原核生物的 rRNA 也不相同。

已知叶绿体蛋白质合成中所需要的 20 种 tRNA 是由核 DNA 和 ctDNA 共同编码的，其中脯氨酸、赖氨酸、天冬氨酸、谷氨酸和半胱氨酸 tRNA 为核 DNA 所编码，其余的十几种氨基酸 tRNA 均为 ctDNA 所编码。现在已经确定，叶绿体中含有的 tRNA 与细胞质中所含有的不相同。

叶绿体虽然具有不同于核基因组遗传信息的复制、转录和翻译系统，但在作用于某些性状时又不是独立进行的，叶绿体基因组与核基因组之间存在着十分协调的配合和有效的合作。例如，叶绿体中的 RuBp 羧化酶的生物合成，就需要这两个基因组的联合表达。RuBp 羧化酶由 8 个大亚基和 8 个小亚基组成，分子质量分别为 55kDa 和 12kDa，其中大亚基由叶绿体基因所编码，在叶绿体核糖体上合成，小亚基由核基因组编码，在细胞质核糖体上合成。

总之，叶绿体基因组是存在于核基因组之外的另一遗传系统，它含有为数不多但作用不小的遗传基因。但是，与核基因组相比，叶绿体基因组在遗传上所起的作用是十分有限的，因为就叶绿体自身的结构和功能而言，叶绿体基因组所提供的遗传信息仅仅是其中的一部分，对叶绿体十分重要的叶绿素合成酶系、电子传递系统及光合作用中 CO_2 固定途径有关的许多酶类，都是由核基因编码的。因此，就目前的研究结果看，叶绿体基因组在遗传上仅有相对的自主性或半自主性。

第四节　线粒体遗传

一、线粒体遗传的表现

（一）红色面包霉生长迟缓突变型的遗传

红色面包霉（*Neurospora crassa*）属于子囊菌纲（Ascomycetes）。在它的生活史中，两种接合型都可以产生原子囊果和分生孢子。原子囊果相当于一个卵细胞，它包括细胞核和细胞质两部分。原子囊果可以被相对接合型的分生孢子所受精。分生孢子在受精中只提供一个单倍体的细胞核，一般不包含细胞质，因此分生孢子就相当于精子。

1952 年，米切尔（Mitchell）分离到了一种生长迟缓的突变型红色面包霉，称为 *poky*。它在正常繁殖条件下能很稳定地遗传下去，即使通过多次接种移植，它的遗传方式和表现型都不发生改变。但将 *poky* 突变型与野生型进行正交和反交时，其后代在表型上明显不同。当 *poky* 突变型的原子囊果与野生型的分生孢子受精结合时，所有子代都是突变型的（图 11-7A）；在反交情况下所有子代都是野生型的（图 11-7B）。在这两组杂交中，由核基因决定的性状都是 1∶1 分离，如腺嘌呤基因 ad^+ 和 ad^-。也就是说，当生长迟缓特性被原子囊果携带时，就能传给所有子代；如果这种特性由分生孢子携带，就不能传给子代，表现细胞质遗传特性。对 *poky* 突变型进行生化分析，发现它不含细胞色素氧化酶 a 和细胞色素氧化酶 b，但细胞色素氧化酶 c 的含量超过正常值。而细胞色素氧化酶是线粒体上的电子传递蛋白，与能量转换有密切关联。进一步观察又发现，*poky* 生长迟缓突变型的线粒体结构不正常，推测有关的基因存在于线粒体中。

（二）酵母小菌落的遗传

酿酒酵母（*Saccharomyces cerevisiae*）属于子囊菌纲。无论是单倍体还是二倍体，都能进行出芽生殖，形成菌落。只是在有性生殖时，不同交配型相互结合形成的二倍体合子经减数分裂形成 4 个单倍体子囊孢子，其中 2 个是 α，另 2 个是 a，交配型基因 α 和 a 按孟德尔比例进行分离。减数分裂的这 4 个孢子，可以一个一个地分开，单独培养进行

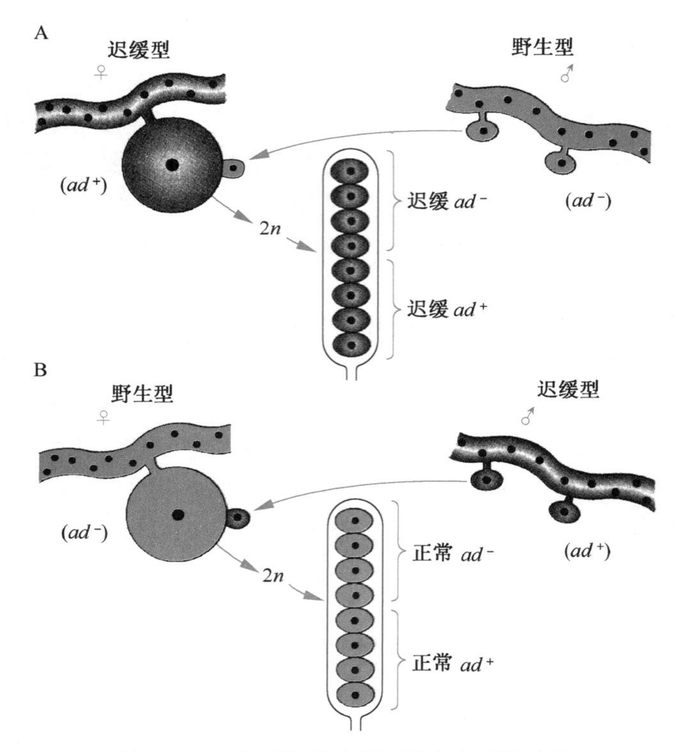

图 11-7　红色面包霉生长迟缓突变型的遗传

遗传分析。

1949 年，埃弗鲁西（Ephrussi）等首次描述了酿酒酵母中的小菌落（petite colony）突变现象。在正常通气情况下，每个酵母细胞在固体培养基上都能产生一个圆形菌落，大部分菌落的大小相近。但有 1% ~ 2% 的菌落很小，其直径是正常菌落的 1/3 ~ 1/2，通称为小菌落。多次试验表明，用大菌落进行培养，经常产生少数小菌落；当把这些小菌落突变体分离出来培养，则只能产生小菌落。研究发现，这些小菌落从遗传方式上可以分成 3 类。第一种类型为分离型小菌落（segration petite），这种小菌落和正常大菌落杂交后，后代一半为正常大菌落，另一半为小菌落，这种孟德尔方式的 1∶1 分离表明此种小菌落是核基因突变的结果；第二种类型的小菌落为中性小菌落（neutral petite），此类小菌落酵母同正常型菌落杂交后，只产生正常的二倍体合子，它们的单倍体后代也表现正常，不分离出小菌落，表现为单亲遗传；第三种类型的小菌落称为抑制性小菌落（suppressive petite），在该菌落与正常菌落杂交的后代中，一些长成大菌落，另一些长成小菌落，且正常菌落和小菌落的比例是不定的，具有菌系特异性。

在酵母细胞融合过程中，两种交配型对二倍体细胞质的贡献是相等的。中性小菌落和抑制性小菌落的遗传独立于交配型核基因，显然是受细胞质基因影响的结果，因此称为细胞质小菌落。进一步研究发现它们与线粒体有关。

（1）细胞质小菌落中，线粒体中负责 ATP 合成的电子呼吸链已失去功能，细胞生长所需的能量不得不依赖于能量产生效率较低的发酵途径。它们不能在只具有不可发酵的能源的培养基上生长。

（2）正常线粒体中有自己独特的蛋白质合成装置，但细胞质小菌落没有，因而没有蛋白质合成。

（3）在中性小菌落突变系中，缺乏线粒体遗传物质——线粒体 DNA（mtDNA），而在抑制性小菌落突变系中，mtDNA 的结构、组成均有较大的改变。

二、线粒体基因组

（一）线粒体 DNA 的分子特点

线粒体 DNA（mtDNA）是裸露的双链分子，主要为闭合环状结构，但也有线性的。各个物种线粒体 DNA 的大小不一。一般，动物为 14～39kb，真菌类为 17～176kb，都是环状；四膜虫属和草履虫等原生动物为 50kb，是线性分子。植物的线粒体基因组比动物的大 15～150 倍，也复杂得多，大小可从 200kb 到 2500kb。例如，在葫芦科中，西瓜是 330kb，香瓜是 2500kb，相差约 7 倍。mtDNA 与核 DNA 有明显的不同：① mtDNA 的浮力密度比较低。② mtDNA 的碱基成分中 G、C 的含量比 A、T 少，如酵母 mtDNA 的 G、C 含量仅为 21%。③ mtDNA 的两条单链的密度不同，含嘌呤较多的一条称为重链（H 链），另一条称为轻链（L 链）。④ mtDNA 单个拷贝非常小，与核 DNA 相比仅仅是后者的十万分之一。

真核生物每个细胞内含众多的线粒体，每个线粒体又可能具有多个 mtDNA 分子。通常，线粒体越大，所含的 DNA 分子越多。二倍体酵母约含 100 个拷贝，哺乳动物的每个细胞中含 1000～10 000 个拷贝。人的 HeLa 细胞（一种子宫颈癌组织的细胞株）的每个线粒体中约含 10 个拷贝，每个细胞中约含 800 个线粒体，因此每个 HeLa 细胞中约含 8000 个拷贝。

（二）线粒体基因组的结构

早在 20 世纪 60 年代初期就已发现线粒体中存在 DNA。到目前为止，所有已知的各种生物的线粒体基因组都基本上只编码几种与呼吸作用有关的多肽和几种组成线粒体内膜的磷酸化复合体的多肽及线粒体翻译系统的几种成分。尽管不同物种的线粒体 DNA 在构型、大小和碱基组成方面变化很大，但是各种生物的线粒体基因组都存在广泛的相似性。

1981 年，安德森（Anderson）等最早阐明了人 mtDNA 的全序列，为 16 569bp。目前已将编码 ATP 合成酶的亚基的基因，细胞色素 c 氧化酶Ⅰ、细胞色素 c 氧化酶Ⅱ和细胞色素 c 氧化酶Ⅲ的基因，细胞色素 b 的脱辅基蛋白基因，22 种 tRNA 基因，编码核糖体大小亚基及编码 NADH 脱氢酶复合体的基因等定位于人的 mtDNA 上（图 11-8）。

同人线粒体相似，酵母线粒体 DNA（图 11-8）也只编码几种重要的线粒体成分，主要包括 24 种 tRNA 基因，核糖体大、小亚基基因，一种与线粒体核糖体结合的蛋白质的基因，细胞色素 c 氧化酶三亚基的基因，ATP 合成酶复合体的两个亚基基因（线粒体 ATP 酶的亚基 6 和亚基 9）及细胞色素 b 的脱辅基蛋白基因等。此外，各种抗药性基因如抗氯霉素、抗红霉素、抗寡霉素的基因也位于 mtDNA 上。

酵母 mtDNA 为 78～84kb，其基因间有大段非编码序列间隔，如核糖体大、小亚基

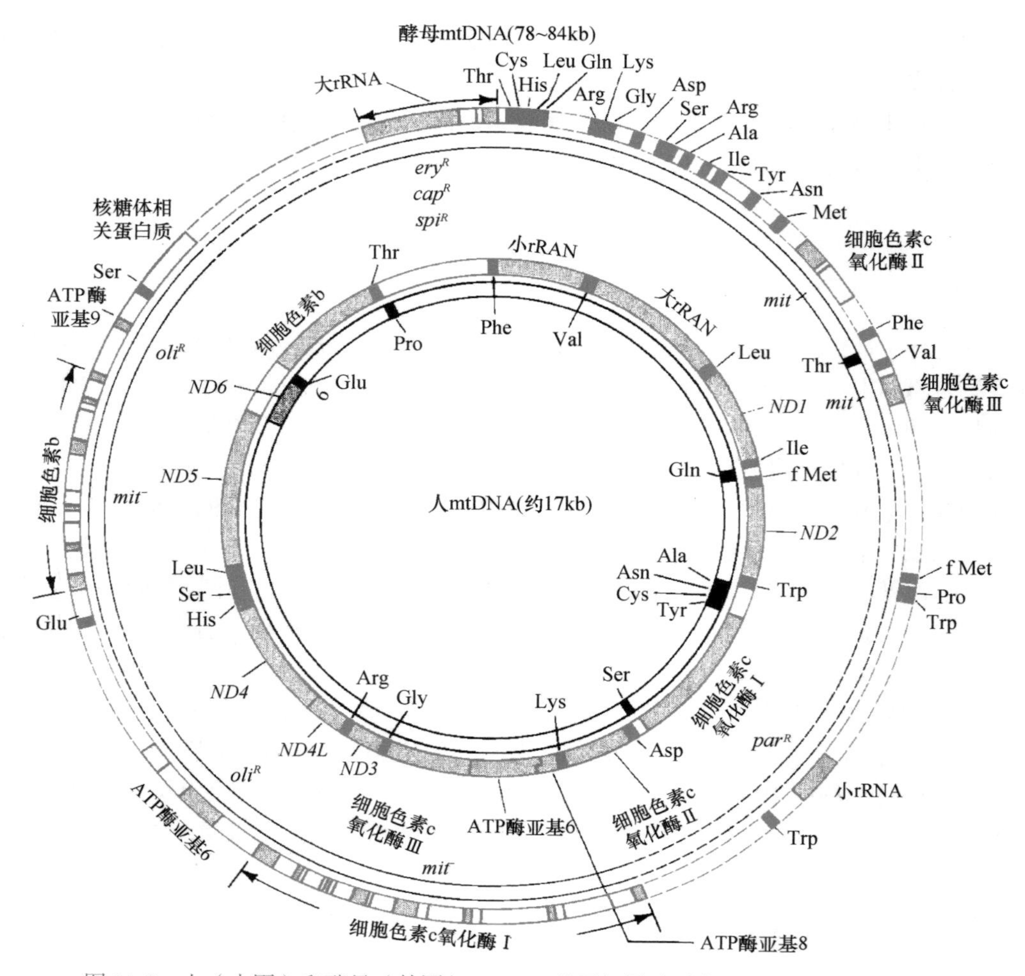

图 11-8 人（内圈）和酵母（外圈）mtDNA 基因组图（引自 Griffiths et al.，2005）

的两个 rRNA 基因即相距约 25kb。这与人细胞中 mtDNA 上 rRNA 基因紧密相连接的情况迥然不同。某些基因中还含有内含子，相同物种的线粒体在一个品系中可能有内含子而在另一个品系中则无内含子。

高等植物的 mtDNA 非常大，并且因植物种类不同而存在很大差异，其限制性内切酶谱复杂，因而制作其基因组图也相当困难，比动物的基因组图研究落后。但是一些高等植物的 mtDNA 的基因定位工作已相当突出。Lonsdale 等（1984）已将玉米 mtDNA 的全序列基本测出来，其环状 mtDNA 含有约 570kb，其内部具有多个重复序列，主要的重复序列有 6 种（各有 2 个重复）。目前已有不少基因如编码 rRNA、tRNA、细胞色素 c 氧化酶等的基因定位于玉米、小麦等的 mtDNA 上。

（三）线粒体内遗传信息的复制、转录和翻译系统

mtDNA 的复制也是半保留式的。复制方式有类似于大肠杆菌的形式，也有 D 环形式，还有滚环形式的复制。由于不同细胞环境的调节，在相同的细胞中，线粒体 DNA 可以通过这几种方式中的任何一种或几种方式复制。其调节机制尚不清楚。通常，核复

制与细胞分裂同步，但 mtDNA 却有迥然不同的规律：多细胞生物中，不论是分裂着还是间期的体细胞中，mtDNA 的合成常是活跃进行着的。细胞内 mtDNA 合成的调节与核 DNA 合成的调节是彼此独立的。然而 mtDNA 的复制仍受细胞核基因的控制，其复制所需的聚合酶是由核 DNA 编码，在细胞质中合成。对哺乳动物线粒体的研究发现，线粒体中存在一种线粒体特异性的 DNA 聚合酶，即 γ-DNA 聚合酶。

线粒体中也含有核糖体和各种 RNA。不同生物线粒体核糖体为 55 ~ 80S，由两个亚基组成，每个亚基有一条 rRNA 分子。例如，人的 HeLa 细胞的线粒体核糖体为 60S，由 45S 大亚基和 35S 小亚基组成，而其细胞质核糖体为 74S；酵母线粒体核糖体为 75S，由 53S 大亚基和 35S 小亚基组成，而其细胞质核糖体为 80S（由 60S 和 40S 组成）。试验证明，线粒体的各种 RNA 都是由 mtDNA 转录来的，并已确定许多生物的 mtDNA 上的 RNA 基因的位置。线粒体核糖体还含有氨酰 tRNA，能在蛋白质合成中起活化氨基酸的作用。

现已查明线粒体中有 100 多种蛋白质，其中 14 种左右是线粒体自身合成的，其中包括 3 种细胞色素氧化酶亚基、4 种 ATP 酶亚基和 1 种细胞色素 b 亚基等。线粒体内的很多蛋白质都是由核基因组编码的，包括线粒体基质、内膜、外膜及转录和翻译机构所需的大部分蛋白质。研究还表明，线粒体可以产生一种阻遏蛋白，以阻遏核基因的表达。

在线粒体的研究中还发现 mtDNA 编码蛋白质的遗传密码与一般通用的密码有所不同。对酵母、果蝇、人线粒体中全部三联体密码的分析，发现三者的 mRNA 密码子中 UGA 是代表色氨酸而不是终止信号。人线粒体中，密码子 AUA 既编码甲硫氨酸又兼有起始作用，而不编码异亮氨酸；AGA 和 AGG 不是精氨酸密码子而是终止密码子。酵母中以 CU 开头的全部 4 个密码子编码苏氨酸而不是亮氨酸。在线粒体和细胞质二者的翻译系统中，密码子用法上的差异是 1980 年以来分子生物学上的一个重大发现。

综上所述，线粒体含有 DNA，具有转录和翻译的功能，构成非染色体遗传的又一遗传体系。线粒体能合成与自身结构有关的一部分蛋白质，同时又依赖于核编码的蛋白质的输入。因此，线粒体是半自主性的细胞器，它与核遗传体系处于相互依存之中。

第五节　共生体和质粒决定的遗传

一、共生体的遗传

在某些生物的细胞质中除了质体和线粒体等必不可少的成分外，还有一些细胞生存非必需的、以共生形式存在的颗粒，称为共生体（symbiont）。这种共生体颗粒能够自我复制，或在寄主细胞核基因组的作用下进行复制，连续地保持在寄主细胞中，并对寄主的表现产生一定的影响，很多类似于细胞质遗传的性状与它们的存在有关。因此，共生体颗粒也是细胞质遗传研究的重要对象。

最常见的共生体颗粒的遗传现象是草履虫（*Paramecium aurelia*）的放毒型遗传。草履虫是一种常见的原生动物，种类很多。每种草履虫都含有两种细胞核——大核和小核。大核是多倍体，主要负责营养；小核是二倍体，主要负责遗传。有的草履虫种有大、小核各 1 个，有的种则有 1 个大核和 2 个小核。草履虫既能进行无性生殖，又能进行有性生殖。无性生殖时，一个个体经有丝分裂成为2个个体。有性生殖采取接合的方式（图11-9）产生接合后体，然后有丝分裂成为2个个体。此外，草履虫的单细胞偶尔也通过自体受精（autogamy）进行生殖（图11-10）。自体受精时通常也是二倍体核经过减数分裂后随机地只留下1个单倍体小核，这个小核再经有丝分裂、核融合等过程回复到二倍体状态并分裂成2个个体。因此，无论自体受精前的个体核基因是否为杂合体，自体受精后新形成的二倍体均为纯合体。基因型杂合的细胞群体在自体受精后形成的二倍体细胞的基因型有2种，比例为1∶1。

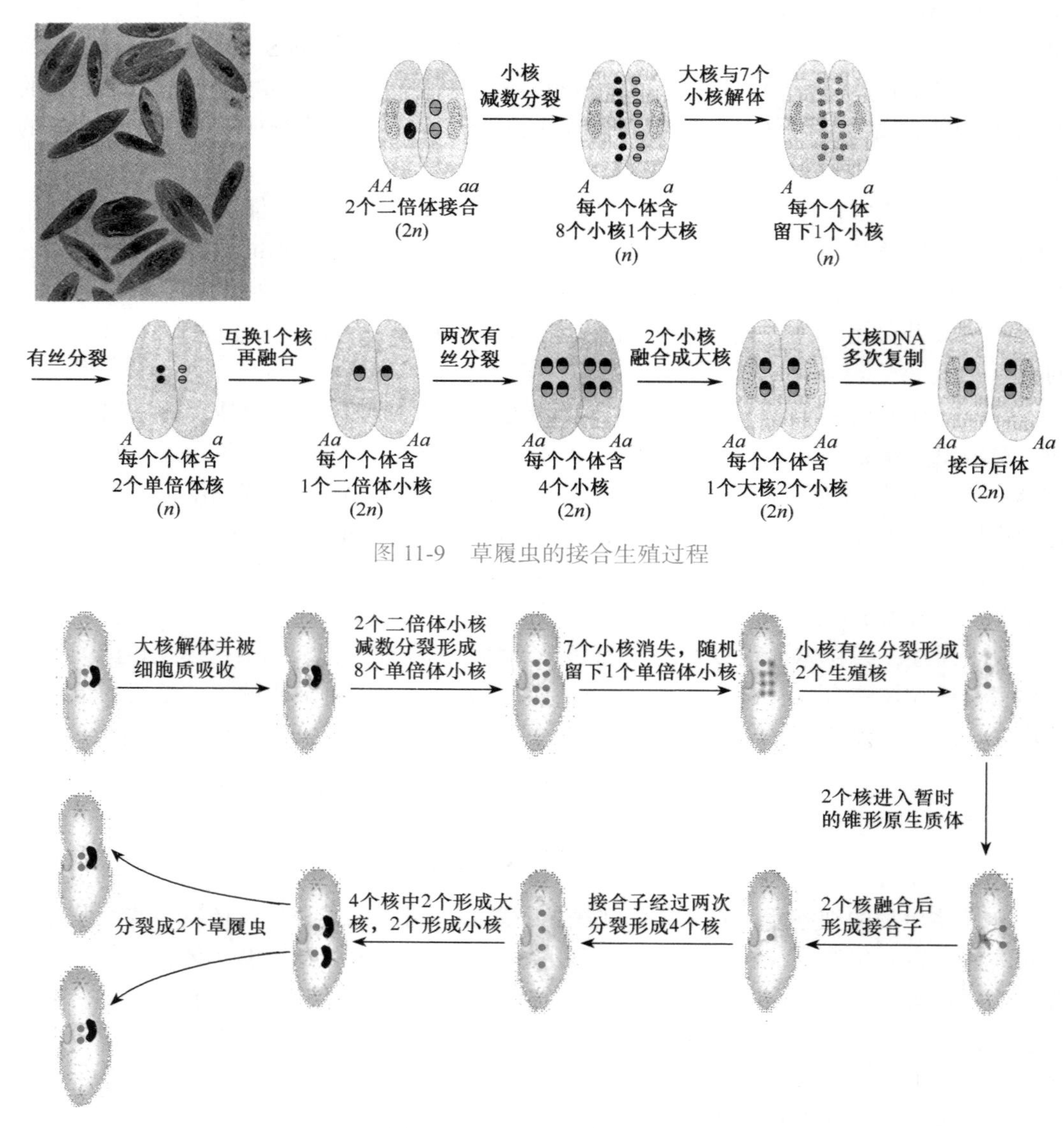

图11-9　草履虫的接合生殖过程

图11-10　草履虫自体受精图

在草履虫中有一个特殊的放毒型品系，它的体内含有200～1600个卡巴粒。卡巴粒是一种直径0.2～0.8μm的游离体。凡含有卡巴粒的个体都能分泌一种毒素即草履虫素，能杀死其他无毒的敏感型品系。卡巴粒对放毒型草履虫本身无不利效应，且对体外卡巴粒的毒害有免疫作用。尽管放毒型能杀死敏感型，但它们之间的接合仍能正常完成，因为在接合过程中，敏感型草履虫对毒素也有抵抗作用。

研究表明，草履虫的放毒型稳定遗传必须有两种因子同时存在：一是细胞质里的卡巴粒，二是核内的显性基因 *K*。*K* 基因本身并不产生卡巴粒，也不携带编码草履虫素的信息。它的作用是使卡巴粒在细胞质内增殖而持续存在。

纯合放毒型（*KK* + 卡巴粒）与敏感型（*kk*，无卡巴粒）的草履虫交配时，由于两个亲本各自交换 2 个小核中的 1 个，然后每个亲本的保留小核与换来的小核在各自体内相结合，于是交换后的两个亲本的基因型都是 *Kk*。但是，接合后体的细胞质则可能出现两种情况：第一种情况是，两种交配型接合时间较短，两个亲本来不及交换细胞质及其所含的卡巴粒，因此原为放毒型的亲本仍保持放毒特性；原为敏感型的亲本虽然已经改变为 *Kk* 基因型，却没有卡巴粒，仍为敏感型。这两个个体如再进行自体受精，经过减数分裂，以后又分别产生 1*KK*∶1*kk* 的纯合后代。在已成为 *Kk* 杂合的放毒型自体受精后代中，*KK* 个体仍为放毒型；*kk* 个体由于从上代得到部分卡巴粒，起初仍能保持放毒特性，但经过多代无性繁殖后，由于没有 *K* 基因，卡巴粒逐渐减少，而成为敏感型（图 11-11A）。在已成为 *Kk* 杂合的敏感型自体受精的后代中，无论是 *KK* 个体还是 *kk* 个体，由于体内不含卡巴粒，不能产生毒素，仍然保持敏感型的特性。第二种情况是，放毒型和敏感型接合的时间较长，两亲本不仅发生了 *K* 和 *k* 核基因的互换，细胞质及其所含的卡巴粒也进行了相互交流，所以不仅接合后体都能放毒，它们的自体受精后代，不管是 *KK* 还是 *kk* 基因型，也都能放毒。但经若干代无性繁殖后，*KK* 个体仍保持放毒特性，*kk* 个体则变为敏感类型（图 11-11B）。

上述试验说明，放毒型的毒素是由细胞质中的卡巴粒产生的，但卡巴粒的增殖有赖于核基因 *K* 的存在。如果没有 *K* 基因，*kk* 个体中的卡巴粒经 5～8 代的分裂，就会消失而变为敏感型。卡巴粒一经消失，就不能再生，除非再从另一放毒型中获得。另外，如果细胞质内没有卡巴粒，即使 *K* 基因存在，也不能无中生有产生卡巴粒，所以还是敏感型的。

现在已经知道，卡巴粒直径大约是 0.2μm，相当于一个小型细菌的大小。这种颗粒的外面有两层膜，外膜好像细胞壁，内膜是典型的细胞膜结构。卡巴粒内含有 DNA、RNA、蛋白质和脂类物质。这些物质的含量与普通细菌的含量相似。值得注意的是卡巴粒 DNA 的碱基比例与草履虫小核和线粒体的 DNA 不同，卡巴粒中的细胞色素与草履虫的也不相同，而与某些细菌相似。考虑到草履虫没有卡巴粒也能正常生存，因此有人推测卡巴粒是在进化历史的某一时期进入草履虫内的细菌。经过若干代的相互适应后，它们之间建立起一种特殊的共生关系。那么，卡巴粒为什么能产生毒素呢？研究表明，卡巴粒中可能带有噬菌体，这种噬菌体编码一种放毒型毒素蛋白质（killer toxin protein），即草履虫素，可以导致敏感型草履虫死亡。

二、质粒的遗传

质粒（plasmid）是指存在于细胞中能独立进行自主复制的染色体外遗传因子。质粒一般以独立于染色体的形式存在，但有些质粒能够与染色体结合，随寄主染色体的复制

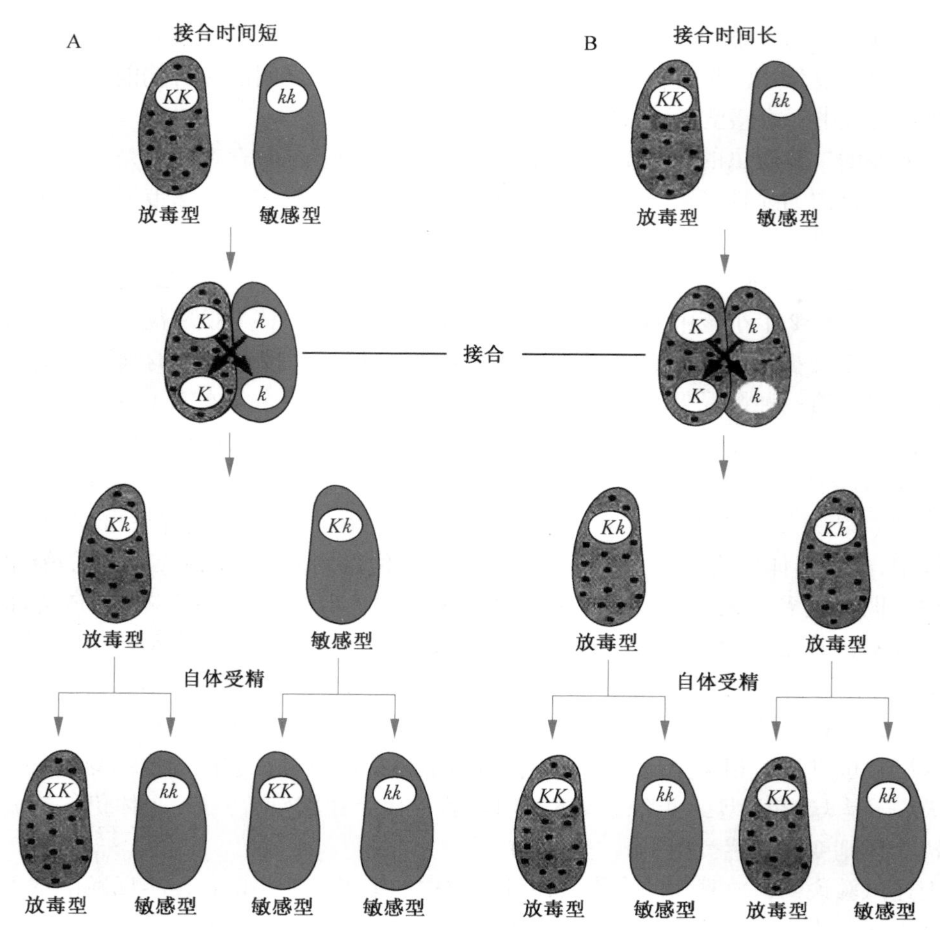

图 11-11　双核草履虫放毒性的遗传

细胞质内的小黑点代表卡巴粒

而复制，这种质粒称为附加体（episome）。目前已普遍认为质粒仅指细菌、酵母和放线菌等生物中染色体以外的单纯 DNA 分子。

大肠杆菌的 F 因子是最早发现的质粒。现在已经很清楚，质粒广泛存在于细菌细胞中，所有的细菌质粒都是共价闭合的双链 DNA 环，并且决定细菌的某些性状，其遗传具有类似细胞质遗传的特征。大肠杆菌一般进行无性繁殖，但有时也进行个体间的接合生殖，F 因子是促成接合的必要条件。除 F^- 细胞不能彼此接合外，其他的接合都可能发生，如 $F^+ \times F^+$、$F^+ \times F^-$、$Hfr \times F^+$ 和 $Hfr \times F^-$ 等。有关内容已在第十章详述。

除 F 因子外，R 因子（R factor）是在痢疾志贺氏菌（*Shigella dysenteriae*）中发现的质粒。它们的主要特征是使寄主细胞获得对各类真菌抗生素的抗性，是一种抗药性质粒，本身可自己传递。大部分 R 因子由相邻的两部分组成，一部分称抗性转移因子（resistance transfer factor，RTF），与 F 因子相似，这组基因调控质粒本身的复制、在细胞中的拷贝数及转移等功能；另一部分是抗性决定因子（resistance determining factor，RDF），其大小在不同的 R 因子中差异很大，包括编码某些酶的基因。这些酶可对链霉素、氯霉素、氨苄青霉素、四环素、卡那霉素等几乎所有抗生素及磺胺类药物、Hg^{2+} 等元素的杀菌剂进行生物化学修饰（如乙酰化、腺苷化、磷酸化、水解等），使之钝化。

细菌中还存在一类能产生细菌素（bacteriocin）的质粒。例如，col 质粒就是能产生大肠菌素（colicin）的质粒。大肠菌素是一种多肽类抗生素，有 A、B、C、D、E 等 10 多种，它能结合到敏感的细菌细胞壁上，抑制敏感细胞的分裂、转录或能量代谢等。细菌中存在许多质粒，它们赋予了寄主细胞一些重要特征，这些质粒在遗传工程研究中常被用作基因的载体。

质粒在真核生物中不及在细菌中普遍。质粒一般与基因组没有联系，遗传方式和细胞器基因类似。例如，在玉米的研究中曾发现了线粒体内的两个线性质粒 S1 和 S2。它们与玉米的雄性不育有关，作用机制还不清楚，但已知它们可以和线粒体基因组发生重组。在红色面包霉中有一种决定衰老的质粒，被称为“kalilo”，夏威夷语中是“死亡之门”的意思。kalilo 质粒能插入到线粒体基因组中干扰其功能，使含有 kalilo 质粒的红色面包霉在充足的营养条件下只能生长一定的时间。

在真核生物中，很多由细胞质传递的性状是由细胞质中存在的感染因子如病毒、细菌等颗粒引起的。在对果蝇的研究中有人发现，在 21℃或更低一点的温度下培养这种果蝇时，少数果蝇产生的后代中雌性个体占绝对优势，性别比例发生严重偏离，这种情况称为母体性比（maternal sex ratio）。此特征可以传递给雌性后代，却不能传给后代中数目极少的雄性。将具有母体性比特征的雌果蝇的卵细胞质注入正常雌果蝇能使后者获得该特性。研究证实，这些果蝇的细胞中感染了一种螺旋体，它在雌、雄果蝇中均可以存在，能产生一种雄性致死毒素（male-lethal toxin），使正在发育中的雄果蝇死亡，从而导致后代中雌性个体占绝对优势。

第六节 植物雄性不育的遗传

一、雄性不育的概念

植物花粉败育的现象称为植物的雄性不育（male sterility）。其主要特征是雄蕊发育不正常，不能产生有正常功能的花粉，但是它的雌蕊发育正常，能接受正常花粉而受精结实。

雄性不育在植物界是很普遍的，迄今已在 18 科的 110 多种植物中发现了雄性不育的存在。根据雄性不育发生的遗传机制不同，又可分为核不育型、细胞质不育型和质核互作不育型等。其中质核互作不育型在植物杂种优势利用上具有重要的价值。如果杂交的母本具有这种不育性，就可以免除人工去雄，节约人力，降低种子成本，并且可以保证种子纯度。目前，水稻、玉米、高粱、洋葱、蓖麻、甜菜和油菜等植物已经利用雄性不育进行杂交种子的生产。此外，对小麦、大麦、珍珠粟、粟和棉花等植物的雄性不育已进行了广泛的研究，有的已接近用于生产。

二、雄性不育的类别及其遗传特点

可遗传的雄性不育可能由细胞核基因决定，也可能由细胞质基因决定，还可能由细胞核基因和细胞质基因共同决定。据此，植物雄性不育可分为以下 3 种类型。

（一）核不育型

这是一种由核内染色体上基因所决定的雄性不育类型，简称核不育型。现有的核不育型很多都是自然发生的变异。这类变异在水稻、小麦、大麦、玉米、粟、番茄和洋葱等许多植物中都有发现。已知番茄中有30多对各自单独起作用的核不育基因。玉米的7对染色体上已发现了14个核不育基因。遗传试验证明，多数核不育型均受简单的一对隐性基因（*ms*）所控制，纯合体（*msms*）表现雄性不育。用雄性可育植株（*MsMs*）与之杂交，这种不育性能被相对显性基因*Ms*恢复，F_1杂合体（*Msms*）雄性可育，F_2代植株的育性呈简单的孟德尔式分离。

在棉花、小麦、莴苣、粟、马铃薯和亚麻等植物中也发现了显性核不育。例如，20世纪70年代末在我国山西省太谷就发现了由显性雄性不育单基因所控制的太谷显性核不育小麦，其不育性的表现是完全的，不受遗传背景和环境条件的影响，被国内外公认为是最有利用价值的显性雄性不育种质资源。显性雄性不育植株（*Msms*）具有杂合的显性不育基因（*Ms*），不能产生正常花粉，它的两种卵细胞都有受精能力，它被隐性可育株（*msms*）传粉的后代按1∶1分离出显性不育株（*Msms*）与隐性可育株（*msms*），正常植株的自交后代都是正常株。

对于核不育型来说，败育得十分彻底，育性一般不受环境的影响，因此在含有这种不育株的群体中，可育株与不育株有明显的界限。用普通遗传学的方法不能使整个群体均保持这种不育性。育性容易恢复但不容易保持是核不育材料的一个重要特征。正是由于这一点，核不育型的利用受到很大限制。

（二）细胞质不育型

这是由细胞质基因控制的雄性不育类型，表现细胞质遗传特点。已经在80多种高等植物包括玉米、小麦中发现了这种不育类型。用这种不育株作母本与雄性可育株杂交，后代仍为不育。所以，细胞质不育型的不育性状容易保持但不易恢复。

（三）质核互作不育型

这是由细胞质基因和核基因相互作用共同控制的雄性不育类型，简称质核型。在玉米、小麦、水稻和高粱等植物中均有发现。雄性不育只有在细胞质不育基因和相应的核基因同时存在时才能表现。这种不育型的雄性不育性状既容易保持又容易恢复，在植物杂种优势利用上具有重要的价值。目前，我国湖南、江西、广东等地在农业生产上大面积推广的杂交水稻，就是把植物雄性不育用于制种以创造杂种优势的一个范例。有人认为细胞质不育型实际上属于质核互作型，只不过暂时还未发现能恢复其育性的核基因，所以现在将细胞质不育型和质核互作型统称为细胞质雄性不育（cytoplasmic male sterility，CMS）。

质核互作型花粉的败育多发生在减数分裂以后的雄配子形成期。但是在矮牵牛、胡萝卜等植物中，败育发生在减数分裂过程中或在此之前。就多数情况而言，细胞质雄性不育容易受环境影响，质核型不育的表现型特征比核不育要复杂一些。遗传研究证明，质核型不育是由不育的细胞质基因和相对应的核基因所决定的。当胞质不育基因*S*存在时，核内必须有相对应的 1 对（或 1 对以上）隐性基因 *rfrf*（restore fertile），个体才能表现不育。杂交或回交时，只要父本核内没有 *Rf* 基因，则杂交子代一直保持雄性不育，表现了细胞质遗传的特征。如果细胞质是正常可育基因 *N*（即一般正常状态），即使核基因是 *rfrf*，个体仍是正常可育的；如果核内存在显性基因 *Rf*，不论细胞质基因是 *S* 还是 *N*，个体均表现育性正常。

如果以 *S*（*rfrf*）不育个体为母本，分别与 5 种可育型植株杂交，如图 11-12 所示。各种杂交组合可以归纳为以下 3 种情况。

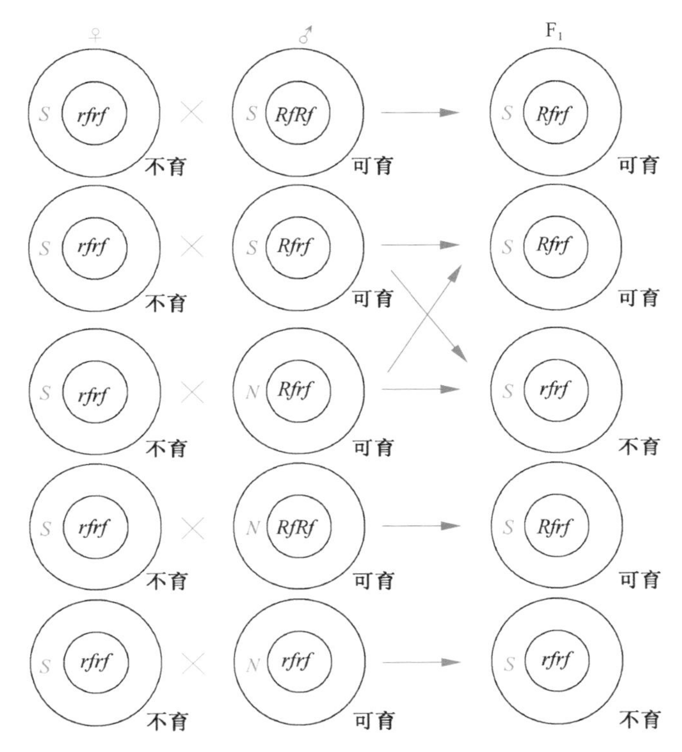

图 11-12 质核互作型不育性遗传的示意图

（1）*S*（*rfrf*）×*N*（*rfrf*）→*S*（*rfrf*），F_1 表现不育，说明 *N*（*rfrf*）具有保持不育性在世代中稳定传递的能力，因此称为保持系。*S*（*rfrf*）由于能够被 *N*（*rfrf*）所保持，从而在后代中出现全部稳定不育的个体，因此称为不育系。

（2）*S*（*rfrf*）×*N*（*RfRf*）→*S*（*Rfrf*），或 *S*（*rfrf*）×*S*（*RfRf*）→*S*（*Rfrf*），F_1 全部正常可育，说明 *N*（*RfRf*）或 *S*（*RfRf*）具有恢复育性的能力，因此称为恢复系。

（3）*S*（*rfrf*）×*N*（*Rfrf*）→*S*（*Rfrf*）+*S*（*rfrf*），或 *S*（*rfrf*）×*S*（*Rfrf*）→*S*（*Rfrf*）+*S*（*rfrf*），F_1 表现育性分离，说明 *N*（*Rfrf*）或 *S*（*Rfrf*）具有杂合的恢复能力，因此称为恢复性杂合体。很明显，*N*（*Rfrf*）的自交后代能选育出纯合的保持系 *N*（*rfrf*）和纯合的恢复系 *N*（*RfRf*）；而 *S*（*Rfrf*）的自交后代，能选育出不育系 *S*（*rfrf*）和纯合恢复系 *S*（*RfRf*）。

根据上述的分析可以看出，质核型的不育性由于细胞质基因与核基因间的互作，既可以找到保持系而使不育性得到保持，又可以找到相应的恢复系而使育性得到恢复。

根据理论研究和实践表明，质核型不育性的遗传往往比较复杂，在实际中往往表现很多不同的特点。

1. 孢子体不育和配子体不育

根据控制雄性不育的基因来源于孢子体或配子体，可把质核不育型分成孢子体不育和配子体不育两种类型。孢子体不育是指花粉的育性受孢子体（母体）基因型所控制，而与花粉本身所含基因无关。如果孢子体的基因型为 *rfrf*，则全部花粉败育；基因型为 *RfRf*，全部花粉可育；基因型为 *Rfrf*，产生的花粉有两种，一种含有 *Rf*，一种含有 *rf*，这两种花粉都可育，自交后代表现株间分离。玉米T型不育系属于这个类型。配子体不育是指花粉育性直接受雄配子体（花粉）本身的基因所决定。如果配子体内的核基因为 *Rf*，则该配子可育；如果配子体内的核基因为 *rf*，则该配子不育。配子体不育中基因型为 *S*（*Rfrf*）的个体自交后代中，将有一半植株的花粉是半不育的，表现穗上的分离。玉米M型不育系属于这种类型（图 11-13）。

P　　♀S^M 金 14 × C. I. 7 ♂

S^M（rf_3rf_3）不育系 ↓ N（Rf_3Rf_3）恢复系

F1　　S^M（Rf_3rf_3）

↓⊗

F2

卵细胞 \ 精核	Rf_3（可育）	rf_3（不育）
S^MRf_3（可育）	S^M（Rf_3Rf_3）花粉全可育	—
S^Mrf_3（可育）	S^M（Rf_3rf_3）一半花粉可育	—

图 11-13　玉米配子体不育性的遗传

S^M. M 型不育细胞质；N. 正常细胞质；Rf_3，rf_3. 与 S^M 胞质有关的核育性基因

2. 胞质不育基因的多样性与核育性基因的对应性

同一植物内可以有多种质核不育类型。这些不育类型虽然同属质核互作型，但是由于胞质不育基因与核基因的来源和性质不同，在表现型特征和恢复性反应上往往表现明显的差异，这种情况在小麦、水稻、玉米等植物中都有发现。例如，在普通小麦中已发现有 19 种不育胞质基因的来源。这些不育胞质基因与普通小麦的特定的核育性基因相互作用，都可以表现雄性不育。玉米则有 38 种不同来源的质核型不育性，根据对恢复性反应上的差别，大体上可以将它们分成 T、S、C 3 组。用不同的自交系进行测定，发现有些自交系对这 3 组不育型都能恢复；有些自交系对这 3 组不育型均不能恢复；还有一部分自交系或者能恢复其中的 1 组，或者能恢复其中的 2 组（表 11-2）。

表 11-2　玉米自交系对 3 组雄性不育细胞质的恢复性反应

自交系名称	细胞质组别			按恢复性能分类
	T	C	S	
Ayx187y-1	恢复	恢复	恢复	能恢复 3 组不育类型
Oh43	不育	恢复	恢复	能恢复 2 组不育类型
NyD410	恢复	不育	不育	能恢复 1 组不育类型

续表

自交系名称	细胞质组别			按恢复性能分类
	T	C	S	
Co150	不育	恢复	不育	能恢复 1 组不育类型
Oh51A	不育	不育	恢复	能恢复 1 组不育类型
SD10	不育	不育	不育	保持 3 组不育类型

一般来说，对于每一种不育类型而言，都需要某一特定的恢复基因来恢复，因而又反映出恢复基因有某种程度的专效性或对应性。这种多样性和对应性实际上反映出，在细胞质中和染色体上分别有许多个对应座位与雄性的育性有关。例如，在一般正常状态下，如果细胞质中的有关可育因子分别为 N_1、N_2、N_3、⋯、N_n；它们不育性的变异便相应地为 $N_1 \rightarrow S_1$、$N_2 \rightarrow S_2$、$N_3 \rightarrow S_3$、⋯、$N_n \rightarrow S_n$；同时在核内染色体上相对应的不育基因分别为 rf_1、rf_2、rf_3、⋯、rf_n；其恢复基因则相应地为 $rf_1 \rightarrow Rf_1$、$rf_2 \rightarrow Rf_2$、$rf_3 \rightarrow Rf_3$、⋯、$rf_n \rightarrow Rf_n$。核内的育性基因总是与细胞质中的育性基因发生对应的互作，即 rf_1（或 Rf_1）对 N_1（或 S_1）、rf_2（或 Rf_2）对 N_2（或 S_2）、rf_3（或 Rf_3）对 N_3（或 S_3）、⋯、rf_n（或 Rf_n）对 N_n（或 S_n）等。某一个体具体的育性表现，则取决于有关质、核间对应基因的互作关系。

3. 单基因不育性和多基因不育性

单基因不育性是指一对或两对核内主基因与对应的不育胞质基因决定的不育性。在这种情况下，由一对或两对显性的核基因就能使育性恢复正常。多基因不育性是指由两对以上的核基因与对应的胞质基因共同决定的不育性。在这种情况下，有关的基因有较弱的表现型效应，但是它们彼此间往往有累加的效果，因此当不育系与恢复系杂交时，F_1 的表现常因恢复系携带的恢复因子多少而表现不同，F_2 的分离也较为复杂，常常出现由育性较好到接近不育等许多过渡类型。已知小麦 T 型不育系和高粱的 3197A 不育系就属于这种类型。

质核型不育性比核型不育性容易受到环境条件的影响。特别是多基因不育性对环境的变化更为敏感。已知气温就是一个重要的影响因素。例如，高粱 3197A 不育系在高温季节开花的个体常出现正常黄色的花药。在玉米 T 型不育性材料中，也曾发现由于低温季节开花而表现较高程度的不育性。

三、雄性不育的发生机制

（一）不育基因的载体与不育基因

根据不育基因位于染色体上还是位于细胞质的细胞器中，将不育基因分为细胞核雄性不育基因和细胞质雄性不育基因。

1. 细胞核雄性不育基因

实际上控制花粉发育通路上的任何代谢相关的基因变异都会导致雄性不育，以水稻为例，其细胞核雄性不育基因大致分为 6 类：①减数分裂异常导致的雄性不育，如 *OsMSP1*、*OsPAIR1* 和 *OsPAIR2*，基因作用时期包括减数分裂的启动，同源染色体的联会、配对、分离及胞质分裂等；②胼胝质代谢异常导致的雄性不育，如 *Osg1*，它编码1个β-1,3-葡聚糖酶，作用于四分体解离过程中胼胝质的降解；③绒毡层发育异常导致的雄性不育，如 *OsTDR* 和 *OsUDT1*，绒毡层对花粉的发育至关重要，主要是为花粉母细胞提供营养物质和分泌胼胝质酶来降解胼胝质，释放小孢子，绒毡层发育过程中任一过程受阻都会导致雄性不育；④花粉壁发育异常导致的雄性不育，如 *OsDPW* 和 *OsNP1*，影响花粉壁的结构和外壁分泌物的沉积；⑤花药开裂异常导致的雄性不育，如 *OsAID1* 和 *OsDAO*；⑥其他类型的雄性不育，如 *OsCSA* 和 *OsGAMYB*。

2. 细胞质雄性不育基因

细胞质雄性不育基因位于细胞质的细胞器内，埃里克森（Erickson）等的研究证明油菜细胞质雄性不育与线粒体基因组有关，而与叶绿体基因组无关。线粒体 DNA 的结构发生突变就会破坏核质之间固有的平衡，导致雄性不育。绝大多数的 CMS 基因是通过线粒体组重排事件产生的嵌合基因，而不育基因的组成往往包含了线粒体电子传递链的基因序列，其中 *cox1*、*atp8* 和 *atp6* 的序列在不育基因中是高频出现的；另外，绝大多数不育基因都编码膜蛋白。例如，水稻中 CMS-BT 的 *orf79* 和 CMS-HL 的 *orfH79* 编码小分子蛋白，它们的 N 端序列与 *cox1* 很相似。高粱 CMS-A3 的 *orf107* N 端来源于 *atp9*，剩余序列则与 *orf79* 很像。小麦 CMS-AP 的 *orf256* N 端源于 *cox1*。而双子叶植物的 CMS 基因中很多具有 *atp8* 的同源片段。萝卜的 CMS-Ogu 的 *orf138* 和 CMS-Kos 的 *orf125* 序列与 *atp8* 同源性很高。油菜中 CMS-Pol 和 CMS-Nap 的 *orf224* 和 *orf222* 序列有 79% 的相似性，它们中部分片段与 *atp8* 高度同源。

资源 11-2

（二）关于质核互作不育机制的假说

细胞质雄性不育基因为何能特异地影响雄配子的发育，一直以来是作物遗传育种关注的重点问题之一。目前对细胞质雄性不育产生的机制尚无统一的解释，研究者依据目前已有研究提出了四种假说：细胞毒性假说、能量供给不足假说、PCD 异常假说和逆向信号调控假说。

1. 细胞毒性假说

细胞毒性假说认为细胞质雄性不育蛋白具有细胞毒性，可以直接导致细胞异常或死亡。最初这种模型是在对玉米 CMS-T 的不育基因 *URF13* 研究过程中发现的：URF13 蛋白对大肠杆菌和多种真核细胞都具有毒性。在后续的相关研究中发现向日葵 CMS-PET1 的不育基因 *ORF522*、萝卜 CMS-Ogu 的不育基因 *ORF138*、油菜 CMS-Hau 的不育基因 *ORF288* 及水稻 CMS-BT 的不育基因 *ORF79* 等都对大肠杆菌具有毒性。大多数细胞质雄性不育基因编码的产物都是具有一段疏水区的跨膜结构蛋白，而这种跨膜结构恰恰是一种细胞毒性蛋白的典型结构。因此对于细胞质雄性不育败育机制最简单的一种解释模型就是：细胞质雄性不育基因编码的蛋白质具有细胞毒性，可以导致花药中细胞的线粒体发育异常，进而影响雄配子的发育。

2. 能量供给不足假说

能量供给不足假说认为细胞质雄性不育基因编码的蛋白质能够导致线粒体功能缺陷，进而不能满足生殖发育过程中大量能量需求的供给从而影响了花药的育性。线粒体是通过呼吸作用为生物生长发育提供能量的场所，相对于营养生长而言，生殖生长的过程对能量的需求更大。Lee 和 Warmke 的研究发现，玉米 CMS-T 的花药发育过程中，线粒体快速分裂，故而猜测细胞质雄性不育基因可能引起线粒体功能缺陷，导致雄性器官发育的能量供给不足进而引发败育现象。ATP 的合成需要线粒体中的复合体Ⅰ、Ⅱ、Ⅲ、Ⅳ产生氢离子浓度梯度，而且线粒体膜结构的完整性对 ATP 的产生至关重要。细胞质雄性不育基因的序列和结构特征恰好满足能量供给不足模型的分子基础：首先，许多细胞质雄性不育基因编码的蛋白质包括 URF13、ORF138、ORF79、ORFH79 等都是跨膜蛋白，这些蛋白质可能结合到线粒体内膜上，影响氢离子浓度梯度进而影响 ATP 的合成。其次，大多数细胞质雄性不育基因都是嵌合基因，其中很多包含了电子传递链复合体的基因序列，这可能会影响这些复合体的正常功能。很多研究为这一模型提供了细胞学、分子及代谢的证据，如在林烟草（*Nicotiana sylvestris*）雄性不育花芽中观察到 ATP/ADP 比正常花芽中的比例显著降低，这可能会影响花芽细胞的正常增殖，从而导致植物异常花的产生。而最直接的证据来自甜菜的 CMS-G 不育基因，它是截断的 *cox2* 编码的蛋白，会降低正常 COX2（复合体的Ⅳ亚基）的活性，进而影响呼吸传递链的正常功能，引发不育。

3. PCD 异常假说

细胞程序性死亡（programmed cell death，PCD）在植物中是一种类似于细胞凋亡的现象，它往往由线粒体信号驱动，参与了植物的衰老、种子萌发、器官形态建成及抗病等发育过程。这种现象被确认以前，很多研究者都曾经报道过细胞质雄性不育的花药绒毡层细胞还未成熟就崩解，以及败育的花粉中线粒体形态发生异变。植物雄配子发育是一个需要营养组织（孢子体）和小孢子细胞（配子体）协同发育的复杂过程，该过程中伴随着如花药中层、绒毡层降解及四分体分开等过程，因而 PCD 的适时发生往往决定着小孢子的正常发育，而 PCD 的延迟或者提前都有可能导致败育的发生。Balk 等（2001）证明了向日葵 CMS-PET1 不育系中花药绒毡层细胞提前发生细胞色素 c 的释放，引发 PCD 提前，但这些 PCD 诱导信号和 PCD 现象以及与细胞质雄性不育基因之间的分子途径的联系尚未建立。PCD 异常模型最完备的证据来自水稻的 CMS-WA 研究：水稻 CMS-WA 中线粒体中不育基因编码的蛋白 WA352 在花粉母细胞时期在绒毡层与水稻细胞核编码的 COX11 互作，这种互作抑制了 COX11 过氧化物代谢的功能，引发了细胞色素 c 的提前释放和氧爆发，导致不育系中绒毡层细胞的 PCD 提前，进而引发小孢子的发育异常，导致败育。

4. 逆向信号调控假说

逆向信号调控假说的提出主要是基于水稻 CMS-CW 及某些细胞质雄性不育表型类似于核基因组同源异形基因突变的研究而提出的一种假设。水稻 CMS-CW 的不育基因 *CW-orf307* 可以通过某种机制诱导核基因组中一个类酰基载体蛋白合酶基因 *rf17* 的表达，而 *rf17* 的高表达会引起花粉发育的异常进而影响育性，这是一种线粒体组不育基因逆向调控核基因组基因表达导致败育的模型。在胡萝卜的 carpeloid CMS 中，研究者发现在不育系中，核基因组中两个与花发育相关的 *MADS-box* 基因的表达受到了抑制，这表明在不育系中，线粒体基因可能逆向调控了核基因组中 *MADS-box* 基因的表达。

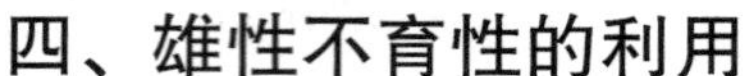

四、雄性不育性的利用

资源 11-3

雄性不育性主要被应用在植物杂种优势的利用上，杂交母本获得了雄性不育性，就可以免去大面积繁育制种时的去雄工作，并保证杂交种子的纯度。

目前生产上应用推广的主要是质核互作型雄性不育性。应用这种雄性不育时必须具备不育系、保持系和恢复系，三系需配套使用。三系法的一般原理是首先把杂交母本转育成不育系。例如，希望优良杂交组合（甲 × 乙）利用雄性不育性进行制种，则必须先把母本甲转育成甲不育系，常用的做法是利用已有的雄性不育材料为母本与甲杂交，然后连续以甲为父本回交若干次，就得到甲不育系。原来雄性正常的甲即成为甲不育系的同型保持系，它除了具有雄性可育的性状外，其他性状完全与甲不育系相同，故又称同型系，它能为不育系提供花粉，保证不育系的繁殖留种。父本乙必须是恢复系。如果乙原来就带有恢复基因，经过测定，就可以直接利用配制杂交种，供大田生产用。否则，也要利用带有恢复基因的材料，进行转育工作。转育的方法与转育不育系基本相同。三系法的制种方法见图 11-14。

玉米中利用雄性不育制作杂交种常用的就是三系二区制种法。在育种中，将不育系和保持系种在一个地段，称为不育系 - 保持系繁育区。在这个区域内，不育系和保持系交替种植，不育系靠保持系授粉，后代仍为不育系。保持系自交，收获的种子仍为保持系，从而在一个隔离区内繁育不育系和保持系；将不育系和恢复系种在另一地段，成行相间排列。这样在不育系这一行玉米上所结的穗子就是所需要的杂交种子，称为制种区。

自从 1973 年我国学者石明松从晚粳品种“农垦 58”中发现“湖北光敏核不育水稻”——“农垦 58S”以来，核不育型的利用受到极大关注。“湖北光敏核不育水稻”具有在长日光周期诱导不育、短日光周期诱导可育的特性，因此这种不育水稻可以将不育系和保持系合二为一，为此我国学者提出了利用光敏核不育水稻生产杂交种子的“两系法”，这种方法目前已在我国水稻生产上大面积推广应用。两系法的制种方法见图 11-15。

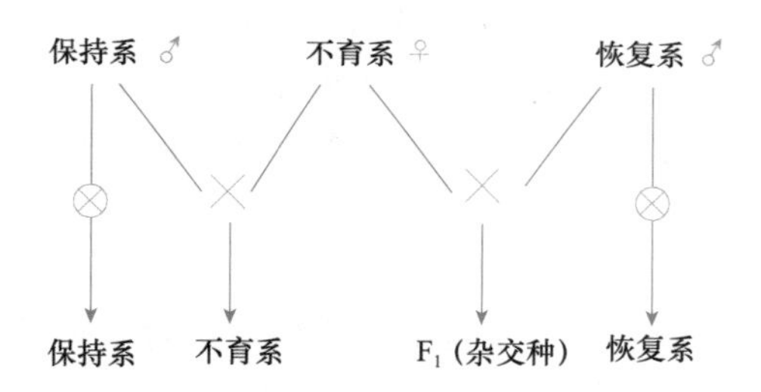

图 11-14　应用三系法配制杂交种示意图

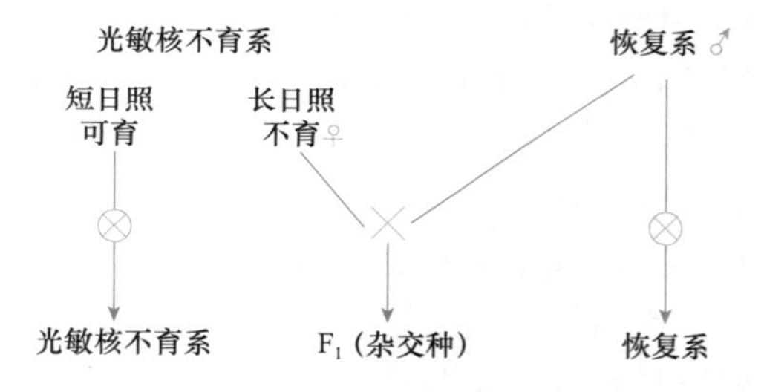

图 11-15　两系法——基于光敏核不育水稻的杂交制种示意图

袁隆平先生于 1987 年提出杂交水稻制种方法从“三系法”到“两系法”再到“一系法”的发展战略，一系法是具有杂种优势的 F_1 代种子不经过减数分裂和雌雄配子融合而产生种子的繁殖方式，生产相同的杂交种子。“一系法”杂交制种的关键是实现无融合生殖。那么，无融合生殖如何实现呢？袁隆平先生提出可通过远缘杂交和遗传工程的方法，把异属的无融合生殖基因导入水稻，从而固定杂种优势的创新思路。第一步，阻止性母细胞减数分裂，从而形成含有二倍体卵细胞的胚囊，保证卵细胞遗传背景与母体完全一致。第二步，使二倍体卵细胞不需要受精就能够启动胚胎发生，保证产生的胚胎是与母体基因型完全相同的二倍体。2009 年，d’Erfurth 等在拟南芥中将生殖细胞减数分裂成功转化为有丝分裂，创造出一种叫 MiMe（mitosis instead of meiosis）的材料，其产生的雌雄配子是基因型与亲本完全相同的二倍体，并且仍然具有生殖功能。2018 年底，中国水稻研究所王克剑团队结合 *MiMe* 与 *OsMTL* 基因突变，成功实现了杂交水稻种子的杂合纯育，但是结实率下降至 4.5%，其自交后代中只有 6% 的种子是与杂种完全相同的二倍体，其余全是四倍体，“一系法”杂交水稻已经取得初步突破，然而离商业化应用还有很大的距离。

复习题

1. 什么是细胞质遗传？它有哪些特点？举例说明。
2. 何谓母性影响？举例说明它与母体遗传的区别。
3. 如果正反杂交试验获得的 F_1 表现不同，这可能是由于：①性连锁；②细胞质遗传；③母性影响。你如何用试验方法确定它属于哪一种情况？
4. 玉米埃形条纹叶（*ijij*）与正常绿叶（*IjIj*）植株杂交，F_1 的条纹叶（*Ijij*）作母本与正常绿叶植株（*IjIj*）回交。将回交后代作母本进行下列杂交，请写出后代的基因型和表现型。
   （1）绿叶（*Ijij*）♀×♂条纹叶（*Ijij*）。
   （2）条纹叶（*IjIj*）♀×♂绿叶（*IjIj*）。
   （3）绿叶（*Ijij*）♀×♂绿叶（*Ijij*）。
5. 大麦的淡绿色叶片可由细胞质因子（L_1 = 正常绿叶，L_2 = 淡绿叶）引起，也可由隐性核基因（*vv* = 淡绿叶）引起。请预测下列各组合中子代的基因型和表现型：
   （1）纯合正常♀×♂L_1（*vv*）。
   （2）L_1（*vv*）♀×♂纯合正常。
   （3）纯合正常♀×♂L_2（*vv*）。
   （4）L_2（*vv*）♀×♂纯合正常。
   （5）来自（1）的 F_1♀×♂来自（4）的 F_1。
   （6）来自（4）的 F_1♀×♂来自（1）的 F_1。
6. 草履虫中，品系 A 是放毒型，品系 B 和 C 是敏感型，三者均为纯系。品系 A 和 B 长时间接合，其子代再自体受精得到若干后代，所有后代都是放毒型。当品系 A 和 C 长时间接合，经同样过程得到的后代一半是放毒型，一半是敏感型。问这 3 个品系的基因型如何？细胞质中是否均具有卡巴粒？
7. 不同组合的不育植株与可育植株杂交得到以下后代：
   （1）1/2 可育，1/2 不育。
   （2）后代全部可育。
   （3）后代仍保持不育。
   写出各杂交组合中父本的遗传组成。
8. 植物雄性不育主要有几种类型？其遗传基础如何？
9. 在玉米中，利用细胞质雄性不育和育性恢复基因制造双交种，有一种方式是这样的：先把雄性不育自交系 A［*S*（*rr*）］与雄性可育自交系 B［*N*（*rr*）］杂交，得到单交种 AB。把雄性不育自交系 C［*S*（*rr*）］与雄性可育自交系 D［*N*（*RR*）］杂交，得到单交种 CD。然后再将两个单交种杂交，得到双交种 ABCD。问：双交种的基因型和表现型有哪几种？比例如何？

10．试比较线粒体 DNA、叶绿体 DNA 和核 DNA 的异同。

11．一般认为细胞质的雄性不育基因存在于线粒体 DNA 上，为什么？

12．如果你发现了一株雄性不育植株，你如何确定它究竟是单倍体、远缘杂交 F_1、生理不育、核不育还是细胞质不育？

13．用某不育系与恢复系杂交，得到 F_1 全部正常可育。将 F_1 的花粉再给不育系亲本授粉，后代中出现 90 株可育株和 270 株不育株。试分析该不育系的类型及遗传基础。

14．现有一个不育材料，找不到它的恢复系。一般的杂交后代都是不育的。但有的 F_1 不育株也能产生极少量的花粉，自交得到少数后代，呈 3∶1 不育株与可育株分离。将 F_1 不育株与可育亲本回交，后代呈 1∶1 不育株与可育株的分离。试分析该不育材料的遗传基础。

第十二章　基 因 工 程

世界农业发展史经历了两次大的农业革命。第一次是20世纪60年代，以高秆变矮秆为标志，通过遗传改良的手段使小麦和水稻的产量大幅度提高，使世界粮食产量跃上了一个新台阶，被称为“绿色革命”（green revolution）。20世纪80年代初发展起来的现代基因工程技术能够对植物进行精确的改造，使作物在产量、抗性和品质方面都有显著的提升，被称为第二次“绿色革命”。至今，基因工程技术已对农业、食品、健康、环境等多个方面产生了很大影响，且其影响的深度和广度正在迅速扩大。

第一节　基因工程概述

生物工程（bioengineering）是指利用现代生物技术和工程技术的方法定向改造和修饰生物体并最终获得目标产品的新兴技术。传统的动植物育种通过有性杂交实现遗传重组，在筛选目标性状的同时由于连锁累赘而常伴随着其他不利性状的出现。生物工程使得科学家可以按照人们的需要分离或直接合成特定的基因，在不通过有性杂交的情况下，实现任意基因向目标生物的转移并对目标生物进行定向改造。生物工程包括的内容比较广泛，涵盖细胞工程（cell engineering）、基因工程（gene engineering）、酶工程（enzyme engineering）和发酵工程（fermentation engineering）。生物工程的核心是利用重组DNA技术，在分子水平上操作来修饰或改变生物体，因此人们常常习惯于把生物工程狭义地称为基因工程。

基因工程是利用人工的方法把生物的遗传物质在体外进行切割、拼接和重组，获得重组DNA分子，然后导入宿主细胞或个体，使这个重组DNA（基因）能在受体细胞内复制、转录、翻译和表达，并使受体的遗传特性得到修饰或改变的过程。基因工程的发展与遗传学及分子生物学的发展密切相关。1953年，沃森和克里克通过实验提出了DNA分子的双螺旋结构模型。1961～1969年，遗传密码子陆续被破译。1969年，乔纳森·贝克韦斯分离出第一个基因。1972年，贝格将动物病毒SV40的DNA与噬菌体P22的DNA连接在一起，创造性地实现了不同DNA分子的体外重组，也标志着基因工程正式诞生。

此后，人们将基因工程技术应用于科学研究和育种。1978年，美国开始借助转基因技术用大肠杆菌批量生产人类胰岛素。1980年，科学家首次培育出世界第一例转基因动物——转基因小鼠。1983年，科学家首次培育出世界第一例转基因植物——转基因烟草。1990年，美国正式启动人类基因组计划，随后，德国、日本、英国、法国和中国也相继加入该计划。1994年，第一例转基因耐储藏番茄在美国批准上市，成为人类历史上第一种转基因食品。1997年，英国罗斯林研究所培育出世界上第一例体细胞克隆动物“多利”羊。2000年，科学家宣布人类基因组草图绘制完成。同年，美、英等国科学家绘制出首个植物（拟南芥）完整的基因组图谱。2005年，人类基因组序列破译全部完成，证实人与黑猩猩同源。随着测序技术的不断革新，数以千计的生物基因组序列组装完成，极大地促进了基因工程的发展。2010年，文特尔等成功合成了世界上首个人造生命。同年，转录激活因子样效应物核酸酶（transcription activator-like effector nuclease，TALEN）面世，使得对高等生物DNA进行精准编辑成为可能。2012年，以成簇规律间隔短回文重复（clustered regularly interspaced short palindromic repeat，CRISPR）和 CRISPR 相关蛋白 9（CRISPR-associated protein 9，Cas9）为基础的 CRISPR/Cas9 系统首次被应用于基因编辑，并迅速成为主流的遗传操作工具。2016 年，日本科学家首次成功地从小鼠胚胎干细胞和诱导多能干细胞中获得人造卵母细胞，标志“试管婴儿”技术又上新的台阶。同年，全球首个“三亲”婴儿在墨西哥诞生。2017 年，人类细胞图谱计划正式启航，同年，美国首次在人体内开展基因编辑试验用于治疗遗传性疾病。此外，转基因三文鱼获准在加拿大上市，成为首次进入人类食物链的转基因动物产品。2018 年，世界上首例非人灵长类动物体细胞克隆猴在中国诞生。

基因工程技术在植物中的应用发展迅速，取得了令人瞩目的成就。1983 年，首批转基因植物问世。1986 年，首批转基因植物被批准进入田间试验。1994 年，转基因番茄被批准商品化生产，于 1996 年开始大规模商品化种植（170 万 hm^2）。截至 2023 年，全球商业化种植的转基因作物已达 32 种，其中转基因大豆、玉米、棉花的面积位居前三，种植面积在 90% 以上；全球已有 29 个国家批准种植转基因作物，美国和巴西是种植面积最大的两个国家；全球转基因作物种植面积达 2.063 亿 hm^2，是 1996 年的 121 倍。转基因作物改良的性状主要有除草剂抗性、抗虫性、抗病毒、抗非生物逆境、高产、优质、生育期等性状。我国转基因植物的研究始于 20 世纪 80 年代。1993 年，第一例转基因抗病毒烟草进入大田试验；1997 年，第一例转基因耐储存番茄获准进行商业化生产；2000 年，我国转基因抗虫棉种植面积超过 37 万 hm^2；截至 2020 年，我国批准了 7 种转基因作物的安全生产证书：转基因抗虫棉、抗病番木瓜、抗虫水稻、转植酸酶基因玉米、抗虫耐除草剂玉米、耐除草剂大豆、耐除草剂玉米等。2023 年，37 个转基因玉米品种、14 个转基因大豆品种通过国家审定。

基因工程与常规有性杂交产生的基因重组相比具有以下 3 个重要特征：第一，基因工程能使 DNA 分子跨越天然物种屏障，实现动物、植物和微生物间的遗传交流，从而创造出受体生物所不具备的性状，而这是常规有性杂交所不能实现的。第二，基因工程通过使受体生物获得特异新基因，从而使其具有特异新性状或使原有性状得以修饰，而其他性状基本不受影响。常规有性杂交是基因组间的遗传交流，在获得新性状的同时往往伴随大量其他性状的改变。第三，基因工程能使新基因在受体生物体内受到严格控制。通过改造载体上的启动子元件，可以实现目的基因在受体生物体内的特异表达。例如，使用含有花椰菜花叶病毒强启动子（CaMV 35S）的载体可以实现目的基因在植物体内各个组织器官和不同发育时期均持续高效表达；而使用含有受干旱诱导或根部特异表达启动子的载体可以实现目的基因只在干旱条件下或根部特异表达。

一般来说，基因工程的基本操作主要包括以下 5 个步骤：①获取目的基因。根据需要寻找适当的基因作为目的基因。例如，欲提高植物对某种病害的抗性，则可以选择特定的抗病基因作为目的基因。在功能基因组学研究中，目的基因的功能往往是未知的，通过基因工程研究可以明确该基因在特定生理活动中所具有的功能，因此基因工程也是功能基因组学研究中的重要技术。②表达载体的构建。根据人们的需要可以选择具有特定启动子元件的载体并将基因连接到载体上，从而实现目的基因按照人们的需要进行表达。③将目的基因导入受体。这是基因工程中较为困难的步骤。不同的受体可以采用不同的转基因方法，其难易程度与受体的研究基础密切相关。例如，细菌的转化往往采用电激或热激；植物的转化大部分由农杆菌介导。④转基因检测。目的基因导入受体细胞后，需要对获得的转基因后代在遗传和表达水平上进行鉴定，这可以通过PCR、Southern杂交、Northern杂交、Western杂交、表型鉴定等方法来检测。⑤安全性评价。通过对转基因作物的安全性评价，可以确定其是否对人类、动物和环境产生负面影响。我国转基因生物安全评价主要包括分子特征、食用安全风险和环境安全风险3个方面的内容。分子特征主要评价外源基因整合及表达的稳定性、目标性状表现的稳定性、转基因作物世代之间外源基因整合与表达情况是否带来安全风险。食用安全主要评价外源基因及表达产物在可能的毒性、过敏性、营养成分、抗营养成分等方面是否符合法律法规和标准的要求，是否会带来安全风险。环境安全主要评价转基因生物在生存竞争能力、基因漂移、生物多样性和对靶标害虫抗性风险等方面是否带来安全风险。

第二节　基因的分离

大部分基因工程工作都是从基因的克隆（cloning）开始，掌握了目的基因才能开展相关的研究和利用。克隆基因的主要目的是得到它的DNA序列或生产大量基因产物（如蛋白质）。简单地讲，基因克隆就是通过一些基因工程的手段，将生物基因组中编码基因的DNA分子或者cDNA分离出来，对其基因结构、表达特性、编码蛋白质的定位及生理生化功能进行多方面的研究，从而获得该基因的完整信息的过程。从上述的过程可以看出，基因克隆涉及核酸分子的切割、连接、扩增和转移等过程。这些过程往往要求以具有不同功能的酶类和（或）载体为基础进行。下面对具体的酶类和载体进行介绍。

一、工　具　酶

基因工程涉及的工具酶可大致分为限制酶、连接酶、聚合酶、核酸酶和修饰酶五大类。工具酶就好像是进行基因工程的手术刀，通过某种酶把目标DNA切割下来，再通过另一类酶把目标片段连接到载体上，所以工具酶是进行基因工程的必备工具。其中，限制性内切核酸酶、DNA连接酶、DNA聚合酶、反转录酶和同源重组酶在分子克隆中的作用最为突出。

（一）限制性内切核酸酶

限制性内切核酸酶（restriction endonuclease）简称限制性内切酶或限制酶，是能作用于特定核苷酸序列的磷酸二酯酶。很早就发现细菌中存在一种限制修饰现象，即细菌中有作用于同一DNA的两种酶，分别是分解DNA的限制酶和改变DNA碱基结构使其免遭限制酶分解的修饰酶。这两种酶作用于同一DNA的相同部位，把这两种酶所组成的系统称为限制-修饰系统。所谓修饰就是通过甲基化酶将DNA中某些碱基进行甲基化修饰，从而使得限制酶不能进行切割。而外来的DNA在相应的碱基上没有被甲基化，宿主的限制酶通过对该位点的识别来区分DNA的来源，并将入侵的外来DNA分子降解掉。所以，DNA限制与修饰作用为细胞提供了保护。

自然界中存在的限制性内切酶分为3种类型：Ⅰ型限制性内切酶（Ⅰ型酶）、Ⅱ型限制性内切酶（Ⅱ型酶）和Ⅲ型限制性内切酶（Ⅲ型酶）。所有的限制性内切酶都具有共同的特性，如它们只切割双链DNA分子，不切割单链DNA；每种酶有其特定的核苷酸序列识别或切割特异性；需要 Mg^{2+} 激活等。目前发现的Ⅰ型酶只有 *Eco*B 和 *Eco*K 两种，是一种复合型酶，具有催化限制性切割和修饰核苷酸两种不同的功能；Ⅲ型酶具有特异的识别位点，这种识别位点是非对称的；Ⅱ型酶在遗传工程中应用最广泛，所以本章所提到的限制性内切酶均指Ⅱ型酶。

Ⅱ型酶的特点：①有特定识别序列，通常为 4 ~ 6bp 的回文对称序列；②切割位点位于识别序列内，切割后在 5′ 端有磷酸基团，3′ 端有羟基；③切割后形成黏性末端（5′ 突出端 /3′ 突出端）或平末端；④其活性发挥只需 Mg^{2+} 作辅酶。

如 *Eco*R Ⅰ切割识别序列后产生两个互补的黏性末端：

$$\begin{matrix} 5'\cdots GAATTC\cdots 3' \\ 3'\cdots CTTAAG\cdots 5' \end{matrix} \xrightarrow{EcoR\ \text{I}} \begin{matrix} 5'\cdots G \\ 3'\cdots CTTAA \end{matrix} + \begin{matrix} AATTC\cdots 3' \\ G\cdots 5' \end{matrix}$$

两个互补的黏性末端在试管中混合后可重新连接。正是由于这个特点，可以用同样的酶分别切割质粒和外源 DNA，然后把两种切割处理的 DNA 混合，两种 DNA 片段因为互补黏性末端的存在而配对在一起，在 T_4 DNA 连接酶（T_4 DNA ligase）的作用下进行连接。DNA 切割与连接的过程如图 12-1 所示。细菌质粒 DNA 与外源 DNA 经酶切后混合在一起，在 DNA 连接酶的作用下，形成一个稳定的、共价闭合的环状重组 DNA（recombinant DNA）分子，即细菌质粒与外源 DNA 组成的杂合分子。

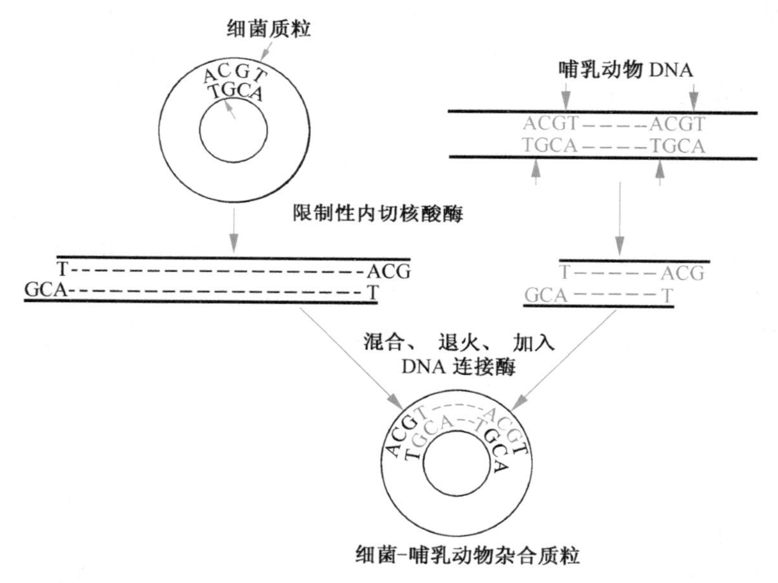

图 12-1　通过用相同的限制性内切核酸酶切割形成一个重组 DNA 分子

一些限制酶切割 DNA 后产生平末端，如 *Sma* Ⅰ。具有平末端的 DNA 分子在连接酶的作用下，也可产生重组 DNA 分子，但平末端的连接效率较低。

不同限制酶识别不同靶序列，但有一些来源不同的限制酶识别同样的靶序列，这类酶称为同裂酶或同工酶（isoenzyme），它们对同样的序列进行切割，产生的黏性末端却不一定相同。与同裂酶相对应的一类限制酶称为同尾酶（isocaudarner），它们来源各异，识别的靶序列也各不相同，但都产生相同的黏性末端。同一种限制酶切割不同来源的 DNA 会产生不同的 DNA 片段，将这些 DNA 片段进行电泳分析，结合相应的识别技术，就可获得限制性片段的DNA多态性，从而构建限制性酶切图谱（restriction map），为基因克隆和分子标记辅助选择育种提供路标。酶切后产生的DNA片段长度差异很大，电泳分离并检测含有某一目的基因的DNA片段数及各片段大小的过程如图12-2所示。利用限制性酶切片段的多态性构建分子图谱的过程见第十三章。

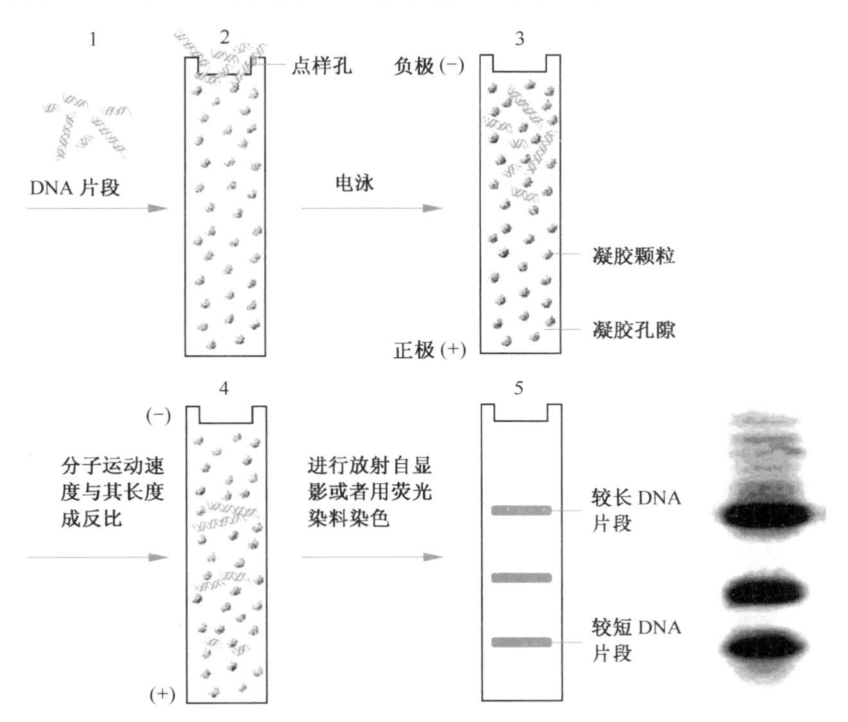

图12-2 不同长度的DNA片段混合物的电泳分离（引自Klug and Cummings，2000）

（二）DNA连接酶

最早发现的DNA连接酶（DNA ligase）是从T_4噬菌体中提取的，它是重组DNA分子构建必不可少的工具酶。在分子克隆中使用的DNA连接酶有两种，即大肠杆菌DNA连接酶和T_4 DNA连接酶。这两种酶都能催化DNA中相邻的3′-羟基端和5′-磷酸基端之间形成磷酸二酯键并把两段DNA连接起来（图12-3）。

DNA连接酶的作用机制是在反应中同辅助因子（ATP或NAD^+）生成一种共价结合的酶-AMP复合物，这种复合物结合到DNA链上暴露的3′-羟基和5′-磷酸基切口上，催化其形成一个磷酸二酯键，使切口封闭。

两种DNA连接酶都不能催化单链DNA之间的连接反应，被连接的DNA链必须是双链DNA分子的一部分。T_4 DNA连接酶还可以催化两个具有平末端的双链DNA片段之间的连接反应，而大肠杆菌连接酶一般不具有这种活性。

（三）同源重组酶及同源重组技术

载体构建的方法除了常规的酶切-连接外，还可以采用更加高效的同源重组技术。常用的同源重组包含Gateway技术和In-Fusion技术。其中，Gateway技术来源于λ噬

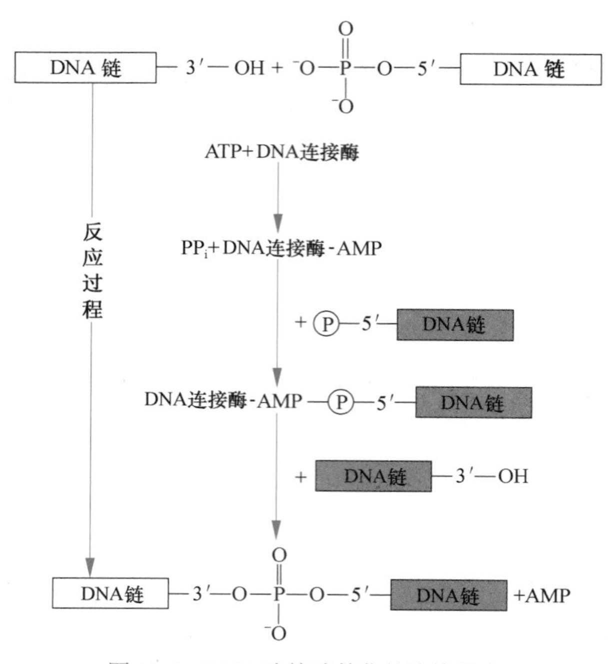

图 12-3　DNA 连接酶催化的连接反应

菌体的位点特异性重组。该技术的主要原理如图 12-4 所示。在 PCR 扩增过程中，在目的基因两端分别加入 *att*B 的接头，带有 *att*B 接头的 PCR 产物与含有 *att*P 接头的供体载体在重组酶的作用下进行 BP 重组反应，生成含有 *att*L 位点和目的基因的入门载体。入门载体与含有 *att*R 位点的目的载体在重组酶的作用下进行 LR 重组反应，最终生成含有 *att*B 位点的表达载体。其中，BP-LR 重组反应可以循环进行，重组反应在线性或环状 DNA 的状态下均具有很高的效率，且入门载体可以与多种不同用途的目的载体兼容，因此极大地提高了目的基因在不同载体间转移的效率。为了控制 BP 位点及 LR 位点发生重组的方向性，目前已经开发出了一系列在序列上有微小差异的重组位点，如 *att*B1 位点只能与 *att*P1 位点重组而不与 *att*P2 位点重组，同样 *att*L1 位点只能与 *att*R1 位点重组。此外，为了利于重组载体的筛选，供体载体和目的载体上除了携带抗生素抗性基因外，在两个 *att*P 位点及两个 *att*R 位点间还携带有使部分大肠杆菌菌株致死的基因 *ccdB*。该载体可以在添加对应抗生素的条件下在对致死基因 *ccdB* 具有抗性的大

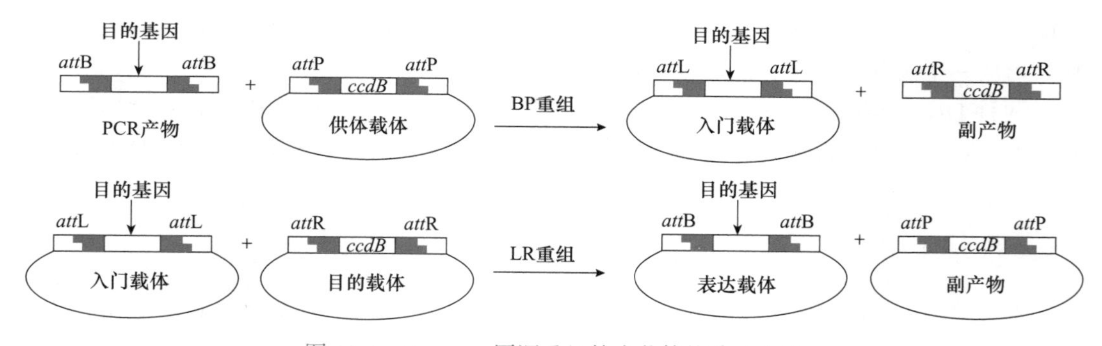

图 12-4　Gateway 同源重组技术载体构建示意图

肠杆菌菌株 DB3.1 中扩繁。发生重组反应后，重组载体可以通过转化不具有 *ccdB* 抗性的大肠杆菌菌株 TOP10 或 DH5α 等进行筛选。

In-Fusion 技术是近年来兴起的以同源重组为基础的另一种快速的载体构建技术。该技术的主要原理如图 12-5 所示。通过限制酶将目的载体进行酶切，获得线性化的载体，以线性化载体两端序列 5′ 端为起点，设计一对 15bp 的接头，在目的基因 PCR 扩增的引物 5′ 端分别引入该接头序列，将带有接头的 PCR 产物与线性化的载体通过 In-Fusion 重组反应即可获得重组表达载体。该技术与传统的酶切-连接方法相比较，其依赖于 15bp 同源序列的配对而不依赖于酶切的黏性末端配对，省去了供体 DNA（PCR 产物）的酶切步骤，因此极大地提高了载体线性化过程中限制酶的选择性并简化了操作流程，同时重组效率远高于连接效率。与 BP-LR 重组反应比较，其仅需一步重组反应，极大地缩短了载体构建的时间且目的载体及接头的选择更加灵活。基于以上优势，以 In-Fusion 为代表的同源重组技术逐步成为载体构建中的主流技术。

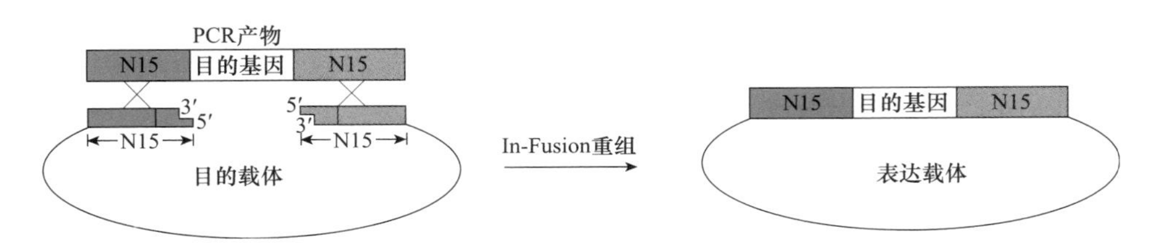

图 12-5　In-Fusion 同源重组技术载体构建示意图

N15 表示 15bp 同源序列

（四）DNA 聚合酶和聚合酶链式反应

20 世纪 70 年代产生的重组 DNA 技术使遗传学研究有了革命性的发展，而且使生物技术产业应运而生。1986 年，另一种技术——聚合酶链式反应（polymerase chain reaction，PCR）技术的产生，加速了分子生物学的发展。PCR 技术的发明人穆利斯（K. Mullis）也因此荣获 1993 年诺贝尔化学奖。

PCR 可以对特定的 DNA 片段进行扩增，而且可以用痕量的 DNA 作模板，对 DNA 的纯度要求也不高，在很短的时间内就能获得足量的某一目的基因或 DNA 片段。PCR 技术的基本原理是基于半保留复制原理，其特异性依赖于目的基因的特异性引物。PCR 由变性—退火—延伸三个基本反应步骤构成：①模板 DNA 的变性（denaturation），模板 DNA 经加热至 95℃左右一定时间后，双链 DNA 解离成为单链；②模板 DNA 与引物的退火（annealing），又称复性（renaturation），温度降至 55℃左右，引物与模板 DNA 单链的互补序列配对结合；③引物的延伸（extension），在 72℃左右，在 DNA 聚合酶的作用下，以 dNTP 为反应原料，目的基因为模板，按碱基互补配对与半保留复制原理，合成一条新的与模板 DNA 链互补的半保留复制链，重复循环变性—退火—延伸 3 个过程就可获得更多的“半保留复制链”，而且这种新链又可作为下次循环的模板（图 12-6）。

PCR 反应常用的 DNA 聚合酶是 *Taq* DNA 聚合酶（*Taq* DNA polymerase），简称 *Taq* 酶。*Taq* 酶是从水生栖热菌（*Thermus aquaticus*，*Taq*）中分离出的具有热稳定性的 DNA 聚合酶，其活性在 95℃甚至更高的温度下能维持 3h 以上。*Taq* 酶的发现和纯化对

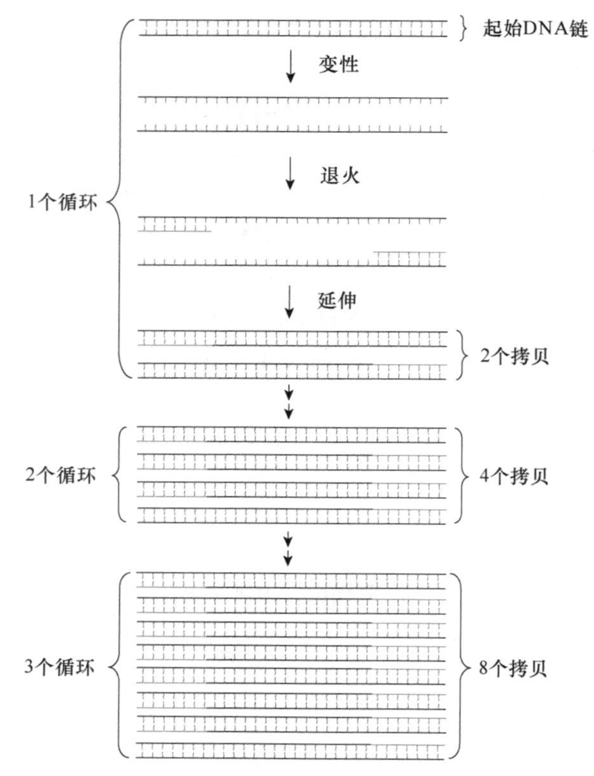

图 12-6 PCR 扩增 DNA 过程示意图

于 PCR 技术的广泛应用具有重要的贡献。*Taq* 酶具有 DNA 聚合酶活性和 5′→3′ 外切酶活性，其最佳聚合温度在 72～80℃，在 60℃时，它的聚合活性不到最佳活性的 1/2，在复性的条件下，*Taq* 酶的活性极低。因此，利用 *Taq* 酶的这种反应特点可以有效地进行 PCR 扩增。

Taq 酶的活性和准确度与 PCR 反应体系中一些因素有关。①模板 DNA。DNA 的质量和浓度是影响 *Taq* 酶作用的重要因素。模板 DNA 浓度过高容易引起 *Taq* 酶的错配，模板 DNA 浓度过低会延长扩增时间并降低 *Taq* 酶的活性。对于 20μL 的反应体系而言，10～50ng 双链 DNA 就能够达到很好的扩增效果。②引物的结构、浓度及退火温度。通常用于 PCR 扩增的引物长度在 15～30bp；引物本身不应具有发夹结构或者回文结构；GC 的含量不能够过高或者过低，用于 PCR 扩增的合适浓度为 10～50pmol/L；可以根据引物的 GC 含量来设计退火温度，一般引物的最佳退火温度为 50～60℃。③反应缓冲液和 Mg^{2+} 浓度。反应的缓冲液中含有各种聚合酶活性所必需的组分，现在商业化的反应缓冲液都已经经过了优化；Mg^{2+} 浓度影响聚合酶的活性和保真程度，通常比较适合的 Mg^{2+} 浓度为 1.5～2.5mmol/L。④ *Taq* 酶的浓度和用量。商业化的 *Taq* 酶一般保存在甘油中，一个 20μL 的反应体系一般加入 1 个单位的 *Taq* 酶。加入过多的聚合酶往往会导致反应体系中的甘油浓度过高，反而降低 PCR 扩增的效率。

资源 12-1

PCR 扩增可以在全自动化的 PCR 仪上进行。一个 DNA 分子经过 20 个循环，理论上能被扩增到约 100 万个拷贝，每一个拷贝称为一个扩增子（amplicon）。30 个循环后被扩增的序列可达 10 亿个拷贝。这样的 DNA 量足以满足绝大多数分子生物学实验。扩增循环与理论扩增子数如表 12-1 所示。

表 12-1 PCR 循环数与 PCR 产物的拷贝数之间的关系

循环数	PCR 产物拷贝数		循环数	PCR 产物拷贝数	
1	2^{1}	2	20	2^{20}	1 048 576
5	2^{5}	32	25	2^{25}	33 554 432
10	2^{10}	1 024	30	2^{30}	1 073 741 824
15	2^{15}	32 768			

PCR 产物可以通过琼脂糖凝胶电泳进行检测，在凝胶中添加 0.04%～0.08% 的溴化

乙啶（ethidium bromide，EB），在紫外线下 DNA 条带可被观察和照相（图 12-7）。

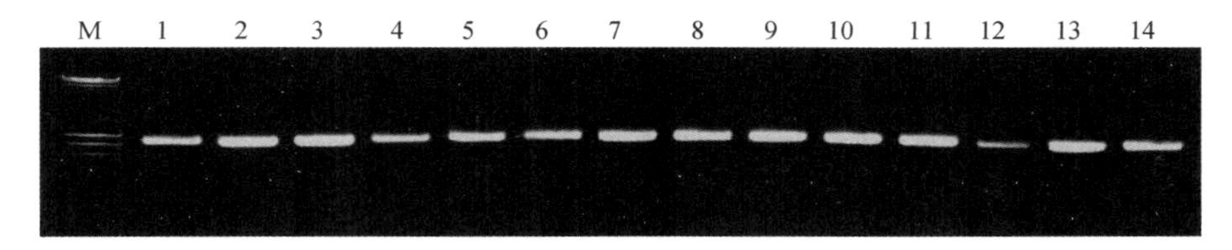

图 12-7 在紫外灯下观察到的琼脂糖凝胶电泳后的 DNA 条带

M．分子质量标准

（五）反转录酶

反转录酶（reverse transcriptase）是一类以 RNA 为模板来指导 DNA 合成的 DNA 聚合酶，所以又称为依赖于 RNA 的 DNA 聚合酶。目前常见的 RNA 反转录酶主要有两种类型，一类来源于禽类骨髓母细胞瘤病毒（avian myeloblastosis virus，AMV），另一类来源于鼠类莫洛尼氏白血病病毒（Moloney murine leukemia virus，M-MLV）。反转录酶缺少在大肠杆菌 DNA 聚合酶中起校正作用的 3′→5′ 核酸酶活性，所以聚合反应往往会出错，在高浓度的 dNTP 和 Mg^{2+} 下，每 500 个碱基中可能有一个错配。

AMV 与 M-MLV 反转录酶在结构、反应温度、活性及反应的 pH 等方面都有比较大的差异。AMV 的反应温度为 42℃，M-MLV 则为 37℃。AMV 反转录酶反应的最适 pH 是 8.3，M-MLV 则为 7.6。两种酶对 pH 都非常敏感，即使误差为 0.2，反应产物也会大大缩短。利用 AMV 进行小片段的反转录是十分有效的，而对于 M-MLV 来讲，反转录的片段可达 5kb。

反转录酶在遗传工程中的主要用途是以 mRNA 为模板合成互补 DNA（complementary DNA，cDNA）（图 12-8）。由于真核基因组的复杂性，直接从其基因组中克隆基因十分困难，而利用反转录酶可将任何真核基因的 mRNA 反转录成 cDNA，并构建到载体上进行扩增和表达，为真核生物基因研究和基因工程提供了一个简洁的手段。通常用反转录酶构建 cDNA 文库（cDNA library）。首先从特定的组织或细胞中获取 mRNA，由于 mRNA 的 3′ 端含有 poly（A）尾巴，通过设计一种 poly（T）引物与 poly（A）配对，在反转录酶的作用下，就可以以 mRNA 为模板合成互补的 cDNA 链，其产物是一种 RNA-DNA 杂合分子，然后 RNA 链被降解，剩下的单链 cDNA 3′ 端自动形成一个发夹环，这样 cDNA 第一链同时作为模板和引物用于合成 cDNA 第二链，然后通过 S_1 核酸酶的作用将发夹环降解掉，最后形成双链的 cDNA 结构。这种 cDNA 可以克隆到质粒或噬菌体载体上，把获得的所有 cDNA 克隆总称为 cDNA 文库。

二、载　　体

载体（vector）是将外源基因送入受体细胞的工具。目前所用的载体有质粒、噬菌体或病毒，但往往需要进行改造。基因克隆的载体一般要求具有如下几个特点：①在宿主细胞中能独立复制，即本身为复制子，有独立的复制起始位点。②载体 DNA 分子中有一段不影响其复制的非必需区域，包含限制酶酶切位点，允许外源基因插入且插入后随载体 DNA 分子一同进行复制或扩增。③有选择标记，便于选择含重组 DNA 分子的寄主细胞。④分子质量小，多拷贝，易于操作。除了上述特点外，一般还要求载体载荷外

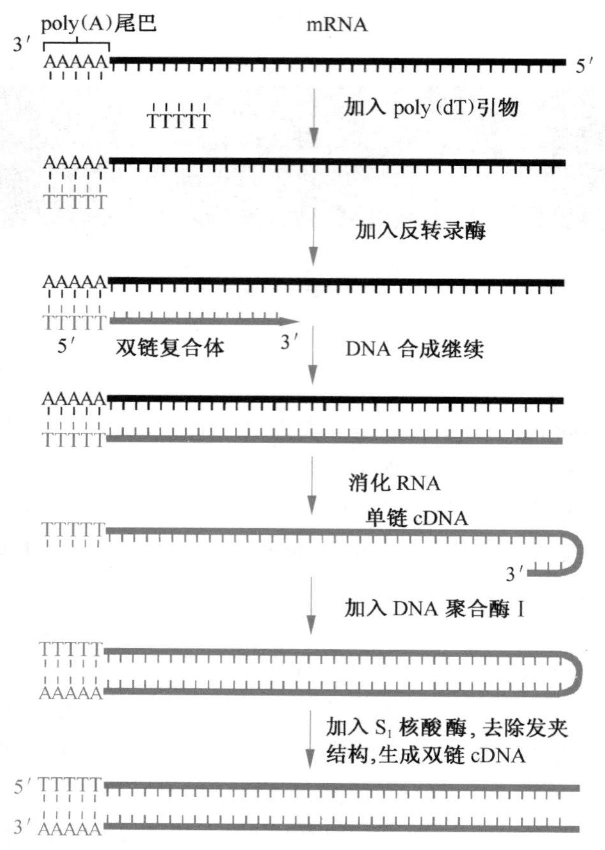

图 12-8　以 mRNA 为模板，在反转录酶的作用下生成 cDNA 的过程
（引自 Klug and Cummings，2000）

源 DNA 的幅度要宽，具有安全性等。

（一）质粒载体

质粒（plasmid）是细菌染色体外存在的一种能够自我复制的双链闭合环状 DNA 分子，其大小为 1～200kb。质粒常常带有一些特殊的基因，如致死基因、合成抗生素的基因、抗抗生素的基因，以及降解复杂有机化合物的基因等。一般质粒都含有一个复制起始区，可在染色体外独立复制，但需要依赖宿主细胞染色体编码的多种酶来完成。根据质粒 DNA 复制与宿主之间的关系，可将质粒分为两种不同的复制类型："严谨型"和"松弛型"。"严谨型"质粒在每个细胞中的拷贝数通常只有 1～3 个，而"松弛型"质粒在每个细胞中的拷贝数通常在 10 个以上，可高达 200 个拷贝。

目前已有大量的质粒被改造后用于遗传工程。pUC18 就是工程质粒的典型代表（图 12-9）。pUC18 是一个最常用的质粒载体，可以克隆比较大的 DNA 片段，该质粒可以在细胞中产生 500 个拷贝左右，其拷贝数是早期使用的载体质粒 pBR322 的 5～10 倍。质粒 pUC18 载体有一个多克隆位点（multiple cloning site，MCS），而且多克隆位点位于来源于大肠杆菌的 *lacZ* 基因之内，这种结构有利于筛选和分离转化细胞。筛选的原理是：细菌细胞含有野生质粒（没有外源 DNA 的插入），在含有 X-gal（5-溴-4-氯-3-吲

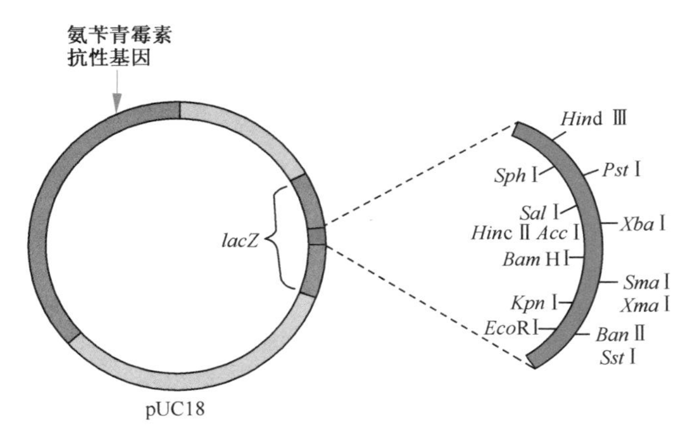

图 12-9 质粒 pUC18 的结构及多克隆位点

哚-β-D-半乳糖苷，5-bromo-4-chloro-3-indolyl-β-D-galactoside）的培养基上培养时产生蓝色菌斑；当限制酶切割 *lacZ* 基因，然后插入克隆片段后，*lacZ* 基因失去功能，不能代谢 X-gal，从而产生白色菌斑。根据菌斑的颜色可以挑选出载体上携带目的片段的转化细胞。

（二）病毒载体

噬菌体可以作为工程载体克隆较长片段的 DNA，大肠杆菌病毒 λ 噬菌体是常用的克隆载体。λ 噬菌体是一种以大肠杆菌为宿主菌的病毒，其 DNA 是一种线状的 DNA 分子，全长大约 48kb。线状分子的两侧具有 2 个由 12 个核苷酸组成的互补黏性末端，称为 *cos* 位点。黏性末端在噬菌体进入大肠杆菌后能够通过碱基配对而结合形成环状的 DNA 分子，这一特性在重组 DNA 研究中有重要用途。

λ 噬菌体的所有基因都已经被鉴定并定位，整个基因组的碱基序列都是已知的，利用 λ 噬菌体已构建出很多载体。该类噬菌体的基因组中有一半左右的基因是其生命周期活动所不可缺少的，而位于噬菌体 λ 染色体中间部位约占染色体 1/3 的部分并非噬菌体形成所必需，若用外源 DNA 片段取代这个区域，不会影响噬菌体的形成。用 λ 噬菌体替换载体克隆 DNA 时，将噬菌体 DNA 用一种限制酶酶切（如 *Eco*R Ⅰ），产生 3 种产物（图 12-10）：左臂、右臂和中间的可缺失区域。把左右臂分离出来，然后与经过 *Eco*R Ⅰ 酶切的待克隆基因组 DNA 混合，在连接酶的作用下形成重组 DNA 分子。产生的重组 DNA 分子可以通过转染转入宿主细菌细胞。

由于病毒载体可以载荷大片段的 DNA，其在 DNA 文库或 cDNA 文库的构建中有广泛的用途。在 cDNA 文库构建过程中，某个生物体的某个组织的 cDNA 分子与 λ 噬菌体载体相连接，然后通过体外包装，直接转导受体细胞。

其他的噬菌体也可用作基因克隆的载体，如单链的噬菌体 M13。M13 侵染细菌时，单链（+ 链）复制产生双链，称为复制型（RF）。RF 与质粒类似，可以像质粒载体一样应用于基因克隆。

（三）克隆大片段 DNA 的载体

目前克隆大片段 DNA 的载体系统有黏粒载体、细菌人工染色体载体和酵母人工染

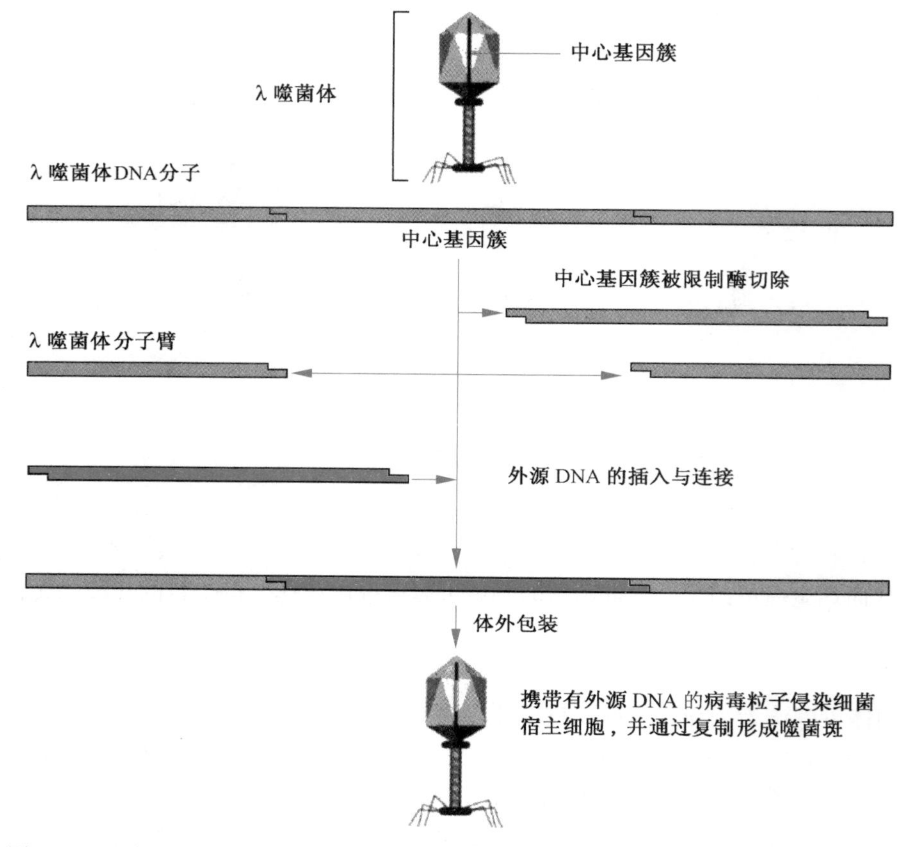

图 12-10　利用噬菌体为载体克隆外源 DNA 的策略（引自 Klug and Cummings，2000）

色体载体等。

黏粒（cosmid）载体是一类含有 *cos* 位点的质粒载体，它兼有 λ 噬菌体的高效感染能力及质粒的易于克隆和选择的优点，既能像质粒一样在寄主细胞内复制，又能像 λ DNA 一样被包装到噬菌体颗粒中。与噬菌体载体和质粒载体相比，cosmid 载体具有多个优点：具有 *cos* 位点，能高效地转化大肠杆菌，能在大肠杆菌中实现自身环化，并能在大肠杆菌中复制；有像质粒一样的选择标记；cosmid 载体比较小，但能插入较大的外源片段，可克隆外源片段的长度为 15～45kb。由于 cosmid 载体具有大片段克隆能力，多用于基因组文库的构建，已有多种黏粒载体可用于基因克隆，如 pJB8 等。

细菌人工染色体（bacterial artificial chromosome，BAC）载体是基于大肠杆菌的性因子 F 因子构建的一种人工载体。F 因子能够携带长达 1Mb（10^6bp）的外源 DNA。研究人员将这一细菌额外染色体连接到多种用途的载体上用于真核生物的基因组分析。人工构建的第一个 BAC 载体是 pBAC108L，它可以插入长达 200kb 左右的 DNA 片段。BAC 载体携带有 F 因子所具有的复制与拷贝数的基因，以及抗生素标记和多克隆位点。实际研究中 BAC 载体能够插入的 DNA 片段大小平均在 150kb 左右，主要用于基因组文库的构建，或者与酵母人工染色体结合，用于构建酵母人工染色体的亚克隆。

酵母人工染色体（yeast artificial chromosome，YAC）载体可以用作克隆 DNA 的载体。从线性形式看（图 12-11），YAC 载体含有两个末端、一个复制起点和一个酵母着丝粒。YAC 还含有两个选择标记和多克隆位点。YAC 载体可以插入的 DNA 片段比 BAC 载体大 10 倍左右，能达到 1 ~ 2Mb，因此它成为人类基因组计划（Human Genome Project，HGP）的一种重要工具。

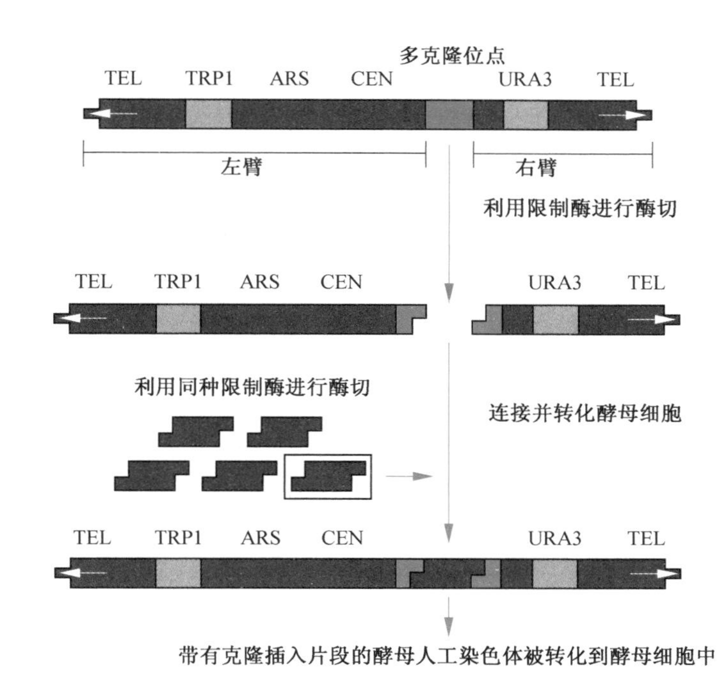

图 12-11 酵母人工染色体载体及其克隆策略（引自 Klug and Cummings，2000）

三、基因分离方法

（一）同源序列克隆法

同源序列克隆法是基因克隆经典技术之一，很多国际大型生物数据库如 NCBI（http://www.ncbi.nlm.nih.gov）的建立与开放极大地促进了同源基因克隆的发展。通常蛋白质的功能结构域在物种的进化过程中比较保守，不同物种间存在一些同源基因，这些同源基因有些功能结构域往往具有较高的蛋白质氨基酸序列的相似性，因此可以根据一个物种氨基酸的序列克隆同源物种中其同源基因的序列。例如，已知一个物种的某基因（蛋白激酶）的蛋白质序列，可以利用该序列保守区段设计（简并）引物扩增同源区，然后利用同源区为探针进行文库的筛选；或利用保守区段设计（简并）引物扩增同源区，然后利用 cDNA 末端快速扩增法（rapid amplification of cDNA end，RACE）进行基因全长的扩增；或者通过同源序列与生物信息数据库进行比对，进行全长基因的查找。同源克隆是分离已知序列相似性较高的基因的快速简捷的技术，特别是随着测序技术的发展，多个物种的基因组完成测序，可以根据基因的共线性或保守性在不同物种中进行同源基因的克隆。利用基因序列的相似性和保守性来克隆物种中功能基因的成功范例较多，通过该技术获得的克隆产物，需要通过转基因等方法进行基因功能鉴定和验证。

（二）图位克隆法

图位克隆（map based cloning）是以分子标记连锁图或物理图谱为基础，根据基因在图谱上的相对位置来进行基因克隆的方法。

图位克隆的基本步骤包括：①目的基因的初定位。利用分离群体（F_2、重组近交系等），采用全基因组分子标记快速定位目的基因，将目的基因锁定在某条染色体一定范围的区间。②目的基因的精细定位。利用更多单株的大分离群体，在上述区间进一步开发标记对大群体进行标记连锁分析以缩小目的基因所在的区间，确定候选基因的精细位置。③候选基因的确定。利用基因表达分析、候选区间的单倍型分析、候选区间 DNA 测序等方法快速确定候选基因。当然，如果所分析的植物没有基因组的参考序列，也可以采用染色体步移的方法获得目的基因。染色体步移的基本思路是利用分子标记分离到与分子标记同源的插入克隆，然后通过重叠群的分析获得候选基因克隆。从原理上讲，染色体步移是一个比较简单的过程，并且在理论上可以分离任何一个基因。但在实际的工作中，由于每一个步骤都要求相对地精确，非常烦琐，而且比较费时和费力，因此在实际运用中对基因组比较小的植物可以采用，而对于基因组比较大的植物就显得非常困难。④候选基因的功能鉴定。无论是哪种方法获得的后续基因都需要通过功能互补分析、基因功能的缺失等方法来分析基因的功能并最终克隆基因。

随着测序技术的发展和大量物种参考基因组的公布，分子标记的密度越来越高，在候选区域开发新的分子标记越来越容易。利用遗传重组产生的交换单株可以将目的基因精细定位在十几甚至几 kb 的范围内，借助参考基因组的序列信息及功能注释信息可以将候选基因缩小到几个甚至直接获得单个候选基因，只需进一步对候选基因进行功能验证即可，可以省去烦琐的文库构建和筛选工作。

（三）全基因组关联分析

全基因组关联分析（genome-wide association study，GWAS）是在全基因水平上分析多态性差异位点与目标性状之间紧密程度的一种方法。该方法基于连锁不平衡（linkage disequilibrium，LD）原理，以全基因组水平上数以百万计的单核苷酸多态性（single nucleotide polymorphism，SNP）为分子遗传标记，在群体水平上进行统计学相关性分析，即当位于某一特定座位的等位基因与另一座位的等位基因同时出现的概率大于群体中因随机分布的两个等位基因同时出现的概率时，两个座位处于连锁不平衡。

关联分析克隆基因的基本步骤包括：①选择遗传多样性广泛的群体；②在多个环境中对群体目标表型性状进行鉴定；③利用基因芯片或者全基因组重测序技术对样品进行分型；④基因型与表型关联分析及候选基因确定；⑤候选基因功能分析。

相对于连锁分析，关联分析具有：①分辨率高，能够达到单个碱基水平；②可对多个性状进行关联作图，尤其是对复杂性状的遗传解析；③显著节省时间，无须单独构建群体，可直接利用现有自然群体或种质资源。近年来，GWAS 已成为候选基因克隆的一种重要方法。

（四）T-DNA 标签法或转座子标签法

获得突变体进行未知基因的克隆是基因克隆常用的方法之一。常用的获得突变体的方法有 T-DNA 插入突变或转座子插入突变。通过 T-DNA 或转座子插入突变创造突变体克隆未知基因的方法称为 T-DNA 标签法或转座子标签法。这种方法的基本原理是利用 T-DNA 或转座子插入突变创造突变体，获得各突变体的纯合材料，然后分析突变性状与 T-DNA 或转座子的共分离关系，存在共分离的材料用适当的 PCR 克隆技术获得 T-DNA 或转座子的侧翼基因组序列，用其作探针筛选基因文库，此方法也需要染色体步移等其他技术获取目的基因或克隆。以下是 T-DNA 插入突变分离克隆基因的相关步骤（图 12-12）。在已有参考基因组的条件下，可以通过两端侧翼序列直接获得获选基因，从而省去文库构建和筛选。

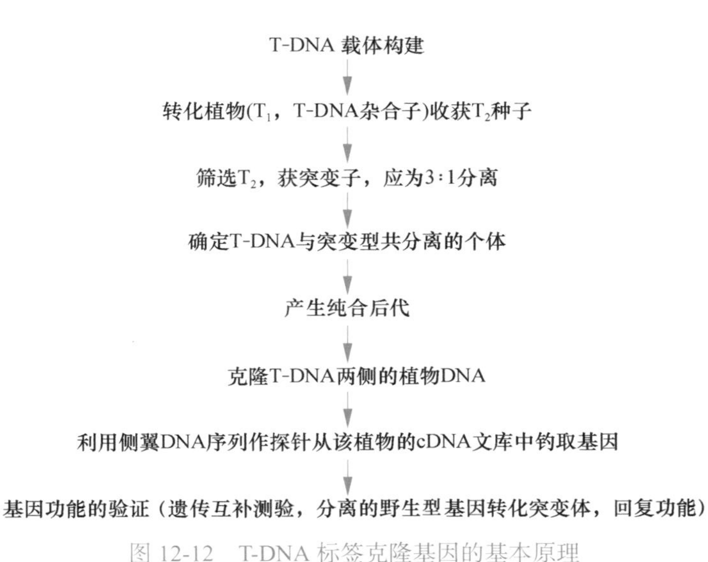

图 12-12　T-DNA 标签克隆基因的基本原理

在 T-DNA 标签法基础上，人们也开发了启动子及增强子陷阱系统。由于真核生物中绝大多数基因是间隔基因，同时基因的表达调控与其他元件（启动子、增强子等）有关，外来的报告基因在随机插入基因组的过程中，如果邻近基因启动子下游或位于增强子附近则会被激活，通过报告基因的表达可以捕获相应的启动子和增强子。

利用高效的遗传转化技术，可以实现高通量 T-DNA 插入突变体库的构建，有效地加快新基因的发现和功能鉴定，这种技术在很多生物中都得到了应用。当然这种技术依赖于遗传转化技术，不同物种遗传转化的效率不同，获得突变体的群体也不同；而且有些基因的表达具备时空特异性，这就会造成很多发生突变的基因被忽略；有些基因在基因组中存在多个同源拷贝，有时插入突变位点仅覆盖其中一些同源基因，但未发生 T-DNA 插入突变的同源基因仍然表达蛋白质，表现出野生型表型，这类基因同样容易被遗漏；同时 T-DNA 插入突变也可能造成多拷贝的插入，突变的性状难以分清是来源于哪个位点的插入突变；除此之外，分离这些多拷贝插入区的边界序列也很困难。

（五）差异表达基因克隆法

高等生物大约有几万个不同的基因，在生物体发育的不同阶段或在生物体应对外界不良环境等过程中，这些基因的表达按照时间和空间的顺序有序地进行着，这种表达方式即基因的差异表达。生物体表现出各种各样的特性，主要是基因表达的差异引起的。随着分子生物学的不断发展，根据基因的表达变化分离克隆基因是基因克隆方法创新最为活跃的一个领域。近 20 年来，利用基因表达差异发展起来的基因克隆方法达到了数十种之多，包括 cDNA 文库扣除杂交法（subtractive hybridization of cDNA library，SHD）、差别杂交（differential hybridization）、mRNA 差异显示（mRNA differential display，DD）、cDNA-AFLP 技术、代表性差异分析技术（represential display analysis，RDA）、交互扣除 RNA 差别显示（reciprocal subtraction differential RNA display）、基因表达系列分析（serial analysis of gene expression，SAGE）、抑制消减杂交（suppression subtractive hybridization，SSH）、基因芯片技术、表达谱测序（RNA-seq）等克隆技术（图 12-13），以此来研究生物不同发育阶段、不同生理状态下的基因表达。通过这些方法得到的差异表达的基因可以利用前文所述的 RACE 技术或者生物信息学的方法进行全长基因的克隆。

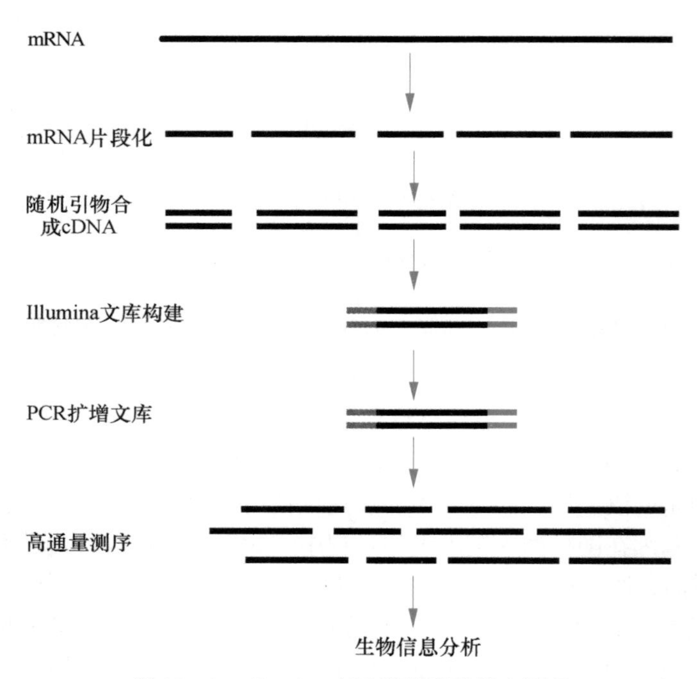

图 12-13　Illumina 表达谱测序的基本原理

（六）蛋白质组分离克隆基因

蛋白质组是指细胞内全套蛋白质的总称。蛋白质组的主要研究方法是通过蛋白质双向电泳分离不同分子质量和等电点的蛋白质，然后通过高效液相色谱、质谱对特定蛋白质进行序列分析；或者通过 iTRAQ（等重同位素标签相对和绝对定量技术）首先对肽段进行标记，之后利用液相色谱进行分离，用串联质谱对标记的肽段进行定性和定量分析；然后结合其他基因克隆的手段进行目的基因的分离和克隆。例如，应用 PCR 分离目的基因：通过对蛋白质的序列分析，利用密码子的简并性设计简并引物，再利用 RT-PCR 得到目的基因的全长；应用核酸杂交筛选法分离目的基因：利用简并寡核苷酸探针筛选 cDNA 或基因组文库；应用免疫筛选法分离目的基因：通过蛋白质的特异抗体与目的蛋白质的专一结合，从表达文库中分离目的蛋白质的基因；序列比对：与基因组信息结合，直接获得目的基因的全长序列。

分离基因的方法有很多，根据不同的方法和体系也有不同的分类方法，本书中主要根据基因不同来源进行分类详述。这些方法可以结合基因组或 cDNA 文库、生物信息数据库、PCR 技术或化学合成的方法进行基因的分离和克隆。

第三节 外源基因的导入

一、重组 DNA 技术

重组 DNA（recombinant DNA）主要指利用不同生物来源的 DNA 分子拼接的杂种 DNA 分子，是自然界中不存在的 DNA 分子。重组 DNA 技术是基因克隆的关键技术，其过程包括如下几个步骤（图 12-14）：①从细胞或组织获得 DNA 并纯化。②用限制酶切割 DNA。③将获得的酶切片段连接到载体上。外源 DNA 片段与载体连接后形成的杂种 DNA 分子就称为重组 DNA 分子。④重组 DNA 导入宿主细胞，在宿主细胞内重组 DNA 分子复制，产生大量相同拷贝的重组分子，称为克隆。⑤克隆的 DNA 分子可以从宿主细胞中回收，纯化。⑥克隆的 DNA 可以转录和翻译，其产品可以被分离出来用于研究或商业开发。

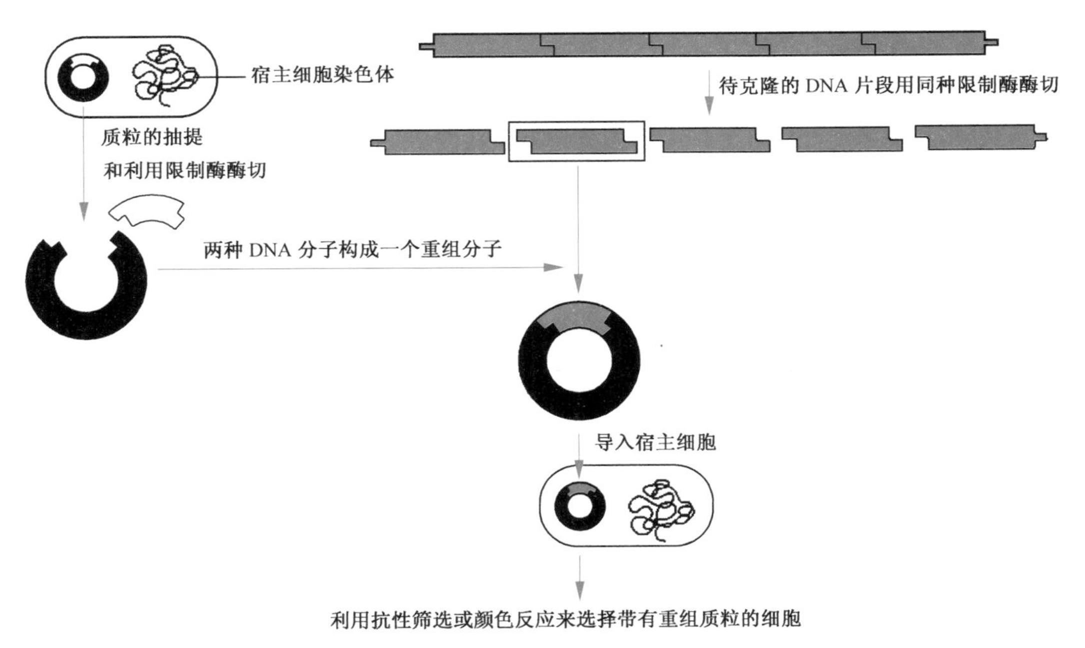

图 12-14 重组 DNA 技术流程（引自 Klug and Cummings，2000）

二、植物表达载体

完成含有外源基因的重组 DNA 构建后，往往先转化原核细胞进行基因的表达实验，然后再将基因构建到植物表达载体上，转化受体植物，获得转基因植物。

（一）重组 DNA 导入原核生物（细菌）

通常采用转化的方法将重组 DNA 导入细菌，使用的受体菌是大肠杆菌。原核生物的遗传转化可以通过多种途径来完成。

（1）$CaCl_2$ 热激处理转化（$CaCl_2$-heat transformation）。将细菌细胞与冰上预冷的 $CaCl_2$ 溶液混匀，然后转移到 42℃的条件下处理 90s。热激处理转化的机制尚不清楚，可能是热激处理暂时破坏了细菌的细胞膜，使游离的 DNA 分子被摄入受体细胞。这种方法的转化频率大概是千分之一，即 1000 个处理细菌细胞中可以获得一个转化细胞。

（2）电激转化（electroporation）。这是目前常用的一种转化方式。这种方法要求具备电转化仪，在电转化仪施加的强电场的作用下，使受体细胞细胞膜具有可逆的电穿孔，以使 DNA 分子进入细胞。进行电转化操作时，细菌细胞和 DNA 分子放在带有电极的小室（chamber）中，通过小室施加电脉冲，使细胞膜穿孔，然后 DNA 分子进入细胞。电转化具有比热激转化法高 10 ~ 1000 倍的效率，转化效率与质粒的大小成反比。

（3）接合（conjugation）。接合是原核生物细胞与细胞接触而进行遗传物质转移的一种自然过程，但大多数用于 rDNA 研究的质粒不能接合转移。

无论采用哪种 DNA 转化技术，都要采用适当技术对转化子（transformant，获得外源质粒的受体细胞）进行筛选才能确定转化细胞。通常是将转化处理的混合细胞溶液涂布在含有相应抗生素或能够进行化学显色反应的培养基上进行阳性克隆的筛选。

（二）植物表达载体的功能与种类

作为植物基因转化的载体，必须具有两种功能：一是能作为媒介将目的基因导入受体植物细胞；二是能提供被受体细胞的复制和转录系统所识别的 DNA 序列，即启动子和增强子等顺式作用元件，以保证转化的外源基因能在植物细胞中进行复制和表达。

将外源基因导入植物的表达载体通常有两类：病毒载体和质粒载体。病毒载体有其自身的优点，但由于其通常不整合到受体基因组上，获得的转基因植物不能传代，一般只用于基因的功能研究，不用于转基因植物生产。植物遗传转化常用的载体是农杆菌属（*Agrobacterium*）中存在的 Ti 质粒和 Ri 质粒。

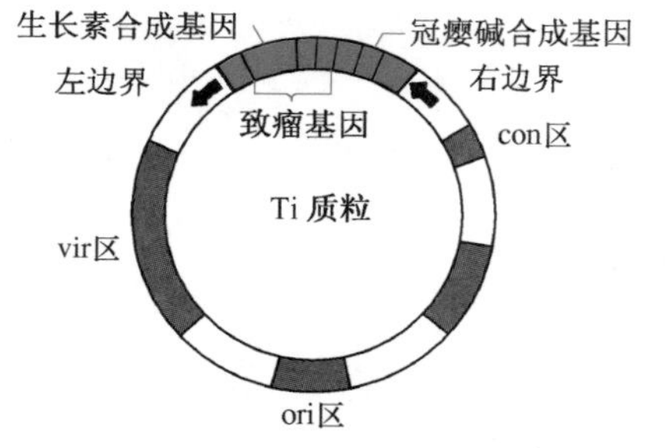

图 12-15　Ti 质粒的结构图

1. Ti 质粒

Ti 质粒是根癌农杆菌（*A. tumefaciens*）染色体外的遗传物质，为双链共价闭合的环状 DNA 分子，有 150 ~ 200kb。各种不同类型的 Ti 质粒都具有 T-DNA 区、毒性区（vir 区）、细菌结合转移位点（con 区）和复制起点（ori 区）（图 12-15）。其中以 T-DNA 区和毒性区在植物转化中最为重要。

（1）T-DNA 区（transfered-DNA region）。T-DNA

是农杆菌侵染植物细胞时，从Ti质粒上导入植物细胞的一段DNA，故称之为转移DNA。T-DNA两端各有一段25bp的重复序列（分别称为左边界序列和右边界序列）。T-DNA携带的致瘤基因实际上就是一些与激素合成有关的基因，野生型根癌农杆菌侵染植物细胞后，由于激素合成基因随T-DNA转入植物细胞，使细胞处于不停的分裂状态，形成冠瘿瘤，不能进行细胞分化，必须对Ti质粒进行改造才能应用于植物的基因工程中。T-DNA的右边界序列对T-DNA转移到植物细胞内具有重要意义。保留T-DNA两端的末端序列，然后用一段外源DNA插入或直接取代野生型T-DNA的部分基因可以除去植物细胞的致瘤基因，从而导致转化的植物细胞不具有成瘤能力。

（2）vir区（virulence region）。vir区段上的基因与T-DNA从细菌转移到植物细胞的遗传过程有关，区段上的基因能够使农杆菌表现出毒性，故称之为毒性区。vir区段总长度大约35kb，由7个互补群组成，分别命名为*virA*、*virB*、*virC*、*virD*、*virE*、*virG*和*virH*。毒性区中各个位点的表达情况可以分为两种：一种是组成型表达，即在无植物诱导分子存在下依然保持一定的表达水平；另一种是植物诱导型表达，即这些基因的表达必须在土壤农杆菌感染植物受伤组织时，植物细胞分泌的信号分子作用下才能启动表达。

（3）con区（conjugation region）。该区段上存在着与细菌间接合转移有关的基因（*tra*），调控Ti质粒在农杆菌之间的转移。

（4）ori区（origin of replication）。该区段基因调控Ti质粒的自我复制，故称之为复制起始区。

2. T-DNA转移的机制

T-DNA的转移与整合需要*vir*基因编码产物的参与。除了这些Ti质粒编码的基因外，还鉴定出一些位于根癌农杆菌染色体DNA上的基因，同样也参与了T-DNA转移作用。Ti质粒分子受到信号分子的激活作用之后，*virD*基因编码的一种核酸内切酶，先在T-DNA的RB序列中的第3和第4碱基之间切开一个单链缺口，随后在T-DNA同一条链的LB序列中切出第二个单链缺口。于是T-DNA便以单链形式释放出来，并在RB序列的引导下定向地从根癌农杆菌细胞转移到寄主植物细胞。当单链的T-DNA转移到植物细胞之后，在有关的植物细胞酶体系的催化作用下，便会合成出互补链形成双链形式的T-DNA分子。在一系列酶的参与下整合进植物基因组。这种整合是一种非正常重组，即T-DNA整合进入植物染色体的位点（插入位点，insertion site）是随机的。

3. Ti质粒的衍生载体

（1）双元载体系统（binary vector system）。双元载体系统具有两个质粒，即穿梭质粒和改造后的Ti质粒，在接合后可以自主性地共存于同一农杆菌细胞中。穿梭质粒能够在大肠杆菌和农杆菌中同时存在，编码植物选择标记、表达信号，并具有位于两个T-DNA边界序列之间的用于外源基因亚克隆的多克隆位点。改造后的Ti质粒具有*vir*基因和农杆菌复制起始子（oriA），但没有T-DNA边界序列。接合后，两个质粒在选择压下可以自主共存于同一农杆菌细胞中。当农杆菌感染受伤的植物时，Ti质粒上的*vir*基因与穿梭质粒上的右边界序列发生反式相互作用，从而将T-DNA转移进入植物基因组，这就是双元载体系统的特点。

（2）共整合载体（cointegrate vector）。共整合载体仅含一个质粒，由中间载体和

T-DNA 区激素合成基因剔除的 Ti 质粒整合而成。通过三亲交配法使克隆在中间载体上的外源基因从大肠杆菌进入农杆菌中，中间载体与改造的 Ti 质粒之间通过同源重组使外源基因整合到 T-DNA 区。共整合载体 T-DNA 区不含激素合成相关基因，因此可以用于植物遗传转化和转基因植株再生，而不是产生转基因肿瘤组织。

4. Ri 质粒

Ri 质粒存在于发根农杆菌中，也可用于外源基因向植物的转移。发根农杆菌侵染植物细胞后产生许多不定根，这种不定根生长迅速，不断分枝成毛状，故称之为毛状根或毛根，也称为发状根或发根，所以 Ri 质粒被称为根诱导质粒。Ri 质粒的结构与 Ti 质粒的结构很相似，可以分为 T 区、vir 区、ori 区和其他区域等几个部分。T 区与 Ti 质粒的 T-DNA 十分相似，包括以下几个部分：① T 区的左、右边界序列。在 Ri 质粒的左、右边界上含有 25bp 的重复序列，与 T-DNA 的左、右边界序列具有很高的同源性。② TL-DNA 区。该区中含有与毛状根形成有关的 *rolA*、*rolB*、*rolC*、*rolD* 基因群。*rolA* 与肿瘤和毛状根的形成有关，该基因不活化时通常形成较多的不定根，而在活化的情况下与毛状根形成有关；*rolB* 基因是 Ri 质粒转化过程中最关键的基因，没有该基因的参与，转化细胞不可能形成毛状根组织。*rolC*、*rolD* 不活化时不会产生性状。③ TR-DNA 区。该区中含有与农杆碱合成有关的基因（*ags*）和生长素合成有关的基因（*tms1*、*tms2*）。*ags* 基因在转化的初期起着重要的作用，是不定根产生的关键。

三、遗传转化的方法

将目的基因导入植物基因组，才能稳定地向后代遗传，达到基因工程的最终目的。高等植物基因遗传转化的方法有很多，基本可以划分为两类：一类是生物载体介导的遗传转化，另一类是非生物载体介导的遗传转化。生物载体介导的转基因中，农杆菌介导的遗传转化是最常用的方法，下面将详细介绍。非生物载体介导的遗传转化包括种质转化系统和直接转化系统。种质转化系统是以植物自身的生殖系统种质细胞为受体进行的转化，如花粉浸泡外源 DNA、DNA 注射授粉后的子房等；直接转化是采用物理或化学方法直接将外源基因导入受体细胞，如基因枪法等。种质转化系统在基因工程理论研究中仍有争议。

（一）农杆菌介导的遗传转化

1. 农杆菌介导的遗传转化需要具备的条件

利用农杆菌介导法成功转化需要具备如下条件：①高效的植株再生体系。选择容易从体细胞再生植株的受体基因型是转化获得成功的关键。把基因转入细胞并不难，但如果不能再生植株，就不能把外源基因遗传下去。此外，基因转入细胞后，愈伤组织生长时期应控制得越短越好，尽快实现再生，以避免体细胞变异的发生。②受体植物细胞对农杆菌要有很高的亲和力。一般认为受体细胞应处于高度的分裂状态，只有处于分裂期的细胞，在 DNA 的复制过程中，T-DNA 才能插入植物基因组。③应具有有效的选择系统。必须有一个理想的选择方法将转化细胞从非转化细胞中选择出来，得到转基因细胞系，才能保证获得转基因植株。④稳定的转化技术和基因表达。外源基因转入植物后应能传代并稳定表达。

2. 转化方法

农杆菌介导遗传转化的一般技术程序包括如下几个步骤：农杆菌侵染植物细胞、细菌与植物细胞共培养、在筛选培养基上筛选、获得转化细胞克隆、转化细胞分化并再生植株。该方法使用的外植体可以是叶圆盘、下胚轴、胚性愈伤组织等。农杆菌介导的遗传转化操作过程可用一个流程图表示（图 12-16）。

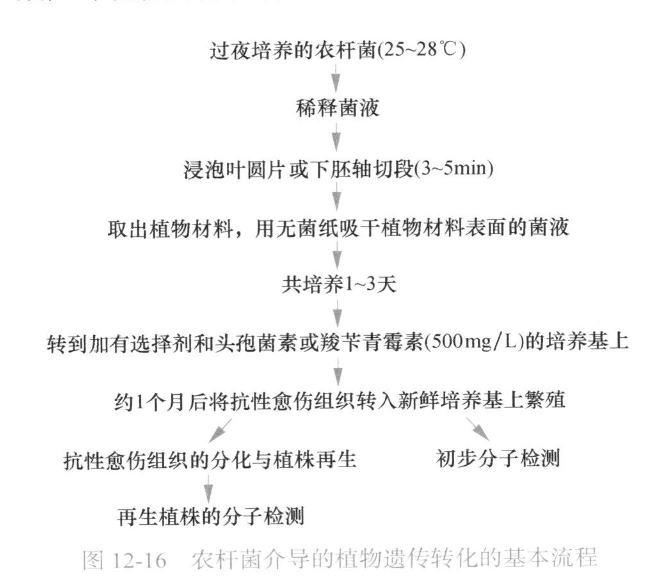

资源 12-2

图 12-16　农杆菌介导的植物遗传转化的基本流程

3. 选择系统

选择是为了将转化细胞与非转化细胞区分开，以便转化细胞具有生长优势。为了达到这个目的，在构建载体时，往往在 T-DNA 区上还携带有一个选择标记基因，通常使用的是抗生素抗性基因，如 *NPT Ⅱ* 基因，它是一个新霉素磷酸转移酶基因，能分解卡那霉素等抗生素。此外，还有其他选择标记基因，如抗除草剂基因、报告基因（如 *gusA* 基因、*gfp* 基因等）等，这里不详述。选择培养基里除了含有能被选择标记基因降解的抗生素外，还含有抑制农杆菌生长繁殖的抗生素，如头孢霉素。只有完全抑制农杆菌的繁殖，植物材料才能生长。

4. 影响转化的因素

农杆菌介导的遗传转化有严格的寄主限制，比较易于转化双子叶植物，对单子叶植物的转化较难，但近年来，由于技术上的突破，农杆菌在转化水稻的方法上已经很成熟。同一种植物不同的基因型转化效率也会有所不同。农杆菌菌株、菌液浓度、植物材料的生理状态、预培养处理等都对转化效率有影响。大量的研究表明，在培养农杆菌或农杆菌与外植体共培养时，培养基中加入微量的乙酰丁香酮（acetosyringone）能明显提高转化效率。

（二）基因枪介导的遗传转化

基因枪法（gene gun method 或 biolistics）又称生物弹法或微粒枪法、微粒轰击法（microprojectile bombardment），是依赖高速的金属微粒将外源基因导入活细胞的一种转化技术。基因枪法是继农杆菌介导法之后又一应用较广的遗传转化技术。其优点是该方法无宿主限制，可以对任何基因型材料进行转化研究。对于不能通过体细胞再生植株的基因型，可以通过基因枪轰击茎尖实现基因转化，所以又被看作是一种非基因型依赖性的转化技术；基因枪转化技术的靶受体类型十分广泛，几乎包括所有具有潜在分化能力的组织或细胞；这种技术的最大优点是易于操作。但该方法也有明显的缺点，如转化频率低、嵌合体较多、结果的重复性差，转化的外源基因以多拷贝居多易导致基因沉默，实验成本较高等。

基因枪转化技术建立后受到转基因技术研究人员的重视，但随着近几年农杆菌介导转化单子叶植物在技术上的不断突破和成熟，基因枪在转基因植物研究中的使用不再受到青睐，其主要原因是其成本高及多拷贝插入。但基因枪转化技术在研究中仍有很广泛的应用价值。该方法目前仍是转化叶绿体等细胞质基因组的主要方法，叶绿体转化因其可提高外源基因的表达效率和增加转基因的安全性而备受重视。此外，基因枪法在基因的瞬时表达研究方面有其独到的优势，基因枪轰击受体材料数小时就可以观察外源基因在植物细胞中的表达情况。

资源 12-3

在基因枪转基因研究中应注意几个问题：操作应在无菌条件下进行；植物材料应是分裂旺盛的组织；用于转化的 DNA 质量要高；转化前对植物材料进行一定的渗透处理有利于转化效率的提高；转化前需要对转化参数进行优化，确定最佳转化参数；转化后需要将材料静置培养 1 天或更长时间才能转移到筛选培养基上选择培养，以保证外源基因在细胞分裂时插入植物染色体。

除上述介绍的两种主要转基因技术外，还有很多将外源基因引入植物基因组的方法，如电激法、花粉管通道法、超声波法、原位转化法和新型纳米材料介导的转化法等，它们都在不同程度上得到应用。

第四节　转基因生物的检测与鉴定

经过筛选标记筛选获得转化子后，应该通过可靠的手段检测转基因材料是否为真实的转化子。检测的内容包括：外源基因是否进入受体细胞，进入受体细胞的外源基因是否整合到染色体上，整合到受体染色体上的基因是否表达，外源基因是否能产生目标表型等。

一、分 子 检 测

常用的转基因生物分子检测手段有 PCR、Southern 杂交、Northern 杂交和 Western 杂交等，分别在 DNA 水平、转录（RNA）水平和翻译（蛋白质）水平进行鉴定。

（一）DNA 水平的检测

转基因生物遗传水平的分子检测包括 PCR 和 Southern 杂交。PCR 检测外源基因的原理是根据被转移的外源基因（可以是目的基因也可以是选择标记基因）设计特异引物，扩增外源基因的片段，如果扩增出的片段与设计的一对引物之间的实际片段在长度上相吻合，可以初步判断基因已转入受体细胞。在进行 PCR 检测时应设两个对照：阳性对照即质粒 DNA 和阴性对照即非转基因材料的 DNA，根据两个对照确定扩增的外源片段的真实性（图 12-17）。PCR 扩增结果只能初步确定转基因材料的真实性，并不能完全确信，因为 PCR 反应十分敏感，痕量的 DNA 模板就能扩增出对应条带，所以检测的结果容易出现假阳性，通常需要进一步用 Southern 杂交才能证实外源基因整合到受体基因组。

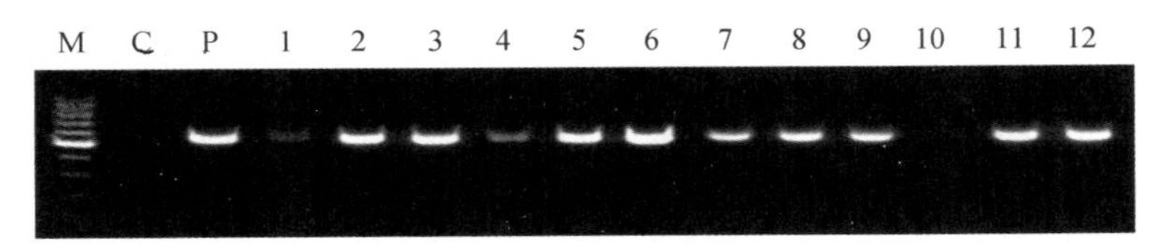

图 12-17 转基因棉花选择标记基因 *NPT Ⅱ* 编码区段的 PCR 扩增结果

M. 分子质量标准；C. 非转基因植株（阴性对照）；P. 质粒对照（阳性对照）；1 ~ 12. 转基因植株

Southern 杂交是一种 DNA-DNA 杂交，其检测转基因材料的原理是同源互补配对。主要流程为：将转基因材料的 DNA 抽提出来，用限制酶酶切，然后将经过酶切的 DNA 片段进行琼脂糖凝胶电泳，经过变性处理后，将凝胶上的 DNA 转移到膜（如尼龙膜）上，再用经过放射性同位素或非放射性同位素标记的探针（即待检测的基因片段）与膜上的 DNA 片段杂交，洗去膜上非特异性结合的探针后，用 X 光片放射自显影检测同位素杂交信号（图 12-18）。在 X 光片上有杂交带的说明是转基因材料，否则为非转基因材料。利用 Southern 杂交还可以确定外源基因转入受体基因组的拷贝数。

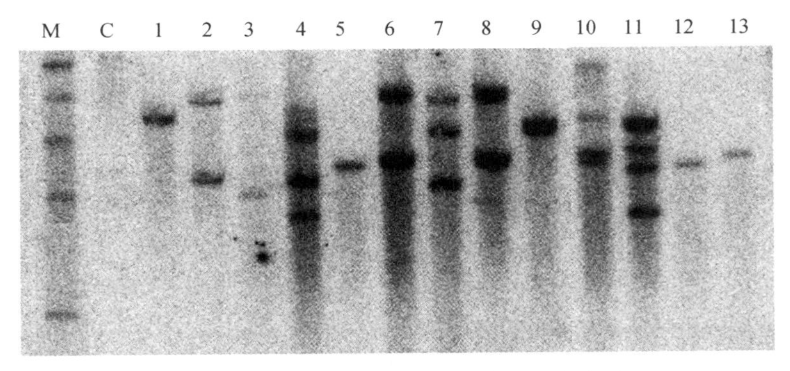

图 12-18 转基因棉花的 Southern 杂交检测

M. 分子质量标准；C. 阴性对照；1 ~ 13. 转基因植株

（二）转录水平的检测

外源基因转入受体生物后，不一定会完全按照预期进行表达，需要对外源基因在表达水平进行进一步分析和筛选，常用的方法有 RT-PCR、qRT-PCR 和 Northern 杂交。其中 RT-PCR 和 qRT-PCR 主要是通过将转基因材料与野生型同步进行 RNA 的提取和反转录成 cDNA，设计基因特异引物对目标条带进行 PCR 扩增，同时设计看家基因的引物作为对照同步进行 PCR。RT-PCR 主要通过检测扩增产物在电泳检测中的强度对表达量进行半定量分析，而 qRT-PCR 主要是通过在高灵敏的 qRT-PCR 仪中实时采集扩增产物的荧光信号实现对表达量的定量分析。Northern 杂交是检测基因表达水平的另一种可靠手段，它是一种 DNA-RNA 杂交。整合到染色体上的外源基因如果能正常表达，则转化材料细胞内有其转录产物——特异 mRNA 的生成。将提取的总 RNA 或 mRNA 用变性凝胶电泳分离，则不同的 RNA 分子将按分子质量大小依次排布在凝胶上；将它们原位转移到固相膜上；在适宜的离子强度及温度条件下，用基因特异的 DNA 探针与膜上的 RNA 通过同源互补配对的原则进行杂交；然后通过探针的标记性质检出杂交信号。杂交信号的强度反映了基因的表达水平。

（三）翻译水平的检测

完成对转基因材料遗传和转录水平的检测后，往往还需要进一步在翻译水平上对目标蛋白质进行检测。Western 杂交则是为了检测外源基因转录出的 mRNA 能否翻译出特异的蛋白质。导入受体的外源基因正常表达时，转基因受体细胞总蛋白中应含有目的基因翻译的蛋白质。进行 Western 杂交检测时，首先从转基因受体中提取总蛋白质，经纯化处理后，进行 SDS-PAGE（十二烷基硫酸钠-聚丙烯酰胺凝胶电泳）使蛋白质按分子质量大小分离，将凝胶上的蛋白质转移到膜上，按特定的程序与抗体杂交，对杂交结果进行检测便可得知被检组织内目的蛋白的表达水平。

二、生物学性状鉴定

生物学性状鉴定的目标包括选择标记基因是否表现出标记性状，转移的目的基因是否表现出目标性状（如转移的抗虫基因是否具有抗虫性），转基因生物是否发生其他性状变异等。在转基因植物研究中，大多使用 *NPT Ⅱ* 基因作为筛选标记基因，所以对转基因植物可以进行卡那霉素抗性鉴定。以转基因棉花为例，通常使用 1mg/L 的卡那霉素涂抹新展开的叶片（如倒 4 叶），1 周后观察，转基因棉花的叶片看不到受损害的表现，而非转基因棉花的叶片上出现黄斑或枯死。抗虫性状通常采用生物测定的办法鉴定，用转基因材料的叶片饲喂靶标害虫幼虫，从两个方面判断转基因材料的抗虫性，一是观察叶片被取食的情况，转基因抗虫材料害虫不取食或少量取食，而非转基因材料被害虫大量取食，形成具很多孔洞的网纹状结构（图 12-19）；二是观察害虫的发育情况，饲喂转基因

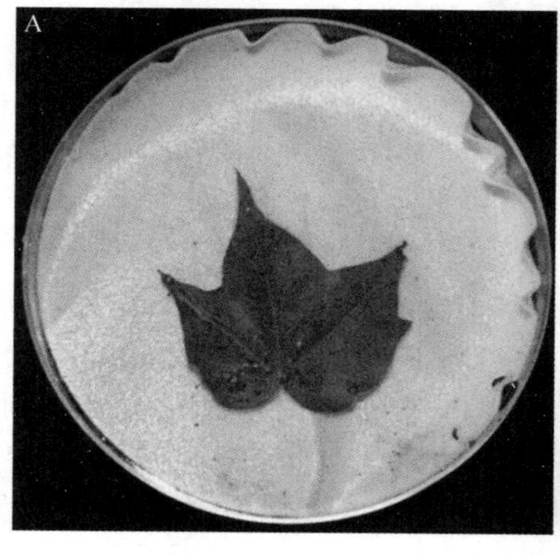

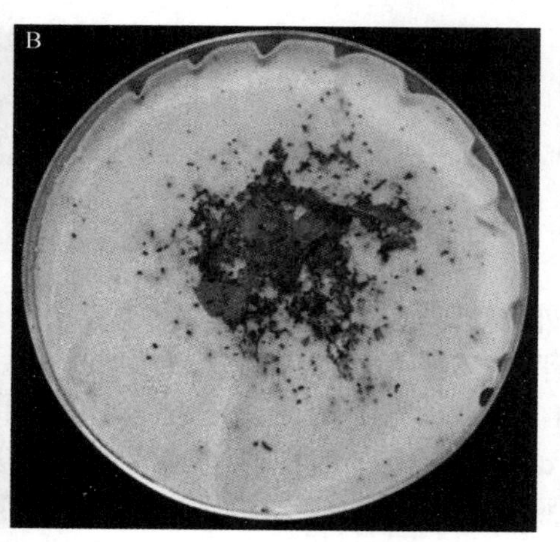

图 12-19　转基因棉花饲喂棉铃虫时被食用情况

A．转基因抗虫棉；B．非转基因棉

抗虫叶片时害虫不能生长，虫体瘦小，直至死亡。而饲喂非转基因叶片时，害虫能正常发育。对抗除草剂的转基因植物可以采用涂抹或喷施除草剂进行鉴定。

转基因生物除表现出外源基因赋予的性状以外，还可能因为细胞培养或T-DNA的插入而造成其他性状的突变。因此，在考察转基因材料时，还应观察农艺性状、经济性状是否发生外源基因以外的变异，最好选出仅表现出目的基因性状而不改变其他农艺性状的转基因材料，以更好地应用于遗传和育种研究。但是，我们不应忽视转基因过程中产生的其他变异的应用价值，如转基因抗虫棉的鉴定中有可能筛选到既抗虫又具有更高纤维品质的品系。转基因材料性状的鉴定应有系统的记载，并多代观察以确定其遗传模式，为进一步加以利用提供理论依据。

第五节 基因编辑

基因编辑（gene editing）是一种在DNA水平上对基因组特定位置进行精确操作的基因工程技术。在传统的植物基因功能研究中，常常采用物理、化学诱变或T-DNA、转座子插入等方法使基因组发生突变，但是以上突变均随机发生，针对特定基因或功能的研究往往需要对突变后代进行大量的筛选。通过农杆菌介导的遗传转化虽然可以特异性地操控目的基因的表达，但是该技术依赖T-DNA在基因组中的整合，往往会引起不能预测的基因组突变。此外，该技术不能真正意义上实现对目的基因在原位DNA水平上的操作。动物的基因研究和植物存在相似的问题，开发高效定向的基因编辑技术具有迫切的需求。

一、基因编辑的发展及基本原理

在细菌、真菌及酵母等微生物中，通过同源重组的方法可以将外源DNA片段精确导入到基因组特定位置，从而实现对目标DNA的替换，即基因打靶（gene targeting）。然而在高等生物中，同源重组发生的概率极低，尽管依赖同源重组的基因编辑技术（基因打靶）在小鼠中取得了巨大的成功，但对于其他生物而言依然难以实现。如果使基因组DNA发生双链断裂（DSB），则会激活细胞的DNA修复系统——非同源末端连接（NHEJ）和同源定向修复（HDR）。NHEJ的修复往往会在断裂位点引起少量碱基的缺失或插入，而在提供外源同源DNA模板的情况下，HDR则能实现基因的替换。如果能在基因组上实现靶向双链断裂，则有望实现精确的基因编辑。基于以上思路开发的基因编辑工具主要有：归巢核酸酶（HE）、锌指核酸酶（ZFN）、转录激活因子样效应物核酸酶（TALEN）和成簇规律间隔短回文重复及其相关蛋白组成的CRISPR/Cas系统。

HE最早在酵母中被发现，其最小识别序列片段为18bp，因此具有很高的特异性。到目前为止，虽然有数以百计的HE被鉴定到，但是对于复杂的基因组而言，这些核酸酶能提供的编辑位点仍然极其有限，严重制约了HE在基因编辑中的实际应用。

ZFN是一种重组核酸酶，由具有DNA绑定活性的锌指结构域和来源于限制酶*FoK* Ⅰ的DNA切割结构域融合而成。每个锌指结构含约30个氨基酸，能特异性识别三联体碱基，通过串联3～4个锌指结构能够实现对DNA的特异性识别。在基因编辑过程中，两个ZFN可以分别结合在靶点上下游相距6～8bp的位置，使得*FoK* Ⅰ形成具有DNA切割活性的二聚体从而启动对DNA的切割（图12-20）。通过人工改造锌指结构域可以实现 ZFN 对不同靶点的特异性结合。与 HE 相比，ZFN 切割位点的选择性更加灵活，但是在实际应用中，ZFN 对靶点的选择依然具有较高的要求且容易造成脱靶，根据特定的靶点进行 ZFN 的设计也存在较大困难。

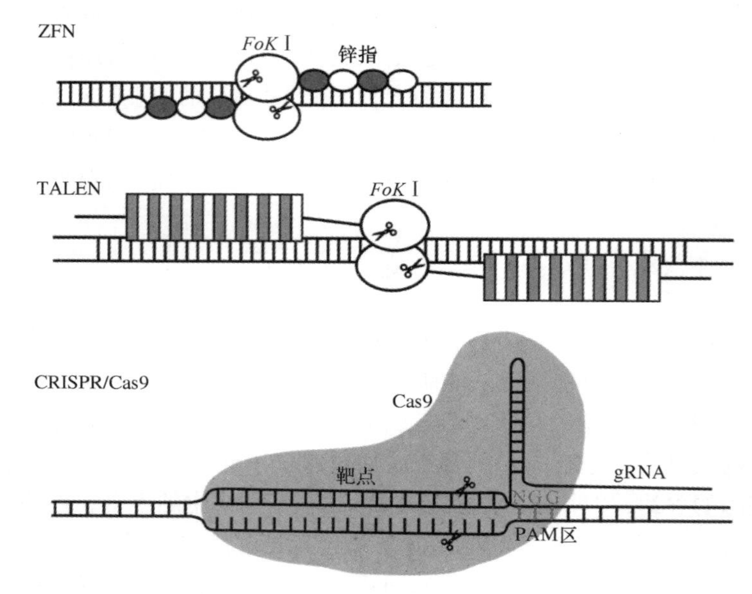

图 12-20　不同基因编辑技术的模式图

TALEN 与 ZFN 类似，也是由 DNA 结合结构域和 *FoK* Ⅰ 的 DNA 切割结构域融合而成。其中 DNA 结合结构域是以细菌来源的 TALE 蛋白为基础改进而成。TALE 蛋白的 DNA 结合结构域包含了多个由 34 个氨基酸组成的重复单元，其中第 12 和 13 位氨基酸的变化决定了该重复单元对单个核苷酸的特异性识别，通过串联不同的重复单元可以实现对靶标序列的特异性识别（图 12-20）。研究表明，TALEN 对靶序列的识别不受靶点上下游序列的影响，其识别模块可以自由组合，因此靶点的选择不受限制，且在实际操作中脱靶率极低。以上特点使 TALEN 技术自问世起就受到高度重视，但 TALEN 技术的缺点在于 DNA 结合模块的设计复杂，对于每个选定的靶点都需要从头进行 TALEN 设计。

近年来，以 CRISPR/Cas 系统为基础的基因编辑技术取得了重大进展，逐步成为主流的基因编辑技术。CRISPR/Cas 系统广泛存在于细菌和古菌中，不同物种来源的 CRISPR/Cas 系统具有高度的多样性，根据 CRISPR 的组成特征，*Cas* 基因的结构特征、数量及进化关系，CRISPR/Cas 系统主要分为 3 类。其中第二类只需要单独的 Cas 蛋白就能实现基因的切割，Cas9 是这一类的代表，因此 CRISPR/Cas9 系统成为了应用最广泛的系统。CRISPR 中的间隔序列是细菌从入侵的噬菌体中获得的，以 CRISPR/Cas9 的作用机制为例，当细菌再次被相同噬菌体侵染时，CRISPR 序列转录生成 CRISPR RNA（crRNA）前体，同时细菌也转录出反式作用 RNA（tracrRNA），tracrRNA 促进了 crRNA 前体的成熟。成熟的 crRNA 和 tracrRNA 及 Cas9 形成复合物，通过同源互补配对原则，crRNA 将 Cas9 引导至噬菌体基因组的配对位点，随后 Cas9 启动对噬菌体 DNA 的切割，这是细菌自我保护的一种防御机制。

CRISPR/Cas9 介导的基因编辑技术以此为基础发展而成，将 crRNA 和 tracrRNA 改造成一条嵌合 RNA，也称引导 RNA（gRNA），能进一步简化 CRISPR/Cas9 的工作流程。CRISPR/Cas9 介导的基因编辑以 gRNA 为导向，通过 20 个碱基的同源互补配对结合到 NGG（也称 PAM 区）上游的靶标位点，启动对靶标 DNA 的切割（图 12-20）。与其他基因编辑技术相比，CRISPR/Cas9 在基因编辑中具有极大的优势，主要表现在操作简便、靶标区域的选择灵活、在不同的物种中均具有较高的编辑效率和较低的脱靶率。

二、基因编辑的应用

CRISPR/Cas9 系统在 2012 年首次应用于基因编辑，在短短的数年中发展成为最重要的基因编辑工具并得到广泛应用。本节以 CRISPR/Cas9 系统为例介绍基因编辑技术的应用。突变体是研究基因功能的理想材料，在模式植物拟南芥中，研究者创建了数十万份 T-DNA 随机插入的突变体并对每个突变体进行序列分析，最终建立了覆盖拟南芥绝大多数基因的突变体资源库和对应的数据库，极大地促进了拟南芥功能基因组的研究。突变体库的创建是一个巨大的工程，除了拟南芥等少数模式植物外，其他物种很难有高质量的突变体资源用于基因功能研究。即使对于拟南芥而言，依然存在部分基因没有可用的突变体资源。而对于功能冗余的基因家族，通过将不同成员的突变体进行杂交聚合需要花费大量的时间和精力。

CRISPR/Cas9 系统则能很好地解决以上问题。由于 CRISPR/Cas9 仅要求靶标下游存在 NGG 的 PAM 区，因此对于绝大多数基因都有多个可供选择的靶点，使得 CRISPR/Cas9 系统可以快速、定向地创建大量基因的突变体材料。对于研究功能冗余的基因家族，根据同源基因的保守序列，往往只需设计单个或少量几个 gRNA 就可以靶向多个不同成员，通过 gRNA 的串联，可以实现单次遗传转化后在低世代获得多基因突变的材料，大大提高了遗传材料创建的效率。与 T-DNA 突变体相比，通过 CRISPR/Cas9 技术获得的突变体仅在靶标区域产生少数碱基的变异，因此对上下游基因表达的影响更小，更有利于基因功能的研究。

CRISPR/Cas9 还为调控序列变异的研究提供了很好的工具，其可以通过在调控区产生新的类似变异来实现对调控序列的研究。此外，在提供外源同源 DNA 模板的条件下，CRISPR/Cas9 能通过双链断裂诱发的同源重组修复在一定概率下实现基因的插入、删除或替换。

以 CRISPR/Cas9 为代表的基因编辑技术正处在快速的发展期，如通过对 Cas9 蛋白进行改造后与碱基编辑器进行融合，可以在不产生双链断裂的情况下实现单碱基水平的编辑。而新的 Cas 蛋白如 Cpf1 识别的 PAM 区为靶标 5′ 端的 TTTN 序列，进一步扩展了靶标的选择性。在目前以及不久的将来，越来越多新的编辑系统涌现，将进一步提高靶点的选择性、编辑的效率和编辑的精准度。基因编辑技术不再仅限于突变体的创建和基因功能的研究，其在动植物遗传育种和人类遗传疾病的治疗等领域中也展现出了巨大的应用前景。

以作物遗传育种为例，基因编辑技术降低了对转基因安全性的担忧。由于 T-DNA 的插入位点和基因编辑位点在基因组中是独立的，通过基因编辑技术可以在后代中筛选到不含 T-DNA 的基因编辑后代。即使是以营养繁殖为基础的作物，通过瞬时表达 gRNA

和 Cas9 的方法也能获得不含外源片段的基因编辑植株。这些基因编辑作物与通过传统诱变育种或自然变异筛选获得的作物在本质上无法区分。尽管对基因编辑作物的安全性评价在国际上还没有统一的标准，与传统转基因作物相比，无论是“以过程为基础”的欧盟还是“以产品为基础”的美国，对基因编辑作物都具有更高的接受度。基因编辑技术还可以极大地加快育种进程，获得大量具有商业化价值的遗传材料。例如，通过编辑植物 *EPSPS* 基因可以快速获得抗除草剂的育种材料；通过敲除蘑菇中的多酚氧化酶基因可以获得抗褐变的蘑菇；通过敲除玉米中直链淀粉合成基因 *Wx1* 能够快速获得糯玉米新种质。此外，通过对调控农艺性状的关键基因进行编辑可以筛选到更多新的优异等位变异，大大扩展了作物遗传育种的基因资源。尽管基因编辑在多个领域中的应用尚处于摸索和尝试阶段，但随着编辑技术的发展和监管体制的完善，这一革命性的技术必将给人类在各个方面都带来巨大的价值和深远的影响。

第六节　基因工程的应用及安全性评价

一、基因工程的应用

基因工程的应用已渗透到人类生活的各个领域，可以说转基因产品正在影响着我们生活的方方面面。中国政府十分重视转基因技术在生产上的应用，2008 年启动了转基因生物重大专项，计划未来 20 年广泛进行转基因生物的研发，并首先启动了水稻、小麦、棉花、玉米、大豆、猪、牛、羊等八大农产品的转基因育种和相应的基因克隆研究，将在我国农业生产中产生重要影响。由于基因工程的应用十分广泛，无法详细介绍，这里仅对几个大家熟悉的方面进行介绍。

（一）基因工程是生物科学基础研究的重要手段

一些重要的发现是借助基因工程技术完成的，如基因结构的重叠现象和不连续性、mRNA 的剪接现象和转座因子等。功能基因组学研究是生物科学研究的一大热点领域，分离和克隆基因并验证其功能，对于阐明基因的调控和作用方式等十分重要。随着生物科学的发展，基因工程将在细胞分化、胚胎发育、细胞识别、癌变产生、免疫机制、生物进化、形态建成、产量和品质的形成规律、生物与环境的信号识别等方面的研究中具有重要用途。

（二）利用基因工程改良植物

利用转基因技术改良植物已取得很大进展并在生产上广泛应用。效果最明显的就是转基因抗虫作物与抗除草剂作物在生产上的应用。自从 1996 年首次商业化种植以来，转基因作物的面积迅速扩大，2018 年全球转基因作物的种植面积已超过 1.9 亿 hm^2，显示出强大的发展趋势。目前的转基因作物主要有大豆、玉米、棉花和油菜，种植区域主要分布在美国、巴西、阿根廷、加拿大、印度、巴拉圭和中国等几个美洲和亚洲国家。在 2018 年，全球转基因大豆种植面积占大豆总种植面积的 78%；转基因棉花占棉花总种植面积的 76%；转基因玉米种植面积占玉米种植面积的 30%；耐除草剂转基因油菜种植面积占全球油菜种植面积的 29%。随着环境和农业生产方式的改变，作物的抗非生物逆境、抗病、抗虫、品质改良、营养高效利用、生物反应器等都将成为作物基因工程研究的重要方向。

（三）利用基因工程改良动物

转基因动物比转基因植物的发展要缓慢些，这不仅涉及技术问题，也涉及社会伦理和宗教问题。转基因动物遇到的技术难题是动物体细胞再生并不像植物那么容易，而且动物的繁殖数量十分有限，限制了转基因动物的规模化生产。克隆羊“多莉”的诞生和转基因鱼的应用是动物基因工程的典范。转基因动物通常是将目的基因构建到载体上，然后用微量注射法将重组 DNA 导入受体合子细胞核中，借助母体环境获得转基因动物。

（四）基因工程工业

利用基因工程生产所需要的蛋白质有广阔的应用前景。将具有工业、农业或药用用途的蛋白质或融合蛋白基因，通过基因工程的手段，导入各种微生物或细胞，通过细胞培养生产目的蛋白质或有机原料，如通过大肠杆菌发酵培养生产胰岛素，用转基因水稻生产重组人血清白蛋白。基因工程在花卉工业中也有很大的利用价值。通过转移调控花色或某种特异性状、形状的基因到大众化的花卉中，改变花卉的外观品质，可以大幅度提高花卉的市场竞争力。基因工程工业在生物采矿、药物生产、工业原料生产方面都有很好的应用前景。随着基因克隆工作的进展和可利用基因资源的积累，通过转基因植物生产工业原料将成为一种绿色工业，它可以解决常规工业的环境污染问题，又可使一些昂贵产品的价格下降，从而为普通百姓带来实惠。燃料已成为限制世界经济发展和社会稳定的重要因素，如何利用基因工程通过生物来生产高能生物燃料，如乙醇，已成为全世界科学家们研究的一个热点。相关研究虽然仍处于基础阶段，但是转基因可以让科学家研究出高能量的作物或微生物，通过它们来再加工产生生物燃料，这样将减少因使用像玉米或甘蔗等作物生产乙醇带来的食品安全威胁。真正将基因工程工业在实际中应用，需要解决很多实际问题，如筛选合适的宿主系统，细菌、真菌、植物、哺乳动物和昆虫细胞培养系统都可以成为合适的宿主系统；另一个重要的问题就是克隆到所需要的基因和构建高效的表达载体。最后是产品的收集、纯化技术。

（五）基因治疗与医药开发

基因治疗（gene therapy）是利用功能基因或正常基因，通过生物技术手段，置换缺陷基因（defective gene），从而达到矫正遗传疾病的目的。可以通过两种途径进行遗传矫正。一种途径是替代治疗，即用功能正常的基因替代缺陷基因；另一种途径是靶标基因修复，即用分子工具修正基因组中的突变基因。用重组 DNA 技术生产疫苗是基因工程应用的另一个重要方面。利用基因工程可以改造病原菌获得弱毒疫苗，也可以利用基因工程表达重组免疫蛋白获得亚单位疫苗，其中用酵母生产人乙肝重组蛋白疫苗是成功的典范。我国采用哺乳动物表达系统和重组痘苗表达系统也进行了乙肝疫苗的研制，其免疫效果均可超过血源疫苗的效果。此外，基因工程还可以用于生产 DNA 疫苗，该疫苗既具有传统疫苗的优点又能降低接种风险，它既能诱发体液免疫又能诱发细胞免疫。另外，该疫苗可以在机体内表达不同病原菌的抗原，从而达到综合免疫的效果。

利用植物生产重组蛋白是目前医药工业的一个生长点。重组蛋白包括抗体、疫苗、调节蛋白和酶等。1988 年，第一例利用烟草生产重组抗体获得成功。利用植物生产药物具有如下优点：栽培费用低、产量高；从基因到蛋白质所用的时间相对较短；需要资金少；治疗风险小。质体转化是提高转基因植物生产药用重组蛋白产量的重要途径。目前质体转化技术正走向商业化，烟草叶绿体成为表达重组蛋白的商业化研究平台，目前已有相应的载体、表达盒、敲除报告基因的体系。可是，质体转化技术在其他作物中仍存在很多困难，限制了这一技术在农艺性状改良中的应用。鼠科旋转病毒基因 6 编码 41kDa 衣壳结构蛋白 VP6，将其转到马铃薯中，叶和块根中 VP6 的含量为总可溶性蛋白质的 0.01%。用转基因马铃薯组织饲喂小鼠，产生抗血清和抗体，说明转基因生产可食植物疫苗是可行的。最近，有人设想将蜘蛛丝弹性蛋白基因转入植物，生产并纯化蛛丝弹性硬蛋白以治疗人类软骨细胞增生。

（六）生物工程与环境保护

生物技术的环境应用主要包括生物治疗（bioremediation）、废物处理（waste treatment）、诊断（diagnosis）和植物修复（phytoremediation）。生物治疗是利用微生物降解环境中的毒素和危险化合物。这些环境中的危险物可能来自采矿、钻井、化学加工和工业事故等。废物处理的原理也是利用微生物降解废物，使之转化为二氧化碳和甲烷，后者可以用作生物燃料。生物技术的一个重要应用方面是制作诊断工具，用于研制人类、动植物主要流行性疾病的早期探测试剂盒，从而做到疾病的早期预防和控制。植物治疗是利用植物消除环境中的污染或使其转化为无害的物质。比如，利用某些植物吸收土壤中的重金属，可以缓解土壤中的重金属污染。也可以利用生物工程技术生产工程菌作肥料，提高肥料的利用率，降低化学肥料使用量，从而降低肥料对地下水的污染。此外，基因工程还被广泛应用于法医鉴定、历史考古学、中药学、生物反应器、食品等工业或科学研究领域，其发展与应用日益受到重视。

二、转基因生物的安全性问题

用基因工程方法将有利于人类的外源基因转入受体生物体内，改变其遗传组成，使其获得原先不具备的品质与特性，以这些生物为来源的食品即转基因食品。这项技术可增加食品原料产量，改良食品营养价值和风味，去除食品的不良特性，减少农药使用。因而，它具有无法估量的发展潜力和应用价值。1998 年 8 月，英国 Rowett 研究所的科学家 Pusztai 报道，幼鼠食用转基因马铃薯后，这种抗虫转基因马铃薯产生的雪花莲外源凝集素使内脏和免疫系统受损，阻碍小鼠的生长，这是针对转基因食品安全性最早提出的研究报告。英国皇家学会在后来组织的专家评审中，称该研究从实验设计、执行到分析等多方面都“充满漏洞”，其报告是“无可救药地混乱”，结论缺乏科学性。但是该报道激起人们对转基因食品是否危害人体健康的争论。近年来，有关转基因食品安全性的争论几乎成为全世界最热烈、最集中的话题之一，政府组织与非政府团体，国际组织与国内机构，政治团体、经贸团体与民间组织纷纷加入到这场争论之中。人们对生物技术应用的安全性关注方面包括是否会破坏环境，是否对人类健康有害，是否会产生食品安全、宗教和社会伦理问题等。尽管转基因作物在美洲和亚洲已取得了很大的成绩，但欧洲国家仍强烈抵制转基因农业在本土的发展，近来欧盟已开始放宽了对转基因作物的进口和国内生产的限制，但是这种抵制在欧洲不少国家仍存在。人们对于转基因食品的安全与否及对环境危害的争论主要集中在以下几个方面。

（1）外源基因的毒性。虽然尚未开展广泛的流行病学调查，但是目前没有证据表明经过安全评价进入市场的转基因作物对人类具有毒性。自从 1996 年美国允许第一例转基因食品在超市出售以来，目前全世界已有十几亿人次食用了转基因食品，至今还没有发现一个因食用转基因食品而影响健康的临床病例。转基因作物，尤其是那些抗虫性植物，可能对野生动植物产生毒害引起了更大关注。1999 年，美国康奈尔大学的研究者在《自然》杂志上发表报告，用涂有转 *Bt* 基因玉米花粉的叶片喂养斑蝶后，其活性降低或死亡。Bt 蛋白能够与鳞翅目昆虫肠道中的受体蛋白结合引起细胞膜穿孔导致昆虫死亡，生产上利用 Bt 蛋白可以有效控制鳞翅目害虫，如棉铃虫、红铃虫及螟虫，也只有鳞翅目昆虫才有这种蛋白质的特异受体，而斑蝶恰恰也是鳞翅目的一种。美国农业部后来的研究结论是：转基因抗虫作物对斑蝶群体的整体威胁是很低的，实际上田间斑蝶的死亡主要因为大量使用农药和其生存环境的破坏。

（2）潜在过敏反应问题。人体免疫系统对食品中特异性物质会产生特异性的免疫球蛋白，发生过敏反应，严重时可导致死亡。根据联合国粮食及农业组织（Food and Agriculture Organization of the United Nations，FAO）统计，世界上 90% 以上的食物过敏是由大豆、花生、坚果、小麦、牛奶、鸡蛋、鱼和贝类 8 种食物引起的，此外尚有 160 种食物曾有过引起过敏反应的历史。如果转基因食品引入了上述食物中引起过敏反应的外源基因或对食物本来的基因进行改变，有可能使转基因食物对特定人群产生过敏反应，从而扩大人们日常食品中的过敏原。欧美人群相对亚洲人群具有较高的过敏反应比例，1994 年科学家们将巴西坚果中编码 2S 白蛋白的基因转入大豆中，希望提高含硫氨基酸的含量来弥补大豆含硫氨基酸的不足，结果在后续的安全性评价中发现这种转基因的大豆能引起坚果过敏症。这一研究被立即终止，但这也成为人们反对转基因食品的典型证据。目前还没有针对市场上的转基因作物产生过敏反应的报道，但仍有一些转基因的反对者担心，与传统食品相比，转基因食品仍具有较大的风险引发过敏反应。目前联合国粮食及农业组织和世界卫生组织（World Health Organization）也都针对测试转基因食品致敏性的议定书进行了评估。

（3）抗生素抗性风险问题。抗生素抗性基因的运用，大大简化了基因重组的操作步骤。抗生素抗性基因随着食物进入人和动物体内的肠道微生物中，通过转化可能诱导耐药菌株的产生。虽然很多报道指出标记基因水平转移给肠道微生物并表达的可能性极小，因为 DNA 从植物细胞中释放出来后，很快被降解成小片段，直至核苷酸，并且 DNA 转移并整合进入受体细胞是非常复杂的过程，成功率极低。近年来，为了消除转基因食品中抗生素抗性的风险，研究者采取其他形式的标记基因如甘露糖等作为选择剂或者采用转基因后标记基因切除法去掉抗生素抗性基因，从而避开使用抗生素抗性基因的疑虑。

（4）营养品质改变问题。插入外源基因的目的是改变受体生物特定的营养成分构成，提高其营养价值，如富含 β-胡萝卜素的“金稻”、不含芥酸的油菜等。但是这种改变会不会朝着并不期望的方向发展，如提高目的产物的同时降低了其他营养成分的含量，或者提高一种新营养成分的同时也提高了某些有毒物质的含量。再如，由于外源基因的来源、导入位点的不同和随机性，极有可能产生基因缺失、错码等突变，使所表达的蛋白质产物的性状、数量及部位与期望不符。对转草甘膦抗性基因大豆与常规对照大豆种子之间的关键性营养成分进行分析，发现两者间不存在显著差异。对转生长激素基因鲤与普通鲤肌肉中粗蛋白质、粗脂肪、灰分，Ca、Mg、Zn、Fe 含量以及氨基酸种类与含量进行分析表明，外源基因的插入对营养成分和氨基酸含量未产生显著影响。当然，这方面的研究还在深入进行中。

（5）“超级杂草”及生物多样性。在自然生态条件下，有些栽培植物和周围生长的近缘野生种可以发生天然杂交。若在这些地区种植转基因植物，转入的抗除草剂基因可以漂移到野生种中，并在野生近缘种中传播，使得野生近缘种中含有一种或几种除草剂抗性基因，在自然界中演变成难以铲除的“超级杂草”。1995 年，转基因油菜在加拿大被大量种植，在种植后的几年里，其农田发现了拥有抗除草剂特性的野草化油菜植株。此外，含有抗除草剂基因作物的种子无意撒落在其他作物的田间，转基因作物本身就是一种“超级杂草”，必然影响其他作物的生长。转基因作物的外源基因可能通过花粉扩散到其他非转基因的作物中，造成“基因污染”，从而破坏生物的多样性。墨西哥是世界玉米的原产地，具有丰富的玉米种质资源。为了防止玉米种质资源受转基因污染，墨西哥严禁种植转基因玉米，但通过种质交流及其他途径仍有美国的转基因玉米进入墨西哥。对墨西哥种植的玉米调查显示已有部分地区的玉米品种受到转基因的污染。我国是大豆的原产地，为了防止类似事件的发生，也曾严格限制转基因大豆的进口，同时建立非转基因生产区，以防止我国非转基因大豆产品受到污染。此外，转基因作物的大面积推广应用还可能导致农田小环境的生态失衡，导致非主要害虫的比例增加从而形成新的虫害等。

三、转基因生物的安全性管理

转基因技术在为农业生产、人类生活和社会进步带来巨大利益的同时，也会对生态环境和人类健康产生潜在的风险。近年来，转基因生物的安全性已成为国际社会争论的热点，实质上已不纯粹是科学问题，而是涉及贸易、经济、政治、社会、宗教和伦理等各个层面，因此建立合理的风险评价是科学管理的基础。农业是转基因技术主要的应用领域，建立农业转基因生物安全评价制度，是世界各国的普遍做法，也是《生物多样性公约卡塔赫纳生物安全议定书》的主要内容。国际经济合作组织（OECD）、联合国粮食及农业组织（FAO）、联合国环境规划署（UNEP）、《生物多样性公约卡塔赫纳生物安全议定书》和食品法典委员会都对转基因生物的安全提出了明确的要求。许多国家也制定了有关生物安全的法律法规，对转基因生物实施管理。

安全性评价主要包括环境和食品安全性两方面，环境安全性是指转基因后引发植物致病的可能性，生存竞争性的改变，基因漂流至相关物种的可能性，演变成杂草的可能性，以及对非靶生物和生态环境的影响等；食品安全性主要包括营养成分、抗营养因子、毒性和过敏性等。通过安全性评价，可以为农业转基因生物的研究、试验、生产、加工、经营、进出口提供依据，同时也向公众证明安全性评价是建立在科学的基础上的。因此，对农业转基因生物实施安全性评价是安全性管理的核心和基础。

复习题

1. 什么是基因工程？它包括哪些主要步骤？
2. 基因工程常用的工具酶有哪些？它们的工作原理是什么？
3. 重组 DNA 技术包括哪些主要步骤？基因克隆对载体有什么要求？
4. 简述图位克隆的步骤和原理。
5. 简述 T-DNA 标签克隆基因的原理与技术流程。
6. 农杆菌介导的遗传转化需要具备哪些条件？简述其技术流程。影响转化效率的因素有哪些？
7. 简述转基因生物检测与鉴定的方法和原理。
8. 简述 CRISPR/Cas9 介导的基因编辑原理及其优势。
9. 人们对转基因食品安全性的争议主要体现在哪些方面？
10. 综合所学知识，结合实际谈一下基因工程的应用价值及发展趋势。

本章课程视频

第十三章　基 因 组 学

随着计算机分析处理能力的不断提高和测序技术的持续发展优化，人们已经不再满足于读懂单个基因的信息，而是试图从整体上了解全部基因的信息，于是基因组学应运而生。基因组学由罗德里克（T. Roderick）于1986年提出，经过30余年的发展，现在基因组学已经发展成为一门独立的学科。

第一节　基因组学概述

一、基因组学的概念

基因组（genome）又称染色体组，是指某种生物维持生命活动所必需的一套染色体组。基因组可看作生物遗传信息的“总词典”，控制发育的“总程序”和生物进化历史的“总档案”。基因组学（genomics）是指研究生物基因组的组成、结构和功能的科学，其显著特点是研究并解析生物整个基因组的所有遗传信息。基因组学研究的最终目标就是获得生物体全部基因组序列，注解基因组所含的全部基因，鉴定所有基因的功能及基因间相互作用关系，并阐明基因组的复制及进化规律。

不同物种的基因组差异极大，表13-1列举了一些常见生物的基因组大小。

表 13-1　一些常见生物的基因组大小

生物	基因组大小	生物	基因组大小
T_4噬菌体（T_4）	168.9kb	苹果（*Malus domestica*）	703Mb
大肠杆菌（*Escherichia coli*）	4.6Mb	白梨（*Pyrus bretschneideri*）	509.1Mb
酿酒酵母（*Saccharomyces cerevisiae*）	12.1Mb	桃（*Prunus persica*）	227.4Mb
秀丽隐杆线虫（*Caenorhabditis elegans*）	100.3Mb	葡萄（*Vitis vinifera*）	494.9Mb
黑腹果蝇（*Drosophila melanogaster*）	143.7Mb	甜橙（*Citrus sinensis*）	301.4Mb
小家鼠（*Mus musculus*）	2.7Gb	西瓜（*Citrullus lanatus*）	373.7Mb
人（*Homo sapiens*）	3.1Gb	草莓（*Fragaria ananassa*）	793.5Mb
拟南芥（*Arabidopsis thaliana*）	119.1Mb	番茄（*Solanum lycopersicum*）	827.4Mb
水稻（*Oryza sativa*）	385.7Mb	辣椒（*Capsicum annuum*）	3.2Gb
玉米（*Zea mays*）	2.2Gb	黄瓜（*Cucumis sativus*）	224.8Mb
普通小麦（*Triticum aestivum*）	14.6Gb	马铃薯（*Solanum tuberosum*）	705.8Mb
大麦（*Hordeum vulgare*）	4.2Gb	毛果杨（*Populus trichocarpa*）	392.2Mb
高粱（*Sorghum bicolor*）	708.7Mb	野猪（*Sus scrofa*）	2.5Gb
雷蒙德氏棉（*Gossypium raimondii*）	750.2Mb	红原鸡（*Gallus gallus*）	1.1Gb
芜菁（*Brassica rapa*）	352.8Mb	黄牛（*Bos taurus*）	2.8Gb
大豆（*Glycine max*）	978.4Mb	野马（*Equus caballus*）	2.5Gb

资料来源：https://www.ncbi.nlm.nih.gov/datasets/genome

（一）人类基因组

在众多生物基因组中，人们最感兴趣的是人类自身的基因组，人类基因组主要由核基因组和细胞质线粒体基因组两部分组成。核基因组 DNA 的总长约 3×10^{9}bp，含有 24 条长短不一的线性 DNA 分子，最长的有 250Mb，最短的 55Mb。每条 DNA 分子都与蛋白质结合而组成 24 条染色体，其中 22 条为常染色体，另 2 条为性染色体，即 X 与 Y 染色体。线粒体基因组是长度为 16 569bp 的环状 DNA 分子，每个细胞平均含有 800 个线粒体，每个线粒体含 10 个基因组拷贝。

如果将每个碱基比作一个英文字母，以每 10cm 书写 60 个字母计算，30 亿碱基对连接的长度可达 5000km。不难想象，要弄清生物基因组的全部结构及其工作机制，人类所面临的任务与挑战是怎样的复杂与艰巨。

（二）其他生物基因组

生物学家目前将生命世界分为两大生物类群，即真核生物和原核生物。真核生物包括动物、植物、真菌与原生生物。

1. 原核生物基因组

原核生物细胞内缺少分隔的功能区域，所有生理生化反应都在同一个无间隔的细胞质内进行。大肠杆菌在原核生物的基因定位、分离、结构和功能及表达调控等方面曾起到重要作用，是最早启动基因组测序的原核生物之一。1997 年，完成了 K12 菌株基因组的全序列测定，大肠杆菌基因组是双链环状 DNA，全长 4.6×10^{6}bp，含有 4230 个基因，编码蛋白质的序列占基因组的 87.7%，非编码的重复序列占 0.7%，剩下的 11.6% 可能起调控作用。

2. 真核生物基因组

真核生物与原核生物基因组有相当大的差别，无论是基因结构，还是重复序列的组成都有各自明显的特征。

真核生物核基因组一般含有数目不等的线性 DNA 分子，而且 DNA 分子都与蛋白质结合形成染色体。所有真核生物都具有环状的线粒体 DNA，植物细胞还含有环状的叶绿体 DNA。复杂性较高的生物基因组的结构大都比较松弛，在整个基因组内分布了大量重复序列。小基因组重复序列较少，大基因组重复序列急剧扩增。

水稻是第一个完成基因组全序列测定的农作物，其基因组精细物理图于 2005 年完成，全部核基因组含有 12 条染色体，总长约 389Mb，其中 1 号染色体最大，为 43.2Mb；10 号染色体最小，仅有 22.6Mb。全基因组预测约含有 4 万个基因。除核基因组外，水稻还有大小为 491kb 的双链闭环线粒体基因组和 134.5kb 的叶绿体基因组。

（三）*C* 值悖理和 *N* 值悖理

1. *C* 值悖理

C 值是指一个单倍体基因组中 DNA 的总量，一个特定的种属具有特定的 *C* 值。不同生物基因组 DNA 含量差异很大，如最小的原核生物支原体（mycoplasma）基因组小于 10^{6}bp，某些植物和两栖类基因组大于 10^{11}bp。图 13-1 列出了处在不同进化地位的生

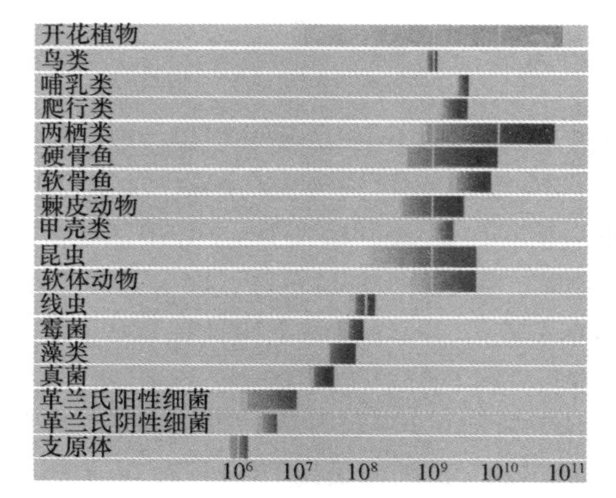

图 13-1 基因组大小与 C 值悖理

物 C 值的分布范围。总的趋势是，随着生物结构与功能复杂性的增加，各分类单元中最小基因组的大小随分类地位的提高而递增。生物的复杂性与基因组的大小并不完全成比例增加。例如，在进化上鱼类和两栖类比哺乳类低，但其中有些鱼类和两栖类比哺乳类的 C 值还高。这种物种的 C 值和它的进化复杂性之间无严格对应关系的现象称为 C 值悖理（C value paradox），是复杂生物基因组的一个普遍特征。

2. *N* 值悖理

N 值是指生物体所含有的基因数目，处于不同进化阶梯，复杂性不同的生物种属所具有的基因数目与其生物结构的复杂性不成比例的现象称为 N 值悖理（N value paradox）。例如，结构比较简单的线虫含有的基因数为 1.9 万个，比线虫更复杂的果蝇基因数为 1.8 万个，水稻的基因数约为 4 万个，最复杂的人类基因总数约为 3 万个。

二、基因组学的研究内容

基因组学按研究内容分为结构基因组学、功能基因组学和蛋白质组学 3 个部分。

（一）结构基因组学

结构基因组学（structural genomics）是基因组学的一个重要组成部分和研究领域，是指通过基因作图、核苷酸序列分析确定基因组成、进行基因定位的科学。遗传信息在染色体上，但染色体不能直接用来测序，必须将基因组这一巨大的研究对象进行分解，使之成为较易操作的小的结构区域，这个过程就是基因作图。完成基因组图谱构建之后，就可以利用图谱进行基因组序列测定和组装。

（二）功能基因组学

功能基因组学（functional genomics）又称为后基因组学（postgenomics），它是利用结构基因组所提供的信息和产物，研究基因组功能表达的一门分支学科。研究的主要内容有：基因的识别、鉴定和克隆（包括新策略、新技术、新方法的创立和各种基因组数据的建立）；基因结构与功能及其相互关系的研究（包括基因变异体的系统鉴定和目录的绘制、基因表达谱的编制、基因结构与功能关系的鉴定、基因互作网络图的编制）；基因表达调控的研究。

（三）蛋白质组学

基因是遗传信息的携带者，而全部生物功能的执行者却是蛋白质，它有自身的活动规律，因而仅仅从基因的角度来研究是远远不够的，必须研究由基因转录和翻译出蛋白质的过程，才能真正揭示生命的活动规律，由此产生了研究细胞内蛋白质组成及其活动规律的新兴学科"蛋白质组学"(proteomics)。蛋白质组学旨在阐明生物体全部蛋白质的表达模式及功能模式，内容包括鉴定蛋白质表达、存在方式、结构、功能和相互作用方式等。

资源 13-1

三、基因组学的研究现状及发展趋势

目前，分子生物学的主要目标是获得尽可能多的生物的全基因组序列。基因组序列之所以重要，有很多原因：基因组序列无论对于分子生物学和遗传学的持续发展，还是对于生物化学、细胞生物学和生理学领域的发展都是至关重要的，因为基因组序列为全面了解细胞的分子活动提供了一个基础平台；基因组目录有助于重要基因的分离和利用，虽然在基因组序列未知时人们也可以进行基因分离，但分离基因的过程既费时又费力，而且每个基因的分离方案都不相同，基因组序列可以使基因的分离变得相对容易。此外，大多数真核生物基因组序列中都含有大量的非编码 DNA 序列，由于认识水平的限制，人们根本不知道它们存在的功能，而基因组序列可以帮助人们发现不同生物非编码序列的某些内在规律。

人类基因组计划大大地推动了基因组学的形成和发展。1990 年，美国国立卫生研究院和能源部联合启动了被誉为"人体阿波罗计划"的人类基因组计划，当时预计投资 30 亿美元，用 15 年完成人类基因组的全部序列的测定。1996 年，构建了标记密度为 0.6cM 的人类基因组遗传图谱，100kb 的物理图谱；2000 年，完成草图构建；2001 年 2 月 15 日和 16 日两天，《自然》和《科学》杂志同时公布了人类基因组图谱的第二次修订版。研究者不仅将大量的精力用于人类基因组计划，也正在进行其他更大范围的生物基因组计划。2005 年，第一个农作物基因组——水稻全基因组精细物理图完成。到 2020 年 5 月，登录在 NCBI GenBank 中的测序物种共有 53 597 种，其中真核生物 5232 种，细菌 27 177 种，古细菌 1757 种，病毒 19 431 种。在进行基因组测序的同时，已经展开功能基因组研究。现在已经开发了 100 多种生物基因组芯片，用于高通量、高效率全基因组功能研究；建立了多种基因组插入突变体库，为探索功能基因打下了良好的基础。大量生物基因组序列的获得，为比较基因组学提供了研究基础。在进行单个基因功能研究的基础上已经开始了基因网络关系的研究。现在，基因组学已经进入高速发展的新时期。

四、生物信息学的概念和应用

(一)生物信息学的概念

随着人类基因组计划的实施，有关核酸、蛋白质的序列和结构数据呈指数增长。面对巨大而复杂的数据，运用计算机管理数据、控制误差、加速分析过程势在必行。从 20 世纪 80 年代末开始，生物信息学(bioinformatics)逐渐兴起并蓬勃发展。近年来，计算机和互联网的发展为生物信息的传递提供了硬件基础和便利。

生物信息学是采用计算机技术和信息论方法对蛋白质及其核酸序列等多种生物信息进行采集、加工、储存、传递、检索、分析和解读，旨在掌握复杂生命现象的形成模式和演化规律的科学。这个概念具有双重含义：一是对海量数据的收集、整理与加工，即管理好这些数据；二是从中发现新的规律，也就是用好这些数据。具体地说，生物信息学是把基因组序列信息分析作为源头，找到基因组序列中的基因编码区，并阐明大量存在的非编码区的信息实质，破译隐藏在序列中的遗传语言规律。在此基础上，归纳、整理与基因组遗传信息释放及其调控相关的转录谱和蛋白质谱的数据，从而认识生物代谢、发育、分化、进化的规律。

生物信息学的发展大致经历了 3 个阶段。

（1）前基因组时代。标志性工作包括生物数据库的建立、检索工具的开发及 DNA 和蛋白质序列分析。

（2）基因组时代。标志性工作包括基因寻找和识别、网络数据库系统的建立和交互界面的开发。

（3）后基因组时代。标志性工作是大规模基因组分析、蛋白质组分析及各种数据的比较和整合。

目前，绝大部分核酸和蛋白质数据库由美国、欧洲和日本的数家数据库系统产生。它们共同组成国际核酸序列数据库，每天交换数据，同步更新。生物学是生物信息学的核心，计算机科学技术是它的基本工具。科学史的发展表明，科学数据的大量积累将导致重要科学规律的发现。因此，有理由相信，当今海量生物学数据的积累，也将导致重大生物学规律的发现。

（二）生物信息学的应用

随着基因组学、转录组学、蛋白质组学、代谢组学、表观组学等组学的飞速发展，生物学家积累了海量数据，数据分析在生物学研究中比以往任何时候都显得重要。生物信息学几乎渗透到了生物学研究的各个学科，包括动物学、植物学、微生物学、分子生物学、生物化学、细胞生物学等，为发掘新基因并分析其功能、开展比较基因组研究，以及在基因组水平揭示生物进化的机制提供了良好的信息和技术平台。

1. 发现新基因和新的单核苷酸多态性

在研究生物的基因时，不断地发现新的基因。一般来说，从基因组 DNA 预测新基因，是发现新基因的一个重要途径，除依据同源性与含已知基因的数据库进行比较外，经典的方法可分为两类：一类是基于编码区所具有的独特信号，如起始密码子、终止密码子等；另一类是基于编码区的碱基组成。这些方法的本质是识别基因组序列中的外显子、内含子和剪接位点，存在的缺点是部分软件处理多基因序列存在组合爆炸问题，对过长或过短的外显子、内含子的预测准确性不高。新基因的发现不但会使人们对生命活动的认识更加全面，而且会带来巨大的社会效益。例如，中国国家人类基因组南方研究中心和上海第二医科大学瑞金医院两家本地科研机构克隆了共 758 个新基因，为使用基因疗法诊断和治疗血液病、免疫类疾病、糖尿病等提供了可能。

SNP 可出现在蛋白质的编码基因上，改变蛋白质的结构和功能，也可出现在非编码区，操控基因的表达水平。它可导致个体易于患上某种疾病或改变个体对某种药物的反应。研究 SNP 可以很好地解决药物只对特殊群体有效的情况。

2. 分析基因组中非编码蛋白质区域的功能

近年来的研究表明，在细菌这样的微生物中，非编码蛋白质的区域只占整个基因组序列的 10%～20%。随着生物的进化，非编码区越来越多，在高等生物和人的基因组中非编码序列已占到基因组序列的绝大部分，这表明这些非编码序列必定具有重要的生物功能。最近已有大量证据表明，这些序列与基因的表达调控有关。对人类基因组来说，迄今为止，人们真正掌握规律的只有 DNA 上编码蛋白质的区域（基因），这部分序列只占基因组的 2%。仅占人类基因组 2% 的编码区的相关研究已经缔造了数名诺贝尔奖获得者，98% 非编码区蕴含的编码特征、信息调节与表达规律是未来相当长时间内的研究热点。

3. 在基因组水平上研究生物进化

传统的生物学对进化的研究是基于宏观研究。当对生物进化的研究进入分子水平时，产生了“分子进化”这一分支领域。分子进化是对不同生物的同源分子，即结构和功能相似的蛋白质或编码该蛋白质的基因进行比较。从比较的角度看，这与在宏观上比较不同生物的同源器官类似，所不同的是，宏观比较时尺度单位比较粗放，分子水平上的比较尺度单位则比较精细。分子水平上是以氨基酸或核苷酸为单位进行比较的，比较同源分子的组成和顺序，并从中揭示生物进化的历程。在分子进化的观点提出后，分子进化模型、分子系统树的构建等方面的研究取得了较大进展。

4. 完整基因组比较研究

在后基因组时代，完整基因组数据越来越多，有了这些资料，人们就能对若干重大生物学问题进行分析研究。例如，生命是从哪里起源的？生命是如何进化的？遗传密码是如何起源的？估计最小独立生活的生物体至少需要多少基因？这些基因是如何使生物体具有生命的？这些重大的问题只有在基因组水平上才能回答。例如，鼠和人的基因组大小相似，都含有约 30 亿碱基对，基因的数目也类似，且大部分同源。可是鼠和人差异却如此之大，这是为什么？同样，有的科学家估计不同人种间基因组的差别仅为 0.1%；人猿间差别约为 1%，但他们表型间的差异却十分显著。因此，这种差异不能仅从基因、DNA 序列找原因，还应考虑到整个基因组，考虑染色体组织上的差异。目前，科学家通过几个完整基因组的比较，统计出维持生命活动所需要的最少基因的个数为 250 个左右。同样，再比较鼠和人的基因组就会发现，尽管两者基因组大小和基因数目类似，但基因组的组织却差别很大。例如，存在于鼠 1 号染色体上的基因已分布到人的 1、2、5、6、8、13 和 18 号 7 条染色体上了。研究表明在同一界中，某些核糖体蛋白质排列顺序的差异能反映出物种间的亲缘关系，亲缘关系越近，基因排列顺序越接近。这样就可以通过比较基因的排列顺序来研究物种间的系统发育关系。

第二节 基因组图谱的构建及测序

基因组计划的主要任务之一是获得某一种生物体的全基因组序列，但现有的 DNA 测序方法，每个测序反应最多仅能得到 800bp 的核苷酸序列，因而完整的基因组序列必须通过众多的小片段连接才能得到。在进行大规模基因组测序时，首先要建立基因组图谱，以便锚定测知的核苷酸序列在染色体上的位置。所以基因组测序的第一环节是构建基因组图谱。人类基因组计划构建高密度的基因组图谱花了 6 年的时间。

基因组图谱构建按构建方法分为遗传图谱构建和物理图谱构建。

一、遗传图谱构建

遗传作图（genetic mapping）是采用遗传学分析方法将基因或其他 DNA 序列标定在染色体上构建连锁图。

遗传图谱构建的理论基础是遗传连锁和交换。由于减数分裂过程中同源染色体发生交换，同一条染色体上的基因表现为部分连锁，连锁紧密程度与基因间的距离有关，据此设计出将基因的相对位置定位于染色体上的方法。这种图谱用重组频率来衡量两个基因间的距离，通过计算不同基因对间的重组频率显示基因在染色体上的相对位置，也就是遗传图谱。但是在真正的遗传作图时还要根据研究对象的特点采用不同的方法来进行。

（一）人类遗传图谱的绘制

由于伦理及生理方面的特点，不可能根据作图的需要而选择亲本基因型以设计特定的杂交建立分离群体。相反，用于计算重组率的资料必须通过检测现存家庭连续的几代成员的基因型而获得。这就意味着只能获得有限的资料而且经常很难解释，因为人类的婚姻很少能导致测交，而且经常由于一个或多个家庭成员的死亡或不愿合作而缺少相应的基因型。由于系谱分析所能提供的样品非常有限，因此必须借助统计学方法对获得的数据进行可信度检验，常用的程序为 LOD 值评价。LOD 值是基因连锁可能性的对数，用于初步判断所研究的 2 个基因是否位于同一染色体上。如果 LOD 分析确定是连锁的，就可以提供最可能的重组频率的程度。

现有人类的遗传图谱是利用家系分析法，在利用 5264 个微卫星标记对 8 个家系的 134 个成员进行分析的基础上绘制 1 ~ 22 号染色体图谱。对于 X 染色体图谱，还利用了来自另外 12 个家系 170 个成员的资料。最后，将 5264 个标记定位在 2335 个位点，因为其中有些标记相距很近而作为一个位点。这样获得的人类基因组遗传图谱的密度为每个标记 599kb，比预期的每个标记 1000kb 要好得多。

（二）植物基因组遗传图谱的构建

植物基因组遗传图谱的构建包括作图群体的构建、遗传标记的染色体定位、标记间的连锁关系分析 3 个部分。

（1）作图群体的构建：在构建作图群体时首先进行亲本选择，理论上要求用亲本亲缘关系远，遗传差异大的品种或材料作亲本，但遗传差异也不能太大，遗传差异太大会造成子代不育。利用选好的材料配制杂交组合，建立分离群体（图 13-2）。根据其遗传稳定性可将作图群体分为两大类：第一类为临时性分离群体，如 F_2、F_3、BC 和三交群体等。临时性分离群体容易获得，而且能提供丰富的遗传信息。该群体中分离单位是个体，一经自交，其遗传组成就会发生变化。第二类为永久性分离群体，如重组近交系（recombinant inbred line，RIL）群体和双单倍体（doubled haploid，DH）

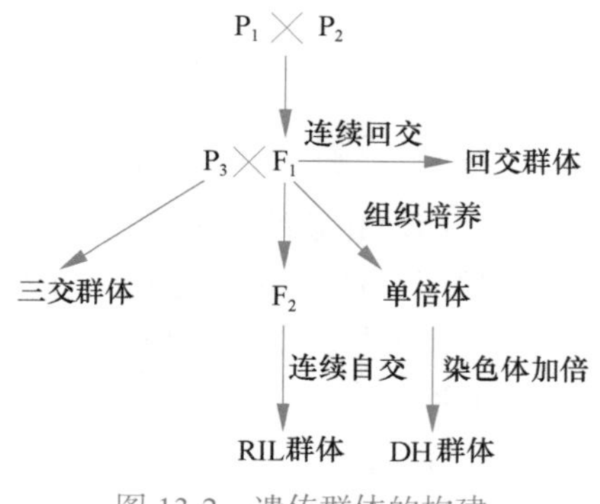

图 13-2　遗传群体的构建

群体等。这类群体中分离单位是株系，不同株系间存在基因型的差异，而株系内个体间的基因型是相同且纯合的，自交不发生分离。构建 RIL 群体需要很长的时间。

（2）遗传标记的染色体定位：常用的染色体定位方法有单体分析、三体分析、代换系与附加系分析等方法。依据染色体剂量的差异将遗传标记定位在相应染色体上。此外，也可以用染色体原位杂交技术来确定分子标记所在的染色体。

（3）标记间的连锁关系分析：利用亲本间有多态性的分子标记分析分离群体单株基因型，根据标记间的连锁交换情况及趋于协同分离的程度，即可确定标记间的连锁关系和遗传距离。

植物中作为模式植物的水稻基因组图谱密度较高，1994 年绘制的第一张水稻高密度遗传图谱仅有 927 个位点，含有 1383 个标记；1998 年将 2275 个标记定位到 1157 个位点上；2000 年最终的水稻高密度遗传图标记为 3267 个，用于指导水稻基因组测序。

二、物理图谱构建

遗传图谱的分辨率有限，人类及大多数高等真核生物由于不可能获得大量的子代，只有少数的减数分裂事件可供研究，连锁分析的分辨力受到很大限制。人类遗传图谱的标记密度平均为 599kb，离每 100kb 一个标记的要求仍差距甚远，还不能直接用于指导全基因组的测序。这种高密度基因组图仅仅采用遗传作图技术是无法完成的，必须借助于其他非遗传分析的方法。另外，遗传图谱的精确性也较低，在减数分裂过程中，同源染色体之间发生的交换重组并非随机发生的，染色体上存在重组热点，其发生重组的频率高于其他位点，从而影响邻近区段遗传图谱的准确性。1992 年，测定酵母 3 号染色体的核苷酸序列后，发现遗传图谱同实际的 DNA 物理图谱有很大差异（图 13-3），有的甚至存在基因顺序错误。因而，绘制物理图谱是进行大规模 DNA 测序所必需的。

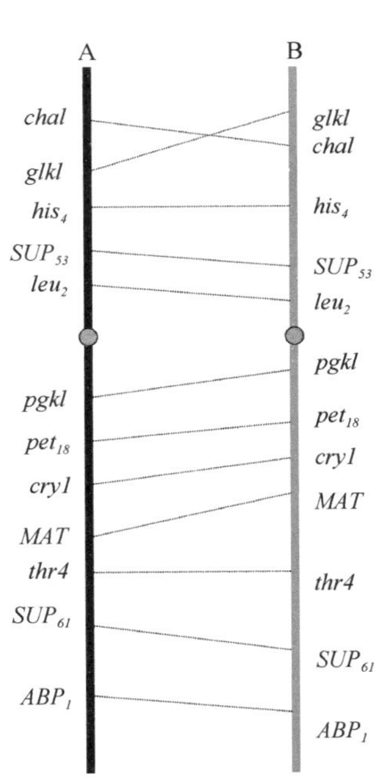

图 13-3　酵母 3 号染色体遗传图（A）与物理图（B）

尽管已有许多物理作图技术问世，但最有用的方法为以下 4 类。

（一）限制性酶切作图

最简单的限制性酶切作图（restriction mapping）的方法是比较不同限制酶产生的 DNA 片段的大小。首先用一种限制酶处理样品，经琼脂糖凝胶电泳分离染色后可见大小确定的 DNA 片段。然后用第二种限制酶处理获得第二组片段。最后用两种酶混合处理，获得第三组片段。收集所有上述资料进行对比组装，对于两种酶切位点交替出现的区段，利用加减法即可确定酶切位点的相对位置。在连续出现两个或多个相同酶切位点区段，其排列顺序可有多种选择，此时采用部分酶切的办法使该区段只发生一次酶切，然后计算产生片段的长度，选择其中正确的排序。后者称为部分限制作图（partial restriction）。

如果样品中仅存在较少的限制性位点，用常规的限制酶即可绘制 DNA 物理图。随着切点数目的增多，单酶切、双酶切及部分酶切产生的条带数成比例扩大，需要对大量的片段进行比对与组装。虽可借助计算机检测一些可明显区分的 DNA 条带的排列顺序，但仍不可避免会产生许多问题。因为大量片段经琼脂糖凝胶电泳分离时总会有些片段相互贴近，增加了分辨单个条带的困难，很可能遗漏一些片段。因此，限制酶作图只能应用于较小的 DNA 分子，其上限取决于作图分子中限制酶位点的频率。通常采用的 6 碱基对识别序列的限制酶仅适合 50kb 以下 DNA 分子的精确作图，但 50kb 远低于细菌及真核生物染色体的长度，只可覆盖少数病毒和细胞器基因组。对于大于 50kb 的分子，可以选用稀有切点的内切酶酶切 DNA 分子。使用识别较多核苷酸的内切酶，如 *Not* Ⅰ识别 8 个核苷酸，理论上酶切位点出现的频率为每 $4^8 = 65536$bp 出现 1 次，远远低于识别 6（$4^6 = 4094$bp）核苷酸内切酶的频率。限制酶作图的潜力随使用的稀有切点限制酶种类而增加，在低等生物基因组及大分子 DNA 克隆片段的物理图绘制中被广泛采用。

基因组单分子光学图谱（optical mapping）是来源于单个 DNA 分子有序的全基因组限制性内切酶酶切位点图谱。能提供宏观的框架支持，反映整个基因组的结构信息。光学图谱的优势在于无序列倾向性和超长读长，完全可以跨越重复单元和可变区，如利用光学图谱技术可准确地确定人类 MHC（主要组织相容性复合体）在基因组中的全长和 Gaps 大小。对于全基因组从头（*de novo*）测序组装及大片段基因结构变异分析研究有着极大的技术优势。

（二）基于克隆的基因组作图

基于克隆的基因组作图（clone-based mapping）就是根据克隆的 DNA 片段之间的重叠序列构建重叠群（contig），绘制物理连锁图。

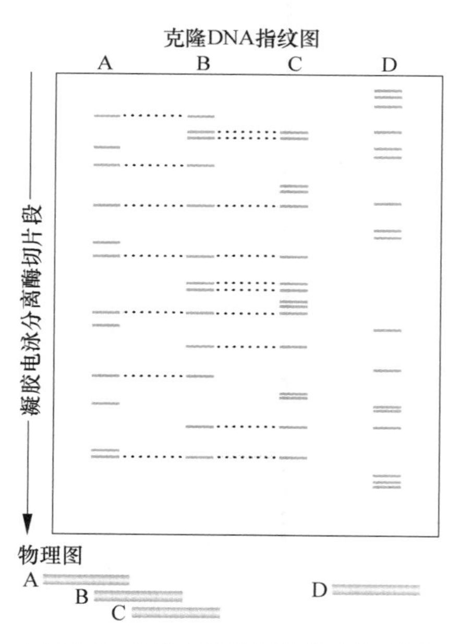

图 13-4 克隆指纹排序法构建物理图

相互重叠的 DNA 片段组成的物理图称为重叠群，克隆重叠群的组建采用染色体步移法。染色体步移最初用于 λ 噬菌体或黏粒载体的克隆重叠群构建，涉及的范围比较小。首先从基因组文库中挑取一个指定的或随机的克隆，然后在文库中寻找与之重叠的第二个克隆。在第二个克隆的基础上再寻找第三个克隆，依次延伸，是最早用于组建克隆重叠群的方法。在基因组范围内查找重叠的克隆，最好的方法首推克隆指纹排序。所谓指纹，就是指确定 DNA 样品所具有的特定 DNA 片段组成，一个克隆的指纹表示了该克隆所具有的限定的物理特征，可以同其他克隆产生的同类指纹相比较。如果指纹重叠，表明这 2 个克隆具有共同的区段。如图 13-4 所示，克隆 A 与 B 及 B 与 C 的限制性酶切指纹有 50% 的相似，说明这 3 个克隆具有部分重叠序列，克隆 D 与以上 3 个克隆没有相似的指纹，因而可以断定与它们不重叠。

（三）荧光原位杂交

荧光原位杂交（fluorescence *in situ* hybridization，FISH）是指将荧光标记的探针与染色体杂交确定分子标记所在位置的方法。

原位杂交最初利用的是细胞分裂中期染色体。这些染色体处于高度浓缩状态，有可分辨的染色体带型及明显的着丝粒位置，各条染色体带有各自的形态，有可识别的外形。对特定探针而言，原位杂交所显示的中期染色体荧光信号所处的位置与染色体短臂末端的相对距离是不变的，经过比例换算可将其标定在连锁图上（图 13-5）。高度压缩的中期染色体的不利之处在于分辨力较低，要求两个分子标记之间至少需隔开 1000kb。中期染色体的原位杂交不适合构建可利用的染色体图，主要用于确定新发现的分子标记属于哪条染色体，给出十分粗略的染色体定位。

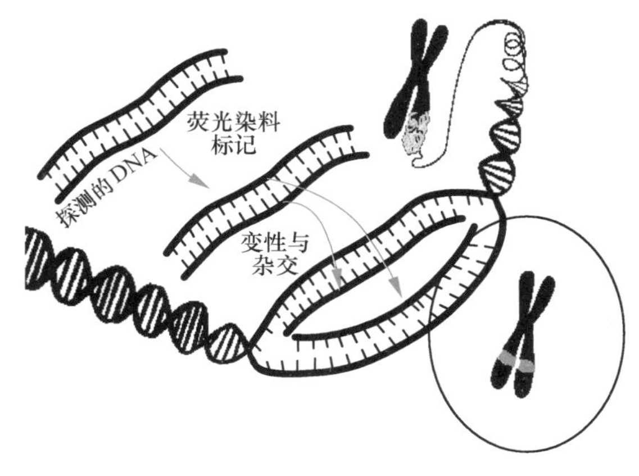

图 13-5　荧光原位杂交原理示意图

（四）序列标签位点作图

限制性作图虽然快速，并可提供详细的信息，但不适合大基因组。重叠群构建程序复杂，费时费力。指纹作图对大基因组仍存在不少问题，如选用的限制酶不当或重复序列干扰，会出现误排。至于原位杂交，因其操作困难，资料积累慢，一次实验定位的分子标记不超过 4 个。因此，绘制详细准确的物理图还必须寻找更有效的技术。目前用于构建最为详细的大基因组物理图的主流技术为 STS 作图（STS mapping）。

序列标签位点（sequence tagged site，STS）是一小段长度在 100 ~ 500bp 的 DNA 序列，每个基因组仅一份拷贝，很易分辨。当两个片段含有同一 STS 序列时，可以确认这两个片段彼此重叠。两个不同的 STS 出现在同一片段的机会取决于它们在基因组中的位置靠得多近。如果它们彼此邻接，这两个 STS 总会同时出现在相同片段上。如果它们相距甚远，有时会在同一片段，有时则在不同片段。要将一组 STS 作图定位，必须收集来自同一染色体或整个基因组随机断裂的 DNA 片段。不同 DNA 片段之间有各种可能的重叠，可以覆盖整个作图区段。依次采用单个 STS，挑出它们所在的 DNA 片段，根据它们彼此的重叠关系可以逐段绘 DNA 物理图。STS 的分析资料可用来估算两个分子标记之间的相对距离，其原理与连锁分析大同小异。连锁分析中，位点间的图距与两个标记之间的交换频率有关。STS 作图中，标记之间的图距依赖于两点之间断裂的频率。

20 世纪 90 年代初，采用 STS 筛选法及其他指纹技术产生了一份基于克隆的重叠群物理图。这一时期物理图绘制计划的最大进展是发表了由 33 000 个酵母人工染色体（yeast artificial chromosomes，YAC）组成的全基因组重叠群物理图。1995 年，发表的人类基因组 STS 图含有 15 086 个 STS，平均密度为 199kb。1996 年，在这份物理图的基础上又添加了2010个STS，其中大多数是EST，从而将许多蛋白质编码基因定位在物理图上。这份物理图的密度为每100kb一个标记，达到人类基因组最初确立的物理图作图目标。这份组合的STS图包括7000个多态性SSR的物理位置，这些SSR标记经遗传分析已定位于遗传图上。由于同一STS标记分别定位在遗传图和物理图上，可以直接使克隆重叠图与遗传图彼此衔接，产生一份具综合性的完全整合的基因组图，成为人类基因组计划DNA测序阶段的工作框架。

三、基因组测序策略及技术

（一）测序策略

基因组测序的策略分为鸟枪法和克隆重叠群法两大类。

鸟枪法测序（shotgun sequencing）：先利用限制酶或超声波处理待测序基因组，构建适合大规模测序的基因组文库，并对克隆进行随机序列测定，然后根据序列间的重叠构建重叠群，不同重叠群进行染色体组装（图13-6）。

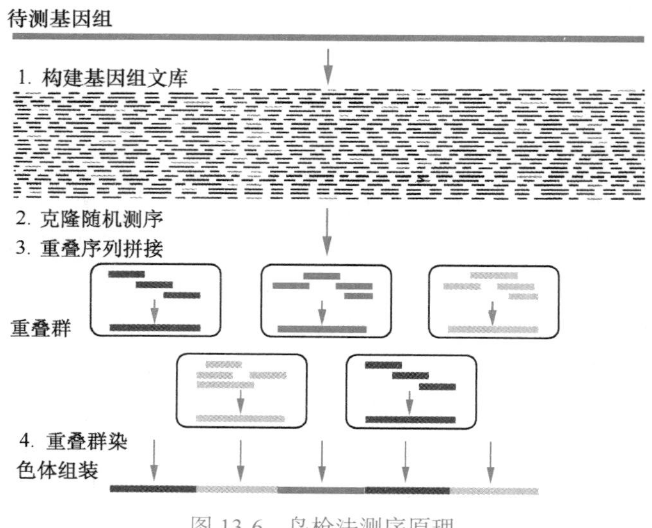

图13-6　鸟枪法测序原理

鸟枪法测序具有速度快、简单易行、成本低的特点。但序列的拼接组装比较困难，尤其是在重复序列多的区域难度更大；受文库随机性和测序覆盖度的影响，某些区域间会有较大的空洞（GAP）；由于缺少基因组的物理图谱，有些序列难以定位，成为游离片段。因此，该方法主要用于重复序列少、相对简单的原核生物基因组的测序工作，不适用于分析较大的、更复杂的基因组。

克隆重叠群法（clone contig sequencing）：该法先将基因组切割成长度为0.1 ~ 1Mb的大片段，构建细菌人工染色体（BAC）文库，利用STS-PCR反应池方案筛选种子克隆，利用指纹图谱法或末端序列步行法对种子克隆进行延伸，根据相互的位置关系及STS路标的序列关系有序地将种子克隆及延伸克隆绘制到基因组的相应区域上，形成高覆盖度、较为连续的重叠群，最后用鸟枪法组装到染色体上。

（二）测序技术

1977年，吉尔伯特（W. Gilbert）和桑格（F. Sanger）发明了第一台测序仪，并应用其测定了第一个基因组序列——噬菌体ΦX174，其全长包括5375个碱基。由此开始，人类获得了探索生命遗传本质的能力，生命科学的研究进入了基因组学的时代，到至今为止的40多年时间内，测序技术已取得了相当大的发展，从第一代发展到了第三代、第四代测序技术。

Sanger所发明的测序方法被称为第一代测序技术。该技术直到现在依然被广泛使用，如PCR产物测序、重测序、分型分析、临床应用及对新一代测序技术的结果进行验证。第一代测序技术的准确性远高于第二代和第三代测序，因此被称为测序行业的“金标准”；第一代测序每个反应可以得到700～1000bp的序列，序列长度高于第二代测序；第一代测序设备运行时间短，适用于低通量的快速研究项目。但是其存在着通量小、成本高等方面的缺陷，无法满足现代科学发展对生物基因序列获取的迫切需求。

以Roche公司的454技术、Illumina公司的Solexa技术和ABI公司的SOLiD技术为标志的测序方法为第二代测序技术，也称高通量测序（high-throughput sequencing，HTS）。该技术是对传统Sanger测序的革命性变革，其解决了第一代测序一次只能测定一条序列的限制，一次运行即可同时得到几十万到几百万条核酸分子的序列，相比于第一代测序技术，通量提高了成千上万倍，且单条序列成本非常低廉。第二代测序技术具有通量大、准确度高、成本低、耗时少等方面的优势，是现阶段科研市场的主力平台，被广泛应用于物种基因组深度测序的相关工作中。但该方法也存在不足，如序列读长较短（Illumina平台最长为250～300bp，454平台也只有500bp左右）、需要进行序列扩增、操作烦琐等，无法很好地应用于单分子或单细胞水平长链DNA序列测序的相关工作中。

以PacBio公司的单分子实时测序（SMRT）技术和Oxford Nanopore Technologies公司的纳米孔单分子测序技术为代表的新一代测序技术被称为第三代测序技术。与前两代测序技术相比，其最大的特点就是单分子测序，无须进行PCR扩增，准确性比第二代测序要高，并且理论上可以测定无限长度的核酸序列。第三代测序技术可用于基因组组装、全长转录组测序、甲基化分析等中。

（三）生物芯片

生物芯片技术是生命科学领域中一项具有战略意义的技术手段，它是随着人类基因组计划的进展而发展起来的生物技术之一。该技术集微电子、微机械、化学、物理技术、计算机技术为一体，在后基因组时代发挥着重要作用。

生物芯片是将生物大分子如核苷酸片段、多肽分子等制成探针，以有序、高密度的方式排列在玻片或纤维膜等载体上，形成二维阵列，然后将标记的样品分子与其杂交，通过检测杂交信号实现对样品的检测。生物芯片一次能检测大量的目标分子，实现了快速、高效、大规模、高通量、高度并行性的技术要求。

生物芯片根据其分子成分的不同，可以分为基因芯片、蛋白质芯片、抗体芯片、组织芯片和芯片实验室等，其中基因芯片是出现最早、应用最广泛的一种生物芯片。

基因芯片又称为DNA芯片或DNA微阵列，它是基于碱基互补配对的原则，将荧

图 13-7 基因表达谱芯片杂交示意图
先将待检测基因的 mRNA 反转录成 cDNA，然后用荧光染料标记，最后进行杂交。红色荧光（亮点）表示基因表达量高；蓝色（暗点）表示基因表达量低

光或生物素标记的样品分子与 DNA 探针进行杂交，通过检测每个探针的杂交信号强度进而获取样品分子和序列信息。常见的基因芯片有表达谱芯片、SNP 芯片、miRNA 芯片及甲基化芯片等，可以用来检测基因的表达谱、基因突变或多态性分析、miRNA 表达谱等，为基因功能的研究提供了强有力的工具（图 13-7）。

（四）转录组测序

随着测序技术的发展和测序成本的降低，获得转录谱有了另一个选择，即转录组测序，又称为 RNA-seq。其基本流程是以 mRNA 的 poly（A）尾巴为 poly（T）寡核苷酸引物的目标，用反转录酶来生成与每个 mRNA 分子互补的单链 DNA。然后复制这些 DNA 链，得到双链 DNA，这些双链 DNA 与在提取 mRNA 时存在于细胞中的 mRNA 分子群体相对应。用大规模并行测序分析这些 cDNA 的集合，然后将每种 cDNA 序列与该物种的参考基因组相比，鉴定出与转录物相应的基因。

与基因芯片相比，转录组测序有许多优点。例如，检测的基因数比基因芯片多；定量准，可重复性高，背景噪声低，无交叉杂交；高、低丰度基因均可检测，即可检测已知转录本和新转录本；不受研究物种限制，模式生物和非模式生物均可检测等。目前，转录组测序技术逐渐取代基因芯片技术成为在转录组水平检测基因表达情况的重要手段。

四、基因组图谱的应用

一张基因组图谱类似于人们所熟知的交通地图。如果将特定的染色体比作经过编号的高速公路，那么位于特定染色体上的基因就像是高速公路上的里程碑。高密度的基因组图谱在基础与应用科学研究方面都具有重要的应用价值。

基因组图谱除了如以前按构建方法分为遗传图谱和物理图谱外，还可以依据构建图谱所用的标记命名，如 RFLP 连锁图谱、RAPD 连锁图谱、AFLP 连锁图谱、SSR 连锁图谱等。到目前为止，已经构建了基因组图谱的植物达 30 多种，其中农作物包括水稻、玉米、大豆、番茄、马铃薯、油菜、棉花、大麦、莴苣、胡椒、黄瓜等，正在构建的也有几十种，水稻遗传图谱已经饱和，并用于指导完成了基因组测序。

基因组图谱除了指导基因组测序外，还具有以下几方面的作用。

（1）基因定位。借助基因组图谱，可以使基因定位在精度和广度等方面有极大的提高，现在已经陆续定位了许多控制重要农艺性状和经济性状的基因，如抗病基因、抗虫基因、早熟基因、光周期敏感基因、矮秆基因、穗粒数基因、株形发育相关基因、高含油量基因、雄性不育基因。

（2）基因的克隆与分离。根据饱和的基因组图谱，可以先找到与目的基因紧密连锁的分子标记，作为染色体步移的起点，然后逐步逼近目的基因，进行目的基因的克隆和分离，即图位克隆，这种方法为基因产物未知的基因的分离提供了捷径。尤其是对于那些已经完成基因组测序的生物，由于染色体步移的方向十分容易确定，大大加速了基因分离与克隆的速度。

（3）标记辅助选择。饱和基因组图谱可以用来确定与任何一个目的基因紧密连锁的分子标记，或者直接将目的基因开发成分子标记，从而根据图谱间接选择目的基因，可以降低连锁累赘，大大加快目的基因的转移和利用效率，从而减少育种的盲目性，缩短育种时间。

（4）比较基因组研究。利用图谱从基因组水平上研究基因组的进化和染色体演变，伴随着大量基因组序列的获得，比较基因组学已经进入了一个快速发展的新时期。例如，通过借助拟南芥的研究结果，大大加速了对水稻、小麦和玉米等作物的基因组研究。

（5）泛基因组研究。泛基因组研究是基因组学的前沿领域，它超越了传统单一参考基因组的局限，通过整合一个物种所有个体的基因组信息，提供更全面的遗传变异图谱来挖掘有价值的结构变异和基因。此外，利用多个物种广泛来源的基因组信息，泛基因组研究还能揭示物种进化和适应的机制。在实际应用中，泛基因组研究已经在水稻、玉米等主要农作物中取得了显著成果。例如，通过构建水稻泛基因组，研究人员发现了许多与产量、抗性相关的新基因，为水稻育种提供了宝贵的遗传资源。

第三节 蛋白质组学

一、蛋白质组学的概念及研究内容

所谓蛋白质组，就是细胞、器官或组织的蛋白质成分的总称，而蛋白质组学是研究这些成分在指定的时间或特定的环境条件下表达的学科。蛋白质组学体现了基因组学的工作和它的动态过程。

蛋白质组研究可分为两个方面：一方面是对蛋白质表达模式（或蛋白质组组成）的研究；另一方面是对蛋白质组功能模式的研究。对蛋白质组组成的分析鉴定是蛋白质组学中与基因组学相对应的主要内容。它要求对蛋白质组进行表征，即实现亚细胞结构、细胞或组织等不同生命结构层次中所有蛋白质的分离、鉴定及其图谱化。此外，尚需比较、分析在发生变化的生理条件下蛋白质组所发生的变化。例如，蛋白质表达量的变化，翻译后修饰的类型和程度，或者在可能的条件下分析蛋白质在亚细胞水平上定位的改变等。

蛋白质的表达受时空调控。首先，在生命发育不同阶段，蛋白质种类及组成不一样，在不同组织中表达的蛋白质也有很大区别。基因组是均一性的，在同一生物个体的不同细胞中基本相同；而蛋白质组具有多样性，同一生物个体的不同细胞中蛋白质的种类和数量不同。其次，基因组较稳定，不易发生改变；而蛋白质组则是动态的，随时发生着变化。即使同一种细胞，在细胞活动的不同时期，其蛋白质组也是不同的。更为重要的是，从基因中得到的蛋白质的信息是不完整的。蛋白质的修饰加工、转运定位、结构形成、蛋白质与蛋白质相互作用、蛋白质与核酸相互作用等活动均无法在基因组水平上获知。总之，蛋白质组学是从整体的蛋白质水平上，在一个更深层次上来探讨和发现生命活动的根本规律。

二、蛋白质的分离

蛋白质组学研究的第一步就是蛋白质的分离，双向凝胶电泳是蛋白质组研究中的首选分离技术。双向凝胶电泳技术由奥法雷尔（O'Farrel）等于1975年创立，根据蛋白质的等电点和分子质量差异来分析蛋白质。双向凝胶电泳技术的第一向使用固相pH梯度等电聚焦电泳（IEF），第二向是SDS-PAGE，根据不同的需要有垂直平板凝胶电泳和超薄水平凝胶电泳。由于蛋白质的分子质量和所带电荷是两个彼此不相关的重要性质，而双向凝胶电泳技术同时利用了蛋白质间在这两个性质上的差异来分离蛋白质，因此双向凝胶电泳技术的分离能力非常强大，是迄今为止分辨率最高的蛋白质分析技术（图13-8）。

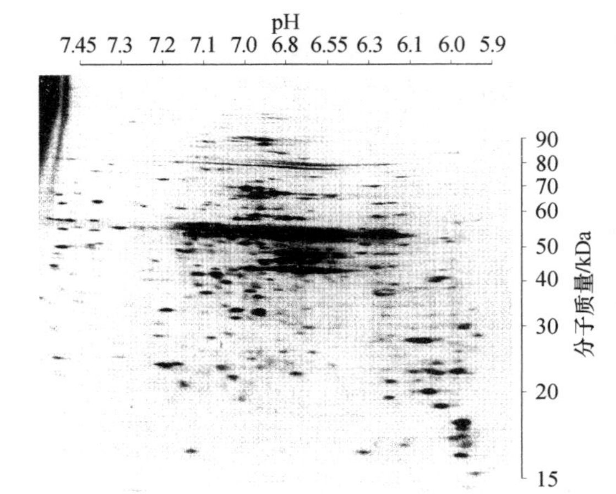

图13-8　双向凝胶电泳原理图

三、蛋白质的鉴定

蛋白质组分通过双向电泳等分离技术分离后，必须通过适当技术鉴定，才能知道蛋白质组分的性质、结构和功能及其各蛋白质间的相互作用关系，从而最终实现蛋白质组表达模式和功能模式的研究。目前，蛋白质表达模式的鉴定技术主要有以下几种。

（一）埃德曼降解法测N端序列

蛋白质序列直接测定已经进行了半个多世纪的研究，但基本原理仍然是埃德曼（Edman）提出的利用异硫氰酸苯酯从蛋白质N端逐一降解的方法，由于这种测序方法可得到准确的肽序列，是蛋白质鉴定可靠性的重要依据。但它存在着测序速度较慢、费用偏高等缺陷。随着埃德曼降解法在微量测序和速度等技术上的突破，它在蛋白质组研究中可发挥重要的作用。

（二）质谱技术

质谱技术的基本原理是带电粒子在磁场或电场中运动的轨迹和速度依粒子的质量与携带电荷比的不同而变化，据此来判断粒子的质量和特性。质谱最重要的技术是将被分析的分子变成气相的离子。质谱技术按照样品分子离子化的方式分为电喷雾离子化质谱和基质辅助的激光解吸离子质谱。另外，对于蛋白质和多肽，质谱技术还有一个重要功能就是多肽的测序，即采用串联质谱，在第一级质谱得到多肽的分子离子，选取目标多肽的离子作为母离子，与惰性气体碰撞，使肽链中的肽键断裂，形成一系列的离子，即N端碎片离子系列（B系列）和C端碎片离子系列（Y系列），将这些碎片离子系列综合分析，可得出多肽片段的氨基酸序列。

（三）氨基酸组成分析

氨基酸组成分析由于耗资低而常用于蛋白质鉴定。氨基酸组成分析是利用不同蛋白质具有特定的氨基酸组分的特征来鉴定蛋白质。该法可用于鉴定双向凝胶电泳分离的蛋白质，应用放射标记的氨基酸来测定蛋白质的氨基酸组分。但该法的速度较慢，所需蛋白质或肽的量较大，在超微量分析中受到限制；而且存在酸性水解不彻底或部分降解而产生氨基酸变异的缺点，故应结合蛋白质的其他属性进行鉴定。

（四）蛋白质芯片技术

蛋白质芯片（protein chip）技术是继基因芯片技术之后的新一代生物芯片技术。根据芯片表面的不同化学成分，可将蛋白质芯片分为化学表面芯片和生物表面芯片。其中化学表面芯片又可分为疏水、亲水、阳离子、强阴离子和金属离子螯合芯片 5 种，用于检测未知蛋白质，并获取指纹图谱。生物表面分为抗体抗原、受体配体和 DNA 蛋白质芯片等种类，可显示与之结合的抗原或配体的不同分子质量亚型。蛋白质芯片技术是一种高通量、微型化和自动化的蛋白质分析技术，它不需要进行蛋白质分离，只是利用抗体或其他类型亲和探针构成的芯片进行检测，可以同时检测几千种蛋白质，效率非常高。具体方法是首先将一系列的“诱饵”（bait）蛋白质（如抗体）按照一定的排列格式固定在经特殊处理的材料表面上。然后以感兴趣的样品为探针来探查该表面，那些与相应的抗体相结合的蛋白质就会被吸附在表面上。而后把未与抗体结合的蛋白质洗掉，把结合的蛋白质洗脱下来，经凝胶电泳之后通过质谱法进行鉴定。这种技术实际上是一种大规模的酶联免疫分析，可以迅速地将人们感兴趣的蛋白质从混合物中分离出来，并进行分析。蛋白质芯片上的“诱饵”蛋白质可根据研究目的不同，选用抗体、抗原、受体、酶等具有生物活性的蛋白质。

四、蛋白质间的相互作用

蛋白质-蛋白质相互作用在各种生物过程中发挥着重要作用。在后基因组时代，许多蛋白质互作网络已经在不同的生物体中发现，如人类、蠕虫、酵母和植物。为了验证这些从全基因组研究中鉴定出来的互作网络，目前开发出许多方法，包括典型的酵母双杂交系统、免疫共沉淀技术、双分子荧光互补技术、沉降（pull-down）技术、荧光共振能量转移和表面等离子共振技术等。

（一）酵母双杂交系统

酵母双杂交系统（yeast two-hybrid system）是分析蛋白质相互作用强有力的方法。该方法的原理是根据细胞起始基因转录需要有反式转录激活因子的参与（图 13-9）。转录激活因子往往由两个或两个以上相互独立的结构域构成，其中 DNA 结合域（DNA-binding domain，DB）和转录激活域（activation domain，AD）是转录激活因子发挥功能所必需的。单独的 DB 虽然能和启动子结合，但是不能激活转录。而不同转录激活因子的 DB 和 AD 形成的杂合蛋白仍然具有正常的激活转录的功能。DB 和 AD 能分别与多肽 X 和 Y 结合，由 DB 和 AD 形成的融合蛋白现在一般分别称为“诱饵”和“猎物”或

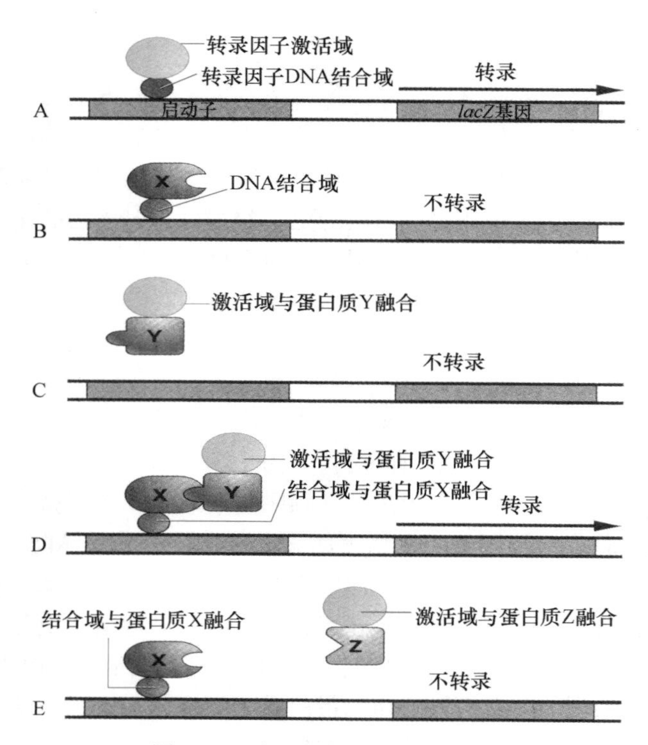

图 13-9 酵母双杂交系统原理示意图

将蛋白质 X 与转录因子结合域构建融合蛋白；Y、Z 分别与激活域融合，通过检测报告基因（*lacZ*）的转录与否确定蛋白质 X 的互作蛋白是 Y，而不是 Z

"靶蛋白"（prey 或 target protein）。如果在 X 和 Y 之间存在相互作用，那么分别位于这两个融合蛋白上的 DB 和 AD 就能形成有活性的转录激活因子，从而激活相应基因的转录与表达。这个被激活的、能显示"诱饵"和"猎物"的两个蛋白质之间相互作用的基因称为报告基因。通过对报告基因表达产物的检测，反过来可判别作为"诱饵"和"猎物"的两个蛋白质之间是否存在相互作用。

酵母双杂交系统不但可用来在体内检验蛋白质间、蛋白质与小分子肽、蛋白质与 DNA、蛋白质与 RNA 间的相互作用，而且能用来发现新的功能蛋白质和研究蛋白质的功能，在对蛋白质组中特定的代谢途径中的蛋白质相互作用关系网络的认识上发挥了重要的作用。

（二）免疫共沉淀技术

免疫共沉淀（co-immunoprecipitation，Co-IP）技术是蛋白质组学中用于研究蛋白质之间相互作用的经典方法。其原理是在非变性条件下裂解细胞，保留细胞内存在的相互作用蛋白质，将目标蛋白质的抗体加入细胞裂解液中，使目标蛋白质在体内的相互作用蛋白质沉淀下来。经过洗脱，收集沉淀物并进行分离，最后对分离所获得的蛋白质进行鉴定。该方法所鉴定的相互作用蛋白质是在细胞内与目标蛋白质发生天然结合，避免了人为的影响，能够反映正常生理条件下蛋白质间的相互作用。该技术主要用于紧密结合的相互作用蛋白质的研究，对于瞬时或低亲和力的相互作用蛋白质研究相对较少。其原因是目的蛋白质只有达到一定浓度才能与抗体结合形成复合体沉淀，而且要求复合体在一系列的清洗过程中应保持不变，所以该方法仅适用于从细胞中溶解出来后仍为生理复合体的蛋白质。

（三）双分子荧光互补技术

双分子荧光互补（bimolecular fluorescence complementation，BiFC）是一种检测活细胞内蛋白质相互作用的技术，在很多物种中得到了应用。其原理是将荧光蛋白多肽链在某些不保守的氨基酸处切开，形成不发荧光的 N 端和 C 端 2 个多肽片段。将这 2 个荧光蛋白片段分别连接到 1 对可能发生相互作用的目标蛋白质上，在细胞内共表达或体外混合这 2 个融合蛋白，若目标蛋白质发生相互作用，荧光蛋白的 2 个片段在空间上将互相靠近互补，重新构建成完整的具有活性的荧光蛋白分子，则会产生荧光，若两目标蛋白质无相互作用，则不能产生荧光。BiFC 和其他分子互补技术相比，具有明显的优势，即能通过简单方便地观察荧光来鉴定蛋白质的相互作用，不依赖外源的荧光素或显色剂等，能检测到瞬时或者较弱的相互作用，并且可以检测到相互作用位点。但 BiFC 也有缺陷，如融合蛋白的相互结合和荧光发生有一定时间延迟，一些融合蛋白的结合是不可逆的，不能实时反映蛋白质的结合和分离情况。另外，BiFC 系统对温度敏感也是其缺陷之一。

（四）沉降技术

沉降技术可用来检测诱饵蛋白与已知蛋白质间的相互作用，也可用来筛选与诱饵蛋白相互作用的未知蛋白质。诱饵蛋白是重组蛋白，会含有一个用于纯化的亲和标签。较常用的标签有谷胱甘肽 *S*-转移酶（GST）和多组氨酸（6 × His）。如 GST pull-down 实验，首先诱饵蛋白和 GST 蛋白在细菌、植物、动物细胞等体系中融合表达，利用 GST 和谷胱甘肽亲和树脂之间的高亲和性，将诱饵蛋白固化在树脂上，而固化的诱饵蛋白可以捕获细胞裂解物中的互作靶蛋白。pull-down 外源表达系统简单易用、蛋白质表达周期短，且易分离出大量融合蛋白进行批量实验。但它也有缺陷，如与 Co-IP 相比，GST pull-down 的融合蛋白往往是在外源系统中表达，可能会缺少某些翻译后修饰，并且和靶蛋白的结合发生在体外环境，不能精确反映体内的相互作用。

（五）荧光共振能量转移

荧光共振能量转移（fluorescence resonance energy transfer，FRET）是一种检测分子间距离的高效方法，由福斯特（Förster）在 1948 年首先发现，现已成为一种检测细胞中分子内或分子间相互作用的有效手段。FRET 用于蛋白质相互作用研究的基本原理是分别将诱饵蛋白、靶蛋白与相应的供体荧光基团（如 ECFP）和受体荧光基团（如 EYFP）融合，当诱饵蛋白和靶蛋白相互结合作用时，供体基团和受体基团两者之间的距离很近（约 10nm），供体基团的发射光激发受体基团发射荧光。FRET 与其他蛋白质互作技术相比，能比较可靠地反映蛋白质相互作用时的距离；能检测到瞬时、较弱的蛋白质相互作用；能同时检测到两种蛋白质的细胞分布和作用位点。但也有不足之处，如供体蛋白的激发光谱和受体蛋白的光谱可能存在重叠，影响实验结果；供体蛋白和受体蛋白的空间结构较大，限制了两者之间的距离，导致 FRET 发生效率低（约 40%），且易出现假阴性；供体蛋白和受体蛋白的荧光亮度可能差异较大，易导致较高的背景信号。

（六）表面等离子共振技术

表面等离子共振（surface plasmon resonance，SPR）技术是一种全新的研究蛋白质之间相互作用的手段。表面等离子共振生物传感器是利用表面等离子共振现象和SPR谱峰对金属表面上电介质变化敏感的特点，通过将受体蛋白固定在金属膜上，检测受体蛋白与液相中配体蛋白的特异性结合。SPR技术的特点是测定快速、安全、不需标记物或染料及灵敏度高。其除了应用于检测蛋白质与蛋白质之间的相互作用外，还可检测蛋白质与核酸及其他生物大分子之间的相互作用，并且能对整个反应过程进行实时监测。因此，SPR技术在检测生物大分子特异性相互作用上比传统的方法更具优势，其对基础理论、医学诊断及治疗等都具有十分重要的意义。

在后基因组时代，研究蛋白质间相互作用及作用网络成为蛋白质组学的热门课题。在过去的研究中，蛋白质相互作用研究的方法和技术取得了很大进步，已在多种物种中建立了初步的蛋白质相互作用网络，但仍存在着一些问题，比如通量低、准确度不高、灵敏度不够等，在今后很长一段时间内，各种方法技术并存，相互间交叉互补，将成为蛋白质相互作用研究的主要特点。我们相信通过对现有研究方法和技术的改进、不同方法和技术的结合使用，以及新技术的发明，将会不断完善生命活动中的蛋白质时空互作网络。

复习题

1. 什么是*C*值悖理？什么是*N*值悖理？
2. 真核生物与原核生物基因组的特点有何差异？
3. 基因组学的主要研究内容有哪些？
4. 常用的分子标记有哪几种？
5. 什么是基因组物理图？物理图与遗传图有何不同？
6. 植物构建作图群体有哪些主要类型？其优缺点如何？
7. 简述植物基因组遗传图谱的构建方法。
8. 基因组图谱有哪些作用？
9. 什么是图位克隆？如何进行图位克隆？
10. 试述基因芯片技术的主要用途。
11. 试述基因芯片技术及转录组测序的优缺点。
12. 检测蛋白质间相互作用的方法有哪些？

本章课程视频

第十四章　基因表达的调控

无论原核生物还是真核生物，其基因表达都进行严格有序的调控，以适应环境，保证其正常生存。原核生物是单细胞生物，没有核膜和明显的核结构，本身没有足够的能源储备和制造有机物的能力，必须不断调控自身各种基因表达状况以迅速适应营养条件和不利环境因素，其基因表达调控必须快速、经济和有效。操纵元就是这种快速、经济和有效原则的集中体现。基因表达的每一个环节包括转录和翻译都可以实施调控，但主要还是在转录水平上。

真核生物的表达调控系统与原核生物有很大不同。真核生物的基因数目比原核生物多，多数基因含有内含子，基因组中有大量重复序列，DNA 与组蛋白形成核小体结构，这些都会对基因表达产生不同的影响。真核生物的转录与翻译分别在细胞核和细胞质中进行，mRNA 形成后要运输到细胞质中才能翻译。多数 mRNA 的形成要经过剪切加工，寿命较长。这为基因的调控提供了较大的余地，基因调控的范围比原核生物更大，包括 DNA 水平、转录水平、转录后水平和翻译水平等许多层次。当然，和原核生物一样，转录水平的调控是主要的方式。

为了更好地理解基因表达的调控，首先介绍基因的概念及其发展。

第一节　基因的概念与发展

一、经典遗传学的基因概念

人类很早就意识到生物性状的遗传与变异现象，但直到 19 世纪后期才有所突破。达尔文在其巨著《物种起源》中，解释生物进化时对遗传和变异机制进行了假设，提出了泛生假说（hypothesis of pangenesis），认为遗传物质是存在于生物器官中的“泛生粒”（pangen）在世代间的传递和表现。尽管“泛生粒”未得到科学的证实而被抛弃，但可以看作基因概念的萌芽。孟德尔通过对豌豆等植物的 8 年杂交试验，提出生物的单一性状是由颗粒状的遗传因子所控制，并且总结出了遗传的两个基本定律，即遗传因子的分离规律和独立分配规律。由于当时孟德尔假定的遗传因子缺乏已知的物质基础而并未受到重视。遗传的染色体学说（chromosome theory of inheritance）提出后，人们意识到孟德尔遗传因子的行为与减数分裂和受精中染色体的行为非常吻合，从而设想把特定的遗传因子定位于特定的染色体上，这种设想可以很好地解释孟德尔的两大定律，并在以后的科学实验中得到证实。1909 年，丹麦遗传学者约翰生提出了基因这个名词，取代孟德尔的遗传因子。摩尔根是经典遗传学主要奠基人之一。他与合作者以果蝇、玉米为材料，将遗传杂交试验与细胞学研究相结合，建立了细胞遗传学，结果不但证明了孟德尔的分离规律和独立分配规律，还发现了连锁遗传规律。进一步肯定了染色体是基因的载体，创立了基因论。基因论指出，“基因是控制性状表现的遗传基础，呈线性排列于染色体上。并且根据染色体上相邻基因间的交换率，可以制定出多个基因在染色体上排列的顺序和相对距离，绘成基因连锁的染色体图”，首次将基因认为是一种化学实体，以念珠状直线排列在染色体上。基因不仅控制特定的性状，而且能够发生突变和随着染色体同源节段的互换而交换。

因此，经典遗传学的基因概念认为：基因具有染色体的主要属性，能自我复制，有相对的稳定性；它首先是一个功能单位，控制正在发育的有机体的某一或某些性状，如红花、白花等；同时它又是交换的最小单位，即在重组时不能再分割的单位；基因是以整体进行突变的，所以它又是一个突变单位。可以把重组单位和突变单位称为结构单位。这样，基因既是一个结构单位，又是一个功能单位。

二、现代遗传学的基因概念

随着研究的深入，人们证明了染色体上的DNA是遗传物质，揭示了DNA的化学本质，并破译了遗传密码的秘密，使基因的概念落实到具体的物质上，获得了具体的内容。广泛的试验表明，一个基因为DNA分子上的一个区段，它携带有特殊的遗传信息，这类遗传信息或者被转录为RNA（包括mRNA、tRNA、rRNA），或者通过mRNA翻译成多肽链，或者对其他基因的活动起调控作用。

1957年，法国遗传学家本泽尔根据T_4噬菌体及其突变体的特性，精妙地设计了一个顺反测验（*cis-trans* test）来研究基因的精细结构，提出了顺反子（cistron）学说。这个学说把遗传功能单位称为顺反子（实际上就是基因），认为基因是十分复杂的遗传和变异的单位。在顺反子区域内，还可发生突变和重组，即包含着许多突变子（muton）和重组子（recon）。突变子是性状突变时产生突变的最小单位，重组子是性状发生重组时可交换的最小单位，二者都可以小到只有1个核苷酸对。由此可见，以往认为基因是最小的结构单位现已不成立了，实际上包含大量的突变子和重组子，然而关于基因是一个功能单位的概念仍然是正确的。因此，基因的概念可以概括为：在功能上被顺反测验或互补测验（complementation test）所规定，可转录一条完整的RNA分子，或编码一条多肽链的一段DNA序列。

目前随着不同性质的基因被发现，人们对基因的概念又有了新的拓展。根据基因结构和功能，可以把基因分为结构基因（structural gene）、调节基因（regulator gene）、操纵基因（operator gene）、重叠基因（overlapping gene）、割裂基因（split gene）或断裂基因（interrupted gene）、跳跃基因（jumping gene）或转座子（transposon）、假基因（pseudogene）等不同类型。这些基因的发现，大大拓宽了人们对基因功能及相互关系的认识。

结构基因是指可编码多肽链或RNA的一段DNA序列，是传统意义上的基因。其主要包括编码结构蛋白和酶蛋白的基因，有些结构基因只能转录而不能转译，如tRNA基因和rRNA基因。调节基因是其产物参与调控其他结构基因表达的基因，如编码阻遏蛋白或激活蛋白的调节基因。操纵基因是指调节基因产物的靶位点，当与调节基因结合时，调控基因的表达。操纵基因主要由结构基因两侧的一段不编码的DNA片段（即侧翼序列）组成，参与基因表达调控。例如，启动子、上游启动子元件、操纵子、增强子、沉默子和poly（A）加尾信号等顺式作用元件，它们是可以影响基因表达，但不编码RNA和蛋白质的DNA序列。重叠基因是指一段DNA的编码序列，由于其阅读顺序的差异或者终止早晚的不同，同时编码两个或两个以上多肽链的基因。基因的重叠性使有限的DNA序列可以包含更多的遗传信息，在低等原核生物和病毒基因组中普遍存在。例如，费尔（Feir）和弗雷德里克·桑格在研究分析 ϕX174 噬菌体的核苷酸序列时，发现由 5375 个核苷酸组成的单链 DNA 所包含的 10 个基因中有几个基因具有不同程度的重叠，但是这些重叠的基因具有不同的读码框。断裂基因是指基因的内部核苷酸编码顺序不是连续的，在编码序列（外显子）中间插入了一个或多个不编码的碱基序列（内含子）。近年来的研究发现，原核生物的基因序列一般是连续的，在一个基因的内部几乎不含“内含子”，而真核生物中绝大多数基因都是由不连续 DNA 序列组成的断裂基因。跳跃基因或转座子是指有些含特殊结构的 DNA 序列可从染色体上的一个位置跳到另一个位置上，甚至从一条染色体移动到另一条染色体上，进而引发 DNA 链的断裂或重排而导致变异。现已了解到真核细胞中普遍存在移动基因。假基因是指某些 DNA 序列与正常基因序列相似，但处于基因组中不同的位置，且由于存在碱基的缺失、插入或突变而不能转录和翻译，失去正常的基因功能而称为假基因或伪基因。现已在大多数真核生物中发现了假基因，干扰素、组蛋白、α 球蛋白和 β 球蛋白、肌动蛋白及人的 rRNA 和 tRNA 基因均含有假基因。

三、顺反测验

野生型 T_4 噬菌体（r^+）能够侵染大肠杆菌 B 菌株和 K_{12}（λ）菌株（含 λ 噬菌体的溶源性大肠杆菌），侵染后形成小噬菌斑，边缘不规则。T_4 噬菌体连锁图 Ⅱ 区段的内部有一些可以发生突变的位点，发生突变后的噬菌体能迅速裂解细菌细胞，形成大而有明确边缘的噬菌斑，且不能在 K_{12}（λ）菌株上存活。

从不同的实验中多次分离到 r Ⅱ 区突变型，它们在 B 菌株上形成相同的噬菌斑表型。可以通过重组试验区分不同的突变位点，测定它们之间的顺序与距离。

用两个噬菌体突变体（r_x 与 r_y）双重感染大肠杆菌 B 株，收集含有子代噬菌体的溶菌液。将一部分菌液涂布到 B 菌株上，观察形成的总噬菌斑数，因为 r_x 与 r_y 两种亲本型、$r_x^+ r_y^+$ 与 $r_x r_y$ 两种重组型都可以在 B 株上生长；一部分菌液涂布到 K_{12}（λ）株上，观察子代噬菌体中野生型噬菌体数。由于只有野生型的重组噬菌体（$r_x^+ r_y^+$）可以在 K_{12}（λ）株上生长，而其他 3 种基因型不能生长，因此预期的 $r_x r_y$ 重组体观测不到，该噬菌斑数乘以 2 就是重组噬菌体数（图 14-1）。r_x 与 r_y 间重组率计算公式如下：

$$\text{重组率} = \frac{r_x^+ r_y^+ \text{噬菌体数} \times 2}{\text{总噬菌体数}} \times 100\%$$

$$= \frac{\text{在 } K_{12}(\lambda) \text{ 株上生长的噬菌体数} \times 2}{\text{在 B 株上生长的噬菌体数}} \times 100\%$$

若 r_x 与 r_y 双重感染后无野生型子代噬菌体形成，说明 r_x 与 r_y 是同一位点，两者之间没有重组。根据多个两点测验可以作出 r Ⅱ 区精细的遗传图（图 14-2）。

r Ⅱ 区有 3000 多个突变型，其表现型相同。它们是一个基因还是多个基因突变？可用顺反（互补）测验确定它们是同一基因还是不同基因。将这两个表型相似的突变体进行杂交，产生双突变杂合体。其中两突变位点若位于同一染色体上，另一条是正常染色体，称为顺式测验或顺式组合；两突变位点在不同染色体上，则称反式测验或反式组合。顺式组合的表现型永远都是野生型。反式组合若表现为野生型，则说明两个突变型存在

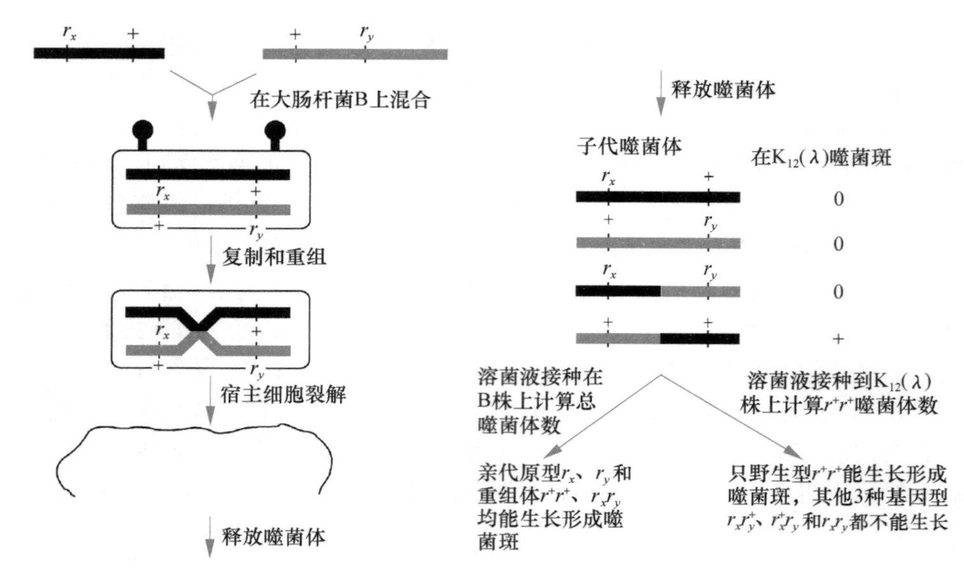

图 14-1　T_4 噬菌体 r Ⅱ区突变位点间距离的测定

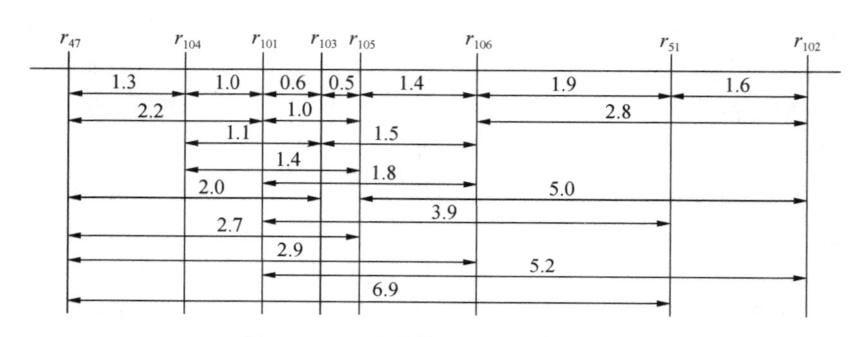

图 14-2　T_4 噬菌体 r Ⅱ区部分连锁图

互补作用，这两个突变体属于同一基因的不同表现；如反式组合表现为突变型，则说明无互补作用，两个突变体属于不同等位基因控制。这种根据功能确定不同突变型是否属于等位基因的测验称顺反测验，又叫互补测验。不能分割的基因功能单位称顺反子。用两种不同突变体如 r_{51} 和 r_{106} 双重感染 K_{12}（λ）株，出现子代噬菌体，子代噬菌体中不仅有 r_{51}、r_{106}，还有野生型。这说明 r_{51} 和 r_{106} 不但进行了复制而且发生了重组。突变体 r_{47} 和 r_{106} 间距离比 r_{51} 和 r_{106} 间距离大，但前者混合感染 K_{12}（λ）株时在指示菌 B 株上不形成噬菌斑，表明 r_{47} 和 r_{106} 之间不能功能互补。经测定 r Ⅱ区有两个功能单位，分别称顺反子 A 和 B。用不同的突变体 A 或 B 单独感染 K_{12}（λ）菌株，不产生噬菌斑；但用位于不同功能区的 A 与 B 混合感染 K_{12}（λ）菌株，由于互补可以产生噬菌斑（图 14-3）。

一般地，如果两个突变来自同一个基因，则两条染色体只能产生突变的 mRNA，结果产生突变的酶、突变的表型；如果这两个突变来自两个基因，则每个突变的相对位点上都有一个正常的野生型基因，可以产生正常的 mRNA，其个体表现野生型（图 14-4）。

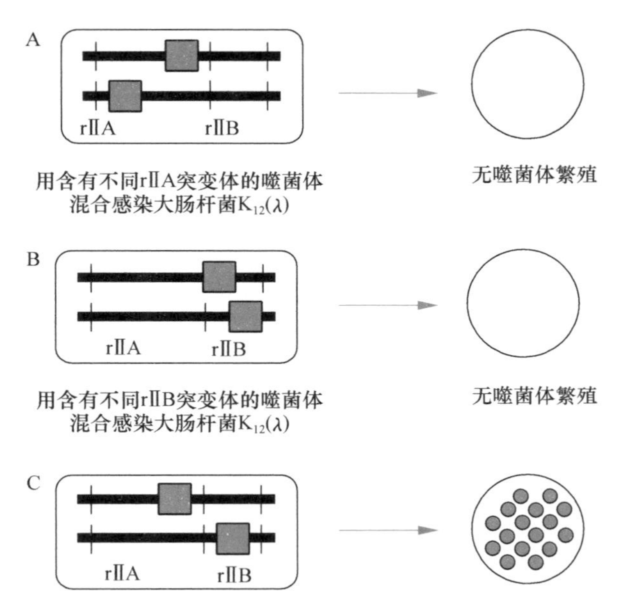

图 14-3 突变噬菌体之间的互补测验

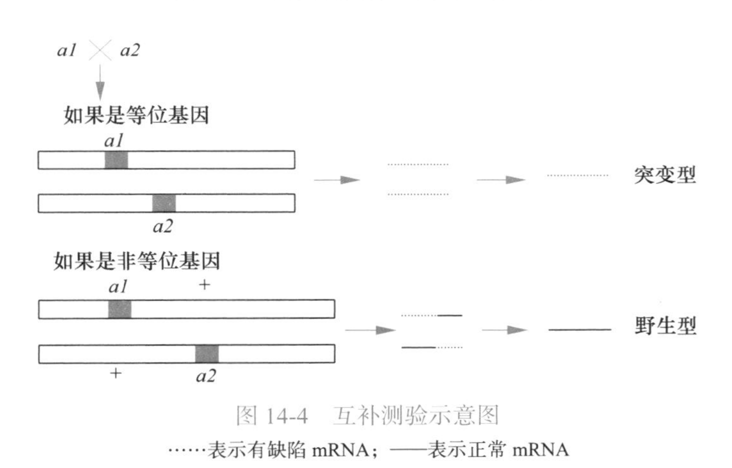

图 14-4 互补测验示意图

……表示有缺陷 mRNA；——表示正常 mRNA

第二节 原核生物基因表达的调控

原核生物基因表达的调控可以在 DNA、转录和翻译 3 个不同层次进行。转录水平的调控是最主要的方式，也是最经济、有效的方式。

一、转录水平的调控

无论是真核生物还是原核生物，其转录调节都是涉及编码蛋白质的基因和 DNA 上的元件。DNA 元件是 DNA 上一段序列，由于它只能作用于同一条 DNA，因此称为顺式作用元件（*cis*-acting element）。顺式作用位点通常在靶基因的上游。调节基因的产物可以自由地结合到其相应的靶上，因此称为反式作用因子（*trans*-acting factor）。

在细菌中，当几种酶参与同一个代谢途径时，往往是这几种酶的合成同时启动，产生编码所有蛋白质的一个或几个多顺反子（polycistron）mRNA，这是原核生物所特有的现象，也是一种经济有效的调控方式。真核生物没有这种调控机制，因为真核生物基因转录的是单顺反子（monocistron）mRNA。

根据基因表达产物的用途，基因表达途径可分为降解代谢途径与合成代谢途径。在一个多级反应的降解代谢途径中，被降解的分子将决定这些降解酶是否需要合成。而在合成代谢途径中，合成的最终产物又可以调节合成酶基因的表达。

基因表达的调控通常可分为正调控和负调控两种（图 14-5）。存在于细胞中的阻遏物阻止转录过程的是负调控（negative regulation）。任何一种干扰基因表达的作用都属于负控制，其机制或是阻遏蛋白和 DNA 上的特异位点相结合，阻止 RNA 聚合酶起始转录；或是阻遏蛋白和 RNA 结合阻止翻译的起始，使基因处于关闭状态。只有当阻遏物被除去之后，转录才能启动，产生 mRNA 分子。负调控提供了一个保险机制，如调节蛋白失活的话，这个系统仍有功能，因而细胞中仍合成相关的一系列酶。正调控（positive regulation）机制正好和负控制相反，调节蛋白的作用不是阻止起始，而是帮助起始。它和 DNA 及 RNA 聚合酶相互作用来帮助起始。在正调控系统中，诱导物通常与另一蛋白质结合形成一种激活子（activator）复合物，与基因启动子 DNA 序列结合，激活基因起始转录。原核生物中基因表达以负调控为主，真核生物中则主要是正调控机制。

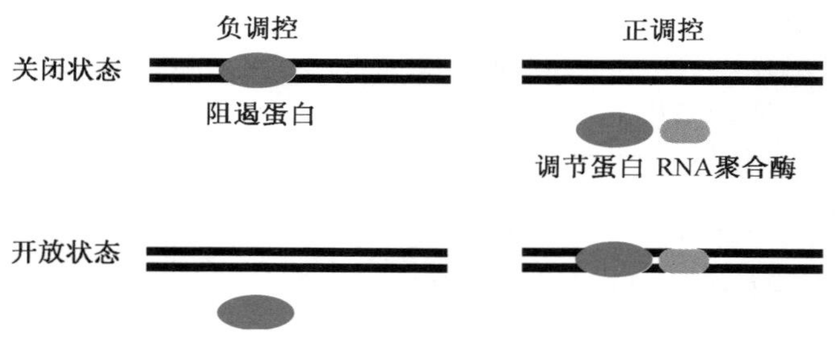

图 14-5　正调控和负调控

需要说明的是，即使是基因不表达，通常指该基因的表达水平很低，仍维持在一个基本水平，每个细胞也有一至几个 mRNA 分子。基因表达完全关闭的情况极为少见。

（一）乳糖操纵子

1. 乳糖操纵子模型

大肠杆菌可以利用乳糖，把乳糖降解成半乳糖和葡萄糖。乳糖分解代谢相关的 3 个基因——*lacZ*、*lacY* 和 *lacA* 是很典型的基因簇，它们的产物可催化乳糖的分解，它们具有顺式作用元件和反式作用调节基因（图 14-6A）。

3 个结构基因的功能是：*lacZ* 编码 β-半乳糖苷酶，它可以切断乳糖的半乳糖苷键，产生半乳糖和葡萄糖；*lacY* 编码 β-半乳糖苷透性酶，它构成转运系统，将半乳糖苷运入细胞中；*lacA* 编码 β-半乳糖苷乙酰转移酶，其功能只将乙酰辅酶 A 上的乙酰基转移到 β-半乳糖苷上。

在乳糖操纵子（lac operon）中，3 个结构基因上游有 2 个顺式作用元件，即启动子

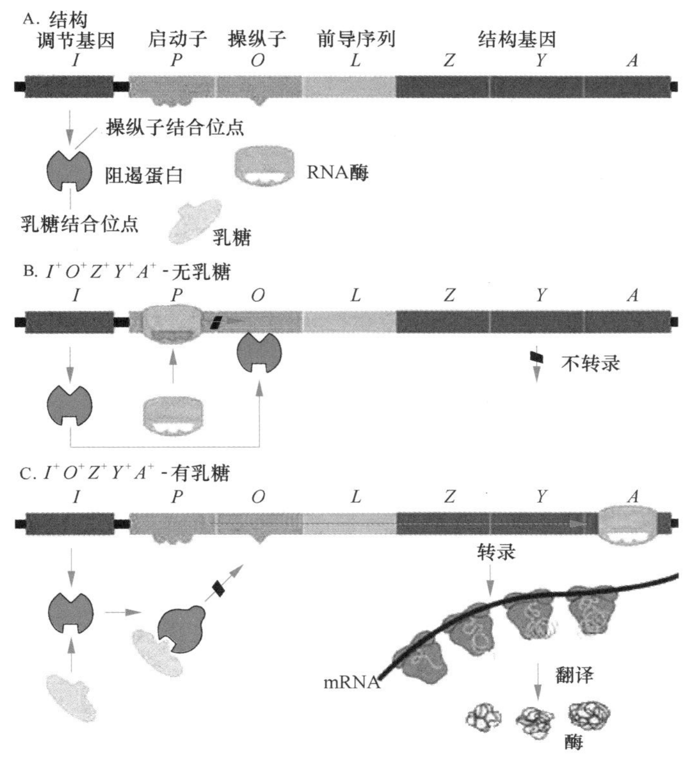

图 14-6 乳糖操纵子模型

（promoter，*P*）和操纵子（operon，*O*）。还有另一个调节基因（*lacI*）位于所有基因的上游，但它本身具有自己的启动子和终止子，成为独立的转录单位，因此 *lacI* 基因通常不包括在乳糖操纵子之内。由于 *lacI* 的产物是可溶性蛋白，它能够分散到各处或结合到分散的 DNA 位点上，是典型的反式作用调节物。

这一个完整的调节系统包括结构基因和控制这些基因表达的元件，形成了一个共同的调节单位，这种调节单位称为操纵子。操纵子的活性是由调节基因控制的，调节基因的产物可以和操纵子上的顺式作用元件相互作用。

2. 乳糖操纵子的负调控

lacI 基因编码一种阻遏蛋白（repressor protein），它本身可发生空间构型及化学活性变化。阻遏蛋白至少有两个结合位点：一个是结合诱导物（乳糖），另一个是结合操纵子 *O*。当诱导物在相应位点结合时，它改变了阻遏蛋白的构象，干扰了另一位点的活性，这种类型的调控称为变构调控（allosteric regulation）。阻遏蛋白结合在操纵子 *O* 位点，阻止 RNA 聚合酶起始转录结构基因（图 14-6B）。

阻遏蛋白对于操纵基因有很高的亲和性，在缺乏诱导物（乳糖）时，阻遏蛋白总是结合在操纵基因上，使得邻近的结构基因不能转录。但当诱导物存在时，它和阻遏蛋白结合形成了阻遏蛋白复合体，不再和操纵基因结合。这样，RNA 聚合酶才能起始转录结构基因，产生乳糖代谢酶（图 14-6C）。

诱导完成一种协同调节（coordinate regulation），即所有的一组基因都一起表达或一起关闭。mRNA 一般总是从 5′ 开始转录，所以诱导总是导致 β-半乳糖苷酶、透性酶和乙酰

资源 14-1

转移酶按一定顺序出现。此多顺反子 mRNA 的共同转录解释了为什么在诱导物的不同条件下，*lacZ*、*lacY*、*lacA* 3 个基因的产物总保持同样的当量关系。

1996 年，刘易斯（M. Lewis）等成功地测定了阻遏蛋白的结晶结构及阻遏蛋白的诱导物和操纵子序列结合的结构。

3. 乳糖操纵子的正调控

如前所述，β-半乳糖苷酶的作用是降解乳糖形成葡萄糖和半乳糖，半乳糖又被细胞转变成葡萄糖后加以利用。那么当细菌细胞处于既有大量乳糖又有葡萄糖时的情况会怎样呢？实际上只要有葡萄糖存在，细菌细胞就不产生 β-半乳糖苷酶。这说明，除了阻遏蛋白能抑制乳糖操纵子转录外，还有其他因子也能有效地抑制 mRNA 转录，而这个因子的活性与葡萄糖有关。

分析表明，葡萄糖可以抑制腺苷酸环化酶的活性。而腺苷酸环化酶催化 ATP 前体转变成环磷酸腺苷（cyclic adenosine monophosphate，cAMP）。cAMP 又与代谢激活蛋白（catabolite activating protein，CAP）形成一种 cAMP-CAP 复合物，作为操纵子的正调控因子。缺乏葡萄糖时，有利于 cAMP-CAP 复合物的形成。当 cAMP-CAP 复合物的二聚体插入到乳糖启动子区域特异核苷酸序列时，使启动子 DNA 弯曲形成新的构型，RNA 聚合酶与这种 DNA 新构型的结合更加牢固，转录效率更高（图 14-7A）。因此，当细胞既有乳糖与阻遏蛋白结合，又有 cAMP-CAP 结合在启动子 DNA 序列时，乳糖启动子的转录效率最高。

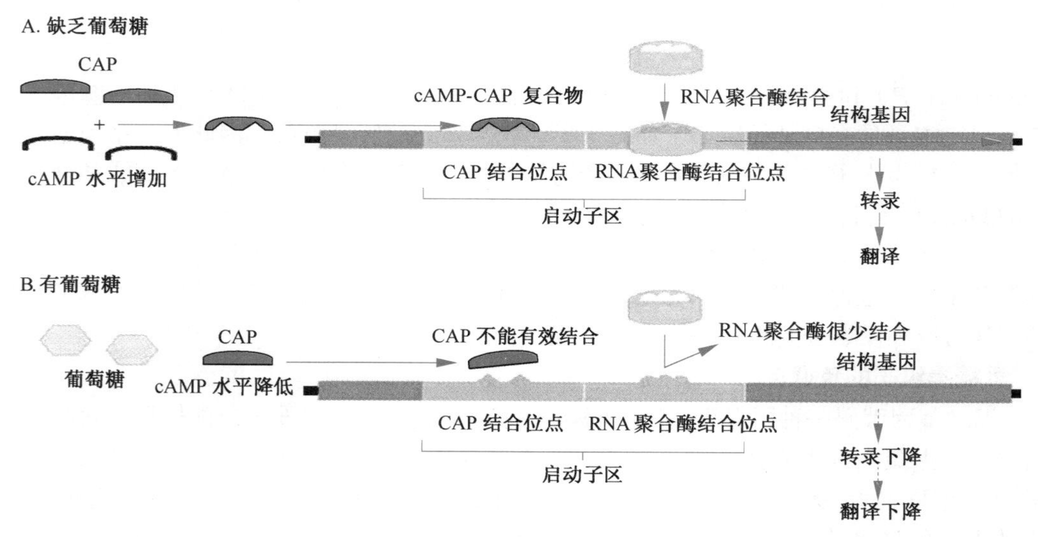

图 14-7 乳糖操纵子的正调控

在有葡萄糖存在时，不能形成 cAMP，也就没有操纵子的正调控因子 cAMP-CAP 复合物，因此基因不表达。核酸-蛋白质互作研究结果进一步证实，单独的 cAMP-CAP 复合体，或 RNA 聚合酶，与乳糖启动子结合的亲和力都不高，与其他 DNA 分子的亲和力也很低。如果二者同时与乳糖启动子 DNA 结合，可以迅速形成紧密牢固的复合体，表现为典型的协调结合（coorperative binding）的方式（图 14-7B）。

当葡萄糖存在时，就不需要乳糖的降解，这种代谢物阻遏（catabolite repression）的操纵子调控，可使细胞有效地利用能源。

（二）色氨酸操纵子

色氨酸操纵子（trp operon）控制的是合成代谢，最终的产物是色氨酸（Trp）。在培养基中缺乏 Trp 时操纵子打开，而加入 Trp 时将促进操纵子的关闭，也就是最终产物 Trp 或某种物质对转录将起到阻遏的作用，而不是诱导的作用，在其操纵子中不存在 cAMP-CAP 位点。Trp 阻遏蛋白只有和色氨酸结合才能具有活性，结合到操纵基因上，阻遏转录，这种类型控制途径也是在酶活性的水平进行调节，这种调节称为反馈抑制（feedback inhibition）。

1. 色氨酸操纵子的结构和功能

色氨酸操纵子由 5 个结构基因 *trpE*、*trpD*、*trpC*、*trpB* 和 *trpA* 组成一个多顺反子的基因簇，在 5′ 端是启动子（*P*）、操纵子（*O*）、前导序列（*L*）和衰减子（attenuator，*A*）区域（图 14-8A）。

阻遏物 trpR 由相距较远的阻遏物基因编码。启动子位点与 RNA 聚合酶结合，操纵子位点与阻遏物结合。*trpR* 基因编码一种无辅基阻遏物（aporepressor），单独的无辅基阻遏物不能与操纵子结合。只有形成无辅基阻遏物-色氨酸复合物后，才能与操纵子结合。色氨酸称为辅阻遏物（corepressor）。

细胞中的色氨酸不足时，无辅基阻遏物的三维空间结构发生改变，不能与操纵子结合进行转录（图 14-8B）。细胞中的色氨酸浓度较高时，有些色氨酸分子可与无辅基阻遏物结合，使其空间构型发生变化而成为有活性的阻遏物，结合在操纵子区域，阻止转录（图 14-8C）。

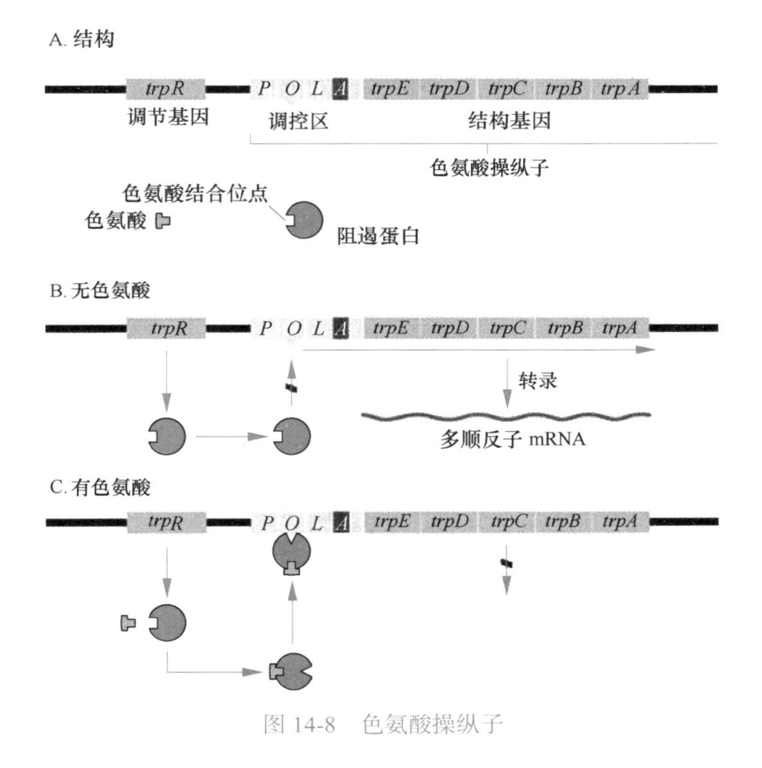

图 14-8　色氨酸操纵子

色氨酸操纵子的阻遏能力较低，仅是 *lacI* 产物的 1/1000，因此色氨酸操纵子还必须依赖别的途径来进行调节，以免在已有一定浓度的 Trp 时，还继续合成 Trp，这种途径就是衰减作用。

2. 衰减作用（attenuation）

色氨酸操纵子的第一个基因（*trpE*）的前面 5′ 端有一个长 160 个碱基的序列，称为前导序列（leader sequence），这个元件为衰减子（attenuator）（图 14-9）。当 Trp 存在时，衰减子的存在导致了 mRNA 转录速率下降；当发生缺失突变时（缺失了 130 ~ 160 片段），产生的 mRNA 总是最高水平的。

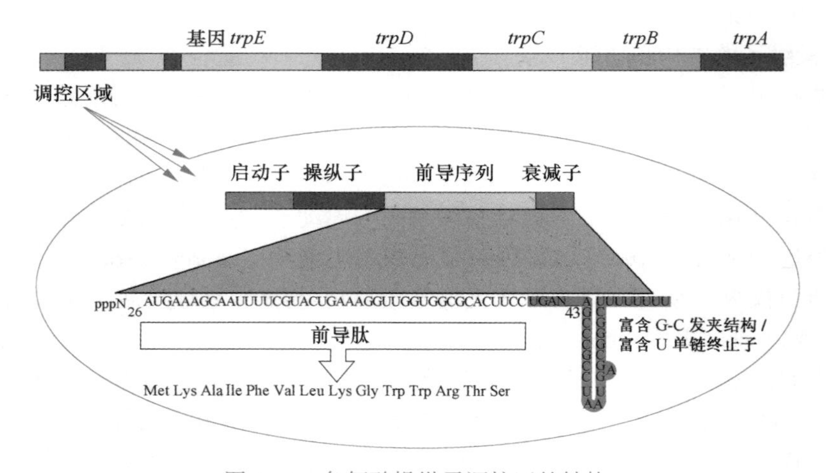

图 14-9　色氨酸操纵子调控区的结构

资源 14-2

衰减子如何能终止转录呢？前导序列编码 14 个氨基酸，其中含有 2 个 Trp 残基，当细胞中 Trp 用完时，核糖体开始翻译前导肽，但达到 Trp 密码子时就停下来。前导序列能形成不同氨基酸配对的结构，核糖体能控制这些结构的转变而穿越过前导区，这些结构决定了 mRNA 是否能提供具有终止功能的二级发夹。

二、翻译水平的调控

（一）翻译水平的自我调控

翻译起始的调节存在一种和转录调控类似的形式：无论编码区的起始位点是否对核糖体有利，调节分子直接或间接地决定翻译起始。这种调节分子可能是蛋白质，也可能是 RNA。

阻遏蛋白可以结合到 mRNA 的靶区域上，阻止核糖体对翻译起始区的识别以起到阻遏的功能。这与阻遏蛋白结合到 DNA 阻止 RNA 聚合酶利用启动子开始转录的机制是相似的。这种调控机制中，调节蛋白可以直接结合到含有 AUG 的起始密码子的顺序上，或者形成发夹结构，或者结合到启动子区域的 Shine-Dalgarno（SD）序列等，阻断核糖体的结合。SD 序列是细菌 mRNA 翻译起始信号上游的一段 5′-AGGAGGU-3′ 保守序列，可与核糖体 30S 亚基中的 16S rRNA 3′ 端的保守序列互补配对，作为 mRNA 在核糖体上的结合位点。

（二）反义 RNA 的调控

有时小分子 RNA 也可调节基因的表达。和蛋白质调节物一样，此 RNA 是独立合成的分子，与靶位点的特殊序列是分开的。调节物 RNA 的靶序列是单链核苷酸序列，其功能是和靶序列互补，形成一个双链区。调节物 RNA 的作用可能有两种机制：①和靶核苷酸序列形成双链区，直接阻碍其功能，如翻译的起始。②在靶分子的部分区域形成双链区，改变其他区域的构象，这样直接影响其功能。两种类型 RNA 介导的调节的共同特点是改变靶序列的二级结构，控制其活性。

这种能够与 mRNA 互补的 RNA 分子，一般称为反义 RNA（antisense RNA）。在原核生物中，反义 RNA 具有多种功能，如调控质粒的复制及其接合转移，抑制某些转位因子的转位，控制某些噬菌体溶菌-溶原状态等。现在人们可以人工合成反义 RNA 的基因，并将之导入细胞内转录出反义 RNA，从而通过阻断某特定基因的表达，了解该基因的功能和作用。

第三节　真核生物基因表达的调控

真核生物基因表达的调控要比原核生物复杂得多，特别是高等生物，不仅由多细胞构成，而且具有组织和器官的分化。细胞中的核膜将核和细胞质分隔开，转录和翻译并不偶联，而是分别在核和细胞质中进行。基因组不再是环状或线状近于裸露的 DNA，而是由多条染色体组成，染色体本身是以核小体为单位形成的多级结构。真核生物的个体还存在着复杂的个体发育和分化。因此，真核生物的基因调控是多层次的，包括染色质水平、DNA 水平、转录水平和翻译水平的调控。同原核生物一样，转录水平的调控是主要的调控方式。

一、染色质水平的调控

（一）异染色质化

功能性异染色质（即兼性异染色质）是指在某些特定的细胞中，或在一定的发育时期和生理条件下凝聚，由常染色质变成异染色质，这也是真核生物的一种表达调控的途径。

哺乳动物中，细胞质某些调节物质能使两条 X 染色体中的一条异染色质化，只有一条 X 染色体具有活性。这样，雌、雄动物之间虽 X 染色体的数量不同，但 X 染色体上基因产物的剂量是平衡的，这个过程就称为剂量补偿作用（dosage compensation）。例如，正常的男性是 XY，而正常的女性是 XX。在女性的细胞核中有一团高度凝聚的染色质，这是失活的 X 染色体，而在正常男性的细胞核中则没有。在带有多条 X 染色体的个体中，也只有一条 X 染色体是有活性的。两条 X 染色体中哪一条失活是随机的，生殖细胞形成时失活的 X 染色体可得到恢复。

（二）组蛋白修饰和非组蛋白的作用

组蛋白可被修饰，修饰作用包括甲基化、乙酰基化和磷酸化。其中，最主要的方式是赖氨酸残基上的氨基乙酰化。修饰可改变它们与 DNA 的结合能力。若被组蛋白覆盖的基因要表达，那么组蛋白必须被修饰，使其和 DNA 的结合由紧变松，DNA 链才能和

RNA 聚合酶或调节蛋白相互作用。因此，组蛋白的作用本质上是真核基因调节的负控制因子，即它们是基因表达的抑制物。

组蛋白在进化上是极端保守的，在不同物种、不同组织细胞的染色质中，它们的数量、类型和氨基酸顺序都十分相似，没有功能性的分化；而且组蛋白种类少，在生物体的不同细胞中，5 种组蛋白都是以一定恒定的方式沿着 DNA 排列。显然组蛋白沿着 DNA 均匀分布所产生的系统不可能对成千上万个基因的表达进行特异控制。

如果组蛋白不是负责打开特异基因的分子，那么这个作用一定是由非组蛋白来控制的。非组蛋白不仅数量多（约有数以千计的不同类型），而且在不同细胞中的种类和数量都不相同，具有组织特异性。不同细胞间非组蛋白的变异有力地表明非组蛋白在基因表达的调节、细胞分化的控制及生物的发育中起着很重要的作用。

（三）DNA 酶的敏感区域

当一个基因处于转录活性状态时，含有这个基因的染色质区域对 DNA 聚合酶Ⅰ降解的敏感性要比无转录活性区域高得多。这是由于此区域染色质的 DNA-蛋白质结构变得松散，DNA 聚合酶Ⅰ易于接触到 DNA。DNA 聚合酶Ⅰ敏感区出现的范围随着基因序列的不同而变化，为基因周围几个 kb 到两侧 20kb。

具有转录活性基因周围的 DNA 区域有一个中心区域，对 DNA 聚合酶Ⅰ的敏感性高，称为超敏感区域（hypersensitive region）或超敏感位点（hypersensitive site）。超敏感区域首先受到 DNA 聚合酶Ⅰ的剪切，是染色质中特殊 DNA 暴露区域，一般在转录起始点附近，即 5′ 端启动子区域，少部分位于其他部位如转录单元的下游。超敏感位点建立于转录起始之前，转录的诱导物除去后，超敏感位点虽然存在，但转录却很快停止。这说明超敏感位点的存在是转录起始的必要条件，但不是充分条件。

超敏感位点是一段长 200bp 左右的 DNA 序列，这些区域是低甲基化区；可能有局部解链的存在；不存在核小体结构或结构不同寻常，此区因 DNA 的裸露容易和多种酶或特异的蛋白质结合，即易于和反式作用因子结合。

染色质对 DNA 聚合酶Ⅰ的敏感性与两种非组蛋白有关，即高泳动蛋白 14（high-mobility group 14，HMG14）和 HMG17，这是两种高丰富度的小分子质量（30kDa）的蛋白质，活化染色质中每 10 个核小体就结合一个 HMG 蛋白分子。HMG 蛋白的 C 端含活性氨基酸，可与核小体核心组蛋白的碱性区域相结合。HMG 蛋白的 N 端 1/3 的区域氨基酸序列与 H_1 和 H_5 的 C 端十分相似。而 HMG 在核小体上的位置与 H_1 相近。HMG 可以竞争性取代 H_1 和 H_5，核小体缺乏 H_1 和 H_5 将使染色质变得松散，成为具有转录活性的状态。

（四）核基质蛋白

染色质并不漂浮在核内，而是结合在核基质（nuclear matrix）上，核基质是一种 3～5nm 的网络纤维，又称为支架蛋白（scaffolding protein）。这种结合是特异性的，如卵白基因与鸡卵巢的细胞核基质结合，而不与鸡肝脏或红细胞的核基质结合；珠蛋白基因不与卵巢核基质结合，而与红细胞的核基质结合。这种特异性的结合对于控制基因的活性是有用的。

不同的基因存在着不同的核基质结合区（matrix attachment region，MAR）。启动子与增强子相距甚远，这种远距离效应是通过形成侧环（looping out）来实现的。侧环的附着基部（primary loop anchorage）有一段特殊的序列，就是 MAR，或称为支架附着区（scaffold attached region，SAR）。例如，卵清蛋白的基因具有特殊的 MAR，可以和卵巢核基质结合形成侧环，使增强子和启动子彼此靠近，通过一系列转录激活因子可使基因表达。但这种 MAR 却不能和红细胞的核基质结合形成适当的侧环，也就无法表达。

二、DNA 水平的调控

（一）基因扩增

细胞内特定基因拷贝数专一性大量增加的现象称为基因扩增（gene amplification）。两栖动物如爪蟾（*Xenopus laevis*）的卵母细胞很大，是正常体细胞的 100 万倍，需要合成大量蛋白质，所以需要大量核糖体。核糖体含有 rRNA 分子，基因组中的 rRNA 基因数目远远不能满足卵母细胞合成核糖体的需要。所以在卵母细胞发育中，rRNA 基因数目临时增加了 4000 倍。卵母细胞的前体同其他体细胞一样，含有约 600 个编码 18S rRNA 和 28S rRNA 的 rDNA。在基因扩增后，rRNA 基因拷贝数高达 2×10^6。这个数目可使卵母细胞形成 10^{12} 个核糖体，以满足胚胎发育早期蛋白质合成的需要。

在基因扩增之前，这 600 个 rDNA 基因以串联方式排列。两栖类减数分裂的染色体是巨大的，在活性区域中有很多的侧环，形成灯刷染色体（图 14-10）。在卵母细胞的核中有数以千计大小不等的核仁。每个核仁含有大小不同的环状 rDNA，它是染色体上 18S 和 28S rDNA 的串联重复单位经滚环复制从染色体上释放出来的。DNA 的这种扩增机制尚不完全清楚。

（二）基因重排

基因重排（gene rearrangement）是指 DNA 分子核苷酸序列的重新排列。重排不仅可以形成新的基因，还可以调节基因表达。基因组中的 DNA 序列重排并不是一种普遍方式，但它是有些基因调控的重要机制，如免疫球蛋白的多样性。

淋巴细胞系是具有特异免疫识别功能的细胞系。免疫球蛋白（Ig）由两条重链（heavy chain）和两条轻链（light chain）通过二硫键连接构成了 Y 型的对称结构（图 14-11）。

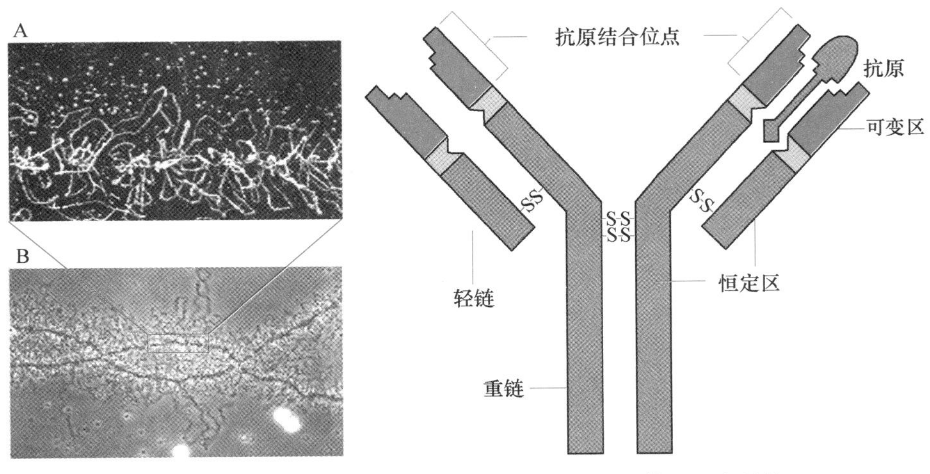

图 14-10 灯刷染色体的滚环

图 14-11 抗体的基本结构

每条蛋白质链由两部分组成：N端的可变区（variable region，V区）和C端的恒定区（constant region，C区），轻链由213～214个氨基酸组成，重链由446个氨基酸组成。据推算哺乳动物能生成100万种以上的抗体，而一种淋巴细胞又只能合成一种特异性的抗体，那么抗体的这种多样性是怎样产生的呢？

在人类基因组中，所有抗体的重链或轻链都不是由一个完整的抗体基因编码的，而是由不同基因片段经重排组合后形成的。其中，重链包括4个片段，轻链有3个片段（表14-1）。

表 14-1　人类基因组中抗体基因片段

抗体组成	基因位点	染色体	基因片段数目			
			V	D	J	C
重链	IGH	14	86	30	9	11
Kappa 轻链（κ）	IGK	2	76	—	5	1
Lambda 轻链（λ）	IGL	22	52	—	7	7

随着B淋巴细胞的发育，基因组中的抗体基因在DNA水平发生重排，形成编码抗体的完整基因（图14-12）。在每一个轻链分子重排时，V区、J区、C区连接，形成一个完整的抗体轻链基因。每一个淋巴细胞中只有一种重排的抗体基因。以类似的重排方式形成完整的抗体重链基因。重链和轻链基因转录后，翻译成蛋白质，由二硫键连接，形成抗体分子。由于抗体基因重排中各个片段之间的随机组合，因此可以从约300个抗体基因片段中产生10^8个抗体分子。

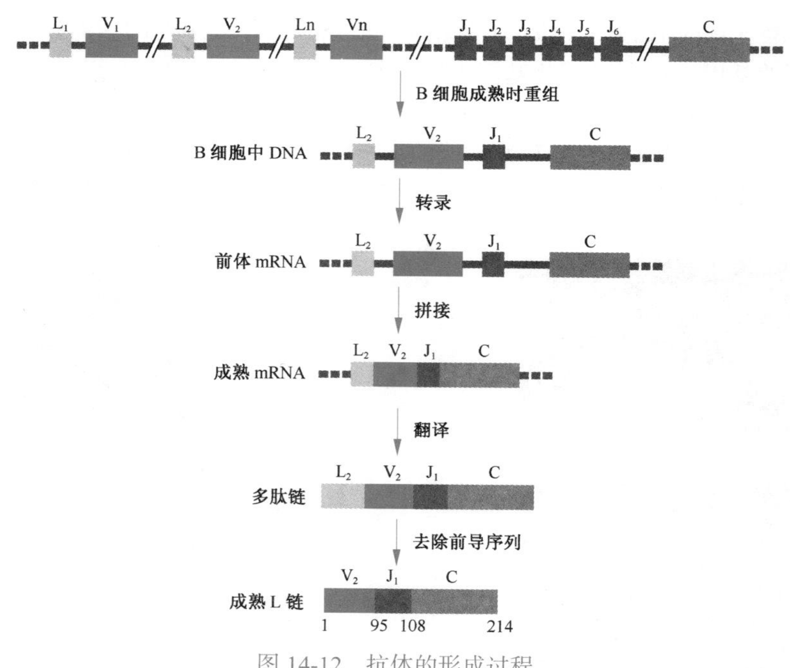

图 14-12　抗体的形成过程

（三）DNA的甲基化

DNA甲基化（DNA methylation）是指在DNA甲基转移酶（DNA methyltransferase，DMT）的催化下，以*S*-腺苷甲硫氨酸（SAM）为甲基供体，将甲基转移到特定的碱基上的过程。DNA甲基化可以发生在胞嘧啶的C5位、腺嘌呤的N6位或鸟嘌呤的N7位等，形成5-甲基胞嘧啶（5-mC）和少量的N_6-甲基腺嘌呤（N_6-mA）及7-甲基鸟嘌呤（7-mG）。哺乳动物中DNA甲基化主要发生在5′-CpG-3′的C上形成5-mC（图14-13）。

图14-13 胞嘧啶甲基化

DNA甲基化可以降低基因的转录效率或关闭某些基因的活性，主要通过以下方式：①直接作用。基因的甲基化可以改变基因的构型，影响DNA特异序列与转录因子的结合，使基因不能转录。②间接作用。基因5′端调控序列甲基化后与核内甲基化CG序列结合蛋白（methyl CG-binding protein）结合，阻止了转录因子与基因形成转录复合物。研究证实，人类1/3以上由碱基转换所引起的遗传病都是由CpG二核苷酸中胞嘧啶甲基化引起的。但人类基因组中某些特定区域，如富含胞嘧啶和鸟嘌呤的CpG岛则未被甲基化。

去甲基化则可诱导基因的重新活化和表达。目前普遍认为DNA去甲基化为基因的表达创造了一个良好的染色质环境，因为DNA去甲基化常与DNase Ⅰ高敏感区同时出现，后者为基因活化的标志。

哺乳动物的生殖细胞发育时期和植入前胚胎期，其基因组范围内的甲基化模式是通过大规模的去甲基化和接下来的再甲基化过程发生重编程，从而产生具有发育潜能的细胞；在细胞分化的过程中，基因的甲基化状态将遗传给后代细胞。由于DNA甲基化与人类发育和肿瘤疾病的密切关系，特别是CpG岛甲基化所致抑癌基因转录失活问题，DNA甲基化已经成为表观遗传学和表观基因组学的重要研究内容。

三、转录水平的调控

（一）顺式作用元件

1. 启动子

同原核生物一样，真核生物基因启动子是转录因子和RNA聚合酶的结合位点，位于受其调控的基因上游某一固定位置，紧邻转录起始点，是基因的一部分。大多数能被RNA聚合酶Ⅱ识别的启动子均含有几个顺式调控元件，它们的序列保守，具有与原核生物启动子不同的特点。例如，真核生物基因的TATA框（TATA box）位于转录起始点上游25～30bp处，RNA聚合酶Ⅱ能识别并结合在这个位点。TATA框具有8bp，改变其中的任何核苷酸序列都会降低转录效率，缺失这个位点将改变转录起始点。许多启动子上游70～80bp处还有一个CAAT框（CAAT box），这段序列没有方向性，对于起始转录具有重要作用。有些启动子上游110bp处还有几个GC框（GC box），可起增强子的作用。而原核生物启动子通常只有2个顺式调控元件，其所处的位置也更靠近转录起始点（图14-14）。

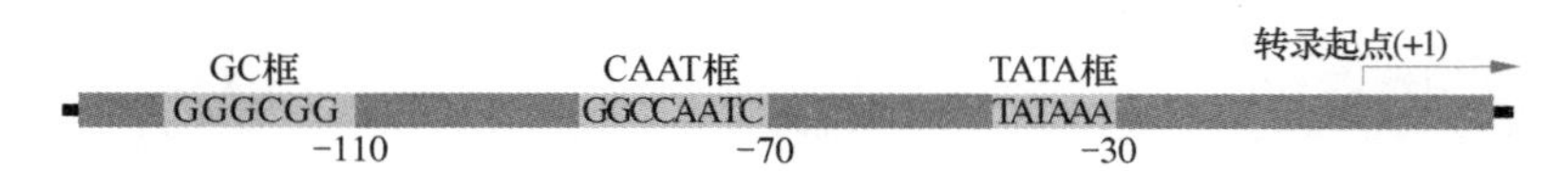

图 14-14　真核生物 5′ 端的顺式调控元件

真核生物 DNA 与蛋白质一起形成染色质，核小体的存在使基因启动子序列不能直接与 RNA 聚合酶接触，只有在染色质结构发生改变或“松散”之后，RNA 聚合酶才能与启动子序列结合。原核生物 DNA 分子上结合的蛋白质很少，RNA 聚合酶很容易与启动子序列结合。另外，原核生物 RNA 聚合酶在 σ 因子参与下可直接与启动子序列发生互作，而真核生物启动子必须先有一组转录因子与其结合装配成复合体前体之后，RNA 聚合酶才能结合上去，起始转录。所以，真核生物基因的一个转录复合体通常包括 RNA 聚合酶及其他多种转录因子。

2. 增强子

增强子（enhancer）是真核生物基因转录中的另一种顺式调控元件，通常位于启动子上游 700 ~ 1000bp 处，离转录起始点较远。增强子可以提高转录效率，在基因中的位置不定，既可位于基因的上游，也可在下游，或位于基因序列内，但不能位于不同 DNA 分子上。增强子的作用没有方向性，可以转移到基因组的其他基因附近，加强该基因的转录。增强子与启动子不同，启动子是转录起始和达到基础水平所必需的，而增强子则可以使转录达到最高水平。

转录增强子的存在，使基因转录只能在有适宜的转录因子存在时才能进行。因此，转录增强子是真核生物基因的重要组成部分。许多增强子可对细胞内外的信号作出反应。例如，在发育的某一时期，某些增强子可使受其控制的基因表达，以满足细胞分化发育的需要。有些基因受几种不同增强子调控，从而可以对来自细胞内外的各种信号作出相应的反应。

不同真核生物基因的调控元件序列、数目、所处的相对位置差别很大，有的具有几个增强子，而有的可能没有。一个典型的真核生物基因如图 14-15 所示。转录受不同增强子调控，以便对不同信号作出反应。增强子可有几个拷贝（如编号 1）。

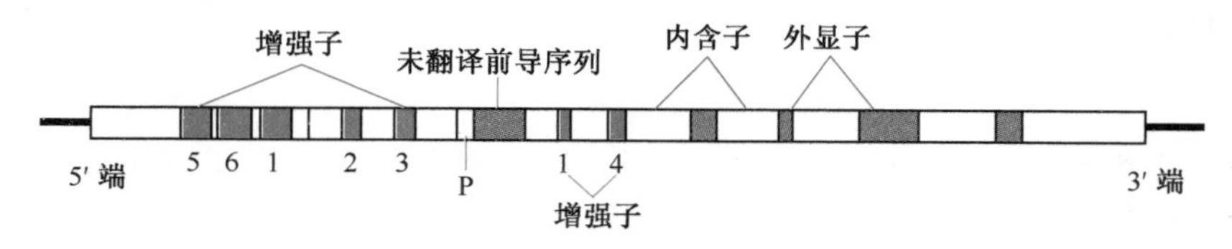

图 14-15　典型的真核生物基因组成示意图

增强子主要有两个功能，一是与转录激活子（与增强子结合的蛋白质）结合，改变染色质的构型；二是使 DNA 弯曲形成环状结构，使增强子与启动子直接接触，以便通用转录因子、转录激活子、RNA 聚合酶一起形成转录复合体，这种新构型有利于转录反应，从而提高 mRNA 合成效率。与启动子结合的通用转录因子（general transcription factor）是不同基因启动子共用的，没有基因的特异性。转录因子包括 TAF Ⅱ X（与 RNA 聚合酶Ⅱ互作的转录因子，X 表示任一种因子）、TATA 框结合蛋白 TBP（TATA-binding protein）及 TBP 相关因子（TBP-associated factor，TAF）等（图 14-16A）。大量研究表明，如果只有通用转录因子及RNA聚合酶与启动子结合，仍不足以起始转录。还需要转录激活子与增强子结合，在增强子与启动子之间形成DNA环，使DNA序列与这些因子相互接触，增强子与启动子之间发生互作才能起始转录（图14-16B）。

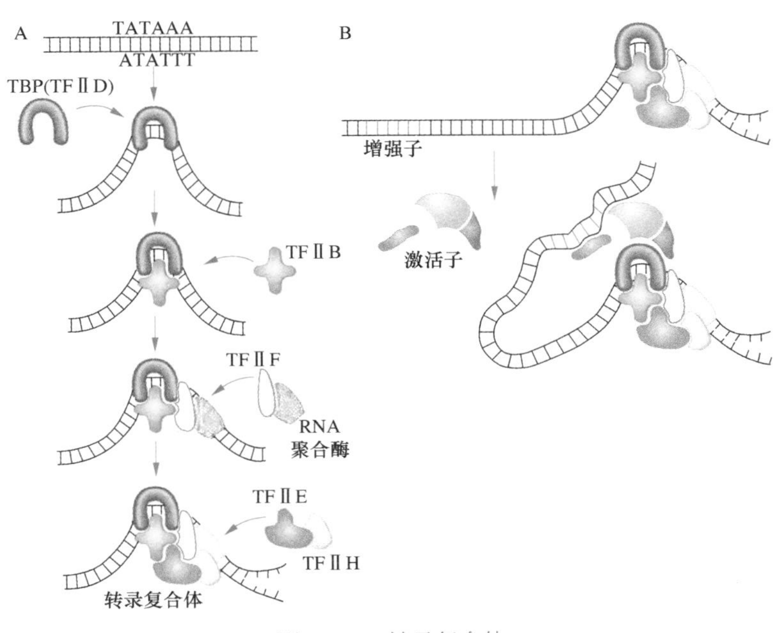

图14-16 转录复合体

（二）反式作用因子

在真核细胞中鉴别出大量的转录因子，有的结合在增强子区，如甾类受体复合物；另一些结合在启动子的顺式作用元件上，与RNA聚合酶Ⅱ结合成前起始复合体，使RNA聚合酶Ⅱ起始转录。根据靶位点的特点，反式作用因子可以分为3类：①通用反式作用因子。在一般细胞中普遍存在，主要识别一些启动子的核心启动成分TATA框（如TBP）、上游启动子成分CAAT框（如CTF/NF-1）、GC框（如SP1）、八聚体核苷酸（如Oct-1）等。②特殊组织与细胞中的反式作用因子，如淋巴细胞中的Oct-2。③与反应性元件（response element）结合的反式作用因子，如热休克反应元件（heat shock response element，HSE）、糖皮质激素反应元件（glucocorticoid response element，GRE）、金属反应元件（metal response element，MRE）、肿瘤诱导剂反应元件（tumorgenic agent response element，TRE）、血清反应元件（serum response element，SRE）等。反应性元件是启动子或增强子的上游元件，它们含有短的保守顺序。在不同的基因中反应元件的顺序密切相关，但并不一定相同，离起始点的距离并不固定，一般位于上游小于200bp处，有的也可以位于启动子或增强子中。

反式作用因子通过以下不同的途径发挥调控作用：蛋白质和DNA相互作用；蛋白质和配基结合；蛋白质之间的相互作用及蛋白质的修饰等。

1. 蛋白质直接和DNA结合

（1）螺旋-转角-螺旋（helix-turn-helix，HTH）。螺旋-转角-螺旋有3个螺旋，螺旋3

识别并和DNA结合，一般结合于大沟；螺旋1和2与其他蛋白质结合（图14-17）。很多细菌的调节蛋白属于HTH。

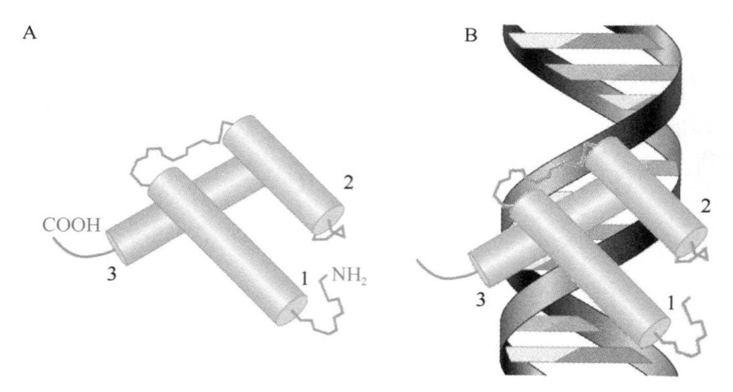

图14-17 α-螺旋-转角-α-螺旋（引自Klug and Cummings，2000）
A. 示意模型，3个圆柱体代表3个螺旋，用线表示非螺旋区域；
B. 与DNA结合，其中螺旋3嵌入DNA大沟，螺旋1与DNA骨架结合

（2）锌指（zinc finger）。锌指结构是由一小组保守的氨基酸和锌离子结合，在蛋白质中形成了相对独立的功能域，像一根根手指伸向DNA的大沟。典型的锌指蛋白有一组锌指（图14-18A），单个锌指的保守序列是：Cys-$X_{2\text{-}4}$-Cys-X_3-Phe-X_5-Leu-X_2-His-X_2-His，根据锌结合位点的氨基酸又把锌指分为2Cys/2His和2Cys/2Cys两类，前者为Ⅰ型，后者为Ⅱ型锌指。Ⅰ型结构“指”的本身由23个氨基酸组成，“指”与“指”之间通常由7～8个氨基酸连接。锌指与DNA大沟结合并环绕DNA分子（图14-18B）。在大沟内，锌指与特异碱基互作，并可能与碱基尤其是GC富含区形成氢键。转录因子TF Ⅲ A（RNA聚合酶Ⅲ转录5S RNA基因时所需）的锌指结构组有9个“指”组成串联重复。转录因子SPI中有3个“指”。

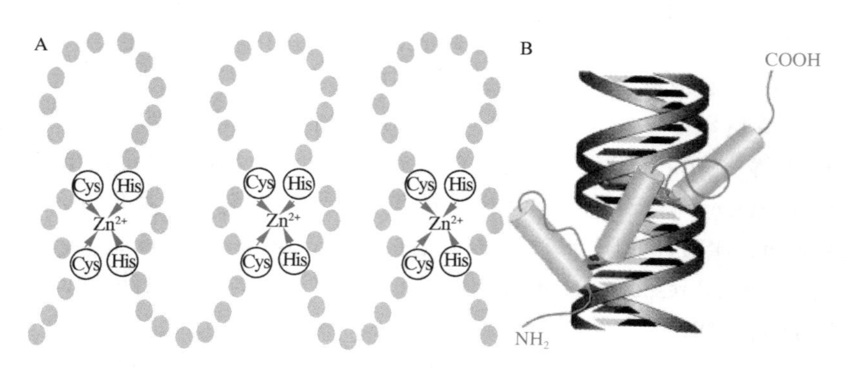

图14-18 由Cys-His与锌离子形成的锌指构型（引自Klug and Cummings，2000）
A. 模式图；B. 与DNA结合

（3）亮氨酸拉链（leucine zipper）。亮氨酸拉链是一种富含亮氨酸的蛋白链形成的二聚体模体。它本身形成二聚体的同时还可以识别特殊的DNA序列。

一个亲水的α螺旋在其表面的一侧有疏水基团，另一侧表面带有电荷。亮氨酸拉链蛋白通过疏水界面上的亮氨酸形成二聚体。在肽链上Leu之间相隔7个氨基酸，这样使

它们在 α 螺旋中排列成一条直线（图 14-19）。亮氨酸拉链的侧翼是 DNA 结合功能区，含有很多的 Lys 和 Arg。C/EBP（结合 CAAT 框和 SV40 核心增强子的一种因子）、AP1 蛋白（异二聚体，结合于 SV40 的增强子）等都具有亮氨酸拉链结构。

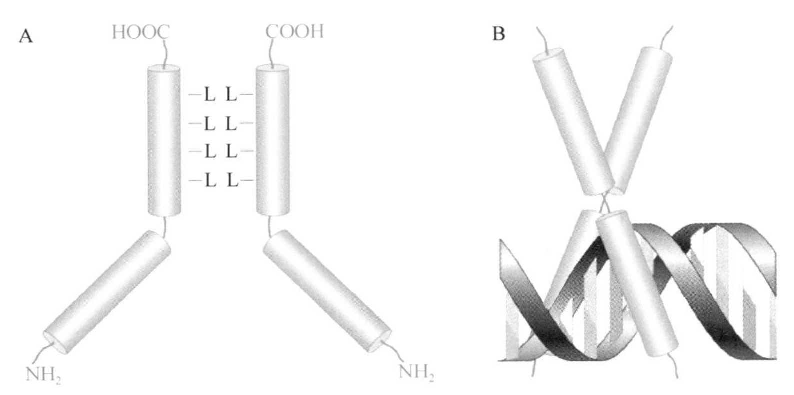

图 14-19　亮氨酸拉链二聚体（引自 Klug and Cummings，2000）
A. 模式图；B. 与 DNA 结合

2. 蛋白质和配基结合

有的调节蛋白并不直接与 DNA 接触，而先和配基结合被活化，如甾类受体蛋白等。许多甾类激素如糖皮质激素（glucocorticoid）、盐皮质激素（mineralocorticoid）、雌激素（estrogen）、雄激素（androgen）等可以诱导某些基因表达。甾类受体蛋白一般都具有 3 个不同的功能区：N 端区是激活转录所需的区域；DNA 结合及转录活化区；C 端的激素结合和二聚体形成区。当甾类激素等配基进入细胞后，在细胞质中受体蛋白质与之结合，结合后受体构象发生改变，成为活化状态，然后进入细胞核。受体识别特殊的保守顺序并与之结合，从而活化了其下游的启动子，使激素调节基因开始转录，诱导产生各种相应的蛋白质（图 14-20）。

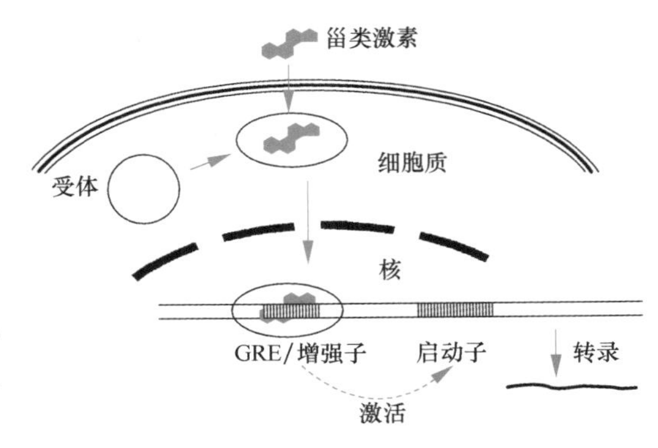

图 14-20　甾类激素激活转录示意图

3. 蛋白质之间的相互作用

反式作用因子的另一种调控形式是以蛋白质与蛋白质之间的相互作用，如酵母半乳糖代谢中 Gal80 和 Gal4 的相互作用。

半乳糖基因受 Gal4 蛋白调控，调控蛋白存在时激活基因转录，是正调控。这里利用两个半乳糖基因 *Gal1* 和 *Gal10* 来说明这种基因调控机制。这两个基因的转录受一个长约 170bp 的上游激活序列（upstream activating sequence-galactose，UAS_G）调控，UAS_G 与增强子的功能相似，其染色质结构为组成型开放，没有核小体，对 DNA 酶 Ⅰ超敏感。UAS_G 序列具有 4 个 Gal4 蛋白质（Gal4p）结合位点，无论基因是否转录，这 4 个位点总是与 Gal4p 结合。同时，Gal4p 又受另一个调控蛋白 Gal80p 的负调控，

Gal80p 总是与 Gal4p 结合，覆盖了 Gal4p 的活性中心（图 14-21），当磷酸化的半乳糖与 Gal80p-Gal4p 复合体结合时，改变它们的构型，使 Gal4p 的活性中心外露，结果诱导 *Gal* 基因表达。

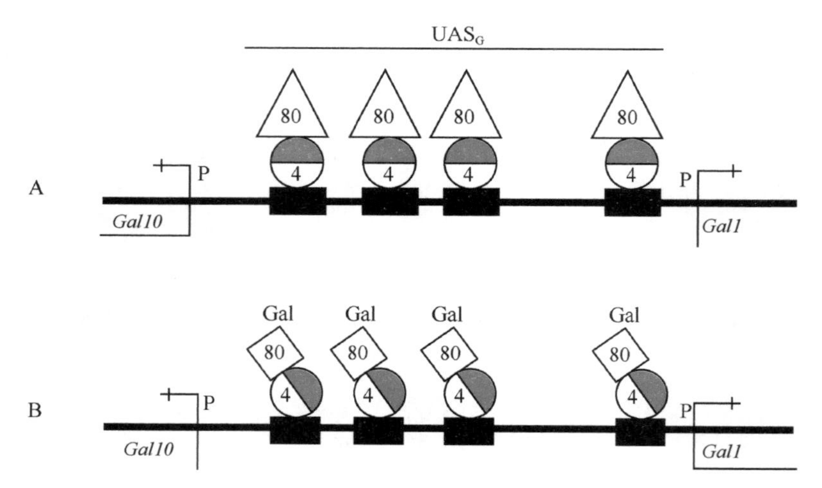

图 14-21　酵母半乳糖代谢中 Gal80 和 Gal4 的相互作用

图中的 4 是正调控因子 Gal4p，80 是负调控因子 Gal80p；A．在没有半乳糖时，Gal80p 与 Gal4p 结合后，覆盖了 Gal4p 的活性中心，基因不表达；B．有半乳糖时，半乳糖与 Gal80p 结合后，使 Gal4p 活性中心外露，诱导 *Gal* 基因表达；P．启动子；UAS$_G$ 是上游激活序列，这段序列对 DNA 酶敏感

此外，真核生物转录水平的调控还有 mRNA 选择性加工、内含子剪接等，这实际上是转录后水平的调控。

四、翻译水平的调控

原核生物基因表达的调控主要在转录水平上进行，而真核生物由于 RNA 较为稳定，所以除了存在转录水平的调控外，在翻译水平上也有多种形式的复杂的调控机制。

（一）mRNA 运输

运输控制（transport control）是对转录本从细胞核运送到细胞质中的数量进行调节。真核生物和原核生物不同，有一个核膜包被的核，核膜就是一个基因表达的控制点。人们知道初始转录本是在核内被广泛加工。实验表明几乎只有一半的编码蛋白基因的初始转录本一直留在核里面，然后被降解掉。成熟的 mRNA 如何调节从核内转运到细胞质中呢？看来这些 mRNA 都要通过核孔进行转运，但是对于从核中输出的过程及输出或保留所需的信号知之甚少。在抑制剪接体装配的成熟酵母中，mRNA 易于从核中输出。据此提出剪接体滞留模型（spliceosome retention model）。在这个模型中剪接体的装配与 mRNA 的输出相竞争，这样，当前体 mRNA 在剪接体经过加工的过程中，RNA 滞留在核中，不能与核孔相互作用。当加工完成后，内含子被切除了，mRNA 从剪接体上解离下来，游离的 mRNA 能与核相互作用，但内含子不能。现在还不清楚 mRNA 是需要一个特殊的输出信号还是属于无规则的输出。

（二）mRNA 翻译的控制

mRNA 分子通过核糖体对它们的选择充当了翻译调节的主角。不同的翻译明显地影响到基因的表达。例如，mRNA 储存在很多脊椎动物和无脊椎动物的未受精卵中，在未受精阶段蛋白质合成率是很低的，但一旦受精，蛋白质合成立即增加。因此，合成的增加并没有新的 mRNA 合成，可能是由于存在一种翻译控制。

在细胞质中所有的 RNA 都要受到降解控制（degradation control）。通常核糖体中的 rRNA 和 tRNA 是很稳定的，相比之下 mRNA 分子的稳定性很不一致，有的 mRNA 的寿命可延续几个月，有的只有几分钟。mRNA 的降解可能是基因表达调控的一个重要控制点，mRNA 降解速率的不同和 mRNA 结构特点有关。特别是 mRNA 的选择性降解在很大程度上是核酸酶和 mRNA 内部结构相互作用的结果。例如，在很多短寿命的 mRNA 中，其 3′ 端非翻译区（UTR）中的一组富含 AU 的序列（UUAAUUUAU）是和它们的不稳定性有关系的，但具体作用机制还不清楚。

（三）mRNA 的结构

大量体外和体内试验证明，大多数 mRNA 的翻译活性依赖于 5′ 端“帽”结构，只有“帽”被甲基化形成 7-mG 状态时，mRNA 方可有效翻译。起始密码子 AUG 的位置及其侧翼的序列对翻译的效率也有影响。这些因素主要是通过与调控蛋白、核糖体、RNA 等的亲和性改变影响起始复合物的形成，进而影响到翻译的效率。

5′ 端非翻译区（5′UTR）的长度也会影响到翻译的效率和起始的精确性，当此区长度在 17～80bp 时，体外翻译效率与其长度成正比。

5′UTR 中存在碱基配对区时，可以形成发夹或茎环二级结构，阻止核糖体 40S 亚基的迁移，对翻译起始有顺式抑制作用。但若二级结构位于 AUG 的近下游（最佳距离为 14bp），将会使移动的 40S 亚基停靠在 AUG 位点，增强起始反应，真核生物的系列翻译起始因子可使二级结构解链，使翻译复合体顺利通过原二级结构区，继续其肽链的延伸，而不会起阻碍作用。在这种情况下二级结构又起到了正调控的作用。

mRNA 3′ 端的 poly（A）不仅和 mRNA 穿越核膜的能力有关，而且影响到 mRNA 的稳定性和翻译效率。有 poly（A）的 mRNA 的翻译效率明显高于无 poly（A）的 mRNA，poly（A）长度和翻译效率有关。有人将 poly（A）比作翻译的计数器，随着翻译次数的增加，poly（A）在逐步缩短，也就是说 poly（A）越长，mRNA 作为模板使用的半衰期越长。poly（A）对翻译的促进作用需要 PABP［poly（A）结合蛋白］的存在，PABP 结合 poly（A）最短的长度为 12bp，当 poly（A）缺乏 PABP 的结合时，裸露 mRNA 3′ 端易招致降解。PABP 迁移到 AU 序列时，导致 poly（A）的暴露，促进了 mRNA 的降解。

（四）选择性翻译

在原核生物中常通过操纵子来控制合成的相关蛋白质浓度比，而在真核中不存在操纵子，所以就要采用别的方式，选择性翻译就是其中一例，如 α-珠蛋白和 β-珠蛋白的合成。珠蛋白是由两条 α 链和两条 β 链组成的。但在二倍体细胞中都有 4 个 α-珠蛋白基因，如果它们转录和翻译相同的话，它们之间的浓度比应是 α∶β = 2∶1，而实际上是

1∶1，那么是通过转录调控还是通过翻译调控使它们的产物达到了平衡呢？人们进行了以下的体外实验，在无细胞系统中加入等量的α-mRNA和β-mRNA及少量的起始因子，结果合成的α-珠蛋白仅占3%，说明β-mRNA和起始因子的亲和性远大于α-mRNA。当加入过量的起始因子时，α-珠蛋白和β-珠蛋白之比为1.4∶1，接近1∶1，表明是在翻译水平上存在的差异，即和翻译起始因子的亲和性不同，这是由mRNA本身的二级结构和高级结构所决定的。

（五）反义RNA

在原核生物反义RNA被发现以后，人们开始注意真核生物中反义RNA的存在及功能。1984年，阿德尔曼（Adelman）等发现大鼠的促性腺激素释放激素（GnRH）的基因两条链都能转录，首次在真核生物中发现了反义RNA；1986年，格林（Green）等发现来自骨髓细胞瘤病毒的癌基因*myc* 3个外显子中的第1、2两个外显子之间有部分互补。在有的细胞中，当失去外显子1时，*myc*基因过量表达，推测外显子1可能通过互补来抑制*myc*的表达。现已弄清在秀丽隐杆线虫（*Caenorhabditis elegans*）中，控制幼虫发育的基因*lin14*受到*lin4*基因的反义调节。这是一种通过对翻译模板的抑制来进行调控的途径。

（六）蛋白质的加工

从mRNA翻译形成蛋白质并不意味着基因表达过程已全部完成。直接来自核糖体的线状多肽链是没有功能的，翻译形成的蛋白质还需要经过加工修饰后才具有活性。在蛋白质翻译后的加工过程中，涉及一系列调控机制。这实际上是翻译后水平的调控。

1. 蛋白质折叠

蛋白质在一定的条件下[如在分子伴侣（chaperone）存在时]，才能折叠成一定的空间构型，并具有生物学功能。在细胞中，许多真核生物的分子伴侣对蛋白质形成有功能的空间构型具有重要的作用。

2. 蛋白酶切割

翻译后经蛋白酶（protease）加工切割的主要作用是切除氨基端或羧基端的序列，以便形成有功能的空间构型。同时将多聚蛋白质分子切割产生小分子片段，使每一个片段形成一个有功能的蛋白质。

3. 蛋白质的化学修饰

最简单的化学修饰就是将一些小化学基团，如乙酰基、甲基、磷酸基加到氨基酸侧链或蛋白质的氨基端或羧基端。这种修饰的方式是特异的，同一蛋白质的不同拷贝具有完全相同的修饰。例如，核小体的中心蛋白组蛋白H_3的乙酰化，使染色质结构发生变化，影响基因表达。有些蛋白质经磷酸化活化后，具有重要的调控作用。复杂的修饰是蛋白质的糖基化（glycosylation），即一些分子质量大的碳水化合物侧链加到多肽链上。例如，将糖分子连接到丝氨酸或苏氨酸的羧基上，形成*O*-连接糖基化（*O*-linked glycosylation），还有一种是糖分子与天冬酰胺的氨基连接，形成*N*-连接糖基化（*N*-linked glycosylation）。

4．蛋白质内含子

有些前体蛋白质分子同 RNA 一样，具有内含子序列，位于多肽链序列的中间，经加工切除后，两端的蛋白质外显子连接为成熟蛋白质。蛋白质内含子最早在酵母中被发现，后来在细菌及其他低等生物、真核生物的核基因及细胞器基因中都有报道。蛋白质内含子的切割位点十分保守。内含子前面的氨基酸通常是半胱氨酸，仅少数是丝氨酸，而后面序列的顺序总是组氨酸-天冬酰胺，内含子后面外显子序列的前面常是半胱氨酸、丝氨酸或苏氨酸。此外，内含子内的一些序列也高度保守。

五、表观遗传学与基因调控

表观遗传学（epigenetics）是目前遗传学中一门重要的分支学科，是指在基因的核苷酸序列不发生改变的情况下，基因的表达水平和功能发生改变，并产生可遗传的表现型的现象。

表观遗传学现象主要包括两方面的内容：一类为基因选择性转录表达的调控，如 DNA 甲基化、基因组印记、组蛋白共价修饰、染色质重塑；另一类为基因转录后的调控，包括基因组中非编码 RNA、微 RNA、反义 RNA、内含子及核糖开关等。其中 DNA 甲基化、组蛋白共价修饰在前面章节已经介绍，此处主要以基因组印记和非编码 RNA 为代表介绍其他表观遗传学现象。

（一）基因组印记

基因组印记（genomic imprinting）是指亲本基因在子代的表达情况取决于其来自母本还是父本的现象的表观遗传模式。其主要是由于来自父方和母方的等位基因在通过精子和卵子传递给子代时发生了修饰，使带有亲代印记的等位基因具有不同的表达特性，这种修饰常为 DNA 甲基化修饰，也包括组蛋白乙酰化等修饰。

在生殖细胞形成早期，来自父本和母本的印记将全部被消除，父本等位基因在精母细胞形成精子时产生新的甲基化模式，但在受精时这种甲基化模式还将发生改变；母本等位基因甲基化模式在卵子发生时形成，因此在受精前来自父本和母本的等位基因具有不同的甲基化模式。目前发现的印记基因多数成簇存在，这些成簇的基因被位于同一条链上的顺式作用位点所调控，该位点称为印记中心（imprinting center，IC）。印记基因的存在反映了性别的竞争，从目前已发现的印记基因来看，父方对胚胎的贡献是加速其发育，而母方则是限制胚胎发育速度，亲代通过印记基因来影响其下一代，使它们具有性别行为特异性以保证本方基因在遗传中的优势。

基因组印记的本质仍为 DNA 修饰和蛋白质修饰，所以和印记相关的蛋白质发生突变也将导致表观遗传疾病。印记基因的异常表达引发伴有复杂突变和表型缺陷的多种人类疾病。研究发现，许多印记基因对胚胎和胎儿出生后的生长发育有重要的调节作用，对行为和大脑的功能也有很大的影响，印记基因的异常同样可诱发癌症。与基因组印记相关的疾病常常是由于印记丢失导致两个等位基因同时表达，或突变导致有活性的等位基因失活所致。在人类疾病中众所周知的基因组印记案例是安格尔曼综合征和普拉德-威利综合征，两者是由相同的基因突变产生，都是由染色体 15q 部分缺失所引起的，但是其病症表现取决于该突变是来自母本还是来自父本。

（二）非编码 RNA

非编码 RNA（non-coding RNA）是指不能翻译为蛋白质的功能性 RNA 分子，其中常见的具调控作用的非编码 RNA 包括干扰小 RNA、miRNA、piRNA 及长链非编码 RNA。这些 RNA 的共同特点是都能从基因组上转录而来，但是不翻译成蛋白质，在 RNA 水平上就能行使各自的生物学功能。

功能性非编码 RNA 在基因表达中发挥重要的作用，按照它们的大小可分为长链非编码 RNA 和短链非编码 RNA。通常将长度大于 200 个核苷酸的非编码 RNA 称为长链非编码 RNA（long non-coding RNA，lncRNA）。

lncRNA 参与细胞内多种过程调控，在基因簇以至于整个染色体水平发挥顺式调节作用。lncRNA 起初被认为是 RNA 聚合酶Ⅱ转录的副产物，不具有生物学功能。最新的研究表明，lncRNA 参与了 X 染色体沉默、基因组印记及染色质修饰、转录激活、转录干扰、核内运输等多种重要的调控过程，lncRNA 的这些调控作用逐渐引起人们广泛的关注。哺乳动物基因组序列中 4% ~ 9% 的序列产生的转录本是 lncRNA（相应的蛋白质编码 RNA 的比例是 1%）。目前绝大部分 lncRNA 的种类、数量、功能都不明确。但是随着研究各类 lncRNA 的发现和报道，人们将逐步揭示 lncRNA 的功能及其在基因表达中的作用。

短链非编码 RNA 在基因组水平对基因表达进行调控，其可介导 mRNA 的降解，诱导染色质结构的改变，决定着细胞的分化命运，还对外源的核酸序列有降解作用以保护本身的基因组。常见的短链非编码 RNA 为干扰小 RNA（short interfering RNA，siRNA）和微 RNA（microRNA，miRNA），前者是 RNA 干扰的主要执行者，后者也参与 RNA 干扰但有自己独立的作用机制。

随着研究手段和技术方法的进步，将有越来越多的表观遗传学机制被揭示出来，人们对于不改变 DNA 序列而影响基因表达的遗传学机制将了解得更加透彻。

复习题

1. 简述基因概念的发展。
2. 基因的精细结构是如何建立的？
3. 试说明正调控与负调控的区别。
4. 试述乳糖操纵子的组成。
5. 说明乳糖操纵子的负调控和正调控。
6. 试述色氨酸操纵子模型。
7. 说明阻遏物与无辅基阻遏物的区别。
8. 简述人类免疫球蛋白基因是如何实现重排的。
9. 真核生物染色质水平有哪些调控方式？
10. 简述原核生物和真核生物在转录水平上调控的不同特点。
11. 说明真核生物转录水平调控的顺式作用元件和反式作用因子。
12. 反式作用因子通过哪些途径发挥调控作用？
13. 真核生物在翻译水平上调控包括哪些方面？
14. 表观遗传学与基因表达有何关系？常见的表观遗传学有哪些？

本章课程视频

第十五章　遗传与发育

高等生物从受精卵开始发育，经过一系列的细胞分裂和分化，长成新的个体。这一过程通常称为个体发育。发育是生物的共同属性，所有性状都在个体发育过程中逐渐形成，因此发育是物种遗传属性的表达和展现。个体发育有两个特点：一是个体发育的方向和模式由其基因型所决定，各种性状的形成是基因型和环境共同作用的结果；二是合子分裂到一定时期，细胞就要发生分化，形成不同的组织和器官。这些组织和器官在形态结构上各不相同，生理功能也差异较大。然而，这些组织和器官的细胞核内具有相同的遗传物质，是什么原因通过何种方式控制细胞的分化？在分化过程中，细胞质和细胞核各发挥怎样的作用？这些发育遗传学的问题吸引了众多学者从胚胎学、遗传学、生物化学、细胞生理学及进化等不同角度进行了长达数百年的研究，但对于个体的发育机制缺乏全面、深入的认识。近年来，随着分子遗传学和生物技术的迅速发展，已经鉴定和克隆了多个控制模式生物个体发育的基因，并明确了这些基因的生物学功能与个体发育的关系，为揭示个体发育及调控机制奠定了基础。

第一节　细胞核与细胞质在个体发育中的作用

高等生物的细胞有细胞核和细胞质两部分，对个体发育来说，两者同样重要，缺一不可。在个体发育过程中两者既分工又合作，共同完成生物个体发育全过程中基因的时空表达。

一、细胞质在细胞生长和分化中的作用

（一）动物细胞质在个体发育中的作用

动物卵细胞是单细胞，其细胞质内除明显的细胞器有分化外，还存在动物极和植物极、灰色新月体和黄色新月体等分化。这些分化的物质将来发育成什么组织和器官，在胚胎早期已基本决定。例如，单细胞生物海胆受精卵的第一次和第二次分裂，都是顺着对称轴的方向进行的。如果将4个卵裂细胞分开，每一个卵裂细胞都可以发育成小幼虫，说明各个细胞中的细胞质是完全的（图15-1）。第三次分裂方向与对称轴垂直，假如此时将分裂的8个卵裂细胞分开后，就不能发育成小幼虫。如果在卵裂开始时，顺着赤道板把卵切成两半，使其一半含有动物极，一半含有植物极。带核的植物极一半受精后，发育成比较复杂但不完整的胚；带核的动物极一半受精后，发育成空心而带多纤毛的球状体。两者都不能正常发育而夭折（图15-2）。如果在切割前用离心法将植物极的细胞质抛向动物极，使两者同处于一个半球内，然后进行切割，则含有细胞核的动物极的细胞能正常发育。这不仅说明细胞质

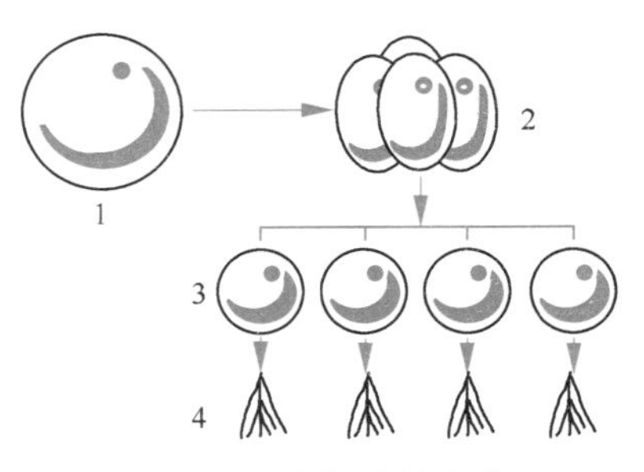

图15-1　海胆个体发育

在第二次卵裂形成4个卵细胞时，把它们分开，每个卵裂细胞就可以长成正常的1/4大小的长腕幼虫。1. 卵在接受精子；2. 受精卵经过两次分裂，产生4个卵细胞；3. 卵裂细胞分开；4. 4个长腕幼虫

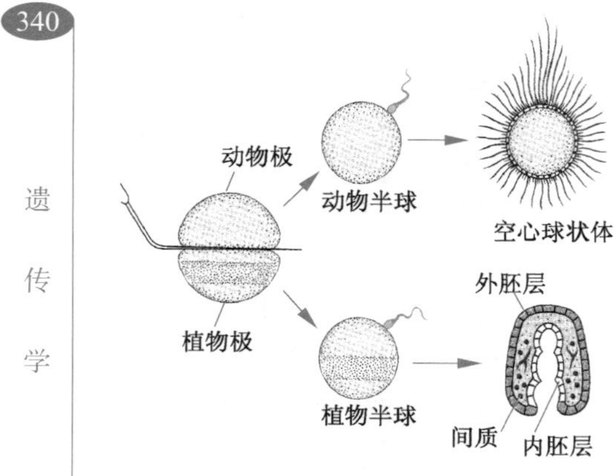

图 15-2　海胆卵的切割试验

是胚胎发育所必需的，还说明一个细胞除核和各种细胞器外的不同部分，对个体发育也能产生不同的影响。

（二）植物细胞质在个体发育中的作用

植物细胞的细胞质对于细胞的分化也起重要的作用。例如，花粉粒的发育（图 15-3）：花粉母细胞经减数分裂形成 4 个小孢子，小孢子的核再经过第一次有丝分裂形成两个子核。其中一个核移动到细胞质稠密的一端，发育成生殖核；另一个移动到细胞的另一端，发育成营养核。如果小孢子发育不正常，核的分裂面与正常的分裂面垂直，致使两个子核处于同样的细胞质环境中，则不能发生营养核与生殖核的分化，孢子不能进行第二次有丝分裂，不能形成成熟的花粉粒。

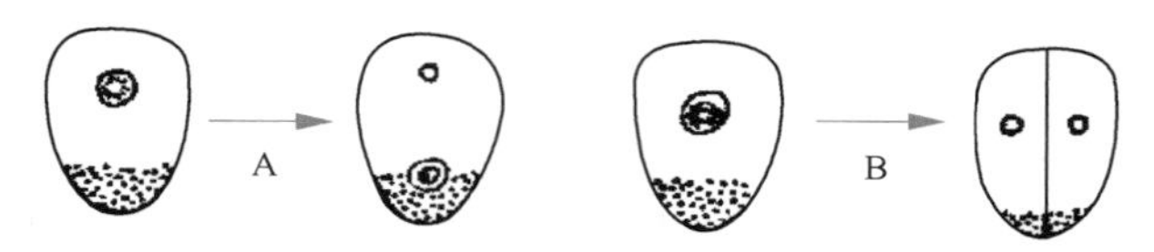

图 15-3　植物花粉粒的发育

A. 正常的核分裂：一个核移动到细胞质稠密的区域发育成生殖核，另一个核发育成营养核；
B. 不正常的核分裂：核分裂和正常核分裂面成直角，子核保留在同样的细胞质环境，形成两个相等的细胞，使花粉粒进一步发育混乱

在卵细胞的发育过程中，大孢子母细胞经过减数分裂形成的 4 个大孢子，远离珠孔的一个子细胞因所处环境的细胞质较多，继续分裂和发育成胚囊，而其余 3 个大孢子因所处环境的细胞质较少，最终退化，同样说明细胞质的不同部分对细胞的分化产生不同的影响。

二、细胞核在细胞生长和分化中的作用

伞藻属（*Acetabularia*）是一类单细胞绿藻，细胞核位于基部的假根内。成熟时，顶部长出一个伞状的子实体，子实体的形状因种类而异。地中海伞藻（*A. mediterranea*）的子实体边缘为完整的圆形，而圆齿伞藻（*A. crenulate*）的子实体边缘裂成细齿状。如果把地中海伞藻的子实体和带核的假根去掉，将茎嫁接到圆齿伞藻带核的假根上，不久就长出新的圆齿伞藻子实体（图 15-4）；如果进行完全相反的嫁接，最后长出的是地中海伞藻的子实体。另外，如果将伞藻的细胞核去掉，再去掉子实体，去核伞藻随即再生出新子实体；但是如果将子实体连同茎上半部一起去掉，去核细胞就不能产生新子实体。

据研究，控制子实体形态的基因先在核内转录成 mRNA，后者再迅速向藻体上部移动，指导决定子实体形态的蛋白质的形成。由于去掉子实体的茎中还带有原来细胞核控制下转录来的 mRNA，去核细胞仍然会长出新子实体。而去掉子实体和上半部茎的去核细胞中没有相应的 mRNA，也就不会再生新的子实体。以上试验结果充分肯定了细胞核

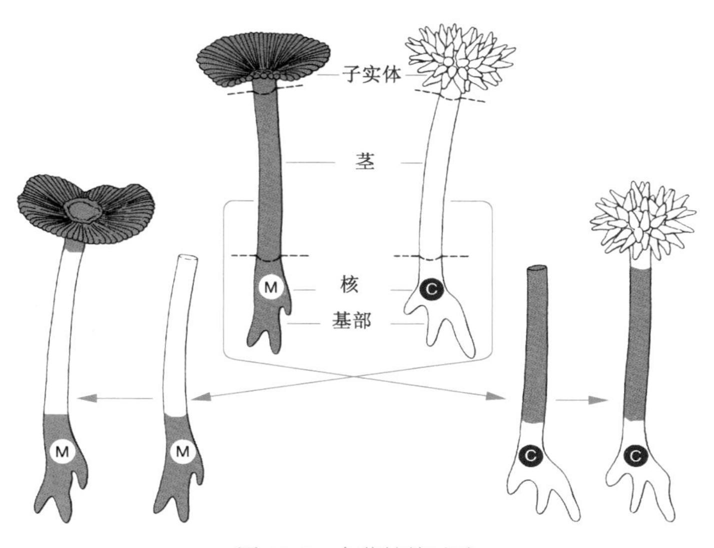

图 15-4 伞藻嫁接试验

M 为地中海伞藻的细胞核；C 为圆齿伞藻的细胞核

在伞藻个体发育过程中的作用。

三、细胞核和细胞质在个体发育中的相互作用

在个体发育过程中，细胞核和细胞质是相互依存、相互制约的，共同调控生物体遗传信息的时空表达，完成个体的细胞分化、形态建成和生长。发育过程中起基础作用的应该是细胞核，因为细胞核内的“遗传信息”决定着个体发育的方向和模式，控制细胞的新陈代谢方式和分化程序。细胞质则是蛋白质合成的场所，细胞质能激活核基因的表达，为 DNA 复制、mRNA 转录，以及 tRNA、rRNA 的合成提供原料和能量。由于各个细胞的细胞质不同，它所激活的核基因不同，表达的产物也就各不相同，从而导致细胞的分化。例如，叶绿体内 RuBP 羧化酶的 8 个小亚基和 8 个大亚基虽然分别由核基因和叶绿体基因编码合成，但叶绿体的形成却是受核基因控制的。细胞质中的一些物质又能根据细胞所处的内外环境条件选择性地调节和制约核基因的活性，使得相同基因型的细胞由于不同细胞质的影响而发生分化，产生多样化的细胞，进而形成不同的组织和器官。在细胞分化和器官形成过程中，细胞质的不均等分裂起着重要的作用，没有细胞质的不均等分裂，其后果只能是细胞数目的增加，而不会有细胞的分化和个体的发育。海胆受精卵和植物小孢子分裂后的分化都充分说明了这一点。

四、环境条件的影响

生物个体的发育主要是受自身携带的遗传物质决定，但是环境中的很多生物及非生物因子都可以调控相关基因的表达，从而影响个体发育。

在植物与病原菌互作的过程中，植物的生长发育就受病原物的影响。植物体在受到病原物侵染时，自身抗病基因控制的受体（receptor）识别病原物诱导因子后，使植物细胞迅速产生 NO、H_2O_2。这些物质可以直接或间接地导致植物发生超敏反应（hypersensitive response），杀死病原菌。同时它们也作为信号传递分子，诱导植物防卫相关基因（defense-related gene）的表达，如几丁质酶、葡聚糖酶，这些水解酶通过降解真菌细胞壁来抑制其生长；或诱导与细胞壁形成有关的基因表达（如苯丙氨酸解氨酶基因），从而强化植物细胞壁，抵御病菌侵入。

植物光 / 温敏核不育的遗传现象是外界因子对个体发育中基因表达调控的另一种形式。温度高低或日照长度会影响花粉的发育，使植物体雄配子育性发生变化。日照长度除了影响植物育性外，还影响植物的生长周期。例如，短日条件可以诱导水稻由营养生长向生殖生长过渡；与之相反的是，拟南芥由营养生长向生殖生长的转变却受长日照条件诱导。目前已经克隆出这些与日照长度相关的基因，并已发现这些基因的表达受日照长短的调控。

此外，干旱、冷冻、高温、紫外线及激素类化合物都可以诱导相关基因的表达，从而影响个体的发育。例如，干旱可以引起植物体内脱落酸（ABA）的积累，进而调控相关基因的表达，使植物体产生一定的耐旱反应。环境因子诱导基因表达的信号转导一直是遗传发育研究的热点，虽然获得一些进展，但对于其作用机制还有待于进一步研究。

第二节　基因对个体发育的控制

一、个体发育的阶段性

受精是个体发育的第一步，此后随着细胞的多次分裂，形成各种不同的组织和器官，相应性状相继而有序地出现。高等植物受精卵首次分裂就是不均等的，形成两个大小不等的细胞。大细胞经过有限的几次分裂形成胚柄，小细胞经过多次分裂产生胚体。胚柄是临时性的器官，胚胎长成后退化。胚体经过球形胚、心形胚、鱼雷形胚等发育阶段后分化成根、茎等原始组织器官。胚胎经过生长（细胞数目的增加和体积的扩大），最终各部分细胞分化成不同的形态特征和生理特性。在正常情况下，一个细胞（组织或器官）分化到最终阶段，具备了特定的表型和生理功能，表示该细胞达到了末端分化状态。这些细胞（组织或器官）通常不再继续分化或转化成别的结构。例如，烟草生长到 10 对叶片并显现花序时，按叶片上下顺序分离叶片的表皮细胞进行培养，发现最基部两个叶片的表皮细胞培养的植株，只长出两片叶子就不再生长；第 3 对、第 4 对叶片表皮细胞培养的植株长出 3 对、4 对叶片就开花；第 5 ~ 7 对叶片表皮细胞培养的植株长出两对叶就开花；第 8 ~ 10 对叶片的表皮细胞培养的植株，长出一个叶片就开花；而花序表皮细胞培养的植株很快分化出花芽，直接开花。以上结果表明，当植株发育到某一特定阶段时，在该阶段分化的细胞（组织）就达到相应发育状态。如果这种发育状态就是该细胞（组织）的分化终点，它就维持在这一水平。一旦与周围组织分离，就会开始新的个体发育里程。离体的表皮细胞则在原来的发育基础上，继续发育。

个体发育的这种特性是由内外两种因素控制的。内在因素也就是遗传因素，是基因在不同时间和空间的选择性表达。外在因素则包括相邻细胞、组织或器官及外界环境条件的影响。

二、基因与发育模式

个体发育过程的阶段性，总是遵循预定的方向和模式。这是由个体的基因型所决定的。同形异位基因（homeotic gene）就是与个体发育有关的一种主要类型。这类基因控制个体的发育模式、组织和器官的形成。例如，果蝇长触角的部位由于基因突变可以长出足来，这种足与正常的足形态相同，但生长位置完全不同。这种现象称为同形异位现象（homeosis）。目前，已在高等植物、真菌及人类等几乎所有真核生物中发现了同形异位基因。

同形异位基因编码一组转录因子，通过调控其他重要的形态和花器官发育相关的结构基因的表达来控制生物发育及花器官的形成。这类转录因子基因中都含有保守序列，通过保守序列形成特定的空间结构，并与特定的DNA序列结合来调控基因的转录。

（一）果蝇发育中的同形异位基因

同形异位基因最早发现于果蝇胚胎发育研究中。刘易斯（E. B. Lewis）等于20世纪40年代做过许多果蝇同形异位突变的遗传分析。同形异位基因的分离和克隆进一步揭示了这类基因的分子基础及调控机制。如图15-5所示，果蝇成虫由体节组成，包括1个头、3个胸节（$T_1 \sim T_3$）和8个腹节（$A_1 \sim A_8$）。每一节又分为前端（A）和后端（P）两部分。成虫的每个胸节带有一对足。第二胸节（T_2）上长有翅，第三胸节（T_3）上生长平衡器。果蝇从胚胎发育至成熟个体过程，有两组同形异位基因簇参与调控。它们是触角足突变（antennapedia）基因簇和腹胸节（bithorax）基因簇。腹胸节基因突变导致第三胸节转变成第二胸节，使平衡器转变成一对多余的翅（图15-6）。触角足突变则使头上的触角变成另一对足。这两组同形异位基因簇均位于果蝇第3染色体上。触角足基因簇位于长约350kb的区段内，有5个编码基因，分别是控制头部的*Lab*（labial）和*Dfd*（deformed）基因，控制前面两个胸节（T_1和T_2）的*Scr*（sex comb reduced）和*Ant*（antennapedia）基因，还有一个*Pb*（proboscipedia）基因可能与胚胎发生或保持成虫的分化状态的调控有关。腹胸节基因簇位于一段300kb的区段内，包括3个编码基因，其中*Ubx*（ultrabithorax）控制第二胸节（T_2）后端及第三胸节（T_3）的结构，另两个基因*abdA*（abdominal A）和*abdB*（abdominal B）控制8个腹节（$A_1 \sim A_8$）的形成。

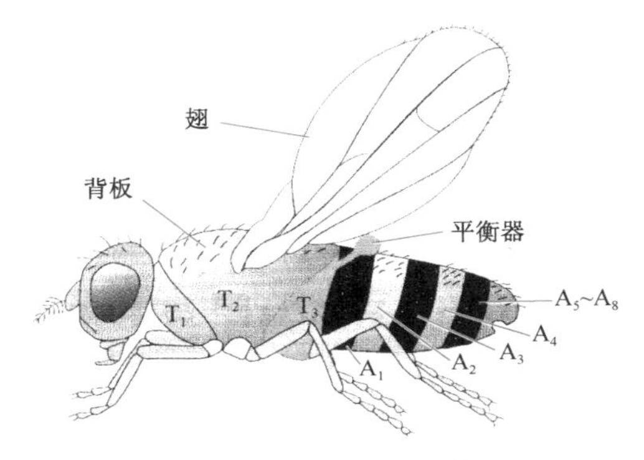

图15-5 果蝇成虫结构

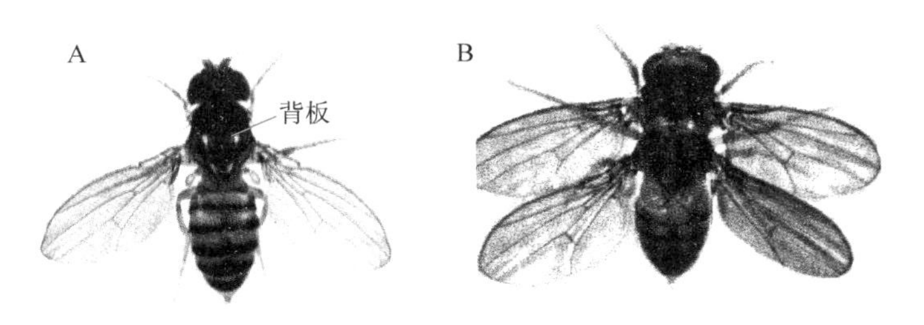

图15-6 果蝇野生型（A）及突变型（B）

这两组同形异位基因的表达受其他基因控制，机制十分复杂，如触角足基因簇中的 *Ant* 基因，具有 8 个外显子及很长的内含子，总长度约 103kb，其编码序列从第 5 个外显子开始（图 15-7），编码一条分子质量为 43kDa 的蛋白质。*Ant* 基因具有两个启动子，一个位于外显子 1 的上游，另一个位于外显子 3 的上游。两种转录子分别在外显子 8 内和外显子 8 之后终止，但翻译形成的蛋白质相同，差别仅在于非翻译区前体 mRNA 的序列。

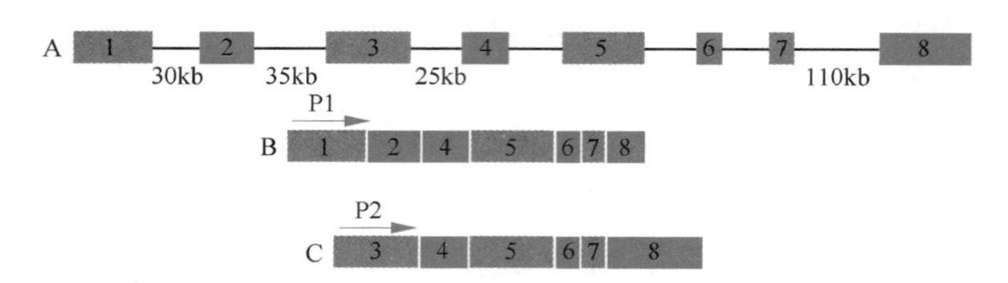

图 15-7　触角足基因簇中的 *Ant* 基因结构及转录子

A．*Ant* 基因结构；B．由启动子 1（P1）形成的转录子；C．由启动子 2（P2）形成的转录子

（二）高等植物发育中的同形异位基因

高等植物个体发育过程中，同形异位基因也起着关键作用。自 1991 年克隆玉米打结基因（knotted 1）和拟南芥无配子基因（agamous）以来，许多植物同形异位基因相继被分离和鉴定出来，并提出了一些基因调控模型。

根据对拟南芥和金鱼草的研究，发现有 3 组同形异位基因分别控制花的分生组织的形成、花的对称性和花器官的形成。这些基因如果发生突变将会影响花的发育。

植物同形异位基因也编码转录因子，参与调控其他结构基因的表达。与果蝇同形异位基因不同，控制植物花序发育的同形异位基因不含同形异位框序列；植物同形异位基因编码的有些转录因子，在其氨基端具有一个长约 60 个氨基酸的 MADS 框。MADS 是下列 4 个基因的首字母缩写：酵母决定交配型基因 *MCM1*（minichromosome maintenance 1）、拟南芥无配子基因 *AG*（agamous）、金鱼草缺失基因 *DEF*（deficiens）和人血清应答因子基因 *SRF*（serum response factor）。MADS 框是转录因子中与 DNA 结合的区域。真核生物中，不同 MADS 框序列高度保守。但这些序列相似的不同 MADS 框基因参与调控不同结构基因的表达。据分析，不同 MADS 框的同源性越高，与其结合的 DNA 序列间相似性也越大。同一个 MADS 框能以不同的亲和力与不同 DNA 序列结合，表现出一因多效。许多 MADS 框蛋白可形成二聚体与 DNA 序列结合，也说明能形成不同调控基因组合的数目比 MADS 框基因数目大得多。这些特点说明，生物可利用少数调节基因来控制大量结构基因的表达。

另一类植物同形异位基因编码 RNA 结合蛋白。控制玉米花序发育的顶穗基因（terminalear 1），在雌雄花分化发育中起开关作用。顶穗基因突变导致在正常雄花处长出雌穗，并伴随有节间密集、植株矮小等特点。这个基因在玉米分化中比打结基因（knotted 1）表达早，它含有 3 个保守的 RNA 结合框，这种 RNA 结合蛋白可能参与调控 RNA 切割、定位等过程，从而控制性状表达。

三、基因与发育过程

尽管同一有机体的各种体细胞的基因组相同，但是在细胞分化过程中核基因的表达已被逐渐限定，各种分化细胞仅有少量基因具有活性。个体发育阶段性转变的过程，实际上是不同基因被激活或被阻遏的过程。在发育的某个阶段，某些基因被激活而得到表达，另一些基因则处于被阻遏或保持阻遏状态。在发育的另一个阶段，原来被阻遏的基因因激活而表达了，原来表达的基因却被阻遏。

高等生物的结构复杂，其形态建成涉及一系列新陈代谢过程。这些过程的完成有赖于不同蛋白质的及时合成，并按一定顺序组合到各种形态结构中去，使器官从小到大，从简单到复杂。但是，高等生物的这个过程非常复杂，现在只了解其中的某些步骤。原核生物和单细胞的低等生物则结构简单，比较容易研究。而这方面的研究结果对于认识高等生物的分化和发育有很大的启发作用。

（一）噬菌体的分化和自然装配

噬菌体侵入大肠杆菌后，立刻利用宿主细胞内的 RNA 聚合酶合成自身遗传物质复制和蛋白质外壳所需的 mRNA，这些 mRNA 在大肠杆菌核糖体上进行翻译，合成能裂解宿主 DNA 的酶，使宿主的 DNA 裂解，在侵染后 5 ~ 6min，就能合成噬菌体自身 DNA，随即合成“早期”的蛋白质。在侵染后 9 ~ 10min，合成头部外壳蛋白质、尾部及各种附属结构的蛋白质和溶菌酶。溶菌酶裂解细菌的细胞壁，从而释放新的噬菌体。

噬菌体的装配是在各个“部件”全部合成后进行的。装配过程至少需要 12 个步骤（图 15-8），而且按一定的顺序进行，头尾结合以后，尾丝才能装配上去。

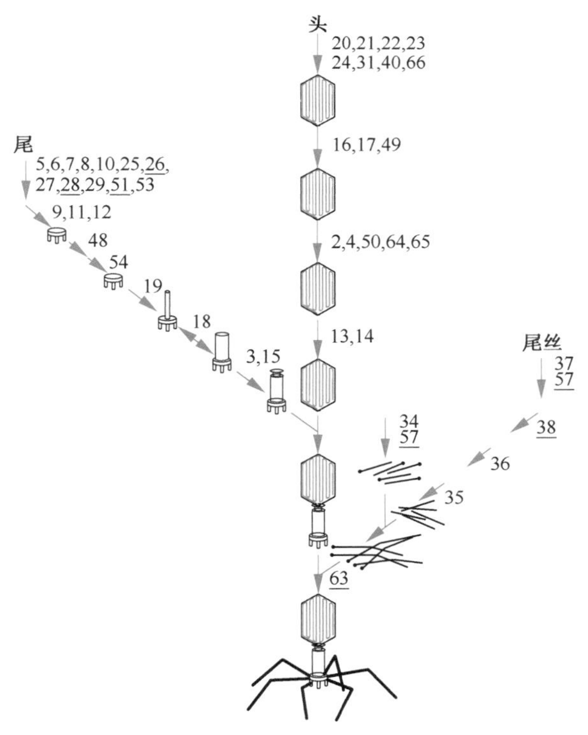

图 15-8 T_4 噬菌体的装配过程
数字代表基因编号

利用突变体研究结果表明，T_4 噬菌体各“部件”的合成及装配受到 70 个基因控制，

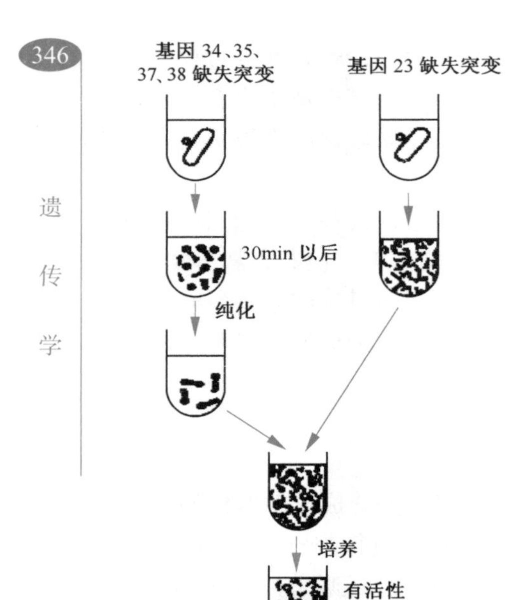

图 15-9 具有不同缺陷型的噬菌体在体外的互补试验

这些基因大致分为两类。第一类称为早期基因（early gene），控制早期侵染行为，编码合成噬菌体 DNA 的酶等；另一类基因称为晚期基因（late gene），控制蛋白质“部件”的合成，以及新噬菌体的装配，并产生溶菌酶。这些基因如果发生突变，分化就停止，不能合成完整的噬菌体。但是，如果把具有不同突变体的裂解液混合，使它们进行体外装配，可得到有活性的噬菌体（图 15-9）。如果裂解液中各种“部件”齐全，但没有正常的基因 13 和基因 14 也不能装配成完整的噬菌体。这说明除了各种结构部件的合成受基因控制外，还有专门控制装配过程的基因。左边的突变体系缺少尾丝，右边的突变体系缺少头部，将这两种突变体系的裂解液混合，在 30℃ 条件下培养就会产生完整的噬菌体。

（二）细胞黏菌的发育控制

低等的单细胞藻菌植物，尤其是细胞黏菌由于生活史简单，且发育阶段分明，是研究个体发育的极好材料。

盘基网柄菌（*Dictyostelium discoideum*）完成生活史需要 20 ~ 50h，当食物（细菌）充足时，分裂繁殖成大量细胞，类似变形虫（图 15-10）；当食物缺乏时，细胞停止分裂

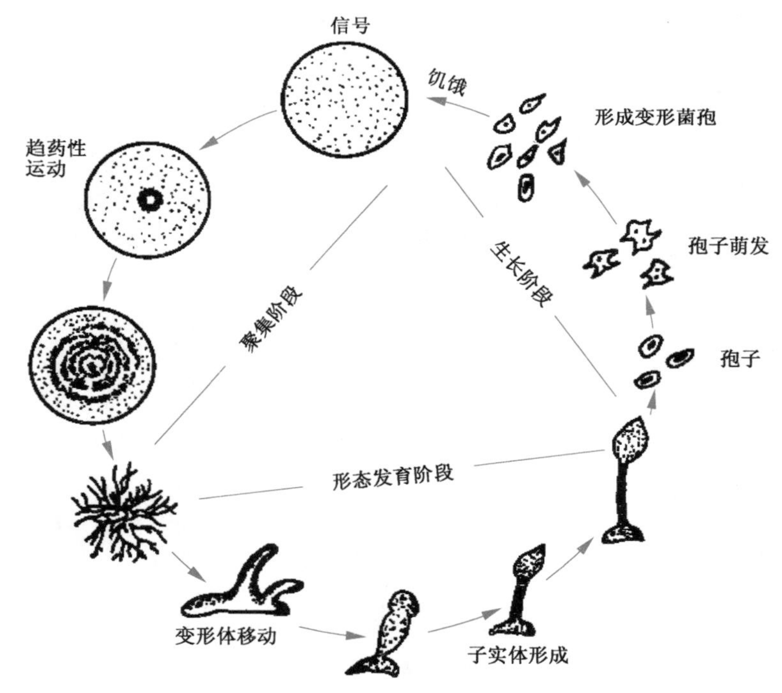

图 15-10 盘基网柄菌的生活史

而彼此聚集形成聚集体（aggregate）。数小时以后，产生一个聚集中心。聚集中心包含一个或几个能产生聚集素（acrasin）的细胞。当细胞感受聚集素信号以后，就向聚集中心移动，并排列成同心圆，彼此连接在一起，外面由一种黏菌鞘所包围。聚集体可以包含几十万个细胞，直径达 1cm 以上。以后就进入形态发育阶段。形态发育开始时，聚集中心出现一个突起，成为虫状结构，称为变形体（amoebula）。其形态可以改变，并沿附着物移动。经过一段时间后，运动停止，形态变圆变扁，随后分化出一个由纤维素组成的柄。变形体中的细胞流入柄中，在顶端形成一个球形的子实体，其中产生孢子，并合成一种特有的黄色素，使成熟的孢子呈黄色。

由上可见，黏菌的生活史可以分成不同的形态发育阶段：聚集体、变形体、子实体、孢子形成、色素形成等。在黏菌的不同发育阶段，内部相应地产生不同的阶段性专一酶。并且有实验证明，这些酶是不同的基因在不同发育阶段表达的结果。1977 年，罗密斯等按照发育时期将细胞黏菌的阶段性专一酶划分为 3 类，它们分别在发育的早期、中期、晚期发挥作用。

（1）早期酶，包括 *N*-乙酰葡萄糖胺酶、α-甘露糖苷酶。

（2）中期酶，包括苏氨酸脱氨酶、海藻糖磷酸合成酶。

（3）晚期酶，包括碱性磷酸酯酶、β-葡萄糖苷酶。

（三）高等植物发育中基因的顺序表达

在高等植物中，目前虽尚无前述噬菌体基因装配那样完整的实例来说明不同基因在发育过程中的顺序表达，但可以肯定的是高等植物发育中基因的表达在时间和空间上都是受到精确控制的。某一特定发育时期某些 mRNA 及蛋白质合成的变化，即有关基因根据植物发育的需要依次表达的结果。例如，在胚胎发育或花芽分化过程的不同阶段，出现不同的阶段性专一酶。在小麦和大麦花芽分化的不同时期，从生长锥伸长到抽穗灌浆为止，苏氨酸脱氨酶及碱性磷酸酯酶的比活性有明显的变化。苏氨酸脱氨酶的比活性在花芽分化初期最高，以后逐渐下降；而碱性磷酸酯酶的比活性在花芽分化前期很低，随着分化进行的推进而升高，至受精时达到高峰，受精后又逐渐下降至低水平。这说明个体不同发育阶段的形态变化受不同的酶控制，而这些酶的合成则受制于不同基因的依次开启或关闭。

利用水稻不同发育时期 mRNA 进行差示杂交及芯片杂交的研究表明，每一特定发育时期都有一些相应的特异基因高效表达，而另一些基因则不表达。目前已分离和克隆大量控制植物种子发育、萌发、休眠、生育期、株高和品质等的基因，许多已用于遗传工程，改良植物性状。

（四）人的血红蛋白基因的顺序表达

人的血红蛋白基因是发育阶段专一性表达的基因。人的血红蛋白是由两种不同的珠蛋白多肽链 α 链和 β 链各两个分子聚合而成的四聚体，即 $\alpha_2\beta_2$。α 链和 β 链分别由独立遗传的两个基因簇编码。α-珠蛋白基因簇位于 16 号染色体短臂，长约 30kb，包括一个有活性的 ζ 基因、2 个有活性的 α 基因，还有一个 ζ 假基因、2 个 α 假基因。β-珠蛋白基因簇位于 22 号染色体短臂，长约 50kb，含有 5 个功能性基因（1 个 ε、2 个

γ、1个δ和1个β基因）和一个β假基因。在人的一生中，血红蛋白的链要经历多次变化，即这些不同的链是在发育的不同时期表达的（图 15-11）。例如，在8周以内的胚胎期，α基因簇中ζ链最先表达，但很快就被α链取代。在β基因簇中，只有ε和γ链表达。所以两种α链和两种γ链依次组成3种不同的胚胎血红蛋白。当胚胎发育到3～9个月时，α基因簇仅α链表达，β基因簇中的ε链合成下降，被γ链取代，此期的胎儿血红蛋白仅由一种组成。从胎儿出生到成人期，则以β链表达为主，伴随有少量δ链表达。α基因簇在这两个时期都只有α链表达。因此，血红蛋白基因从胎儿到成人期一直有活性的只有α基因簇的α链基因，其他5个基因只在发育的特定时期才有活性。在成人血红蛋白中，$\alpha_2\beta_2$组合占97%，$\alpha_2\delta_2$占2%，由胎儿期遗留下来的$\alpha_2\gamma_2$约占1%。

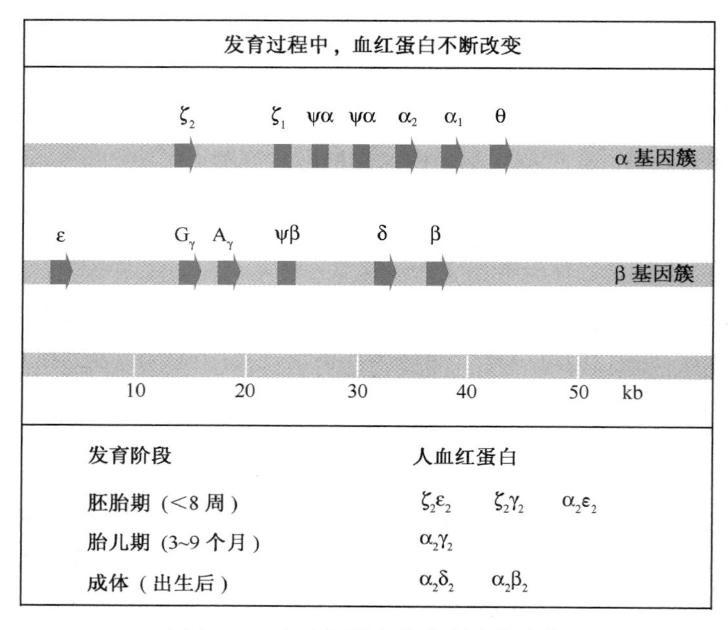

图 15-11　人血红蛋白在发育中的变化

四、植物花器官的发育

高等植物经过一段时间的营养生长后，在适宜的外界环境条件下即转向生殖生长，开始花器官的分化形成。高等植物的开花研究至今已有100多年的历史，科学家分别从开花生理、遗传学和分子生物学等方面进行了大量研究，提出了诸如“开花素”学说、“多因子模型”来解释开花生理。并利用拟南芥突变体对花器官的研究提出了ABC模型来解释花器官结构的形成。

（一）植物花发育的阶段性

开花是有花植物最主要的发育特点，这一过程由环境信号和内源信号共同决定。花发育的过程可分为开花决定（flowering determination）、花的发端（flower evocation）和花器官的发育（floral organ development）3 个阶段。

开花决定又称成花诱导，是植物生殖生长启动的第一个阶段，决定开花时间。不同植物在进化过程中演化出不同的生殖策略。一些植物的开花时间主要受日照长度、温度、水分、营养条件等环境因子的影响，以使植物能在最适条件下开花结果；另一些植物则对环境变化不敏感，由营养生长的积累量等内部信号引起开花。

花的发端，即茎尖分生组织（shoot apical meristem，SAM）向花分生组织的转变，由花分生组织特征基因（floral meristem identity gene）控制，这类基因在成花转变中被激活，又控制着下游花器官特征基因和级联基因的表达。

花器官的发育由器官特征基因（floral organ identity gene）控制，该类基因又称为同形异位基因，决定一系列重复单位的特性，如花的轮的时间和空间表达模式十分精确，在某一细胞中特定基因的组合表达决定其发育形态。

（二）花器官发育的 ABC 模型

20 世纪 90 年代，通过对拟南芥和金鱼草花的同源异型突变的研究，提出了高等植物花器官发育的 ABC 模型，该模型是植物发育生物学领域最重要的里程碑之一，其要点如下。

（1）植物花器官形态特征分别受 A、B、C 3 个功能区的控制。野生型中每个功能区作用于相邻的两个轮，A 功能区作用于轮 1（萼片）和轮 2（花瓣）；B 功能区作用于轮 2（花瓣）和轮 3（雄蕊）；C 功能区作用于轮 3（雄蕊）和轮 4（心皮）。只有 A 功能区具有活性时产生萼片，AB 共同作用形成花瓣，BC 共同作用成为雄蕊，只有 C 功能区具有活性时产生心皮。

（2）A、C 活性相互拮抗，A 抑制 C 在轮 1 和轮 2 中的表达，C 抑制 A 在轮 3 和轮 4 中的表达。

（3）A、B、C 的活性与它们在花中的位置无关，如在 *bc* 双突变体中，A 活性存在于所有轮中，使 4 轮都变为萼片。

拟南芥的花代表了大多数被子植物花的结构。正常拟南芥的花具有 4 种花器，以同心圆方式排列，由外向里的顺序是萼片、花瓣、雄蕊和心皮（图 15-12）。这种花器官结构由外向里依次又称为 1、2、3、4 轮。遗传分析及分子原位杂交研究表明，至少有 4 个基因参与控制花器发育。*AP2* 与 A 功能区活性有关；*PI* 和 *AP3* 控制 B 功能区活性；C 功能区活性受 *AG* 基因控制。相关基因发生突变后就会使花的形态产生变异。如图 15-12 所示，*ap3* 或 *pi* 突变体的 B 功能区失活，拟南芥的花丧失花瓣和雄蕊；*ap2* 突变体由于 A 功能区丧失活性产生的花无萼片；而 *ag* 突变体的花仅有萼片和花瓣，没有雄蕊和心皮。

第三节 细胞的全能性

所谓细胞全能性（cell totipotency），就是指生物个体某个组织或器官已经分化的细胞在适宜的条件下再生成完整个体的遗传潜力。多细胞生物的每一个体细胞均具有一套完整的遗传信息，理论上都具有再生成新个体的能力。目前，植物细胞组织培养技术和动物体细胞克隆技术的理论基础就是生物细胞全能性。

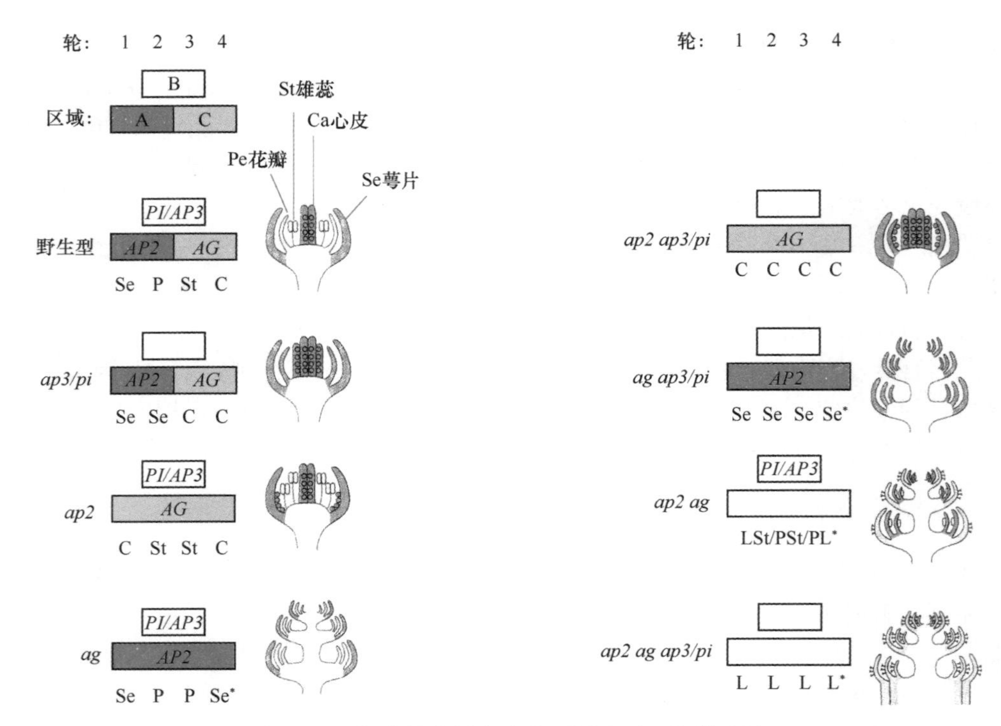

图 15-12 拟南芥花器官发育不同基因互作模式图

一、植物细胞全能性

高等植物个体发育过程中，雌、雄配子经过受精作用，完成自然的脱分化（dedifferentiation）过程，恢复为具有全能性的合子细胞。合子细胞在母体影响下再次发生分化和分裂，产生多样化的细胞，进而形成组织和器官，完成形态建成。

合子经有丝分裂产生的各个细胞，都具有全套的遗传信息，因而都具有与合子相似的发育成新个体的遗传基础。在个体发育过程中，由于各个细胞受发育阶段及所处组织、器官环境的束缚，仅能表现一定的功能，而不能表现其全部功能。一旦脱离这种约束，并得到必需的营养和激素条件，就可以恢复其遗传全能性，具有类似合子的功能。植物组织培养的成功就充分证明了这一点。1958 年，斯图尔德（F. C. Steward）用野生胡萝卜（*Daucus carota*）根的单个韧皮部细胞进行离体培养，成功地长出了幼株。1964 年和 1966 年，古哈（S. Guha）和马赫什瓦里（S. C. Maheshwari）以曼陀罗的花药为材料进行离体培养，成功地培育出单倍体植株。此后，大量组织培养试验证明，植物已经分化成熟的细胞（如薄壁细胞、形成层、胚乳、子房、花粉、卵）在适宜的条件（激素、温度、光照、水分）下，能发生脱分化和再分化，发育成完整的植株。2025 年，我国科学家以番茄为模式植物成功克隆了细胞受伤而产生的再生因子基因 *REF1*，并深入剖析了 REF1 蛋白调控植物再生的过程。他们发现 REF1 首先通过识别受体蛋白，启动了一系列复杂的信号转导过程。接着，这些信号进一步激活了细胞重编程调控因子，使得细胞能够重新获得再生能力。此外，REF1 还能够进一步放大自身的信号，形成一个正反馈循环，从而持续推动植物再生的过程（Yang et al.，2024）。

二、动物细胞全能性

低等动物的再生能力也是细胞全能性的表现。例如，切下的部分水螅躯体可以再生成完整的新个体。格登（J. B. Gurdon）等于1975年将成熟青蛙表皮细胞的细胞核移植到去核的卵细胞中，待发育至胚囊泡时期再转移至另一个去核的卵细胞中，如此重复多次，研究结果表明，不管细胞核来源如何，这种核转移后的细胞均可发育成一定比率的蝌蚪。即使移植的是完成终极分化的表皮细胞核，也能指导合成在正常表皮细胞中不存在的物质，如肌质球蛋白、血红蛋白等，有些最终能发育成蝌蚪。

高等哺乳动物的细胞也具有全能性。1996年，坎佩尔（K. H. S. Campell）等首次将羊胚胎细胞核移植到去核的卵母细胞，成功地培育出克隆羊。次年，他们又利用成年羊乳腺细胞的核移植到去核的卵母细胞，也培育出名叫“多莉”（Dolly）的克隆羊（图15-13）。现在，应用体细胞克隆技术已经成功克隆了猕猴、猪、牛、猫、小鼠、兔、骡、鹿、马、狗等。

图15-13 克隆羊Dolly及其养母

以上这些研究结果充分证明，高度分化的细胞的细胞核在一定条件下可以实现重新编程的过程，获得全能发育特性。细胞核移植实验同时也表明，细胞质在控制基因表达过程中发挥了重要作用。

复习题

1. 怎样理解细胞核和细胞质在个体发育中的相互作用？
2. 如何理解个体发育的阶段性和连续性？
3. 举例说明同形异位基因在个体发育中的作用。
4. 何谓分化、脱分化和再分化？植物细胞或组织怎样恢复其全能性？

本章课程视频

第十六章 群体遗传与进化

生物的每个物种都是以相对稳定遗传的群体方式存在的，而新种的形成和发展则有赖于群体遗传的变异。群体遗传学（population genetics）是研究群体的遗传结构及其变化规律的遗传学分支学科，它以孟德尔遗传学理论为基础，应用数学和统计学方法研究群体中的基因频率和基因型频率及影响这些频率的遗传因素，从而揭示群体的遗传和变异规律及其演变趋势。因此，它是数量遗传学理论和进化论的基础，也是进行植物群体改良的理论依据。

第一节 群体的遗传平衡

一、孟德尔群体

遗传学上的群体不是一般个体的简单集合，而是指相互有交配关系的个体所构成的有机集合体。一个群体中全部个体所包含的全部基因称为基因库（gene pool）。在一个大群体内，个体间随机交配，孟德尔的遗传因子以各种不同方式从一代传递到下一代，通常称这种群体为孟德尔群体（Mendelian population）。最大的孟德尔群体可以是一个物种。存在交配关系意味着群体内个体间有着共同的染色体组，染色体组内的基因可通过个体间的交配而在个体间得到相互交换。在同一群体内，不同个体的基因型虽有不同，但群体的总体所具有的基因是一定的。群体中各种基因的频率，以及由不同的交配机制所形成的各种基因型频率在数量上的分布特征称为群体的遗传结构。生物在繁殖过程中，每个个体传递给子代的并不是其自身的基因型，而只是不同频率的基因。

孟德尔群体与一般群体的主要区别在于群体内个体间能够随机交配。因此，几乎所有的动物和异花授粉植物群体都属于孟德尔群体，而自体受精动物及自花授粉植物构成的群体则只能属于一般的群体或称非孟德尔群体。

由许多群体所构成的生物集团称为群落。群落中的群体间没有交配关系，群体间的相对独立性主要通过生殖隔离来实现。

二、群体的基因频率和基因型频率

个体性状表现的遗传基础是个体的基因型。而基因型取决于基因与基因的分离和组合，通过追踪基因在世代间的分离与组合及其所形成的基因型，可以推断性状表现在群体内个体间和家系水平的遗传与变异规律。群体性状表现在个体间的遗传与变异规律取决于群体的基因频率和基因型频率。

基因频率（gene frequency）是指某位点的某特定基因在其群体内占该位点基因总数的比率。例如，某群体内某一基因位点 *A* 基因与 *a* 基因在总个体中的数量共计 10 000 个，其中 *A* 基因 9975 个，*a* 基因 25 个，则 *A* 基因的频率为 0.9975，*a* 基因的频率为 0.0025。

基因型频率（genotype frequency）是指群体内某特定基因型个体占个体总数的比率。例如，一个群体中纯合显性基因型 *AA* 个体 80 个，杂合基因型 *Aa* 个体 14 个，纯合隐性基因型 *aa* 个体 6 个，则 *AA*、*Aa* 和 *aa* 3 种基因型频率分别为 0.80、0.14 和 0.06。

基因频率和基因型频率一般都无法直接计算。但是表现型是由基因型决定的，表现型是可以直接度量和计算的，因此可以通过表现型频率求得基因型频率，进而推知基因频率。

设由 N 个个体构成的某二倍体生物群体中，有一对等位基因 A 与 a，其可能的基因型为 AA、Aa、aa 共 3 种，对应的个体数分别为 N_D、N_H 和 N_R，相应的基因型频率为 D、H、R，则 3 种基因型频率各为

$$AA\text{：}D = \frac{N_D}{N} \quad Aa\text{：}H = \frac{N_H}{N} \quad aa\text{：}R = \frac{N_R}{N}$$

显然，$N_D + N_H + N_R = N$，$D + H + R = 1$。由于每个个体含有一对等位基因，群体的总基因数为 $2N$，因此根据基因频率的定义可知基因 A 的频率为

$$p = \frac{2N_D + N_H}{2N} = D + \frac{1}{2}H \tag{16-1}$$

同样，等位基因 a 的频率为

$$q = \frac{2N_R + N_H}{2N} = R + \frac{1}{2}H \tag{16-2}$$

并且，$p + q = 1$。基因频率与基因型频率在 0 ~ 1 变动。

在人类群体中，常染色体上有一对等位基因 T 与 t，决定对苯硫脲（PTC）的尝味能力。T 与 t 构成的 3 种基因型与其决定的表现型有对应关系，即 TT 表现为尝味者，Tt 为味觉杂合体，tt 为味盲。因此，可以根据表现型判断基因型，并进而计算出基因频率。例如，某次抽样调查了中国汉族人群的 1000 人，3 种基因型的分布列于表 16-1。

表 16-1 中国汉族人群中 PTC 尝味能力的分布

表现型	基因型	人数	基因型频率
尝味者	TT	（N_D）490	（D）0.49
味觉杂合体	Tt	（N_H）420	（H）0.42
味盲	tt	（N_R）90	（R）0.09
总计		1000	1

用式（16-1）和式（16-2）可计算出 T 与 t 的基因频率为

$$p(T) = D + \frac{1}{2}H = 0.49 + \frac{1}{2} \times 0.42 = 0.7$$

$$q(t) = R + \frac{1}{2}H = 0.09 + \frac{1}{2} \times 0.42 = 0.3$$

并且有 $p + q = 0.7 + 0.3 = 1$。

三、哈迪-温伯格定律及其推广

（一）哈迪-温伯格定律

基因频率和基因型频率是群体遗传组成的基本特征。在一定条件下，基因频率和基因型频率在世代间可以保持不变，当各基因频率和基因型频率在上下代间保持不变或相对稳定时，群体的性状表现就会保持遗传上的稳定，这是群体遗传的重要机制和现象之

一。1908 年，英国数学家哈迪和德国医生温伯格分别独立地发现了这种遗传机制，因此称为哈迪-温伯格定律（Hardy-Weinberg law），又称为群体的遗传平衡定律。

其要点是：①在一个大的随机交配的群体中，如果没有改变基因频率因素的干扰，群体的基因频率和基因型频率将保持不变，这样的群体称为平衡的孟德尔群体。②在任何一个大群体内，不论基因频率和基因型频率如何，只要经过一代随机交配，这个群体就可以达到平衡状态。③群体处于平衡状态时，基因型频率和基因频率的关系是 $D = p^2$，$H = 2pq$，$R = q^2$。

设一对等位基因 A 与 a，其频率分别为 p 和 q，构成基因型为 AA、Aa、aa 的群体，其相应基因型频率分别为 p^2、$2pq$ 和 q^2，由该群体的个体间随机交配产生子代。则随机交配前，群体产生 A 和 a 两种配子，其频率为 p 和 q，随机交配时，两种雌配子（$p+q$）与两种雄配子（$p+q$）随机结合，即（$p+q$）^{2}，雌配子 A 与雄配子 A 结合产生 AA 合子，其频率为 $p \times p = p^2$，雌配子 a 与雄配子 a 结合产生 aa 合子，其频率为 q^2，而雌配子 A 与雄配子 a 结合即 $p \times q$ 和雌配子 a 与雄配子 A 结合即 $q \times p$ 都形成相同杂合子 Aa，因此杂合体 Aa 的频率为 $2pq$。所以子代的各基因型及其频率是

$$\begin{matrix} AA & Aa & aa \\ p^2 & 2pq & q^2 \end{matrix}$$

子代各基因型频率与亲代完全相同。这一结果也可通过亲代各基因型频率直接推导求得，亲代 3 种基因型 AA、Aa 和 aa 的频率分别为 p^2、$2pq$ 和 q^2。相互随机交配即（$p^2 + 2pq + q^2$）^{2}，将有 9 种交配方式共 6 种交配类型。各种交配类型的频率及所产生子代基因型的频率见表 16-2。

表 16-2　单个位点随机交配群体的基因型频率

亲代交配类型	交配频率	子代基因型与频率		
		AA	Aa	aa
$AA \times AA$	p^4	p^4	—	—
$AA \times Aa$	$4p^3q$	$2p^3q$	$2p^3q$	—
$AA \times aa$	$2p^2q^2$	—	$2p^2q^2$	—
$Aa \times Aa$	$4p^2q^2$	p^2q^2	$2p^2q^2$	p^2q^2
$Aa \times aa$	$4pq^3$	—	$2pq^3$	$2pq^3$
$aa \times aa$	q^4	—	—	q^4
总计	1	p^2	$2pq$	q^2

根据子代的基因型频率，依照式（16-1）和式（16-2），可得子代的 A 基因频率为

$$p_1 = p^2 + \frac{1}{2} \times 2pq = p(p+q) = p$$

a 基因的频率为

$$q_1 = q^2 + \frac{1}{2} \times 2pq = q(p+q) = q$$

子代的基因频率与亲代也完全相同。

在此基础上可进一步求证群体实现遗传平衡需要的世代。设在一个群体中，一对等

位基因 A 与 a 构成的 3 种基因型及其初始频率为

$$\begin{matrix} AA & Aa & aa \\ D_0 & H_0 & R_0 \end{matrix}$$

由基因型频率可得 A 与 a 的基因初始频率为

$$p_0 = D_0 + \frac{1}{2}H_0 \quad q_0 = R_0 + \frac{1}{2}H_0$$

经随机交配，下一代群体基因型频率与基因频率为

$$D_1 = p_0^2 \quad H_1 = 2p_0q_0 \quad R_1 = q_0^2$$

$$p_1 = D_1 + \frac{1}{2}H_1 = p_0^2 + \frac{1}{2} \times 2p_0q_0 = p_0(p_0 + q_0) = p_0$$

$$q_1 = R_1 + \frac{1}{2}H_1 = q_0^2 + \frac{1}{2} \times 2p_0q_0 = q_0(p_0 + q_0) = q_0$$

再经一代随机交配，群体的基因型与基因频率为

$$D_2 = p_1^2 = p_0^2 \quad H_2 = 2p_1q_1 = 2p_0q_0 \quad R_2 = q_1^2 = q_0^2$$

$$p_2 = D_2 + \frac{1}{2}H_2 = p_0^2 + \frac{1}{2} \times 2p_0q_0 = p_0$$

$$q_2 = R_2 + \frac{1}{2}H_2 = q_0^2 + \frac{1}{2} \times 2p_0q_0 = q_0$$

如此继续随机交配，不难推出，$D_2 = D_3 = D_4 = \cdots = D_n = p_0^2$，$H_2 = H_3 = H_4 = \cdots = H_n = 2p_0q_0$，$R_2 = R_3 = R_4 = \cdots = R_n = q_0^2$，$p_2 = p_3 = p_4 = \cdots = p_n = p_0$，$q_2 = q_3 = q_4 = \cdots = q_x = q_0$。

从上述推导过程可以看出，D_0 与 D_1，H_0 与 H_1，R_0 与 R_1 可能不等，但 $D_1 = D_2 = D_3 = \cdots = D_n$，$H_1 = H_2 = H_3 = \cdots = H_n$，$R_1 = R_2 = R_3 = \cdots = R_n$，$p_1 = p_2 = p_3 = \cdots = p_n$。所以只要经过一代随机交配，群体就达到遗传平衡状态，从而使各基因型频率和基因频率在上下代间保持不变。

例如，假设在一群体中，一对等位基因 A 与 a 构成的 3 种基因型能够从表现型上加以区分。亲代的基因型频率分别为

$$\begin{matrix} AA & Aa & aa \\ D_0 & H_0 & R_0 \\ 0.68 & 0.04 & 0.28 \end{matrix}$$

根据式（16-1）和式（16-2）可以计算出 p_0 和 q_0。

$$p_0 = D_0 + \frac{1}{2}H_0 = 0.68 + \frac{1}{2} \times 0.04 = 0.7$$

$$q_0 = R_0 + \frac{1}{2}H_0 = 0.28 + \frac{1}{2} \times 0.04 = 0.3$$

经一代随机交配，子代群体的基因型频率与基因频率为

$$D_1 = p_0^2 = 0.7^2 = 0.49$$
$$H_1 = 2p_0q_0 = 2 \times 0.7 \times 0.3 = 0.42$$
$$R_1 = q_0^2 = 0.3^2 = 0.09$$

$$p_1 = D_1 + \frac{1}{2}H_1 = 0.49 + \frac{1}{2} \times 0.42 = 0.7$$

$$q_1 = R_1 + \frac{1}{2}H_1 = 0.09 + \frac{1}{2} \times 0.42 = 0.3$$

再随机交配得子二代，以此类推，在 A、a 两种配子的频率分别保持 0.7 和 0.3 时，子二代的 3 种基因型频率与子一代完全相同：

$$\begin{matrix} AA & Aa & aa \\ p_0^2 & 2p_0q_0 & q_0^2 \\ 0.49 & 0.42 & 0.09 \end{matrix}$$

因此可以得出结论，随机交配一代的群体已经达到平衡。

实际上，自然界许多群体都属于大群体，许多性状特别是那些中性性状在个体间的交配一般是接近随机的，所以哈迪-温伯格定律有普遍的适用性。

（二）哈迪-温伯格定律的推广

如果存在复等位基因，则在同一基因位点可能有两个以上的等位基因。先考虑 3 个等位基因 A、a、a' 在群体中的遗传，设它们的频率分别为 p、q、r，且 $p+q+r=1$。在一个大的随机交配群体中，3 个基因的频率与 6 种基因型的频率如果有下列关系，则认为平衡已经建立：

$$\begin{pmatrix} A & a & a' \\ p & q & r \end{pmatrix} \Rightarrow \begin{matrix} AA & Aa & Aa' & aa & aa' & a'a' \\ p^2 & 2pq & 2pr & q^2 & 2qr & r^2 \end{matrix} \qquad (16\text{-}3)$$

平衡状态下的基因频率可以由基因型频率按下列各式求得。

$$p = p^2 + \frac{1}{2}(2pq + 2pr) = p^2 + pq + pr$$

$$q = q^2 + \frac{1}{2}(2pq + 2qr) = q^2 + pq + qr$$

$$r = r^2 + \frac{1}{2}(2pr + 2qr) = r^2 + pr + qr$$

即某基因的频率是其纯合体的频率与含有该基因全部杂合体频率一半之和。

若有 k 个复等位基因 A_1、A_2、A_3、…、A_k，相应的基因频率是 p_1、p_2、p_3、…、p_k，且 $\sum p_i = 1$，不考虑基因的显隐性关系，基因频率与基因型频率的关系可表示为

$$\left(\sum_{i=1}^{k} p_i A_i\right)^2 = \sum_i p_i^2 A_i A_i + 2\sum_{i<j} p_i p_j A_i A_j$$

也就是式（16-3）的一般形式。等式右边是 $(p_1A_1 + p_2A_2 + p_3A_3 + \cdots + p_nA_n)^2$ 的多项式展开式，其中 A_iA_i 表示纯合体，共有 k 种，A_iA_j 为杂合体，有 $k(k-1)/2$ 种。

例如，人类的 ABO 血型是受 3 个复等位基因 I^A、I^B、i 控制的，I^A 和 I^B 为共显性，在杂合状态下均可以得到表现，i 对 I^A 和 I^B 均为隐性。设 A、B、O 血型的比率分别为 A、B、O，即 I^A、I^B、i 的频率分别为 p、q、r，那么随机交配下一代的基因型和表型及其频率如表 16-3 和表 16-4 所示。

表 16-3 ABO 血型随机交配后代的基因型及频率

基因及其频率		I^A	p	I^B	q	i	r
I^A	p	I^AI^A	p^2	I^AI^B	pq	I^Ai	pr
I^B	q	I^AI^B	pq	I^BI^B	q^2	I^Bi	qr
i	r	I^Ai	pr	I^Bi	qr	ii	r^2

表 16-4 ABO 血型与基因型及其频率

表型	基因型	基因型频率	表型频率
A 型	I^AI^A	p^2	p^2+2pr
	I^Ai	$2pr$	
B 型	I^BI^B	q^2	q^2+2qr
	I^Bi	$2qr$	
AB 型	I^AI^B	$2pq$	$2pq$
O 型	ii	r^2	r^2

由表型个体数推知基因频率如下。

从隐性个体数计算 i 基因的频率：$O=r^2$

$$r=\sqrt{r^2}=\sqrt{O}$$

$$A+O=p^2+2pr+r^2=(p+r)^2=(1-q)^2$$

$$1-q=\sqrt{(A+O)},\quad q=1-\sqrt{(A+O)}$$

$$p=1-q-r$$

例如，调查 6000 个中国人的血型得到 O 型、A 型、B 型和 AB 型个体分别为 1846 人、1920 人、1627 人和 607 人，根据上述公式可知各基因频率分别为

$$r=(1846/6000)^{0.5}=0.5547$$

$$q=1-(1920/6000+1846/6000)^{0.5}=0.2077$$

$$p=1-0.2077-0.5547=0.2376$$

在群体的复等位基因遗传中，尽管某基因座上可能有多种基因，但就某一个二倍体个体而言，其同源染色体的相应基因位点上只有 k 个复等位基因中的任何两个等位基因。因此，如果群体最初没有处于平衡状态，只要经过一个世代的随机交配，就可实现基因型频率的平衡。

第二节 影响群体遗传平衡的因素

一、基因突变

基因突变对改变群体遗传组成的作用有两个方面：一是它提供遗传变异的最原始材料，二是突变本身改变基因频率。

设一对等位基因 A 与 a，其基因频率为 p 和 q，当 A 基因突变为 a 基因时，群体中 A 的频率就会减少，a 的频率则增加；反过来当 a 基因突变为 A 基因时，群体中 A 的频率会增加，a 的频率则减少。当 $A\rightarrow a$ 的突变速率为 u，$a\rightarrow A$ 的突变速率为 v 时，每代有（$1-q$）u 的 A 基因突变为 a，qv 的 a 基因突变为 A，若（$1-q$）$u>qv$，则 a 基因频率

增加，若（$1-q$）$u<qv$，则 A 基因的频率增加，于是每代 a 基因频率的净改变量为

$$\Delta q=(1-q)u-qv$$

经过足够多的世代，这两种相反的力量相互抵消，也就是正突变压和负突变压相等时，$\Delta q=0$，基因频率保持不变，群体处于平衡状态，则

$$(1-q)u=qv，或 pu=qv，于是$$

$$q=\frac{u}{u+v} \quad (16\text{-}4)$$

$$p=\frac{v}{u+v} \quad (16\text{-}5)$$

式（16-4）和式（16-5）给出了，在正反突变压的作用下，群体达到平衡状态时的基因频率。假定 $u=1.5\times10^{-5}$，$v=1\times10^{-5}$，平衡时：

$$q=\frac{1.5\times10^{-5}}{1.5\times10^{-5}+1\times10^{-5}}=\frac{3}{5}=0.6$$

容易看出，若 $u=v$，达到平衡状态群体的 p 和 q 值都等于 0.5。

基因突变对群体遗传组成的作用还可以由经过一定世代基因频率的改变情况来了解。设显性基因频率在某一世代是 p_0，群体中只发生 $A\rightarrow a$ 的突变，经过 n 个世代群体中显性基因 A 的频率为

$$p_n=p_0(1-u)^n$$

若突变速率 u 很低，尽管 n 可能很大，但（$1-u$）^{n} 的值仍然会很接近于 1，这样，p_n 与 p_0 之间的差值也将很小。

在自然条件下，突变速率很小，一般都在 $10^{-7}\sim10^{-4}$。因此，要想明显改变群体的基因频率，一定要经过许多世代。例如，$u=1\times10^{-5}$，p 由 0.6 降到 0.5，需要近两万代。但某些生物（如微生物中的细菌）的世代很短，突变就可能成为改变群体基因频率的重要因素。

二、选　　择

选择是改变基因频率的最重要因素，也是生物进化的驱动力量。对于显隐性性状而言，选择通常分为两种：一种是淘汰显性个体，使隐性基因增加的选择；另一种是淘汰隐性个体，使显性基因增加的选择。前者能迅速改变群体的基因频率。例如，在一个包含开红花和开白花植株的豌豆群体中选留白花，只需经过一代就能把红花植株从群体中消灭，从而把红花基因的频率降低到 0，白花基因的频率增加到 1。

淘汰隐性个体保留显性个体的选择情况就比较复杂。因为选留的显性个体可能包含两种基因型，其中有一种是杂合体。杂合体内的一半隐性基因不能被淘汰而同显性基因在杂合体内保留下来。所以，这种选择方式只能使隐性基因频率逐渐变小，但不会降到 0，显性基因频率则逐渐增加，也不会达到 1。

设红花显性基因 A 选择前的频率为 p_0，隐性基因 a 的频率为 q_0，选择前 AA、Aa、aa 3 种基因型的频率分别为 $D_0=p^2$、$H_0=2p_0q_0$、$R_0=q_0^2$。经过淘汰隐性个体后，群体中只留下 AA 和 Aa，在此基础上随机交配，繁殖产生下一代群体。现在只考虑隐性基因的变化情况。由于 aa 已被淘汰，下一代隐性基因频率 q_1 只有从杂合子的一半占整个群体

的比例中求出。

$$q_1 = \frac{\frac{H_0}{2}}{D_0 + H_0} = \frac{\frac{1}{2} \cdot 2p_0q_0}{p_0^2 + 2p_0q_0}$$

将 $p_0 = 1-q_0$ 代入上式，得

$$q_1 = \frac{q_0}{1 + q_0}$$

经过 n 代淘汰后，隐性基因频率为

$$q_n = \frac{q_0}{1 + nq_0} \tag{16-6}$$

根据式（16-6）可以推算出，由一群体出发，达到某一基因频率需要的世代数：

$$n = \frac{1}{q_n} - \frac{1}{q_0} \tag{16-7}$$

例如，一个开白花和开红花的随机交配群体，在选择前群体中白花个体 625 株，红花个体 9375 株。经过若干代淘汰白花个体之后，群体内开白花植株只有 25 株，开红花的有 9975 株，试分析经历的选择代数。

因为：

$$q_n = \sqrt{\frac{25}{9975 + 25}} = 0.05 \qquad q_0 = \sqrt{\frac{625}{9375 + 625}} = 0.25$$

所以：

$$n = \frac{1}{q_n} - \frac{1}{q_0} = \frac{1}{0.05} - \frac{1}{0.25} = 16(\text{代})$$

当 $q_n = 1/2q_0$ 时，$n = 1/q_0$，这意味着隐性基因频率减至初始频率一半时所需的世代数是初始频率的倒数。

三、遗 传 漂 变

在一个小群体内由抽样误差造成的群体基因频率的随机波动现象称为随机遗传漂变（random genetic drift），也称为遗传漂变（genetic drift）。遗传漂变也是影响群体平衡的重要因素，但与其他影响群体平衡的因素（如突变、选择和迁移）相比，其不同之处在于它改变群体基因频率的作用方向是完全随机的。

在小群体内所包含的各种基因型个体的频率不会刚好和原来的群体一样，因此基因频率势必要改变。

例如，每代只由 4 个雌配子和 4 个雄配子随机结合，产生 4 个个体组成的小群体，其中等位基因 A、a 的频率 $p = q = 0.5$，则形成下一代的雌、雄各 4 个配子中所含 A 基因数有 0 ~ 4 共 5 个等级，其频率由二项式（$1/2 + 1/2$）^{4} 展开式的各项得出：

A 基因数目	0	1	2	3	4
频　　率	1/16	4/16	6/16	4/16	1/16

在雌、雄各4个配子随机结合而形成的子代4个个体包含的8个基因中，A基因的数目有可能是0～8个共9种情况。4个个体含有A基因数的9种情况各自所占频率为$(1/2+1/2)^8$展开式的各项，各项的频率如表16-5所示。

表16-5　9种情况下A基因频率与发生概率

A基因数目	A基因频率	发生概率	A基因数目	A基因频率	发生概率
0	0.000	1/256 = 0.004	5	0.625	56/256 = 0.219
1	0.125	8/256 = 0.031	6	0.750	28/256 = 0.109
2	0.250	28/256 = 0.109	7	0.875	8/256 = 0.031
3	0.375	56/256 = 0.219	8	1.000	1/256 = 0.004
4	0.500	70/256 = 0.273			

可见由这4个个体构成的群体中，A基因频率与亲代群体相同（$p=0.5$）的概率仅为27.3%，与亲代不同的概率为72.7%。在各个不同于亲代基因频率的数值中，A基因频率或增或减，增减的多少都是完全随机的。其中还有A基因消失$p=0$的可能性，概率为0.4%，A基因固定的可能性也是0.4%。由于随机漂变的原因，一旦某基因在一小群体中消失，除非发生相同突变，否则该基因就会永远消失；相反，同样的原因也可使群体中某基因被完全固定。

遗传漂变的作用大小因样本群体的个体数不同而异。样本越小，基因频率的随机波动越大；样本越大，基因频率改变的幅度越小；当群体很大时，遗传漂变的作用就不存在了。用基因频率的标准差与样本大小的关系可以定量描述遗传漂变作用。如果在等位基因A与a的频率分别为p和q的群体中每次取N个个体作为繁殖下一代的样本亲本，则样本基因频率的标准差为

$$\sigma=\sqrt{\frac{pq}{2N}}$$

式中，$2N$为样本群体中的基因数。

如果设$p=q=0.5$，则

$$N=5\text{ 时，}\quad \sigma=\sqrt{\frac{0.5\times0.5}{2\times5}}=0.158$$

$$N=100\text{ 时，}\quad \sigma=\sqrt{\frac{0.5\times0.5}{2\times100}}=0.035$$

上述计算结果表示，如果样本仅包含5个个体，下一代群体基因频率变化幅度为（0.5−0.158）～（0.5+0.158），若样本容量增加到100，则基因频率的变幅为（0.5−0.035）～（0.5+0.035）。可见样本越小，抽样误差越大。

利用计算机模拟实验可证明随机遗传漂变效应在不同规模群体中的大小。图16-1显示了群体大小与遗传漂变的关系，3种群体的个体数分别是50、500和5000，初始等位基因频率约为0.5。漂变使随机交配小群体（50个个体）的等位基因在30～60代就被固定。群体增大至500个个体以后，经过100代的随机交配，等位基因频率已经逐渐偏离0.5。个体数达5000的群体至100代时，等位基因频率仍然接近初始值0.5。

遗传漂变在小群体中的作用很强，它可以掩盖甚至违背选择所起的作用。无适应意义

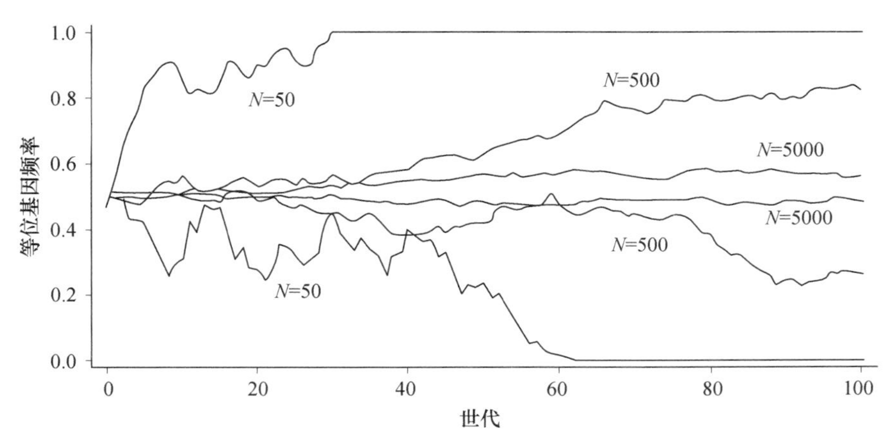

图 16-1 群体大小与遗传漂变

的中性突变基因，或选择与之不利但尚未达到携带者致死程度的基因，都有机会因漂变作用而被固定。遗传漂变作用可以解释在远离大陆的孤岛上常出现大陆上所没有的物种的现象。这是因为，在被隔离的小群体里，一旦发生了某个位点的突变，经过若干代小群体繁殖，新产生的基因可以由漂变作用使其频率增加以致被固定下来，逐渐形成一个新类型或物种，而在随机交配的大群体里，尽管这种突变同样可以发生，但由于大群体随机交配产生的遗传平衡作用使新生成基因的频率没有机会被固定，也就难有机会被发现。

四、迁　　移

个体在群体间的迁移（migration）同样也是影响群体等位基因频率改变的一个因素。设在一个大的群体内，每代有一部分个体新迁入，其迁入率为 m，则 $1-m$ 是原有个体的比率。令迁入个体某一等位基因的频率是 q_m，原来个体所具同一等位基因的频率是 q_0，二者混合后群体内等位基因的频率 q_1 将是

$$q_1 = mq_m + (1-m)\,q_0 = m\,(q_m - q_0) + q_0$$

一代迁入所引起的等位基因频率的变化 Δq 则为

$$\Delta q = q_1 - q_0 = m\,(q_m - q_0)$$

可见，在有迁入个体的群体里，等位基因频率的变化率等于迁入率同迁入个体等位基因频率与本群体等位基因频率的差异的乘积。

第三节　生 物 进 化

生物进化学说是关于生物形成和演变规律、方向及原因的假说或理论。为了探讨生物进化的本质，自 19 世纪以来，许多科学家提出了各种假说或理论，以阐明生物进化机制。

一、生物进化学说

（一）拉马克的获得性状遗传学说

拉马克于 1802 年写了一本《动物学哲学》，提出“用进废退”学说和“获得性状遗

传”假说，认为生物的种（species）不是恒定的类群，而是由以前存在的种衍生而来的。他认为动植物的生存环境的改变是引起个体发生变异的根本原因，环境的改变使生物能产生适应环境的变异；适应环境的变异器官和性状因继续使用或持续存在而越加发达和功能增强，相反不用的器官或与环境不利的性状逐渐退化或消失，即器官的“用进废退”；环境引起的性状改变是可以遗传的，从而使改变了的性状传递给下一代，即“获得性状遗传”。这一学说虽然至今未得到科学实验的支持，但由于能比较容易地说明生物的进化现象，有力推动了后来进化学说的发展及遗传与变异的研究。

（二）达尔文的自然选择学说

达尔文于1859年发表了《物种起源》，用大量资料证明了生物进化的事实，提出了生存竞争和自然选择学说（natural selection theory）。

达尔文同意拉马克关于在自然界新种的形成是一个缓慢而连续累积过程的观点，但把选择的作用提到首要地位。达尔文认为物种是可变的，进化通过物种的演变而进行，地球上现今生存的物种，都是曾经生存的物种的后代，渊源于共同的祖先。适者生存，不适者淘汰的过程就是自然选择。并进一步指出，自然选择是在生物的生存斗争中进行的。适者生存不适者淘汰是通过生存斗争实现的。适应是自然选择的产物。达尔文学说的另一部分是他的人工选择学说，其主要因素是变异、选择和遗传，最终导致性状分歧，形成新的类型，其主导作用是人的需要和嗜好。总之，选择学说是达尔文学说的核心理论，这一理论经受了时代的考验，而生存斗争和适者生存是选择学说的核心理论，自然选择决定物种的适应方向和空间地位，是生物进化的动力。

（三）现代综合进化论

现代综合进化论也称为现代达尔文主义。其代表人物是美籍苏联学者杜布赞斯基。他的重要贡献是在《遗传学和物种起源》（1937年）中完成了对现代进化理论的综合，即对达尔文选择论和新达尔文主义基因论的综合。其主要内容包括：自然选择决定生物进化的方向，遗传与变异这一对矛盾是推动生物进化的动力；进化的实质是种群内基因频率和基因型频率的改变；认为突变、选择、隔离是物种形成和生物进化的机制。

进入20世纪70年代以来，在原来综合理论的基础上，出现了新综合理论，又称为分子水平的综合理论。这一学说的成就主要表现在对进化的选择机制的研究方面，它回答了现代综合进化论难以解答的问题，是对现代综合进化论的补充和发展。

（四）分子进化中性论

1968年，日本群体遗传学家木村和太田同时提出分子进化论学说，又称中性突变-随机漂变理论（neutral mutation-random drift theory）。该理论认为：中性突变的漂移固定是生物进化的动力；每一种生物大分子都有一定的进化速率；对生物生存制约性大的分子或分子部分进化速率慢，即损害分子功能的氨基酸或核苷酸的替换要比保持同一功能的替换发生率小很多；新基因的产生是通过旧有基因的重复实现的，这些重复可以涉及单个基因也可以涉及许多基因或甚至一个染色体组。

中性学说是在研究分子进化的基础上提出的，该学说能很好地说明核酸、蛋白质等大分子的非适应性的多态性及其对相关生物性状变异的影响，进而说明进化原因。在进化机制的认识上，中性学说从分子水平和基因的内部结构对传统的选择理论提出了挑战。

须注意的是，该学说并不否认自然选择在决定适应性进化过程中的作用，也并非强调分子的突变型是严格意义上的选择中性，而是强调突变压和随机漂变在生物分子水平的进化中起着主导作用。因此，不宜将选择理论与中性理论做对立理解。在考虑自然选择时，必须区别两种水平：一种是表型水平，包括由基因型决定的形态上和生理上的表型性状；另一种是分子水平，即 DNA 和蛋白质中的核苷酸和氨基酸顺序。自然选择对后者的作用至今仍在争议中。

二、分子进化

分子进化（molecular evolution）是在 DNA、RNA 和蛋白质水平上的进化过程。分子进化的研究目的是通过分析、比较 DNA、RNA 和蛋白质分子结构与功能的改变来探索群体进化速率、物种间的亲缘关系、进化的过程和机制。1964 年，鲍林（L. C. Pauling）提出分子进化理论，该理论基本假设：核苷酸和氨基酸序列中含有生物进化历史的全部信息，研究者可以通过比较核苷酸和氨基酸序列来研究它们的进化关系。凡彼此间所具有的核苷酸或氨基酸越相似，则表示其亲缘关系越接近；反之，其亲缘关系就越疏远。

从分子水平上研究生物的进化有以下几个优点：①根据生物所具有的核酸和蛋白质结构上的差异程度，可以估测生物种类的进化时期和速度。②对于结构简单的微生物的进化，只能采用这种方法。③它可以比较亲缘关系极远类型之间的进化信息。

近年来，基因组测序、高通量蛋白质鉴别和生物信息学的建立促进了分子进化研究的迅猛发展。当进入 21 世纪后，分子进化研究中较活跃的课题有：新基因功能，基因重复在进化中的作用，中性漂变在进化中的作用，鉴别那些与感染、疾病相关的人类的一些大分子的改变。

（一）分子进化速率

分子进化速率是指每年每个核苷酸或氨基酸位点被别种核苷酸或氨基酸取代的比例。以氨基酸为例，其进化速率为

$$k = -\ln(1-d/n)/2T$$

式中，k 为每年每个位点上的氨基酸置换率；ln 为自然对数；d 为氨基酸置换数（最小突变距离）；n 为所比较的氨基酸总数；T 为不同物种进化分歧的时间。以血红蛋白 α 链为例，鲤鱼与马有 66 个氨基酸差异，地质资料表明鱼类起源于 4 亿多年前的志留纪，若以 4 亿年作为鲤鱼与马的分歧进化时间，则从鲤鱼到马的进化速率为

$$k = -\ln(1-66/141)/(2\times4\times10^{8}) = 0.6\times10^{-9}$$

用分子进化速率可推断分子进化钟（molecular evolutionary clock），简称分子钟。分子钟概念最初是由 Zuckerkandl 和 Pauling 于 1963 年提出的。对不同物种众多的氨基酸分子进化速率的计算结果表明，k 值一般都在 10^{-9}。因此，日本学者木村建议将 10^{-9} 定为生物分子进化钟的速率。

如果已知进化速率（k），便可以估算不同物种进化分歧的时间。

$$T = -\ln(1-d/n)/2k$$

例如，已知细胞色素 c 的进化速率是 0.3×10^{-9}，可以计算人类与其他物种的分歧时间（表 16-6）。人类与恒河猴的分歧时间约为 0.16 亿年，而与兔子、猪、狗、马和企鹅等哺乳动物的分歧时间在 2 亿 ~ 3 亿年。人类大约在 7 亿年前与蛾等昆虫分歧，在约 13 亿年前与酵母等真菌分歧。

表 16-6 基于细胞色素 c 估算的人类与其他一些物种的分歧时间

物种	与人类分歧的时间 / （$\times10^9$ 年）	物种	与人类分歧的时间 / （$\times10^9$ 年）
人类	—	狗	0.223
黑猩猩	0.000	马	0.297
恒河猴	0.016	企鹅	0.317
兔子	0.204	蛾	0.708
猪	0.223	酵母	1.289

（二）进化系统树

根据同源基因间的差异构建的系统发生树称为基因树（gene tree）。因为序列随着时间而改变，接下来是序列差异的积累。序列差异的积累是分子系统学的基础，系统发生学对分子序列进行分析进而推断它们的进化关系。

分析分子进化的任务之一是在一组序列之间推断出进化关系的模式，用以描绘分类单元之间的亲缘关系。由节点分支构成的树状图，称为进化系统树（phylogenetic tree），又称为支序图、分支图或进化树（cladogram）。若以单个的基因为基础，为一个基因树。在基因树中序列间进化关系的模式与物种间进化关系的模式不一定相同。

许多方法可用来推断出一个基因树，标准的软件包如 PAUP 和 PHYLIP 可用于计算。其中最简单的方法是根据序列间包含的碱基对的距离而构建的基因树。序列可被转换成距离矩阵（distance matrix），提供的数据可用于分析。图 16-2 就是根据 20 种不同生

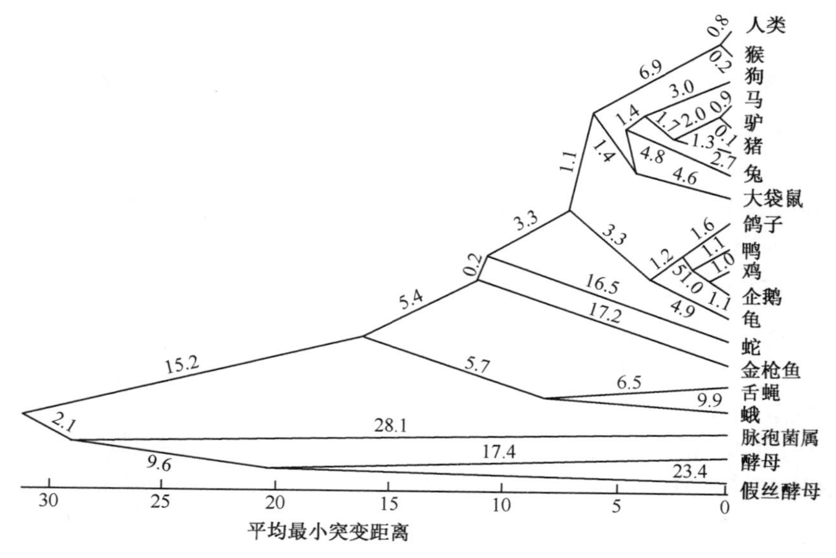

图 16-2 基于细胞色素 c 构建的进化树（引自 Fitch and Margoliash，1967）

物的细胞色素 c 的氨基酸碱基序列的差异计算的平均最小突变距离而构建的进化树。

（三）核酸的进化

1. DNA 含量

现已知，不同物种之间细胞内 DNA 含量具有很大的变异。总的趋势是，高等生物比低等生物的 DNA 含量高，具有更大的基因组，因为生物越高级就越需要大量的基因来维持更为复杂的生命活动。通常，基因组的核苷酸对数，病毒为 0.13 万 ~ 2.0 万，细菌平均为 400 万，真菌近 2000 万，而大多数动植物高达数十亿。但生物体 DNA 含量与其进化不一定都有相关性。例如，有一种肺鱼的 DNA 含量比哺乳动物高 40 倍，许多两栖类的 DNA 含量也远远超过哺乳动物。玉米的 DNA 含量是哺乳动物的 2 倍。而具有极高 DNA 含量（10^{12}bp）的生物却是结构和发育都十分简单的真核生物（如阿米巴虫），这些生物的一些基因具有数以千计的重复拷贝和大量的无功能 DNA 区段。可见单凭 DNA 的高含量还不足以产生复杂的生物。DNA 含量发生进化性的最常见的过程是 DNA 小片段的缺失、插入和重复。在高等植物中还可以看到通过多倍体方式增加 DNA 的含量，而这在动物中是罕见的。

2. DNA 序列

分子进化研究显示，不同的基因和同一基因中的不同序列，其进化的模式和速率是不同的。特定 DNA 序列的进化速率能通过比较由共同祖先分化出的两种不同生物的 DNA 序列来加以探讨，因为由共同祖先的一种单个的 DNA 序列经过独立进化和改变产生了人们现在所见到的两种生物间 DNA 序列的差异。这种差异可以表现为核苷酸对的不同替换，或是不同长度的序列扩增成为多份拷贝，或是基因和其他序列发生易位等。

不同物种间 DNA 的相似程度反映了物种间的亲缘关系。表 16-7 是通过 DNA 分子杂交技术对一些哺乳动物的非重复 DNA 序列测定的结果。从表 16-7 可见，远缘种之间的核苷酸差异大于近缘种。例如，人类与黑猩猩的核苷酸差异比例是 2.4%，与绿猴约为 9%，而人与丛猴则为 42%。然而核苷酸对的差异比例不一定与种的分化年代成正比。例如，大鼠和小鼠的亲缘关系较近，但核苷酸差异却达到 30%。

表 16-7 各类灵长类 DNA 与人及绿猴 DNA 的核苷酸差别

供试的物种	测试的 DNA 差别 /%		供试的物种	测试的 DNA 差别 /%	
	人	绿猴		人	绿猴
人	0	9.6	罗猴	—	3.5
黑猩猩	2.4	9.6	戴帽猿	15.8	16.5
长臂猿	5.3	9.6	丛猴	42.0	42.0
绿猴	9.5	0			

通过缺失或增加一段相对短的核苷酸序列而产生的变异称为 DNA 长度多态性（DNA length polymorphism），如在黑腹果蝇的乙醇脱氢酶基因中发现了 DNA 长度的多态性。Martin Krietman 测定了这个基因的 11 个拷贝，他发现除了核苷酸序列存在变异外，这 11 个拷贝中有 6 个插入和缺失。所有这些突变都发生在内含子和 DNA 的侧翼区内，在外显子中未发现有这种情况。外显子中的插入和缺失常会改变阅读框，因此它们将受

到选择的作用。结果使插入和缺失通常只发生在 DNA 的非编码区。另一种 DNA 长度多态性涉及特殊基因拷贝数多少的差异。例如，在个别果蝇中，核糖体基因拷贝数发生广泛的变化。棒眼基因的拷贝数在突变体中也常不同。转座子的拷贝数在个体中变化也很大，可能引起某些 DNA 长度多态性。

3. 多基因家族

在真核生物中常会发现基因的多拷贝，这些拷贝的序列都相同或相似。这样的一组基因称为多基因或多基因家族（multigene family）。这样的一组基因是由同一个祖先基因通过重复进化而来的，基因家族的成员可以彼此形成基因簇或分布于不同的染色体上。

珠蛋白的基因家族就是一个多基因家族，它们由编码珠蛋白分子多肽链的基因组成。在人类的 16 号染色体上发现了 7 个 α-珠蛋白基因，在 11 号染色体上发现了 6 个 β-珠蛋白基因。在动物中也发现了珠蛋白基因，甚至在植物中也发现了类似珠蛋白基因，表明这是一个非常古老的基因家族。在多种动物中几乎所有有功能的珠蛋白基因结构都相同，由 3 个外显子组成，中间间隔着 2 个内含子。但珠蛋白基因的数量和次序在各种动物中是不同的。由于所有的珠蛋白基因的结构和序列都是相似的，因此可能存在着一个原始的珠蛋白基因（多半和现在存在的肌红蛋白基因相关），经重复和歧化而产生了原始的 α-珠蛋白基因和 β-珠蛋白基因。植物的豆血红蛋白基因和珠蛋白基因是相关的。植物豆血红蛋白基因存在着很多原始的类型，它有一个额外的内含子，尚不清楚是由一个额外的内含子插入到植物的相应基因中，还是其他种属的进化路线中丢失了此内含子。

对哺乳动物肌红蛋白单个基因的了解，为人们提供了追踪珠蛋白基因的线索。肌红蛋白基因是约在 8 亿年以前和珠蛋白在进化路线上分开的。肌红蛋白基因的组成和珠蛋白基因相似。因此，可以将 3 个外显子结构看成是它们共同的祖先。

某些原始的鱼类只有单个类型的珠蛋白链，因此它们必然是在珠蛋白基因尚未发生重复前就歧化了出来。这个基因重复后经突变形成 α-珠蛋白和 β-珠蛋白两种不同的基因，在某些两栖动物中就含有 α 和 β 连锁的珠蛋白基因，即幼体型和成体型。后来进一步重复，在哺乳动物中形成了 α-珠蛋白家族和 β-珠蛋白家族。重复在进化中是常发生的。在某些人类群体中，珠蛋白基因的拷贝数是有变化的。例如，大部分人在 16 号染色体上有两个 α-珠蛋白基因，但有些个体在此染色体上只有一个 α-珠蛋白基因。而另一些个体有的甚至有 3 ~ 4 个 α-珠蛋白基因。这表明在多基因家族中基因的重复和缺失是恒定的进行过程。

基因重复和缺失常常是由于不等交换所致。重复也可以通过转座而产生。随着基因的重复，基因拷贝的分离可能经受序列的改变。在有的情况下，突变会使基因拷贝变得无功能，从而产生假基因。在另一些情况下，核苷酸序列的改变也可导致基因产生的蛋白质具有不同的功能。

（四）蛋白质的进化

在蛋白质进化方面，研究最多的是血红蛋白和细胞色素 c。如果比较不同生物所具有的蛋白质的不同组成，就可以估测它们之间的亲缘程度和进化速度。现以人类和其他一些物种的细胞色素 c 存在差异的氨基酸数目为例，说明人类与其他物种的进化关系（表 16-8）。

表 16-8 人类和其他一些物种细胞色素 c 的氨基酸差异数和最小突变距离的比较

物种	氨基酸差异的数目	最小突变距离	物种	氨基酸差异的数目	最小突变距离
人类	0	0	狗	10	13
黑猩猩	0	0	马	12	17
恒河猴	1	1	企鹅	11	18
兔子	9	12	蛾	24	36
猪	10	13	酵母	38	56

细胞色素 c 的氨基酸分析表明，人类与黑猩猩、猴子等亲缘关系比与其他哺乳类的动物近，与哺乳类动物的亲缘关系又要比与昆虫的近，与昆虫的关系更要近于与酵母。一个氨基酸的差异可能需要多于一个的核苷酸改变。当不同物种蛋白质的氨基酸差异进一步以核苷酸的改变来度量时，用最小突变距离表示（表 16-7）。采用物种之间的最小突变距离，可以构建进化树（evolutionary tree）（图 16-2）和种系发生树（phylogenetic tree）。

第四节 物种的形成

一、物种的概念

自然界的生物群体是物种结构的一个组成部分，也是物种形成的基础。物种是具有一定形态和生理特征及一定自然分布区的生物类群，是生物分类的基本单元，也是生物繁殖和进化的基本单元。

达尔文认为物种就是比较显著的变种。在物种之间，一般有明显的界限，但这个界限不是绝对的，所以物种和变种并没有本质上的区别，前者是后者逐渐演变而来的。

对于现代生物学，界定物种的主要标准是能否进行相互的杂交。凡是能够杂交而且产生能生育的后代的种群或个体，就属于同一个物种；不能相互杂交，或者能够杂交但不能产生能育后代的种群或个体，则属于不同的物种。例如，水稻和小麦不能相互杂交，所以水稻和小麦是属于不同的物种。马和驴能够相互杂交产生骡子，但所得杂种不能生育，所以马和驴也属于不同的物种。

对于一些古生物或非有性繁殖的生物，很难应用相互杂交并产生后代的物种标准，通常采用形态结构上的和生物地理上的差异作为鉴定物种的标准。在分类学中实际上仍然是以形态上的区别为分类的标准。还要注意生物地理的分布区域，因为每一个物种在空间上有一定的地理分布范围，超过这个范围，它就不能存在；或是产生新的特性和特征而转变为另一个物种。

从遗传学的研究得知，物种之间的遗传差异是比较大的，一般涉及一系列基因的不同，也往往涉及染色体数目上和结构上的差别。在不同的个体或群体之间，由于遗传差异逐渐增大，它们就可能产生生殖隔离（reproductive isolation）。生殖隔离机制是防止不同物种的个体相互杂交的环境、行为、机械和生理的障碍。生殖隔离可以分为两大类（表 16-9）：①合子前生殖隔离，能阻止不同群体的成员间交配或产生合子。②合子后生殖隔离，是降低杂种生活力或生殖力的一种生殖隔离。这两种生殖隔离最终阻止群体间基因交换。

表 16-9　生殖隔离机制的分类

①合子前生殖隔离	
生态隔离	群体占据同一地区，但生活在不同的栖息地
时间隔离	群体占据同一地区，但交配期或开花期不同
行为隔离	动物群体雌、雄间不存在性吸引
机械隔离	生殖结构的不同阻止了交配或受精
②合子后生殖隔离	
杂种无生活力	F_1 杂种不能存活或不能达到性成熟
杂种不育	杂种不能产生有功能的配子
杂种衰败	F_1 杂种有活力并可育，但 F_1 世代表现活力减弱或不育

地理隔离（geographic isolation）是一种条件性的生殖隔离。地理隔离是由于某些地理的阻碍而发生的，如海洋、大片陆地、高山和沙漠等，使许多生物不能自由迁移，相互之间不能自由交配，不同基因间不能彼此交流。这样，在各个隔离群体里发生的遗传变异，就会朝着不同的方向累积和发展，久之即形成不同的变种或亚种，最后过渡到生殖上的隔离，形成独立的物种。

地理隔离首先促使亚种的形成，然后进一步由亚种发展成新的物种。这就是说，由于较长时期的地理隔离，不同亚种间不能相互杂交，使遗传的分化得到进一步的发展，而过渡到生殖隔离。这时，不同类群就发展到彼此不能杂交，或杂交后不能产生能育的后代。

隔离是巩固由自然选择或人工选择所累积下来的变异的重要因素，它是保障物种形成的最后阶段，所以对物种形成是一个不可缺少的条件。

二、物种的形成方式

根据生物发展史的大量事实，物种的形成可以概括为两种不同方式：一种是渐变式，在一个长时间内，旧的物种逐渐演变成为新的物种，这是物种形成的主要形式；另一种是爆发式，这种方式是在短期内以飞跃形式从一个种变成另一个种，它在高等植物，特别是种子植物的形成中，是一种比较普遍的形式。

（一）渐变式

渐变式的形成方式是先形成亚种，然后进一步逐渐累积变异而成为新种。其中又可分为两种方式：继承式和分化式。

继承式是指一个物种可以通过逐渐累积变异的方式，经历悠久的地质年代，由一系列的中间类型，过渡到新的种。例如，马的进化历史，就是这种方式。

分化式是指一个物种的两个或两个以上的群体，由于地理隔离或生态隔离，而逐渐分化成两个或两个以上的新种。它的特点是由少数种变为多数种，而且需要经过亚种的阶段，如地理亚种或生态亚种，然后才变成不同的新种。例如，棉属（*Gossypium*）中一些种的变化就属于这种形式。

渐变式的物种形成方式，在地球历史上是一种常见的方式，通过突变、选择和隔离等过程，首先形成若干地理族或亚种，然后因生殖隔离而形成新种。

（二）爆发式

爆发式的形成方式，不一定需要悠久的演变历史，在较短时间内即可形成新种。一般也不经过亚种阶段，而是通过染色体的变异或突变及远缘杂交和染色体加倍，在自然选择的作用下逐渐形成新种。

远缘杂交结合多倍化，这种方式主要见于显花植物。在栽培植物中多倍体的比例比野生植物多，所以这种物种形成方式与人类有密切的关系。通过对小麦种属间大量的远缘杂交试验分析，发现普通小麦起源于两个不同的亲缘属，逐步地通过属间杂交和染色体数加倍，形成了异源六倍体普通小麦。科学家已经用人工方法合成了与普通小麦相似的新种。其形成过程如图 16-3 所示。

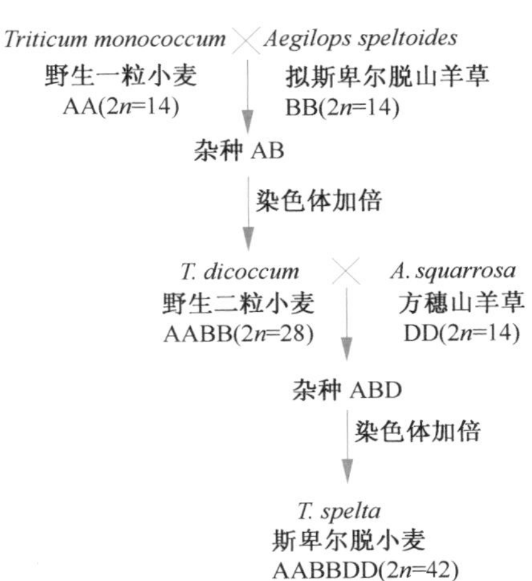

图 16-3　斯卑尔脱小麦的合成

这种人工合成的斯卑尔脱小麦与现有的斯卑尔脱小麦很相似，它们彼此可以相互杂交产生可育的后代。已知普通小麦是由斯卑尔脱小麦通过一系列基因突变而衍生的，因此这一事实有力地证明了现在栽培小麦的形成过程。

多倍体现象在棉属的进化历史中也起了重要作用。草棉（*G. herbaceum*）和树棉（*G. arboreum*）各有 26 条染色体；陆地棉（*G. hirsutum*）和海岛棉（*G. barbadense*）各有 52 条染色体；后者恰为前者的二倍。根据棉属内各种间的亲缘关系的研究，陆地棉很可能是非洲的草棉（$2n = 26$）和美洲野生的雷蒙德氏棉（*G. raimondii*，$2n = 26$）杂交后产生的双二倍体。

陆地棉的生殖细胞有 26 条染色体，可以区别为染色体大小不同的两个染色体组，每组 13 条；较大的一组和草棉相似，较小的一组则和雷蒙德氏棉相似。当陆地棉和它们分别杂交时，其同型染色体组有联会现象。由此可以证明，陆地棉的两个染色体组来源于这两个棉种。同时，由非洲的草棉和雷蒙德氏棉杂交后所获得的双二倍体，在很多特征上都和陆地棉相近似，也可作为这个论断的证明。

烟草属（*Nicotiana*）在自然界大约有 60 个种，除两个栽培烟草种，如普通烟草（*N. tabacum*，$2n = 48$）和黄花烟草（*N. rustica*，$2n = 48$）是四倍体外，其余所有的四倍体和二倍体（$2n = 24$）种都是野生种，少数野生种的染色体是 9 对或 10 对。烟草属的各个种主要分布在美洲亚热带及温带和大洋洲及其附近的一些岛屿。两个栽培种都是双二倍体。它们产生的途径，可能是分布在南美洲的二倍体种发生了种间杂交，然后经染色体加倍而产生的。现在已经发现，林烟草（*N. sylvestris*）和拟茸毛烟草（*N. tomentosiformis*）杂交后人工合成的双二倍体，不论在形态上或生理上都有许多特征和栽培的普通烟草相类似。这个事实充分说明普通烟草的起源大致和人工创造烟草双二倍体的程序一致。

芸薹属（*Brassica*）有 3 个基本种，即黑芥（*B. nigra*，$2n = 16$）、甘蓝（*B. oleracea*，$2n = 18$）和白菜型油菜（*B. campestris*，$2n = 20$）。综合这 3 个种的任何 2 个，即成为另一个多倍体种。这样，不但揭示了芸薹属各个栽培种的起源，而且从细胞学分析也证实了各个多倍体种和基本种的亲缘关系（图 16-4）。例如，甘蓝型油菜（*B. napus*，$2n=38$）就是由甘蓝（$2n=18$）和白菜型油菜（$2n=20$）天然杂交所形成的双二倍体。曾把白菜型油菜和甘蓝型油菜进行人工杂交，获得了一个有生产力的复合双二倍体新种（*B. napocampestris*，$2n=58$）。

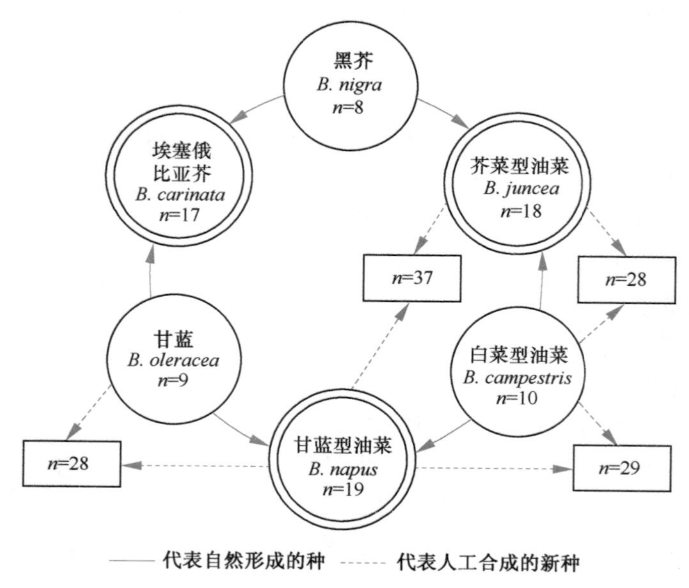

图 16-4　芸薹属各物种的形成途径

复习题

1. 什么是生物的进化？它和遗传学有什么关系？
2. 拉马克和达尔文对于生物的进化有什么不同看法？他们的进化观点还存在哪些不合理性？
3. 什么是自然选择？它在生物进化中的作用怎样？
4. 什么是遗传的平衡定律？如何证明？
5. 有哪些因素影响基因频率？
6. 突变和隔离在生物进化中起什么作用？
7. 什么是物种？它是如何形成的？有哪几种不同的形成方式？
8. 多倍体在植物进化中起什么作用？
9. 一个由 530 株杂合体 *Aa* 组成的群体中，显性基因 *A* 和隐性基因 *a* 的频率各为多少？
10. 人类会卷舌是由一显性基因（*R*）决定的，不会卷舌是由隐性基因（*r*）决定的。若某大学中 16% 的学生不会卷舌，那么杂合学生占多少？
11. 在一个含有 100 个个体的隔离群体中，*A* 基因的频率为 0.65。在该群体内，每代迁入 1 个新个体，迁入个体的 *A* 基因频率是 0.85。试计算一代迁入后 *A* 基因的频率。
12. 白花三叶草自交不亲和，其叶片上缺少条斑是一种隐性纯合性状 *vv*，这种植株大约占 16%。问：
    （1）三叶草植株中有多少比例对这个隐性等位基因是杂合的？
    （2）三叶草植株产生的花粉中，有多少比例带有这个隐性等位基因？
13. 在一个群体中，$A \rightarrow a$ 的突变率为 0.000 01，而 *A* 基因的频率为 40%，在没有其他因素的干扰下，100 代后，群体的基因 *A* 和 *a* 的频率各为多少？
14. 在小鼠群体中，*B* 座位上有两个等位基因（*B1* 和 *B2*），研究表明在这个群体中有 380 只小鼠的基因型是 *B1B1*，206 只小鼠的基因型是 *B1B2*，256 只小鼠的基因型是 *B2B2*。问该群体中这两个等位基因的频率是多少？

主要参考文献

蔡禄．2012．表观遗传学前沿．北京：清华大学出版社

丁明孝，王喜忠，张传茂，等．2020．细胞生物学．5 版．北京：高等教育出版社

丁友昉，陈宁．1990．普通微生物遗传学．天津：南开大学出版社

法尔康纳 DS．1995．数量遗传学导论．储明星译．北京：中国科学技术出版社

桂建芳．2000．RNA 加工与细胞周期调控．北京：科学出版社

韩贻仁．2012．分子细胞生物学．北京：科学出版社

贺竹梅．2002．现代遗传学教程．广州：中山大学出版社

哈特尔 DL，鲁沃洛 M．2015．遗传学：基因和基因组分析．8 版．杨明译．北京：科学出版社

华北农业大学．1976．植物遗传育种学．北京：科学出版社

孔繁玲．2006．植物数量遗传学．北京：中国农业大学出版社

李竞雄，宋同明．1993．植物细胞遗传学．北京：科学出版社

李明刚．2004．高级分子遗传学．北京：科学出版社

李惟基．2002．新编遗传学教程．北京：中国农业大学出版社

李振刚．2000．分子遗传学．北京：科学出版社

刘庆昌．2020．遗传学．4 版．北京：科学出版社

刘祖洞．1990．遗传学．北京：高等教育出版社

荣廷昭．2003．数量遗传学．北京：中国科学技术出版社

盛志廉，陈瑶生．1999．数量遗传学．北京：科学出版社

盛祖嘉．2007．微生物遗传学．3 版．北京：科学出版社

宋运淳，余先觉．1990．普通遗传学．武汉：武汉大学出版社

王关林，方宏筠．1998．植物基因工程原理与技术．北京：科学出版社

王金发．2003．细胞生物学．北京：科学出版社

王亚馥，戴灼华．1999．遗传学．北京：高等教育出版社

吴常信．2015．动物遗传学．2 版．北京：高等教育出版社

吴仲贤．1979．统计遗传学．北京：科学出版社

辛诺特，邓恩．1958．遗传学原理．奚元龄译．北京：科学出版社

徐晋麟．2001．现代遗传学原理．北京：科学出版社

杨金水．2019．基因组学．4 版．北京：高等教育出版社

杨业华．2000．普通遗传学．北京：高等教育出版社

翟中和，王喜忠，丁明孝．2001．细胞生物学．北京：高等教育出版社

张献龙．2023．植物生物技术．3 版．北京：科学出版社

张玉静．2000．分子遗传学．北京：科学出版社

赵寿元，乔守怡．2001．现代遗传学．北京：高等教育出版社

浙江农业大学．1989．遗传学．北京：中国农业出版社

周希澄，郭平仲，冀耀如．1989．遗传学．北京：高等教育出版社

周云龙．1999．植物生物学．北京：高等教育出版社

朱军．2018．遗传学．4 版．北京：中国农业出版社

Blackburn EH．2002．端粒．张玉静，等译．北京：科学出版社

Acquaah G．2004．Understanding Biotechnology：An Integrated and Cyber-based Approach．New Jersey：Prentice Hall Inc

Campbell KH，McWhir J，Rithie WA，et al．1996．Sheep cloned by nuclear transfer from a cultured cell line．Nature，380：64-66

Cantor CR，Smith CL．1999．Genomics．New York：John Wiley & Sons Inc
Cohen D，Chumakov I，Weissenbach J．1993．A first-generation map of the human genome．Nature，366：698-701
Collins FS，Guyer MS，Chakravarti A．1998．New goals for the US Human Genome Project：1998-2003．Science，278：1580-1581
Dangle J．1998．Plant just say NO to pathogens．Nature，394：525-526
Dib C，Fauré S，Fizames C，et al．1996．A comprehensive genetic map of the human genome based on 5264 microsatellite．Nature，380：152-154
Ekholm SV，Reed SI．2000．Regulation of G（1）cyclin-dependent kinases in the mammalian cell cycle．Curr Opin Cell Biol，12：676-684
Elrod SL，Stansfield WD．2002．Genetics．New York：The McGraw-Hill Companies
Falconer DS，Mackay TFC．1996．Introduction to Quantitative Genetics．4th ed．London：Longman Group Ltd
Fields S，Sternglanz R．1994．The two-hybrid system：an assay for protein-protein interactions．Trends in Genetics，10：286-292
Fitch WM，Margoliash E．1967．Construction of phylogenetic trees．Science，155：279-284
Fosket DE．1994．Plant Growth and Development．New York：Academic Press
Gardner EJ，Simmons MJ，Snustad DP．1991．Principles of Genetics．8th ed．New York：John Wiley & Sons Inc
Ghosh I，Hamilton AD，Regan L．2000．Antiparallel leucine zipper-directed protein reassembly：application to the green fluorescent protein．J Am Chem Soc，122（23）：5658-5659
Giese B，Roderburg C，Sommerauer M，et al．2005．Dimerization of the cytokine receptors gp130 and LIFR analysed in single cells．J Cell Sci，118（21）：5129-5140
Goodenough U．1984．Genetics．3rd ed．Washington：Sauners College Publishing
Griffiths AJF，Wesseler SR，Lewontin RC，et al．2005．Introduction to Genetic Analysis．8th ed．New York：Freeman and Worth Publishing Group
Guan D，Sun S，Song L，et al．2024．Taking a color photo：A homozygous 25-bp deletion in Bace2 may cause brown-and-white coat color in giant pandas. Proceedings of the National Academy of Sciences of the United States of America，121：e2317430121
Guo X，Ren J，Zhou X，et al．2023．Strategies to improve the efficiency and quality of mutant breeding using heavy-ion beam irradiation．Critical Reviews in Biotechnology，44：735-752
Hartl DL，Jones EW．1997．Genetics：Principles and Analysis．4th ed．Massachusetts：Jones and Bartlett Publishers Inc
Hartl DL，Jones EW．2002．Essential Genetics．3rd ed．Massachusetts：Jones and Bartlett Publishers Inc
Hartwell LH，Hood L，Goldberg M，et al．2000．Genetics：From Genes to Genomes．New York：The McGraw-Hill Companies Inc
Hu CD，Chinenov Y，Kerppola TK．2002．Visualization of interactions among bZIP and Re1 family proteins in living cells using bimolecular fluorescence complementation．Mol Cell，9（4）：789
Huang H，Tudor M，Su T，et al．1996．DNA binding protein of two *Arabidopsis* MADS domain proteins：binding consensus and dimer formation．Plant Cell，8：81-94
Klug WS，Cummings MR．2000．Concepts of Genetics．6th ed．New Jersey：Prentice Hall Inc
Klug WS，Cummings MR．2002．Essentials of Genetics．4th ed．New Jersey：Prentice Hall Inc
Lewin B．2004．Gene Ⅷ．New Jersey：Prentice Hall Inc
Liang GH．1991．植物遗传学．顾铭洪，黄铁城译．北京：北京农业大学出版社
Makarova JA，Ivanova SM，Tonevitsky AG，et al．2013．New functions of small nucleolar RNAs．

Biochemistry, 78 (6): 638-650

Martinson JJ, Chapman NH, Rees DC, et al. 1997. Global distribution of the *CCR5* gene 32-base pair deletion. Nature Genetics, 16: 100-103

Page SL, Hawley RS. 2004. The genetics and molecular biology of the synaptonemal complex. Annu Rev Cell Dev Biol, 20 (1): 525-558

Pai AC, Roberts HM. 1981. Genetics: Its Concepts and Implications. New Jersey: Prentice Hall Inc

Pierce BA. 2003. Genetics: A Conceptual Approach. New York: Freeman and Worth Publishing Group

Robert H. 2002. Tamarin Principles of Genetics. 7th ed. New York: The McGraw-Hill Companies

Rothwell NV. 1988. Understanding Genetics. London: Oxford University Press

Russell PJ. 2000. Fundamentals of Genetics. 2nd ed. London: Addison Wesley Longman Inc

Smith CL, Econome JG, Schutt A, et al. 1987. A physical map of the *Escherichia coli* K12 genome. Science, 236: 1448-1453

Snustad DP, Simmons MJ. 2011. Principles of Genetics. 6th ed. New Jersey: John Wiley & Sons Inc

Southern EM. 1996. DNA chips: analysing sequence by hybridization to oligonucleotides on a large scale. Trends in Genetics, 12: 110-114

Suzuki DT, Miller JH, Lewontin RC, et al. 1981. An Introduction to Genetic Analysis. 2nd ed. New York: Freeman and Worth Publishing Group

Tamarin RH. 1996. Principles of Genetics. Iowa: Wm C Brown Publishers

Turmel M, Otis C, Lemieux, C. 1999. The complete chloroplast DNA sequence of the green alga *Nephroselmis olivacea*: insights into the architecture of ancestral chloroplast genomes. Proc Natl Acad Sci, 96: 10248-10253

Veit B, Briggs SP, Schmidt RJ, et al. 1998. Regulation of leaf initiation by the *terminal ear 1* gene of maize. Nature, 393: 166-168

Venter JC, Adams MD, Sutton GG, et al. 1998. Shotgun sequencing of the human genome. Science, 280: 1540-1542

Wakayama T, Perry ACF, Zuccotti M, et al. 1998. Full-term development of mice from enucleated oocytes injected with cumulus cell nuclei. Nature, 394: 369-374

Wallrabe H, Periasamy A. 2005. Imaging protein molecules using FRET and FLIM microscopy. Curr Opin Biotechnol, 16: 19-27.

Wang DG, Fan JB, Siao CJ, et al. 1998. Large-scale identification mapping and genotyping of single-nucleotide polymorphisms in the human genome. Science, 280: 1077-1082

Wang Z, Gerstein M, Snyder M. 2009. RNA-seq: a revolutionary tool for transcriptomics. Nature Reviews Genetics, 10: 57-63

Warmke HE, Lee SL. 1978. Pollen abortion in T cytoplasmic male-sterile corn (*Zea mays*): a suggested mechanism. Science, 200: 561-563

Watson JD, Gilman M, Witkowski JA, et al. 1992. Recombinant DNA. 2nd ed. New York: Scientific American Books

Weir BS. 1996. Genetic Data Analysis Ⅱ. Sunderland MA: Sinauer Associates Inc

William SK, Michael RC. 2000. Concepts of Genetics. 6th ed. New Jersey: Prentice Hall Inc

Wilmut I, Schnieke AE, McWhir J, et al. 1997. Viable offspring derived from fetal and adult mammalian cells. Nature, 385: 810-813

Winter P, Hickey I, Fletcher H. 1999. Instant Notes in Genetics. Oxford: Bios Scientific Publishers Ltd

Yang W, Zhai H, Wu F, et al. 2024. Peptide REF1 is a local wound signal promoting plant regeneration. Cell, 187: 1-15

Zuo W, Chao Q, Zhang N, et al. 2015. A maize wall-associated kinase confers quantitative resistance to head smut. Nature Genetics, 47: 151-157

《遗传学》（第五版）教学课件索取单

凡是使用本《遗传学》（第五版）作为教材的院校与教师，均可免费获赠由作者提供的教学课件一份。欢迎通过电话、信件、电邮与我们联系。

教师反馈表

<table>
<tr><td>姓名：</td><td>职称 / 职务：</td></tr>
<tr><td>学校：</td><td>院系：</td></tr>
<tr><td>电话：</td><td>QQ 号码：</td></tr>
<tr><td colspan="2">电子邮箱（重要）：</td></tr>
<tr><td colspan="2">通信地址及邮编：</td></tr>
<tr><td>所授课程（一）：</td><td>人数：</td></tr>
<tr><td>课程对象：□研究生　□本科（__年级）　□其他____</td><td>授课专业：</td></tr>
<tr><td colspan="2">使用教材名称 / 作者 / 出版社：</td></tr>
<tr><td>所授课程（二）：</td><td>人数：</td></tr>
<tr><td>课程对象：□研究生　□本科（__年级）　□其他____</td><td>授课专业：</td></tr>
<tr><td colspan="2">使用教材名称 / 作者 / 出版社：</td></tr>
<tr><td colspan="2">您对本书的评价及对下一版的修改意见：</td></tr>
<tr><td colspan="2">贵校（学院）开设的遗传学相关课程有哪些？使用的教材名称 / 作者出版社？</td></tr>
<tr><td>推荐国外优秀教材名称 / 作者 / 出版社：</td><td rowspan="2">院系证明（建议加盖公章）：</td></tr>
<tr><td>您的其他建议和意见：</td></tr>
</table>

联系人：丛楠　　Tel：010-64034871　　E-mail：congnan@mail.sciencep.com

本回执以扫描形式或照片形式发送至邮箱。